Green Car Engineering II

그린자동차공학 II

김명균 · 남궁규완 · 원성필 · 전태원 · 허진 공저

UUP

저 자 (집필순)

남궁규완 : 1, 2, 3, 6 장

원 성 필 : 4, 5, 7 장

허 진 : 8, 11 장

전 태 원 : 9, 10 장

김 명 균 : 12, 13, 14 장

그린자동차공학 II

2011년 7월 18일 초판 인쇄
2011년 7월 22일 초판 발행

지은이 | 김명균 · 남궁규완 · 원성필 · 전태원 · 허진
펴낸이 | 이철
펴낸곳 | UUP.(울산대학교출판부) 680-749 울산광역시 남구 대학로 93(무거동) 울산대학교 출판부
전화 | (052)259-2488
팩스 | (052)277-3011
홈페이지 | http://uup.ulsan.ac.kr
출판등록 | 제370-1996-000001호(1996.3.13)
₩ 23,000

ISBN 978-89-7864-253-4 (93550)

머리말

현대의 실용적 자동차는, 약 120년 전 유럽에서 등장한 이후 오늘날까지 많은 기술자들의 끊임없는 노력에 의하여 인간에게 가장 유용한 기계장치 중 하나이며, 미래에도 편리한 수송기관인 동시에 이동할 수 있는 생활공간으로 더욱 발전할 것이다. 그러나 해결해야 할 심각한 사회적 문제들이 존재한다. 그 첫째는 자동차 기관의 에너지원으로 사용되는 석유자원의 고갈이고, 둘째는 기관으로부터 배출되는 공해가스 때문에 우리의 생활환경이 위협받고 있다는 것이다. 따라서 미래의 자동차의 개념은 단순한 교통수단에서 에너지 경제성이 높고 무공해의 안전한 생활공간을 제공할 수 있는 친환경 지능형 자동차로 변화하고 있다. 이에 대한 대책으로 세계 저명 자동차회사들은 하이브리드 및 전기자동차, 연료전지 등의 개발에 주력하고 있고 이들에 대한 기술개발을 목표로 무한 경쟁에 돌입하고 있다.

이러한 시점에서 공학계열 학생들에게 어떤 형태의 자동차 또는 차량공학의 강의를 제공할 것인가는 논의의 대상이 될 수 있다. 그러나 기존 자동차에 관련되는 지식 전달은 물론 친환경차에 적용할 수 있는 에너지원과 원동기, 작동원리 및 구조 등을 이해시키고, 친환경 자동차를 위하여 개발된 신기술 및 개발동향 등을 소개하는 것은 교육적 관점에서 반드시 포함되어야할 사안으로 본다.

본 교재는 자동차공학 또는 그린자동차공학I 수준의 기초과정을 이수한 공학계열 학생에게 친환경 자동차의 기초개념과 적용기술에 대한 이해력을 부여한다는 교육적 목표 외에, 사회에서 그린자동차 관련 지식을 필요로 하는 기술자나 관계자 등에게도 참고 도서로 활용될 수 있도록 집필했다. 이를 위하여 그린자동차 관련 기반 기술들을 가능한 한 기초 이론들과 연관하여 언급했으며, 이러한 기술들은 기존 내연기관의 성능향상과 저연비 외에 새로운 에너지원 개발, 안전과 편의성 향상을 위한 전기전자화, 정보통신기술 등을 포함하므로 이들 간의 융복합화가 요구된다.

따라서 본 교재의 1장에서 7장까지는 친환경 내연기관, 하이브리드차, 전기자동차와 연료자동차, 전기자동차 모델링, 고효율 에너지 절약형 변속기 등에 대한 기계공학 분야를 다루었고, 8장에서 11장까지는 자동차 원동기로서의 전기모터에 대한 기초이론과 전력변환장치, 전동기제어, 차량에서의 전기장치와 제어시스템 등의 전기전자 및 제어분야에 대하여 서술했다. 교재의 마지막 부분인 12장부터 14장까지는 통신의 기초이론과 차량 내부 네트워크, 차량 간의 네트워크 등 정보통신 분야에 대한 지식 및 적용 예를 다루었으며, 각 장의 마지막에는 주요 내용들을 요약하여 정리할 수 있는 연습문제들을 수록했고 각 분야는 해당 전공교수가 전담하여 집필했다.

집필 과정 중, 현재 생산 차종에 적용되는 기술적 자료들을 수집하고 활용하기 위하여, 기존의 많은 관련 서적, 보고서 및 논문, 관련 웹사이트 등을 참고자료로 인용했으나 일일이 이해를 구하지 못한 점을 이 자리에서 양해를 구하며 이들에게 깊은 사의를 표하는 바이다. 또한 저자들은 교단에서의 경험을 살려 나름대로 최선을 다하였으나 부족한 점들이 아직 많을 것으로 생각한다. 저자 일동은 앞으로도 꾸준히 본 교재에 대한 사용자들의 반응과 의견들을 경청하여 개정과 보완작업에 게을리 하지 않을 것을 약속한다.

끝으로 본 교재는 2010년도에 울산대학교 그린카인재양성센터의 지원을 받아 집필된 것임을 밝히며, 교재 개발비를 지원해 주신 관계자 여러분에게 깊은 감사의 말씀을 드린다.

2011년 3월
저자 일동

차 례

제 1 장
서 론

현재 세계적인 경제위기, 기후변화, 에너지문제 및 고령화 등의 미래 사회적 경향의 추세는 자동차 산업에 큰 영향을 미치며, 특히 환경 및 에너지 절약 차원에서의 연비 규제 강화와 CO_2로 인한 지구 온난화 문제는 많은 관심이 집중되어 해외는 물론 국내에서도 활발히 연구되고 있다. 과거에 사용된 화석연료는 가격 경쟁력과 효율성을 바탕으로 나름의 장점을 갖고 있었지만, 자원의 고갈과 국제적 환경규제 문제가 대두됨에 따라 점차 쇄락의 길로 진입하고 있으므로, 결국 인류는 환경과 에너지 자원 모두를 동시에 해결해야하는 위기에 처해있다. 이에 따라 가장 시급한 대책이 요구되는 분야는 자동차 산업계로서, 자동차에 대한 기본 개념이 과거의 단순한 교통수단보다는 친환경 에너지 절약형 교통수단으로 변했으므로, 세계의 저명 자동차 회사들은 경기 침체에도 불구하고 친환경 미래 자동차의 개발을 위해 투자확대, 인프라 구축 등의 장기적이고 폭넓은 전략을 수립 추진하고 있다. 세계 5위의 자동차 생산국인 우리나라의 경우, 미래 자동차시장의 패권을 결정할 하이브리드차, 전기차 등에 대한 친환경 자동차의 기술력은 경쟁국에 대비하여 76% 수준으로 약 3~4년 정도의 격차가 존재하며, 후발주자인 국내업체는 선진업체의 핵심기술 특허 선점으로 기술개발에 많은 어려움을 격고 있다.

친환경 미래의 자동차는 환경, 에너지, 안전, 통신 분야가 핵심 과제이며, 이를 통해 인간과 자동차가 상호 교감하는 안전하고 편리한 자동차를 의미한다. 이러한 의미에서 그린카는 크게 에너지와 환경에 대응하는 친환경 자동차(green car)와, 안전성과 편의성 등을 향상시킨 지능형 자동차(intelligent car)로 구분할 수 있다. 여기서 그린카는 일반적으로 연비가 기존 차량보다 더 우수하고, CO_2 등의 배출가스는 보다 적은 차로 하이브리드차, 연료전지차, 전기차, 클린디젤차, 대체연료차 등을 통칭하는 의미로 사용된다. 이러한 친환경 자동차는, 경제적 연료 소비와 공해 절감 등의 친환경 기술 외에, 지능형 교통 시스템(ITS, Intelligent Transportation Systems : 전자, 정보, 통신, 제어 등의 기술을 교통체계에 접목시킨 시스템)과 인포테인먼트(Infortainment : 정보와 오락을 함께 제공하는 시스템)의 통신기술, ASV(Advanced Safety Vehicle : 사고를 사전에 예방하거나 충돌 후 피해를 최소화하는 기술을 적용한 첨단 안전차량) 등이 복합적으로 구성된 지능형 자동차라 할 수 있다.

본 장에서는 우선 친환경차의 필요성과 현재 개발된 친환경차에의 시장 현황과 전략 등을 언급한 후, 친환경 자동차 기술 등에 대하여 설명하겠다.

1. 친환경 자동차의 개발 배경 및 필요성

자동차 산업은 운전자의 안전과 편익성을 증대시키는 위주로 개발을 진행하여 왔으나, 석유의 고갈과 환경규제 강화 등 에너지 소비와 연관된 환경문제가 대두되면서, 친환경자동차에 관한 기술개발이 최근 문제화 되고 있으므로, 가까운 미래에 환경 보전을 위한 필요 대책과 화석연료를 대체할 연료 개발이 시급한 실정이다.

1) 친환경차의 개발 배경

전 세계에서 연간 6,000만대의 자동차가 생산될 정도로 자동차가 대중화되면서 자동차에서 배출되는 유해가스에 의해 대기오염이 심각한 수준에 이르렀고 1966년 미국 캘리포니아 주 정부에서 처음으로 HC, CO, NOx 배출량을 감소하는 배출가스 규제를 법으로 정하여 시행하였다. 1975년부터는 미국 전역으로 배출가스 규제가 확대되어 규제하는 기준치도 매년 강화되었으므로, 각 나라에서는 LEV-ULEV-ZEV의 단계별로 HC, CO, NOx 등의 배출량이 적은 저공해 자동차의 연구 개발을 하지 않을 수 없었다. 이에 추가하여 1980년대는 사람에게는 무해한 CO_2가 오존층을 파괴하고 지구 온난화를 촉진시키는 것으로 판명되어 1997 교토의정서에 의해 CO_2와 프레온 가스에 대한 국가별 총량규제가 실시되었으며, 소형 및 경량, 주행저항 저감, 초 저연비화 등 고효율 동력장치의 개발에 관한 연구도 본격적으로 진행되었다.

이러한 대기 오염문제와 함께 석유자원의 고갈로 인한 고유가 시대에 대비하기 위하여, 저연비 자동차의 개발과 대체에너지의 개발이 필요하게 되었으며, 자동차 동력발생장치가 가솔린 → 디젤 → 하이브리드 → 연료전지의 과정으로 발전해가는 추세이므로, GM, Toyota, Ford, Benz 등의 선진 완성차 업체는 [그림 1.1]과 같이 서로 간에 전략적 제휴를 맺고 친환경 자동차 개발에 전력을 기울이고 있는 실정이며 이에 병행하여 주행 중에는 공해가 전혀 없는 전기 자동차도 연구하고 있다.

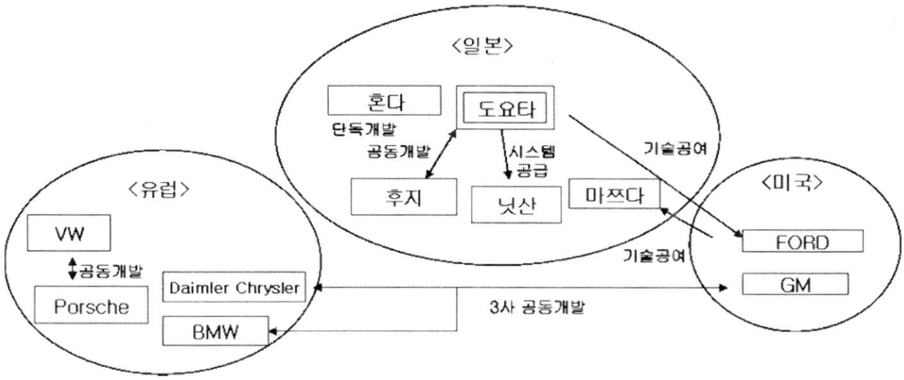

그림 1.1 선진 완성차 업체 간의 제휴관계

따라서 2010년 이후에는 대체연료 자동차와 하이브리드 자동차, 2020년 이후에는 플러그인 하이브리드와 연료전지 자동차 등이 주류를 형성할 것으로 예상된다. [그림 1.2]은 2040년까지의 자동차 시장에서 친환경차종에 따른 시장 점유율 나타낸 것으로, 현재의 내연기관은 2010년 이후 부터 하락하기 시작하여 2022년 경 이후부터는 하이브리드차의 시장 점유량이 더 높다는 것을 알 수 있다. 그 후 약 10년이 지난 2032년 경에도 역시 유사한 현상이 발생하며, 이번에는 수소 연료전지차의 판매량이 하이브리드차를 앞지르게 된다. 따라서 단기적으로는 내연기관의 연비개선과 공해절감 계획이 효율적이고, 중장기적으로는 하이브리드차와 클린디젤차, 장기적으로는 전기차, 연료전지차와 배터리, 모터 및 연료전지 등의 개발계획이 바람직하다.

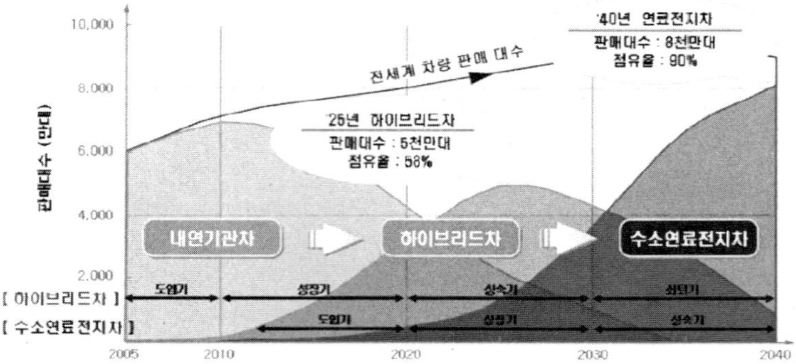

그림 1.2 내연기관과 그린카의 시장 점유 예측 선도

2) 친환경차의 개발 필요성

친환경차량인 하이브리드 및 연료전지 자동차와 안전 및 편의성이 강조되는 지능형 자동차는 자동차 산업의 미래 유망 분야로 채택되어, 최근 급속하게 강화되고 있는 환경 및 안전규제, 에너지 문제 등에 대응하고 소비자의 편의성 및 안전 등에 대한 요구도 만족시키기 위하여, 자동차회사들은 나름대로의 사고를 바탕으로 다양한 가능성을 모색하여 차세대 자동차 기술 개발에 착수했다.

(1) 환경규제 강화와 에너지부상의 문제

향후 자동차시장의 변화를 주도할 것으로 예상되는 변수는 환경규제 강화와 에너지 고갈 문제이다. 환경 및 에너지문제는 기존의 내연기관, 동력전달장치, 소재 등의 효율 강화뿐만 아니라 새로운 에너지를 사용하는 차량 등장을 요구하고 있다. 국내 자동차업계는 70% 정도를 수출에 의존하고 있고 수출의 대부분이 유럽 및 북미지역에 집중하고 있으므로 대상국가의 환경규제에 만족하는 자동차를 생산하여야 하며, 대표적인 국가에 대한 환경규제 동향은 다음과 같다.

① 미국 : '04년부터, 지난 10년 간 시행되던 LEV-I, Tier-I 보다 대폭 강화된, LEV-II(NOx 규제를 0.044g/km에서 0.03g/km로 75% 강화)와 Tier-II(NOx 규제를 강화, 증발가스 기준치 50% 수준으로 강화) 규제가 적용되고 있다. 연비 측면에서는 2016년까지 승용차의 연비를 현재 25mpg(10.6 km/ℓ)에서 35.5mpg(15.1 km/ℓ)로 강화하는 계획을 발표함에 의하여 대당 1,300달러의 추가 비용 소요가 예상되며, 이 외에 중량 감소 및 부품

성능개선 등의 연비 향상을 위한 추가적인 연구 개발을 추진하고 있다.

② 유럽 : EU의 배출가스 규제는 ‘92년 Euro-I을 시작으로 ’09년 9월에 적용된 Euro-V까지 변화되고 있으며, 디젤 승용차가 많은 유럽의 특성 때문에 Euro-V는 Euro-IV에 대비하여 NOx와 PM을 각각 20%, 80% 감소시켜 기준을 강화했다. 또한 배기 성능검사 인증제를 실시하여 불합격 모델에 대해서는 판매 금지 조치를 하고 있으므로, 업체에서 고가의 후처리장치를 장착함에 의하여 제조가격 상승이 초래된 실정이다.

연비 개선과 CO_2 배출량 감소는 직접적인 관계가 있으므로, EU는 CO_2 배출 규제를 연비 규제와 같은 개념으로 시행하고 있으며, 자동차의 CO_2 배출량은 전체의 20%를 차지하고 있어 연료 효율성이 좋아져도 교통량 증가에 따라 CO_2 배출량이 증가하는 경향이 있다. 따라서 EU 27개국의 승용차 평균 CO_2 배출량을 ’08년 140g/km에서 ’12년 130g/km, ’20년 95g/km로 강화하기로 하고, 자동차업계의 부담을 고려하여, ’12년 65%, ’13년 75%, ’14년 80%, ’15년 100% 단계별로 도입하기 했다. 유럽 중요 국가의 CO_2 배출기준 세제와 기존 자동차별 CO_2 배출량을 [표 1.1]에 표시했다.

표 1.1 유럽 주요국의 CO_2 배출기준 세제와 기존자동차의 CO_2 배출량

국가	세제 내용
독일	100g/km 미만 : 운행세 면제
프랑스	130g/km 이하 : 최대 5000 유로 지원 131g/km 초과 : 최대 2600 유로 과징금
영국	100g/km : 세금면제, 225g/km 초과 : 300 파운드 과징금
이탈리아	유로4, 5를 만족하고 120g/km 이하 : 800유로 지원, 보유세 면제
스페인	120g/km 이하 : 등록세 면제, 200g/km 초과 : 등록세 14.75 %

* 자료 : 한국자동차산업연구소

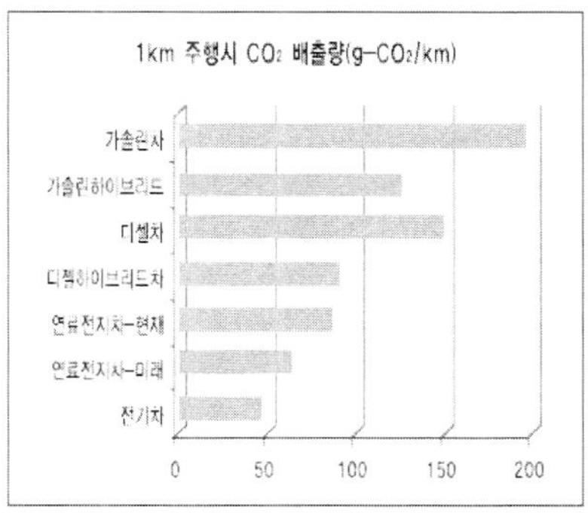

* 주 : 주행모드는 일본의 일반도로 주행과 고속도로 주행을 혼합한 '10-15모드'
* 자료 : Hishshi Ishitani, 'Well-to-Wheel Efficiency Analysis'

③ 일본 : 일본 정부는 ’02년부터 대도시를 중심으로 질소산화물(NOx)과 미세먼지입자(PM : Particulate Matters 흔히 매연으로 불리는 입자상 물질) 총량 저감을 위한 NOx-PM법을 시행했고, 저공해차 세금 감면제도인 그린세제와 배기가스 평가제를 병행 실시하여 저공해차 보급을 확대했다. ’09년부터는 적용한 포스트 신장기 배출가스 규제는 유로-V에 대응하는 것으로, NOx는 기존 대비 40~65%, PM은 53~64%으로 강화

했고, NOx-PM법에서는 디젤승용차 배출기준을 NOx 0.48g/km, PM 0.055g/km으로 규정했다. 연비 측면에서는 경제 산업성과 국토 교통성을 중심으로 자동차 연비기준위원회를 통해 기준을 강화하고 국가 에너지 전략과 연계시킴에 의하여 자동차 중량별로 '15년 연비 목표치를 제시했으므로, 차량 중량이 702kg 이하인 가솔린 차량은 '10년에는 18.3 km/ℓ, '15년에는 600kg 이하 차량은 22.5 km/ℓ, 740kg 이하 차량은 21.8 km/ℓ를 만족해야 하며, '30년까지 수송 부문의 석유 의존도를 현재의 80%로 낮추고, 에너지 효율은 30% 향상시키는 목표를 설정하여 추진 중에 있다.

④ 중국 : '01년 Euro-II 도입을 시작으로 북경, 상해 등 대도시를 중심으로 '06년 유로-III, '07년에는 유로-IV를 선행 도입하였으며, '10년에는 전 중국으로 유로-IV를 확대 시행할 계획이다. 배기 규제는 중국 전역에 대해서는 국가 환경 보호국이, 규제 선행 도시인 북경은 북경 환경보호국이 주관하는, 미국식 이원화 규제를 추진하고 있다. 또한 자동차 증가에 따른 에너지 낭비 감소와 연비개선 기술 도입을 위해 승용차와 소형 상용차의 연료 소모율 규제를 실시하여, 생산차와 수입차 모두 중량과 변속기 종류에 따라 등급과 목표를 설정했으며, '15년까지 자동차 평균 연비를 '09년 15.1 km/ℓ에서 18% 높은 17.9 km/ℓ로 상향 조정할 계획이다.

⑤ 한국 : 우리나라는 '05~'09년 동안 연료와 차급에 따라 단계별로 차등 적용한 배출가스 규제를 실시하고 있으며, 가솔린과 LPG 차량은 캘리포니아 ULEV15 수준(이전은 LEV 수준)으로 규제하여 HC 배출량을 이전의 0.047g/km 보다 강화한 0.025g/km 이하로 제한했고, 디젤은 유로-V 규제 만족을 목표로 추진하고 있다.

'08년 국내 승용차의 평균연비는 11.5 km/ℓ로 '07년(11.0 km/ℓ)대비 3.9% 향상되었고, CO_2 배출량도 191 g/km로 '07년(201 g/km) 대비 5.3% 감소함으로, '08년에 자동차 연료가 5,000만ℓ 절약되고, 10만 3,000톤의 CO_2 저감효과를 얻었다. '08년 12월에는 에너지 이용 합리화 계획에서 '12년 이후에는 '10년 대비 16.5%(1600cc 이하는 14.5 km/ℓ, 1600cc 초과에는 11.2 km/ℓ)의 경제적 연비를 강화했고, '09년 7월에는 '15년 자동차 평균 연비기준을 17 km/ℓ으로, CO_2 배출량은 140 g/km으로 미국 수준 이상으로 결정했다. 또한 2020년 국가 온실가스를 21%, 27%, 30% 감축하는 단계별 계획도 제시하고, 차세대 그린카인 전기차와 연료전지차 보급 등을 주요 감축 수단으로 활용 계획이다.

이상과 같은 대표적 국가들의 환경규제 강화 경향에 따라, 미국 MIT에서 예측한 자동차 기관별 연료 소모량의 전망은 [표 1.2]와 같다.

표 1.2 자동차 기관별 연료 소모량 전망

구 분	2010년	2030년
디젤 하이브리드	4.51	2.45
가솔린 하이브리드	5.02	2.73
디젤	5.48	3.48
CNG	5.82	3.61
가솔린 터보	5.9	3.66
가솔린	6.57	4.11

(2) 자동차의 안전성 및 편의성 문제

자동차의 보급이 일반화되면서 자동차가 단순히 이동수단이라는 의미보다 사무 및 생활 공간화가 강조되고 있으며 안전에 대한 관심도 크게 증가하고 있다. 이에 따라 자동차 내에 오락 및 사무기기나 운전의 편의성을 높일 수 있는 장치에 대한 탑재 요구가 증가하고 있고, 안전에 관한 문제는 소비자의 요구뿐만 아니라 정부의 규제도 강화되고 있는 실정이며, 그 대표적인 예는 안전부품 탑재 의무화(TPMS, ABS, Smart Air bag 등) 및 차량 전복 규제, 보행자 보호, 충돌시험 확대 등이 있다.

최근에는 소비자 권리 강화도 자동차 수요에 영향을 미치는 중요한 요소이므로, 제도적으로 리콜제도가 강화되고 있고 소비자 관련 단체 등을 통한 소비자의 요구가 강화되고 있다. 특히 급속하게 보급되고 있는 인터넷을 통하여 소비자 정보가 빠른 속도로 전파되거나 교환되어 자동차 판매에 큰 영향을 미치므로 세계 자동차 업체들은 소비자들의 반응을 예견할 수 있는 시험장도 미리 모색하고 있으며, 안전과 편의성을 강조하는 소비자의 요구 및 각종 규제에 대응하기 위하여, 전자 정보통신 기술을 적용한 지능형 안전 자동차의 개발 및 보급을 확대하고 있는 실정이다.

① 안전한 차량 개발 : 자동차 안전 관련 기술은 크게 두 분야로 나눌 수 있다. 능동안전과 수동안전이다. 수동안전 분야는 차량의 주행 안정성과 충돌 안전성이 대표적인 기술로써 사고를 유발할 수 있는 결함을 최소화하고 사고 발생 시에는 피해를 최소화하기 위한 기술이다. 능동 안전 분야는 인간의 감각을 대신하는 센서와 제어기, 엑츄에이터를 이용하여 사고를 미리 예방하거나 운전자의 안전운전을 지원하는 기술로써 수동안전기술, IT기술 등 여러 기술과 융합되는 특징이 있다. 능동 안전기술은 예방안전, 사고회피, 충돌안전, 운전자 지원, 자율주행 기술 등으로 세분화 할 수 있다. 기타 안전관련 기술로는 스마트 에어백, 보행자 보호 시스템, TPMS(Tire Pressure Monitoring System, 타이어 압력 감지 시스템), 스태빌리티 시스템(Stability System, 차량의 동적특성을 제어하여 주행안정성과 안전성을 확보하는 기술), 나이

트 비전 등이 있다. 이러한 안전 기술 분야는 사회적 요구에 의하여 진화를 거듭하고 있다. 자동차 사고의 대부분이 운전자의 판단착오와 사고인자 발견 지연 등이 원인이기 때문에 이러한 능동안전 기술들은 교통사고 감소에 큰 기여를 할 것으로 기대되고 있다. 높은 안전성의 지능형 자동차에 적용되는 제품들은 센서 융합과 시스템 간의 상호 연동에 따라서 매우 다양해진다. 예를 들어 자동차에 표준으로 장착되고 있는 ABS시스템은 속도센서와 유압서보, 제어기로 구성되어 있으며, 여기에 레이트 센서(Rate sensor)와 유압 서보기능을 추가하면 ESP기능을 갖게 되는 등 특정 시스템에 특정 센서와 엑츄에이터가 전용으로 사용되는 것이 아니고 서로 유기적으로 연계되어 하나의 시스템을 구성 할 수 있다.

② 편리한 차량 개발 : 편의성 향상 기술은 사실 차량 안전 시스템과 명확히 구분하기 어려운 측면이 있다. 운전자에게 여러 정보를 제공하거나 주행 중 편의성을 향상 시키는 것은 곧 주행 안전에 영향을 미치기 때문이다. 운전자 정보 제공 및 편의성 향상기술은 향후에는 안전시스템과 통합되어 운전자 종합 지원시스템으로 불릴 것으로 예상된다. 대표적인 예는 다음과 같다.

- FRMS(Front Rear Monitoring System) - 카메라에 의하여 전후측방의 사각지역 영상을 운전자에게 제공하여 좁은 길이나 저속주행, 주차 시 운전자의 시각을 보조한다.
- HUD(Head Up Display) - 주행 중 운전자가 시야를 아래 방향으로 초점을 바꾸어야 하는 지금의 계기판 배열 시스템을 대체하기 위해 개발되고 있는 디스플레이 장치이다. 원래는 전투기에 장착된 시스템이지만 자동차에도 그 적용례를 넓히고 있다.
- FWD(Full Windshield Display) - 자동차 전면 유리 전체에 정보를 디스플레이 하는 시스템으로 HUD와 사용목적이 다르다. HUD는 주행에 필요한 필수 정보를 운전자에게 항상 보여주는 반면, FWD는 내비게이션 정보나 기타 필요정보를 필요한 시기에만 보여주는 시스템이다.
- PAS(Parking Assist System) - 카메라나 근거리 센서를 이용하여 주차 시 주변 공간과 차량 등을 인지하고 이 정보를 바탕으로 운전자의 주차를 보조한다.
- 스마트 에어 컨디셔닝 시스템 - 운전자 및 동승자의 체온을 직접 검지하여 각각의 지역에 최적의 온도 환경을 제공하는 시스템으로 온도 조절 뿐 만 아니라 공기 청정 기능과 같은 공기조화 기능도 포함한다.
- Comfort Seat - 운전자 및 탑승자의 체형에 맞추어 시트를 자동 제어하는 시스템으로 시트 내에 조절 가능한 에어쿠션을 내장하여 최적의 승차감을 제공한다.

(3) 관련 기술의 발달

자동차 산업의 변화를 견인하는 기술 분야는 경량소재 및 나노기술 개발, 소재기술, 전자제어기술, 정보통신 및 전장기술, 에너지관련 기술, 전지기술, 자동화기술 등이며, 특히, 전자 및 정보통신 기술의 발달은 지능형 자동차의 개발 및 보급에 중요한 역할을 담당하고 있다. 이와 같이 그린카 개발에 연관되는 기술 분야를 [그림 1.3]에 도시했다.

그림 1.3 그린카 개발의 관련 기술 분야

2. 그린카 시장 현황 및 전망

상승세였던 세계 자동차 판매는 금융위기 여파로 '08년에는 전년대비 6.2%가 급감하였고, 리먼 브라더스 파산 이후에는 20% 감소했다. 지역별로는 미국, EU 등 선진시장의 판매 감소가 심했으며, 급성장하던 BRICs시장도 '08년 4분기부터 급감하기 시작했다. 그러나 각국의 적극적인 경기부양책에 힘입어 중국, 인도, 브라질의 감소세가 '09년 들어서 둔화되고 있으며, 국내 판매도 노후차량 지원으로 증가세를 보이고 있다. 특히 '09년 5월에 출시된 드요타 프리우스는 3개월만에 25만대가 주문되었으며, 혼다 인사이트의 하이브리드차 판매도 경기 침체에 의한 구매력 감소에도 불구하고 증가하였고, 이러한 추세로 본다면 5~10년 후의 그린카에 대한 수요가 더욱 증가할 것으로 전망된다. 그러나 '20년까지의 자동차 산업은 친환경 및 에너지, 신흥시장 발전방향 등의 사회적 분위기에 의하여 영향 받으며, 그 후부터는 친환경 기술개발과 소비가 활성화되어 자동차시장 규모가 8,600만대 정도의 수준에 도달될 것으로 예측하고 있다.

1) 그린카의 구매 특징

구매비용에서는 클린디젤 자동차와 바이오연료 자동차가 강점이 있으나, 운영비용 및 CO_2 배출량에서는 전기 자동차, 하이브리드차, 클린디젤차 등이 유리하다. 또한 PHEV, 전기차, 수소연료차 등은 인프라 구축 차원에서 단점이 있으며, 자동차 시장에서의 판매 시기는 PHEV와 전기차는 '12년 내외, 수소연료차는 '20년 이후로 전망된다. 현재 개발되었거나 개발 중인 그린카들의 구매력 특징들을 비교하면 [표 1.3]과 같다.

표 1.3 현재 개발된 그린카들의 구매 특징

구 분	구매비용	운영비용	CO_2 절감	인프라구축	운전편이성	시장성숙시기
하이브리드차	- -	+	+	○	-	현재
플러그인 하이브리드차	- -	+	+	-	-	'10 ~'11
전기자동차	- - -	+ + +	+ + +	- -	- -	'10 ~'11
CNG	-	+	+	-	-	현재
1세대 바이오연료	○	+	+	-	○	현재
2세대 바이오연료	○	-	+ +	-	○	'15년 이후
수소연료전지차 (화석에너지)(1)	- - -	-	- -	- - -	○	'20년 이후
수소연료전지차 (신재생에너지)(2)	- - -	- -	+ + +	- - -	○	'20년 이후
클린디젤차	○	+	+	○	○	현재

* 주 : (+) 현재보다 좋음, (-) 현재보다 나쁨, (○) 현재와 차이 없음
(1) 천연가스 등의 화석연료에서 수소를 생산
(2) 태양에너지, 풍력, 수력 등을 통해 전기 및 수소를 생산
* 자료 : LG경제연구원, 2009. 4

연료전지차와 전기차는 배터리와 모터 및 연료전지 기술이 중요하므로, 미래 자동차 산업에서 전기전자, 화학 산업의 역할이 증대될 것이다. 보스턴컨설팅은 '20년 세계 자동차 시장은 가솔린 58%, 하이브리드 20%, 클린디젤 14%, 전기차 6%, CNG 2% 등으로 재편될 것으로 전망하며, 독일의 도이치뱅크는, [표 1.4]와 같이, 그린카 시장이 '10년 5억달러에서 '15년 125억달러, '20년에는 326억달러로 급격하게 성장할 것으로 예측한다.

표 1.4 그린카의 시장 전망

(단위 : 억달러)

구 분	'09	'10	'15	'18	'20
하이브리드차	0.3	1	17	48	80
플러그인 하이브리드차	0.2	1	56	81	107
전기차	1	3	52	108	139
합계	1.5	5	125	237	326

* 자료 : Deutsche Bank, Institute of Information Technology

2) 그린카 시장 전략

그린카 시장은 업체가 보유한 기술 및 환경적 관심사에 따라 다양한 전망이 존재하므로 모든 그린카 기술에 대비해야 하는 어려움이 존재한다. 예로서 일본 기업들은 하이브리드에 관심을, EU는 클린디젤차의 보급 가능성을 높게 기대하고, 미국은 PHEV와 전기차 개발을 추진하는 등 자국의 기술적 강점을 극대화하는 전략을 추진하고 있다. 이에 따라, 유럽은 환경보호를 위하여 지주 온난화에 영향 있는 CO_2 감축을, 유럽 이외의 지역에서는 NOx 및 PM 등의 배출가스 감축을 더 중요하게 인식하고 있다.

일본은 하이브리드차의 선두 국가로서 도요타는 자사의 하이브리드 기술을 닛산과 포드에 제공하면서 시장 확대를 시도하고, 혼다와 닛산 등도 하이브리드차 보급에 노력하고 있으며, 하이브리드 기술이 연료전지차의 상용화로 연계되기를 기대하고 있다.

폭스바겐, 푸조 등의 유럽 업체들은 가솔린차에 비해 연비가 30% 이상 우수한 디젤차의 배출가스를 가솔린차에 근접한 청정수준에 달성시켜 유럽 승용차의 50% 이상을 차지할 정도로 선호도가 높으며, 저공해 배출의 디젤차를 친환경차로 인식하고 있다.

디젤차의 기술은 유럽에 밀리고, 하이브리드 기술은 일본에 뒤지는 미국 자동차업체들은 과거의 3리터카, 연료전지차의 개발 실패 및 식량난을 초래할 수 있는 바이오 에탄올차의 개발에 대한 비난의 대안으로 PHEV와 전기차의 개발을 추진하고 있고 있다.

고연비 소형차와 가솔린기관, 클린디젤기술 분야에 국제적으로 인정받는 우리나라는 하이브리드와 연료전지 등에서도 선도업체와의 기술 격차를 극복할 수 있다고 평가된다. 이를 위하여 현대기아차 그룹은 '13년까지 그린카 개발과 CO_2 감축을 위해 R&D 및 설비에 4조 1,000억원의 투자 계획을 발표했고 LPI 하이브리드차를 시판하고 있으며, 가솔린 하이브리드차, PHEV 및 연료전지차 기술개발도 지속적으로 수행하고 있다.

이와 같이 글로벌 기업들은 독자 및 제휴를 통해 그린카 및 관련 기술을 개발하고 있으나, 미래 자동차 시장을 선도할 기술은 아직 불투명한 상태이다. 그러나 미래의 궁극적 그린카는 전기차와 수소연료차가 유망하므로, 핵심기술인 배터리와 연료전지는 장기적이고 지속적인 연구개발과 함께 전략적 제휴가 추진되어야 하며, 연료전지와 배터리의 경우 촉매 및 배터리 전극 기술이 핵심이므로 전기 및 수소 충전소 등의 추가 인프라 구축도 매우 중요하게 취급되어야 하겠다.

3. 그린카 기술의 현황

그린카의 정확한 정의는 불분명하지만, "그린 원동기(공해가스 배출이 전혀 없는 원동기)를 사용하여 추진력을 얻는 자동차 또는 기존의 자동차보다 연료 경제성이 우수하고 공해 배출가스도 훨씬 저감되는 기관 및 연료를 사용하여, 미래의 하이브리드차와 경쟁력을 갖춘 자동차"라 할 수 있다. 현재의 가스 자동차(LPG, NGV), 크린 디젤 자동차, 내연기관 하이브리드 자동차는, 효율적 연료계통과 연소관리, 에너지 절감형 변속기, 배기 후처리 등의 기술 개발에 의하여, 기존의 가솔린이나 디젤 자동차보다 연비 및 열효율이 우수하고 CO_2 등의 배출물질도 훨씬 저감되었으므로, 비록 기존 원동기인 내연기관과 화석연료에 의존하지만 그린카에 속한다고 할 수 있다. 한편, 플러그인 하이브리드(PHEV, Plug-in Hybrid Electric Vehicle : 가정용 전기를 이용하여 배터리를 충전할 수 있는 방식의 전기 보조동력 자동차), 수소 및 연료전지 자동차 등은 화석연료에 전혀 의존하지 않고 배기가 완전 무공해인 새로운 자동차 원동기(그린 원동기)를 사용하는 그린카이다. 기존 내연기관에 알코홀 및 바이오 연료를 사용하는 자동차는 화석연료에 의존하지 않고 식물성 자원에서 추출할 수 있으며, 온난화 가스 CO_2 발생도 식물자원이 성장 시에 소비했던 CO_2를 고려하면, 다른 연료에 비하여 훨씬 작으므로 역시 그린카로 취급된다.

일반적으로, 기존 자동차 기술과 친숙한 내연기관의 고효율화 및 공해저감 친환경 기술은 핵심 및 기반기술로 취급하여 10년 이내의 단기적 계획에 의하여 집약적으로 개발되어야 하며, 미래 자동차의 궁극적 목표인 무공해, 전기 또는 연료전지 자동차의 기반 기술인 배터리, 촉매와 연료전지 등은 10년 이상의 장기적 계획에 의하여 개발이 진행되어야 한다. 이러한 장·단기적 기술개발은 정부와 산업체

간의 긴밀한 협조에 의하여 동시에 진행됨이 바람직하며 아울러 추가적인 인프라 구축도 추진되어야 할 것이다.

1) 하이브리드 자동차

하이브리드란 원래 잡종이나 혼혈 등을 의미하는 단어로서, 하이브리드 자동차는 두 가지 동력원을 함께 사용하는 차를 의미한다. 하이브리드보다 한 단계 발전한 트라이브리드(tribrid) 차량도 현재 개발 중에 있으며 이 자동차는 하이브리드 자동차에 태양 에너지나 바람을 이용하는 친환경적인 세 번째 동력원을 결합한 것이다. 미래형 대체에너지 자동차의 궁극적인 모형으로 제시받는 수소-연료전지 자동차의 경우, 친환경성 면에서 매우 우수하여 자동차 선진국과 업계에서 개발에 심혈을 기울이고 있으나, 아직 기술적으로 해결해야 할 많은 문제점들이 남아있어 가까운 시일 내에 상용화하기는 어렵다.

이러한 기술 및 환경 문제의 중간 대안으로 진행되고 있는 것이 바로 현재의 가솔린기관 또는 디젤기관과 전동기가 결합한 하이브리드 자동차이며, 작동 개념도는 [그림 1.4]와 같다.

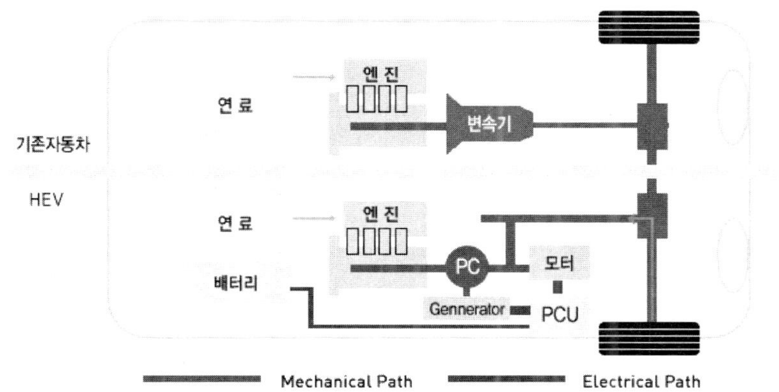

그림 1.4 기존 차량과 하이브리드 차량의 개념도

이와 같은 하이브리드 자동차는 선진 각국의 배기가스 규제에 대응할 수 있는 동시에, 적절한 에너지 효율, 가속 성능 등 고전적인 내연기관 자동차보다 뛰어난 성능을 확보할 수 있다는 장점이 있다. 또한 각종 대기오염과 지구온난화 문제가 대두되면서부터 이산화탄소 및 오염 물질 배출 절감 문제와 결부되어 환경 친화 차량의 개발 필요성에 대한 사회적 공감대를 형성시키고 있다. 현재 개발된 하이브리드 자동차는 동력 전달과정에 따라 [그림 1.5]와 같이 3가지 방식으로 구분할 수 있다.

① 직렬형(Series Type) 하이브리드 자동차 : 기관은 연비와 배출가스를 최소화하도록 최적상태에서 작동시키면서 축전지를 충전시키고, 축전지의 전기에너지를 전기모터가 사용하여 자동차를 구동시키는 방식이다. 이 방법은, 차세대의 태양열 또는 연료전지 자동차의 중간단계에 해당하며, 2개의 동력원(내연기관, 모터)이 직렬로 배치되어 있다.

② 병렬형(Parallel Type) 하이브리드 자동차 : 기관은 자동차를 구동시키면서 여유출력을 축전지에 충전시켜 전기모터와 함께 자동차를 구동시키는 방식으로 2가지 동력원을 병행하여 자동차 추진 에너지에 사용하기 때문에 에너지 효율이 높은 편이다.

③ 혼합형(Series-Parallel Type) 하이브리드 자동차 : 직렬형과 병렬형을 조합한 방식으로 상황에 따라 직렬형 또는 병렬형 방식을 적용할 수 있을 뿐만 아니라 양쪽 모두 작동할 수 있으며, 동력 분배기와 발전기를 단독으로 갖고 있는 것이 병렬형과는 다르다.

B: Battery, M: Motor, G: Generator, E: Engine,
M/G: Motor/Generation, PG: Planetary Gear

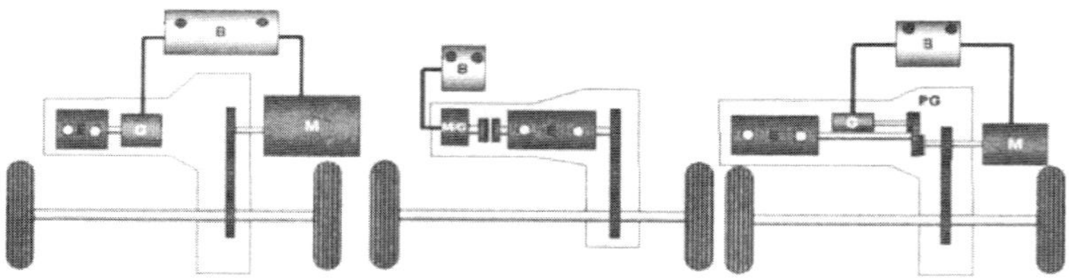

(a)직렬형 HEV (b)병렬형 HEV (C)혼합형 HEV

그림 1.5 하이브리드 자동차의 동력 전달과정에 따른 분류

하이브리드 자동차는 동력 구동형식에 따라 [표 1.5]와 같이 각기 다른 장단점을 갖고 있으나, 여러 기술을 구현하여 적용하는데 한계가 있기 때문에 적절한 선택이 요구된다.

표 1.5 하이브리드 차의 종류에 특성 비교(◎ 우수, ● 보통, ○ 부족)

구분	연비개선				주행성능	
	아이들스톱	회생제동	기관 최적제어	종합효율	가속성능	연속출력
직렬형	●	◎	●	●	○	○
병렬형	●	●	○	●	●	○
혼합형	◎	◎	◎	◎	●	●

표 1.6 하이브리드차의 국내 기술 수준 비교(선진국 100 기준)

혁신기술 항목	기술 수준	전문인력 보유정도	인프라 구축정도
기관 기술	80	70	70
모터/컨트롤러 기술	10	20	20
축전지 기술	60	50	30
보조에너지 저장 기술	90	90	60
차량제어 기술	40	50	20
트랜스미션 기술	40	50	60
시뮬레이션 기술	40	10	60

2) 전기 자동차

자동차의 역사를 볼 때 전기 자동차는 1873년 영국의 Robert Davidson에 의해 가솔린 자동차보다 먼저 개발되어 실용화 되었으나 가솔린 자동차의 성능 향상이 급속도로 진행되면서 전기 자동차는 시장에서 밀려, 점차 사라지게 되었다. 20세기 들어 석유파동 및 도시의 공해와 지구온난화 문제 등이 대두되면서 최근에는 다른 무공해 자동차와 더불어 전기 자동차가 미래의 자동차로 재등장하게 되어 스위스, 프랑스, 독일 등 유럽에서 먼저 시판되기 시작하였고, 미국과 일본이 뒤를 잇고 있다.

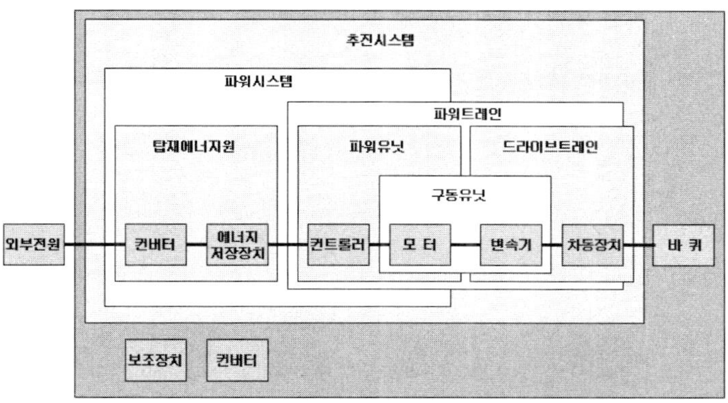

그림 1.6 전기 자동차의 기본 구성

전기 자동차의 구동 시스템은 [그림 1.6]과 같이 축전지, 모터, 변속장치 및 제어장치(MCU)로 구성되어 있다. 전기 자동차의 구동시스템이 내연기관 자동차와 크게 다른 점을 든다면, 기관과 연료 탱크를 대신해 구동용 모터와 축전지 시스템이 탑재되어 있다는 점이다. 그 외 모터가 바퀴 내에 장착되는 휠인모터(Wheel-In motor)와 같은 사례에서도 알 수 있듯이 기존의 내연기관 자동차에서는 적용 사례가 없는 구동원의 유연한 배치 가능성도 전기 자동차의 큰 특징의 하나이다.

(1) 전기 자동차의 기본 구성요소

① 모터 : 모터로서의 구비조건은, 고속회전이 가능하고 소형·경량화이어야 하며, 한번 충전으로 오래갈 수 있도록 효율이 높고 광범위한 정격출력특성을 가질 것, 속도위치 센서에 의한 신뢰성 향상, 차량의 주위환경 등을 고려하여 저소음 이고 차량의 실용화를 위해서 비용이 적게들 것 등이 있다.

구동 모터의 종류는 직류식과 교류식이 있다. 직류계는 권선 여자형과 영구자석 여자형이 있으며, 구조가 간단하고 제어성이 좋고 저속에서 토크가 큰 특징이 있으나, 정류자의 보수 교환 등의 불편한 점 때문에 최근에는 거의 사용 하지 않고 있다. 교류 모터는 유도 모터와 동기 모터가 있으며, 유도 모터는 내구성이 높고 고회전이면서 비용도 적게 들고 출력범위가 30~240kW/h 정도로 넓어 소형에서 대형 전기 자동차까지 널리 사용되었고, 최근에는 영구자석 동기모터가 회전자 발열이 없고 효율도 우수하기 때문에 주류를 이루고 있다. 스위치드 릴럭턴스 모터(SRM : Switched Reluctance Motor)도 구조가 간단하고 내구성이 좋으며 회전수 및 토크용량이 높기 때문에 전기 자동차용으로서는 가장 적합하다고 판단되고 있으나, 아직은 비용이 많이 들고 기술적인 인정이 필요하다.

② 모터 제어장치 : 모터 회전속도와 토크를 조절하여 주는 장치이며 교류를 직류 또는 역으로 전환시켜주는 컨버터(converter)와 인버터(inverter), 제어장치(controller)로 구성된다.

인버터는 변환 주파수 1~20kHz 범위, 용량 10kVA~300kVA의 것이 사용되고, MCU는 고장 진단회로가 내장된 IPM(Interlligent Power Module)이 사용된다.

③ 축전지 : 축전지 종류는 작동 온도에 따라 실온형과 고온형이 있고, 요구 조건은 많은 에너지의 저장과 높은 출력, 회생 에너지의 양호한 흡수성 등이 있다.

축전지 요구 조건의 최우선은 1회 충전 당 주행거리를 늘리는 것이라 볼 수 있다. 1회 충전 주행거리가 어느 정도라면 실용적일까 하는 논제에 대해서는 다양한 의견이 있어 아직 결론을 내기는 어렵다. 하지만 지금까지 행해진 각국에서의 실증 테스트의 결과를 볼 때, '100~200km 정도 주행 가능한 차량 들이 어느 정도 실용적이다'라고 평가되고 있다. 이 주행거리가 실용적인 전기 자동차의 기준이라 가정한다면, 1톤급 차량을 예를 들 때 에너지 소비는 거의 200Wh/km 정도가 필요하다. 따라서 축전지에 20~40kWh 정도의 저장 에너지가 필요하며, 전기 자동차의 축전지로서의 적합성 여부는 이 에너지 정도에 따라 결정되어진다. 필요한 저장 에너지를 얻기 위해서는 축전지의 체적이나 용량도 중요한 인자가 된다. 전기 자동차의 축전지 탑재 장소는 차실 내부, 바닥 밑, 트렁크 룸(trunk room), 기관 룸 등이 있으며, 축전지 체적 증가에 따라 승객실 공간 감소와 차량 무게 증가 등을 피할 수 없다. 따라서 자동차 메이커들의 축전지 체적과 중량 축소에 대한 요구는 매우 절실하다. 탑재 체적은 냉각 공간을 수반하기 때문에 발열이 적고, 냉각성의 높은 축전지가 요구되며, 에너지 밀도는 100~200km의 실용주행거리를 기준하여 약 60Wh/kg 정도 필요하다.

출력은, 일반도로에서 가솔린 자동차와 동등한 수준으로 주행이 가능하도록 하는 것이 필요조건이며, 이에 따라 전기 자동차 축전지의 요구 출력이 결정된다. 자동차가 높은 출력을 낼 경우는 주로 가속할 때와 고속 주행할 때이다. 고속에서의 가속은 특히 더 높은 출력이 필요하며, 일반적으로, 1~2톤급의 전기 자동차에서 통상 40~60kW의 출력이 결정되면, 축전지가 이에 대응하는 출력을 낼 수 있도록 설계되어야 한다.

전기 자동차는 브레이크를 밟을 경우 제동 에너지를 전기 에너지로 회수할 수 있다는 것은 큰 장점이다. 예를 들어, 축전지에 현재 100Ah의 용량이 있다고 가정하고, 출발과 정지가 많은 시내를 축전지의 에너지가 완전 고갈될 때까지 주행했다고 하자. 회생이 없는 경우는 차량이 더 이상 달릴 수 없게 되기까지 축전지로 부터 100Ah의 용량이 나오게 되지만, 회생이 있는 경우, 실제로 전지로부터 나온 출력 전기량은 110~120Ah가 된다. 즉, 10~20% 주행거리가 늘어나게 된다. 그러나, 일반적으로 제동시의 감속도는 가속시보다 높기 때문에, 회생 전력이 가속 시에 소요되는 전력보다 크게 된다. 따라서 이런 큰 회생에너지 중의 대부분을 순간적으로 충전할 수 있는 축전지 성능이 요구된다.

현재 실용화 내지는 개발되고 있는 EV용 축전지는 실온 작동형과 고온 작동형으로 구분하며, 실온 작동형에는 납산(Lead-Acid) 전지, 니켈 카드뮴(Ni-Cd) 축전지, 니켈 수소(Ni-MH) 축전지, 리튬 이온(Li-Ion) 전지, 리튬 플러머(Li-Polymer)전지, 공기 아연(Zn-Airy) 전지가 있고, 고온 작동형에는 나트륨 유황(Na-S)전지, 나트륨 염화 니켈($Na-NiCl_2$) 전지가 있으며 이들의 특성 비교는 [표 1.7]과 같다.

표 1.7 축전지의 특성 비교

	에너지 밀도 [Wh/kg]	출력 밀도 [W/kg]	사이클 수명 [Cycle]
니켈수소 전지	50~70	200~300	1000~1300
리튬이온 전지	85~125	250~300	~800
납축전지	30~35	120~170	
니켈카드뮴전지	50~55	150~200	
공기아연전지			
리튬폴리머전지	~155	315	~600
나트륨유황전지			
나트륨염화니켈전지	~110	~100	

(2) 전기 자동차의 장단점

• 장점 : 무공해 또는 저공해이고 초 저소음이며, 운전 및 유지보수 용이하고, 수송 에너지의 다변화(원자력, 수력, 석탄화력, 풍력 등으로 발전된 전기를 사용)가 가능하며, 충전부하로 수요를 창출(심야전력 이용)할 수 있다.

• 단점 : 주행성능이 불량(가속성능, 등판능력. 최고 속도 등)하고, 1회 충전의 주행거리가 짧으며, 고가(소규모 시험생산의 3배 정도)이고 아직 전기 자동차 사용을 위한 사회적 여건이 미비(법령, 충전시스템, 전기료 우대 등 부수적 여건 미비)하다.

3) 연료전지 자동차

연료전지는 최근 상업화가 가시화 되고 있는 첨단기술이기는 하지만, 그 원리는 이미 오래 전에 발견되었다. 연료전지의 실용화는 '65년 우주선에 탑재하여 기내에서 필요한 전기와 식용수의 공급으로 시작했지만 순수 수소를 사용해야 하는 단점이 존재하고, 이를 개선하고자 한 것이 인산형 연료전지(PAFC : Phosphoric Acid Fuel Cell)이다. 이 기술의 도입으로 값비싼 순수 수소 대신 LNG, 경유 등 통상의 범용 연료를 사용할 수 있게 되었고, ’90년 초반부터 선진국에서는 인산형 연료전지의 상업화를 범국가적으로 추진하여 미국에서 최초로 200 kW급 건물 자가 발전용 제품의 상업화에 착수하였다. 하지만 가격이 비싼 이유로 기대만큼 널리 보급되고 있지는 못했다.

연료전지의 큰 기술적 진보는 최근의 고분자 전해질 연료전지(PEMFC : Polymer

Electrolyte Membrane Fuel Cell)의 개발로서 이온 교환막을 사용하여 약 80°C 내외의 비교적 저온에서 운전이 가능하다. 따라서 초기 기동이 빠르고 액체가 아닌 고체 고분자를 전해질로 사용하므로, 가혹한 조건에서 작동이 가능하며 제작 상 편의성으로 인해 가격 저감에 큰 기여를 할 수 있을 것으로 기대되고 있다. 이 기술은 현재 자동차 분야로의 응용을 위해 개발 중에 있으며, 최근 미국, 일본, 유럽의 많은 자동차사 들이 매년 엄청난 연구비를 투입하여 연료전지 자동차시장으로의 진출을 위한 개발경쟁을 치열하게 벌이고 있다. 이 외에도 몇 가지 연료전지가 개발되었으며, 우리의 일상생활과 밀접한 관계를 갖고 살아갈 날들이 멀지 않았다고 기대한다.

(1) **연료전지의 원리**

물을 전기분해하면 전극에서 산소와 수소가 발생하는데 연료전지는 물의 전기분해 역반응을 이용하는 것으로 수소와 산소로부터 전기와 물을 만들어 내는 것이다.

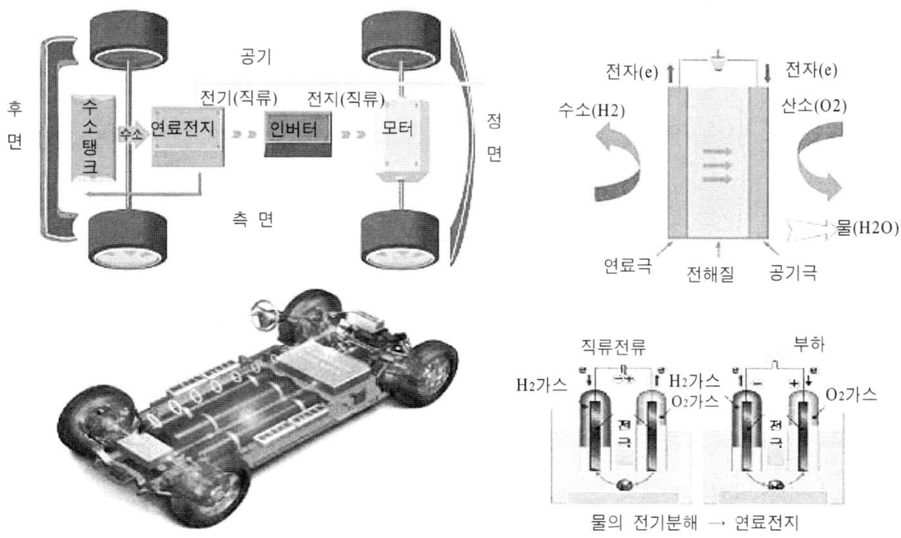

그림 1.7 연료전지 자동차와 연료전지이 개념도

연료전지는 일반 전지(예 : 건전지, 축전지 등)와 달리 연료와 산화제가 공급되는 한 계속 전기 생산이 가능하므로, 수소와 공기만 있으면 무한히 사용할 수 있는 에너지원이다.

천연가스, 메탄올, 석탄가스 등과 같은 화석연료가 수증기와 만나게 되면 수소, 일산화탄소, 이산화탄소가 생성된다. 이 중에서 수소만을 골라내어 연료전지의 전극에 수소를 공급하고 공기측 전극에 공기(산소)가 공급하면, 전해질 반응에 의하여 이온이 형성되며 생성된 이온이 공기측 전극으로 이동하면서 전압 차이로 인한 전류 유동이 발생된다. 한 개의 셀(cell)에서 발생된 전압은 매우 적은 양이므로 여러 개의 셀(cell)들을 포개서 큰 전류를 얻을 수 있으며, 이것을 스택(Stack)이라고 한다.

[그림 1.7]은 연료전지 자동차와 연료전지의 작동 원리를 도시한 것이다.

(2) 연료 전지의 종류

건전지에 망간 전지, 알칼리 전지, 리튬 전지 등 화학 반응을 일으키는 물질에 따라 몇 가지 종류가 있는 것처럼 연료전지에도, 발전원리는 모두 물의 전기분해의 역반응이지만, 전해질에 따라 [표 1.8]과 같이 몇 가지의 종류로 분류할 수 있다.

표 1.8 연료전지의 종류와 특성

구분	인산형 (PAFC)	용융탄산염형 (MCFC)	고체전해질형 (SOFC)	고체고분자형 (PEFC)	알칼리형 (AFC)
작동기체	수소	수소, 일산화탄소	수소, 일산화탄소	수소	수소
전해질	인산	탄산리튬 /탄산칼륨	안전화 질코니아	양이온교환막	수산화칼륨
이온전도	수소이온	탄산이온	산소이온	수소이온	수소이온
운전온도 (°C)	약 200	약 650	약 1000	상온 ~ 약 100	상온 ~약 100
발전효율 (%)	40 ~ 50	45 ~ 60	50 ~ 60	40 ~ 60	45 ~ 60
개발단계	상용화 단계	실험연구 ~실증단계	실험연구 ~실증단계	실험연구 ~실증단계	우주선에 실용화

(3) 자동차용 연료전지

연료전지 자동차는 연료전지 종류, 사용하는 연료, 연료 개질방법, 연료 저장방법, 보조 동력원의 종류 등에 따라 여러 가지 형태로 개발되고 있다. 연료전지로는 고분자전해질 연료전지(PEMFC), 인산 연료전지(PAFC), 알칼리 연료전지(AFC), 직접 메탄올 연료전지(DMFC) 등이 있지만 고분자전해질 연료전지가 출력밀도, 상온 작동성, 내충격성, 수명 등이 다른 연료전지에 비해 우수하기 때문에 현재 가장 많은 주목을 받고 있다. 즉, 고분자전해질 연료전지는 효율이 높고 전류밀도 및 출력밀도가 크며 시동시간이 짧은 동시에 부하변화에 대한 응답특성이 빠른 특성이 있다.

특히 전해질로 고분자막을 사용하므로 부식 및 전해질 조절이 필요 없고 기존에 확립된 기술이 메탄올 개질 과정에 적용 가능하며, 반응기체 압력변화에도 덜 민감하다. 또한 디자인과 제작이 간단하고 연료전지 분체 재료도 여러 가지를 사용할 수 있는 동시에, 부피와 무게도 작동원리가 같은 인산 연료전지에 비해 작다. 이외에 출력 범위가 다양하다는 장점이 있기 때문에 고분자전해질 연료전지는 무공해 자동차의 동력원과 설치형 발전, 우주선용 전원, 이동용 전원, 군사용 전원 등 매우 다양한 분야에 응용될 수 있다.

(4) 전기 자동차와 연료전지 자동차 비교

연료전지 자동차도 일종의 대체에너지를 이용한 전기 자동차이지만 축전지 구동 전기 자동차와 구분하기 위하여 축전지 구동 자동차를 전기 자동차로 기술하여 연료전지 자동차와 구분한다. 연료전지 자동차와 비교할 수 있는 대상은 축전지 구동 전기 자동차로서, 전기 자동차의 주요 공해원은 [표 1.9]와 같이 축전지 충전에 필요한 전기를 생산하기 위한 발전소에서의 공해이며 자체의 매연 수준은 연료전지 자동차에 비해 매우 낮다. 그러나 과정 전체적인 공해 수준은 충전 전력을 무공해 발전 방식인 태양광, 풍력, 수력 등을 이용한 경우에만 전기 자동차의 공해량이 연료전지 자동차의 공허량 보다 낮다고 할 수 있다.

표 1.9 전기 자동차와 연료전지 자동차의 비교

구분	전기 자동차	연료전지 자동차
구동방법	전동기	전동기
동력원	발전소 공급전력	순수 수소 혹은 개질수소에 의한 자체 전원
환경오염문제	화력발전소의 유해 가스 및 다량의 축전지 사용	개질과정에서 극소량 발생
공해정도	가솔린 차량보다 심각함 (충전용 화력발전소 포함)	진정한 무공해 차

(5) 연료전지의 장·단점

연료전지의 장점은 발전 효율이 높고(기존의 발전효율 35%정도 보다 10~25% 더 높음) 환경 문제가 적으며, 다양한 연료와 다양한 발전 용량의 제품 제작이 가능한 것이다. 단점으로는, 발전소 건설비용이 높고(기존 화력발전소는 kW당 1,200$ 이지만 연료전지 발전소는 현재 3,000$ 이상이 요구 됨), 고압 수소저장이나 액체 수소저장 방법은 저장 비용이 높고 상온에서 폭발의 위험성이 있으며, 수명과 신뢰성을 향상을 위한 추가적 연구개발이 더 이루어져야 한다.

4) 클린디젤 자동차

앞에서 설명한 전기 자동차나 하이드리브 자동차는 상용화는 이루어 졌지만 대중화가 될지는 아직 미지수이다. 그리고 연료전지 자동차는 2020년 이후에나 상용화가 가능할 예정이다. 이에 반해 클린디젤 자동차는 유럽에서 이미 대중화를 이루었고, 계속되는 연구 개발을 통하여 좀 더 우리에게 익숙하고 경제적인 친환경 자동차로 성장하고 있다.

국내에 출시된 폭스바겐 골프2.0 TDI 디젤 모델의 공인 연비는 17.9 ㎞/ℓ이고, 푸조 308 1.6 HDi MCP 모델 공인연비는 19.5 ㎞/ℓ이고 CO_2 배출은 138 g/㎞이므로, 기아차의 모닝 1.0 가솔린 모델(135 g/㎞)과 큰 차이는 없지만, 현대차의 아반떼 1.6 하이브리드 연비 17.8 ㎞/ℓ를 약간 초과한다. 유럽의 디젤 차량 친환경성은 LPG 모델이나 경차에 비해 손색이 없거나 더 뛰어난 수준이다. 세계에서 가장 까다로운 친환경 규제를 보유한 유럽에서 디젤 차종 시장 점유율이 50% 이상인 것도 이와 같은 이유 때문이다.

그러나 아직까지 국내에서는 클린 디젤에 대한 인식이 부족한 편이고, 국내 완성차 업체도 하이브리드, 플러그인 하이브리드, 전기차 등 각종 친환경차 개발에 열을 올리고 있으므로, 현실적인 적용 단계에 대한 고민이 부족하다는 지적이 많다.

일반적 예측에 의하면, 플러그인 하이브리드는 아무리 일러도 '10년 말께나 모습을 드러낼 예정이지만 어느 정도 시장을 점유할 수 있을지 미지수이고 연료전지 차도 2020년 이후 상용화가 가능할 것이므로, 차세대 친환경차의 과도 단계에서는 클린디젤이 중요한 역할을 할 수 있다고 강조하고 있다. 실제로 친환경차가 대중화하기도 전에 세계 각국 친환경 규제는 현실로 다가오고 있다. 예로서 미국은 '16년부터 평균 연비를 16.6 ㎞/ℓ, EU는 '12년부터 이산화탄소 배출허용 기준을 130 g/㎞ 수준으로 강화하고 있으며 한국도 '12년부터 '15년까지 단계적으로 평균 연비 17㎞/ℓ 이상 또는 이산화탄소 배출량 140 g/㎞ 이하를 기준 목표로 하고 있다. 공인 연비를 기준으로 했을 때, 수입차를 포함하여 국내 시판 중인 차종(차종별 모델 포함) 중 이 기준에 부합되는 것은 34종에 불과하며, 종류별로 보면 디젤 16종, 가솔린 13종, 가솔린 하이브리드 3종, LPG 하이브리드 2종 등으로 국내 시판 차량 중에도 디젤 차량의 친환경성이 높은 것을 나타나고 있다.

친환경차로 진보하기 위한 과도기 모델로서 클린 디젤 역할이 대두되는 이유도 이 때문이며, 대체연료로 천연가스와 바이오 연료 등이 거론되기도 하지만 원료 수급과 인프라 형성 등의 제한으로 시장 확대가 어려운 측면이 있다. 과거 한국에서는 디젤 모델이 효율은 좋으나 입자상 물질, 질소 산화물과 같은 유해물질을 배출하므로 환경개선 부담금을 부과하는 등 환경오염 차종으로 인식되어 왔다. 그러나 유럽 수준의 높은 친환경 규제를 거치면서 진화를 거듭한 결과 최근에는 오히려 가솔린이나 LPG보다 연비뿐 아니라 이산화탄소 배출량에 있어서도 우위를 보이고 있다. 최근 출시되는 디젤 차량은 이산화탄소 배출을 줄이는 커먼레일 기관을 장착하고 배기가스 중 질소 산화물과 입자상 물질을 제거하는 후처리장치 등이 개발되어 엄격한 Euro 규제를 만족하는 수준에 있다.

이러한 현상은, 국내 판매 자동차를 대상으로 정유업계가 조사한 승용차의 평균 이산화탄소 배출량 검사에서 LPG는 203.9 g/㎞, 가솔린은 187.7 g/㎞, 디젤이 158.2 g/㎞의 결과를 나타내고 있으므로, 경유 자동차가 현실적으로 가장 친환경성이 우수하다고 평가할 수 있으며, 클린 디젤 자동차 육성이 우리나라 환경 개선과 녹색성장, 산업 발전에 큰 기여를 할 수 있으리라 기대한다.

4. 미래의 친환경차 기술 동향

향후 자동차 기술은 에너지 관리 측면에서의 높은 열효율과 저공해, 안전과 편의성에 연관된 고급 지능형 자동차의 개발에 초점을 두고 있으므로, 미래 자동차 기술 동향은 고효율 저공해 기관 개발과 안전하고 편리한 차량 개발로 구분할 수 있다.

1) 높은 열효율과 저공해

고갈되어 가고 있는 석유와 국제적으로 더욱 강화되는 환경규제에 대응하기 위하여, 전 세계의 자동차 업체들은 대체 에너지원 또는 새로운 개념의 원동기를 사용한 자동차의 효율을 극대화하기 위한 여러 가지 방법들을 연구하고 있으며, 이러한 경향을 고려하면 다음과 같은 형태의 자동차가 최소 10년 이후의 자동차 시장에 지배적 영향을 미칠 것으로 판단한다.

(1) **수소자동차**

넓은 의미에서는 수소자동차는 수소 내연기관과 수소 연료전지 자동차를 총칭하지만, 일반적으로 수소 내연기관 자동차를 의미한다. 수소가 에너지원으로서 가지는 장점은, 연소하면 매우 적은 양의 질소 산화물만을 발생할 뿐 다른 공해물질이 생기지 않는다는 것이다. 또한, 수소는 지구상에 존재하는 거의 무한한 양의 물을 원료로 만들어내며, 사용 후에는 다시 물로 재순환되기 때문에 고갈될 걱정이 없는 무한 에너지원이다. 따라서 수소는 저공해자동차의 필요성이 대두되는 현대사회에서 자동차의 연료로서 환영받고 있다. 하지만 수소 자동차의 실용화를 위한 가장 중요한 문제는 수소의 저장 방법이며, 액체 수소 저장탱크와 금속 수소화물(metal hydride)을 이용한 수소 저장탱크 등 두 가지 방법이 쓰인다. 액체수소를 이용하는 경우는 수소를 액화시키는 과정이 어렵고, 저장 도중 수소가 손실될 가능성이 있으며 저장탱크를 만드는 것 또한 쉽지 않다. 수소 저장탱크에 금속 수소화물을 이용하는 경우, 수소 저장합금이 무거운 금속이므로 이를 이용한 수소 저장탱크가 너무 무거워 어려움을 겪고 있다. 만일 현재의 연료통과 비슷한 40ℓ짜리 연료통을 부착한다면 수소 저장합금의 무게만 300kg이 넘게 된다. 따라서 이를 움직이는 데에만 엄청난 에너지가 필요하게 되어 효과적이지 못한 경우가 생길 수 있다. 수소자동차는 미국·일본·독일 등의 선진국에서 오랫동안 연구되어 많은 실험차량들이 제작되고 있으며, 한국에서는 1993년 5월 최초의 수소자동차 '성균1호'를 개발하였다.

(2) **연료전지 자동차**

연료전지 자동차에 대해 설명하기에 앞서 연료전지에 대해서 살펴 볼 필요가 있다. 연료전지란 연료의 산화에 의해서 생기는 화학에너지를 직접 전기에너지로 변환시키는 전지이다. 특징은 반응물이 외부에서 연속적으로 공급되어 반응생성물이 연속적으로 계의 바깥으로 제거된다는 점이다. 이러한 관점에서 살펴보면 연료전지는 일종의 발전장치라고 할 수 있다. 기본적으로는 보통의 화학전지(1차 전지)와 같지만, 닫힌 계(system)내에서 전지반응을 하는 화학전지와 달리 반응물이 외부에서 연속적으로 공급되어, 반응생성물이 연속적으로 계 외로 제거된다. 가장 전형적인 것에 수소-산소 연료전지가 있다. 원리적으로는 1839년 영국의 그로브(1811~96)가 발견하였으나, 그 특징이 바뀌어 다시 관심을 가지게 된 것은 1950년대 후반의 일로, 1959년 5 kW의 수소-산소 연료전지가 영국의 베이컨에 의해 실증 시험됨으로써 각광을 받게 되었다. 그 후 1960~1970년대에 걸쳐 제미니 및 아폴로 우주선에 연료전지가 탑재되었다. 이 전지는 다 같이 알칼리 수용액을 전해질로 하며, 순수한 수소와 산소를 사용한다. 그 후 수소 외에 메테인과 천연가스 등의 화석연료를 사용하는 기체연료와, 메탄올 및 하이드라진과 같은 액체연료를 사용하는 것 등 여러 가지 형태의 연료전지가 나왔다. 이 중에서, 작동온도가 300℃ 정도 이하의 것을 저온 형, 그 이상의 것을 고온 형이라고 한다. 또, 발전효율의 향상을 꾀한 것이나, 귀금속 촉매를 사용하지 않는 고온형의 용융탄산염 연료전지를 제2세대, 보다 높은 효율로 발전을 하는 고체전해질 연료전지를 제3세대의 연료전지라고 한다. 최근, 가장 실용화에 접근한 것은 제1세대 연료전지로서, 미국 UT사를 중심으로 일반 민수용으로 개발된 인산전해질 연료전지가 그 예이다. 이것은 화석연료를 개질(改質)한 수소를 주성분으로 하는 수소가스와 공기 속의 산소를 사용한 수소-공기 연료전지이다. 연료전지는 저공해성이며, 소음이 없고, 배열을 이용할 수 있기 때문에 종합효율이 높다. 1988년에 한국에서는 동력자원연구소와 한국전력 기술연구원에서 메탄올을 연료로 하여 열과 전기를 동시에 얻는 5kW급 연료전지를 개발하였다. 이 연료전지는 천연가스 등의 연료와 공기 중의 산소를 반응시켜 전지를 얻는 기술로, 효율이 50~60%로서 매우 높다.

이와 같은 연료전지를 자동차의 동력원으로 사용하는 것이 연료전지 자동차의 개념이며, 기관이 없기 때문에 배기가스가 나오지 않는 친환경 자동차이다. 1980년대 후반에 캐나다의 벤처기업인 '밸러드 파워 시스템즈'사는 기존의 연료전지를 보다 작고 가볍게 만드는데 성공하여 실용화 가능성이 높아졌다. 그 뒤 2002년 7월 일본의 혼다 기연공업이 미국 캘리포니아 주에서 세계 최초로 판매 인가를 얻어 상용화에 성공했고, 2003년에는 독일의 다임러크라이슬러가 연료전지 버스를, 2004년에는 미국의 포드자동차가 충전지 겸용 하이브리드카를 생산했다.

(3) 전기 자동차

전기자동차란 전기를 동력원으로 하여 주행하는 자동차를 말한다. 일반적인 자동차는 석유계의 원료를 내연기관에서 연소시켜 그 에너지로 주행하는데 비해, 전기자동차는 전력으로 전기모터를 회전시켜 주행한다. 전기자동차에는 현재 크게 세 종류가 있는데, 첫 번째 종류는 열이나 화학반응 등으로 직접 전기를 발생시키는 연료전지나 태양전지 등을 사용하는 차량이다. 태양전지로 달리는 자동차가 그 발전 가능성이 유망하긴 하지만, 현재 기술로는 일반적인 조건에서 주행 시 평균 속도가 낮기 때문에 보다 고성능의 태양전지 개발이 요구되고 있다. 두 번째 종류는 축전지에 미리 비축한 전력으로 달리는 차량으로, 현재 가장 현실적인 축전지식 전기자동차이다. 이 자동차는 전기모터를 사용하므로 무소음, 무진동을 구현할 수 있고, 배기가스를 배출하지 않으므로 대기오염에 대해 자유롭다. 일반적인 전기자동차는 자동차의 원동기로서 직류 또는 교류모터를 선택하며, 이와 같은 전기모터는 정지 상태에서 출발 시 많은 전류가 흘러 강한 토크를 발생하고 이 후 점차 전류가 감소하면서 회전속도가 상승하므로 자동차의 원동기로서 이상적인 모터라 할 수 있다. 또한 중량에 대한 출력이 충분하면, 별도의 클러치나 변속기를 사용하지 않아도 토크나 회전속도를 조절할 수 있기 때문에 운전 상태를 매우 간편하게 조정할 수 있다. 반면, 전지의 축전능력에 제한이 있고 체적이 크고 무거우며, 1회 충전 당 주행가능 거리가 짧다. 이를 보충하는 방법으로 소형의 가솔린 기관을 싣고 항상 정속으로 발전하여 축전지에 충전하면서 달리는, 이른바 하이브리드 방식도 병행하여 시도되고 있다. 이러한 하이브리드 차량에서는 발전용 가솔린 기관이 상대적으로 작고 또 정속운전을 하므로 연료소모량도 낮으며 이에 따라 배기가스 대책도 세우기 쉽다. 향후 체적이나 무게에 비교해 축전 용량이 큰 축전지가 개발된다면, 석유계 연료를 사용하는 가솔린과 디젤자동차 대신 전기자동차가 보급될 전망이 매우 크다.

(4) **하이브리드 자동차**

하이브리드 자동차는 내연기관과 전기자동차의 축전지형 원동기를 동시에 장착하거나 또는 다른 형식의 동력원을 2개 탑재하고 이들에 대한 효율적 운용에 의하여 기존의 차량에 비해 연비 및 유해가스 배출량을 획기적으로 줄인 차세대 자동차를 말한다. 하이브리드 기술이 적용되면 크게는 유해가스를 기존의 차량보다 90% 이상 줄일 수 있고, 대도시의 공기와 주변 환경을 개선할 수 있으며, 교통 상황에 효과적으로 대응할 수 있기 때문에 환경자동차(eco-car)로도 부른다. 일본 도요타의 프리우스(Prius)와 혼다의 인사이트(Insight)가 대표적인 차종으로, 프리우스는 2000년

말 세계 최초로 양산화에 성공하였다. 하이브리드차는 연료 경제성과 열효율이 높고, 가솔린 기관과 전기 기관의 장점만을 결합해 운전하기 위하여 도로와 주변 환경에 적합하도록 추진 동력원을 가솔린 기관 또는 전기 기관으로 자동 변환하며 운전할 수 있다. 2001년 5월 현재 총 9,000여 대가 판매되었고, 특히 미국의 뉴욕주와 뉴저지 주 등이 건설·복지·환경·교통 등과 관련해 공공 기관들의 공용차량으로 구매하는 등 인기를 끌고 있다. 특히 인사이트는 가솔린 기관이기는 하지만, 차체를 알루미늄으로 만들어 기존의 차량보다 40% 정도 무게가 가볍고, 세계 최경량인 1리터 린번 VTEC 기관을 사용해 공기의 저항을 획기적으로 줄였다.

2) 안전한 차량개발

자동차 안전 관련 기술은 크게 두 분야로 나눌 수 있다. 능동안전과 수동안전이다. 수동안전 분야는 차량의 주행 안정성과 충돌 안전성이 대표적인 기술로써 사고를 유발할 수 있는 결함을 최소화하고 사고 발생 시에는 피해를 최소화하기 위한 기술로써, 충돌 예측 시 전동 안전벨트를 제어하는 사전 안전장치(Pre-Safety System) 등이 있다. 능동안전 분야는 인간의 감각을 대신하는 센서와 제어기, 엑츄에이터를 이용하여 사고를 미리 예방하거나 안전운전을 지원하는 기술로써 수동안전기술, IT 기술 등 여러 기술과 융합되는 특징이 있고, 관련 기술은 예방안전, 사고회피, 충돌안전, 운전자 지원, 자율주행 기술 등으로 세분화 할 수 있으며 적응성 주행제어장치(ACC, adaptive cruse control) 등이 있다. 기타 안전관련 기술로는 스마트 에어백, 보행자 보호 시스템, TPMS(Tire Pressure Monitoring System, 타이어 압력 감지 시스템), 스태빌리티 시스템(Stability System, 차량의 동적특성을 제어하여 주행안정성과 안전성을 확보하는 기술), 나이트 비전 등이 있으며, 이러한 안전 기술 분야는 사회적 요구에 의하여 진화를 거듭하고 있다. 자동차 사고의 대부분이 운전자의 판단착오와 사고인자 발견지연에서 기인하기 때문에 이러한 능동안전 기술들은 교통사고 감소에 큰 기여를 할 것으로 기대되고 있다. 고안전 지능형 자동차에 적용되는 제품들은 센서 융합과 시스템 간의 상호 연동에 따라서 점점 다양해지고 있다. 예를 들어 자동차에 표준으로 장착되고 있는 ABS시스템은 속도센서와 유압서보, 제어기로 구성되어 있으며, 여기에 트랙션 제어장치(traction control system)와 유압서보기능을 추가하면, 2012년도부터 북미 자동차 모델에 장착 의무화되는, 주행 안전성 제어장치(ESC, electronic stability control)기능을 갖게 된다. 기존에는 특정 시스템에 특정 센서와 액츄에이터가 전용으로 사용되었지만, 앞으로는 차량 각 장치들이 유기적으로 연계되어 하나의 시스템을 구성하는 경향으로 진보될 것이다.

3) 편리한 차량개발

편의성 향상 기술은 사실 차량 안전 시스템과 명확히 구분하기 어려운 측면이 있다. 이러한 기술은, 일반적인 센서 외에 레이더(radar), 비젼(vision) 또는 융합(fusion)기술에 의한 센서들을 통하여, 운전자에게 여러 정보를 제공하거나 주행 중 운전자의 편의성을 향상시키고 있으므로, 주행 안전에 영향을 미치기 때문이다. 운전자 정보제공 및 편의성 향상기술은 향후에 안전시스템과 통합되어 운전자 종합 지원시스템으로 불릴 것으로 예상되며, 현재 개발된 대표적 장치들은 다음과 같은 것들이 있다.

- FRMS(Front Rear Monitoring System) : 카메라를 이용하여 전후측방 사각지역 영상을 운전자에게 제공하여 좁은 길 저속주행, 주차 시 운전자 시각을 보조한다.
- HUD(Head Up Display) : 주행 중 운전자가 시야를 하향하면서 초점을 바꾸어야 하는 지금의 클러스터를 대체하기 위해 개발되고 있는 디스플레이 장치이다. 원래는 전투기에 장착된 시스템이지만 자동차에도 그 적용례를 넓히고 있다.
- FWD(Full Windshield Display) : 자동차 전면 유리 전체에 정보를 디스플레이 하는 시스템으로 HUD와 사용목적이 다르다. HUD는 주행에 필요한 필수 정보를 운전자에게 항상 보여주는 반면, FWD는 내비게이션 정보나 기타 필요정보를 필요한 시기에만 보여주는 시스템이다.
- PAS(Parking Assist System) : 카메라나 근거리 센서를 이용하여 주차 시 주변공간과 주변 차량 등을 인지하고 이를 근거하여 운전자 주차를 보조하는 시스템.
- BSD(blind spot detection) : 후측방 사각지대의 장애물을 레이더 센서로 감지
- Smart Air Conditioning System : 운전자와 동승자 체온을 직접 검지하여 각각의 지역에 최적의 온도 환경을 제공하며, 공기 청정기능과 같은 공조기능도 갖는다.
- Comfort Seat : 운전자 및 탑승자의 체형에 맞추어 시트를 자동 제어하는 시스템으로 시트 내에 조절 가능한 에어쿠션을 내장하여 최적의 승차감을 제공한다.

이외에 각종 반도체와 센서 등에 의한 여러 장치들이 개발되고 있으며, 이와 같

이 운전자의 편안함과 안전성을 위하여 도입되는 전기전자 및 정보통신 기술들의 발전은 전통적인 자동차 산업의 전반적인 계통을 급속히 변화시키고 있다. 따라서 미래형 자동차 기술은, 지능형 친환경 자동차기술, 정보통신 기술, 전장품 관련 반도체 기술 등이 융합된 환경 친화적이고 고안전도 및 편의성이 극대화된 차량의 기술 개발이 지배적 경향을 이룰 것이다.

연습문제

1. 미래 자동차 시장에서 내연기관 자동차와 그린 자동차의 시장 점유 비중에 대한 예측에 대하여 간단히 언급하라.

2. 친환경 자동차의 개발 필요성과 대표적인 국가에서의 환경규제 경향에 대하여 기술하라.

3. 현재 개발된 그린 자동차의 종류에 대하여 열거하고, 대중화되기 위하여 해결되어야 하는 문제점들에 대하여 논하라.

4. 하이브리드 차량의 동력전달 과정에 따른 특성을 기술하라.

5. 전기 자동차의 기본 구성요소들을 열거하고 장단점에 대하여 기술하라.

6. 전기 자동차에 적용할 수 있는 축전지의 요구조건을 언급하고, 현존하는 축전지의 특성을 기술하라.

7. 연료전지 원리에 대하여 기술하고, 그 종류와 특성에 대하여 언급하라.

8. 연료전지 자동차와 전기 자동차에 대하여 비교하라.

9. 클린 디젤자동차가 친환경차로서 상용화에 유리한 이유를 언급하고, 기존의 디젤자동차와 차이점들을 기술하라.

10. 미래 친환경 자동차의 기술 경향에 대하여 간단히 기술하라.

제 2 장
친환경 내연기관

미래의 세계 자동차 산업은 고갈이 우려되는 석유 자원 및 날로 심화되는 대기 환경오염과 지구 온난화 때문에 환경 문제와 깊은 관련을 맺고 있다. 따라서 보다 적은 연료로 더욱 먼 거리를 주행하고 이산화탄소와 매연 등의 배기로 인한 대기 오염도 현저하게 낮은 자동차 개발은 미래의 환경개선을 위하여 반드시 이루어야 할 과제라 할 수 있다. 이러한 상황에서, 세계의 주요 자동차 업계는 여러 방면으로 친환경차량의 기술개발과 보급 확대를 위하여 경쟁적인 노력을 가속화하고 있으며, 개발 방향은 크게 기존 내연기관의 효율성을 향상시키려는 노력과 내연기관 이외 새로운 동력원을 찾으려는 노력으로 구분할 수 있다. 전기 모터 및 플러그인 하이브리드, 연료전지 등의 동력원은 기존의 내연기관을 대체할 수 있는 미래 자동차 동력원으로 바람직하지만 실용화되어 양산될 때까지는 아직 해결되어야할 많은 문제점들이 존재하는 실정이므로 향후 10년 이상의 장기적 목표를 두고 원천 기술 개발에 집중되어야 할 분야이다. 한편 기존 내연기관의 효율성을 증가시키는 방법으로는 재생 브레이크 및 아이들 스탑(idle stop) 기술이 적용된 하이브리드 자동차 외에 대기오염을 감소시킬 수 있는 클린디젤 및 대체연료 자동차 등이 있으며, 단기적인 친환경차에 속하므로, 판매 시장은 10년 이상 전 세계로 확대될 수 있다. 특히 우리나라의 실정에서는, 장기적인 원천기술 개발에 노력하는 동시, 일본이나 미국에 비해 기술 경쟁력이 있는 크린디젤과 가스자동차에 대한 기술력을 향상시키고 국제시장의 경쟁력을 증가시켜, 추후에 대체연료의 혼합 또는 디젤 하이브리드

차로 개발하면 우리나라 자동차산업은 계속 호경기를 유지할 수 있으리라 판단한다.

본 장에서는 대체연료로서 가장 유망한 액화 석유가스(LPG), 액화 천연가스(LNG), 에타놀, 바이오 디젤을 사용하는 내연기관과 크린디젤 자동차의 장·단점 및 연료 특성, 적용기술과 현황 등에 대하여 설명하겠다.

1. 가스연료 자동차

현재의 자동차 연료는 원유를 정제한 석유계열이 주축으로 사용되고 있으나, 한정된 원유자원에 대한 의존도와 매연 배출을 조금이라도 줄이기 위하여, 대체연료에 대한 연구가 선진국에서 활발하게 진행되고 있다. 일반적인 대기 중에서 기체 상태를 유지하는 가스연료들은 연료 자체의 청정성이 뛰어나고, 대체 연료로서의 매장량이 비교적 많으며 양호한 연소성능을 가지므로 대체 연료로서 많은 각광을 받고 있다. 특히 액화 석유가스(LPG), 천연가스 연료 등은 기존의 내연기관을 약간만 개선하면 적용할 수 있으므로 기술적으로도 매우 친숙한 관계이고, 연료 주성분이 기존의 액체 연료보다 탄소 수가 상대적으로 적으므로 배기 중의 CO_2를 감소시킬 수 있다. 그러나 연료 점도가 낮으므로 연료 분사계통의 마모가 크고, 액상을 유지하기 위하여 가압 저장 시스템이나 저온 단열용기 등이 요구되므로 기존의 내연기관 보다 가격이 높아질 수 있다.

1) LPG 자동차

LPG 자동차는 겨울철 냉시동 불량, 출력저하 및 부족한 충전 인프라 등으로 인기가 저조했으나, 최근 LPG 액체분사 기술에 의하여 문제점들이 많이 개선된 실정이다. 구조 및 작동은 연료공급 계통을 제외하면 가솔린 자동차와 동일하고, 기관 특성도 가솔린 기관과 비슷하지만 LPG 연료 특성으로 인한 차이점이 존재한다. 연료의 주성분은 부탄과 프로판이며 고옥탄가이고 증발잠열이 크며, 산소나 그 외의 다른 화합물과 쉽게 결합하여 타르나 고무상의 물질을 생성하는 프로필렌과 부틸렌을 포함한다. 또한 LPG는 화학반응이 거의 없는 안정된 화합물이지만 가솔린처럼 용해성이 있으며, 특히 천연고무 및 페인트를 용해시키기 때문에 연료계통의 부품 선택이나 배관할 때에는 반드시 재료 선정에 주의해야 한다. LPG 자동차의 장단점을 [표 2.1] 나타냈다.

표 2.1 LPG 자동차의 특성

장점	단점
· 연료 가격이 저렴하고 카본 부착이 없으므로 점화 플러그 수명 연장. · 엔진오일이 연료에 희석되지 않으므로 마모가 적고 수명이 연장된다. · 균일한 연소로 소음이 적고 열에 의한 베이퍼 록(vapor lock)등이 없다. · 냄새와 CO_2 함유량이 적으며, 매연이 없어 배 기성능이 우수하다.	· 높은 증발잠열로 동절기 시동성 불량. · 연료 증발기와 믹서 등은 주기적으로 타르 및 이물질은 제거시켜야 한다. · 승용차의 경우, 연료 탱크 설치로 인하여 트렁크의 공간이 적어진다.

(1) **종류**

LPG 자동차는 연료공급 시스템에 따라 초기의 단순 믹서방식(gas mixer), 기계식 피드백 믹서방식(FBM, Feed Back Mixer), 전자제어 피드백 믹서방식, 전자제어 연료분사방식(LPLi, Liquid Phase LPG Injection) 등으로 구분하며, 전자제어 FBM과 LPLi 등은 현재 양산되어 판매되고 있다. 연료공급 시스템에 대한 상세분류는 [그림 2.1]과 같다.

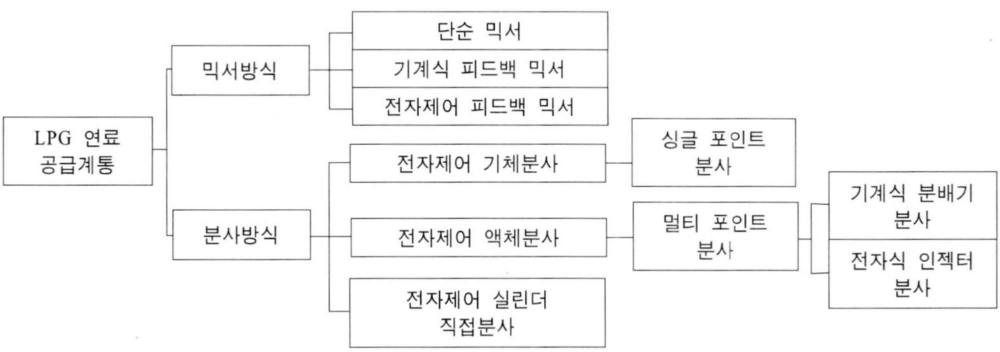

그림 2.1 LPG 연료계통에 대한 분류

① 믹서방식

믹서방식은 단순 믹서와 피드백 믹서로 나눌 수 있고, 피드백 믹서는 구형과 신형으로 구분되지만, 구조와 연료공급 계통은 거의 동일하고 제어방식이 기계식(구형 FBM)인지 또는 전자제어식(신형 FBM)인지만 다를 뿐이다. 전자제어 FBM에서, 제어 유니트는 여러 센서로부터 신호를 받아 믹서에 설치된 솔레노이드 밸브와 연료 컷 밸브를 작동시켜 적절한 공연비를 공급하므로 기계식보다 유해가스가 적으며, 계통도는 [그림 2.2]과 같다. 연료 탱크 내의 가압된 LPG는 여과 후 전자석에 의하여 개폐되는 긴급 차단 밸브를 거쳐 감압용기인 증발기로 유입되어 기체 상태로 변한다. 기체 상태의 일정압력으로 조정된 LPG는, ECU의 지시에 의하여 작동되는 메인 듀티 솔렌노이드나 스타트 솔렌노이드 밸브에 공급되어 기관 운전조건에 적합한 연료량이 믹서로 공급된다.

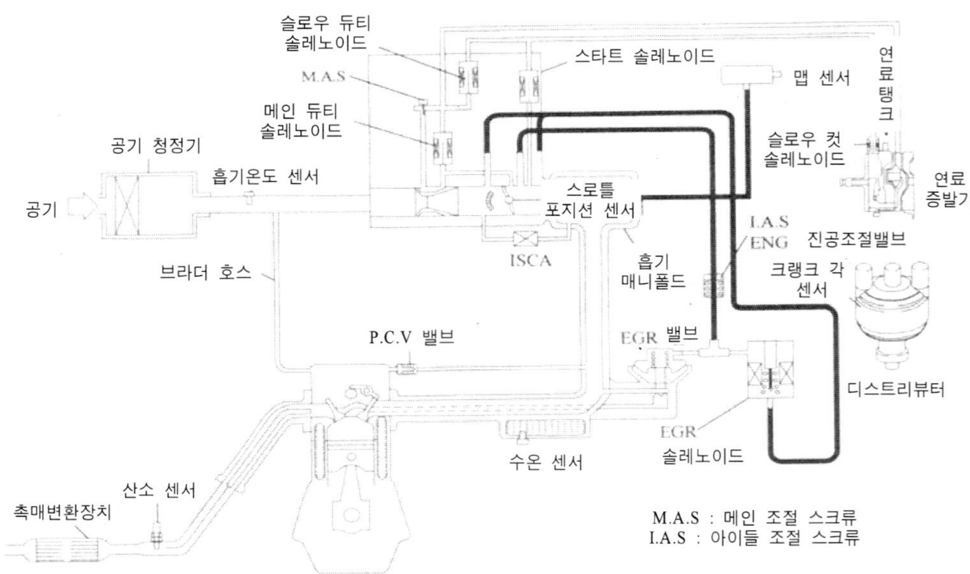

그림 2.2 전자 제어식 FBM의 계통도

② 분사방식

분사방식은 크게 기체분사와 액체분사 외에 개발 중인 기술로서 실린더 직접분사 방식으로 나눌 수 있으며, 기체 및 액체분사는 모두 단일점 분사(SPI)와 다점분사(MPI)로 구분할 수 있지만 현재는 액상 다점분사가 많이 적용된다. LPG 액상 분사는 믹서방식과는 달리 연료 펌프로 연료를 5~15 기압 정도로 송출하여 인젝터를 통하여 분사하는 방식으로 가솔린 분사방식과 유사한 구조를 갖는다. 따라서 분사방식은, 전자제어 FBM과 제어 목표가 같으므로, 측정 센서 및 제어방식이 비슷하지만, 연료 공급량과 분사시기를 보다 정밀하게 제어할 수 있으므로 FBM보다 냉시동성, 연비, 출력이 향상되고 유해 배기량도 감소되어 엄격한 배기규제에 대응할 수 있다. 단점으로 가솔린 자동차에 비교하여 낮은 출력과 겨울철 냉시동성 저하 등이 있으며, 시스템 계통도는 [그림 2.3]과 같다.

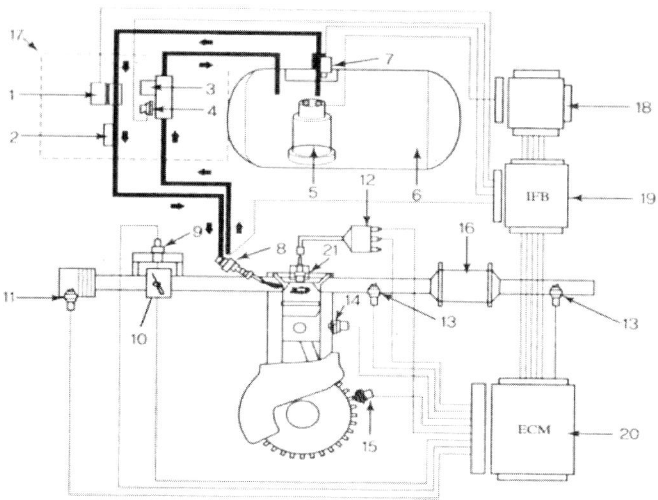

1.연료차단 솔렌노이드 밸브
2.LPI 가스 온도 센서
3.연료압력 조절기
4.LPI 가스 압력 센서
5.연료펌프
6.연료탱크
7.멀티밸브(과류방지,수동,릴리프)
8.인젝터(액상 LPI 분사)
9.공회전 속도제어 엑츄레이터
10.스로틀 위치 센서
11.흡기온도 센서
12.점화코일
13.산소센서
14.냉각수 온도 센서
15.크랭크 축 위치 센서
16.촉매
17.레귤레이터 유니트
18.펌프 드라이버
19.인터페이스 상자
20.ECM
21.점화 프러그

그림 2.3 액상 분사 LPI(LPLI)의 계통도

(2) **성능**

LPG 자동차는 FBM방식에서 LPI 방식의 적용으로 성능향상을 초래했으며, 국내 차의 경우, 기존 카렌스II 2.0 FBM은 최고 출력이 123 마력, 연비는 7.0 km/l 이였으나, 뉴카렌스의 2.0 LPI기관은 136 마력과 8.1 km/l 의 향상을 초래했으며, 이 외의 발진성능, 추월성능, 시동성능 등은 모두 가솔린과 거의 동일한 수준이다. 그러나 배기성능에서 FBM 방식은 초저공해차량(ULEV)규제를 만족하지 못하지만, LPI 방식은 북미의 ULEV는 물론 유럽의 EURO IV 규제값을 훨씬 밑도는 수준의 배기성능을 갖는다.

(3) LPG **기관의 연료공급 계통**

LPG 연료 공급계통은, 봄베 내의 액체연료를 기상으로 변화시켜 공급하는 FBM 방식과 연료펌프에 의하여 액상의 연료를 5~15 bar의 고압으로 송출하여 인젝터가 직접 공기 중에 분사하는 LPI 방식이 있으며, 각 계통에서 요구되는 장치들은 다음과 같다.

① FBM 방식 : 탱크의 액상 연료는 증발기에서 증기로 변하여 믹서에서 공기와 혼합.

- LPG 봄베 - LPG 충전을 위한 고압용기로서 기상(황색), 액상(적색), 충전(녹색) 등 3개의 기본 밸브와 체적 및 액면 표시기 등의 지시장치가 설치되어 있고, 두께 3.2mm의 고압가스용 강판을 사용하여 $31\,kg_f/cm^2$ 의 내압시험에 견디도록 제작된다.
- 긴급 차단 솔레노이드 - 돌발사고로 인한 엔진 정지 시, 액·기상 밸브와 긴급 차단 밸브에 전원을 차단한다. 솔레노이드의 동작은, 전류가 흐를 때 발생된 자력으로 플런저가 이동하여 통로를 개방하며, 전원이 차단되면 연료 증기압과 스프링에 의하여 통로를 닫는다. 솔레노이드 직전에 일체 결합된 LPG 필터가 설치되며, 필터 내부에 다공성 세라믹 물질과 영구자석이 부착되어 불가용성의 불순물이나 먼지, 철분 등을 여과한다.
- 증발기 - 액상의 LPG 연료를 증기 상태로 변환시키는 역할을 하며, 증발 시의 잠열 흡수에 의한 온도 저하로 불충분한 연료 공급 현상을 방지하기 위하여, 증발기에는 기관의 냉각수 통로가 설치되어 증발에 필요한 열량을 공급하고 있다.
- 슬로우 컷 솔레노이드 밸브 - 전기적으로 밸브를 개방하여 주행 시에 요구 연료량을 추가적으로 공급하며, 시동성능 향상 및 시동 꺼짐을 방지하는 역할을 한다.
- 믹서 - 증발기로부터 공급되는 연료를 공기와 혼합하여 가연성 혼합기를 연소실에 공급한다. 피드백 전자제어 장치의 유무에 따라 기계식 믹서와 전자식 믹서로 구분한다.

전자식 믹서는, 가솔린 기관에서 메인 제트 통로 조절과 유사한 방법으로 연료 유량을 조절하는 메인 조정 스크류(MAS)와 보조 연료 통로를 개폐하여 공연비를 제어하는 메인 듀티 솔레노이드, 기관 시동 및 주행 중의 감속시 등의 조건에서 시동 꺼짐 및 시동성 향상을 위한 스타트 솔레노이드, 시동 및 각 종 부하에서 최적 공연비 조성을 위하여 연료 통로를 개폐하는 슬로우 듀티 솔레노이드, 공회전시 기관 회전수를 안정성 확보를 위한 아이들 스피드 콘트롤 엑추레이터(ISCA) 등으로 구성된다.

② LPI 방식 : 펌프모듈과 드라이버, 레귤레이터 유니트, 인젝터 등으로 구성된다.

- 펌프모듈 - 펌프 드라이버에 의해 포화압력 상태의 LNG를 가압하여 인젝터로 강제 압송시키며, 안전과 기능적 이유로 연료에 잠겨 작동한다. 펌프는 5단계의 속도로 구분되어 작동하며, 분사압은 탱크내의 압력(1~10 bar)에 약 5bar를

추가한 5~15 bar를 유지한다. 프로판과 부탄의 혼합물인 LPG 연료는 이들의 비점이 각 각 다르므로 액체상태의 연료 분사량을 결정하기가 어렵기 때문에, 압력 조절기(레귤레이터)에 내장된 온도 및 압력 센서로 연료상태를 예측하여 보다 정밀한 연료량을 결정하여 분사한다.

펌프 모듈은 연료필터, BLDC모터, 왕복형 펌프 등으로 구성된 펌프부분과, 연료배관이 파손된 경우 연료 송출을 차단하는 과류 방지밸브, 장기간 동안 연료를 차단하는 수동 밸브, 연료공급 배관의 압력을 액상으로 유지시키고 연료 압력이 20± $2kg_f/cm^2$ 도달하면 연료를 재순환시키는 릴리프 밸브, 연료 압력이 $1kg_f/cm^2$ 이하에서 열려 연료를 탱크로 복귀시키는 리턴 밸브 등으로 구성된 멀티밸브 부분으로 구분된다.

- 펌프 드라이버 - 연료 펌프가 장착된 부분에 돌출되어 설치되는 펌프 드라이버(BL DC모터)는 펌프 회전속도를 기관 조건에 따라 5단계(500, 1000, 1500, 2000, 2500 rpm)로 제어하는 역할을 한다. 5단계 제어의 가장 큰 목적은 탱크로 복귀하는 연료량을 최소(10~15%)화하여 연료 탱크 내의 온도 상승을 억제하고 펌프 수명을 연장하는데 있다.
- 압력조절기 - 연료 탱크에서 송출된 고압의 연료를 다이아프램과 스프링의 균형을 이용하여 연료배관의 압력을 탱크 압력보다 항상 +5 bar를 유지하는 역할을 하고, 이 외에 연료 분사량을 보상하기 위하여 내장된 LPI 가스 압력센서와 온도센서, 연료차단 솔레노이드 밸브 등에 의하여 연료의 차단과 공급을 제어한다.
- 인젝터 - 흡기 매니폴드에 설치되며, 연료는 인젝터 하단으로 유입되어 중앙 부위에서 유출되는 하단 공급(bottom feed) 방식이므로, 기포가 발생되어도 위로 배출되어 증기폐색(vapor lock : 증기에 의하여 유로가 막히는 현상) 방지에 유리하다.

(4) LPI 기관의 전자제어 시스템

LPI 전자제어 시스템은 [표 2.2]와 같이 가솔린과 디젤기관의 전자제어 계통과 유사하다. 시스템은 센서, 엔진 제어모듈(ECM), 엑츄레이터 등으로 구성되며, ECM에서 각 종 센서에서의 입력 신호를 근거로 연산하고 그 결과를 비교 판단하여 적절한 신호를 출력 엑츄레이터에 보내서 공연비, 점화시기, 아이들 회전수 연료차단 등의 제어를 수행한다.

표 2.2 LPI 방식의 전자제어 시스템 구성

센서부(입력신호)	제어부(ECM or PCM)	구동부(출력 엑츄레이터)
· 공기량 측정센서(MAFS) · 흡기온도 센서(IATS) · 맵 센서(MAPS) · 냉각수온 센서(ECTS) · 스로틀 위치 센서(TPS) · 산소 센서(HO2S) · 캠축 위치 센서(CMPS) · 크랭크축 위치 센서(CKPS) · 노크 센서(KS) · 엑셀 패달 위치 센서(APS) · LPI 가스온도 센서(GTS) · LPI 가스 압력 센서(GPS)	· 공기량 제어 · 점화시기 제어 · 아이들 회전수 제어 · 자기진단	· 인젝터 · 점화코일 · 가변흡기 솔레노이드 · 연료차단 솔레노이드 · ETC 모터

① 센서부 : 정밀한 공연비 제어를 위해 각종 센서로 기관 상태와 조건을 파악한다.

- 공기량 측정센서(Mass Air Flow Sensor) - 고기 정화기와 스로틀 바디 사이에 설치되며 핫 필름(hot film)에서의 대류에 의한 열손실을 측정하여 흡기량을 측정한다.
- 맵 센서(Manifold Absolute Pressure Sensor) - 서지탱크에 장착된 압력 변환소자의 출력으로부터 흡기관 압력을 측정하여 흡입 공기량을 간접적으로 산출하는 계측 방법이며 스피드-덴시티(speed-density)법이라 한다.
- 흡기온도 센서(Intake Air Temperature Sensor) - MAFS 내부에 장착되어 흡기온도를 검출하며, 온도에 따른 밀도 변화를 보정하여 정확한 공기 질량을 계산할 수 있다.
- 냉각수온 센서(Engine Coolant Temp. Sensor) - 실린더의 냉각수 통로에 설치된 써미스터로서, PCM은 온도를 감지하고 이에 적합한 혼합기를 공급할 수 있도록 각 장치를 제어하고, 저온 시동에서 기관 꺼짐 등을 방지하기 위해 분사량과 시기를 조절한다.
- 캠축 위치 센서(Cam Shaft Position Sensor) - 홀 센서(Hall Sensor)를 사용하여 캠축의 위치를 검출하며, 크랭크축 위치 센서에서 검출할 수 없는 각 실린더의 피스톤 위치도 확인할 수 있으므로 순차적인 연료분사(sequential injection)를 가능하게 한다.
- 크랭크축 위치 센서(Crankshaft Position Sensor) - 기관 전자제어에서 가장 중요한 변수인 기관 회전수를 검출하는 센서로, 변속기 하우징에 장착되며, 측정 대상인 휠과 센서 사이에 발생하는 자기장에 의한 교류 전압으로부터 회전수를 구한다.
- 산소 센서(Heated Oxygen Sensor) -지르코니아와 알루미나로 구성된 박막 적층형 센서로 배기관의 촉매 컨버터 전단과 후단에 각각 장착되어 배기 중의 산소 농도에 따라 발생되는 전압을 PCM에 전달한다. 기준이 되는 공기 중의 산소

농도와 배기의 농도 차이를 비교하여 공연비가 농후하면 약 $1V$ 전압, 희박하면 $0V$에 가까운 전압을 발생하며 농도를 정상적으로 검출하기 위하여 센서 끝단의 온도는 통상 $370^{o}C$를 유지해야 한다.

- 노크 센서(Knock Sensor) - 압전 세라믹을 응용한 센서로 노크 발생 시 감지한 진동을 기준 이상의 전압으로 PCM에 전달하여 점화진각을 지각시켜 최적 상태를 유지한다.
- 엑셀 패달 위치 센서(Accelerator Position Sensor) - 엑셀 페달 모듈에 설치되어 교축밸브 위치 센서와 동일한 원리로 운전자의 가속 의지를 ECM에 전달하며, ECM은 APS와 기관 회전수에 대한 정보로부터 안전모드의 가/감속을 판단하고 연료량을 보정한다.
- LPI 가스 압력 센서(Gas Pressure Sensor) - LPG 액상 압력을 측정하고 해당압력에 대한 출력을 ECM으로 전달하여 연료 압력에 따른 분사량을 계산하도록 한다.
- LPI 가스 온도 센서(Gas Temp. Sensor) - 연료 압력조절기에 장착되며, 써미스터 소자로 온도를 측정하고, ECM은 이에 해당하는 신호를 이용하여 분사시기를 결정한다.

② 전자제어부 : 센서로부터의 정보를 기초로 기관 및 운전 상황에 최적인 조건을 구하고, 해당 엑츄레이터를 작동시켜 공연비, 점화시기, 공회전 속도 등을 제어한다.

- 점화시기 제어 - MAFS 값과 기관 RPM 값만으로 계산된 기본 점화시기에 공회전 안정화보정(공회전수가 낮아지면 점회 시기를 진각, 반대이면 지각시킴), APS로부터 가속을 판단하여 점화시기를 지각시키는 가속보정(가속 시 초기충격과 노킹을 방지), 각 종 보조 장치 부하 시의 공회전 안정화를 위한 부하보정(부하시는 점화시기를 진각, 제거 시에는 지각시킴) 등의 보정을 추가한다.
- 연료량 및 공연비 제어 - MAFS, APS, IATS, CKPS 등으로 흡기량을 계산하여 연료량을 제어하며, 또한 산소 센서로 공연비도 감지하여 보정한다. 기관 시동 후 워밍-업이 완료된 후의 공연비를 산소센서를 근거로 피드 백 제어로 조절하는 폐회로 방식(closed loop)과, 시동과 워밍-업 및 고부하 등에서 공연비를 기관 속도/냉각수온/교축밸브 개도 등에 적합한 맵핑 값에 의하여 조절하는 개방회로 제어(no feed back control)가 있다.
- 자기진단 - ECM은 기관 제어장치, 구성요소(센서 및 엑츄레이터)와 항상 또는 특정 시점에 신호를 교환하며, 만일 비정상적 신호가 발생하면 ECM은 고장이 발

생한 것으로 판단하고 고장 코드를 메모리에 기억한 후 신호를 자기 진단 출력 단자에 송출한다.

③ 구동부 : ECM의 전기신호를 기계적으로 변환하며 솔레노이드, 모터 등으로 구성된다.

- 가변 흡기 솔레노이드 - 기관 속도에 최대 회전력이 발생하도록 흡기의 흐름 길이를 조절하는 장치로, 저속에서는 길게, 중/고속에서는 짧게하여 회전력을 향상시킨다.
- 연료 차단 솔레노이드 - 조절기와 연료펌프에 1개씩 있으며, ECM으로 개폐한다.
- 공회전 속도제어 엑츄레이터 - 시동시, 공회전시, 전기적 부하시, 변속 부하시 등에서 아이들링 보정을 수행하는데 사용되며, ECM으로 제어(기본 연료량+각종 제어)된다.
- ETC 모터(Electronic Throttle Control) - 기존의 기계식 교축밸브는 엑셀 페달과 와이어 케이블로 연결되었으나, ETC 계통은 모터를 이용하여 교축밸브를 원하는 만큼 개폐하여 출력을 조절한다. 별도 추가 장치 없이 크루즈 컨트롤 기능의 구현이 가능하다.

2) 천연가스 자동차(NGV, natural gas vehicle)

천연가스 자동차는 1930년대부터 이탈리아에서 사용되기 시작한 후, 1970년대 두 차례의 석유파동에 따른 석유 대체 연료의 필요성과 1990년대의 디젤 자동차 배출가스에 의한 대도시 대기환경 문제와 지구 온난화 문제의 대책으로서 각광받기 시작했다. 우리나라에서는 디젤 자동차에 의한 대기환경 오염을 막기 위한 대책으로 2000년 6월부터 월드컵 개최도시를 중심으로 천연가스 버스를 보급하기 시작하여 2006년 12월을 기준하여 총 12,094대가 15개 시도에서 운행중에 있으며, 전 세계 천연가스 자동차 보급 대수는 약 400만대이고, 아르헨티나가 1위, 우리나라는 22위를 기록하고 있다. 현재 천연가스 자동차는, 연료의 저장 상태에 따라, 천연가스를 기체 상태로 고압의 압력용기에 저장하여 사용하는 압축천연가스(CNG, compressed natural gas) 자동차와 초저온으로 유지되는 단열 용기에 저장된 액체 천연가스를 사용하는 액체천연가스(LNG, liquefied natural gas) 자동차가 존재한다.

(1) **천연가스 연료의 특성**

천연가스의 주성분은 메탄(CH_4)이며, 옥탄가는 120 정도로 높고 단위 중량당 발열량도 높으며 연소 중의 CO_2 배출량이 석유나 석탄에 비하여 적다. 또한 연소가스 중 포함되는 NO_x, 스모그, 입자상 물질(PM) 등의 발생이 적으므로 대도시 환경문제 및 지구 온난화 문제에 대응할 수 있는 자동차 연료로서 매우 바람직하다. 그러나 밀도가 낮아 이론 혼합기당 발열량이 가솔린의 90% 정도이고, 상온에서 기체 상태로 존재하므로 고압의 연료탱크가 필요한 단점이 있다. [표 2.3]에 천연가스와 기존의 다른 자동차 연료 특성을 비교하여 표시했다.

표 2.12 천연가스와 가솔린, 경유 연료의 물성치 비교

	천연가스(CNG)	가솔린	경유
조성	85~90% CH_4	$C_4 \sim C_{12}$	$C_{14} \sim C_{19}$
비점(^oC)	-162	27~210	188~340
밀도(kg/l)	0.19	0.73~0.75	0.81~0.88
연료 증기밀도	0.6	2~4	4~6
증발잠열(kJ/kg)	509	275~365	225~280
저발열량($kJ/kg,\ kJ/l$)	43,520(8,910)	43,800(32,400)	42,800(36,400)
자발화 온도(^oC)	540	220	225
이론 공연비	17.2	14.7	0.6~5.5
가연 하한계(%)	5~15	1.4~7.6	15.0
화염온도(^oC)	1,790	1,977	2,054

(2) CNG **자동차**

압축천연가스 자동차는 고압용기에 천연가스를 압축하여 사용하는 방식으로 우리나라의 천연가스 버스(CNG 또는 NGV 버스)는 모두 이 방식을 사용한다. 이 형식의 천연가스 기관은 가솔린기관이나 디젤기관 어느 것이나 약간의 개조에 의하여 사용이 가능하다. 승용차나 소형 트럭에서는 디젤기관이나 가솔린기관을 겸용 또는 전용방식으로 사용하며, 버스나 트럭에는 디젤기관을 그대로 혼소방식을 적용하여 사용하거나 또는 불꽃점화 시스템으로 개조하여 사용하고 있다.

① CNG자동차의 분류 : 연료 공급방법에 따라 겸용, 혼소, 전용방식 등으로 구분된다.

• 겸용방식(Bi-Fuel System) - 겸용방식(가솔린/CNG) 시스템은 가솔린과 천연가스 두 종류의 연료와 연료공급 장치를 각각 별도로 설치하여, 주행 시에는 그 중 한가지만을 선택하여 연료로 사용하는 방식이다. 이 시스템은 불꽃점화 기관을 겸용으로

개조하여 많이 사용되고 있으며, 천연가스 충전 환경이 좋지 않은 장소에서 사용하기가 적합하다.

가솔린/CNG 겸용 자동차는 이탈리아에서 널리 보급되어 있으며 [그림 2.4]에 개략도가 도시되어 있다. 이 시스템은 연료용기, 전자제어 압력조절기, 솔레노이드 밸브, 가솔린 차단 밸브, 연료 선택 모듈, 연료 게이지, 믹서, 고압 연료 배관 등으로 구성된다.

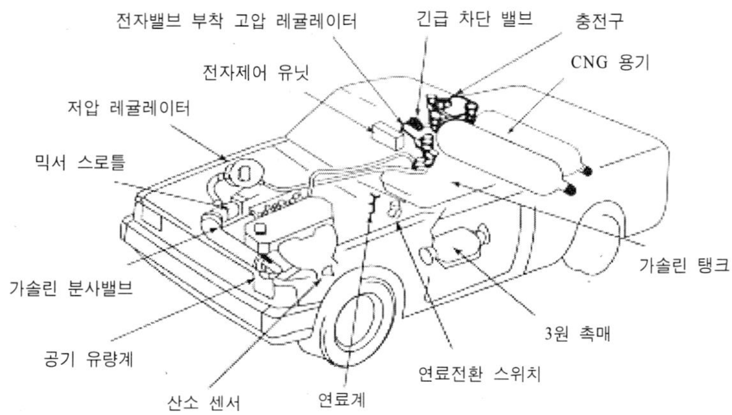

그림 2.4 가솔린/CNG 겸용 자동차

CNG는 알루미늄 실린더를 글라스 화이버로 단열한 경량의 압력 용기에 $200\,kg_f/cm^2$의 압력으로 저장되고 압력 조절기로 대기압까지 감압시켜 가스 믹서에 의하여 공기와 혼합된 후 실린더 내로 공급된다. 미국이나 일본과 같이 배출가스 규제가 엄격한 나라에서는 배출가스 규제에 대응하기 위하여 산소 센서, 3원 촉매 등을 추가로 장착하여 사용된다.

• 혼소방식(Dual Fuel System) - 혼소방식은 경유와 CNG 두 종류의 연료와 연료 공급장치를 각각 별도로 설치하여 두 종류의 연료를 함께 공급하여 연소시키는 방식이다.

천연가스는 압축점화가 곤란하기 때문에 디젤기관을 개조한 천연가스 기관은 점화원이 요구된다. 이 때문에 경유/천연가스 혼소방식은 경유를 소량 분사하여 점화원으로 사용하고 천연가스는 별도로 흡입관을 통해 연소실 내로 공급하여 연소시키고 있다. 천연가스 공급방식에는 흡기관에 설치된 가스 믹서에서 공기와 예혼합시켜 공급하는 방법과 흡기밸브 상류 측에 분사기로 공급하는 방법이 있다. 가스 믹서를 사용하는 방식은 천연가스와 경유의 공급량을 적절히 제어하기 어렵지만, 분사방식은 가스 믹서보다 훨씬 제어하기가 편리하다. 또한 이 시스템은 디젤기관과 마찬가지로 흡기계통에 교축장치가 불필요하므로, 가연 혼합기 범위가 넓은 천연가스 특성을 유리하게 적용하여 희박 혼합기로서 운전이 가능하며 고효율을 기대할 수 있다. 그러나 두 종류의 연료를 동시에 공급해야 하는 복잡한 연료공급 제어계통으로 인하여 널리 보급되지 않고 있다.

• 전용방식(Dedicated System) - 천연가스로만 연료를 사용하는 방식이므로 CNG의 장점을 유효하게 적용한 기관 설계가 가능하다. 따라서 출력성능의 향상과 배기가스 저감 능력이 우수하므로 전 세계적으로 가장 많이 보급되어 사용하는 방식이다. 그러나 천연가스는 압축점화가 곤란하기 때문에 별도의 점화장치가 요구된다. 이러한 특성으로 가솔린기관을 개조하여 많이 사용하며, 디젤기관을 개조할 경우에는 별도의 점화 플러그를 추가 설치하여 사용한다. CNG 전용방식은 전자제어 믹서와 3원 촉매에 의한 배출가스 정화장치가 탑재되어 있으며, 일반적인 연료 공급계통은 [그림 2.5]와 같다.

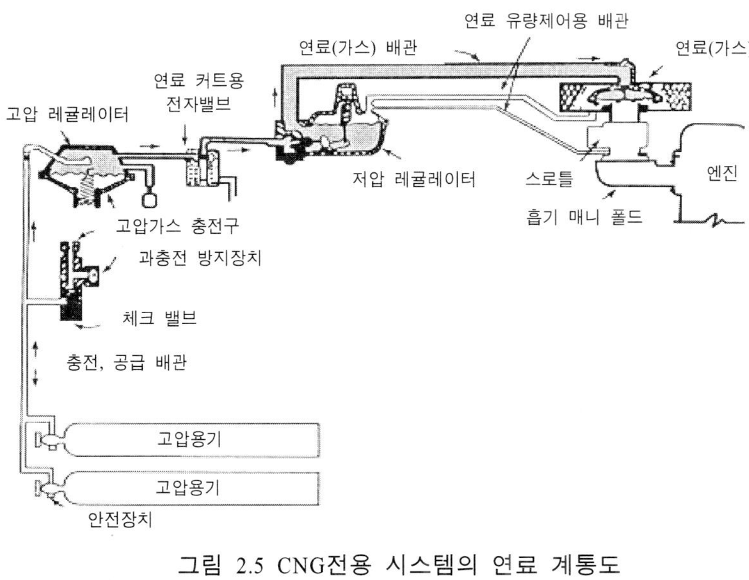

그림 2.5 CNG전용 시스템의 연료 계통도

최근에 이 시스템은 전자제어 믹서방식 외에 공연비를 정밀하게 제어할 수 있는 연료 분사방식도 개발되었고 모두 불꽃 점화방식으로 연소시키며, 천연 가스는 옥탄가가 120 이상이기 때문에 디젤기관에 적용하면 고 압축비를 얻을 수 있다. 따라서 대형 트럭의 디젤기관에 불꽃 점화장치를 추가 설치하고 CNG 전용기관으로 개조하여 사용할 수 있다.

② CNG 자동차의 성능 : 차량 성능은 여러 관점에서 구분할 수 있으나, 여기서는 가장 중요한 출력성능과 배출가스 성능을 기존의 다른 연료 자동차들과 비교하겠다.

• 출력 성능 - 가솔린 기관과 동일한 압축비에서 천연가스 기관의 출력은 일반적으로 최대 20% 까지 낮아진다고 알려져 있다. 이것은 CNG가 기체이므로 충진효율이 저하되고 CNG의 연소 속도도 느리며 연소 후 연소 생성물의 몰수도 증가하지 않아 연소가스의 체적 증가로 인한 압력 상승이 없기 때문이다.

최근 발표된 CNG 기관 성능을 경유기관과 LPGi기관 성능과 비교한 결과를 [표 2.4]에 나타냈다. 최근 수년간 상당히 발전된 CNG 기관은 최대 출력이 340마력, 최대 토크는 141 $kg_f\ m$까지 얻을 수 있어 디젤기관의 성능과 거의 동일함을 보이고 있으며 현재는 이보다 더 높은 출력 향상을 시도하고 있다.

표2.4 CNG, 경유, LPGi 버스의 기관 성능 비교

구분		CNG		경유		개선된 LPG
기관 제원	배기량(cc)	11,149	11,051	11,149	11,051	11,149
	최대 출력(ps)	290	340	280	340	290
	최대 토크($kg_f\ m$)	110	141	110	145	110
	연료 공급계통	SPI	SPI	분사	분사	LPGi
1회 충전 주행거리(km)		≈ 350		≈ 400		≈ 510
정속 연비(km/l)		5.3	5.0	6.5	4.2	
주행 연비(km/l)		$\approx 1.9(km/m^3)$		≈ 2.2		≈ 1.6
자료 출처		환경부 인증자료		환경부 인증자료		KIMM

※ 비고 - 개선된 LPG는 기존 택시에 사용하는 LPG(부탄)와 성분이 다른 연료로서, 노킹 방지를 위하여 프로판과 부탄을 약 6:4로 혼합한 연료를 의미함.

• 배출가스 성능 - CNG 가스의 배출가스 성능은 [표 2.5]에 경유버스 및 LNG버스의 배출가스 특성과 비교하여 표시했다. 여기서 CO_2의 배출량은 LPGi 보다 적고 디젤 자동차와는 비슷하며, NO_x는 경유 기관보다는 훨씬 적고 LPGi보다는 약간 많이 배출 된을 알 수 있다. 디젤기관에서 배출되어 환경 문제를 발생시키는 입자상 물질(PM)은 천연가스 자동차의 경우 무시할 정도로 적으며, 메탄 이외의 탄화수소(NMHC:non 메탄 HC)도 경유 및 LPGi에 비하여 현저하게 낮으므로 2006년도 규제 기준을 모두 만족하는 가장 양호한 배기성능을 나타낸다. 특히 CO_2 배출량은

CNG의 경우가 LPGi와 비교하여 약 20% 적게 배출하므로, 지구 기후변화 협약에 보다 적극적으로 대응할 수 있다.

표 2.5 CNG 자동차와 경유 버스 및 LPGi 버스의 배출가스 특성 비교

구분	규제기준(2002)		규제기준(2006)		경유	LPG	CNG
	경유	가스	경유	가스			
NO_x	5.00	3.50	3.50	3.50	4.452	2.60	2.87
$HC(NMHC)$	0.66	0.20	0.46	0.20	0.125	0.29	0.11
CO	2.10	0.40	1.50	0.40	0.151	0.06	0.00
PM	0.10	-	0.02	-	0.087 2)	-	-
CO_2 1)	-	-	-	-	180 kg/GJ	220 kg/GJ	180 kg/GJ
자료 출처					인증자료	KIMM	인증자료

※ 비고 - 1) 기관 효율 및 발열량을 고려한 CO_2 배출량
2) 경유에서 배출되는 스모그는 $0.384\ g/kWh$

(3) LNG **자동차**

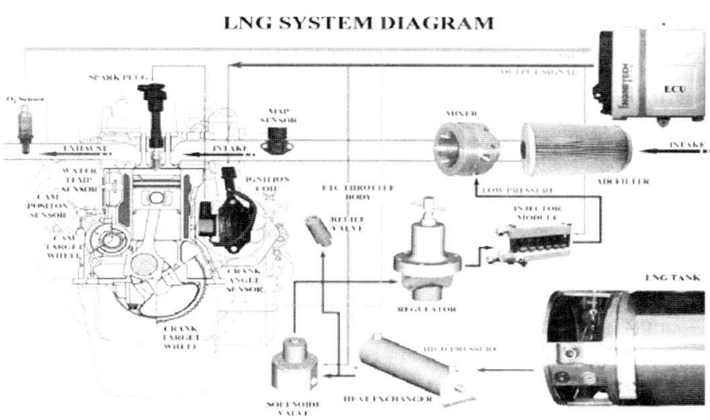

그림 2.6 믹서형 LNG기관의 연료계통

액화천연가스(LNG) 자동차는, 대기압에서 LNG의 비등점이 $-162°C$ 이므로, 초저온 단열용기에 저장된 액체상태의 연료를 사용하는 방식으로, LNG를 증발기(vaporizer)에서 기화시켜 믹서로 공급하는 믹서방식과 LNG를 액체상태 그대로 실린더 내에 직접 분사하여 연소시키는 직접 분사방식이 있다. [그림 2.6]은 믹서형 LNG기관의 계통도이다.

LNG 자동차는 연료인 LNG가 액상이므로 CNG에 비하여 에너지 밀도가 높아 CNG 자동차의 최대 결점인 1회 충전당 주행거리를 약 3배 이상 증가시킬 수 있고, 연료 탱크의 소형화로 차량의 대폭적인 중량 증가를 피할 수 있다. 특히 우리나라와 같이 천연가스를 LNG 상태로 수입하는 경우는 이를 직접 사용할 수 있으므로 CNG에 비해 사용이 편리한 장점이 있다. 그러나 LNG 연료 탱크인 단열 용기의 가격이 고가이고 액상의 CNG가 증발하면서 상온에서 체적이 약 580배 정도로 증가하므로 연료 공급용 탱크의 온도제어 기술이 비교적 어렵다. 더욱이 외부의 열원으로부터 LNG 단열용기로 전달되는 열전달에 의해 액상의 LNG 연료는 비등점이 낮은 메탄 성분이 먼저 증발하여 증발가스(BOG:boiled off gas)를 발생하며, 이러한 증발가스로 인한 압력 상승을 방지하기 위하여 증발가스를 우선적으로 기관에 공급하거나 대기 중에 방출해야 한다. 또한 시간이 경과함에 따라 연료 탱크 내에는 메탄 성분이 감소하고, 비등점이 높은 연료 성분만 농축되는 웨더링(weathering)현상이 발생하여 동질의 연료 공급이 어렵게 된다. 이러한 경향은 기관으로의 정밀한 연료 공급에 어려운 기술적 장애 요인으로 작용하므로, LNG 자동차는 CNG 자동차에 비교하여 실용화가 늦어지고 있다. 현재 LNG 자동차는 미국, 유럽, 일본 등에서 활발히 시험 운행 중에 있고, 우리나라에서도 중장비 차량 등에 국가적인 차원에서 실용화하여 운행하고 있으며 앞으로 서울을 비롯한 일부 도시 시내버스에 적용할 계획이다.

① 차량 시스템 : LNG 자동차는 연료 용기를 포함한 연료 공급 장치의 개발이 매우 중요하게 취급된다. 차량 탑재용 LNG 용기는 이중 구조의 진공 단열용기로서 승용차나 버스 등에는 30 ~ 100 l의 용기, 대형 화물차 및 건설 차량 등에서는 400 l 이상의 용기가 개발되고 있다. 연료 저장기간 중의 증발률은 $1\%/day$를 목표하고 있지만 용량이 적은 탱크일수록 단열의 어려움이 존재하므로 고가의 단열재 사용을 피할 수 없다.

② 연료 공급방식 : 일반적인 LNG 자동차의 연료 공급 계통은 [그림 2.7]과 같다. 연료는 2중벽 진공 단열방식의 초저온 용기에 저장되며, 용기 내부의 액상 천연가스 압력에 의하여 기관으로 공급된다. 단열 배관을 통하여 탱크로부터 유출된 LNG는 먼저 증발기(vaporizer)를 통과하며 기화되고 버퍼 탱크에서 온도와 압력이 조정된 후 전자 밸브에 의하여 흡기관 또는 실린더 내로 분사된다. 증발기 내부에는 기관 냉각수 일부가 통과하면서 액체 연료와 열교환이 이루어지므로 연료의 증발잠열이 연속적으로 공급된다.

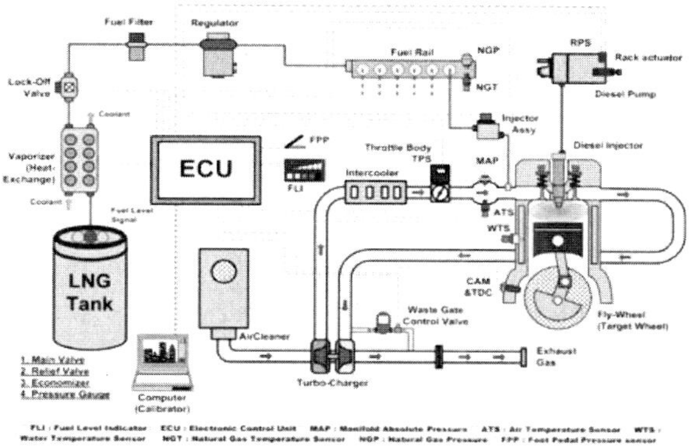

그림 2.14 경유LNG혼소 연료공급 시스템 및 기고나 구성현황

3) 수소 자동차(hydrogen vehicle)

수소 자동차는 수소를 연료로 사용하여 추진하는 자동차로서, 수소를 내연기관 연료로 직접 사용하는 경우와 연료전지(fuel cell)로부터 얻은 전기 에너지로 구동하는 경우로 구분할 수 있지만, 여기서는 전자의 경우, 즉 수소를 직접 실린더 내에서 연소하여 추진되는 내연기관 자동차에 대하여 언급하겠다.

수소는 1776년 영국의 헨리 캐번디시가 처음 발견한 후, 1805년 Rivatz에 의해서 최초의 수소연료 내연기관을 제안하였지만 이상연소의 발생으로 무산되었다. 그 후 1970년대 유류 파동을 계기로 대체연료에 대한 연구가 활성화되면서 지구온난화의 주범으로 지적되는 화석연료를 대신할 미래 연료라는 점에서 주목을 받고 있다.

수소가 미래 에너지원으로의 장점은 물에서 만들어지고, 사용 후에는 다시 물로 재순환되는 연료일 뿐만 아니라, 비화석계 연료이므로 CO_2, CO, HC의 배출이 전혀 없고 NO_x 만이 미량 생성되는 청정연료라는 점이다. 수소 엔진은 기본적으로 현재의 가솔린 엔진과 큰 차이는 없지만, 실용화를 위해서는 수소 제조비용, 수소 엔진 개발, 수소 저장방법 등 여러 가지 해결해야 할 문제들이 많다.

(1) 수소의 제조와 성질

수소는 일반적으로 물을 전기분해하여 얻고 있다고 생각하겠지만, 다음과 같은 방법들이 적용되며, 현재 대부분은 천연가스에 의해 생산하고 있다.

① 전기분해 방법 : 물을 전기분해하면 물 36g에서 수소 4g을 얻을 수 있으며, 이

론상 1.23V의 전압이면 가능하지만, 실제로는 장치 내부저항 등으로 이보다 높은 전압이 필요하다. 그러나 전기는 직접 유용한 형태의 에너지로 변환 가능하므로 전기분해 방법은 효율이 낮다. 따라서 심야전력과 같이 잉여전력을 이용하는 방법이 고려되고 있다.

② 천연가스 분해 방법 : 천연가스나 나프타 등의 탄화수소에 고온의 수증기를 반응시켜 수소를 얻는 방법으로써 가장 경제적인 방법이다.

③ 기타 방법 : 태양광을 직접 이용해 이산화티탄(TiO_2)과 같은 광촉매로 물을 분해하거나 미생물의 작용으로 수소를 얻는 방법 또는 물을 $2,500^oC$ 정도의 높은 온도에서 직접 분해하여 수소를 얻는 기술도 연구되고 있으며, 독일의 BMW는 태양에너지에서 얻은 전기를 사용하여 수소를 생산하는 방법을 개발하고 있다.

내연기관 연료로서 사용할 수 있는 수소의 물리적 성질은 다음과 같다.

① 무독성이며 비중이 작아 공기 중에서 쉽게 확산되므로 안전하고, 가연범위가 넓으며(당량비, $\lambda = 10 \sim 0.14$), 인화점이 낮아 정전기나 마찰열에 의하여 쉽게 불이 붙는다.

② 자기착화 온도는 약 850^oC로서 경유의 620^oC보다 높으므로 압축착화가 곤란하고, 비등점은 -253^oC이므로 상온에서 기체 상태이며, 발열량은 $28,620\ kcal/kg$, 단열 화염 온도는 $2,348^oC$로서 다른 연료에 비해 비교적 높다.

위와 같은 특성에서 수소가 쉽게 점화하는 성질은 희박 혼합기의 저부하 영역에서 열효율을 증가시킬 수 있지만, 농후 혼합기를 공급하는 고부하 영역에서는 실린더 내의 열점(hot spot)에 의한 조기점화 또는 역화 발생 우려가 존재한다.

(2) 수소기관

수소기관의 연구 개발은 주로 종래의 가솔린기관, 디젤기관을 개조하면서 진행되어 왔다. 수소기관을 연소방식으로 구분하면 가솔린기관과 같이 수소를 흡기관에 공급하여 공기와 미리 혼합시켜 실린더 내에 공급하는 예혼합 방식과 디젤기관과 같이 실린더 내의 압축 공기에 수소를 고압으로 분사하여 연소시키는 고압분사식 기관으로 구분할 수 있다. 또한 수소는 자기착화 온도가 경유보다 높아 압축착화가 거의 불가능하므로 고압분사에서도 전기불꽃이나 글로우 플러그에 의한 강제 점화 방식이 채택된다.

① 수소기관의 분류 : 연료 공급방식에 따라 예혼합식과 고압분사식이 있으며, 실린더 내의 연공비를 가솔린기관과 비교하면 [그림 2.8]과 같다.

- 예혼합방식 - 가솔린 엔진에서 연료 계통만을 수소용으로 개조하여 흡기관으로 수소를 공급하는 방식으로 구조가 매우 간단하다. 이 방식은 수소와 공기의 혼합이 우수하여 착화 및 연소가 안정되고 희박 혼합기에서 연소 변동이 작아 저부하 운전 시에 운전성능이 좋다는 장점이 있다. 그러나 이론혼합기 부근에서 수소가 피스톤 행정 체적의 약 30% 정도를 점유하여 체적효율이 저하되고, 혼합기 1몰당 발열량은 가솔린에 비해 86%정도이기 때문에 출력이 저하되며, 또한 연소가스가 고온이 되기 때문에 연소실 내의 조기 착화에 의한 흡기관으로의 역화가 일어나 출력이 가솔린보다 현저하게 낮아질 수 있다는 단점이 있다.

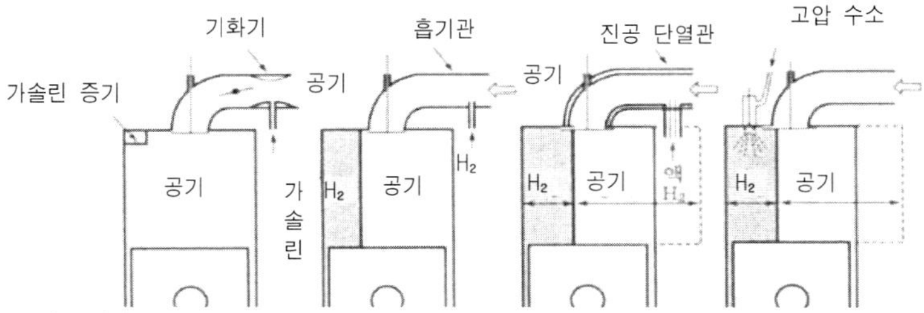

연료체적(m l)	17	300	400	420
공기체적(m l)	983	700	950	1000
발 열 량(cal)	840	720	960	1010
출 력 비(%)	100	86	114	120
	(a) 가솔린 엔진	(b) 상온수소 흡기관 공급	(c) 액체수소(-253℃) 흡기관 공급	(d) 고압수소 흡기관 공급

그림 2.8 예혼합식, 액체수소식, 고압분사식의 비교

이러한 이유로 수소와 공기를 별도로 공급하는 방법과 가열원을 공기나 물로서 냉각시키는 방법이 개발되고 있으며, 또한 4밸브식 엔진에서는 한 개 밸브만을 수소용으로 개조하여 수소를 흡기 밸브가 닫힌 후에 공급하여 역화를 방지하는 방법도 시도되고 있다.

- 연소실 내 고압분사 방식 - 수소를 흡기관으로 공급하는 예혼합방식은 출력 저하와 역화의 가능성 때문에 현재는 고출력, 고효율을 목적으로 수소를 실린더 내로 직접 분사하는 방식이 개발되고 있다. 이 방식은 디젤기관과 같이 실린더 내로 공기만을 흡입하므로 체적효율의 저하가 없어 혼합기 발열량이

약 20% 증가하고, 상사점 부근에서 수소를 분사시키므로 조기 착화를 방지할 수 있기 때문에 가솔린 엔진보다 고출력을 기대할 수 있다. 수소는 입자상 물질을 배출하지 않으므로 이 방식의 수소기관은 NO_x 및 입자상 물질을 동시에 저감하기 곤란한 디젤기관의 대체용으로 고려되고 있다. 수소 연료는, 분사펌프에 의한 유압으로 분사 밸브가 개폐됨에 따라 분사되고 있지만, 전자적 제어가 가능한 솔레노이드 방식의 개발도 널리 진행 중이다.

고압분사식에는 저압수소 분사식, 고압수소 분사식, 예혼합식과 고압방식을 혼합한 이중 분사식 등이 있다. 저압 수소 분사방식은 흡기 밸브를 닫은 후 압축행정 초기에 수소를 실린더 내에 분사하는 방식으로, 분사압력은 $0.6 \sim 1\ MPa$ 정도로 낮다. 연료분사 후 점화 시까지 수소와 공기의 혼합기간이 길어지고, 일정기간 가연혼합기가 실린더 내로 존재하므로 조기착화가 발생할 가능성이 있지만 역화 발생 가능성은 적다.

고압 수소 분사방식은 디젤기관과 같이 상사점 직전에 수소를 분사하는 방식으로, 조기착화를 일으키지 않고 연소시킬 수 있으나 분사압력은 압축압력보다 높아야 하고 분사기간도 짧아야 하며, 수소의 자발화 온도는 경유보다 높으므로 별도의 점화장치가 있어야 한다. 이 방식은 역화나 조기착화가 발생하지 않고 압축비를 높일 수 있으므로 열효율 및 출력을 증가시킬 수 있지만, 수소가스를 고압으로 압축해야 하므로 고압에서 수소 분사 밸브의 기밀성 및 내구성이 요구될 뿐만 아니라 연료가 연소실 내에 균등하게 분포되어 안정된 연소가 이루어져야 하므로 적절한 분사구 형상이 요구된다.

이중분사식 수소기관은 예혼합식과 고압분사식의 장점만을 택한 것으로 공회전 및 저부하 영역에서는 예혼합방식으로 고효율을 얻고, 고부하 영역에서는 이상연소가 일어나지 않을 정도의 희박한 수소 연료를 흡기관 내에 공급하고 추가로 요구되는 수소는 실린더 내로 직접 분사하여 고효율 및 고출력을 달성하는 방식이다. 이 시스템은 예혼합방식에서 고압분사식으로 천이 시, 연료 분사량의 급격한 변화로 인한 연소 변동이 야기될 수 있으므로 천이 과정에 중점을 둔 연소 및 성능 특성에 대한 대책이 준비되어야 한다.

② 수소 엔진의 성능과 배기

- 출력성능 - 수소와 가솔린(C_8H_{18})의 반응식을 공기 과잉률($\lambda \ge 1$)로 표시하면,

액체 연료 공급시스템에 대한 개략도는 [그림 2.9]와 같이, 먼저 탱크에서 펌프에 의하여 액체 수소가 흡출되고 열교환기에서 수소가스로 변환된 후, 고압 상태로 서지 탱크에 충전된 후 실린더로 압송된다.

③ 수소흡수 금속의 이용 : 수소 저장 합금인 수소흡수 금속(MH, metal hydride)은 수소 저장 탱크로서 가장 안전성이 높으나, 수소 저장 합금 자체가 중량이 높은 금속이므로, 40l 정도를 저장하는데 용기 무게만 약 300 kg 이상이 요구된다.

수소흡수 금속은 그 표면이 수소와 접촉함에 의하여 수소 분자를 표면에서 흡착하고 흡열반응에서는 수소를 방출하는 특성이 있으므로, 이를 이용하여 수소를 저장하고 필요시에는 금속으로부터 수소를 추출하여 사용할 수 있다. 이것은 수소흡수 금속의 결정 구조에 수소가 침입할 수 있는 격자 간의 틈새가 많이 존재하고 있기 때문이며, 이 때 수소흡수 금속은 금속 원자수의 1~2배 정도의 수소를 흡수할 수 있게 된다. 수소흡수 금속에는 철-티탄계 합금 외에도 란탄-니켈계 합금, 마그네슘-니켈 합금 등이 있으며, 철-티탄계인 경우 탱크의 체적은 가솔린 탱크에 비해 3배, 중량은 28배나 증가한다.

2. 알코올 연료 자동차(Alcohol Vehicle)

자동차 오염물질의 배출특성은 사용되는 연료에 따라 다르므로, 연료 정책 목표에 따라 해당 오염물질의 배출량 저감에 유리한 자동차는 저공해 자동차로 분류할 수 있다. 예를 들어 미국의 경우 저공해자동차는 오존과 관련하여 질소산화물의 배출량이 적고, 탄화수소의 광화학 반응성이 작아 전체적으로 오존 저감에 유리한 자동차로 구분하고 있으며, 일본의 경우에는 질소산화물 저감에 유리한 자동차를 저공해 자동차로 구분하고 있다. 따라서 저공해자동차의 개념은 한 국가의 에너지정책과 대기오염 저감정책에 따라 다르다. 그러나 일반적으로 알코올, 천연가스, 액화석유가스, 수소 등을 이용하는 자동차를 저공해 자동차로 분류하며, 그 중 알코올 연료는 재활용이 가능한 원료로부터 생산할 수 있으므로 미래의 에너지원으로 바람직하다고 할 수 있다.

1) 알코올 연료의 특성

한정된 석유 자원에 대해 소비량의 큰 부분을 차지하는 자동차 산업은 여러 대체 에너지 개발을 준비하여 왔으며, 차세대 자동차 에너지원으로서 주목을 받고 있는 것 중의 하나가 바이오매스(biomass)를 기반으로 생산한 알코올 연료이다. 알코올계 연료 중, 에탄올과 메탄올이 주로 많이 사용되며, 이들에 대한 장·단점 비교는 [표 2.6]과 같다.

표 2.6 메탄올과 에탄올 연료의 장 · 단점

종류	장점	단점
에탄올	·저공해 자동차 연료 ·오존형성 탄화수소와 유해성분의 배출이 매우 적음 ·재활용 가능한 원료에서 생산 ·가내 수공업으로 생산 가능	·자동차용으로 사용하기 위해 일단 수입 해야 함 ·주행거리가 다소 낮음 ·아세트알데히드 배출
메탄올	·저공해 자동차 연료 ·오존형성 탄화수소와 유해성분의 배출이 매우 적음 ·재활용 가능한 원료에서 생산	·자동차용으로 사용하기 위해 일단 수입 해야 함 ·주행거리가 다소 낮음 ·포름알데히드 배출

자동차 연료로서 알코올을 단독으로 사용하는 것보다는 가솔린과 일정 비율로 혼합하여 사용되고 있으며, 메탄올은 천연 가스나 석탄 등을 이용하여 화학적으로 합성하여 얻을 수 있지만, 에탄올의 경우는 원유나 전분질계 및 목질계 등의 바이오매스로부터 얻을 수 있다. 현재 미국 및 브라질 등지에서는 자연에서 쉽게 얻을 수 있는 전분질계 원료 (Starchy materials; 옥수수, 타피오카, 고구마, 감자 등)와 당질계 원료(Sugar; 사탕수수, 사탕무우)를 사용하여 에탄올을 생산하고 있으며, 원료물질은 알파-아밀라아제(α-amylase)를 이용하여 액화시킨 후 글루코 아밀라아제(Glucoamylase)를 이용하여 발효 가능한 포도당으로 당화시킨 다음 이를 미생물을 이용하여 에탄올로 전환시킨 후 분리 정제한다. 이렇게 미생물에 의해 생산된 에탄올은 높은 효율과 공해물질의 배출이 없어 석유를 대체할 수 있는 에너지원으로 많은 각광을 받고 있다. 그러나 문제는 생산 공정에 따른 경제성이므로, 생산원가를 낮출 수 있는 저렴한 발효기술, 우수 균주의 개발, 발효 조건의 최적화, 효율적인 발효 및 경제적 공정개발 등과 같은 문제가 해결된다면 석유문제를 해결할 수 있는 최적의 대체 에너지원이 될 수 있다. [표 2.7]에 알코올 연료와 가솔린의 특성을 비교하였다.

표 2.7 알코올 연료와 가솔린의 물리적 성질

분 류	메탄올	에탄올	가솔린
분자식(주성분)	CH_3OH	C_2H_5OH	C_8H_{18}
밀도(kg/L)(20℃)	0.795	0.79	0.692
탄소(wt%)	37.5	52	84
산소(wt%)	50.5	35	0
수소(wt%)	12.5	13	16
이론 공연비(kg/kg)	6.45	9	14.7
저위 발열량(Kcal/kg)	4800	6400	10600
비점(℃)	64.7	78.3	125.7
증발열(KJ/Kg)	1101	854.1	335
발화온도(℃)	470	420	240

2) 알코올 자동차의 성능

석유 자원은 적으나, 사탕수수, 카사바 등 알코올 원료에 대한 생산량이 많은 브라질에서 알코올을 자동차 연료로 실용화하여 사용함으로써 알코올 자동차는 널리 보급되어 있다. 알코올은 열량이 낮아 기존 연료에 비해 이용 폭은 작으나 압축에 의해 희박연소가 가능하므로, 차량 연료보다는 기존 연료의 효율을 향상시키는 함산소제로서 활용가치가 크다. 여러 가지 알코올 중 가장 널리 사용되는 메탄올과 에탄올에 대해 살펴보면, 메탄올은 천연가스에서 생성이 가능하지만 에너지의 손실이 많아 생물체나 쓰레기 매립 등에서 추출해 사용하고 있는 반면, 바이오 에탄올은 옥수수 및 사탕수수 등의 녹말작물 을 발효시킨 연료로서 현재 화석연료가 아닌 에너지원으로 가장 상업화에 근접해 있는 것으로 판단된다. 현재 미국에서는 주유소에서 판매되는 일반 차량용 가솔린에 10%까지 에탄올을 섞어서 판매가 가능하게 되어 있는 것 뿐만 아니라, E85 라고 하여 에탄올을 85%까지 포함한 차량용 연료 또한 판매 중에 있다. 물론 E85 를 사용하기 위해서는 차량 자체가 이에 맞게 개량된 차량이어야 한다. E85의 경우, 가격 또한 저렴하여 일반적으로 가솔린 가격의 80%선에서 판매되고 있다. 하지만 단점으로는 에탄올의 원료로 옥수수나 사탕수수가 사용되어, 이를 이용한 식료품의 가격이 동반 상승한 것을 들 수 있다. 또한, 알코올은 대기 중에서 쉽게 증발하여 기체 상태로 존재하므로 주위에 화염원이 있는 경우 화재의 위험이 있으므로 주의하여야 한다.

(1) **메탄올 기관**

메탄올은 가솔린보다 옥탄가가 높아 고압축비에서 노킹이 일어나지 않고 고출력을 얻을 수 있어 열효율이 개선되며, 연소 속도가 빠르고 연료에 산소가 함유되어 희박 연소가 가능하므로 배출가스 측면에서도 기존 연료보다 유리하다. 또한 연료로서의 취급이 가솔린, 경유와 비슷하고 화재가 발생해도 물로 소화할 수 있어 안전성이 높다. 하지만 메탄올은 단위 체적당 발열량이 가솔린과 경유에 비교하여 절반 정도로 낮으며, 기존의 가솔린 또는 경유 사용 차량의 연료계통 재료에 대한 부식성이 있고, 윤활유를 희석시켜 오염을 촉진시키며 증발 잠열이 커서 저온시의 시동성이 나쁜 단점이 있다.

① 기관의 출력특성 : 가솔린보다는 발열량이 낮지만 옥탄가가 높고 연소속도가 빠르며, 희박 한계가 넓기 때문에 연료 소비율 개선 수단으로 고압축비 희박연소에 의한 열효율 향상을 시킬 수 있다. [그림 2.10]은 실험용 수냉식 단기통(631cc, 압축비: 7.5~19까지 변화 가능)기관에서 메탄올 연료와 가솔린 연료를 사용했을 때 기관 회전 수 변화에 대한 기관출력과 공기 과잉비에 대한 기관 출력을 비교한 것이다.

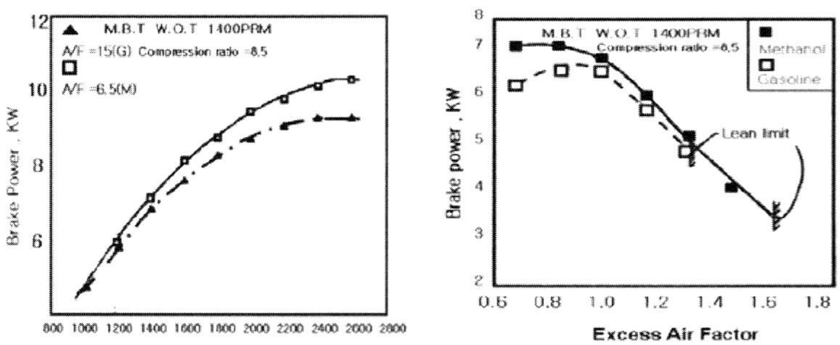

Brake power as a function of engine speed in methanol fuel engine and gasoline

Brake power as a function of excess air factor in methanol fueled engine and gasoline engine

그림 2.10 메탄올과 가솔린 연료의 출력 특성 비교

기관 회전수가 증가하거나 또는 공기 과잉비가 높아질수록 메탄올 연료가 가솔린을 사용한 엔진보다 기관출력이 더 큰 것을 관찰할 수 있다. 최대 토크를 나타내는 1,400 RPM 경우 메탄올이 5% 정도 높은 출력을 나타내며 최대 출력 2,400 RPM인 경우에서 메탄올 연료가 10% 더 높은 것을 볼 수 있다. 또한 메탄올은, 증발 잠열이 가솔린보다 높기 때문에 증발에 의한 흡기의 온도강하가 커지고 흡기 밀도가 증가하여, 가솔린기관과 동일한 공기 과잉비에 대하여 기관출력이 증가하며 희박 영역에서는 증가폭이 감소한다.

② 노크 및 희박한계 : 메탄올 연료에 대한 노크한계 농후한계(Rich Limit), 희박한계(Lean Limit)를 나타낸 [그림 2.11]에서와 같이, 메탄올 연료는 가솔린의 운전영역(ⓐ, ⓑ, ⓒ)보다 더욱 넓은 것으로 나타났다. 하지만, 메탄올의 자발화 온도 이상에서 조기 점화될 가능성이 있으므로 압축비 상승의 한계가 있고, 또한 초희박영역일 수록 사이클 변동이 커서 불안정한 운전 상태가 될 수 있다. 특히 NOx의 정화 효율이 저하되므로 NOx 배출과 차량의 운전성을 양립시키기 위한 최적의 희박 공연비에 대한 정밀한 제어가 요구된다.

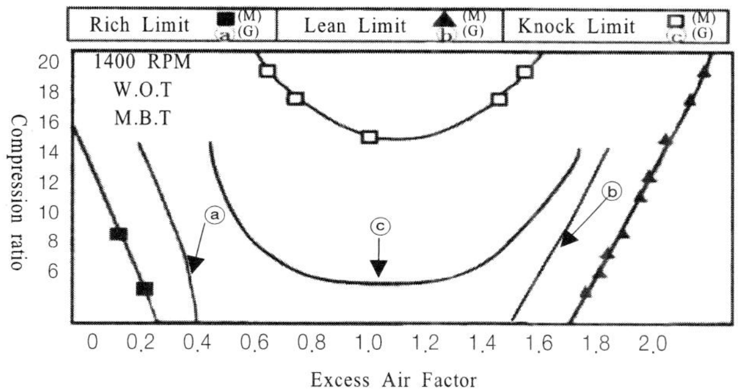

그림 2.11 메탄올 연료의 공연비에 대한 압축비 관계

③ 미립화 메탄올의 연소특성 : 메탄올의 기화 잠열은 가솔린의 약 3배 이상이 되며 또한 낮은 비등점 성분이 없는 단일 조성의 연료이므로 저온에서 가연 혼합기 형성에 어려움이 있다. 특히 순수 메탄올의 사용시 10℃ 이하에서는 시동이 불가능하게 되므로 저온에서의 시동성에 대한 개선이 요구된다. 이러한 문제는 가연 혼합기의 형성을 용이하게 만들면 연소 촉진 효과를 초래함에 의하여 해결할 수 있으므로, 연료 미립화에 의하여 분무화를 촉진하거나 흡기 가열 등의 개선 방안이 검토된다. 또는 시동 시 가솔린만을 이용한다거나 낮은 비등점 성분을 공급하는 2중 연료 계통(Dual fuel system)을 택할 수도 있지만 연료 공급계가 복잡해지는 단점을 가지고 있다.

메탄올 기관은 가솔린에 비하여 NOx 등의 배기가스 배출이 적은 장점이 있으며, 배출되는 HC는 대부분 미연 메탄올로 가솔린과 비교할 때 광화학 반응성이 낮다. 하지만 메탄올 기관으로부터 배출되는 많은 포름알데히드는 광화학 반응성이 높고 인체에 메스꺼움, 두통, 호흡 곤란을 일으키며 심한 경우(100ppm 이상)에는 죽음에 도달하게 되기 때문에 반드시 제거해야 할 물질이며, 특히 저온 시동에서 이들의 배출이 급증한다. 포름알데히드 생성에 영향을 줄 수 있는 인자는 연소온도가 있으며, 그 외에 EGR 율의 증가 및 흡기를 가열할 경우 포름알데히드의 배출 농도가 증가된다.

④ 메탄올 기관의 마모 : 메탄올을 사용하는 엔진의 중요한 문제점 중 하나는 엔진의 내구성이다. 실린더 내부에 메탄올과 그 연소 생성물에 의한 마모가 발생하기 때문에 메탄올기관에서는 기존의 가솔린기관과는 다른 엔진 윤활제가 사용된다. 기관 마모를 일으키는 가장 큰 인자는 메탄올 연소로부터 생성되는 산(Formic acid)과 응축수, 기화되지 못한 액체 메탄올의 윤활유 희석 등이며 이들의 마모 영향을 [그림 2.12]에 도시했다.

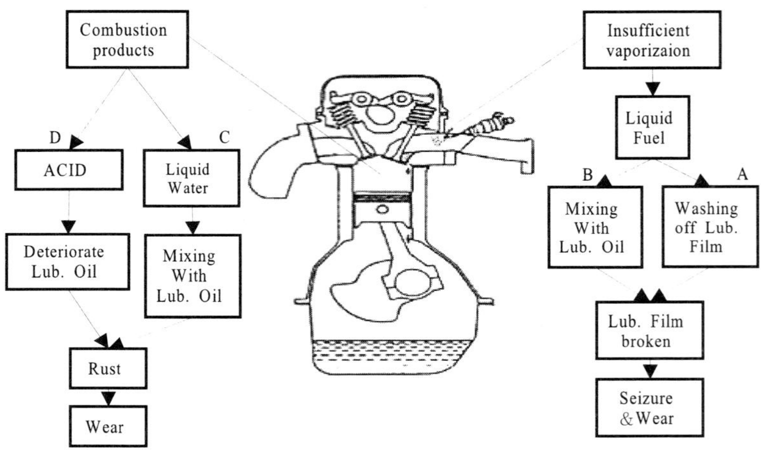

그림 2.12 메탄올 기관의 마모

메탄올은 증발 잠열이 가솔린 보다 크기 때문에 연소실내에서 충분히 기화되지 못하고 남은 메탄올 액은 용제로 작용하여 실린더 보어로부터 유막을 씻어내고(A) 피스톤 링 틈으로 누설되어 윤활유와 혼합(B) 된다. 또 다른 가능성은 메탄올의 수소/탄소 비가 가솔린보다 크기 때문에 연소 가스 중에 더 많은 양의 수증기가 발생(C)되고 기관이 가열(warming-up)될 동안 윤활유와 섞이게 되어 엔진 각 부분의 부식과 마모를 일으키는 원인이 된다. 한편 연소 가스 중의 포름알데히드는 산을 형성(D)하며 수증기는 윤활유를 희석시키므로 금속표면을 부식시킬 수도 있다. 따라서 내마모성, 내부식성의 향상을 위해서 연료공급계 부품에 알루미늄, 동, 아연, 스테인리스, 니켈도금 등을 이용한다.

(2) **에탄올 기관**(FFV, flexible fuel vehicle)

향후 강화될 북미지역의 배기가스 규제를 만족하기 위하여 장기적으로는 100% 알코올을 연료로 사용하는 기관의 개발과 연료 공급망의 확보가 필요하므로, 과도기 단계에서 가솔린과 알코올을 임의로 바꾸어 사용할 수 있는 차량의 개발이 필요하게 되었다. 이렇게 가솔린과 알코올의 혼합 연료를 사용하는 자동차를 FFV라고 하며, 사용되는 연료로는 E85(에탄올 85%와 가솔린 15%의 혼합연료), M85(메탄올 85%와 가솔린 15%의 혼합연료)등이 있다. 미국의 자동차 Big3(GM, Ford, Chrysler)는 2012년까지 전체 생산차량의 50%를 에탄올이 섞인 가솔린을 사용하는 FFV 차량으로 생산할 계획이며, 이들 업계는 바이오 에탄올을 일본에 비해 우위를 점할 수 있는 대체연료 분야로 인식하고 있다. 그러나 Honda와 Toyota 등 주요 일본 자동차 회사는 옥수수 기반의 바이오 에탄올이 가솔린에 비해 연료 효율이 많이 떨어져, 소비자들의 관심을 받지 못할 것이라고 시각차를 보이고 있는 실정이다.

① 일반 가솔린 자동차의 적응 성능 : 기본적으로 서로 동일한 차량 구조를 가지며, FFV 차량 시스템에 부착된 센서가 자동으로 연료 구성비를 인식하여 반영하므로 일반 차량과 기능면에서도 큰 차이가 없다. 그러나 일반 차량과 구분되는 점은 에탄올의 화학적 성질과 어울리는 개선된 부품이 적용되어야 한다. 예로서 에탄올 연료를 견딜 수 있는 기관 및 CO, HC, NO_x의 배출특성을 변화시키는 제어계 수정, 에탄올의 윤활유 희석 효과를 최소화할 수 있는 소재 부품, 에탄올의 부식성을 견딜 수 있는 부품으로의 교체, 에탄올 증발을 방지하는 연료탱크 소재 개발 등이 과제로 부각된다.

표 2.8 바이오 에탄올의 재질 적합성 여부와 일본의 부품 대책

<바이오 에탄올의 재질에 대한 영향>

금속재료	유기재료
■ 사용이 부적당한 재료 ·알루미늄 · 납계통 부품 ·구리, 청동, 놋쇠 ■ 사용이 가능한 재료 · 탄소강 ·스테인레스강	■ 사용이 부적당한 재료 ·네오프렌 고무 ·우레탄 수지 ·폴리알코올계 수지 ·일반 고무류 ·나이론 66 ■ 사용이 가능한 재료 ·불소계 고무(테프론) ·고밀도 폴리에틸렌 ·폴리프로필렌 ·아세탈 수지

<일본 자동차회사 북미 수출차량 대응>

부품	대책
델리버리 파이프	내면처리, 재질변경
연료호스(고압/저압측)	재질변경
증발가스관련(호스, O링, 개스킷류)	재질변경
연료튜브	내면처리, 재질변경
기능성부품(압력조절기, 펄세이션 댐퍼 등)	내면처리, 재질변경
제어기	공연비제어를 현지에 맞추어 배기 및 운전성능 적합화. 연료압/인젝터 선단온도 제어

※ 일본경제산업성 제1회 규격검토 워킹그룹 자료

에탄올 연료에 대한 금속 및 비금속 재질의 적합성 여부와 일본 자동차 업계의 북미 수출 차량에 대응하기 위한 부품 대책 등을 [표 2. 8]에 표시했다.

② FFV 차량의 주요 보완 부품 : 기존 차량을 FFV 차량으로 교체 할 경우 반드시 교체되어야 하는 부품은 [그림 2.13]에 도시된 연료계통 부품으로 ECU 소프트웨어, 연료분사기, 연료펌프, 연료측정센서이고, 교체가 권장되는 부품은 연료 탱크, 연료선, 실린더 커버 등이며, 추가되는 부품은 연료센서, 화염방지기, anti-siphon device 등 이다.

- FFV 자동차의 ECU : FFV용 ECU는 연료 혼합비율에 따라 점화시기 및 연료분사량을 운전 조건에 따라 적절히 변화할 수 있도록 제어 알고리즘을 새로 만든다. 한 예로 연료 혼합비율에 따른 점화시기의 관계가 동일 부하조건에 대하여 비선형적으로 변화하면, 이러한 비선형적 데이터들은, 내삽법을 적용하여 몇 개의 데이터를 테이블 값으로 설정하여 연산이 가능하도록 해야 하며, ECU 자체의 용량과 연산 시간을 고려하여 데이터 양을 설정해야 할 것이다.

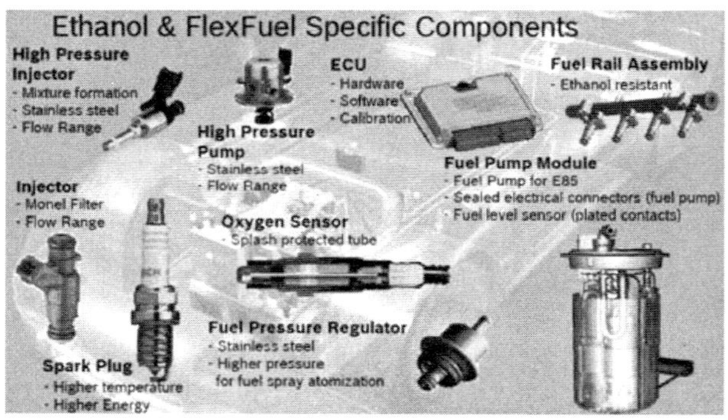

그림 2.13 에탄올 자동차 연료계통의 주요 부품

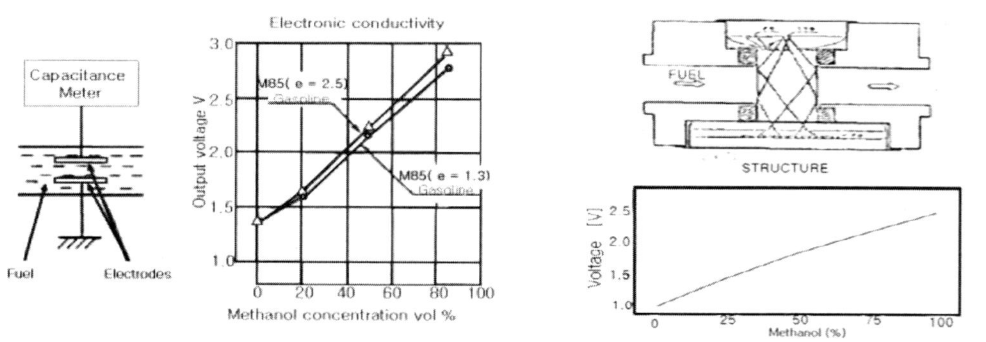

Principle and output of electrostatic fuel sensor　　Principle and output of optical fuel sensor

그림 2.14 정전기식 센서와 광학식 센서의 개략도

- 알코올 센서 : FFV는 임의의 가솔린 에탄올 혼합 연료에도 운행되어야 하기 때문에 혼합 연료중의 에탄올 농도를 감지하기 위한 센서가 필요하며, 그 종류는 측정 방식에 따라 정전식과 광학식 2가지가 있다. 이 센서들은 알코올 혼합비에 따라 출력전압이 선형적인 특성을 가지며, 연료의 온도 및 수분 함량에 따라 정전 용량이 변하므로 센서 자체에서 이를 보정해줘야 한다. [그림 2.14]에 알코올 센서와 출력 특성을 도시했다.
- 인젝터 : FFV용 인젝터는 가솔린 인젝터에 비하여 2배 이상의 동적 유량특성 범위를 가져야 한다. 이는 연료 분사량이 가장 적은 가솔린 아이들 영역부터 가장 큰 전부하 영역까지의 동적 유량범위에 대하여 선형적 비례관계가 보장되어야 하기 때문이다.

또한 고온 시동 문제를 극복하기 위하여 인젝터의 증기 수송능력도 개선되어야 하므로, 연료를 인젝터 위에서 공급(top feed type)하는 것보다 증기폐색(Vapor lock) 방지를 위하여 연료를 인젝터 측면에서 공급(side feed type)하는 방법을 선호한다. 이 외에 스테인레스, 니켈도금 등 재질을 이용하여 연료에 의한 인젝터의 내부식성을 확보해야 한다.

- 스파크 플러그 : 알코올은 조기점화를 일으키는 성향이 매우 강하므로 이를 방지하기 위해서는 저온형 스파크 플러그를 필요로 한다. 그러나 저온형인 경우 탄소 퇴적물에 의한 문제가 발생할 수 있으므로, 스파크 플러그는 자기 청정 온도인 370℃ 이상으로 유지시킬 수 있도록 스파크 플러그의 열가를 선택을 해야 한다.
- 산소 센서 : 알코올 연소가스 중에 발생하는 수소 성분은 가솔린보다 약 2배 이상 이고 수소의 빠른 확산 속도로 인하여 산소 센서는 실제 배기가스 조성과 다르게 측정된다. 결과적으로 알코올의 공연비 피드백 제어는 이론 공연비보다 더 희박한 공연비에서 연소가 진행되게 하므로 삼원 촉매의 효율을 저하시킨다. 이러한 문제는 공연비 제어알고리즘의 개선이나 산소 센서 자체의 개선을 통하여 개선되어야 한다.

③ 공해성능 : [그림 2.15]는 순수 가솔린과 에탄올이 1, 3, 5, 7, 10, 20% 혼합된 연료의 배출성분을 비교한 도표이다. 여기서 CO, HC 등은 약간의 에탄올 혼합에 의하여 상당히 저감되었으며, CO_2 배출량은 거의 비슷하지만 원료 재배 시의 CO_2 소비를 고려하면 상당히 감소됨을 알 수 있다. 그러나 NO_x는 E7을 제외하고 모두 증가했다.

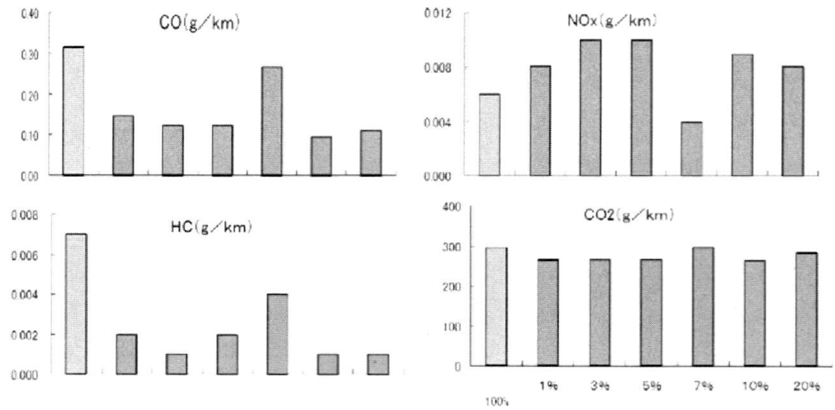

Test Fuel : E0, E1, E3, E5, E7, E10, E20
Tese Mode : Japan 10-15 Mode

그림 2.15 바이오 에타놀의 공해성능

3) 알코올 연료의 세계적 동향

근래에 각국이 대체 에너지개발에 힘쓰고 있는 상황에서 바이오매스(biomass) 산업은 많은 주목을 받고 있으며, 곡물에서 추출된 에탄올과 가솔린을 혼합한 E85의 사용은 미국 및 브라질 등 풍부한 농업 생산력을 기반으로 발전하고 있다. 이러한 에탄올 연료는 온실가스와 스모그 가스 배출이 매우 낮으므로 환경적 이점이 있고, 가솔린에 비해 높은 출력, 옥수수를 원료로 사용함에 의한 원유 수입 의존도 저하 등의 장점이 있다. 그러나 가솔린에 비해 연비가 20~30% 떨어지면서 가격경쟁력은 아직 미흡한 상태이며 E85를 사용하기 위해서는 특별한 연료탱크와 연료 라인이 필요하다는 단점이 존재한다.

미국의 경우는 1970년대 초 석유파동 이후 1978년 2월 Nebraska주에서 휘발유에 에탄올 10%를 혼합한 가소홀(gasohol)이 공급되어 1979년 중서부 지역에 1200개 주유소에서 판매되었고 1981년에는 전국 40개 주의 7800여 주유소에서 가소홀을 취급했으며, 1992년에는 미국 전체 자동차 연료 중 에탄올이 차지하는 비율이 7.64%에 달하여 갈수록 증가 추세에 있다. 1990년대는, 대기 청정 법에 자동차 배출가스로 인한 오염 물질을 줄이기 위해서 부시 행정부가 대기 오염이 심각한 지역에 RFG(Reformulated gasoline)기준과 함 산소 연료 프로그램에 대한 규정을 두어 에탄올의 소비가 더욱 증가 되었다.

세계 최대의 바이오 에타놀 사용 국가인 브라질에서는 사탕수수로부터 제조하여 사용하고 있다. 사탕수수는 당질계 작물이므로 효모에 의하여 에탄올로의 전환이 쉽게 되며, 그 과정은 우선 수확한 사탕수수를 세척한 후, 파쇄, 착즙과정을 거쳐 당질계 쥬스로 가공되어 효모에 의해 발효 제조된다. 만약 발효과정이 없으면 설탕이 제조된다. 브라질에서는 1980년대부터 가솔린에 혼합 사용했으며, 2001년 부터는 에탄올 생산량에 따라서 가솔린에 20%에서 25% 까지 혼합 사용하고 있다. 2003년 부터는 에탄올과 휘발유 모두를 사용할 수 있는 FFV가 판매되어, 현재 승용차의 약 90%를 차지하고 있다.

일본에서는 석유의존도 저감과 기후협약에 대응 및 대기오염 대책을 목적으로 에탄올 연료를 도입하여 2003년도에는 가솔린에 에탄올을 3%까지 혼합(E3)하여 사용하도록 법률을 개정했으나, 유통과정 중, 수분 혼입으로 인한 상 분리 발생이 논란 문제로 대두되었으며, 현재는 환경청 지원에 의해 일부 지자체 주관으로 특정 지역에 한해서 실증 연구가 진행되고 있다.

중국의 경우, 2001~2005 기간 중의 주요 과제로 E10의 사용을 지정하여 하남, 길림 등 지역에 플랜트를 건설하여 E10을 사용했고, 2005년 말에는 27개 도시에 중국 가솔린 소비량의 약 25%에 해당하는 E10을 보급했으며, 현재에도 보급률이 계속 증가하고 있다. 인도는 2003년부터 에탄올 혼합연료의 사용을 개시하여 13개 지역에 E5판매를 착수하여 전국에 확대하고 있으며 최종적으로 E10을 보급할 계획이다. 그러나 현재의 설비로는 에탄올 공급 부족이 예상되므로 국가적 차원에서 생산설비를 보강하고 있다.

3. 바이오 디젤 자동차

바이오 연료란 자연계에 있는 바이오매스(동물, 식물, 미생물 등 생물체의 유기물을 총망라)로부터 만들어지는 지속 가능한 에너지원을 말한다. 바이오 연료는 바이오 연료로 사용되는 식물의 성장과정에서 대기 중의 이산화탄소를 흡수하게 되므로 바이오 연료를 연소하여도 대기 중의 CO_2 는 증가하지 않는 것으로 간주되어(Carbon Neutral) 교토의정서에서 규정한 지구 온난화가스로 계산되지 않는다. 따라서 바이오 연료를 석유 등의 화석연료 대체연료로 이용할 경우 대체된 만큼의 온실가스 배출량을 삭감할 수 있다. 또한 바이오 연료를 사용하는 과정에서 연소로 인한 온실가스 배출량을 고려하여도 기존의 화석연료보다 온실가스 배출량이 삭감되며, 기타 환경오염 물질도 상당량 삭감된다. 이러한 장점으로 선진국들은 CO_2 등 온실가스 감축 의무를 준수와 대기환경 개선 및 에너지 안보 문제 등의 해결에 적합한 바이오연료 개발 및 보급 목표를 설정하여 중점 투자하고 있는 실정이며, EU의 경우 바이오연료 대체 비율에 대한 예시적 목표를 2005년 2%에서 2010년에 5.75% 까지 증가시키도록 제시하고 회원국들에게도 바이오연료 활성화를 위한 재정적 및 제도적 목표와 대책을 세워 이행하도록 요구하고 있다. 우리나라 정부도 CO_2 등 온실가스를 감축하고 대기환경 개선 및 에너지안보 문제 해결을 위해, 2002년 5월 산자부에 의하여 "바이오 디젤유 시범 보급사업 추진에 관한 고시"가 제정되어 수도권과 전라북도 지역을 대상으로 BD20(바이오 디젤유20% 혼합경유)이 시범 사용되어 바이오연료 보급에 노력해 왔으나, 2006년 7월 산자부는 기존의 바이오디젤 보급 대상이던 BD20을 BD5(5%혼합)로 혼합비율을 축소 변경 하였다. 이는 혹한기에 BD20을 사용한 차량에서 시동불량 현상과 필터 막힘 현상 등 품질문제가 제기되었고 자동차 제작사 및 부품사 등의 품질보증 문제가 해결되지 않았기 때문이다. 이에 따라 바이오디젤의 품질수준의 진전에 따라 향후 바이오디젤의 혼합비율을 점진적으로 높일 예정이며, 본 제도가 순조로이 정착될 경우 바이오디젤 사용을 의무화할 것이다.

표 2.9 대표적 바이오 연료의 주요 특징

명 칭	개 요	주요 특징
바이오 에탄올	· 사탕수수나 옥수수, 목재, 폐지 등 식물에서 추출한 다당에서 생산되는 액체 알코올(C2H50H)	· 휘발유 대체 · 혼합사용 가능, 에탄올 함유량에 따라 E3(3%혼합), E10(10%혼합)으로 표기 · ISO부틸렌과의 합성에 의해 생산되는 ETBE(Ethy1 Tert-Buty1 Ester)는 옥탄가 향상제로서 휘발류 첨가 이용이 가능
바이오디젤(BDF)	· 식물성유지를 메틸에스테르화해 얻을 수 있는 액체연료로서 주성분은 지방산 메틸에스테르임	· 경유 대체 · 혼합사용 가능, BDF의 혼합율에 따라 BD5, BD20등으로 표기
바이오매스 액화연료(BTL)	· 바이오매스의 열분해 가스를 FR기법(Fischer Tropsch)에 의해 합성해 얻을 수 있는 액체연료	· 경유 대체 · 혼합사용 가능 · 일반경유에 비해 고세탄가, 저황유
에코경유	· 식물성 유지 등을 수소화 정제 해 얻을 수 있는 탄화수소유	· 경유 대체 · 혼합사용 가능 · 일반경유에 비해 고세탄가, 저황유

바이오매스로부터 얻어지는 바이오연료는 [표 2.9]와 같이 바이오에탄올, 바이오디젤, 바이오가스, 기타 고형연료 등이 있으며, 주로 에타놀과 바이오 디젤을 중심으로 상업화 되고 있지만, 본 단원에서는, 가솔린 대체연료인 에탄올은 앞의 단원

에서 다루었으므로, 경유를 대체 또는 혼합하여 사용할 수 있는 바이오 디젤에 대하여 언급하겠다.

1) 바이오 디젤 연료의 특성

(1) 생산공정

바이오 디젤유란 식물성 기름, 동물성 지방, 폐식용유 등 재생 가능한 자원을 촉매 존재 하에 알콜과 반응시켜 생성하는 에스테르화 기름을 말한다. 경유와 물성치가 유사하므로 경유에 대체 또는 혼합하여 압축착화 디젤엔진에 사용할 수 있으며, 일반 경유와 물리화학적 특성이 거의 같아서 경유에 5~30%까지 섞어 사용하는데, 혼합 비율에 따라 BD5(바이오디젤 5%+경유 95%), BD20(바이오디젤 20%+경유80%)과 BD100(바이오디젤100%)으로 표시한다. 바이오디젤은 [그림 2.16]와 같이, 식용유 등에 알코올과 촉매를 첨가한 후 반응시켜 제조하고, 반응기, 생성물 분리용 침강조, 정제 및 증발 단계를 거친 후 생성되며, 반응 후에 바이오 디젤유와 부산물인 글리세린이 생산된다. 반응속도를 높이기 위해 알코올을 과량 첨가하며 반응 후의 알코올은 회수하여 다시 사용한다.

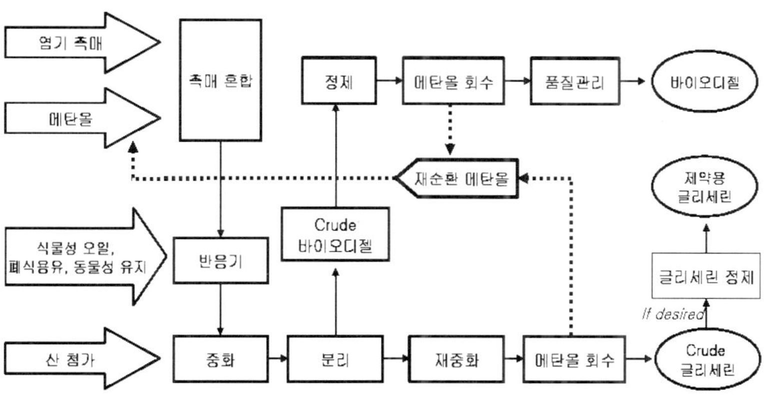

그림 2.16 바이오 디젤의 생산 공정도

(2) 바이오 디젤과 경유와의 특성 비교

[표 2.10]의 경유와 바이오 디젤 연료의 물성치를 비교하면, 바이오 디젤의 함량이 높은 연료일수록, 실린더 유입 통로 및 연료 계통에서 유동성에 영향 미치는, 유동

점, 동점도, 밀도 등의 물성치가 순수 경유에 비하여 증가하는 경향을 알 수 있다.

특히, 겨울철 기관시동과 직접 관계있는 필터 막힘 온도는, BD20의 경우, 경유와 비교 시 -20℃에서 -16℃로 낮아지고, BD100의 경우에는 1℃로 낮아지므로 겨울철에는 바이오 디젤의 함유량을 저하시키는 것이 차량관리에 좋은 영향을 준다고 사료된다. 또한, 황함량과 윤활성은 경유에 비해 바이오 디젤 함량이 높을수록 향상되어, BD20의 경우, 황함량이 경유 $18mg/kg$ 에서 $14mg/kg$ 으로, 윤활성은 경유 326㎛에서 178㎛로 감소되며, 이는 황함량이 낮아짐에 따른 연료 윤활기능이 전체 윤활성을 향상시킴에 의해 보완될 수 있음을 나타낸 것이다.

표 2.10 경유와 바이오 디젤의 물리적 성질

시료성분 / 분석항목	경유		바이오디젤					
	기준	경유	BD5	BD10	BD20 기준	BD20	BD100 기준	BD100
지방산메틸 에스테르함량(vt%)	5 이하	-	5.0	10.2	20.0 ±3	19.9	96.5이상	97.7
유동점(℃)	0.0 이하	-30	-27.5	-27.5	0.0 이하	-22.5	-	0.0
인화점(℃)	40 이상	54	56	57	40 이상	58	120이상	139
동점도(40℃, ㎟/s)	1.9~5.5	2.8	2.8	2.9	1.9~5.5	3.0	1.9~5.0	4.0
증류성상 (90% 유출온도, ℃)	360 이하	333	335	336	360 이하	337	-	-
황분(mg/kg)	30 이하	18	17	16	30 이하	14	10이하	1미만
세탄값(세탄지수)	45 이상	56	56	56	45 이상	56	-	-
필터막힘점(℃)	-16 이하	-20	-18	-17	-16 이하	-16	-	1
밀도@60℃(kg/㎥)	815~855	828	831	833	815~845	839	860~900	884
윤활성@60℃ (HFRR 마모흔경,㎛)	460 이하	326	189	184	460 이하	178	-	-

(3) **바이오 디젤의 장단점 분석**

천연가스나 LPG 등의 대체연료는 기존 디젤엔진을 오토 사이클인 스파크점화방식으로 개조하여 적용해야 함에 따라서 개조 범위가 넓어지고 비용이 많이 소요되며 효율이 저하하는 단점이 있다. 바이오 디젤유는 세탄가가 경유보다 높아서 디젤 사이클에 의한 압축착화 연소가 가능하므로 경유에 소량(20% 이내)혼합 사용하는 경우, 엔진의 개조가 거의 불필요하고 출력이나 연비도 거의 변화가 없다. 또한 [표 2.11]의 경유를 기준한 바이오 디젤의 공해저감 효과에 의하면, 배기가스 중의 SO_x 및 CO, HC 등 유해가스는 경유보다 훨씬 저감되고 벤젠 등도 배출하지 않으므로 독성도 적으며, 윤활성이 우수하므로 경유의 윤활성 저하 대책으로도 사용할 수 있다. 특히 액상으로 존재하므로 기존 주유소의 인프라를 그대로 활용할 수 있고, 디젤의 장점인 고효율을 유지할 수 있다.

그러나 기존 수송용 경유와 비교하여, 연료의 안정성 불량하므로 기관 부품 부식과 손상 및 인젝터의 막힘이나 실린더 내 카본 퇴적물 증가 외에 고무재료의 열화를 유발할 수 있고, 유동점이 높기 때문에 한냉 시의 시동성 악화를 초래하며, 대기오염 물질 중 NOx 배출량이 증가된다는 단점도 존재한다.

표 2.11 경유 대비 바이오 디젤유의 공해 저감 효과

항목	B100	B20
미연탄화수소(THC)	-36.7	-7.3
황산화물(SOx)	-100	-17.6
질소산화물(NOx)	+8.9	+1.8
일산화탄소(CO)	-46.2	-9.3
입자상물질(PM)	-68.1	-13.6
오존발생잠재도(OFP)	-50	-10
발암성 방향족화합물(PAH)	-80	-13
질화 발암성 방향족화합물(nPAH)	-90	-50
Life Cycle CO2 저감량	-78.45	-15.66

※자료 : 미국 NREL/TP-580-24772 등

2) 바이오 디젤기관의 성능

(1) EGR 성능

분사시기와 분사압력을 각각 BTDC 10^o와 $100\,MPa$로 고정하고, EGR(Exhaust gas recirculation)을 적용하지 않은 경우와 EGR율 30%를 적용한, 순수디젤과 바이오디젤 연료의 연소 특성을 비교한 결과 다음의 결과를 얻었다. 순수 디젤의 경우 EGR율 30%를 적용하면 착화지연기간이 길어지고 최고 연소압력과 열발생율 또한 감소하는 경향이 있는 반면, 혼합율 20%, 40%의 바이오디젤을 사용하여 EGR 적용하면, 순수 디젤연소에 비해 최고 연소압력과 열발생률이 증가하는 경향을 얻었다. 또한 순수 디젤기관에서 EGR을 적용하면 HC와 CO의 배출량이 크게 증가하나, 바이오

디젤에서는 이들의 배출량은 감소하며, NO_x 배출 가스의 경우에도 EGR을 적용하면 이로 인한 신기의 희석이 연소과정 중의 온도와 압력을 저하시켜 대폭 감소하는 결과를 나타내고 있다. 아울러 순수 디젤기관에서의 EGR 적용은 입자상 물질(PM)의 증가를 초래하나, 바이오 디젤 연료를 사용하면 EGR을 적용해도 soot가 감소하는 결과를 보이며, 혼합율이 증가할수록 감소 폭은 증가하는 경향을 나타냈다. 결과적으로 바이오 디젤기관에 EGR을 적용하면, 경유기관과 비교하여, 최고압력과 열 발생률이 증가하고 공해 배출가스는 감소하고 있다.

(2) **환경적 성능**

국내 및 유럽의 중/대형 경유기관 배기 규제시험 모드인 ND-13모드를 적용하여 국내 보급의 60~70%를 차지하는 대두유 바이오 디젤 연료의 오염 물질 배출 특성을 실험한 결과를 각 혼합비 성분에 대하여 [그림 2.17]에 도시했다.

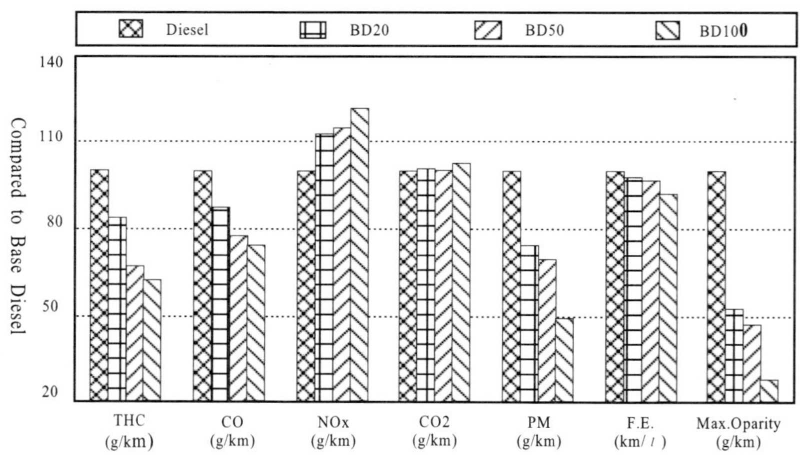

그림 2.17 바이오 디젤의 배기 성능

바이오 디젤의 환경성 평가 실험에 포함되는 배출 오염물질 측정 항목은, 경유차 배출가스 규제 항목인 일산화탄소(CO), 총탄화수소(THC), 질소산화물(NOx), 입자상물질(PM) 등이며, 온실가스인 이산화탄소(CO_2)가 추가로 측정하였다. 실험 결과로부터, 바이오디젤 함유량이 증가할수록 CO, THC, PM의 감소율은 높고, 반면 NOx는 오히려 증가하는 경향을 알 수 있으며, 이것은 기존 경유에 거의 없는 산소함량이 바이오 디젤의 혼합량이 증가할수록 산소함량이 증가하여 BD100에서는 거의 11%까지 증가하기 때문인 것으로 평가된다. 이러한 산소함량의 증가는 연소효율을 좋게 함으로써 미연소 또는 불완전연소율을 낮추어 오염물질 배출을 감소시킨다. 반면, 연소효율이 높아짐에 따른 연소온도의 상승으로 NO_x 배출량이 증가한 것으로 사료된다. CO_2는 바이오 디젤 함유량이 많아져도 증감효과가 거의 없으며, 이것은 연료 중의 바이오 디젤의 함유량이 연소가스 중의 CO_2 배출량에 거의 영향 없음을 의미한다.

한편, 바이오 디젤을 보급함에 있어, 현재 대기 개선정책에서 중점적으로 추진되는 배출가스 저감장치 중 경유차 매연 여과장치(DPF)를 장착하였을 경우의 바이오 디젤 배출가스 저감특성을 비교하면 [표 2.12]와 같다. 여기서 매연 여과장치를 설치한 디젤기관과 바이오 디젤기관과의 오염 물질 배출량은 큰 차이가 없으며, 이는 DFP 자체의 저감율이 매우 높아서 기준 자체가 매우 낮은 오염물질 배출 수준을 나타내기 때문이다. 참고로 국내 DPF 장치는 배출가스 저감장치로 인증받기 위하여 오염물질을 70% 이상 저감시켜야하며, 실제로는 이보다 훨씬 높은 저감률을 갖는다.

표 2.12 경유기관에 DPF를 설치한 경우와 바이오 디젤의 배기 비교

	09년 차기경유+DPF	배출량		증감율	
		BD 5%	BD 100%	BD 5%	BD 100%
CO	0.020	0.019	0.017	-5.0	-15.0
THC	0.031	0.027	0.023	-13.4	-24.6
NOx	10.238	10.287	11.564	+0.5	+13.0
PM	0.054	0.050	0.042	-7.4	-22.2
CO2	710.654	706.087	713.776	-0.6	-0.4

(3) 출력 및 연비

표 2.13 국내 시판 SUV 자동차의 바이오 디젤 혼합에 따른 출력 비교

사용 연료	운전모드 1 출력(마력/rpm)	운전모드 2 출력(마력/rpm)	운전모드 3 출력(마력/rpm)	비고
경 유	60/4150	63/3770	62/3380	-
BD20	58/4140	61/3790	60/3360	경유와 유사함
BD50	62/4140	64/3780	65/3360	BD20 보다 높음
BD100	61/4200	63/3780	64/3370	BD50과 유사함

① 출력성능 : 국내 시판 중인 SUV 디젤차에 의한 실험 결과, [표 2.13]과 같이, 출력차이는 크지 않았으나 경유나 BD20보다는 BD50과 BD100이 높게 나타났다.

② 연비 및 소음성능 : 연비성능은 운전습관 및 도로상태 등으로 인한 영향에 따라 변화할 수 있으므로, 각 실험 연료에 대하여 동일한 운전자가 동일한 도로에서 약 400 km 이상의 거리를 주행하여 소비된 연료량과 주행거리를 근거하여 측정한다. 또한 연료에 따른 기관의 정숙성 변화를 알기 위하여, 일반적으로 소음 측정실험도 병행하며, 측정 부위는 보닛을 개방한 상태에서 라디에이터 10 cm 높이를 선택하고, 주위로부터의 잡음이 차단된 환경에서 실시한다. 동일한 조건에서의 측정 횟수는 보통 3회 이상을 수행하며, 평균값을 산정하여 얻은 결과는 [표 2.14]와 같다.

표 2.14 연비 및 소음성능 측정 결과

측정 항목	경 유	BD20	BD50	BD100
연 비(km/l)	9.56	9.71	9.68	9.42
소음(dB, decibel)	86.4	79.0	75.7	80.9

바이오 디젤의 연비는 BD20과 BD50에서는 경유에 비하여 약간 증가했고, BD100은 약간 감소한 값을 나타내고 있지만, 그 차이는 실험 오차범위 내에 충분히 포함될 수 있는 크기이므로, 경유와 바이오 디젤 연료 간의 연비는 서로 비슷하다고 평가할 수 있다.

그러나 기관 운전상태의 정숙성을 소음 수준으로 측정한 결과에서, BD20은 경유보다 조용했으며 BD50은 BD20보다 더 조용했다. BD100은 BD50보다 더 낮은 소음 수준을 기대했으나, 측정한 BD계열 연료 중 가장 소음도가 높았다. 그러나 BD20, 50, 100 모두 경유보다 수치가 낮아 바이오디젤이 정숙성에서 우수한 것으로 나타났다.

운전자의 느낌을 통한 바이오디젤의 성능은, BD20을 주입했을 때는 경유와 큰 차이를 느낄 수 없었지만, BD50부터는 엔진 작동상태와 액셀 페달에 대한 반응 및 가속성능 등이 경유나 BD20보다 빠르고 부드럽다는 것을 확실히 느낄 수 있으며, 출발 가속시험에서 회전수를 높였을 때 전해지는 부드러운 느낌이 가장 두드러진 차이점이다. BD100은 BD50보다 운전자 느낌이 더 우수하며, 시속 70～80km 영역에서는 엔진 작동상태가 커먼레일과 비슷한 느낌이었고, 경유를 주입했을 때 들리는 엔진 소음이 노면 마찰음에 묻힐 정도로 소음과 진동이 줄어들었다. 결과적으로 바이오디젤은 매연, 출력, 연비, 소음 그리고 운전자의 느낌 등 모든 항목에서 경유보다 좋은 결과를 나타내며, 특히 매연과 운전자의 느낌에서는 경유보다 훨씬 뛰어난 것으로 나타났다.

현재 바이오디젤이 엔진 내구성 및 초정밀 부품인 커먼레일 인젝션에 어떤 영향을 미치는지 등의 풀어야 할 과제 외에, 바이오디젤의 응고점(빙점)이 -2℃ 내지 -3℃ 범위로 경유(영하 15도씨)보다 높아 자체만으로 겨울철 시동이 곤란하므로 경유와 혼합하여 사용하는 것도 개선되어야 할 문제점이며, 저렴한 가격을 위한 충분한 원료의 확보도 바이오 디젤 보급을 위해 반드시 풀어야 할 과제이다.

3) 바이오 디젤의 현황

현재 국내의 바이오 디젤 제조회사는 식물성 유지를 회수하거나 수입하여 BD100을 정유사에 납품하고, 정유사는 이를 경유와 혼합하여 BD5 이내의 BD를 주유소나 소매점을 통해 유통시켜, 경유 차량 소비자들이 BD5 이내의 연료를 사용할 수 있다. 반면, BD20은 바이오 디젤 제조업체가 경유와 혼합하여 대체연료 차량을 사용하는 사업장에 공급하며, BD20 대체연료를 사용할 수 있는 차량은 저장 및 주유, 정비 시설을 갖춘 업체의 버스 또는 트럭을 의미한다. 현재 시중에 유통되는 경유는 2006년 지경부와 정유사 간의 자발적 합의에 의하여 결정한 BD2.0이며, 매년 0.5%씩 상향 조정하여 2012년까지 경유에 혼합되는 바이오 디젤을 3%까지 늘일 계획이다.

국내에서 바이오 디젤을 생산하는 원료물질은 대부분이 대두유와 폐식용유이지만 일부 생산업체는 해외 사업을 통하여 팜유를 생산하고 있으며, 팜과 자트로파와 같은 바이오 매스를 해외에서 경작하여 국내로 도입하려는 바이오 디젤의 원료 확보 노력도 시도하고 있다. 원료가 되는 식물성 오일로는 대두유, 유채유, 팜유, 자트로파유, 면실유, 해바라기씨유 등이 있으며, 카나다, 중국, 호주, 동유럽 등에서는 유채유, 미국과 브라질, 한국에서는 대두유, 인도에서는 자트로파유, 일본에서는 폐식용유를 사용하여 바이오 디젤을 제조한다. 이들 대부분의 국가에서 바이오 디젤을 5%이내 범위에서 경유와 혼합하여 사용하며, 일부 국가에서는 BD100, BD30, BD20 등도 병행하여 사용하고 있다.

4. 클린 디젤 자동차

디젤기관은 연소방식과 고압축비 등으로 가솔린기관에 비해 열효율이 높고 흡배기 손실이 낮으며 희박연소가 가능하므로 가솔린기관보다 연료소비율이 약 30% 정도 향상되는 것으로 알려져 있다. 또한 토크의 변동이 적고 전체 배기 배출물의 양이 적은 장점이 있으므로, 유해 배출가스 및 이산화탄소 규제를 동시에 해결할 수 있는 핵심 기술로서 현재 관심이 높은 대상이다. 그러나 디젤기관의 본질적인 문제점인 배기 중에 포함된 다량의 입자상 물질(PM, Particulate Matter)과 질소 산화물(NOx, nitrogen oxides), 승차감에 영향 미치는 소음과 진동, 동일 배기량에서의 출력(power) 등으로 디젤기관을 대기오염의 주범으로 인식 되었으나, 현재는 연료 공급계통과 연소과정의 개선 및 터보 과급기 설치 등에 의하여 비약적인 개선이 이루어진 실정이다.

1) 클린 디젤자동차의 정의

디젤자동차 기술이 발달한 유럽에서 가장 먼저 나온 "클린디젤 자동차(clean diesel vehicle)"란 아직 정확한 정의가 없으나, 21세기 들어 전 지구적 화제인 에너지 문제와 환경문제를 극복할 수 있는 가장 현실적인 대안으로, 에너지와 환경 측면에서 획기적 효율성능 향상이 가능한 자동차로서 일본의 하이브리드와 경쟁하는 기술을 의미한다고 할 수 있으며, 자동차 선진국인 미국, 일본, 유럽 등의 배출가스 규제를 만족하고 2012년 지구 온난화가스 규제에 대응할 수 있는 초고효율의 디젤기관을 의미한다. 우리나라의 경우 "환경 친화 자동차의 개발 및 보급촉진에 관한 법률"에 의하면, 환경 친화 자동차에 전기자동차, 태양광자동차, 하이브리드자동차, 연료전지자동차, 천연가스자동차와 더불어 클린디젤자동차를 포함시켰으며 다음과 같이 정의하고 있다.

"클린 디젤자동차란 연소가 기관 내부에서 이루어져 열에너지를 기계적 에너지로 바꾸는 기관을 동력원으로 사용하는 자동차로서 대기환경보전법 제46조제1항에 의하여 하이브리드나 천연가스자동차와 유사한 수준의 오염물질을 배출하는 자동차를 말한다"

현재의 클린디젤 기술은 가솔린과 비슷할 정도로 오염물질을 적게 배출하는 한편 리터당 출력도 거의 동일한 수준으로 올려왔다. 즉 전통적인 대기오염 주범이라는 디젤의 개념은 퇴색되었고, 최소한 힘과 연비 분야에 있어서는 많은 사람들이 인정하고 있다. 이러한 인식의 변화는 다양한 디젤기술의 발전에 기인한다. 1990년대 후반, 전자제어식 분배형 분사펌프와 커먼레일 방식에 의한 고압분사를 실현한 디젤기관이 등장하였고, 특히 커먼레일 방식의 적용으로 기관 회전수와 관계없이 고압분사가 가능해져 배출가스, 동력성능, 소음 및 진동 등 여러 방면에서 성능이 향상되었다. 또한 고압분사 기술 외에도 직접분사화 및 가변 터보차저(VGT) 기술, DPF, NOx 흡착 환원촉매 등과 같은 후처리기술 등으로 인해 디젤승용차는 크게 진보되었다. 그 결과, 현재의 디젤 승용차는 최고출력, 최고속도, 가속성능의 측면에서 가솔린승용차와 동등한 수준을 달성하게 되었고, 토크, 연비, CO_2 배출량 등에서는 가솔린승용차보다도 우수한 성능을 기록하는데 이르렀다.

2) 클린디젤 자동차 주요 기술

현재의 강화된 배기가스 규제를 만족하는 디젤자동차는 "클린디젤"이라할 수 있으며, 특히 배기가스 후처리 장치의 지속적인 발달은, 비용 관점에서는 다소 부담이 되는 것이 사실이나, 기관 배기가스 오염 절감에는 큰 기여를 할 수 있기 때문에 앞으로 디젤자동차에 대한 인식은 더욱 개선될 수 있을 것이다. 이러한 클린디젤 기관의 개발을 위해서 많은 신기술들이 연소시스템, 흡배기 시스템, 연료 분사기술 및 배기 후처리장치 등의 분야에서 진행되고 있다. 연소시스템 기술에는 NO_x와 PM을 동시에 저감시킬 수 있는 것으로 알려진 예혼합 압축착화(HCCI, Homogeneous Charge Compression Ignition), 저온연소(LTC, Low Temperature Combustion) 등이 있다. 또한 현행 디젤기관 개선기술로는 초고압 시스템과 다단분사가 가능한 고압 연료분사 시스템, 소형(Down-sizing) 및 경량화, 냉각(Cooling)과 윤활(Tribology)의 최적화, 흡기유동 및 피스톤 보울 최적화, 가변 밸브기술(VVA, Variable Valve Actuation)과 가변 연소실기술, Atkinson cycle기관, 과급(Turbocharging)과 배기가스 재순환(EGR; Exhaust Gas Recirculation) 기술 등이 있다. 그 중, 고출력 및 연비 향상은 커먼레일 시스템, VGT, 4밸브, 가변 스월 컨트롤 등의 기술이 효과적으로 대응되며, 커먼레일 시스템, EGR 등의 기술은 소음/배기 대책으로 효과적이다. 이러한 기술의 적용은 흡배기 및 연소계통과 기관 제어계통 등에 대한 종합적인 대책이 요구되며, 특히 배기계의 내구성 향상을 위해서는 연료 중의 황 함량이 매우 낮은 저유황 연료의 도입이 추진되어야 한다.

(1) 연소 시스템

배기가스 발생은 기본적으로 기관 연소실 내부의 연소현상에 의해 발생하는 것이므로 이를 근본적으로 저감하기 위해서는 연소 시스템의 개선이 필요하다. 디젤 연소는 공기와 연료의 혼합 과정을 포함한 화학반응을 통해 일어나는 일련의 현상으로서 온도와 압력, 그리고 국부적인 공기와 연료의 성분비에 의해 결정된다. 기존의 디젤연소 시스템을 개선하고자 예혼합 압축착화(HCCI 또는 PCCI, Premixed Charge Compression Ignition) 등의 저온연소 기술이 연구되어 왔으며, HCCI기관은 가솔린기관과 같이(디젤기관과는 달리) 연소실 내에 연료와 공기의 혼합기를 공급하고, 디젤기관과 같이(가솔린기관과는 달리) 압축에 의해 자기 점화하는 가솔린과 디젤기관의 장점을 융합한 혼용기관이다.

이러한 연소 시스템은 기본적으로 기존의 디젤 연소에서는 발생하는 NO_x와 PM의 불가피한 관계를 극복하고자 하는 연소개념이라고 할 수 있다. 즉 예혼합 과정으로 초래된 균일 혼합기에 의하여 PM 발생을 억제할 수 있으며, 연료와의 혼합기가 불꽃착화에 의하지 않고 자기 착화에 의하므로 고온화염 면이 발생하지 않아 NO_x 발생을 저감시킬 수 있다. 이러한 현상은 [그림 2.18]과 같이 NO_x와 Soot의 발생 정도를 국부 당량비와 화염온도와의 관계를 근거하여 표시한 φ-T 맵을 통하여 이해할 수 있다.

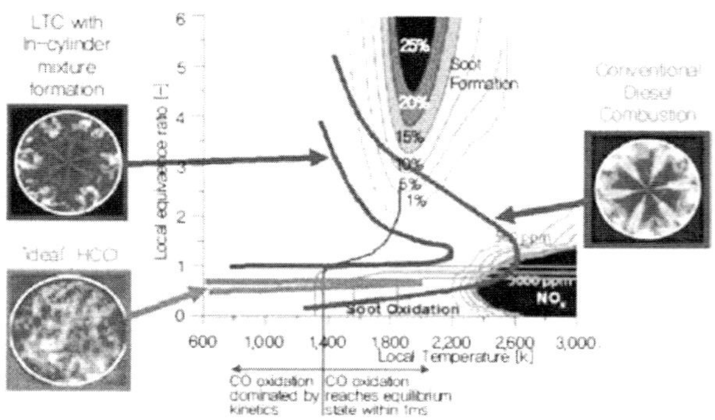

그림 2.18 국부 당량비(Φ)-화염온도(T) 선도에서 NO_x 와 $Soot$ 영역

즉, 기존의 디젤연소는 NO_x와 Soot이 발생하는 영역을 모두 지나가지만 HCCI와 같은 저온 연소는 이를 동시에 피할 수 있는 영역에서만 연소를 진행할 수 있다. 다만 NO_x 저감을 위해서는 저온 연소가 필요하므로 다량의 EGR을 사용하며, Soot 발생을 피하기 위해 국부적인 당량비를 감소시켜야 하므로 분사 전략의 변화를 통하여 예혼합 상태를 조성하는 전략이 필요하다. 그러나 오랜 기간의 다양한 연구에도 불구하고, 급격한 연소가 이루어지는 고부하 영역에서는 착화 및 연소제어가 곤란하므로, 현재는 전부하 영역보다는 부분부하 영역에서만 한정된 시스템에 실용화되고 있다. 추후 운전영역을 확대하고 착화의 최적제어로 열효율을 향상시켜야 할 것이다. 아울러 열손실의 증가와 희박화에 따른 미연 HC와 CO의 증가에 대한 대책이 필요하다. [그림 2.19]에 HCCI 기관의 배기 저감 효과를 도시했다.

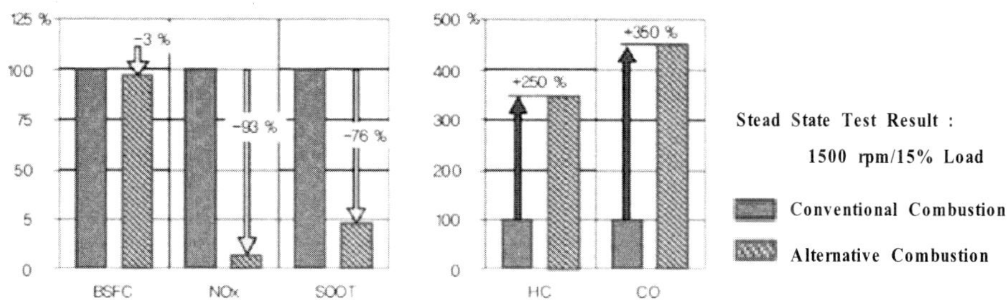

그림 2.19 HCCI적용에 의한 배기 저감 효과

연소과정에 대한 현상과 효과에 대한 이해를 위하여, 실제 기관의 실험과 함께 상세 화학반응이 고려된 CFD에 의한 수치실험에 의한 연구개발이 진행되어야 하며, 제품의 실용화 측면에서는 실린더 표면의 연료부착 방지, 기통간의 격차제어와 가감속시의 제어, 적정한 세탄가의 선택 등도 중요하다. 또한, 흡기 온도센서와 연료압력센서 등에 의하여 연료상태를 감지하고 이와 동시 다단분사와 EGR, 흡배기 밸브의 가변구조에 의한 압축비와 잔류가스(내부 EGR)의 제어도 수행할 수 있는 고도의 연소 제어기술을 확립해야만 한다. 현재 많은 연구자들과 차량 메이커들이 환경규제와 연료소비율 감소를 목적으로 지속적인 기술 개발을 진행 중이며, 향후 10년 내에 상용화될 기술로 판단하고 있다. GM은 Bosch와 Stanford University와 공동연구를 통해 상용화를 목적으로 하는 디젤 예혼합 압축착화 기관 개발을 수행 중에 있으며, BMW, Honda 등 거의 대부분의 디젤승용차 메이커들이 디젤 예혼합 압축착화 기관을 상용화하기 위한 노력을 진행 중에 있다. Scania와 같은 대형 디젤 차량을 제조하는 하는 제작사 역시 예혼합 압축착화 연소기술을 적용시키고자 하고 있으며, 2020년에 이르면 대형 디젤 차량의 40% 가량이 예혼합 압축착화 연소기술을 사용할 것으로 전망하고 있다.

(2) 연료분사 시스템

디젤기술의 발전에 있어서 큰 역할을 한 것이 연료분사이며, 이를 담당하는 인젝터는 디젤이 발전하면서 더욱 중요성이 부각되고 있다. 솔레노이드 방식의 커먼레일 인젝터는 보다 정밀한 제어를 위하여 피에조 타입의 인젝터로 진화하였고, 분사연료의 혼합기 형성에 큰 영향을 주는 분사압력도 초기의 1350 *bar* 수준을 거쳐 현재는 1600 ~ 1800 *bar* 정도가 일반화 되었고, 2000 *bar* 이상의 초고압 분사시스템의 적용도 되고 있다.

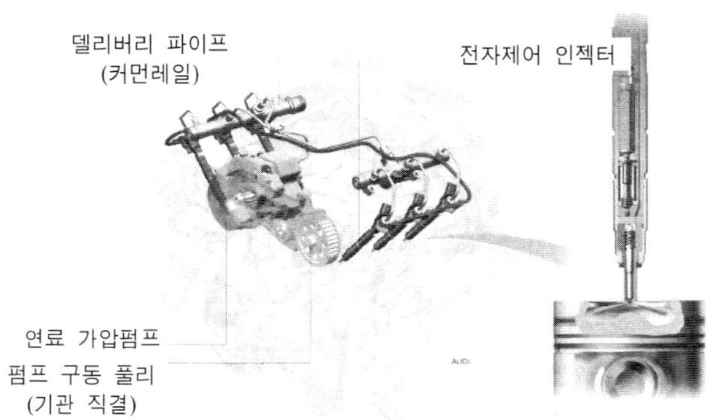

그림 2.20 커먼레일 시스템의 개략도

① 커먼레일(common rail) 시스템 : 커먼레일 시스템은 주로 커먼레일, 인젝터, 고압펌프, ECU로 구성되며 기관회전수, 액셀개도, 냉각수온, 대기온도 등을 센서로 감지하여 연료의 분사를 제어한다. 커먼레일 시스템이란 고압화한 연료를 축적하여 각 인젝터로 균일하게 공급하는 시스템으로, 전자제어방식을 채용하여 연료의 분사압력, 분사타이밍/회수, 분사량의 3가지 요소를 정밀하게 제어함으로 NO_x, PM의 저감과 함께 연비향상을 구현한다. 또한 기관 회전수와 관계없이 고압분사 및 연료 분무입자의 미립화가 가능하여 연료와 공기의 혼합이 촉진되므로 완전연소에 가까운 연소가 이루어지고, 기존 분사시스템에서는 실현할 수 없었던 매 사이클 당 다단의 연료분사가 가능하여 배출가스 저감과 소음 감소

를 구현할 수 있다. 1995년에 트럭용으로 일본에서 세계 최초로 등장한 커먼레일 시스템은 1997년 승용차용으로도 실용화되어 분사압력 135 MPa에서 파일럿 및 메인의 2단 분사가 가능해졌다. 그 후 고압화는 계속 진행되어 현재 200 MPa의 커먼레일 시스템이 실용화되고 있으며 고응답 액추에이터로써 매우 짧은 간격으로 5회의 분사가 가능해졌다. 또한 인젝터에 응답성이 높은 피에조 인젝터를 사용한 커먼레일 시스템은 솔레노이드 타입의 인젝터를 사용한 커먼레일 시스템보다 더욱 미세한 간격으로 보다 정밀하게 제어할 수 있게 되었다. 현재 커먼레일 시스템을 더욱 고압화하기 위한 연구개발이 진행되고 있으며, [그림 2.20]에 개략도를 도시했다.

② 피에조(piezoelectriccrystal) 인젝터 : 피에조 인젝터는 [그림 2.21]과 같이 인젝터 엑추에이터에 피에조 압전소자를 설치한 것으로 현재 분사압력 180 MPa의 제품이 실용화되고 있다. 피에조 전기소자란 결정체(crystal)에 기계적 압력을 가했을 때 이와 비례하는 전하를 발생하는 현상(피에조 압전효과)을 응용한 소자로, 피에조 인젝터에서는 피에조 소자에 전압을 주어 노즐을 제어한다. 피에조 인젝터의 채용으로 기존 솔레노이드에 비해 약 30% 정도를 경량화할 수 있고, 노즐의 니들 스피드가 개선되어 기존 타입의 인젝터를 채용한 커먼레일 시스템에 비해 약 2배 정도의 응답성이 실현되므로 보다 정밀한 연료분사 제어가 가능해졌다. 그러나 아직 채용실적이 많지 않으며 내구성에 대한 과제가 남아있어 대형차량에 적용하기는 무리이다.

③ 유닛(unit) 인젝터 : 유닛 인젝터는 현재 유럽에서 판매되는 디젤승용차의 일부 차종에 적용되고 있는 장치로, 그 특징은 고압발생 요소와 분사노즐이 일체된 인젝터이다.

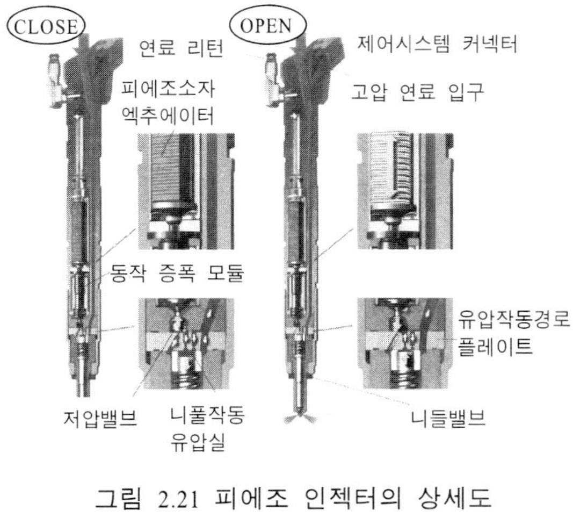

그림 2.21 피에조 인젝터의 상세도

따라서 분사 펌프에서 노즐까지의 고압파이프가 없고 노즐과 직결된 플런저에 의하여 연료를 가압하기 때문에 1500 bar ~ 2200 bar의 높은 압력 범위에서 연료를 분사할 수 있으므로, 연료 미립화를 초래하여 PM 배출량 삭감과 연비 향상에 매우 효과적이다.

(3) **흡배기 시스템**

① 터보차저 : 터보차저란 기관의 배기가스 에너지를 이용하여 배기터빈을 회전시키고 터빈 출력으로 흡기를 압축하여 실린더 내로 고밀도의 공기를 공급하는 기술이다. 이러한 기술의 적용으로 흡입 공기량이 증가하여 연소효율이 향상되므로, 낮은 배기량의 디젤기관으로도 가솔린기관(자연흡기)과 동등한 출력을 얻을 수 있게 되었다. 하지만 고정식 베인을 갖는 기존의 터보차저는 압력과 유량의 비선형성 때문에, 배기에너지가 낮은 저 회전의 운전조건에서는 충분한 유량을 확보할 수 없는 단점을 가진다.

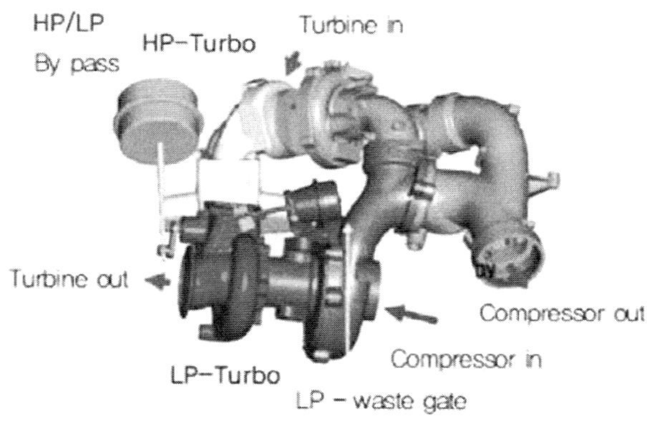

그림 2.22 2단 터보차저의 구조

이러한 약점을 극복하기 위하여 개발된 방식이, 베인 개도를 운전조건에 따라 변경함으로써 흡입공기량을 운전조건에 따라 정확하게 제어할 수 있는 가변터보차저(VGT, Variable Geometry Turbocharger) 장치가 개발되었고, 최근에는 효율을 더욱 증대시키기 위해서, [그림 2.22]과 같이 운전영역에 따라 각각 달리 사용하는 2단 터보차저가 개발되어 적용된다.

단일 터보차저로는 최대 출력과 실용 영역의 성능 사이에서 한계가 존재하지만, 2단 터보차저를 적용할 경우 동력 성능의 향상뿐만 아니라 실용 영역에서의 효율 증대로 배기 저감효과를 추가적으로 얻을 수 있다. 이는 고속영역과 저속영역에서 각각 효율이 좋은 고압과 저압용의 2개 터보차저를 효율적으로 전환하여 사용할 수 있기 때문이다. 또한, 최신의 기술로서 배기가스를 이용하여 구동하는 방식이 아닌 전기모터를 사용하여 구동되는 MAT (Motor Assist Turbocharger) 등이 주목받고 있다.

② 배기 재순환 장치(EGR, Exhaust Gas Recirculation) : EGR은 NO_x 저감을 위해 디젤기관에서 사용되는 대표적 기술이라 할 수 있다. 흡기 매니폴드로 흡입되는 공기의 일부를 배기가스로 대체하면 산소농도의 감소와 배기가스 성분의 큰 비열로 인해 연소 온도가 저감되고 결과적으로 온도에 민감하게 발생하는 NO_x 생성을 저감할 수 있다.

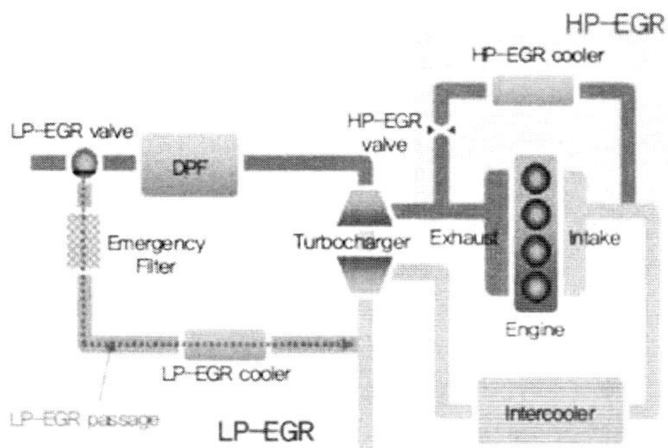

그림 2.23 2단 EGR 시스템의 개략도

EGR 가스의 통로에 냉각장치를 설치한 것이 Cold-EGR 시스템으로, 고온의 EGR 가스를 EGR 쿨러로 냉각하여 연소온도를 일반 EGR보다 더욱 저하시킴에 의하여 NO_x 저감에 공헌한다. 또한 냉각으로 인해 흡입공기의 밀도가 증가하여 일정한 EGR 공급 범위까지는 매연을 저감시킬 수 있다는 장점이 있지만, 대량의 EGR 도입은 연소악화로 인하여 연비가 악화되거나 사이클 변동을 초래할 수 있다.

터보차저가 장착된 디젤기관에서 최근의 EGR 기술은, [그림 2.23]같이, 터빈 전단의 배기가스를 흡기 매니폴드로 보내는 HP(High Pressure)-EGR 외에 터보차저 후단에 DPF를 장착하고 이 DPF 후단의 정화된 배기가스를 압축기 전단으로 공급하는 LP(Low Pressure)-EGR을 함께 사용하는 2단 EGR을 적용하고 있다. 이 장치에서 LP-EGR이 선택되면 길어진 EGR 경로로 인해 EGR 분배성이 향상되고 DPF 후단의 저온 배기가스가 인터쿨러까지 지나가게 되면서 더욱 낮은 온도의 EGR 공급이 가능하므로 NOx 저감효과가 더욱 커지게 된다. 또한 배기가스의 흐름을 일단 터보차저의 터빈을 회전시키는데 사용할 수 있기 때문에 효율 증대로 인한 연비 개선 효과를 추가적으로 얻을 수 있고, 이 외에 운전 조건에 따라 각각의 EGR 시스템이 가지는 장점 즉, 저속 저부하 영역에서는 상대적으로 EGR 공급이 더 유리하고 반응성도 좋은 HP-EGR을 주로 사용하며, 고속 고부하 영역으로 갈수록 LP-EGR을 사용함으로써 그 효율을 극대화 시킬 수 있다. 현재 폭스바겐의 북미형 Jetta 모델에 적용하고 있으며, 약 30~40%의 NOx 저감효과를 보이는 것으로 알려져 있다.

③ 가변 스월 시스템 : 실린더 흡기가 실린더 중심축을 회전축으로 선회하는 흐름을 스월(swirl)이라고 하며, 이것은 직접분사식 디젤기관에서 연료와 공기의 혼합 상태에 크게 영향을 끼친다. 운전영역에 따라 발생 스월의 강도를 변화시키는 가변 스월 시스템은 배출가스의 저감과 연비향상 효과를 얻을 수 있으며, 개략도는 [그림 2.24]과 같다.

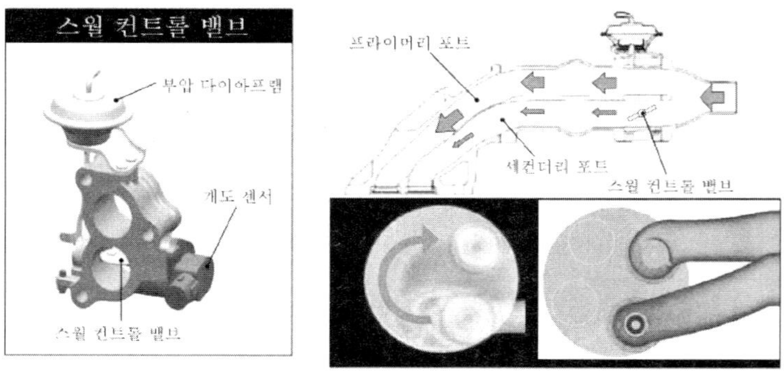

그림 2.24 가변 스월 시스템의 개략도

④ 가변 압축비 기술 : 기관의 출력과 연료 경제성을 동시에 향상시키기 위하여 일부 차량 제작사에서 가변 압축비 (VCR : Variable Compression Ratio) 기술을 개발해왔다. 가변 압축비 기술은 압축비가 상대적으로 낮은 가솔린기관에 대하여 주로 사용되었으며, 이는 고압축비에 의한 출력향상과 배기 오염물질 저감 효과를 동시에 얻고 또한 고부하에서 저압축비를 사용함으로 질소산화물 배출을 줄이는 효과를 얻을 수 있기 때문이다. 이와 유사한 방법으로 디젤기관에서의 압축비 최적화도 가능하므로, 각 제작사는 여러 방식의 가변 압축비 기관을 선택하여 실용화를 구현하고 있다. Daimler-Benz의 경우, [그림 2.25(a)]와 같이, 피스톤의 높이를 제어함으로써 압축비를 변경하는 기술을 개발했으며, 작동원리는 Lower Oil Chamber와 Upper Oil Chamber에 오일을 채우고 비움으로써 기

관 내에서의 피스톤 높이를 변경하여 압축비를 변경하는 방식이다. Nissan의 경우, [그림 2.25(b)]와 같이, 커넥팅 로드에 Multi-link 기구를 설치하여 압축비를 가변시키는 방법을 선택하여, Control Link의 움직임에 따라 피스톤 위치가 변경되면서 압축비가 변화된다. 이 외에도 Ford에서는 일정한 부피를 가지는 부연소실을 흡기와 배기밸브 이외의 별도의 밸브를 열거나 닫아서 압축비를 변경시키는 방식을 제안하였다.

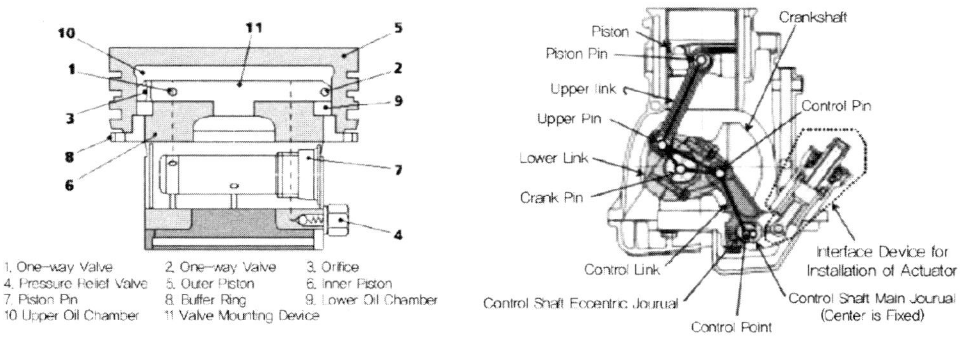

(a) 피스톤 높이 가변을 이용한 VCR (b) 편심 샤프트를 이용한 VCR

그림 2.25 가변 압축비 기관의 구성

(4) 배기 후처리 기술

① 산화촉매(DOC : Diesel Oxidation Catalyst) : 산화촉매란 백금, 팔라듐 등의 촉매 작용으로 배기 중의 산소를 사용하여 PM에 함유된 탄화수소(HC)를 주성분으로 하는 미연소물질(SOF)을 산화하여 물과 이산화탄소로 바꾸는 기술이다. 그러나 경유 중 유황성분에 대해서도 산화작용이 작용하므로 황산염이 증가하여 PM이 증대되는 원인이 되므로, 산화촉매를 사용할 때에는 경유의 저유황화가 중요한 요소가 된다.

② 디젤필터(DPF : Diesel Particulate Filter) : DPF 기술은 URO5의 대응을 위해서 모든 디젤승용차에 적용될 예정이며, 작동 원리는 [그림 2.26]과 같다. DPF는 기본적으로 필터와 촉매로 이루어져 있으며, 필터 내에 PM이 일정수준 이상 포집되었을 때, 배출가스 온도를 높임으로서 재생시킨다. 재생 원리에 따라 자연재생(연속재생)과 강제재생 방식으로 구분되며, 기관연소 시의 상승된 배기가스 온도만 의존하여 재생되는 자연재생 방식은 주로 대형차, 외부열원으로 재생되는 강제재생 방식은 소형차에 흔히 적용된다.

상류 측에 산화촉매가 설치되고 그 하류에 DPF가 배치되는 연속 재생식의 DPF는, 전방에 배치한 산화촉매에 의하여 생성된 NO_x를 사용하여 포집된 PM을 비교적 낮은 온도에서 연속적으로 산화 제거하여 필터를 재생하는 방식이다. 주위가 산소 분위기인 경우, $400 \sim 500^oC$에서 PM의 연소가 시작되는 반면, NO_x를 사용한 반응에서는 200^oC 부근부터 연소가 시작하기 때문에 저온에서도 PM을 연소할 수 있다. 단 200^oC 이하의 경부하에서는 커먼레일 분사장치의 포스트 분사 등과 같은 제어방식을 이용하여 촉매온도를 제어한다. 유황성분의 농도가 높은 연료는 배기가스 중 SO_2가 산화되어 황산염을 생성하므로 PM 증가의 원인이 되기 때문에 PDF는 저유황 경유에만 적용할 수 있다.

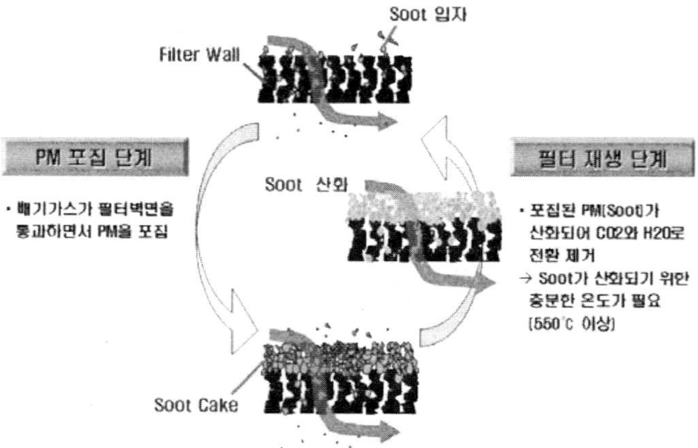

그림 2.26 PDF의 작동 원리

또한 현재의 DPF와 그 주변 기술로는 실제주행 중 PM이 퇴적되는 것을 막을 수 없으므로, 필터의 손상 가능성이 높아지기 전에 고온을 유지하여 강제로 PM을 재생하는 방범이 개발되었다. 그 중 한 가지가 전기 가열에 의한 방법이 시도되고 있지만, DPF를 수 백도까지 가열하려면 엄청난 전력이 요구되어 자동차에 적용하기는 곤란한 상황이다. 따라서 기관배기 자체의 온도를 높여 DPF로 보내는 것이 현실적인 방법이며, 커먼레일 시스템에서는 포스트 분사된 연료가 배기관에서 흘러나오는 과정 중에 연소되도록 하여 DPF 입구에서의 가스온도를 상승시킨다. 산화촉매를 포함하지 않은 DPF에서는 입구의 가스온도를 600℃ 까지 상승시킬 수 있다.

③ NO_x 흡착 환원촉매(LNT, Lean NO_x Trap) : NO_x 흡착 환원촉매는 가솔린의 삼원촉매에 질소산화물 흡수물질을 첨가한 촉매로서, 원리는 [그림 2.27]과 같다.

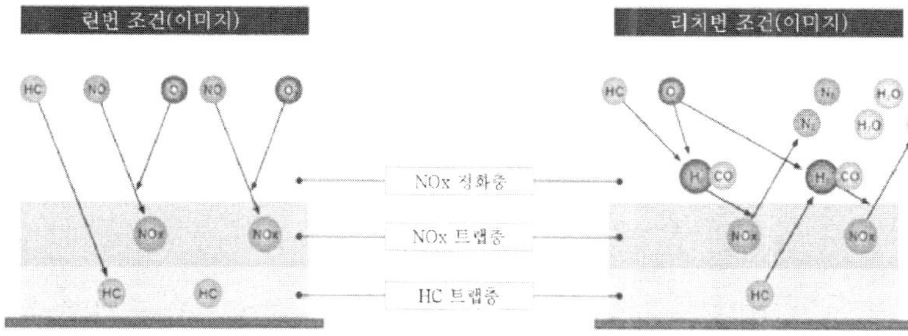

그림 2.27 NO_x 흡착 환원촉매의 원리

즉, 희박한 공연비의 배기가스 중 NO_x를 산화하여 질산염으로 흡착하고, 이 질산염을 농후 연소 시의 탄화수소(HC)와 CO와 반응시켜 환원 정화하는 후처리시스템이다.

물에 녹인 요소를 배기가스에 계속 주입하여 질소산화물을 선택적으로 제거하는 방법과 달리 연료를 환원제로 사용하기 때문에 차량 내 저장장치나 기반시설이 불필요하다는 장점이 있는 반면, 연비가 악화되는 단점과 가격 면에서 불리하여 주로 소형 디젤 차량의 NO_x 저감 방법으로 고려되고 있다. 또한, 환원촉매는 NO_x 보다 유황성분과 결합하기 쉽기 때문에 황산염 처리로 인한 불량한 연비 및 내구성 단축 문제도 해결되어야 한다.

④ DPNR (Diesel Particulate-NOx Reduction system) : DPNR은 PM과 NO_x를 연속적으로 90% 이상 저감할 수 있는 시스템으로, NO_x 흡장환원촉매를 응용한 것이다. 포집한 NO_x와 함께 PM도 동일 촉매 상에서 제거하는 것으로 승용차나 중·소형 트럭에 적합하며, NO_x 흡장환원촉매와 같이 연비, 내구성, 연료 유황성분 삭감이 과제이다.

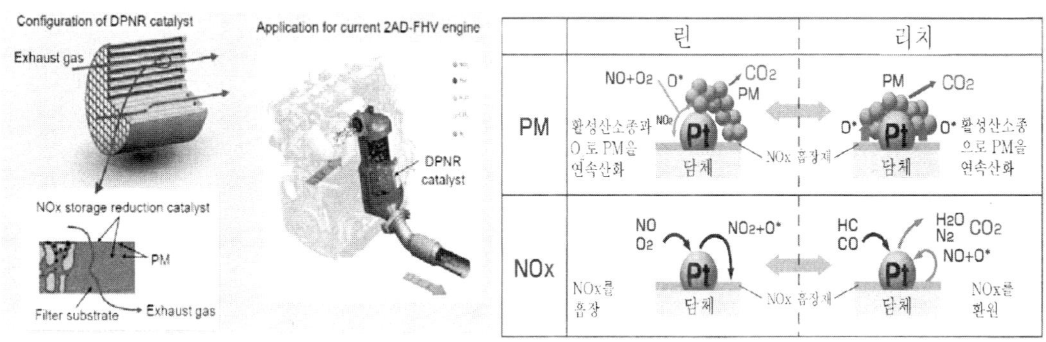

그림 2.28 DPNR의 구조와 원리(NO_x 흡장 + PM포집 재생촉매)

작동원리는, 표면에 흡착된 NO_x 흡장층이 희박 연소에서는 포집상태를 유지하나 여기에 농후 연소가스가 유입하면, 백금이 삼원촉매에 사용하였을 때와 같이 작용하여, HC와 CO에 의하여 주변의 NO_x 가 환원되는 것이며 이 때 방출된 활성산소가 PM의 산화를 촉진한다. Toyota는 NO_x 흡장과 PM 포집재생을 동시에 병행적으로 수행하는 시스템을 발전시켜, 제한된 차종으로의 시판을 진행 중이나, 유황성분이 포함된 연료에서는 촉매의 기능이 빨리 저하되기 때문에 황화물을 촉매로부터 이탈시키기 위해 600℃ 이상의 고온 가스를 유입하는 운전을 반복할 필요가 있으며, 촉매는 일반적으로 800~900℃에 노출되면 열화되기 쉽기 때문에 상당히 좁은 온도영역에서 운전해야 한다.

⑤ 요소 SCR (Selective Catalytic Reduction) : 요소 SCR은 발전소 등 대형 설비에서 사용되는 암모니아 탈초(脫硝)와 같은 원리이로서 구성도는 [그림 2.29]과 같다.

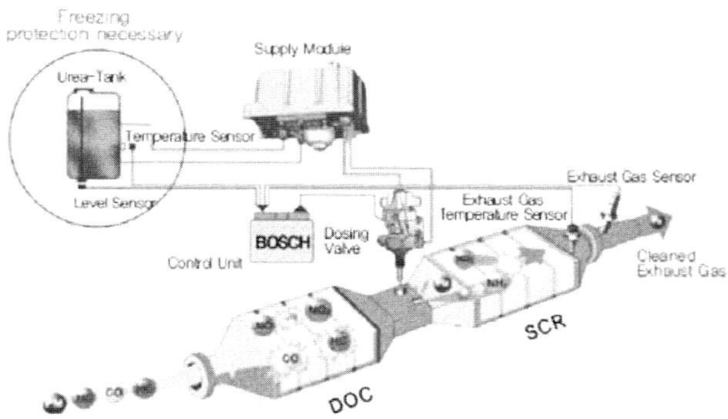

그림 2.29 SCR 장치의 구성도

단, 암모니아는 취급하기 어렵기 때문에 자동차에서는 요소 수용액을 사용한다. 요소 SCR 시스템에서는 요소수를 배기가스 중에 주입하여 암모니아를 생성시키고 암모니아와 NO_x 를 반응시켜서 물과 질소의 무공해 기체로 변환하며, 대형 디젤자동차에 적합한 장치가 실용화되고 있다. 승용차로의 적용은 탑재 공간 등의 문제로 인해 난관이 있으나 NO_x 정화율이 높고 연비에 미치는 악영향이 적은 점에서 추후 기대 기대되는 기술이다. 단, 질소산화물을 촉매 반응시키기 위한 환원제로 암모니아가 요구되므로, 환원제 공급시스템(dosing system)으로 기관 운전 조건에 따라 최적 양의 환원제를 분사 시켜야 한다.

환원제인 암모니아는 악취 때문에 사용을 기피하는 경향이 있으므로, 이의 대안으로 요소(urea) 수용액이 채택되어 32.5% 요소 수용액이 AdBlue라는 상품명으로 유럽 및 일본 시장에서 판매되고 있다. 이러한 AdBlue는 통상의 조건에서는 무색·무취·무독성의 액체로서 취급이 용이한 장점이 있다. 또한 AdBlue 소비량은 연료소비량의 5~7% 수준이며, 승용차용의 경우는 1회 주입으로 오일 교환 주기까지 사용가능하도록 하여 소비자의 불편을 최소화하도록 개발 중이다. 그러나 대형차의 경우는 AdBlue를 주기적으로 보충해 주어야 하는 불편이 있고, 이를 위해서는 AdBlue 공급 인프라 구축이 필요하다. 2006년 초 디트로이트 모터쇼에서 메르세데스 벤츠는 이미 디젤승용차에 [그림 2.30]과 같은 요소 SCR 시스템을 채용하여, "BlueTech"의 이름으로 곧 시장(NO_x와 PM의 규제가 더욱 강화되는 미국도 포함하여)에 투입할 예정이라고 발표하였다. 메르세데스 벤츠 및 Bosch에 의하면 요소수 탱크를 트렁크 내부 공간 또는 스페어타이어의 휠 공간에 탑재하여 10L 이상의 용량을 확보했고, 일반적인 정기점검 기간 중의 요소수 보급을 억제하는 방식을 택하고 있다.

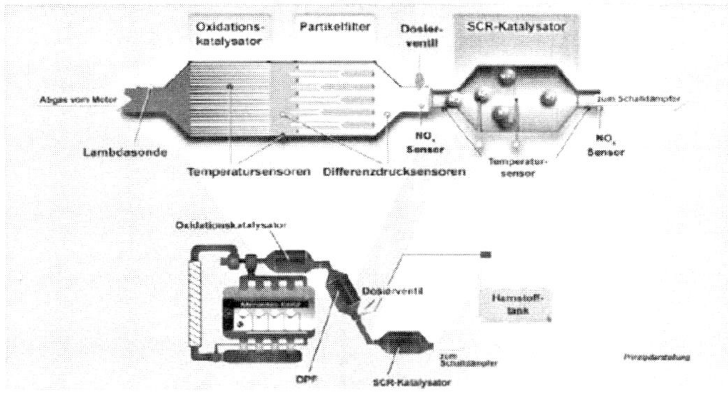

그림 2.30 벤츠의 BLUETEC 적용 기술

3) 클린 디젤자동차의 현황과 전망

디젤자동차는 가솔린자동차에 비해 일반적으로 에너지효율(연비)이 20~30% 정도 우수하고 CO_2 배출도 20% 정도 적다. 따라서 디젤자동차의 보급은 온실가스 감축 대책에 공헌함과 동시에 바이오 디젤연료, 합성연료 등의 다양한 경유 대체연료를 적용할 수 있기 때문에 에너지 안전보장의 관점에서도 의의가 있다. 또한 2009년 10월 도입된 일본의 포스트 신 장기규제는 유럽·미국규제와 비슷한 세계 최고 수준으로 규제치가 설정되었으며, 특히 디젤 승용차의 NO_x, PM 규제치를 가솔린 승용차와 거의 동등한 수준으로 규제했으므로, 클린 디젤자동차에 초점을 둔 것이라 하겠다.

이와 같이 가솔린 자동차와 유사한 배출가스 수준을 유지하고 CO_2 배출량을 저감시키는 클린 디젤자동차 개발동향을 살펴보면 다음과 같다. 대부분의 제작사에서 연료 분사시스템으로 최고 분사압이 2,000bar 이상의 피에조 인젝터를 적용하였으며, 흡배기시스템으로 2단 EGR, 2단 터보차저가 사용되었다. 후처리장치로는 모든 제작사에서 PM 저감을 위하여 DPF가 사용되었으나, NO_x 저감을 위한 후처리장치로는 요소 SCR, NO_x 흡장촉매, DPNR, 등 다양한 기술이 적용되고 있다. 향후에도 유럽시장을 중심으로 디젤자동차에 대한 기술 발전이 계속될 것으로 보이며, 디젤-하이브리드 자동차기술 등 디젤과 접목된 자동차기술이 보편화 될 가능성이 크다. 우리나라의 경우 청정에너지로 LPG, LNG 등 가스를 사용하는 자동차에 대하여 대기 오염관리의 차원에서 지속적인 지원을 하여왔으나, 클린 디젤기술에 의한 자동차가 보편화되는 시점에서는 청정 자동차로서 어떤 연료의 자동차가 유리한지에 대한 재검토가 필요하게 될 것으로 보인다.

이와 같이 높은 연비효율과 배기가스 개선에 관련된 다양한 기술개발의 영향으로 클린 디젤자동차는 가장 현실적인 친환경 자동차로 평가받게 되었다. 이에 따라 EU는 정책적으로 클린 디젤자동차의 육성과 보급 확대정책에 의하여 신차 등록대수에서 차지하는 비율이 매년 증가하고 있으며 최근에는 신차 등록대수의 50%를 기록하기에 이르렀다. 벨기에, 프랑스 등에서는 디젤비율이 70%를 넘으며 서유럽 전체적으로는 약 53% (2007년)를 기록하고 있다. 이러한 디젤자동차의 성장은 이산화탄소의 감축목표를 달성하기 위한 각국의 인센티브 제도에 의해 탄력을 받으며, 서유럽의 경우 가솔린을 대비한 가격경쟁력을 부여하고 소비자 선호도를 높이기 위해 디젤에 부과되는 세금이 가솔린 대비 43%가 낮다. 따라서 미국 시장 조사기관인 JD파워에 따르면 서유럽지역에서 운행되는 디젤 승용차 점유율은 2015년에 55.9%까지 상승할 것으로 전망하고 있다.

기존의 디젤자동차 운행을 제한하는 등 강경한 입장을 표명했던 미국이나 일본도 이제는 디젤자동차 육성 정책으로 방향을 선회하고 있다. 일본의 경우, 일산화탄소 삭감 목표 달성을 위한 구체적 대책으로 클린 디젤자동차 등 연비가 뛰어난 자동차 보급을 확대하겠다는 계획을 제시함에 따라 2003년 0.4%에 불과한 디젤승용차 점유율이 2015년에는 16%로 늘어날 것으로 전망하였으며, 미국에서도 2015년에 15.3%로 시장점유율이 증가할 것으로 전망하고 있다.

연습문제

1. LPG 자동차의 장단점과 연료공급 계통 및 요구되는 장치들을 열거하라.

2. LPI 기관의 전자제어 시스템 구성요소와 그 역할에 대하여 기술하라.

3. 자동차 연료로서 천연가스(NG)의 연소 경향과 저장 운반 등의 특성을 검토하라.

4. 압축 천연가스(CNG) 자동차를 연료공급 방법에 따라 분류하고, 각각의 특성을 기술하라.

5. CNG 자동차의 출력성능과 배기성능을 LPI 및 경유 자동차와 비교 검토하라.

6. LNG(액화 천연가스)와 CNG 자동차의 연료계통에서 차이점을 비교 검토하라.

7. 현재 개발된 수소 제조 방법을 언급하고, 자동차 연료로서의 특성을 기술하라.

8. 수소기관의 연료공급 방식에 따른 분류를 기술하고 각 특성을 간단히 언급하라.

9. 자동차 연료로서 메탄올을 사용할 때, 기관 출력 특성과 노크 및 희박 한계를 가솔린 기관과 비교 검토하라.

10. 에탄올을 기존의 가솔린 자동차에 적용할 때, 교체되거나 교체 권장 부품 및 추가 부품 등에 대하여 열거하라.

11. 에탄올 자동차의 공해성능을 기존 가솔린 자동차와 비교하여 간단히 기술하라.

12. 현존하는 바이오 연료와 그 특징을 언급하고, 자동차 연료로서의 바이오 디젤의 물리적 성질을 기존의 경유와 비교하여 장단점을 분석하라.

13. 바이오 디젤기관의 제반 성능(EGR, 환경, 출력 및 연비)을 기술하라.

14. 클린디젤 자동차의 의미를 언급하고, 자동차의 연소 시스템, 연료분사 시스템, 흡배기 시스템 및 배기 후처리 시스템 등에 적용되는 기술들을 언급하라.

15. 다음 용어들을 설명하라.

① HCCI(or PCCI) ② Commom Rail System ③ Piezoelectric-Crystal Injector
④ Unit Injector ⑤ VGT ⑥ LP-EGR & HP-EGR ⑦ 2단 터보차저
⑧ Cool ⑨ 가변 스월 시스템 ⑩ VCR 기관 ⑪ DOC ⑫ DPF ⑬ LNT
⑭ DPNR ⑮ SCR

제3장
하이브리드 전기 자동차

하이브리드 개념의 자동차는 1902년에 포르쉐(Lohner-Porsche)에 의하여 최초로 설계되었으며, 초기 가솔린 기관의 불량한 조정 및 응답성을 개선하기 위하여, 기관을 적절한 조건에서 일정 속도로 회전시키고 기관으로부터의 출력은 발전기를 구동하여 제어하기가 편리한 모터를 회전시키거나 또는 작은 배터리에 충전하여 필요한 구동력을 원하는 시기에 간단한 조작에 의하여 공급할 수 있도록 구성했다. 이와 같이 기계와 전기 계통이 복합된 하이브리드 자동차는 그 당시 높은 평가를 얻었으나, 클러치, 변속기, 기타 조인트 등의 동력 전달장치의 출현으로 기관 출력 제어가 용이해졌고, 당시의 전기 모터 출력은 매우 부족한 상태였기 때문에 개발이 중단되었다. 최근 선진 자동차 업체는 석유 자원의 고갈에 대비한 대체에너지의 개발, 질소 산화물의 규제에 대한 대응, 지구 온난화에 기여하는 이산화탄소의 배출량 저감 등의 문제로 새로운 개념의 고효율 저공해 자동차 개발에 심혈을 기울이는 실정이며, 이러한 관점에서 2개의 동력원을 가진 하이브리드 자동차를 주목하게 되었다. 따라서 하이브리드 자동차는 차세대 자동차 업계에서 선택이 아닌 필수적이며 환경 규제의 무역 장벽화를 극복하기 위한 수단이 될 수 있다.

서로 다른 두 종의 원동기가 구비된 구동장치를 탑재한 자동차를, 오스트레일리아나 독일에서 믹스추어(mixture) 자동차로 호칭되었지만, 현재는 하이브리드 자동차

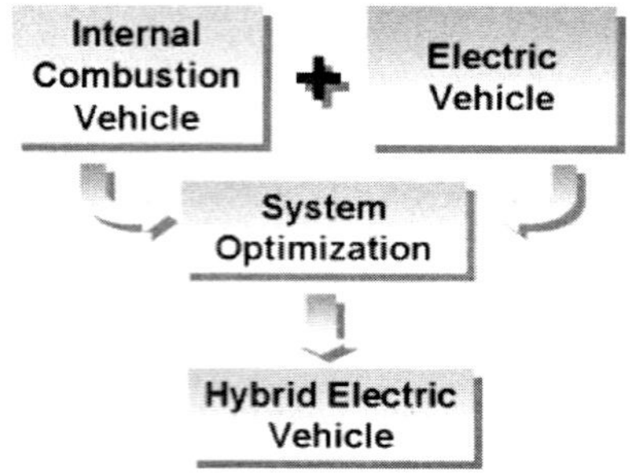

그림 3.1 하이브리드 자동차의 시스템 결합

(HV, Hybrid Vehicle)로 불리며, 특히 [그림 3.1]과 같이 전기 자동차와 동일한 모터를 사용하는 형식의 하이브리드 자동차는 HEV(Hybrid Electric Vehicle)로 호칭되고 있다.

그림 3.2 내연기관과 전기 모터의 구성

하이브리드(hybrid)란 원래 혼합물 또는 잡종을 의미하는 단어이므로, 하이브리드 전기 자동차는 전기 동력원과 내연기관(가솔린, LPG, 디젤 등) 또는 이 외의 다른 종류의 동력원이 탑재된 자동차로, 가솔린기관과 전기 모터, 수소기관과 연료 전지, 디젤기관과 전기 모터 등 2개의 동력원을 함께 사용하는 자동차이다. 현재 시판되는 하이브리드 전기 자동차는, [그림 3.2]과 같이, 가솔린기관 또는 디젤기관 등의 내연기관과 전기모터가 탑재되고, 트럭이나 버스는 디젤기관과 모터를 조합하여 탑재한다.

하이브리드 승용차는 일본 도요타자동차에서 1997년 세계 최초로 가솔린 기관과 전기 모터를 이용한 '프리우스'를 양산에 성공하여 시판하고 있다. 2006년 11월 기준 세계 자동차시장(신차 판매량)에서 0.64%밖에 점유하고 있지 않지만 환경에 대한 규제 강화로 2010년 이후에는 전체 자동차 시장의 24%, 2030년에는 50%를 차지할 것으로 미국 에너지청 교통기술국(OTT)은 예측하고 있다.

1. 하이브리드 자동차의 구성요소와 장·단점

하이브리드 자동차의 대표적인 특징은 기존 일반 차량에 비해 연비 성능이 향상되고, 배기가스를 줄일 수 있다는 것이다. 연비는 동급 차량에 비해 약 25~100% 정도의 연비 향상을 가져오고, 배기가스도 미국 캘리포니아 규제의 SULEV를 만족시킬 수 있다. 또한 기관을 사용하므로 전기자동차처럼 별도의 충전이 필요 없으며, 에너지원으로 새로운 연료를 사용하지 않으므로 기존 주유소 시설들을 그대로 사용할 수 있다. 하이브리드 차의 구성 요소들은 몇 가지 형식에 의하여 조합되며, 그 중 한 가지는 [그림 3.3]과 같다.

1) 하이브리드 자동차의 구성요소

(1) **기관**(Engine)

일반 차량에서 사용하는 기관을 그대로 사용할 수도 있지만, 하이브리드 차량의 최적화라는 면에서 보면 더 많은 변화가 필요하다. 기관으로만 구동되는 일반 차량에서의 기관 운전 영역이 모터의 동력 보조를 받거나 또는 전기를 발전하며 구동되는 하이브리드 차량에서의 기관 운전 영역과 같을 수 없기 때문이다. 등판 및 가속 성능을 위해 일반 주행 성능보다 높은 기관 용량을 선정하는 일반 차량에 비해 하이브리드 자동차는 등판 및 가속 시 모터의 동력 보조를 받기 때문에 기관 용량의 감소가 가능하며 이는 연비 향상에도 영향을 준다.

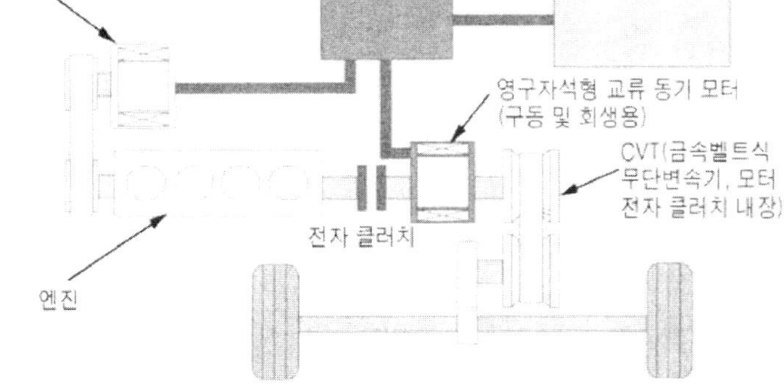

그림 3.3 하이브리드 전기 자동차의 구성도

(3) **모터**(Motor)

모터의 일반적인 토크 특성은 차량이 주행하기 위해 요구하는 특성과 일치하므로 변속기 등의 변속장치 없이도 차량을 주행시킬 수 있다. 또한 [그림 3.4]와 같이 속도 및 토크의 방향에 상관없이 모든 영역을 운전할 수 있으므로 후진 시에도 직접 구동이 가능하다. 속도와 토크의 방향이 서로 반대 방향으로 작용할 경우, 즉 감속 운전 시에는 발전기 역할을 수행하여 운동 에너지를 전기 에너지로 변환하여 저장할 수 있다.

이러한 회생 제동은 변환 효율 또한 다른 기계적 장치들보다 월등한 편이며, 응답 속도도 신속하고, 물리적으로 제어하기에도 간편한 편이다. 또한 연료 주입이나 워밍업 등의 작업이 필요 없으며 배기가스 등의 공해도 발생하지 않는 등 여러 가지 장점이 있다.

이러한 모터의 장점을 이용할 수 있는 하이브리드 자동차는 전기 자동차가 갖는 여러 가지 장점들을 보유할 수 있으며, 특히 연비 향상에 크게 도움을 주는 아이들 스톱(Idle stop) 및 회생제동도 구현할 수 있다. 또한 모터의 빠른 응답 성능을 이용하여 기관에서 발생하는 각종 진동을 상쇄시킬 수도 있으며, 바퀴마다 모터를 장착할 경우 제동 제어와 관련된 ABS/ESP 등의 제어를 모터에 의하여 구현할 수 있다.

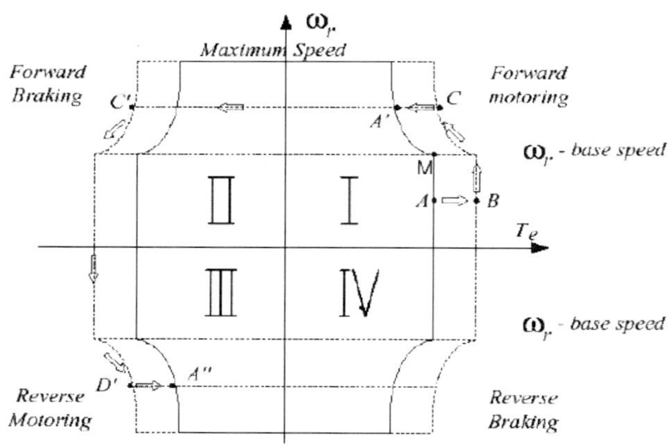

그림 3.4 모터의 운전영역

(3) **변속기**(Transmission)

전기자동차 또는 연료전지 자동차의 경우라면 별도의 트랜스미션이 필요 없을 수도 있지만, 하이브리드 자동차에서는 기관의 구동력이 출력 측으로 전달되기 때문에 기관의 속도와 토크를 적절히 변환하는 변속기는 필수라 할 수 있다. 기관이 OOL(Optimal Operating Line)에서 운전하도록 제어를 하려면 변속기의 종류는 무단변속기(CVT)를 사용하는 것이 효율적 측면에서 유리하다고 할 수 있다. 단, 용량 및 내구성 등의 문제로 모든 차량에 적용하지는 못하고 있으며, AT 및 AMT, SAT 등 다양한 구성이 이루어지고 있고, 이들에 대한 각각의 특성은 6장에 언급되어 있다.

(4) **브레이크 시스템**(Brake system)

회생 제동이란 전기적인 제동방식으로써 차량의 운동에너지를 모터를 이용하여 전기에너지로 변환하고 이것을 전원으로 되돌려 보내 다시 사용할 수 있도록 저장하는 제동방식을 말한다. 하이브리드 자동차는 이를 이용하여 마찰 제동에 의해 열로 소비되던 에너지를 흡수하여 다시 구동 에너지로 사용하며 이를 통해 전체 연비를 향상 시킨다.

표 3.1 주행 시 브레이크 에너지 소모 비율

	FTP75:Urban	FTP75:Highway	US06	ECE-1	New York City
total traction energy (kWh)	10.47	10.45	17.09	11.79	15.51
Total energy consumed by drags (kWh)	5.95	9.47	11.73	8.74	4.60
Total energy consumed by braking(kWh)	4.52	9.98	5.30	3.05	10.82
Percentage braking energy to tatal traction energy (%)	43.17	9.38	31.12	25.87	69.76

[표 3.1]은 일반 차량에서 전체 주행 에너지와 브레이크에서 마찰 제동으로 소모시키는 에너지 비율을 운전 조건 별로 나타낸 표로서, FTP75 운전조건의 경우 고속도로에서는 9.38% 수준의 브레이크 에너지 소모 비율이 시내주행에서는 43.17%로 증가함을 알 수 있다. 따라서 브레이크 사용도가 빈번해지는 시내 주행의 경우, 회생 제동에 의한 에너지 재생효과가 더욱 커짐을 알 수 있으며, 빈번한 시내 주행 차량은 하이브리드 자동차가 더욱 유리하다. [그림 3.5]는 하이브리드 차량의 브레이크 시스템에 대한 개략도로서, 마찰식 브레이크와 회생(재생)식 브레이크의 두 종류가 공존하여 설치됨은 보여주고 있다.

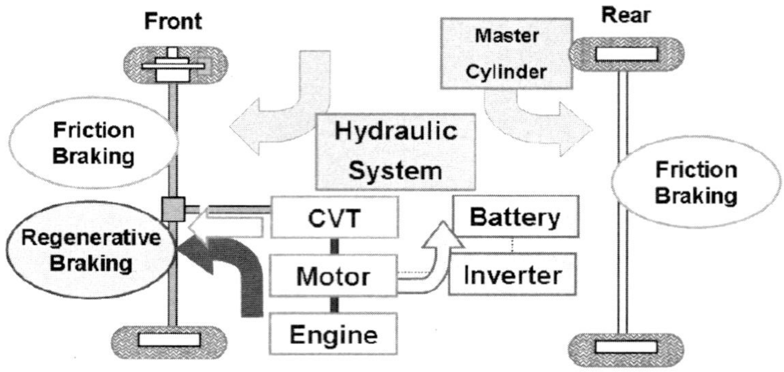

그림 3.5 하이브리드 차량의 브레이크 시스템

(5) **배터리**(Battery)

전기자동차(하이브리드 차량을 포함하여)를 구동하려면 에너지밀도(Specific Energy, kWh/kg) 및 출력밀도(Specific Power, kW/kg), 효율, 유지 보수성, 가격 등의 성능이 좋은 에너지 저장장치(Energy Storage System, ESS)가 필요하다. 이를 위해 슈퍼 커패시터, 플라이 휠 등이 고려되기도 하지만, 다른 저장 장치보다 성능이 우수한 고전압 배터리(일반적으로 144V)가 주로 사용된다.

표 3.2 배터리의 종류의 및 특징

종류	에너지밀도 (Wh/kg)	출력밀도 (W/kg)	충·방전효율 (%)	수명 (Cycle)	단위셀 전압 (v)	비고
Pb-Acid	35-50	150-400	>80	500-1000	2	low cost, high power
Ni-Cd	50-60	80-150	75	800	1.2	small voltage drop, rapid charge
Ni-Mh	70-95	200-300	70	750-1200	1.2	rapid charge, high self-discharge
Li-Ion	80-130	200-300	>95	1000	3.8	High cost, explosion

배터리는 전기 에너지를 화학적 반응을 통하여 저장하므로 화학 반응을 하는 배터리의 종류에 따라 특성이 크게 달라지며, [표 3.2]는 배터리의 종류 및 특징을 나타내었다. 하이브리드 자동차에는 출력밀도가 좋은 Ni-MH 배터리를 많이 사용해왔으나, 최근에는 기술 개발에 의하여 Li-Ion의 폭발 위험이 감소되는 경향이 있으므로 효율이 좋은 Li-Ion을 많이 이용하기 시작했다.

(6) HEV의 제어기

하이브리드 자동차에는 여러 가지 새로운 시스템이 장착되고 각각의 시스템들과의 연계성을 위해서 전자 제어를 통한 시스템 제어가 이루어진다. 또한 좀 더 효율적인 주행을 위해 제어기들 간의 통신을 통하여 정보를 공유한다. 특히 두 가지의 주요 동력원인 기관과 모터의 최적 구동을 위해 상위 제어기 개념인 HCU(Hybrid Control Unit)가 있으며, 하위 그룹에 속하는 ECU(Engine Control Unit), MCU(Motor Control Unit), TCU(Transmission Control Unit) 등은 HCU의 지령을 받아 제어를 실시하게 된다. 이들에 대한 상세한 내용은 본 장의 마지막 단원에 기술되어 있다.

2) 하이브리드 자동차의 장·단점

(1) 장점

하이브리드 자동차는 전기모터와 기관의 우수한 분야를 잘 조합하여 경제적 연료소비로 종합적인 효율을 향상시키는데 목적이 있으며, 다음과 같은 장점이 있다.

① 연비 향상 : 자동차 연비향상에 기여하는 요인은, [그림 3.6]과 같이, 3가지로 나눌 수 있다. 첫째는 아이들 스톱(Idle stop, stop and go)이며, 이는 차량이 정차할 경우 기관을 정지하는 기능으로써 일반 차량에서의 정차 중 연료 소모를 획기적으로 줄일 수 있다.

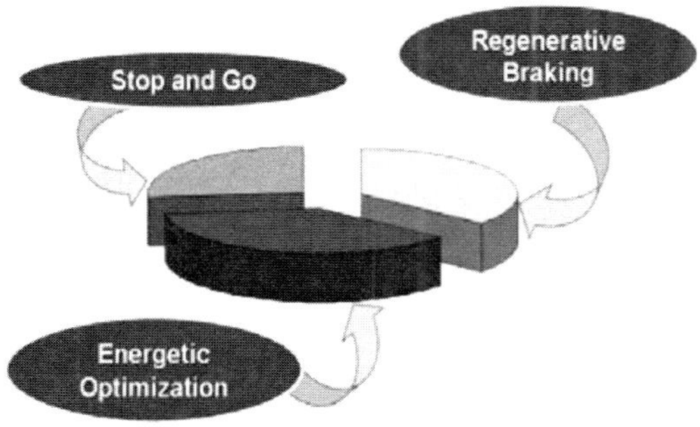

그림 3.6 하이브리드 자동차의 연비 향상

두 번째 요인은 회생제동으로 운전자가 제동을 수행할 때 마찰열로 소모되던 에너지를 전기에너지로 흡수하여 구동력으로 다시 사용할 수 있는 기능이다. HEV차량 운전조건에 따른 연비 비교에서 도심 주행의 연비가 고속도로 주행 연비보다 좋은 경우는 이러한 회생 제동의 효과라 할 수 있다.

셋째는 시스템 조합에 따른 최적화, 각종 효율 향상 기술 및 경량화 등 다양한 최적화 기술에 따른 연비 효과를 들 수 있다. 시스템의 최적화 조합은, 보통 주행에서 기관과 모터에 요구되는 토크 발생 경향이 서로 상이한 경우를 고려할 수 있다. 즉 기관 회전수는, 차량이 정지 상태에서 출발한 후 정속 주행 외에 가속과 감속을 반복함에 따라, 보통 아이들링 600～800rpm에서 최대 6000～7000rpm 까지 변화하므로 기관에 큰 부하가 걸리게 된다. 특히 차량이 정지 상태에서 출발할 때 가장 큰 토크가 필요하지만, 최대 토크는 기관 회전수가 최대출력 회전수의 약 절반 이상에서 발생되므로, 정지 상태로부터 어느 정도의 속도까지 가속하는 기간은 기관의 정상적인 능력이 발휘될 수 없는 영역이다. 예로서 시내에서 자동차를 운전할 경우, 기관은 주행 속도를 어느 정도 일정하게 유지하지 못하면 연비가 불량해지며, 교통 체증에 걸리면 최악의 상태가 된다. 그 이유는 기관의 효율이 저하되는 영역 즉, 회전수가 낮은 상태로 기관을 계속 사용한 결과이기 때문이다. 그러나 전기 모터는 정지 상태에서 작동하자마자 상당히 큰 토크를 발생시킬 수 있으므로, 자동차가 출발하는 순간 또는 정지 및 저속 주행을 반복하는 경우에는 주로 모터를 사용하고, 어느 정도 이상의 주행속도에 도달한 후 기관 동력을 이용하면 연비를 상당히 절감할 수 있다. 기관 토크와 회전수의 최적화 제어 외에 기관 배기량을 작게 하는 다운사이징, 자동변속기에서 토크 컨버터 배제에 의한 동력 손실 저감, 공기저항 개선에 의한 주행 저항력 감소 등의 기술도 연비 향상에 기여하고 있다.

② 기관의 효율 향상 : 기관의 회전수가 낮아지면 배기가스의 유해 배출량이 증가하는 것은 내연기관의 단점이다. 특히 정지 상태에서 출발할 때나 냉간 시동할 때에는 일산화탄소(CO)나 탄화수소(HC) 등의 유해 배출량이 극단적으로 증가한다. 가솔린 기관의 경우는 아이들링 상태일 때 배기가스를 얼마나 정화시킬 수 있는가가 배기성능을 크게 좌우한다. 모터를 동력원으로 사용한다면, 기관의 회전수 및 토크를 모터에 적합한 조건으로 연비가 양호한 영역에서 작동시키는 동력분배 제어가 가능하므로 기관 자체의 효율을 향상시킬 수 있게 된다. 즉 기관을 차량 주행 조건에 따라 저속에서 고속 회전까지의 모든 영역에서 충분한 성능을 발휘시키기 위하여 혹사시킬 필요가 없으므로 연비의 악화를 방지할 수 있게 되며, 결과적으로 기관의 부담이 감소되는 수준만큼 기관 자체의 효율 향상 및 공해물질도 저감할 수 있다. 연비와 배기가스는 앞으로의 차세대 자동차용 동력 평가에서 요구되는 가장 중요한 요소이므로, 이에 효과적으로 대응할 수 있는 하이브리드 전기 자동차가 주목을 받게 될 것이다.

(2) 단점

하이브리드 전기 자동차가 아직 대중적으로 보급되지 않는 이유는 제작비가 비싸고, 시스템이 복잡해지는 만큼 관련 부품이나 장비가 차지하는 공간이 커지는 것을 피할 수 없다는 등의 단점이 있기 때문이다. 모터를 회전시키기 위해서는 전기가 필요하기 때문에 배터리를 탑재해야 하는데 배터리야말로 하이브리드 전기 자동차 기관의 취약점 중 하나이다. 배터리에 저장할 수 있는 전기 에너지의 양에 한계가 있기 때문에 모터를 장시간 회전시키기 위해서는 그에 알맞은 용량의 배터리를 탑재해야 하므로 배터리의 용량이 클수록 자동차의 중량이 무거워진다.

또한 배터리는 소모품이고 제작비가 비싸기 때문에 이 문제를 해결하지 않고서는 하이브리드 전기 자동차의 완전한 실용화는 불가능하다고 할 수 있다. 따라서 전 세계의 자동차 제조사와 관련 부품사들은, 그 해결 방법을 찾기 위해 필사적으로 노력하고 있다.

2. 하이브리드 자동차의 분류와 특징

하이브리드 전기 자동차(hybrid electric vehicle)라고 하면 가솔린 기관과 전기 모터를 조합한 것이라는 이미지가 지배적이지만, 가솔린 기관 대신에 가스 터빈이나 디젤 기관, 더 넓게는 디젤 기관과 가솔린 기관 및 LPI의 조합 또는 특수용도를 위해 공냉식 기관과 수냉식 기관 두 가지를 탑재하고 있는 하이브리드 자동차도 당연히 있을 수 있다. 따라서 HEV는 동력원을 어떤 형태로 어떻게 조합하느냐에 따라 다양한 형식의 시스템이 구성되며, 이 외에도 전기적 용량, 모터 위치 등에 따라 분류할 수 있다.

1) 동력 전달 형태에 따른 분류

동력 전달 형태에 따라 직렬형(Series type), 병렬형(Parallel type) 및 직·병렬형(동력분리형, Power Split type) 등으로 구분한다. 직렬형은 기관이 발전용으로만 사용되고 바퀴의 구동에는 모터만 사용하는 방식이며, 기관 동력으로 발전하여 배터리에 저장된 전기 에너지로 전기 모터를 작동시켜 차륜을 구동한다. 병렬형는 기관과 모터

2개의 동력이 나란히 배열되어 모두 바퀴를 구동하는데 사용하는 형식이고, 동력 분리형은 자동차의 운전 조건에 따라 최적인 운전 모드를 선택하여 구동하는 방식으로 직렬형과 병렬형의 장점만 선택하여 운전할 수 있는 형식이다.

(1) **직렬 하이브리드 시스템**(Series Hybrid Electric Vehicle)

직렬 하이브리드 방식(SHEV)은 전기 자동차에 기관과 발전기를 탑재하고 기관, 발전기, 모터를 기계적 또는 전기적으로 직렬로 연결시켜, 기관에 의하여 발전된 전력을 모터에 공급하고 모터의 회전력을 차륜에 구동력 형태로 전달하여 주행하는 방식이다.

일반적인 배열 형식은 [그림 3.7]과 같이 발전기와 모터 사이에 전력저장장치(혹은 전지)가 접속되어 있어 발전 및 회생에너지를 일시적으로 충전하고 모터에 필요한 전력을 공급하고 있다. 기관은 가능한 한 효율이 높은 고부하 영역에서 정상 운전시켜 연비 향상을 꾀하고 있다. 정상운전에 사용하고 남은 전력은 배터리에 충전하고, 모터 전력이 부족할 때는 이 배터리에서 추가로 전력을 공급하여 보다 광범위한 운전영역에서 정상운전이 가능하도록 하고 있다. 기관과 발전기의 조합은 그 용도에 따라 2가지 방법이 있다.

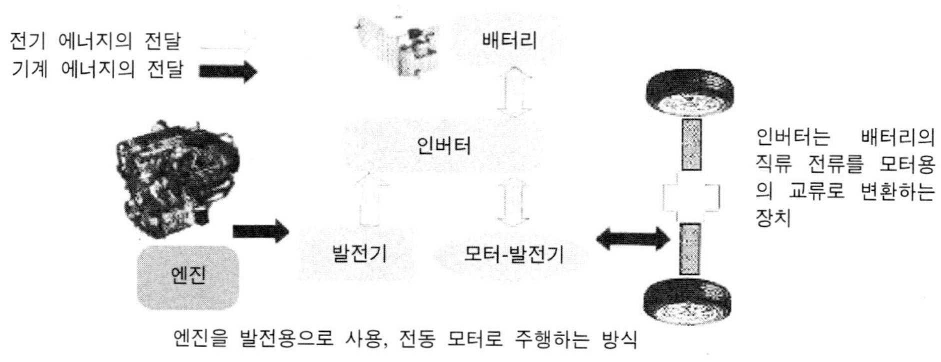

그림 3.7 직렬 하이브리드 시스템

첫 번째는, 주행거리 증가를 위하여 비교적 소형 기관과 발전기를 조합하는 방식으로 현재의 직렬형 하이브리드 차에 흔히 적용된다. 다른 하나는 비교적 출력이 큰 기관과 발전기를 조합하는 것으로, 초 저공해(ULEV)와 연비 향상이 목적이며 자립형이라 한다.

직렬형 하이브리드의 기관에서 발전된 교류전류는 직류로 변환하여 전지에 충전하고 모터를 구동할 때에는 다시 교류로 변환해야 하므로 전류 변환손실이 발생하며, 차량 구동은 배터리에 의한 전기 모터에만 의존하기 때문에 배터리와 모터가 대형이고 중량이 커서 원가와 공간 면에서 불리한 단점이 있으나 전기모터 제어가 용이한 장점이 있다.

(2) **병렬 하이브리드 시스템**(Parallel Hybrid Electric Vehicle)

이 시스템은, [그림 3.8]과 같이, 기관의 구동력을 직접 바퀴로 전달하는 경로와 모터에서 바퀴로 전달하는 경로가 구동축에 대하여 병렬 또는 일체가 되어 있는 방식이다. 즉, 구동력을 기관 또는 모터로부터 각각 단독이거나 또는 양쪽으로부터 동시에 공급 받을 수 있는 하이브리드 전기 자동차로서, 기관에서 발생된 구동 에너지와 배터리(또는 축압장치, accumulator system)에서 공급되는 전력에 의한 전동 모터의 구동 에너지가 병렬로 바퀴를 구동하는 방식이다. 따라서 자동차의 주행상태에 따라 기관과 모터의 특징을 잘 이용하여 최적의 조건에 맞도록 조합시킬 수 있으므로, 유해 배출가스의 저감, 소음의 저감, 높은 효율(저연비)의 운전을 실현하는 것이 목적이다. 예를 들면 시내 주행에서는 모터만을 이용하여 주행하고 교외에서는 기관의 동력으로 주행을 하면서 충전하는 방법으로 주행할 수 있는 방식이다.

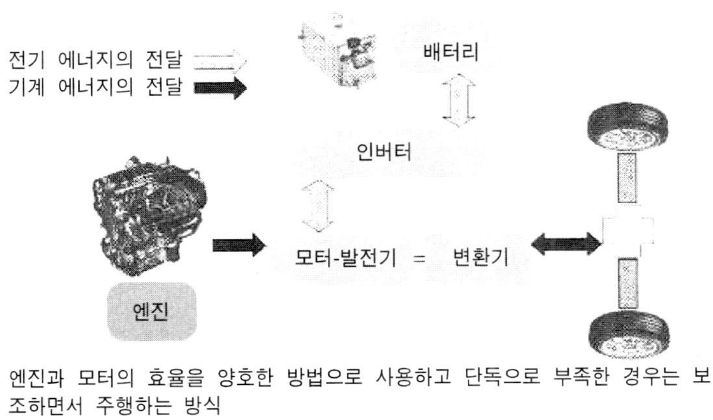

그림 3.8 병렬 하이브리드 시스템

또는 [그림 3.9]의 혼다 Insight 기관과 같이, 기관과 변속기 사이에 DC 브러시리스 모터를 배치하여 기관을 구동력 주발생원으로 선택하고 급가속 시에는 모터를 보조 동력으로서 이용하며, 브레이크 시에는 모터를 발전기로 작동시켜 에너지를 회생하여 재사용할 수 있다. 일시 정지 시에는 아이들링 스톱을 실시하여 기관의 연비를 향상시킬 수 있으며, 기관 시동 및 아이들 스톱 후 기관의 재시동에도 모터를 사용하여 기관 효율을 증가시킬 수 있다. 단, 배터리에 출입하는 전류는 직류이고 발전기 및 모터는 현재 교류 방식을 선호하는 경향이므로, 인버터(inverter)에 의하여 배터리 입·출력 전류를 교류 또는 직류로의 변환이 이루어진다.

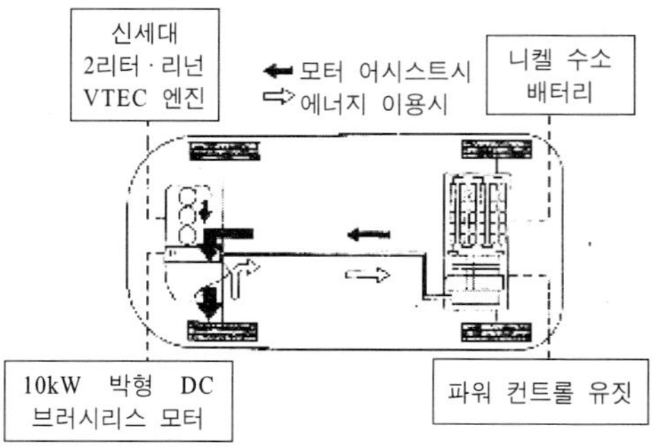

그림 3.9 혼다 Insight의 IMA

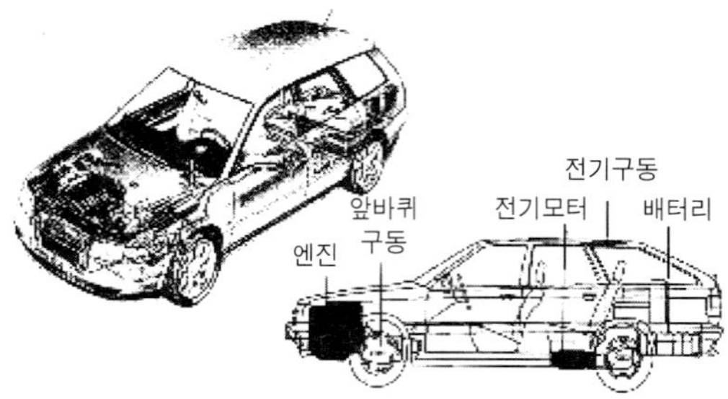

그림 3.10 아우디 듀오

이와 같은 병렬형 방식(Parallel type)은, [그림 3.10]의 아우디 듀오와 같이 전륜 구동은 기관의 동력에 의하고 후륜은 전동 모터의 회전력에 의하여 구동하는 패럴렐 트랙션 포스 하이브리드 전기 자동차(Parallel traction force hybrid electric vehicle), 히노 하이엠알(HIMR; Hybrid Inverter-controlled Motor and Retarder system)과 같이 좌우 바퀴를 함께 구동하는 패럴렐 토크 하이브리드 전기 자동차(parallel torque hybrid electric vehicle), 벤츠나 피아트의 대형 자동차와 같이 차동기어가 배치되어 좌우 바퀴를 구동하는 패럴렐 로테이셔널 스피드 하이브리드 전기 자동차(parallel rotational speed hybrid electric vehicle) 등으로 분류된다.

구동력의 대부분이 기관에서 얻어지고 보조적 구동으로 사용되는 전기도 기관으로 발전되고 있는 경우에는 기관 도미넌트(Engine dominant) 하이브리드 전기 자동차 또는 스플릿(Split) 하이브리드 전기 자동차라고 호칭한다. 이와 반대로, 폭스바겐의 골프 자동차와 같이, 구성 요소의 배치는 비슷하지만 기관에 의해 발전된 전기가 아닌 가격이 저렴한 전력 공급망의 전기를 이용하여 충전한 배터리의 전기 에너지를 주로 사용하는 경우는 배터리 도미넌트 하이브리드 전기 자동차(Battery dominant hybrid electric vehicle)라고 호칭한다. 전기 모터의 출력과 기관 출력과의 관계에서 보면 병렬 하이브리드 방식에서는 대체적으로 1:10에서 1:2까지 특히 스플릿의 경우에는 1:2에서 1:1까지 전기 모터의 부하가 증가하며, 직렬 방식에서는 전기 모터의 부하가 2:1로 증가한다. 이상에서 언급한 직렬과 병렬 하이브리드의 특성을 비교하면 [표 3.3]과 같다.

표 3.3 직렬 하이브리드와 병렬 하이브리드의 비교

특징 및 장단점		직렬형(SERIES)	병렬형(PARALLEL)
차량구동방식		모터 단독구동 (구동출력 = 모터출력)	모터와 엔진을 함께 구동 (구동출력 = 엔진출력+모터출력)
		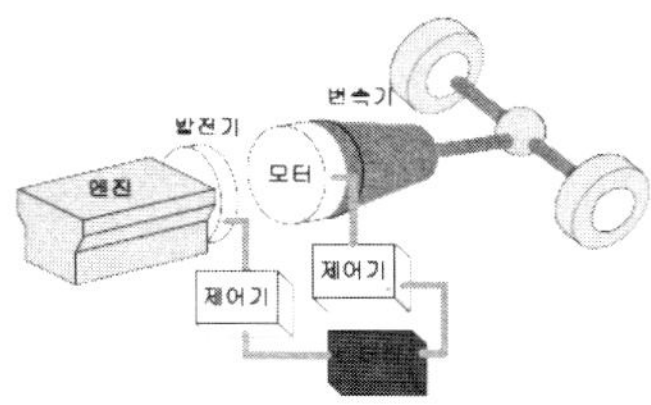	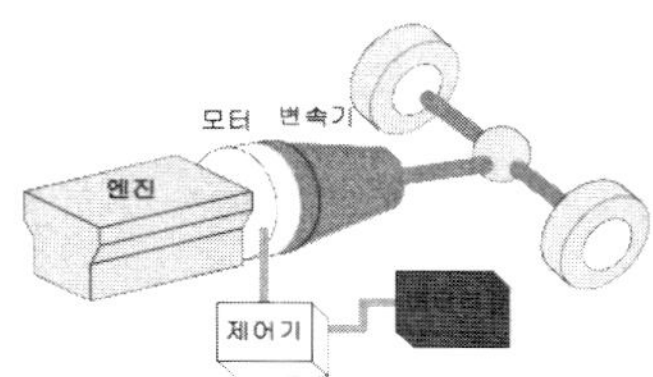
엔진 역할		발전	발전 및 차량구동
연비특성	시내	대등	대등
	정속	불리(에너지 변환2회)	유리(에너지 변환 없음)
EMISSION 특성		유리(차량구동과 독립적)	불리(차량구동과 종속적)
전기계 용량		대(모터 & 발전기)	소(모터)
엔진 용량		소	대
시스템 구조		단순	복잡
제어 난이도		저	고

(3) **직렬·병렬 하이브리드 시스템**(Series Parallel Hybrid electric Vehicle)

직렬·병렬 하이브리드 전기 자동차(SPHEV)는 직렬 방식과 병렬 방식의 두 종 기구를 배치하고 운전조건에 따라 최적 조건의 운전모드를 선택하여 구동하는 방식이다.

따라서 아이들링이나 저부하 주행에서 열효율은 직렬 방식의 기관이 높기 때문에 전동 모터로 운행하고 기관은 발전기의 구동에만 사용한다. 그러나 고부하 주행에서는 병렬 방식의 기관 열효율이 높기 때문에 직렬 방식에서 병렬 방식으로 변환함에 의하여, 모든 운전 영역에서 높은 열효율과 저공해를 실현할 수 있다. [그림 3.11]은 직·병렬 하이브리드에 대한 개략도로서, 기관으로부터의 동력은 동력

분할 기구에 의하여 발전기로 전달되거나 또는 모터(발전기 기능도 가능)로 전달되어 차륜 구동에 사용될 수 있다. 동력 분할 기구는 [그림 3.12]과 같이 유성치차로 구성되며, 유성치차 캐리어는 기관 크랭크 축과 연결되므로 입력축에 해당하고, 출력축인 링 기어와 선 기어는 각각 모터축과 발전기 축에 연결되므로 입력축의 동력이 자연스럽게 분할되어 모터 및 발전기로 전달된다.

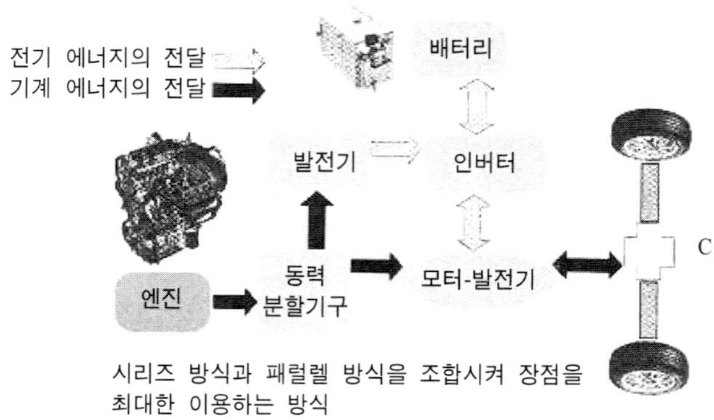

그림 3.11 직·정렬 하이브리드 시스템

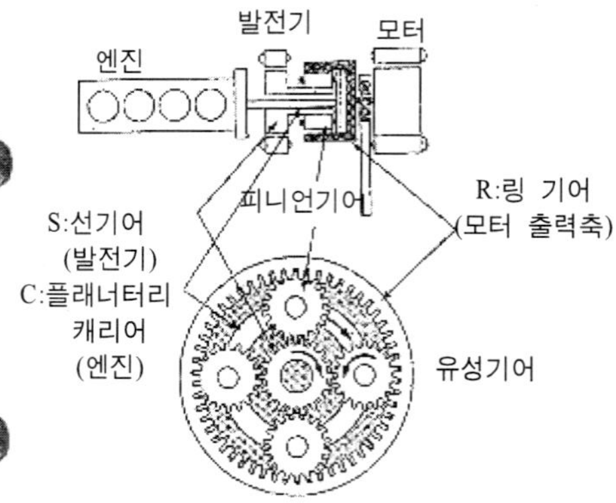

그림 3.12 동력 분할 기구

주행조건에 따른 에너지 소비 경향은, [그림 3.13]와 같이, 시동할 때에는 모터에만 의존하고, 기관이 기동되어 에너지가 남는 경우에는 축전지에 저장되며, 모터에 제동 에너지가 부여되면 관성 에너지에 의한 발전기 구동으로 회생되어 축전지에 저장할 수 있다.

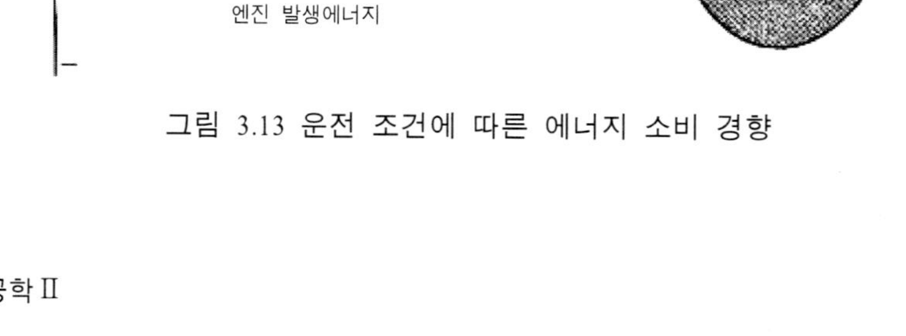

그림 3.13 운전 조건에 따른 에너지 소비 경향

도요타 프리우스에 적용된 THS(toyota hybrid system)은 직렬·병렬 하이브리드 시스템의 대표적인 예로서, 각 모드에서의 에너지 및 동력 전달과정은 [그림 3.14]와 같고, 각 상태에서의 시스템 주요 특징은 아래와 같다.

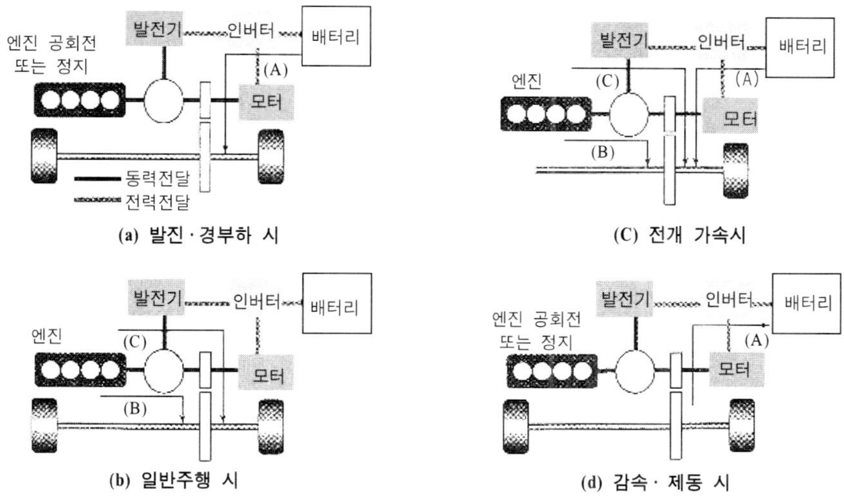

그림 3.14 THS(직 · 병렬)의 각 운전 모드에서 에너지 및 동력 전달

① 발진 시, 저속주행 시 : 기관효율이 낮은 경부하시는 기관효율이 나쁘므로 모터만으로 주행하여 연료소비를 줄인다.

② 일반주행 시 : 기관 동력을 2분할하여 한쪽은 차축을 직접 구동하고(B), 다른 한쪽은 발전기를 구동하여 발전하고(C) 그 전력으로 모터를 구동하여 구동력을 보조(assist)한다.

③ 전개가속 시 : (B), (C) 외에 추가로 배터리에서도 에너지를 공급한다.(A)

④ 감속·제동 시 : 제동 시에 바퀴가 모터를 구동하여 발전기로서 작동시켜 주행에너지를 회생하고, 발전된 전력은 배터리에 저장한다.(A)

이러한 각 모드의 주행 조건에서, HCU(Hybrid Control Unit)는 시스템 효율과 출력이 최적 조건에 부합하도록 동력분할을 수행하여 연비와 동력성능의 균형을 시도하고 있다.

2) 전기 용량에 따른 분류

하이브리드 자동차의 동력 중 전기적 용량이 담당하는 비중에 따라, [그림 3.15]

와 같이 구분하여, 전기적 용량이 담당하는 비중이 적은 편이면 Soft HEV 또는 Mild HEV, 반대로 용량이 클 경우는 Hard HEV 또는 Strong HEV라고 언급한다. 일반적으로 전기적 용량이 담당하는 동력이 20KW 미만인 경우는 Soft HEV로 불리어 지지만, 전기적 동력이 기관 시동 및 정지(Start/Stop)에 요구되는 동력만 지원하는 경우를 Mild HEV로 분류하기도 한다.

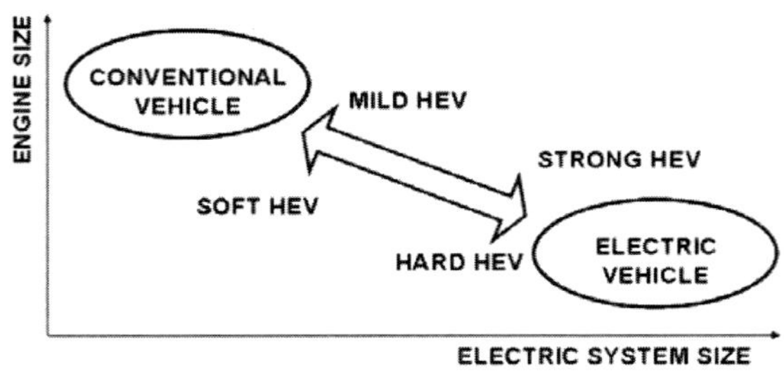

그림 3.15 전기 용량에 분류

(1) **소프트 하이브리드 자동차**

아반떼 및 포르테 하이브리드 전기 자동차(HEV)는 [그림 3.16]와 같이 모터가 플라이휠에 장착 되어있는 전기모터 플라이휠(FMED, Flywheel Mounted Electric Device)형식이며, 이와 같이 변속기와 모터 사이에 클러치를 배치하여 제어하는 방식을 소프트 하이브리드 전기 자동차(SHEV)라 호칭한다. 이러한 형식의 자동차는, 발진 할 때에는 기관과 전동 모터를 동시에 이용하여 주행하고 부하가 적은 평지 주행에서는 기관 동력만을 이용하며, 가속 및 등판 주행과 같이 큰 출력이 요구되는 주행 상태에서는 기관과 모터를 동시에 이용하여 주행함으로써 연비를 향상시킨다. 또한 감속 시에는 모터를 이용하여 마찰식 브레이크에서 발생하는 열에너지를 전기 에너지로 변환(회생 제동 기능)하여 배터리에 충전하며, 신호 대기 등에 의한 정차 시에는 오토 스톱의 기능으로 기관을 정지시킴으로써 연비를 향상시킨다.

(2) **하드 하이브리드 전기 자동차**

하드 하이브리드 전기 자동차(HHEV, Hard Hybrid Electric Vehicle)는 [그림 3.17]과 같이 모터 출력축에 변속기가 연결되어 있는 TMED(Transmission Mounted Electric Device) 형식이다. 기관과 모터 사이에 클러치를 배치하여 기관으로 부터의 동력 전달과정을 제어하는 방식으로 발진과 저속 주행 시에는 모터만을 이용하여 주행하고 부하가 적은 평지의 주행에서는 기관의 동력만을 이용하며, 가속 및 등판 주행과 같이 큰 출력이 요구되는 주행 상태에서는 기관과 모터를 동시에 이용하여 주행함으로 연비를 향상시킨다. 또한 감속 시에는 모터를 이용하여 브레이크에서 발생하는 열에너지를 전기 에너지로 변환(회생제동 기능)하여 배터리에 충전하며, 신호 대기 등에 의해 정차 시에는 오토 스톱 기능으로 기관을 정지시킴으로서 연비를 향상시킨다. 이와 같이 SHEV와 HHEV의 동력 전달과정은 서로 유사하나, HHEV에서는 시동과 저속주행에서 모터에만 의존한다.

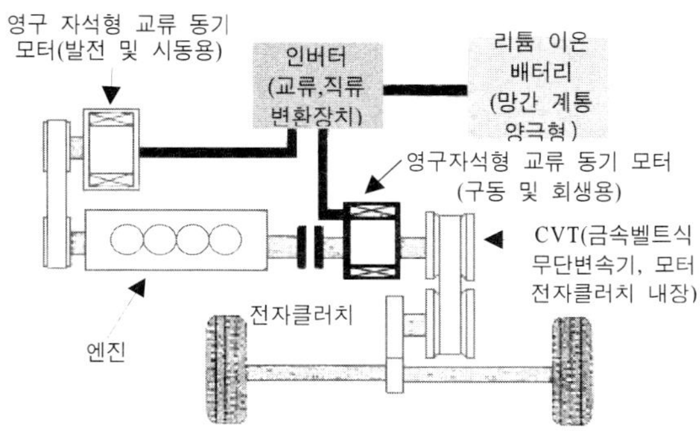

그림 3.16 Sofe HEV형식

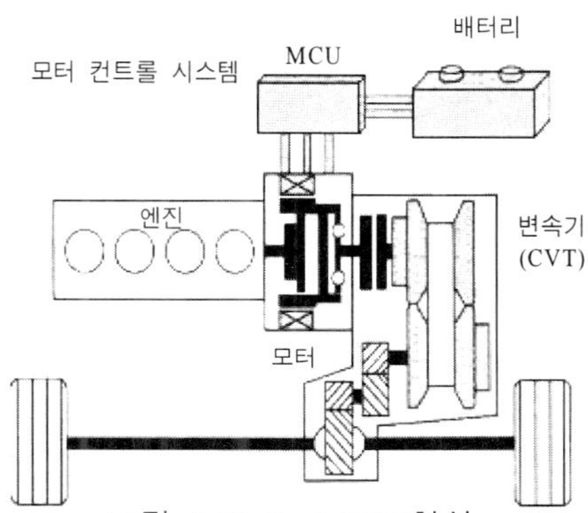

그림 3.17 Hard HEV형식

(3) 플러그 인 하이브리드 전기 자동차

플러그 인 하이브리드 전기 자동차(PHEV, Plug-in Hybrid Electric Vehicle)의 구조는 하드 형식과 동일하거나 소프트 형식의 적용이 가능하며, 가정용 전기 등 외부 전원을 이용하여 배터리를 충전할 수 있다. 따라서 하이브리드 전기 자동차와 비교해서, 전기 자동차(Electric Vehicle)의 주행 능력을 확대하는 목적으로 이용할 수도 있으므로, 하이브리드 전기 자동차와 전기 자동차의 중간 단계의 자동차라 할 수 있다.

3) 기관 탑재에 의한 분류

기관과 전기 모터로 구성된 하이브리드 자동차의 기관은, 가스터빈을 동력으로 하는 하이브리드 자동차도 존재하지만, 앞으로 사용될 대부분의 기관은 가솔린 기관(또는 LPGi 기관)과 디젤 기관이 선택될 가능성이 높기 때문에 여기서는 이 두 가지에 대하여 고찰해 보겠다.

(1) **가솔린 기관 탑재 하이브리드**

현재의 승용차용 하이브리드 시스템은, [그림 3.18]과 같이 구성되는 가솔린 기관(또는 LPGi 기관)이 주류를 이루고 있으며, 그 원인은, 가솔린 기관이 일반적으로 승용차 동력 발생 장치로서의 조건을 비교적 높은 수준으로 만족시키고, 또한 다음과 같은 가솔린 기관의 특성들을 충분히 활용할 수 있기 때문이다.

① 우수한 동력 성능과 저렴한 제작비 : 주행에 필요한 토크와 출력을 모두 구비하며, 오랜 기간 동안의 기술 축적으로 동력 발생장치에 요구되는 기존의 성능들이 어느 정도 만족한 상태이다. 또한 기존의 생산 시설들에 의하여 대량생산이 가능하므로 제작 단가를 절감할 수 있다.

② 저렴한 유지비용과 용이한 연료 공급 : 기존에 상당히 많은 주유소와 정비 공장 등의 인프라가 잘 구축되어 있으므로, 연료 공급 및 정비 등의 유지가 매우 용이하다.

③ 환경에 대한 부담이 낮음 : 배기가스 규제 측면에서 하이브리드 자동차나 연료 전지 자동차가 유리한 조건이지만, 가솔린 기관도 전자제어 기술 및 촉매 개발 등에 의하여 상당한 수준의 공해 규제도 만족시키고 있다.

④ 경량 : 자동차의 크기가 동일한 경우, 사람이나 화물을 싣는 공간이 클수록 실용성이 높다. 따라서 동력 발생장치는 작고 가벼울수록 실용성이 높고 편리하며, 이러한 관점에서 현재로서는 가솔린 기관이 가장 유리하다.

⑤ 신뢰성과 내구성 : 오랜 기간 발전한 기술에 의하여 견고하며 어떠한 가혹한 조건하에서도 원활하게 기능을 발휘할 수 있어 가장 안심하고 사용할 수 있는 동력이다.

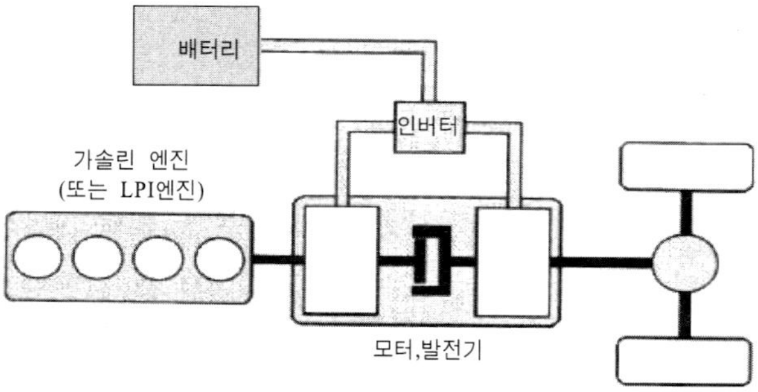

그림 3.18 가솔린(또는 LPGL기관) 탑재 HEV

(2) **디젤 기관 탑재 하이브리드**

연비의 향상이 가장 중요한 관점인 측면에서 고려하면, 가솔린 기관보다는 경제성이 우수한 디젤 기관이 하이브리드 자동차용으로 더 적합하다고 할 수 있다. 따라서 현재 디젤 기관이 사용되는 하이브리드 자동차는 주로 대형 버스나 트럭 등의 대형 차량이 대부분이며, 주목적은 디젤 기관을 탑재한 하이브리드 시스템에 의하여 연비 성능을 더욱 향상시키려는 것이다. 한편 공해문제에 있어서, 디젤기관은 가솔린 기관과 비교했을 때 배기가스 처리의 문제가 있지만, 하이브리드 구조에 적용함에 의하여 기관 회전수를 일정 범위 내로 유지시킬 수 있기 때문에 디젤 기관만으로 주행하는 자동차에 비해 배기 성능이 훨씬 향상된다. 그러나 가솔린 기관 자동차보다 진동이나 소음이 크고, 동일한 배기량에서 출력이 약하다는 단점도 있다.

4) 모터 출력 특성에 따른 분류

병렬이나 직·병렬 하이브리드의 경우 기관과 모터가 모두 주행에 필요한 구동력을 담당하며, 이들이 담당하는 구동력 비율은 주행 상태 등에 따라 다르지만, 전반적으로 평가할 때에는 그 비율에 차이가 난다. 앞에서 언급한 전기 용량에 따른 분류와 유사한 개념으로, 엄밀하게 구분하긴 힘들지만, 모터 출력이 기관을 보조하는 어시스트 방식과 모터 출력이 기관이 함께 주 동력원으로 작동하는 기관과 모터 구동방식으로 분류된다.

(1) **모터 어시스트 방식**(Motor assist type)

출력이 작은 모터를 사용하므로 하이브리드 시스템이 전체적으로 간결하고, 모터는 기관의 크랭크축과 동일 축 상에 배치되어 있어 공간적으로 절약된다. 운전 조건에 따라, 토크가 부족한 저속회전 영역에서는 모터로 출력을 보완하고, 고속 주행에서도 기관의 출력이 부족할 경우에는 모터에 의하여 출력을 보완할 수 있다. 이와 같이 필요할 경우에만 모터를 작동시킴으로서 연비와 배기의 성능을 높일 수 있으며, 기존의 기관 시스템을 그대로 적용한 기관 출력을 주행 동력원으로 사용했으므로 하이브리드 시스템으로 변경하기가 비교적 용이하고, 제작비가 비싸지 않다.

(2) **기관과 모터 구동방식**(Engine and motor drive type)

구동력은 모터가 분담하는 비율이 커질수록 기관의 부담이 감소하므로, 연비가 향상되고 배기 성능도 양호해 진다. 그러나 자동차는 어떠한 극한적인 주행조건에서도 충분히 극복할만한 출력 성능을 보유해야 하므로, 전반적인 출력(기관과 모터의 출력)은 일정값 이상으로 확보하지 않으면 안 된다. 이러한 관점에서 기관과 모터 모두가 주 동력원으로 사용할 수 있는 방식이 하이브리드 시스템에서 바람직하지만, 모터의 주행 모드를 설정하는 등 하이브리드 시스템의 활용 폭이 넓어지는 경향이 있으므로 구조가 복잡해지고 중량이 추가될 수 있다. 또한 시스템 효율 면에서도 기술적으로 발전할 가능성이 가장 높지만 제작비가 상승하는 요인이 되기도 한다.

3. 하이브리드 자동차의 주요 기술

하이브리드 차는 단순히 일반 가솔린 또는 디젤 차량에 전기 구동 시스템을 추가한다고 연비 등의 성능이 향상되지는 않는다. 전기 모터와 배터리는 무겁고, 전기를 생산하여 구동하는 것이 직접 기관으로 구동하는 것보다 효율이 좋을 수가 없기 때문이다. 따라서 하이브리드 자동차는 기존 기관의 특성과 전기 시스템의 특성을 잘 결합하여 최적화되었을 때만 하이브리드 고유의 성능 향상을 기대할 수 있으며, 이를 위하여 적용된 대표적 기술들은 다음과 같다.

1) 기관(Engine)

일반적으로 출력보다 효율을 중시하여 설계되는 하이브리드 자동차용 기관은 부족한 출력을 모터로부터 보조받으며, 일반 차량에서 사용하는 기관을 그대로 사용할 수도 있지만, 하이브리드 차량의 최적화라는 관점에서 추가적인 변화가 필요하다. 그 원인은 기관으로만 구동되는 일반 차량에서의 기관 운전영역과 모터의 동력보조를 받거나 또는 전기를 발전하며 구동되는 하이브리드 차량에서 기관 운전영역이 서로 다르기 때문이다.

(1) 기관의 다운사이징(downsizing) 및 최적 운전

일반 차량은 등판 및 가속 성능을 위하여 일반 주행 성능보다 높은 용량의 기관을 선정하지만, 하이브리드 자동차는 등판 및 가속 시에 모터의 동력 보조를 받기 때문에 기관 용량의 감소가 가능하며 이는 연비 향상에도 영향을 준다.

[그림 3.19]은 기관 회전수와 토크 관계에서의 다운사이징 경향을 도시한 것으로, 하이브리드 차량에 적용된 기관의 토크는 일반 차량 기관보다 훨씬 낮아졌으며, 주행에 요구되는 동력도 기관의 고 효율 운전 영역에 접근하여 존재하고 있음을 알 수 있다.

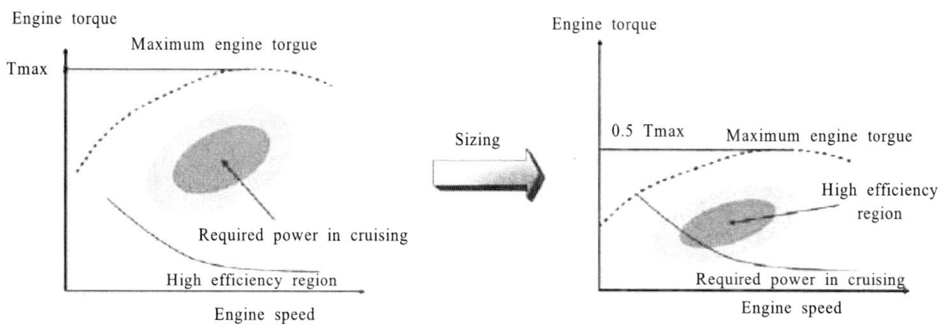

그림 3.19 기고나 회전수와토크 관계에서의 다운사이징

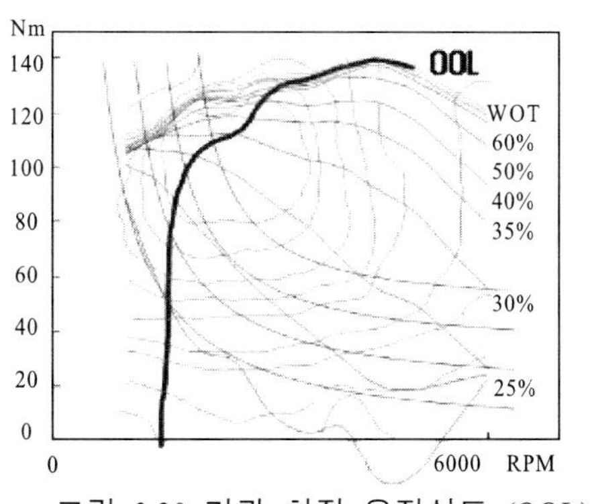

그림 3.20 기관 최적 운전선도 (OOL)

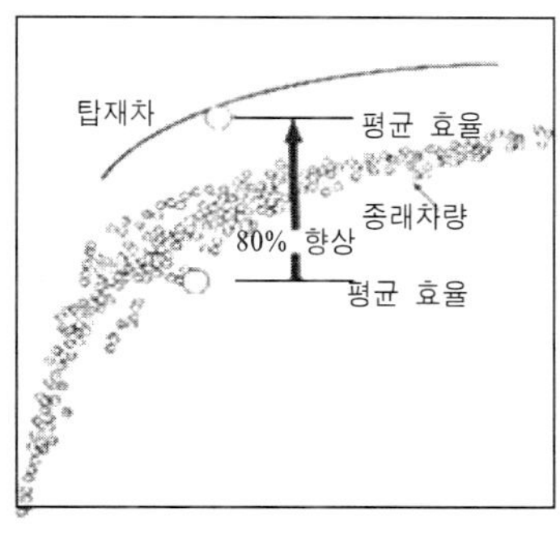

그림 3.21 기관 효율의 향상

또한 하이브리드 자동차의 기관 운전 영역은, 기관의 운전 효율을 고려한 최적 운전라인(OOL, Optimal Operating Line)에서 운행 되도록 계획되어 있다. 여기서 OOL이란 기관의 효율 특성 맵(map)에서 요구 출력에 대한 가장 효율적인 운전 상태에 해당하는 점들을 연결한 선을 의미하며, 이러한 운전 조건을 얻기 위하여 차량 속도와 기관 속도를 적절히 제어해 맞추어 줄 수 있도록 CVT(Continuously Variable Transmission)가 뒷받침되어야 한다. 최적 운전라인의 적용 예를 [그림 3.20]에 교축밸브의 열림

정도와 함께 도시한 결과, 기관 속도가 어느 정도 이상에서의 OOL은 교축밸브 완전 개방 운전 상태와 거의 일치하고 저속영역에서는 기관의 최고 효율 영역으로 근접하여 접근함을 알 수 있으며, [그림 3.21]에 이러한 기술에 의한 효율 증가를 기존 차량과 비교하여 도시했다.

(2) **하이브리드용** Atkinson **사이클**

종래의 기관에서는 압축행정과 팽창행정이 동일한 길이이지만, 도요다 프리우스 기관은 고팽창비 사이클을 적용하여 압축비는 기존 기관과 동일하지만, 팽창행정을 압축행정보다 길게 하여 기관의 연소압력을 충분히 이용했으며, 결과적으로 효율이 향상되었다. 이러한 기관의 사이클을 엣킨슨(Atkinson) 사이클이라 하며, 높은 열효율이 특징으로 일반 기관보다 흡기밸브를 오래 개방하여 연비를 높이는 효과를 얻는다. 엣킨슨 사이클의 장점은, 피스톤의 압축과 팽창비율을 달리해 펌핑로스를 줄이고 흡기 밸브의 개방 기간이 길어져 연비를 10% 이상 향상 시킬 수 있다는 것이며, 단점으로는 구조가 복잡해지고 기관 회전수의 한계로 인하여 저속 토크가 떨어지는 경향이 있지만 전기모터에 의하여 보상될 수 있다. 고팽창비 사이클(Atkinson cycle)의 압축과 배기행정에서 실린더 체적 변위를 기존 사이클과 비교하면 [그림 3.22]에 도시한 P-V선도와 같다.

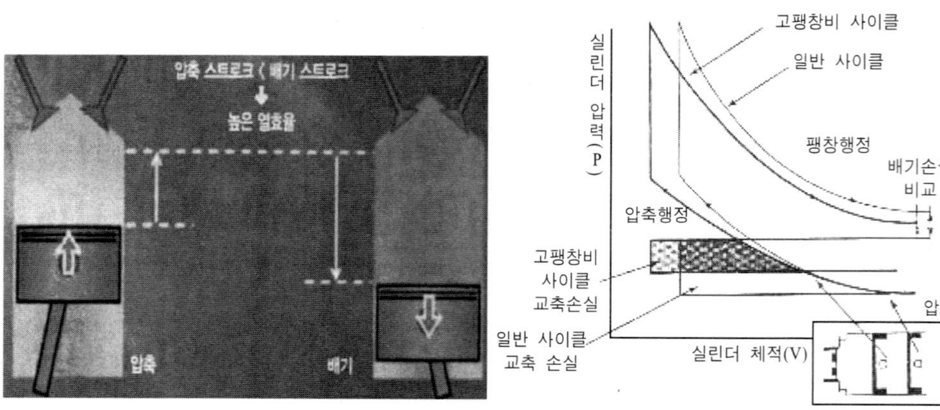

그림 3.22 고팽창비(엣킨슨) 기관의 압축/배기행정과 사이클의 P-V선도

이 외에 하이브리드 자동차기관에는, [그림 3.23]에 도시한 것과 같이 기관 흡기 밸브 개폐시기 제어에 의한 가변 밸브 타이밍(VVT, Variable Valve Timing)기술을 적용

하여 실린더 체적을 변화시킬 수 있고, GDI(Gasoline Direct Injection), 엔진 경량화 등의 여러 가지 최적화 기술들과 병행하여 사용할 수 있으며, Load Leveling을 통한 배기가스 저감 등의 다양한 기관 제어전략도 함께 적용되고 있다.

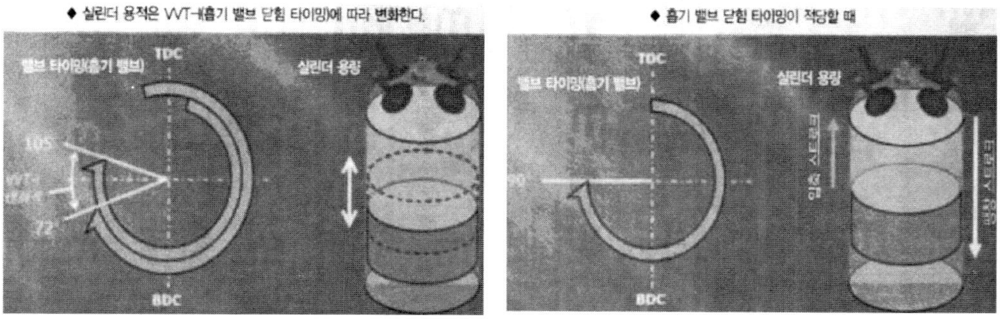

그림 3.23 흡기밸브 타이밍 선도와 실린더 체적 변화 경향

2) 하이브리드 모터(Hybride motor)

하이브리드 구동 모터는 높은 출력으로 부드러운 시동을 가능하게 하고 가속 시 기관 동력을 보조하여 출력 증가함에 의하여 연비를 향상시킬 수 있는 핵심 부분이며, 기관과 모터의 동력을 조화롭게 제어하여 자동차를 구동함으로써 엔진의 부하가 저감되어 연비를 향상시킨다. 또한 감속 주행 시에는 발전기로 구동되어 고전압 배터리를 충전하는 역할도 수행한다.

(1) 구동 모터의 주요기능

구동 모터는, 발진할 때에는 메인 동력원으로, 주행할 때에는 기관의 동력을 보조하는 역할을 하며, 네오디뮴(neodymium) 자석을 로터 내부에 설치한 영구자석식 동기형 모터이다. 모터의 성능은 로터의 지름과 길이로 결정되며, 치수를 변경하지 않고 성능을 향상시키려면, 보다 많은 량의 전류가 통하도록 설계하고 이에 대한 냉각이 고려되어야 한다.

자동차 원동기로서 전기 모터의 토크 특성은, [그림 3.25]와 같이, 회전속도가 기본 속도 이상에서는 토크 증가에 따라 모터 속도는 낮아지는 경향이 있고, 출력은 거의 일정한 값을 유지하고 있다. 이러한 경향은 자동차 주행속도와 토크의 관계에서 가장 바람직하므로, 기존 내연기관에서는 이러한 토크 특성을 얻기 위하여 유단 또는 무단 변속기 등을 설치하여 사용했지만, 모터만으로 주행하는 경우 변속장치의 필요성이 없어진다.

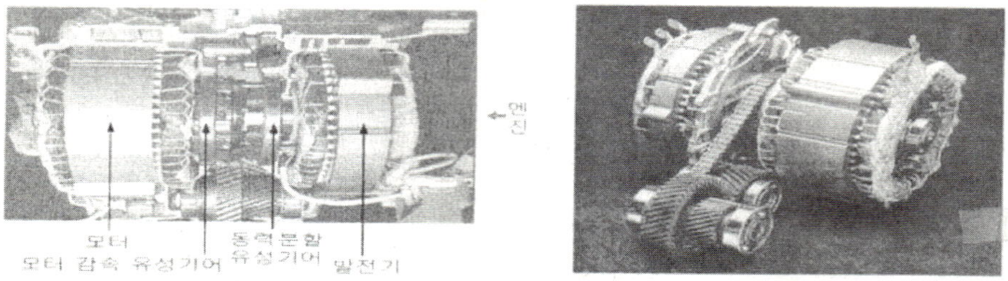

그림 3.24 직·병렬 하이브리드 자동차의 모터와 발전기

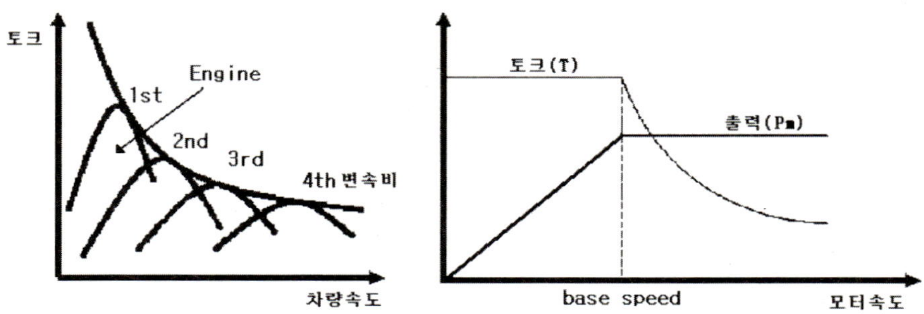

기존 내연기관의 토크 특성 　　　　 전기 모터의 토크 및 출력 특성

그림 3.25 내연기관과 전기 모터의 토크 특성 비교

이와 같은 전기 모터의 장점을 이용할 수 있는 하이브리드 차량은 전기 자동차가 갖는 여러 장점 외에도 다음과 같은 주요 기능을 갖고 있으며, 이러한 기능들은 [그림 3.26]와 같이 운전 조건에 따른 동력 전달과정의 경로에 의존하여 수행될 수 있다.

① 동력 보조 : 가속 시에는 전기 에너지를 이용하여 구동 모터를 구동함으로서 자동차의 구동력을 증대시킨다.

② 충전 모드 : 감속 시에는 구동 모터를 발전기로 작동시켜 운동 에너지를 전기 에너지로 변환시키고 발전한 전기는 고전압 배터리에 충전한다.

③ 아이들 스톱 : 정차 시에는 기관의 작동을 정지시켜 불필요한 연료 소모를 방지하고, 시동 시에는 스타팅 모터 대신 구동 모터로 기관을 시동한다.

④ 기관 시동 : 정상 조건에서 기관을 시동할 때 또는 아이들 스톱 후에 재시동할 때 기관 시동은 기존의 스타팅 모터 대신 구동 모터로 기관을 시동한다. 단, 전기 모터 시동이 제한된 경우에는 기관에 설치된 스타팅 모터에 의한다.

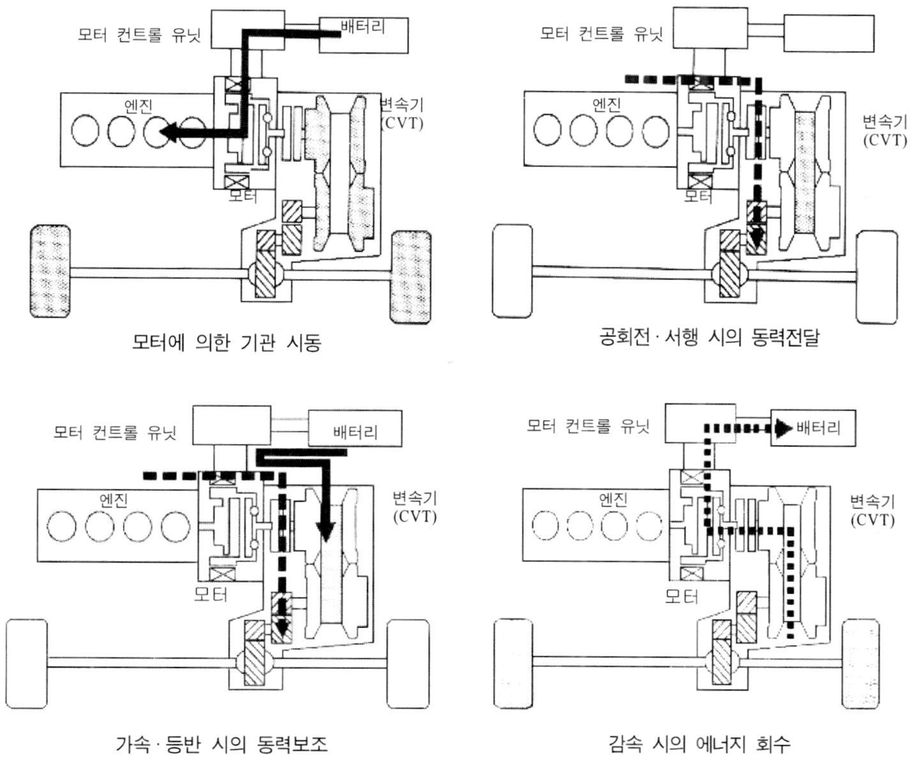

그림 3.26 하이브리드 차량 운전 조건에 따른 동력 전달 경로

구조적 관점에서, 하이브리드 자동차는 기관, 트랜스미션과 모터가 일체가 되어 배치되므로 소형화가 요구된다. 일반적으로 모터의 장착 위치는, [그림 3.27]과 같이, 기관과 변속기 사이에 장착되며 모터에 구동력을 전달시키는 로터는 기관 크랭크축에 연결되어 기관으로부터의 동력을 변속기 입력 축에 전달할 수 있다.

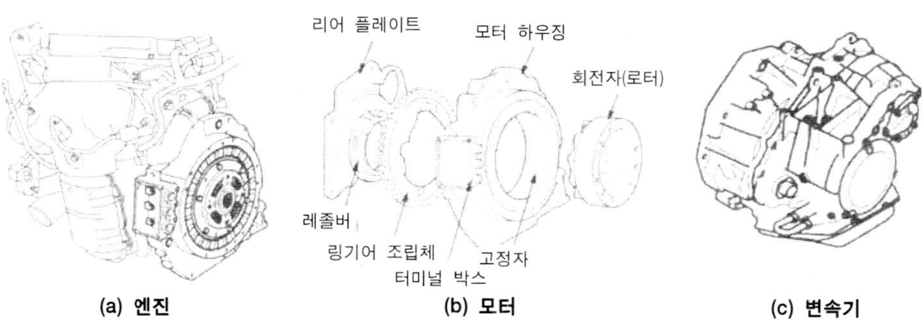

그림 3.27 하이브리드 기관, 모터, 변속기의 구조

(2) **구동 모터의 작동 원리와 센서**

① 모터의 작동 원리 : 모터의 작동 원리는 자기장 내의 도체에 전류를 흐르게 하면 도체와 자기장 모두에 대해 직각인 방향으로 전자기적인 힘이 발생한다. 회전형 모터는 이 전자력을 이용하여 자기장 내의 도체(회전자)에 회전 토크를 발생시켜 구동한다.

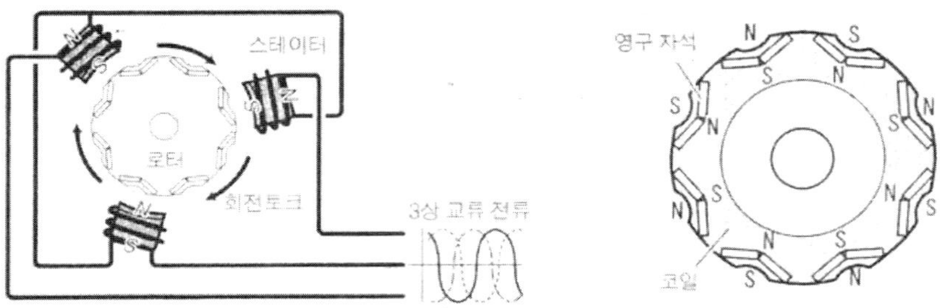

그림 3.28 3상 교류 모터의 작동 원리

로터는 영구자석을 사용하고, 고정자에는 3개 코일을 각각 120° 간격으로 배치하여 1회전에 3개의 상이 동시에 형성되는 [그림 3.28]의 3상 교류 모터는, 모터 크기를 줄일 수 있고 직류 모터와 단상 모터에 비해 효율이 높기 때문에 하이브리드용 모터로 많이 사용된다. 모터의 효율은 최대 90～95% 전후이고, 가솔린 기관에 비하여 넓은 범위에서 고효율이 얻어지며, 기관 효율이 낮은 영역에서는 효율이 높은 모터로서 주행할 수 있으므로 전체적인 차량의 효율이 향상된다.

② 온도 센서 : 모터 성능에 큰 영향을 미치는 요소는 모터의 온도이며, 모터가 과열되면 영구 자석 및 고정자 코일 등의 변형과 성능 저하를 초래한다.

이를 방지하기 위하여 모터 내부에 [그림 3.29]와 같이 온도 센서를 설치하고, 모터 온도에 따라 모터를 제어한다.

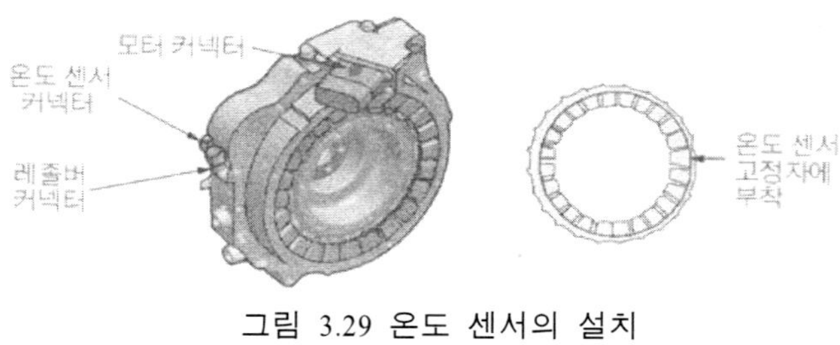

그림 3.29 온도 센서의 설치

③ 회전자 위치 센서(레졸버) : 일반 기관은 캠축 위치센서(CMPS)를 이용하여 기관의 상사점이 검출되면, ECU는 한 사이클 중 가장 큰 일전달을 수행할 수 있는 상사점 근처의 적정 위치에서 점화 시킨다. 모터도 마찬가지로 가장 큰 출력을 제어하기 위해 회전자와 고정자의 위치를 정확하게 알아야 한다. 레졸버는 회전자의 위치 및 속도 정보로부터 모터 제어기(MCU)가 큰 토크로 모터를 제어하기 위해 장착된다. 레졸버는 기관의 리어 플레이트에 장착되며, 모터의 회전자에 연결된 레졸버 회전자와 하우징과 연결된 레졸버 고정자로 구성되어, 기관의 캠축 위치 센서의 작동과 같이, 모터 내부의 회전자와 고정자의 위치를 파악한다. 작동원리는, 고정자 코일에 일정한 주파수의 여자 신호가 인식되면 회전자의 회전에 의한 릴럭턴스 변화에 의해 1차, 2차측 교차 파형이 출력되고, 검출 출력 전압 진폭이 회전각에 비례하는 출력신호로 변환되어 컨버터를 경유하면서 위치각으로 변화시킨다.

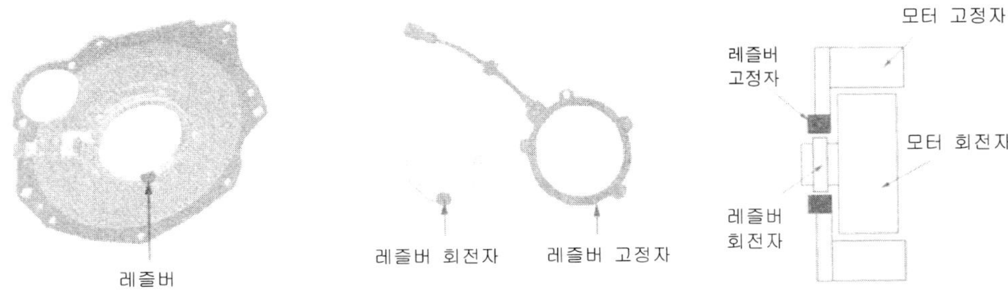

그림 3.30 회전자 위치 센서 및 연결 구조

3) 에너지 회생 브레이크 시스템(Regenerative brake system)

회생 브레이크 시스템이란 감속 시에 전기 모터를 발전기로 이용하여 차량의 운동 에너지를 전기 에너지로 변환시켜 배터리로 회수하는 것을 말한다. 기존 차량에서 브레이크를 작동시키면 운동에너지가 열에너지로 바뀌어 대기 중으로 방출되지만, 하이브리드 전기 자동차에서는 회생 브레이크를 적용함으로서 에너지의 손실을 최소화했으며, 이로 인한 연비의 절감 효과는 상당한 수준이다. 일반적으로 차량에서 필요한 제동력은 회생 제동에서 구현할 수 있는 용량보다 큰 용량을 요구하며, 전기 계통의 고장 등을 고려하여 마찰 제동 시스템도 함께 존재하게 된다. 따라서 하이브리드 자동차에는 두 가지의 제동 시스템이 함께 존재하며 제동장치가 작동될 때, 두 가지 제동 시스템을 어떻게 조화시켜서 제동하느냐가 중요한 관건이 된다. 하이브리드 자동차에 적용하는 브레이크 시스템은 기계식이나 진공식 보다는 제동력의 조절이 가능한 전자식을 이용한다. 전자식 제동 시스템은 기존 유압 브레이크를 전자화한 전자 유압제동(EHB, Electro-Hydraulic Brake), 또는 전자-기계식 작동기에 의한 전자 기계식 제동(EMB, Electro-Mechanical Brake) 등이 있다. 이러한 장치는 제동력을 전자적으로 제어하므로 Brake-by-wire 시스템이라고도 하며, ABS(Anti-lock Brake System), ESP(Electric Stability Program) 등의 기능도 포함하여 실용화된 경우도 있다. 이와 같은 회생 제동기의 사용으로 마찰 제동기의 사용 횟수는 감소하며, 이는 브레이크 패드의 수명 연장에 도움이 된다.

또한 두 가지 제동 시스템의 적용에 의하여 브레이크 고장에 대한 안정성이 증가하게 된다. 단, 급 브레이크, ABS 작동 등의 특수 상황에서는 회생 제동이 브레이크 성능에 영향을 주지 않도록 제한되기도 한다.

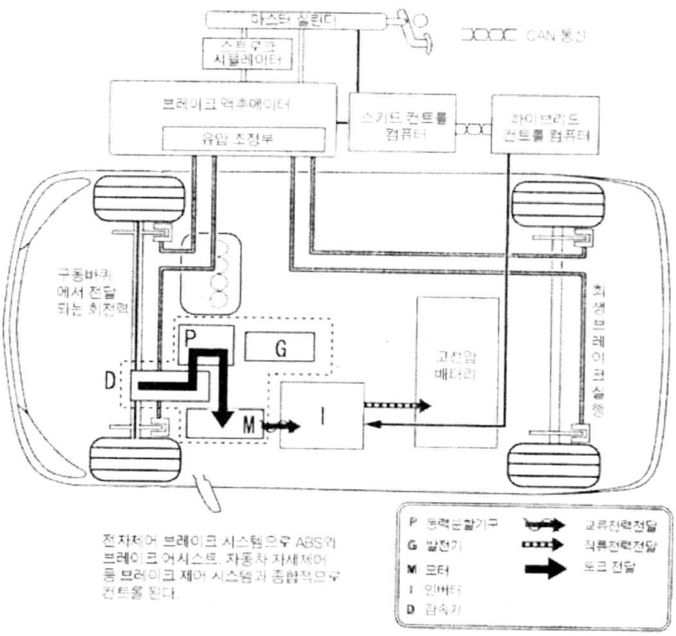

그림 3.31 에너지 회생 제동장치의 구성

회생 브레이크는 주행 상태에서 발생하는 감속에너지를 모터로 회수하는 방식과 모터를 적극적으로 브레이크 기능에 포함시키는 방식 등이 있다. [그림 3.31]은 회생 브레이크 시스템에 대한 개략도로서, 우선 브레이크 페달을 밟았을 때 발생하는 마스터 실린더의 유압은 압력 센서에 의해 검출되고, 이 압력을 근거하여 요구되는 제동력을 브레이크 컴퓨터가 산출하며, 요구된 제동력 신호가 컴퓨터로 보내지면 여기서 모터를 향해 마이너스 토크를 지시하게 되어 회생 제동이 실시된다. 휠 실린더에 대한 유압은 증압/감압용 선형 솔레노이드 밸브(linear solenoid valve)의 개도를 제어함으로서 마스터 실린더에서 발생한 유압에 대응하는 반응이 수행되며 회생 브레이크의 부족분을 보완한다. 즉 운전자가 요구한 제동력을 회생 브레이크와 유압 브레이크가 분담해서 발생하는 것이다.

브레이크 페달에 부여되는 조작력은 전환 솔레노이드 밸브와 리니어 솔레노이드 밸브의 작동에 의하여 유압 경로를 전환하며, 최종적인 브레이크 기구의 유압은 하이드로 부스터에서 증폭된 유압에 의하여 제어된다. 이 시점에서 마스터 실린더와 휠 실린더의 유압 경로가 차단되어 브레이크 페달의 응답성은 없어지게 되지만, 페달의 조작력이나 반발력은 스트로크 시뮬레이터에 의해 만들어지므로 브레이크 페달에는 정상적인 응답성이 확보된다.

4) 아이들링 스톱 시스템(Idling stop system)

아이들링 스톱 시스템은 하이브리드 시스템에서 빼놓을 수 없는 것이며, 연비와 배기의 두 성능을 향상시키는 효과가 있다. 일반 자동차에서는 기관을 정지시켰을 때의 전력 소비를 위하여 별도의 장치가 필요해지지만, 하이브리드 시스템에서는 기관 정지 시에도 쉽게 전력 사용이 가능하다. 문제가 된다면 스로틀 밸브의 개도와 주행 속도가 제로가 되더라도 교통 체증 등에서는 저속 주행을 하게 되므로 빈번한 아이들링 시스템의 켜짐과 꺼짐이 반복되며, 결과적으로 주행에 지장을 초래할 수 있다. 하이브리드 차량에서는 이러한 상황을 고려하여, 시스템이 작동하지 않도록 하는 조건을 몇 가지 추가해서 대처하고 있다. 예를 들어 기관이 일정온도 이하일 경우에는 촉매가 냉각되어 정화 성능이 저하되는 것을 방지하기 위해 아이들링 스톱 기능이 작동하지 않도록 하며, 배터리 충전이 필요한 경우에도 마찬가지이다.

5) 고전압 배터리 시스템(High Vooltage Battery system)

전기 동력 시스템은 DC 180V의 고전압 배터리와 AC 180V 15kW급 3상 교류 동기 모터, 인버터와 컨버터, 파워 케이블 등으로 구성되어 있다. 기존의 자동차에 장착되어 사용되었던 DC 12V 배터리는, 하이브리드 전기 자동차에서, 일반 차체의 전장이나 각종 제어 ECU의 작동을 위한 보조 배터리로 사용되므로, 정격 전압 180V 고전압 시스템과 12V 보조 배터리는 완전히 분리되는 독립적 전원 시스템이다.

(1) 고전압 배터리 냉각 시스템

냉각 시스템은 냉각 팬과 3개의 닥트로 구성되어 있고 냉각 팬은 모터, FET(Field Effective Transistor) 및 냉각 팬 릴레이로 구성되어 있다. 시스템의 온도는 배터리 팩 상단에 설치된 1개의 온도 센서와 모듈에 설치된 4개의 온도 센서 신호를 이용하여 BMS(Battery Management System) ECU에 의해 연산되며 항상 적정 온도(-30~55oC)를 유지하도록 한다. 냉각 팬은 자동차의 상태와 소음·진동 상태에 따라 8단계로 풍량이 제어된다. 고전압 냉각 시스템은 [그림 3.32]와 같이 공랭식이며 냉각팬이 실내 공기를 흡입하여 배터리 팩, 파워 릴레이 어셈블리, 인버터 및 저전압 직류 변환장치(LDC, Low DC/DC Converter)로 구성된 통합 패키지를 냉각시킨 후 차량 외부로 배출된다.

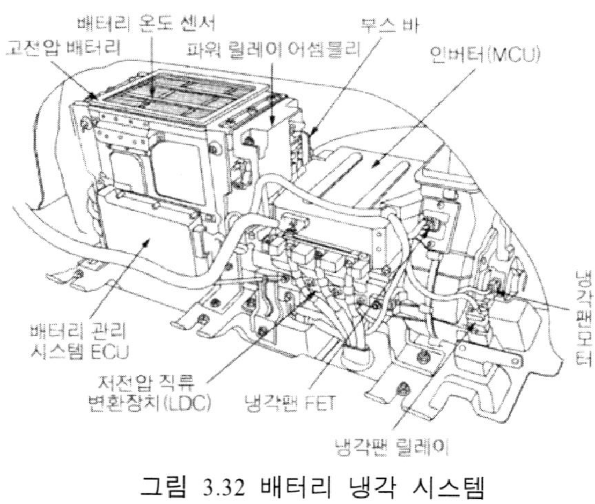

그림 3.32 배터리 냉각 시스템

(2) 고전압 배터리 관리 시스템

배터리 관리 시스템은, 안전하고 정상적인 운전 조건과 장수명을 보장하기 위하여, 충전상태 추정, 파워 제한, 냉각 제어 릴레이 제어, 셀 밸런싱, 고장 진단 등을 수행하고 배터리 에너지 상태의 정보를 하이브리드 제어 유닛 또는 인버터로 송신하는 역할을 한다.

① 충전상태 제어 : 배터리 전압, 전류, 온도를 측정하여 배터리 충전상태를 계산하고 자동차 제어기에 송신하여 적정 충전상태 영역을 관리한다. 충전상태는 배터리 사용이 가능한 수준으로 유지하되, 최대 제한영역은 20~80% 이며 평상시에는 55~86% 영역을 벗어나지 않도록 제어한다.

② 파워 제한 : 배터리 보호를 위해 입출력 제한 값을 산출하여 제어기에 정보를 제공하고, 배터리 가용 동력을 예측하여 과충전 및 과방전 방지, 내구성을 확보하여 충/방전 에너지를 극대화 한다.

③ 고장 진단 : 배터리 시스템 고장 진단, 데이터 모니터링을 수행하고, Fail, Safe 레벨을 분류하여 출력 제한 값을 규정한다. 또한 차량측 제어 이상 및 전지 열화에 의한 안전사고 방지를 위해 릴레이를 제어한다.

④ 셀 밸런싱 : 배터리 충/방전 과정에서 전압 편차가 발생한 셀을 동일한 전압으로 조정하고, 배터리 수명과 사용 가능 에너지 용량, 배터리 에너지 효율을 증가시키며, 셀 밸런싱을 통해 48개의 각 셀당 충전상태 값을 제어한다.

⑤ 냉각 제어 : 최적 배터리 작동 온도를 유지하기 위해 냉각 팬을 이용, 관리하고, 배터리의 최대 온도 및 최대-최소의 온도 편차에 따라 냉각 팬의 속도를 제어한다.

⑥ 고전압 릴레이 제어 : 고전압 계통의 고장으로 인한 안전사고를 방지하고, 점화 키 ON/OFF시 고전압을 사용하는 패키지에 전원을 공급.

(3) 고전압 배터리 제어 특성

배터리 상태는 전기 에너지 출입에 따라 다음과 같은 3가지 모드로 구분할 수 있다.

① 방전 모드 : 모터 구동을 위해 고전압 배터리가 전기 에너지를 방출하는 작동 모드이며, 모터에 요구되는 작동 토크에 따라 방전 전류 값이 달라진다.

② 정지 모드 : 배터리의 전기 에너지 출·입이 전혀 없는 작동 모드이다.

③ 충전, 회생 제동 모드 : 고전압 배터리가 소모한 전기 에너지를 회수 또는 충전하는 작동 모드로 충전 모드와 회생 제동 모드로 구분된다.

- 충전 모드 : 공회전 또는 정속주행과 같이 일반적인 주행상태에서 고전압 배터리의 충전 상태가 낮을 경우 모터에서 발생된 전기 에너지를 고전압 배터리로 충전시키는 작동 모드이며, 회수할 전기량은 하이브리드 컨트롤 유닛이 결정하여 인버터로 CAN 통신 라인을 통해 명령을 주고 인버터는 모터를 충전 모드로 제어하여 회수된 전기 에너지를 DC로 변환시켜 고전압 배터리로 보내준다.

• 회생 제동 모드 : 주행 중 제동에 의한 감속 발생 시점에서 모터를 충전 모드로 제어하여 전기 에너지를 회수하는 작동 모드로 충전 모드와 동일한 제어 과정을 갖는다.

이러한 배터리 상태와 연관하여 각 주행상태에 따른 배터리 제어 특성은 다음과 같다.

① 시동 모드 : 하이브리드 전기 자동차는 고전압 배터리를 포함한 모든 전기 동력시스템이 정상일 경우 모터를 이용하여 기관을 시동한다. 고전압 배터리 시스템에 이상이 있거나 배터리 충전 상태가 기준값 이하로 떨어질 경우 하이브리드 컨트롤 유닛은 모터를 이용한 기관 시동을 금지하고 12V 스타트 모터를 작동시켜 기관 시동을 제어한다.

② 발진 및 가속 모드 : 발진 또는 가속 모드에서 하이브리드 컨트롤 유닛은 운전자의 요구 토크를 연산하고 기관과 모터의 토크 분배량을 결정하며, 고전압 배터리의 충전 상태에 따라 모터의 출력을 제어한다. 또한 하이브리드 컨트롤 유닛은 배터리 충전 상태가 낮을 경우 발진 또는 가속 모드에서 구동을 제한하거나 또는 충전 모드로 전환한다.

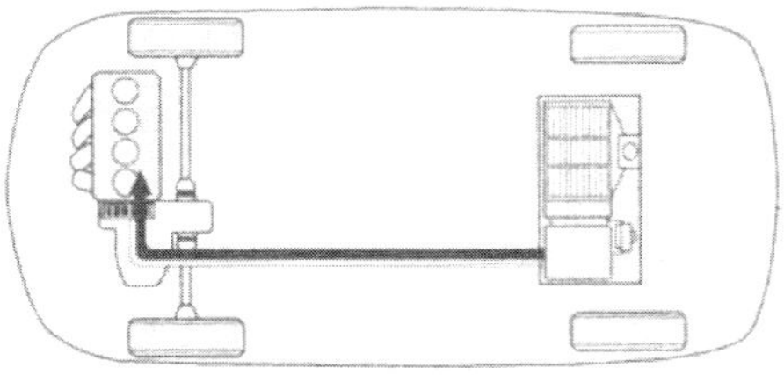

그림 3.33 시동 모드

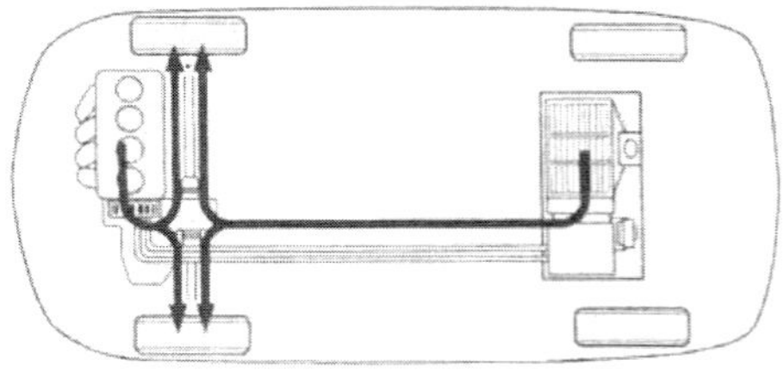

그림 3.34 발진 및 가속 모드

③ 정속 주행 모드 : 정속 주행과 같이 기관 부하가 낮은 영역에서는 기관 출력만으로 효율적인 운전이 가능하기 때문에 모터를 이용한 동력 보조는 이루어지지 않는다. 정속 주행 모드일지라도 고전압 배터리의 충전 상태가 낮다면 하이브리드 컨트롤 유닛은 기관의 여유 출력이 발생되는 영역에서 충전 모드로 전환시키는 제어를 실행한다.

④ 감속과 회생 제동 모드 : 일반적인 자동차는, 제동 시점에서 발생되는 에너지가 마찰식 브레이크에 의하여 열로 소산되지만 하이브리드 전기 자동차는 모

터를 발전 모드로 전환시켜 제동 에너지의 일부를 전기 에너지로 회수하게 된다. 하이브리드 컨트롤 유닛은 배터리 충전 상태에 따라 감속 또는 제동 모드에서 충전 모드로 전환시킨다.

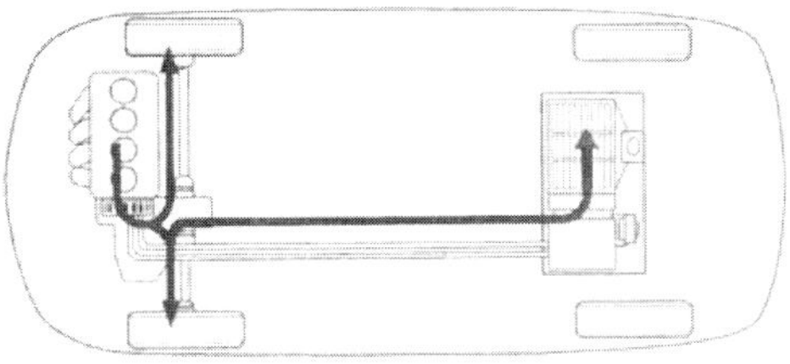

그림 3.35 정속 주행 모드

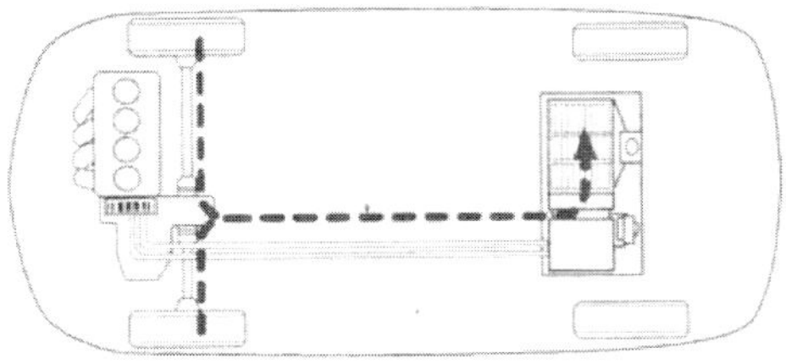

그림 3.36 감속 및 회생 재생 모드

⑤ 오토 스톱 모드(공회전 정지) : 오토 스톱은 자동차가 정지할 경우 연료 소비를 줄이고 배기가스를 저감시키기 위해 엔진을 자동으로 정지시키는 기능이다. 이때 고전압 배터리는 자동차의 일반 전기장치에 요구되는 정도의 에너지만 방전한다. 오토 스톱이 해제되면 모터를 이용하여 기관의 크랭킹과 연료 분사를 재개하고 기관을 시동시킨다.

6) 파워 제어장치(Power Control Unit)

(1) 인버터(Inverter)

인버터는 직류를 교류로 변환하는 장치로 이미 에어컨과 냉장고, 세탁기 등 많은 가전 제품에서도 사용하고 있지만 하이브리드 자동차, 연료전지 자동차, 전기 자동차에서는 꼭 필요한 장치이다. 그 원인은 자동차의 구동에 교류 모터를 사용하기 때문이며, 반대로 언급하면, 인버터를 이용하여 자유롭게 교류 전류로 변환할 수 있으므로 고성능의 교류 동기 모터를 사용할 수 있기 때문이다. 따라서 직류 모터를 사용하는 전기 자동차에서는 인버터가 필요 없다. 이와 같이 인버터를 사용하여 자유롭게 교류 전류를 제어할 수 있는 것은 전자공업의 발달에 기인하므로, 과거의 가전 제품이나 자동차 모터 구동에서 인버터 사용이 불가능했지만, 현재 IGBT(Insulation Gate Bipolar Transistor)라는 대전류의 고속 스위칭이 가능한 반도체의 소재개발로 편리하게 사용할 수 있다.

교류 동기 모터의 회전수는 주파수에 의해 정해지므로 전력회사에서 공급되는 일정한 주파수의 교류로는 회전수를 컨트롤 할 수 없게 된다. 따라서 자동차용 모터는 자유로운 주파수와 전압을 변화할 수 있고, 회전수와 토크도 임의 운전 조건에 적합하도록 제어할 수 있는 인버터가 요구되며, 이것을 가변 전압/주파수(VVVF, Variable Voltage Variable Frequency) 인버터이다. 이와 같이 인버터는 단순히 직류를 교류로 변환하는 것만이 아니라, 자동차의 운전 상황에 관한 여러 가지 정보를 모으고 또 모터의 회전수와 전기자 위치의 정확한 정보를 받아 상황에 알맞은 제어를 수행할 수 있다.

(2) **컨버터**(converter)

컨버터는 인버터와 정반대로 교류를 직류로 변환하는 정류기로서, 에너지를 회생하는 시스템을 갖추고 있는 경우에는 감속 시의 교류 모터가 교류 발전기로 변환되어 발전을 한다. 이때 발전한 전류는 교류이므로 전지(battery)에 충전할 수 없으므로 교류를 직류로 정류하기 위해서 컨버터가 필요하며, 이러한 컨버터를 제너레이터용 인버터라 한다.

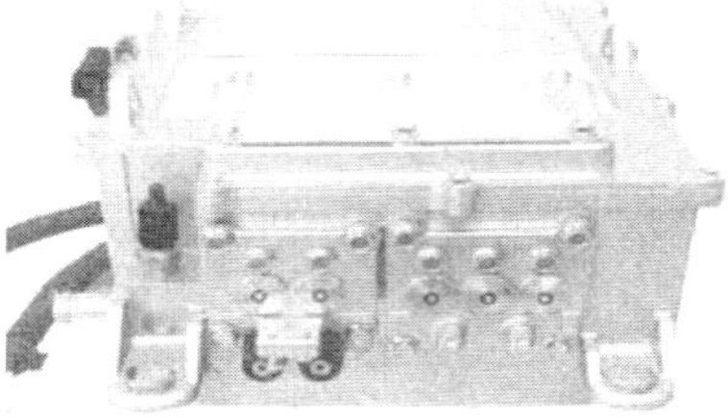

그림 3.37 인버터의 외형

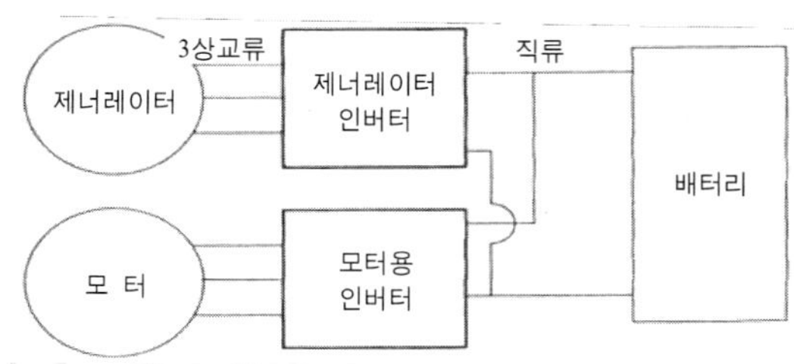

그림 3.38 인버터 시스템

일반적 전장품용의 소비 전압인 12V 배터리에 충전을 하기 위하여 감압이 필요하고, 또한 모터의 전압과 배터리의 전압에 차이가 있을 경우에는 승압과 감압의 기능도 필요하지만, 복잡한 기능을 하는 인버터에 비교하면 컨버터의 기능은 비교적 단순하다. 파워 컨트롤 유닛(Power Control Unit)은 각종 제어신호를 받아 연산하고 출력시키는 부품 등이 있으나 주요한 부분은 역시 인버터이며, 인버터와 컨버터는 열을 발생하기 때문에 냉각을 고려하여야 한다. 대형 PCU에서는 엔진과 같은 수냉식의 냉각 시스템을 갖춘 것도 있다. [그림 3.37]와 [그림 3.38]에 인버터 외형과 인버터 시스템을 도시했다.

4. 하이브리드 자동차의 제어기 종류 및 기능

하이브리드 차는 단순히 일반 가솔린 또는 디젤 차량에 전기 구동 시스템을 추가한다고 연비 등의 성능이 향상되지는 않는다. 전기 모터와 배터리는 무겁고, 전기를 생산하여 구동하는 것이 직접 기관으로 구동하는 것보다 효율이 좋을 수가 없기 때문이다. 따라서 하이브리드 자동차는 기존 엔진의 특성과 전기 시스템의 특성을 잘 결합하여 최적화되었을 때만 하이브리드 고유의 성능 향상을 기대할 수 있다. 이를 위하여, [그림 3.39]와 같이, 전자 제어에 의한 전반적인 시스템 제어가 이루어지며, 특히 두 개의 주 동력원인 기관과 모터의 최적 구동을 위하여 상위 제어기 개념인 하이브리드 제어 유닛(HCU, Hybrid Control Unit)가 있으며, HCU로부터 명령을 받아 제어를 실행하는 제어기(ECU, MCU, TCU 등)들이 그들 간의 통신에 의하여 정보를 공유하고 있다.

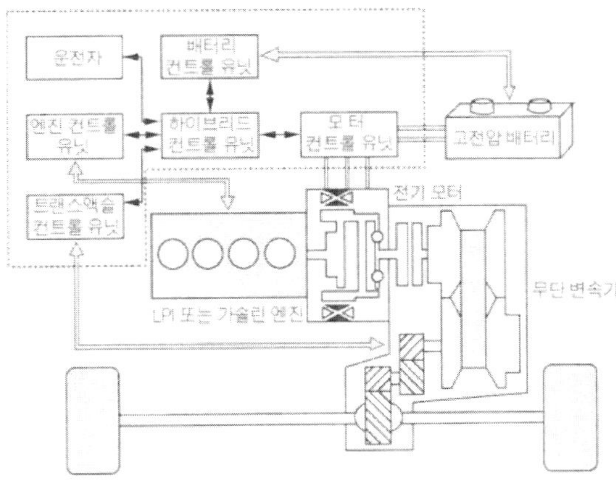

그림 3.39 하이브리드 자동차의 제어 시스템

1) 하이브리드 제어 유닛(HCU, Hybrid Control Unit)

기존의 자동차에서는 ECU(Engine Control Unit)가 엔진의 상태와 운전자의 요구 토크를 스스로 판단하여 엔진이 최적의 상태에서 동작되도록 제어를 하였다. 하지만 HEV는 운전자의 요구 토크가 모두 엔진에서 발생하는 것이 아니라 모터와 병행하여 발생하므로, 토크 분배 전략을 세울 새로운 제어기가 필요하게 되었고, 그것이 바로 [그림 3.40]와 같은 개념의 HCU이다.

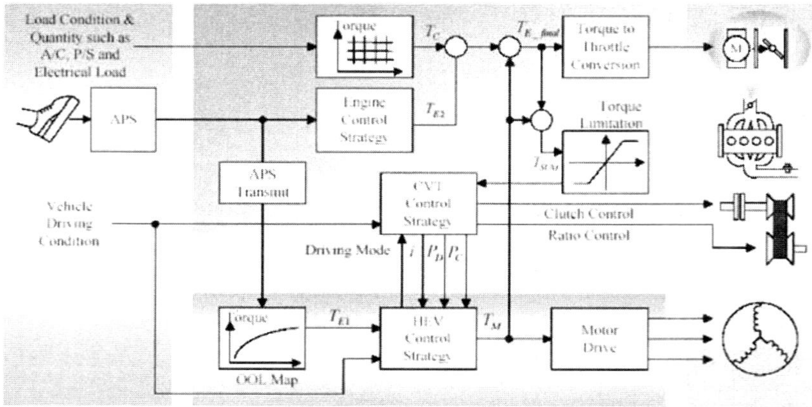

그림 3.40 HCU의 제어 개념도

(1) **제어기능**

HCU의 기본적인 기능으로는 첫째, 운전자로부터 요구 받은 주행 토크의 량을 인식하여 기관과 모터로 분배하는 PSR(Power Split Ratio) 기능이다. 운전자 요구와 차량의 상태를 파악하여 주행모드를 결정하고 엔진과 모터에서 발생(또는 흡수)할 토크의 량을 계산하여 ECU 및 MCU에 지령을 내리게 된다. 두 번째로는 변속비(Gear Ratio, GR) 제어다. 변속비 제어를 일반적으로는 TCU(Transmission Control Unit)가 하지만, 하이브리드 자동차에서는 차량의 전체 시스템 효율 및 엔진의 OOL(Optimal Operating Line)운행, 모터의 동력 지원 등을 고려하여 HCU에서 직접 산정하여 TCU에 지시하게 된다.

세 번째는 SOC(State of Charge) 유지 제어로 배터리의 SOC량을 차량 주행 상황에 따라 어떻게 제어하느냐에 따라 연비 성능이 달라진다. 따라서 HCU는 연비 성능이 최대화되면서 배터리의 성능 및 상태가 적절히 유지되도록 전기 에너지의 소비에 대한 제어를 실시하게 된다. 이 기본적인 세 가지 기능을 충실히 할 수 있어야 하이브리드 자동차의 성능을 극대화할 수 있다. 이 외에도 각종 보조 기능(Auxiliary function), 안전(Safety), 진단(Diagnosis) 등의 기능도 주제어 장치 개념에서 실행하게 된다.

(2) **하이브리드 모터의 시동 제어**

초기 시동 또는 오토 스톱 이후 시동 시에는 하이브리드 모터로 기관을 시동하며, 모터의 시동 금지 조건에서는 기관에 장착된 스타팅 모터에 의해서 기관을 시동한다. 하이브리드 모터 시동 시의 기관 공회전 속도는 기관 제어 모듈(ECM, Engine

Control Module)에 설정된 속도보다 높고, 장시간 오토 스톱 후 시동 시에는 변속기의 유압 발생을 위하여 공회전 속도가 상승한다.

① 모터 시동 조건 :

- P 또는 N 레인지에서 점화키 스위치를 이용하여 시동하는 경우
- 오토 스톱이 해제되어 재 시동하는 경우

② 모터의 시동 금지 조건 :

- 고전압 배터리와 모터가 방전 제한 값(엔진 시동 토크 부족)인 경우
- 고전압 배터리의 온도가 약 -10℃ 이하 또는 약 45℃ 이상일 경우
- 모터 컨트롤 유닛의 인버터 온도가 94℃ 이상일 경우
- 고전압 배터리의 충전율이 25% 이하일 경우
- 엔진의 냉각수 온도가 -10℃ 이하일 경우
- ECU, MCU, BMS, ECM이 고장일 경우

모터의 시동이 금지된 경우에는 점화기를 이용하여 스타팅 모터로 시동하며, 오토 스톱 중 금지조건이 발생되면 오토 스톱을 즉시 해제시키고 모터가 시동되도록 제어한다.

(3) **오토 스톱**(auto stop)

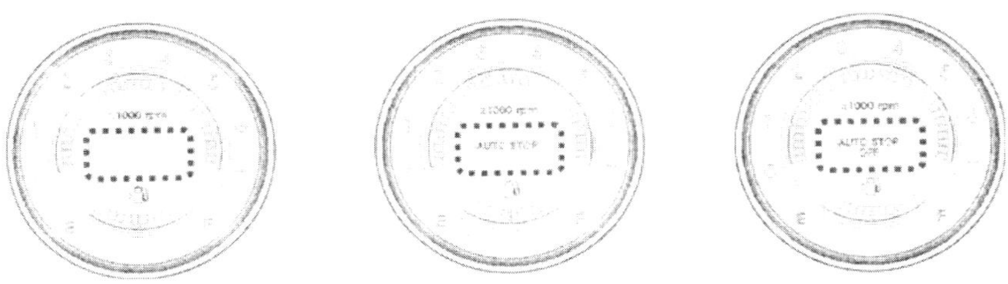

오토 스톱 미진입　　　　오토 스톱 진입　　　　상시 운전

그림 3.41 오토 스톱 표시 등

오토 스톱은 주행 중 자동차가 정지할 경우 연료 소비를 줄이고 유해 배기가스를 저감시키기 위하여 엔진을 자동으로 정지시키는 기능으로, 공조 시스템은 일정 기간 유지 후 정지된다. 오토 스톱이 해제되면 연료 분사를 재개하고 하이브리드 모터를 통하여 다시 엔진을 시동시킨다. [그림 3.41]는 표시 등을 도시한 것으로,

오토 스톱이 작동되면 오토 스톱 램프가 점멸되고 오토 스톱이 해제되면 오토 스톱 램프가 소등된다. 또한 오토 스톱 스위치가 눌려 있지 않은 경우에는 오토 스톱 OFF 램프가 점등되며, 점화키 스위치 IG OFF 후 IG ON으로 위치시킬 경우 오토 스톱 스위치는 ON 상태가 된다.

① 엔진 정지 조건

- 자동차를 9㎞/h 이상의 속도로 2초 이상 운행한 후 브레이크 페달을 밟은 상태로 차속이 4㎞/h 이하가 되면 엔진을 자동으로 정지시킨다.
- 정차 상태에서 3회까지 재진입이 가능하다.
- 외기의 온도가 일정 온도 이상일 경우 재진입이 금지된다.

② 엔진 정지 금지 조건

- 오토 스톱 스위치가 OFF 상태
- CVT 오일의 온도가 -5℃ 이하
- 고전압 배터리의 충전율이 28 이하
- 액셀러레이터 페달을 밟은 경우
- 급 감속시(기어비 추정 로직으로 계산)
- 고전압 배터리 시스템 또는 하이브리드 모터 시스템이 고장인 경우
- 고전압 배터리의 온도가 50℃ 이상
- 엔진 냉각수 온도가 45℃ 이하인 경우
- 브레이크 부스터 압력이 250㎜Hg 이하
- 변속 레버 P, R 레인지 또는 L 레인지
- ABS 작동시

③ 오토 스톱 해제 조건

- 금지 조건이 발생된 경우
- D, N 레인지 또는 E 레인지에서 브레이크 페달을 뗀 경우
- N 레인지에서 브레이크 페달을 뗀 경우에는 오토 스톱 유지
- 차속이 발생한 경우

(4) **브레이크 밀림 방지 장치**(CAS ; Creep Aid System)

밀림 방지 제어 시스템은, [그림 3.42]과 같이, 차량 경사각을 측정하는 경사각 센서(Inclinometer), 브레이크 스위치, ABS 및 HCU 등으로 구성되며, 경사로에서 오토 스톱 후 해제 시에 기관이 다시 시동되어 크립 토크(creep torque)가 발생하기 전

까지 자동차가 밀리는 현상을 최소화하기 위해 도로 경사도에 따라 밀림 방지 장치를 제어한다. 따라서 자동차가 일정 경사각 이상인 경우 작동하며, 제동 페달을 밟았을 때부터 제동 페달을 뗀 후에도 경사도에 따라 일정 시간 동안 제동장치를 작동시킨 후 해제된다.

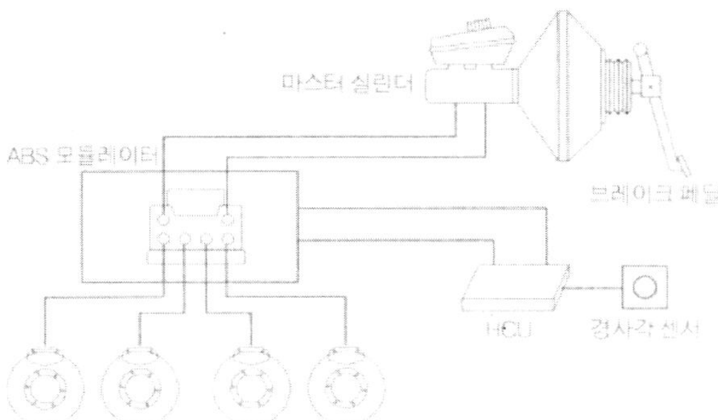

그림 3.42 브레이크 밀림 방지 시스템

① 밀림 방지 장치는 아래의 조건들이 모두 만족할 경우 작동이 시작된다.

- 자동차가 정지 상태일 경우
- 인히비터 스위치 위치가 D 레인지, E 레인지, R 레인지, L 레인지
- 브레이크 페달 스위치 ON 상태인 경우

② 밀림 방지 장치의 해제 조건

- 브레이크 페달 스위치가 OFF 상태이면, 경사도에 따라 일정 시간 지연 후 밀림 방지 장치의 작동이 해제되며,
- 자동차가 정지한 다음 1.2초가 경과한 후 평지라고 판단할 경우, 브레이크 밀림 방지 장치의 작동은 해제된다.

(5) **브레이크 부압 보조 장치**

HEV는 브레이크 배력장치에서 진공압이 부족할 경우가 있으며, 이를 대비하여 [그림 3.43]과 같은 진공압 보조장치를 설치한다. 따라서 진공압이 부족하다고 판단하면 이를 회복하기 위해 다음과 같이 제어한다.

① 기관 시동이 정지된 경우

오토 스톱의 경우에 기관이 정지하면 부압이 낮아지며, 부압이 낮다고 판단하면 하이드로 모터에 의하여 기관을 시동해서 부압을 회복시킨다.

② 기관이 시동된 경우

- 저전압 직류 변환장치에서 충전 전압(12.8V)을 낮추어 부압을 확보한다.
- 에어컨의 부하가 큰 경우(전자제어식 스로틀 컨트롤 밸브가 열려 있어 부압 저하) 에어컨을 OFF시켜 부압을 확보한다.
- CVT 발진 클러치의 초기 출발 토크를 확보하기 위해 열려 있던 전자제어식 스로틀 컨트롤 밸브를 닫는다.

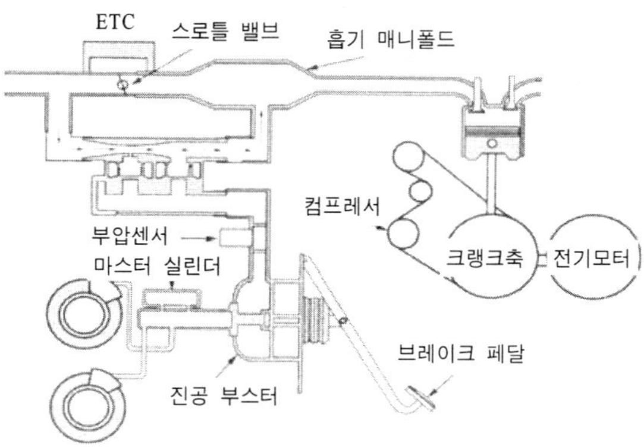

그림 3.43 브레이크 부압 보조 장치

(6) **저전압 직류 변환 장치 제어**(LDC ; Low DC/DC Converter)

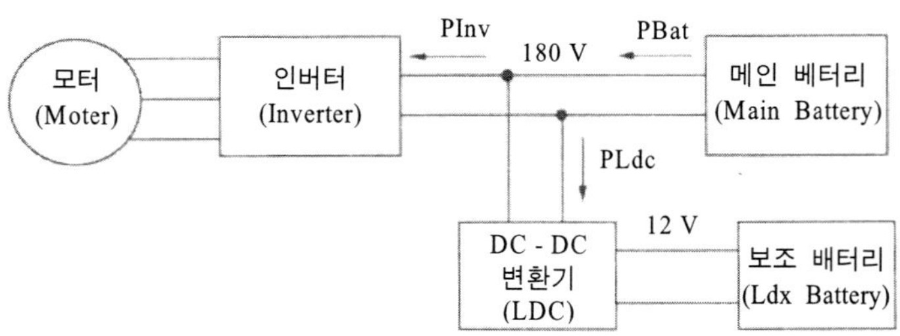

그림 3.44 저전압 직류 변화 제어 계통

HEV는 보조 배터리(12V)에 충전을 하기 위하여 기존의 AC 발전기 대신, [그림 3.44]와 같은, 저전압 직류 변환 제어 계통이 장착되어 있으며, LDC를 통하여 고전압 배터리 전원(180V)을 저전압(12V)으로 변환하여 보조 배터리를 충전한다. 오토스톱 모드에서도 보조 배터리의 충전이 가능하고, AC 발전기 보다 효율이 높고 기관 동력 손실을 감소시킴으로서 연비가 향상되며, HCU가 LCD의 ON, OFF 제어, 발전 제어, 출력 전압 제어 등을 수행한다.

(7) **기타 제어**

① 하이브리드 모터 보조 제어 : 가속 시에 하이브리드 모터 작동, 기관 토크를 보조.
② 하이브리드 모터 회생 제동 제어 : 감속 시에 하이브리드 모터를 작동, 전기 에너지를 고전압 배터리에 충전시킨다.
③ 변속비 제어 : 주행 상태에 따른 최적의 변속비로 제어한다.
④ 연료 차단 및 연료 분사 제어 :
- 시동 시에 연료 분사를 제어하고, 필요시에 연료 분사 금지 요구도 제어한다.
- 고전압 배터리(180V) 충전 상태 또는 변속비에 따른 연료의 차단 금지 제어 수행.

⑤ 하이브리드 모터 로직 제어 : 하이브리드 모터의 토크를 제어한다.
⑥ 고전압 배터리 로직 제어 : 고전압 배터리의 과충전 금지 제어를 한다.
⑦ 보조 배터리(12V) 보호 로직 제어 : 보조 배터리의 과방전 방지 제어(과방전시 오토 스톱 진입을 금지시킨다.)
⑧ 경제 운전 안내 기능 제어 : 최적 연비 모드에서 운전할 수 있도록 경제적 운전 안내 기능을 제어한다.

2) 기관 제어 유닛(ECU, Engine Control Unit)

하이브리드 자동차에서의 ECU의 가장 큰 차이점은 스스로 요구 토크를 파악하지 않고 HCU로부터 지령 받은 토크를 엔진에서 출력하도록 제어하는 점이다. 기존의 차량과 달리 주행 중에도 기관을 끄거나 또는 크랭킹(Cranking)해야 할 필요가 있으므로 이러한 상황에 대응될 수 있도록 제어가 이루어져야 한다.

3) 모터 제어 유닛(Motor Control Unit)

HCU로부터 받은 지령에 따라 모터의 토크 및 속도 제어를 수행하게 된다. 인버터(Inverter)라고도 하며 주로 고출력의 파워 반도체 소자(예: IGBT)를 이용하여 배터리로부터 받은 고전압의 직류 전원을 모터 제어를 위한 교류의 3상 전원으로 변환

(인버터)하거나 그와 반대로 회생 제동을 할 수 있도록 모터에서 발생한 3상 전원을 배터리에 저장될 수 있는 직류 전원으로 변환(컨버터 또는 발전기용 인버터)한다.

고속의 PWM(Pulse Width Modulation)제어를 통하여 파워 소자를 빠르게 스위칭 함으로써 3상, 직류 전원간의 변환을 수행하며 이러한 변환을 통하여 최종적으로 모터 전류의 양을 제어함으로서 그와 비례하는 토크의 양을 제어할 수 있다. BMS (Battery Management System)와 같이 고전압, 고전류의 제어를 실시하므로 안전을 위한 대응 또한 중요한 제어 중 하나이다.

4) 변속기 제어 유닛(TCU, Transmission Control Unit)

앞에서 언급한 바와 같이 HEV 차량의 변속기는 대개 CVT(Continuously Variable Transmission)를 사용하게 된다. 또한 변속비도 역시 HCU가 연산하게 되므로 TCU에서는 명령 받은 변속비가 변속 충격 없이 적절히 변속되도록 제어하는 역할을 수행하게 된다.

5) 배터리 관리 시스템(BMS, Battery Management System) ECU

하이브리드 자동차에서는 모터 구동을 위해 고전압 전원을 사용하므로 수십에서 수백 개의 배터리 셀(Cell)이 직렬로 연결되게 된다. 또한 배터리의 특성상 주변 온도에도 민감하며, 고압의 특성상 안전에도 신경을 써야 한다. 이러한 특성 때문에 배터리에 대한 전체적인 관리가 필요하며 이러한 역할을 하는 것이 BMS ECU(Battery Management System Electric Control Unit)이며, [그림 3.45]에 개념도를 도시했다.

BMS ECU의 중요한 역할 중 하나는 SOC(State of Charge)를 측정하는 것이다. SOC란 배터리에 충전된 전기량을 의미하며 SOC를 적절하게 측정하여 HCU에 전달하여야 HCU가 주행전략을 세울 수 있으며, 배터리의 수명 및 성능에도 영향을 미치게 된다. 그러기 위해서 BMS ECU는 각 배터리의 Cell(또는 Pack단위)마다 전압 및 전류, 온도 등을 측정하고 그 신호를 바탕으로 셀의 상태 및 SOC를 계산하게 된다. 또한 시스템에 따라서는 셀마다 비슷한 특성이 유지되도록 Cell Balancing 기능도 수행하기도 하며 적절한 온도 유지를 위한 Fan control, 안전을 위한 Safety interlock 등도 수행한다.

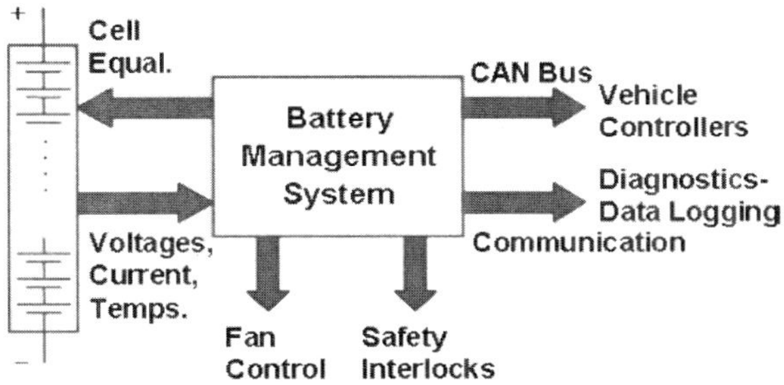

그림 3.45 BMS ECU의 제어 개념도

6) 제동 제어 유닛(BCU, Brake Control Unit)

하이브리드 자동차의 마찰 제동에는 EHB(Electro-Hydraulic Brake), EMB(Electro- Mechanical Brake)등이 사용되며 회생 제동에 대한 부문은 MCU(Motor Control Unit)가 담당하게 되므로, 전체 제동 에너지에서 회생 제동에너지를 뺀 부문만을 마찰로써 제동하게 된다. 대개의 회생 제동 에너지는 모터 또는 배터리의 용량과 관계되며 전체 제동 에너지에서 전기 계통에서 흡수할 수 있는 회생 제동에너지를 먼저 산정하게 된다. 배터리의 SOC(State of Charge)상태 및 차량의 속도, 배터리 및 모터의 온도, 작동 영역에서의 효율, 급 브레이크, ABS(Anti-lock Brake System) 작동 등에 따라 추가 제한 조건들이 발생한다. 이러한 상태를 고려하여 계산된 회생 제동에너지를 빼면 나머지가 마찰 제동으로 수행하게 될 제동에너지이다. 이러한 제동에너지를 근거하여 자동차 각 차륜에 적절히 분배될 수 있는 제동력이 조정되면 제동이 수행되며 이러한 역할을 BCU가 하게 된다. 이에 대한 개념도는 [그림 3.46]과 같다.

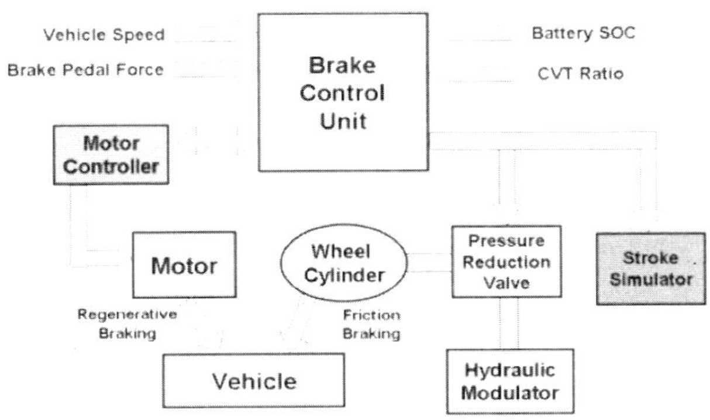

그림 3.46 BCU 제어의 개념도

연습문제

1. 하이브리드 자동차(HEV)의 의미를 언급하고, 구성 요소와 장단점들을 열거하라.

2. HEV에 설치되는 기관은 일반 차량 기관과 비교하여 어떤 특징이 있는가?

3. HEV에 적용되는 전기 모터의 특성과 운전 영역에 대하여 기술하라.

4. HEV의 전자 제어계통의 구성과 체계에 대하여 간단히 기술하라.

5. HEV의 연비 향상에 기여하는 대표적인 원인들을 열거하고 간단히 설명하라.

6. HEV를 동력전달 방식에 따라 분류하고, 각각의 특징과 장단점을 기술하라.

7. SPHEV(직병령 하이브리드 차량)에서 운전조건(발진/일반/가속/후진 주행)에 따른 동력 전달 과정을 개략적으로 도시하고 설명하라.

8. 하이브리드 차량의 기관 특성을 언급하고 이에 적용된 기술들을 설명하라.

9. 기존 내연기관과 전기 모터의 회전수에 따른 토크 특성을 비교하고, 자동차 원동기로서의 적합성 여부를 분석하여 판단하라.

10. HCU의 대표적인 기본적 제어기능 세 가지를 열거하고 설명하라.

11. 하이브리드 자동차의 제어기 종류와 기능에 대하여 언급하라.

12. 다음 용어들을 설명하라.

① OOL ② CVT ③ 회생제동 ④ 에너지 밀도/출력밀도/수명(cycle)
⑤ CAS ⑥ HCU/ECU/TCU/MCU/BMS/BCU ⑦ Soft HEV
⑧ Inverter & Converter ⑨ Atkinson Cycle ⑩ Idling Stop System
⑪ Plug-In HEV ⑫ 동력분할기구

제 4 장
전기자동차

최초로 운행된 상용 전기자동차는 19세기 말로 거슬러 올라간다. 현재 21세기에 이르러서 전기자동차는 기존 자동차의 환경문제와 에너지문제를 동시에 해결할 수 있는 대안으로 각광받고 있으며, 전 세계적으로 많은 연구가 진행되고 있다.

1. 개요

1) 전기자동차의 정의

넓은 의미(廣義)로 전기자동차는 '전기모터를 동력원으로 사용하는 자동차'로 정의할 수 있다. 이렇게 정의한다면 앞서 공부했던 하이브리드자동차도 전기자동차에 속한다. 그러나 좁은 의미로 전기자동차는 '전기(또는 전지(배터리))의 힘으로만 구동되는 자동차'로 정의되고 있으며, 전기자동차라 하면 보통 이것을 의미하고, 동력원의 주요 구성 부품은 아래 [그림 4.1]에서 보듯이 전지, 모터 및 제어기이다.

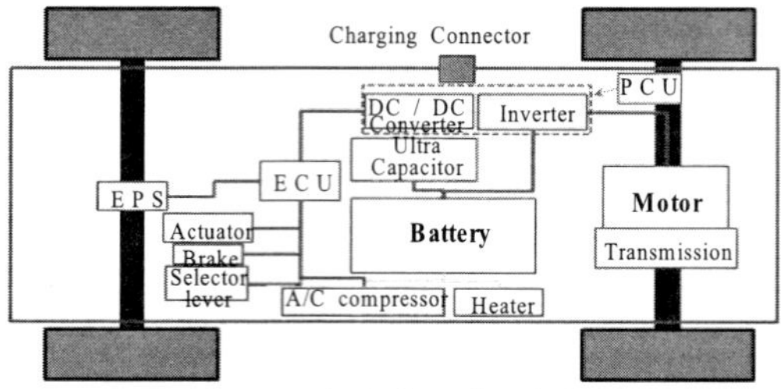

그림 4.1 전기자동차 개략도

2) 전기자동차의 역사

전기자동차는 디젤엔진이나 가솔린엔진을 사용하는 내연기관 자동차보다 먼저 고안되었으며, 영국과 프랑스는 전기자동차의 발명과 개발을 지원한 최초의 국가들이다.

1828년 헝가리의 제들릭은 자동차용 전기모터를 발명하였으며, 1832~1839년 사이에 영국 스코틀랜드의 사업가 앤더슨이 전기자동차의 시초라 할 수 있는 원유전기마차를 발명했다. 1835년 네덜란드의 크리스토퍼 베커는 소형의 전기자동차를 제작했고, 1842년에는 미국의 토마스 데이븐포트와 영국 스코틀랜드의 로버트 데이비슨은 이전보다 실용적이고 성공적인 전기자동차를 발명하였다.

(a) 제들릭의 자동차용 전기모터(1828년)

(b) 뉴욕의 전기자동차 택시(1901년)

(c) La Jamais Contente', Jenatzy(1899년)

(d) 에디슨과 전기자동차(1913년)

그림 4.2 전기자동차의 역사

1865년 프랑스의 가스통 플란테가 축전지를 발명하고, 그의 친구 카밀 포레는 더 많은 저장용량을 가진 축전지를 개발한다. 축전지의 발명 및 사용은 전기자동차가 발전하는데 크게 기여하였다.

1881년 프랑스 발명가 구스타프 트루베는 파리에서 열린 국제전기박람회에서 전기 삼륜자동차가 작동하는 것을 입증하였으며, 이것은 이후 전기자동차가 급속도로 보급되는 계기가 되었다. 1895년에 전기삼륜자동차가 개발 보급되면서 미국도 관심을 갖게 되었다. 전기자동차는 기존의 다른 방식의 차량들에 비해서 냄새가 적고, 진동도 작으며, 소음도 작았다. 그리고 무엇보다 내연기관 자동차는 차량속도에 따라 적절하게 기어변속을 해줘야 했으나, 전기자동차는 기어를 바꿔줄 필요가 없고 운전 조작이 간편해서 상류층 및 여성 운전자들로부터 많은 관심을 받게 된다. 그러나 기술적인 한계와 트랜지스터의 기술부족으로 인해 그 당시 전기자동차의 최고속도는 일반적으로 시속 30km에 불과하다는 단점도 있었다. 물론 1899년 카밀리 제나치가 전기자동차로 시속 100km를 돌파하기도 했지만 이는 순간속도에 지나지 않는다.

1899~1900년에 전기자동차는 어떤 다른 방식의 자동차(내연기관 자동차나 증기기관 자동차)보다도 많이 팔렸으며, 1912년 생산 및 판매의 정점을 기록한다. 이때 전기자동차의 가격은 1000달러 이하였으나, 대부분 값비싼 재료로 화려하게 꾸며 평균 3000달러 이상으로 판매되었으며, 상류층이 주된 고객이었다.

1920년대에 미국 텍사스에서 원유가 발견됨으로 해서 휘발유 가격이 떨어지고, 한편으로는 내연기관의 대량생산체제가 구축됨에 따라 휘발유 자동차는 500~1000달러 정도로 가격이 많이 떨어진다. 결국 전기자동차의 가격이 점점 상승해 평균 1750달러에 판매될 때, 휘발유 자동차는 평균 650달러 정도에 판매되어 전기자동차는 극히 일부의 교통수단으로만 이용되고 휘발유 자동차가 자동차시장에서 급부상한다. 그리고 1930년대에 들어서서 전기자동차는 비싼 가격, 전지의 무거운 중량, 충전에 걸리는 시간 등의 문제로 자동차시장에서 거의 대부분 사라지게 된다.

그러다 1990년대에 이르러 내연기관 자동차의 환경문제가 대두되면서 제너럴 모터스(GM)사는 양산 전기자동차 1호로 볼 수 있는 'EV1'전기자동차를 개발한다. 이 전기자동차는 미국 캘리포니아 지역에서 임대형식으로 보급되나, 얼마 후 GM사는 수요가 크지 않아 수익성이 낮다는 이유로 이 자동차의 조립라인을 폐쇄한다.

그러나 최근 들어 고유가와 배기가스 규제 강화가 환경친화적 자동차에 대한 관심을 증폭시키고 있으며([그림 4.3] 참조), 이에 따라 모든 자동차회사가 전기자동차 개발에 사활을 걸고 있다. 시장규모도 급성장 중이며, 글로벌 컨설팅 업체인 맥

킨지는 자동차 수요가 폭증하고 있는 중국의 경우, 20년 내 2200억 달러 규모로 전기자동차 시장이 성장할 것이라 전망하고 있다.

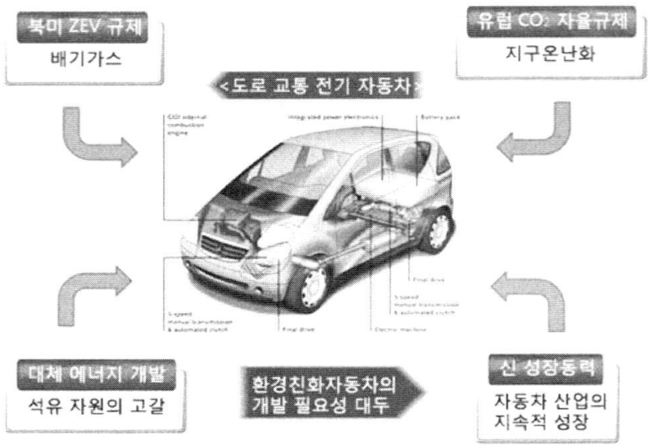

그림 4.3 환경친화적인 자동차의 대두

3) 현재의 전기자동차

현재 세계 굴지의 자동차 생산회사에서는 전기자동차를 독자적으로 개발하고 있으며, 배터리를 포함한 전기자동차에 관련된 기술개발에 사운을 걸 정도로 매진하고 있다.

앞에서 GM사의 'EV1'전기자동차가 양산 전기자동차 1호라고 언급했으나, 곧바로 조립라인이 폐쇄되었으므로 실제적인 양산 1호라고 보지 않는 경향이 있다. 일반적으로 2007년 미국 Tesla Motors사의 전기자동차 'Tesla Roadster'를 실제 양산된 최초의 전기자동차로 간주한다. 이 전기자동차는 Time 지가 선정한 2008 발명품 50 중 2위에 선정되었으며, Lithium-ion 전지, 3상4극 AC유도모터 및 2단 변속기를 장착한 스포츠카로 2010년 모델인 로드스터 2.5까지 진화되었다. 한 번 충전에 400km 정도 주행이 가능하고 완전 충전시간은 3.5시간 정도이며, 세계 28개국에 1200대 이상 수출되었다. 이 자동차의 상세 사양과 성능은 과학칼럼([그림 4.4])을 참조하라.

[표 4.1]은 시판되었거나 시판 예정인 전기자동차를 보여주고 있다. 표에는 없으나 2010년 11월에 일본 미쓰비시 i-MiEV([그림 4.5] 참조)가 시판되었으며, 2010년 2월에 GM사의 시보레 Volt가 판매되었다. 볼트는 1.4리터 가솔린엔진을 사용하기는 하지만 동력원이 아니라 충전용으로만 사용된다. 한번 충전에 64km 주행이 가능하고 엔진을 돌려 충전하면 500km 이상 주행도 가능하다. [그림 4.6]은 시보레 볼트의 구조를 보여주고 있다.

한편 국내에서도 AD MOTORS 사의 전기자동차 'Change'가 2010년 9월에 최초로 시판되었다. [표 4.2]는 Change의 상세 제원을 보여주고 있다.

표 4.1 현재 시판되었거나 시판 예정인 주요 전기자동차

모델명	시보레 볼트(HEV)	트랜짓 EV	포커스	Dodge Circuit EV	피팟
이미지					
제조사	GM	포드	포드	Dodge / 크라이슬러	GEM/크라이슬러
양산시기	2010년 11월	2010년	2011년	2011년	2009년
차체타입	5도어 해치백	3/4도어 미니밴	5도어 해치백	3도어 해치백	2도어
전기모터	111 kW	50 kW	105 kW	200 kW	12마력
길이	4,500 mm	4,308 mm	4,270 mm	3,900 mm	2,850 mm
폭	1,800 mm	1,795 mm	1,850 mm	1,714 mm	1,700 mm
높이	1,430 mm	814 mm	1,440 mm	1,150 mm	1,700 mm
최고속도	160 km	112 km	137 km	192 km	56 km
배터리	16 kWh(리튬)	40 kWh(리튬)	23 kWh(리튬)	(리튬이온)	12V X 6EA
충전시간(시간)	3시간(240V)	-	-	4	6 ~ 8
최대주행거리	-	160 km	160 km	240~320 km	48 km

그림 4.4 테슬라 로드스터에 대한 과학 칼럼

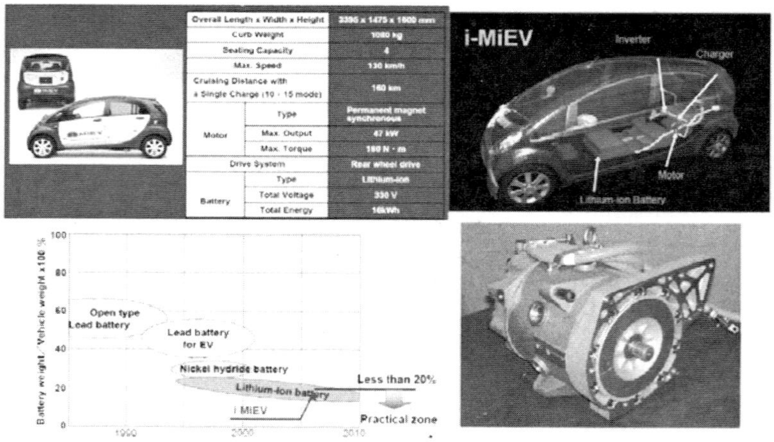

그림 4.5 미쓰비시 전기자동차 i-MiEV 사양

그림 4.6 GM사의 전기자동차 시보레 볼트 사진 및 구조도

표 4.2 국산 전기자동차 Change의 상세 제원

전장/전폭/전고	3,220/1,560/1,550 mm
윤거/축거	1,350/2,180 mm
차량중량(전지 포함)/승차인원	710kg/2인
1회 충전주행거리/최고속도	기본형70km(100AH 기준)/60km/h
충전시간	가정용220V5~6시간/30분이내(급속충전)
최고출력	16kW at 2,250rpm
배터리&컨트롤러	76.8V Li-ion Battery pack, 220V On board

2. 전기자동차의 종류

전기의 힘만으로 움직이는 자동차를 전기자동차라 정의하였으며, 이러한 전기자동차에도 전기를 공급하는 방식에 따라 여러 가지 종류가 있는데, 이에 대해 자세히 알아보도록 하자.

1) 전지식 전기자동차

보통 전기자동차라 하면 전지식 전기자동차를 일컫는다. 이것은 자동차용 축전지에 전기를 저장하여 모터를 가동하는 형태이며, 현재 사용되는 전지는 대부분 리튬이온 전지이다. 이 전기자동차는 부품 수가 적어 장기적으로 볼 때 동일 사양의 PHEV (플러그인 하이브리드)보다 싸질 것으로 기대된다. 전지식 전기자동차의 장·단점은 아래와 같다.

구분	내용
장점	· 가선 설치비용 없으며 미관상 좋고 차량 집전기가 불필요함 · 주행시 CO_2, NOX 배출이 없으며, 소형 전기자동차의 경우 충전에 필요한 전기 사용은 1km당 40g(소형 가솔린차 170g)의 CO_2 발생 · 부품 수가 매우 적어 시스템 단순화가 가능하여 고장 리스크 범위 줄일 수 있음, 전지 가격이 줄어들면 PHEV 보다 값이 싸질 가능성 있음 · 전기모터로만 구동할 경우 운행비용이 가장 저렴하며, 값싼 심야전기 이용 시 비용 추가 감소 · 화석연료를 전혀 사용하지 않으므로 가장 친환경적임 · 소음, 진동이 적어 차량 수명이 상대적으로 길다 · 사고 시 폭발의 위험성 적음 · 다양한 에너지원을 이용할 수 있고, 에너지효율이 높음 · 전력이용의 시간대별 평준화가 가능하고 값싼 심야전력으로 자택에서 충전 가능하다 · 기어를 바꿔줄 필요가 없어 운전조작이 간편함 · 차량 디자인 및 부품배치 자유도가 매우 큼 · 낼 수 있는 무게 당 에너지가 석유계 연료에 비해서 매우 크다
단점	· 차량 총 중량이 20t인 트럭의 경우, 현재 기술에서는 전지만으로 5t정도 되고, 따라서 대형차에 맞지 않는다 · 고가의 전지가 필요함 · 장거리 주행을 위해서는 급속 충전 스탠드의 전국규모 설치가 필요함 · 자동차 수명보다 전지수명이 짧고, 주기적으로 교환해야 한다 · 차량가격이 비싸다 · 가솔린 차량에 비해 속도가 느리고 전지 1회 충전의 주행거리가 짧다 · 충전시간이 오래 걸린다 · 전지수명이 짧고 전지의 잔존시간 확인이 어렵다 · 별도의 충전시설을 위한 인프라 구축이 선행되어야 함

2) 가선 집전식 전기자동차

가선집전식 전기자동차는 전철처럼 공중에 설치된 전기선으로부터 전기를 공급받아 모터가 구동되는 방식의 차량을 말한다. 엄밀히 말하면 가선집전식 전기자동차는 하이브리드의 일종이라 할 수 있다. 가선이 설치된 간선도로에서는 가선집전으로 구동되나 가선이 설치되지 않은 지선에서는 보통의 내연기관으로 구동되기 때문이다.

가선집전식 전기자동차의 대표격인 트롤리버스(trolleybus)는 예전부터 도시의 교통기관으로 실용화 되어 있었지만, 사실 가선이 있는 곳 이외에는 장시간 주행이 불가능하므로 그 보급이 한정되어 있다. [그림 4.7]은 스위스와 이태리에서 사용되고 있는 트롤리버스를 보여주고 있다. 가선집전식 전기자동차의 장·단점은 아래와 같다.

장점	· 전지가 소용량으로 중량 대비 가격 면에서 유리하다 · 지속적인 대출력이 가능하고, 가솔린 스탠드로 급유가 가능 · 차량 가격은 하이브리드와 크게 다르지 않아 상대적으로 비용 저렴 · 가선이 있는 간선 구간에서는 가솔린 보다 싼 전기가 사용되며, CO_2 배출 제로 · 가선 집전으로 주행거리의 제한이 없으며, 지선에서의 주행거리도 전지식에 비해 길다 · 전지식에 비해 전지가 작아 차량이 가벼워지고, 에너지 소비량 감소
단점	· 고속도로 상의 가선을 사회가 수용할 필요가 있으며, 미관상 영향과 안전성에 문제 발생 소지가 있음 · 가선 설치를 위해서는 높은 초기 비용이 필요 · 통상 가선으로 교통집중에 맞는 전기용량 확보 가능에 대한 충분한 증빙 자료 없음 · 가선 보수 요원이 필요 · 가선의 용단, 파단에 의한 위험성 존재 · 정비 불량 차에 의한 위험과 설비 시 위험성이 크다.

(a) Lucerne, Switzerland

(b) Genova, Italy

그림 4.7 스위스와 이태리에서의 트롤리버스

3) 비접촉 충전식 전기자동차

비접촉 충전 전기자동차는 온라인(on line) 전기자동차라고도 불리우며, 가선집전식과 마찬가지로 하이브리드의 일종이다. 공중에 설치된 가선으로부터 전기를 공급받는 가선집전식과는 달리 도로에 매설된 유도코일을 통해 주행 중이나 정차 중에 자체 전지에 충전하여 전기를 사용하는 방식이다. 충전용 유도코일이 설치되어 있지 않은 지선에서는 엔진으로 구동된다. 일본에서 시내 주행용 노선버스에 최초로 적용되었으며, 우리나라 현대에서도 몇 대 제작해 시험 주행 중에 있다. 온라인 전기자동차는 도로변에 위치한 고가의 충전소를 대신하여 저렴하게 전기를 충전할 수 있는 장점이 있으며, 충전 유도코일의 시내 설치가 완성된다면 트럭의 시내 주행에도 응용될 수 있다. [그림 4.8]은 온라인 전기자동차의 개념도를 보여주고 있으며, 상세한 장·단점은 다음과 같다.

장점	· 기본적으로 가선집전식과 거의 동일함 · 주행이나 정차중의 충전으로 전지가 작아도 괜찮으며, 전기자동차 중에서는 가선식 다음으로 차량이 가벼워진다. · 가선이나 폴(pole)과 같은 집전장치 불필요하며, 미관상 가선집전식 보다 유리함
단점	· 기본적으로 가선집전식과 거의 동일함 · 변전소의 건설이나 지중 코일과 급전설비의 설치가 필요 · 코일 충전장치가 없는 구간에서는 기존과 같은 CO_2나 NOX가 배출됨.

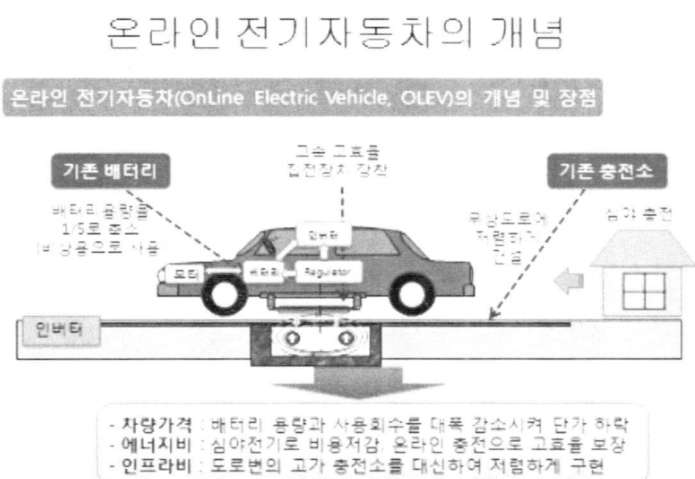

그림 4.8 온라인 전기자동차 개념도

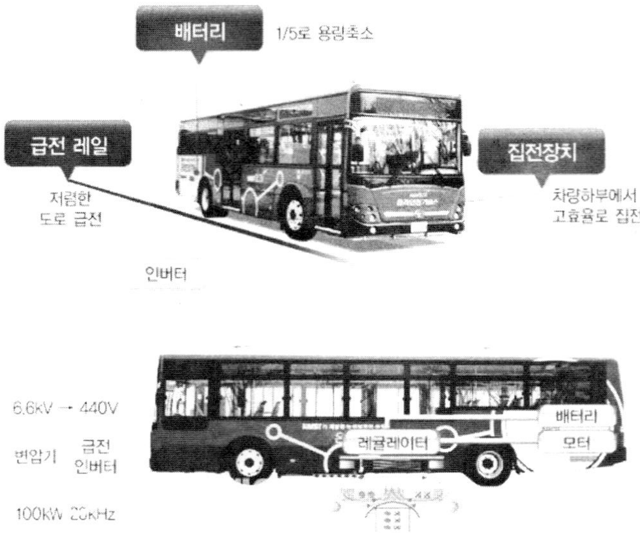

그림 4.8 온라인 전기자동차 개념도(계속)

4) 전기자동차, 내연기관 자동차 및 하이브리드 자동차의 비교

전기자동차는 친환경자동차의 과도기적 차량인 하이브리드 자동차에 비해서 생산되는 차종이 많지 않으며 이제 시작 단계라고 볼 수 있다. 그러나 하이브리드에 관련된 많은 기술들이 그대로 전기자동차에 접목될 수 있기 때문에 향후 발전 속도가 배가될 것이다.

전기자동차가 내연기관에 비해서 우월한 점이라면 우선 에너지효율이 높다는 것이다. 예를 들어 1리터 휘발유가 완전연소 될 때 대략 9.7kWh의 에너지가 생산되는데, 에너지효율이 20% 정도라면 실제 이용된 에너지는 1.94kWh이다. 반면에 전지의 효율을 80%로 가정하면 2.43kWh만 생산해도 가능하므로 2.43/9.7=0.25, 즉 내연기관 대비 25%의 에너지만 공급해도 가능하다는 것이다.

한편 전기자동차가 하이브리드 차량에 대해 가장 우월한 점이라면 주행 중 탄소배출량이 0라는 것이다. 물론 차량 및 전지를 생산하는데 들어가는 탄소배출량도 고려해야 하지만 하이브리드도 마찬가지라 생각할 수 있으므로 환경친화적 면에서 평가하면 우월한 것은 사실이다. 또한 소음이 하이브리드에 비해 훨씬 적다는 것도 우월한 점이라 할 수 있다.

내연기관 자동차의 경우 100년 역사의 탄탄한 인프라가 구축되어 있고 클린디젤이나 수소내연기관 방식 등이 적용되어서 친환경적으로 변모하고 있으므로 전기자동차가 내연기관 자동차의 점유율을 곧 추월할 것이라는 판단은 성급할 수 있다. 그러나 전지기술의 발전과 전지가격의 저감, 급속충전기술의 발전과 충전 인프라 구축 및 슈퍼커패시터와 같은 에너지저장 대체기술이 마련된다면 전기자동차의 성공가능성은 100%라 장담할 수 있다.

현재 선진국에서는 전기자동차 등의 친환경 차량의 사용을 권장하기 위해 CO_2/연비를 기준으로 하는 자동차 세제를 시행하고 있으며, CO_2 감축을 위해서 적절한 인센티브와 페널티를 적용하고 있다. 미국의 오바마 정부는 2015년까지 100만대의 PHEV 및 전기차 보급을 위해서 대 당 7500달러의 보조금을 지원할 예정이며, 일본에서는 2020년까지 판매차량의 50%를 친환경 차량으로 전환할 계획을 차근차근 시행하고 있다.

3. 전지

1) 개요

전지는 전기자동차의 심장부에 해당하는 핵심 부품이다. 전지는 2개 이상의 전기적인 셀이 결합되어 있으며, 화학에너지를 전기에너지로 변환시키는 것으로서 2개의 전극과 이들을 연결하는 전해질로 이루어진다. 알카라인 전지처럼 재충전이 불가능한 전지를 일차전지, 납 축전지처럼 전류를 역으로 흘리면 화학반응이 역으로 발생하여 충전상태로 전환되는 전지를 이차전지라 한다. 사실 전지를 만들 수 있는 재료와 전해질은 매우 많이 있으나 전기자동차용으로 적합하면서 상용화 될 수 있는 재료와 전해질은 그다지 많지 않다.

전지는 화학분야의 인류 10대 발명품 중의 하나이며, 전지의 사용은 인류의 생활에 많은 변화를 몰고 왔다. 일례로 유선전화에서 휴대폰의 사용은 편리함뿐만 아니라 문화적으로 인류의 삶을 조직하는 방식 및 타인과 의사소통하는 방식을 혁신적으로 변화시켰다. 한 걸음 더 나아가 스마트폰의 사용은 최고의 편리함뿐만 아니라 이동적인 사무실의 역할까지 수행하고 있는데 이것을 구현하는 밑바탕에 전지가 자리를 잡고 있다.

전지의 성능을 파악할 수 있는 파라메타에는 전압, 용량 등 여러 가지가 있는데 다음에 요약되어 있다.

- 작동전압 = 양극전압 - 음극전압(V)
- (충전)용량 = 전지가 공급할 수 있는 전하량(Ah)
- 비에너지 = 전지 1kg 당 저장된 에너지 양(Wh/kg) = 작동전압 x 용량
- 에너지밀도 = 전지 단위 체적당 저장된 에너지 양(Wh/m^3)
- 출력밀도 = 전지 단위 체적당 출력(전류x작동전압)(W/m^3)
- 비전력 = 1kg 당 얻을 수 있는 전력량(W/kg)
- 사이클 특성 = 충방전이 가능한 횟수(이차전지)
- 자가방전율 = 전지를 사용하지 않을 때 스스로 방전되는 속도
- 에너지효율 = 공급한 전기에너지량/방전하기 전의 상태까지 충전하는데 필요한 전기에너지량

파라메타 중에서 전지의 크기에 관련된 것이 비에너지와 에너지밀도이다. 비에너지와 에너지밀도가 클수록 동일한 에너지를 저장하는데 가볍고 작게 만들 수 있다. 즉 전지의 소형 경량화를 위해서는 이 값들이 커야 한다. 한편 출력밀도나 비전력은 단위 체적 또는 질량당 출력(또는 전력)으로 정의되는 것으로 이 값이 클수록 큰 출력이 필요하드라도 작고 가볍게 만들 수 있음을 시사한다. [그림 4.9]는 제품별로 필요한 단순한 전지의 전력을 보여주고 있으며, [그림 4.10]은 제품 용도별로 요구되는 비전력과 비에너지의 관계를 보여주고 있다.

이 밖에도 저온 및 고온 특성(대부분의 전지는 대기온도에서 작동하지만 어떤 전지는 고온에서 동작하므로, 시동 시에는 가열하고 사용 중에는 냉각시킬 필요도 있음), 수명, 충전속도, 충전(또는 Amp-hour)효율, 가격 등등이 전지 파라메타로 사용된다.

그림 4.9 각종 제품을 구동하는데 필요한 전력

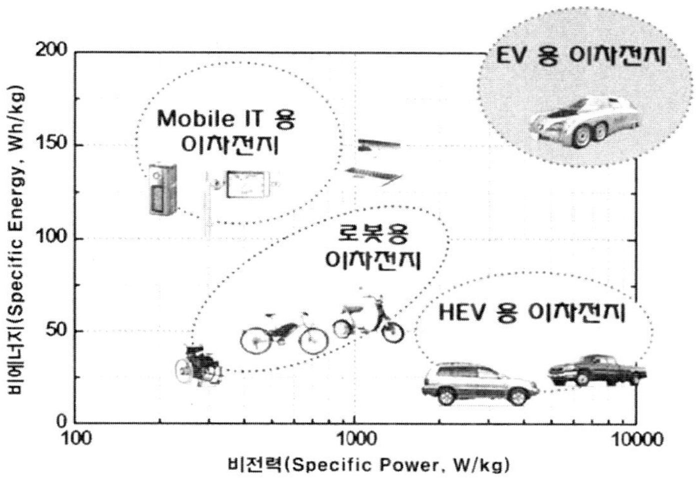

그림 4.10 제품별로 요구되는 비전력과 비에너지

2) 전지의 종류

전지의 역사는 상당히 길다. 역사상으로 1800년 개발된 볼타전지가 최초의 전지인 것으로 알려지고 있다. 그러나 2천여 년 전의 한 유적지에서 항아리에 톱밥 및 황산 등을 층층이 넣어 만든 항아리 전지가 발견되고 있어 인류가 전지를 사용하기 시작한 것은 최소 2천년 전의 일로 추정된다.

요즈음 사용하고 있는 전지 가운데 가장 오래된 전지는 양극재료로 이산화망간(MnO_2)을, 음극재료로 아연(Zn)을 사용하고 전해액으로 NH_4Cl과 $ZnCl_2$를 혼합한 중성염 수용액을 사용한 망간 전지이다.

1947년 양극 물질과 음극 물질은 망간전지의 것을 그대로 사용하면서 전해액을 약산성에서 강알카리성(KOH)으로 바꿔 이온전도율을 증가시킨 전지가 개발됐는데 이것이 요즈음 사용하고 있는 일차전지인 알칼리 건전지(알카라인 전지)이다. 이는 공칭 전압이 1.5V로 망간전지와 호환이 가능하면서 에너지밀도는 망간전지보다 리터 당 120Wh가 높은 320Wh/liter로 사용시간이 망간전지보다 3배나 길며 방전특성도 우수해 많이 사용되고 있다.

요즈음 카메라용으로 주로 사용되고 있는 리튬 셀 일차전지는 지난 60년 미국항공우주국(NASA)을 중심으로 우주개발용 전원으로 개발이 시작된 제품으로 음극 물질로 리튬(Li)을 공통으로 사용하나 양극 물질로는 플루오르화흑연이나 이산화망간

등 다양한 물질을 사용할 수 있고 전해질도 유기 전해질 및 고체 전해질을 두루 사용할 수 있으며 신뢰성이 우수해 상당히 많은 종류의 제품이 상품화되어 있다.

재충전이 가능한 이차전지 가운데 전동공구나 완구 또는 저가의 전자제품에 널리 사용되고 있는 전지는 니켈카드뮴(NiCd) 전지이다. 1901년 에디슨이 발명한 니켈-철 축전지를 개선한 융그너의 니켈카드뮴 전지가 효시로서 1948년형 밀폐형 니켈카드뮴 축전지로 개선되어 현재까지 사용되고 있다. 그러나 니켈카드뮴 전지는 5백회 이상의 재충전이 가능하고 신뢰성이 좋은 반면에 완전히 방전시키지 않고 충전을 하면 용량이 줄어드는 메모리 효과가 치명적인 단점이 되고 있으며, 더욱이 음극재료로 사용한 카드뮴이 인체에 유해한 공해물질이라 환경문제로 점차 니켈금속수소화물 전지(일명 니켈수소(Ni-MH)전지) 및 리튬이온(Li-ion) 전지 등 최근 상품화된 차세대 전지로 대체되고 있다.

휴대용 전자제품에 주로 사용되어온 니켈금속수소화물 전지는 니켈카드뮴 전지보다 용량이 2배 이상 높고 급속 충전이 가능하며 메모리효과를 크게 줄인 제품이나 최근 리튬이온 전지로 대체 중이고, 휴대폰이나 노트북 전원으로 주로 사용되고 있는 리튬이온 전지는 공칭 전압이 3.6V로 높고 에너지 밀도가 니켈카드뮴 전지에 비해 체적 당 2배, 중량 당 1.5배 정도 높다. 이들 제품은 같은 에너지를 축적할 경우 체적 면에서 3분의 2, 무게는 2분의 1 정도로 줄일 수 있는 등 소형, 경량화에 유리해 현재 이차전지 시장에서 주종으로 발전하고 있으나 가격이 매우 비싼 편이다.

여기에서는 이차전지 중에서 내연기관 자동차용으로 그간 독점적으로 사용되어온 납축전지와 하이브리드 및 전기자동차의 전지로 사용되고 있는 니켈금속수소화물 전지 및 리튬이온 전지에 대해서 알아보도록 하자.

(1) **납 축전지**

1865년 발명되어 산업기계, 자동차 SLI(Starting, Lighting, Ignition) 및 전력저장 등의 산업용으로 널리 사용되어 왔으며 상업적으로 확고한 위치를 점유하고 있는 이차전지이다. 전극으로 납(음극)과 산화납(양극)이 사용되고 전해질로는 묽은 황산이 사용된다. [그림 4.11]은 납 축전지의 충·방전시 화학반응의 개요를 보여주고 있다.

납 축전지는 아주 소형의 시스템을 제외하고는 가장 널리 사용되는 이차전지로 그 이유는 값싸고 안정적으로 동작하며 셀 당 2V 정도의 비교적 높은 전압을 얻을 수 있기 때문이다. 충전 시 kWh 당 가장 값이 싼 충전가능한 전지로서 가까운 장래에도 계속 사용될 것이다.

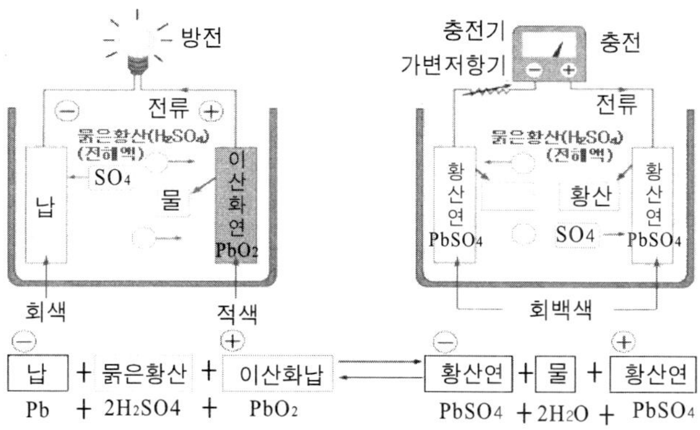

그림 4.11 납 축전지에서의 충전과 방전

또한 내부저항이 모든 개발된 전지 중에서 가장 작으나(이는 전류가 증가해도 전압 강하가 매우 작다는 것을 의미), 비에너지가 가장 작기 때문에 장거리주행용 자동차에는 현재 기술수준으로는 부적당하다. 그러나 단거리 주행 자동차용으로는 상당한 기간 동안 널리 사용될 것으로 보인다.

충전 과정은 다른 전지와 마찬가지로 매우 복잡하며, 정확한 방법으로 충전되지 않으면 전지를 빠르게 손상시켜 수명이 단축되고 너무 높은 전압으로 충전시키면 물이 소모되어 없어지므로 조심해야 한다.

납 축전지를 포함해 모든 종류의 전지에 해당되는 중요한 점은 충전은 일정한 시간 간격으로 모든 셀을 균일하게 충전시키는 것이며, 납 축전지의 경우 특히 중요하다.

다음 표는 납 축전지의 공칭 파라메타를 보여주고 있는데 비에너지와 비전력이 상당히 작다는 것을 알 수 있으며, 한 예로 전기자동차에서 40kW의 출력이 필요하다면 주행거리는 차치하드라도 일단 최소 40/0.25=160kg의 전지가 필요하다는 것을 의미한다.

Parameter	Normal data
비에너지	20~35Wh/kg (사용방법에 따라 다름)
에너지밀도	54~95Wh/L
비전력	~250Wh/kg
공칠 셀 전압	2V
Amp-hour 효율	~80% (방전율과 온도에 따라 변함)
내부저항	극히 낮음, 1 Amp-hour의 셀에 대해 셀 당 ~0.022 ohm
상용제품 구입	가능
동작온도	대기온도, 극히 충루 는 성능 하락
자가방전율	보통 하루에 ~2%
수명사이클 횟수	80% 용량까지 800회 정도
재충전 시간	8시간 (90% 재충전할 때는 1시간 이내 가능)

(2) 니켈금속수소화물 전지

1990년대에 상용화된 이차전지로 특성은 니켈카드뮴 전지와 유사하며, 음극으로 수소를 흡수 반응하는 합금을 사용하기 때문에 카드뮴이 필요 없다는 것이 주된 차이점이자 상당한 장점이다. 양극으로는 니켈산소수산화물(NiO(OH))이 사용된다. 양쪽 극에서의 반응은 다음과 같으며, 오른쪽으로의 반응이 방전할 때의 반응이다.

- 양극(니켈산소수산화물)에서의 반응 :

  $Ni(OH)_2 + OH^- = NiO(OH) + H_2O + e^-$

- 음극에서의 반응 :

  $H_2O + M + e^- = OH^- + MH$

음극반응에 있는 금속 M은 실제로는 금속간화합물로 AB5의 형태이다. 사용되는 전해질은 알칼리성 수산화칼륨(potassium hydroxide)이며, 전해질의 구성성분이 방전 또는 충전 동안에 변하지 않기 때문에 그 결과 방전 동안에 내부저항과 개회로 전압이 납 축전지 보다 훨씬 더 일정하다.

안전성은 우수한 편이며, 최근의 NiMH는 촉매가 포함되어 과충전시 발생하는 수소를 산소와 반응하게 해 물로 만들어($2H_2+O_2$-촉매-$2H_2O$) 더욱 안전성을 높이고 있다. 다만 이 반응은 과충전시 0.1C(nominal capacity의 1/10)로 충전 종료시까지 작용하므로 그 사이 열이 꽤 발생한다. 따라서 어떤 급속 충전기에서는 냉각팬을 사용하기도 한다.

소형인 경우는 상용으로 구입 가능하지만, 전기자동차용 대용량은 이제 출시되기 시작했고 자동차 생산회사에 직접 관련된 기술로 극비사항으로 취급되고 있다. 아래 [그림 4.12]는 도요타 Prius용 NiMH 전지와 독일 Varta사가 제작한 대용량의 NiMH 전지 및 소형 전자제품용으로 생산된 NiMH 전지의 분해사진을 각각 보여주고 있다.

수소분자는 매우 작고 전해질을 통해 양극 쪽으로 매우 쉽게 확산되므로 셀이 쉽게 방전되는($H_2/2 + NiO(OH) = Ni(OH)_2$) 단점을 갖고 있으며, 처음 사용 시 하루에 5~10%로 자가방전 되지만 그 후에는 실내온도에서 하루에 0.5~1% 정도로 안정화 된다.

새로운 전지시스템 중에서 NiMH는 기술적으로 가장 앞서 있는 것 중의 하나로서 Toyota Prius를 포함한 많은 하이브리드 자동차(GM EV1, Honda EV+, Honda

Insight, Honda Civic Hybrid, Ford Ranger EV 및 Ford Escape Hybrid 등)에 사용되고 있으며, 시장규모는 아직 작지만 대량생산된다면 가격이 하락할 것으로 예상할 수 있다.

잠재된 위험은 과충전되면 수소가 집적되어 셀이 파열될 수가 있으나, 필요한 경우 통기구(vent)가 설치되어 심각한 과충전 시 수소가 배출되도록 하고 있기 때문에 큰 위험은 없는 편이다.

(a) Toyota Prius용 NiMH

(b) 독일 Varta사의 NiMH

(c) 분해된 소형 NiMH 전지
1. Positive terminal
2. Outer metal casing (negative terminal)
3. Positive electrode
4. Negative electrode with current collector (metal grid, connected to metal casing)
5. Separator between electrodes

그림 4.12 각종 니켈금속수소화물 전지들

완전 충전되면 무부하시 1.4~1.45V의 전압을 나타내며, 공칭평균 1.25V/cell로 방출되어 1.0V까지 전압이 내려갈 수 있으며, 1.0V 미만으로 방전될 경우 셀에 영구적인 손상이 올 수 있기 때문에 주의해야 한다. 다음 표는 NiMH 전지의 공칭 파라메타 값을 보여주고 있는데 비에너지와 비전력이 납축전지에 비해 2~3배, 3~4배 정도까지 크다는 것을 알 수 있다.

Parameter	Normal data
비에너지	30~80Wh/kg (사용방법에 따라 다름)
에너지밀도	140~300Wh/L
비전력	250~1000Wh/kg
공칠 셀 전압	1.2V
Amp-hour 효율	우수(66% 이상)
내부저항	매우 낮음, 1 Amp-hour의 셀에 대해 셀 당 ~0.06 ohm
상용제품 구입	소형의 경우 다양한 제품이 있으나 견인용은 구하기 어려움
동작온도	대기온도
자가방전율	상당히 나쁘며, 30%/month(사용온도에 따라 다름)
수명사이클 횟수	80% 용량까지 800회 정도
재충전 시간	1시간 (60% 용량까지의 급속충전은 20분)

(3) **리튬이온 전지**

1980년대 리튬 셀 일차전지가 처음으로 시장에 출시되었으며, 이 전지는 가격이 비싸지만 다른 전지에 비해 에너지밀도가 상당히 크다는 장점을 갖고 있다.

리튬 이차전지 전지 중의 하나인 리튬폴리머 전지는 음극에 리튬을, 양극에는 천이금속(transition metal)의 중간산화물(intercalation oxide)을 사용하고 전해질로는 겔(gel) 상태의 고체폴리머를 사용한 것이다.

리튬이온 전지는 1990년대 초반에 개발된 이차전지로서 양극에 리튬코발트산화물(LiCoO2)과 같은 금속산화물이 주로 사용되고 음극으로는 흑연이, 전해액으로는 에틸렌탄산염이나 디에틸탄산염과 같은 비수성 유기탄산염의 혼합물이 사용된다. 전체 화학반응식은 다음과 같다(다음 쪽 [그림 4.13] 참조).

- $C_6Li_x + M_yO_z = 6C + Li_xM_yO_z$

음극, 양극, 전해질로 어떤 물질을 사용하느냐에 따라 전지의 전압, 용량, 수명, 안정성 등이 크게 바뀔 수 있다. [그림 4.14]는 리튬이온 전지의 양극과 음극으로 사용되는 물질과 특성을 나타낸 것이다.

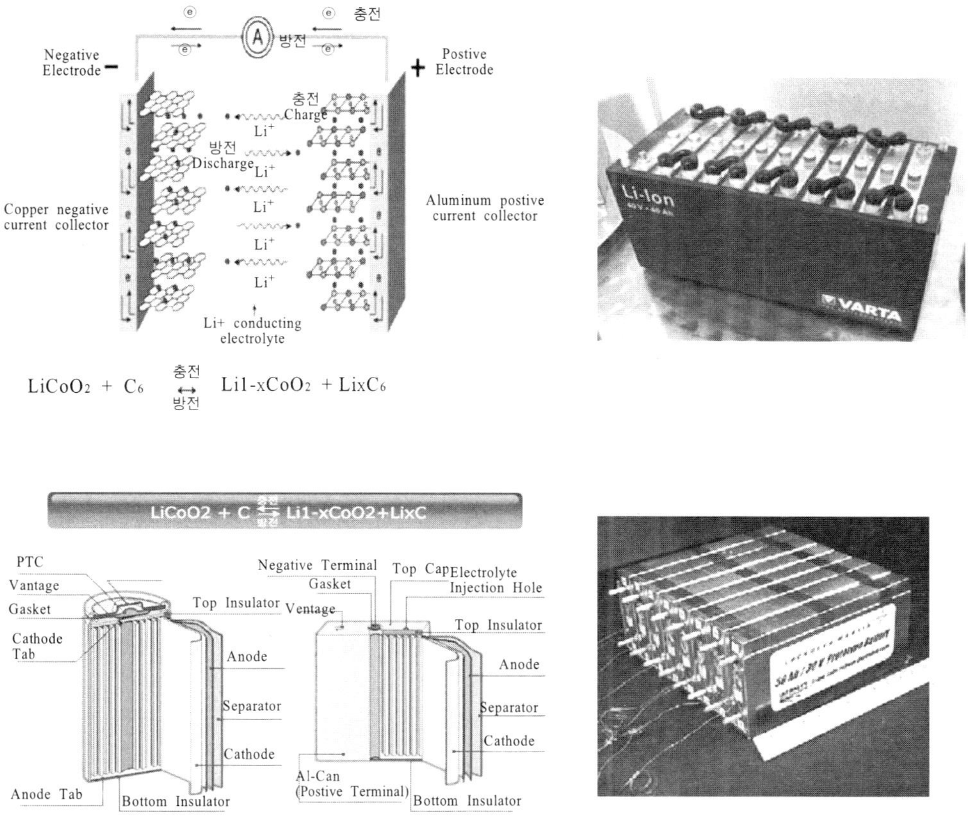

그림 4.13 리튬이온 전지의 작동원리, 구조 및 실제 제품

리튬이온 전지는 가볍고, 형태와 크기를 다양하게 만들 수 있으며, 자가방전율이 낮고(5~10%/month), 개회로 전압이 높아 저전류로도 높은 출력을 낼 수 있다. 노트북이나 휴대폰의 경우, 이전에는 저가의 NiCd나 NiMH 셀이 고려되었지만 현재는 안정된 특성을 갖는 리튬이온 전지가 주로 사용되고 있다.

리튬이온 전지는 다른 전지에 비해 특히 무게 면에서 상당한 장점을 지니기 때문에 미래의 자동차용으로 매우 매력적인 후보가 된다. 실 예로 하이브리드 전기자동차의 요구 전압이 288V라면, 리튬전지 80개, NiMH전지 240개 필요하다. 대형 리튬이온 전지의 값은 매우 비싸므로 추후 저가의 전지가 개발 상용화되면 그 잠재력이 매우 크게 나타나게 될 것이다.

Cathodes

Cathode Material	Average Voltage	Gravimetric Capacity	Gravimetric Energy
$LiCoO_2$	3.7 V	140 mA·h/g	0.518 kW·h/kg
$LiMn_2O_4$	4.0 V	100 mA·h/g	0.400 kW·h/kg
$LiNiO_2$	3.5 V	180 mA·h/g	0.630 kW·h/kg
$LiFePO_4$	3.3 V	150 mA·h/g	0.495 kW·h/kg
Li_2FePO_4F	3.6 V	115 mA·h/g	0.414 kW·h/kg
$LiCo_{1/3}Ni_{1/3}Mn_{1/3}O_2$	3.6 V	160 mA·h/g	0.576 kW·h/kg
$Li(Li_aNi_xMn_yCo_z)O_2$	4.2 V	220 mA·h/g	0.920 kW·h/kg

Anodes

Anode Material	Average Voltage	Gravimetric Capacity	Gravimetric Energy
Graphite (LiC_6)	0.1-0.2 V	372 mA·h/g	0.0372-0.0744 kW·h/kg
Hard Carbon (LiC_6})	? V	? mA·h/g	? kW·h/kg
Titanate ($Li_4Ti_5O_{12}$})	1-2 V	160 mA·h/g	0.16-0.32 kW·h/kg
Si ($Li_{4.4}Si$)[25]	0.5-1 V	4212 mA·h/g	2.106-4.212 kW·h/kg
Ge ($Li_{4.4}Ge$[26]	0.7-1.2 V	1624 mA·h/g	1.137-1.949 kW·h/kg

그림 4.14 리튬이온 전지의 전극 사용물질과 그 특성

한편 이 전지의 단점으로는 다음과 같은 것을 들 수 있다.

첫째, 셀을 충전시킬 때 전압을 정확하게 제어할 필요가 있으며, 조금이라도 전압이 더 높으면 전지가 손상될 수 있고, 너무 낮으면 충전이 충분하지 않게 된다. 따라서 리튬이온 전지용으로 개발된 적절한 상용 충전기를 사용해야 한다.

둘째, 순수한 리튬은 반응성이 매우 높고 물과 반응하여 수소를 격렬하게 방출하므로 비수성(non-aqueous) 전해질을 사용하는 것이며, 안전을 위해 전지는 완벽하게 밀봉되어야 한다.

셋째, 충전 시 이온 전달을 방해하는 침전물이 전해질 안에 생성되며, 침전물이 생성되면 전지의 용량이 감소하게 된다.

넷째, 충전량과 온도에 따라 전지 용량 손실 변화가 크다. 25℃에서 항상 완전 충전상태로 사용하면 연 20% 정도의 용량 손실이 나타나며, 0℃에서는 6%, 40℃에서는 35%의 용량 손실이 나타난다. 그러나 40~60% 정도의 충전율로 계속 사용하면 오히려 완전 충·방전으로 사용할 때 보다 용량 손실이 작아지며 연 2%, 4%, 15%로 각각 준다.

다섯째, NiMH 전지처럼 내구성이 좋지 않으며, 과충전되거나 과열이 되면 전지가 파열될 수 있고, 최악의 경우 폭발 가능성도 있다.

아래 표는 리튬이온 전지의 공칭 파라메타 값을 보여주고 있는데, 공칭 셀전압, 비에너지, 비전력의 값이 다른 전지에 비해 상당히 크다는 사실을 확인할 수 있다.

Parameter	Normal data
비에너지	150~250Wh/kg (사용방법에 따라 다름)
에너지밀도	250~530Wh/L
비전력	3000~1500Wh/kg
공칠 셀 전압	~3.6V 평균값
Amp-hour 효율	매우 우수
내부저항	매우 낮음
상용제품 구입	전기자동차용으로는 적합하지 않은 매우 작은 셀만 구입가능
동작온도	대기온도
자가방전율	매우 낮음, 5~10%/month
수명사이클 횟수	> 1000회
재충전 시간	2~3시간(어떤 종류는 10분 이내에 충전율 90%에 도달)

[그림 4.15]는 납축전지, NiMH 전지 및 Li-ion 전지의 비에너지(Wh/kg)와 에너지밀도(Wh/liter)의 비교를 보여주고 있다. 리튬이온 전지의 향후 목표는 그림에서 우측 상단의 fuel cell 정도의 비에너지와 에너지밀도를 갖는 것이며, 가격은 현재 가격의 1/10이 목표치이다.

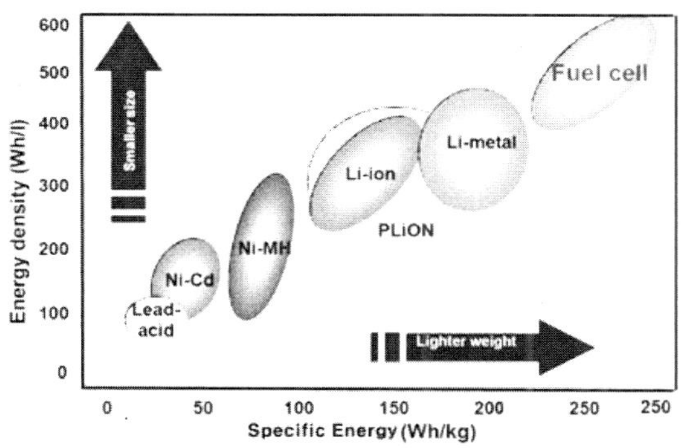

그림 4.15 각종 이차전지의 비에너지와 에너지밀도 비교

3) 전지의 충전 균일화

전지를 고장 없이 사용하고 때 이른 손상을 방지하기 위해서는 충전이 가장 중요한 문제이다. 가장 간단한 해결책은 전지제조사나 유명 충전기 제조사로부터 상용 충전기를 구입하여 사용하는 것이다.

전지의 충·방전 시 문제점은 전지에서 전류가 나올 때 모든 셀에서 같은 양의 전하가 방출되지 않는다는 점이 문제인데, 각 셀에 흐르는 전류의 크기는 같으나 자가방전이 셀마다 다른 비율로 발생하기 때문이며, 이는 제작 상의 결함이나 온도 변화에 기인한다. 즉, 명목상의 방전율이 50%라면, 어떤 셀은 이보다 약간 더 적은 전자를 잃고 방전율이 45%가 되고 또 다른 셀은 더욱 많은 전자를 잃어 55%가 된다는 의미이다.

다음 표는 전지 내의 두 개의 서로 다른 셀의 충·방전 상태를 예시하고 있다. 표에서 셀 A는 우수한 셀이며, B는 제작상의 결함을 가진 셀이다.

Cell A 충전상태(%)	Cell B 충전상태(%)	결과
100	100	완전 충전
48	40	50% 방전
98	90	50% 재충전
35	19	60% 방전
85	69	50% 재충전
33	9	50% 방전
83	59	50% 재충전
18	전력공급 불가, 완전방전	60% 방전

표를 보면 셀 A는 충·방전 사이클이 대략 20~80% 사이를 되풀이해서 만족스러우나, 셀 B는 충전상태가 점점 낮아져서 결국 사이클 몇 번 되풀이하지 않고도 완전히 방전됨을 알 수 있다. 일반적으로 전지 셀은 직렬로 연결되어 있기 때문에 하나의 셀이 손상되면 결국 전체 셀이 손상된다고 할 수 있다.

이와 같은 셀의 손상을 해결하는 방법은 충전시 모든 셀의 충전 수위를 균일하게 만드는 것이며, 이것을 충전 균일화라 한다. 결국 충전 균일화란 일정한 시간 간격으로 모든 셀이 충전될 때까지 충전시키는 것을 말한다. 충전 균일화를 위해서는 결국 어떤 셀들은 수 시간 동안 과충전된 채로 동작한다는 것을 의미하는데, 이것이 셀이 과충전에 대응할 수 있는 성질을 갖는 것이 왜 중요한가 하는 이유가 된다. 과충전시에는 보통 용량의 1/10 정도(C/10)의 제한된 전류만을 흘려야 하기 때문에 완전 충전 부근까지 충전하는 것보다 거기서 완전 충전까지 걸리는 시간이 훨씬 길어진다.

충전 균일화를 위해서는 충전기가 다소 복잡해지며, 위와 같은 사실은 충전 효율이 왜 100%보다 훨씬 낮은가를 이해할 수 있는 근거가 된다.

4) 전지 근사 모델링

어떤 공학적 시스템의 작동이나 성능 및 변수효과 등을 알아보기 위해서 그 시스템의 거동에 관련되는 법칙 및 기본방정식을 적용하고 최종적으로 이론적인 결과를 얻는 일련의 과정을 모델링이라 한다. 따라서 모델링이란 임의의 공학적 시스템을 해석하기 위한 도구라고 생각할 수 있다.

전지 모델링이란 전지에 관련된 파라메타들의 변화에 대한 영향이나 효과를 예측하거나, 주어진 전지의 방전으로 얻을 수 있는 주행거리를 예측하거나, 또는 거꾸로 주어진 주행거리를 가기 위해서 필요한 전지의 용량과 크기 등등을 이론적으로 예측하는 것을 말한다. 사실 전지에 대한 모델링을 정확하게 하는 것은 쉬운 일은 아니다. 전지에 관련된 물리, 화학적 이론을 알아야 하고, 전지의 회로이론도 이해해야 하며, 용량에 대한 관계식들도 이해하고 적용할 수 있어야 한다.

여기에서는 주어진 주행거리를 주파하기 위해서 필요한 전지의 무게를 근사적인 모델링(계산)으로 구해보자. 일례로 경유 1리터 당 18km를 주행하는 디젤엔진 자동차의 180km 주행에 대응하는 전기자동차의 전지 용량의 근사적 계산은 다음과 같다.

- 경유의 비에너지 40kWh/kg, 엔진과 변속기의 전체 변환효율 10%로 가정
- 연료 1kg 당 에너지 전달량 = 40x0.1 = 4kWh
- 180km 주행을 위해서는 10리터의 연료가 필요
- 연료의 밀도 감안하면 11kg의 연료가 필요하며, 이 양의 연료가 갖는 총 에너지는 11x40 = 440kWh
- 실제 에너지 전달량 = 440x0.1 = 44kWh
- 전기자동차(전체 변환효율 0.7로 가정)
  요구되는 실제 전달 에너지는 44/0.7 = 62.8kWh
  납충전지 사용 시 전지 무게 = 62.8(35/1000) = 1794kg
  NiMH 사용 시 전지 무게 = 62.8/(60/1000) = 1046kg

아래 표는 500km를 주행하는 데 90kWh가 필요하다고 가정할 때, 각종 전지에서 필요한 중량을 각각 보여주고 있다. ?? 칼럼은 최종적인 추구 목표점이다.

	Pb	NiMH	Li-Ion present	Li-Ion future	??
비에너지 (Wh/kg)	30	80	150	250	500
전지 무게 (kg)	3000	1125	600	360	180

연습문제

1. 크리스 메인 감독의 영화 '누가 전기자동차를 죽였는가?(Who killed the electric car?)'를 보고 감상문을 작성하라.

2. 유럽의 CO_2 관련 자동차 세제 정책에 관한 자료를 찾아 그 내용을 요약하라.

3. 우리나라의 그린카 개발 및 보급에 관련된 자료를 찾아 그 내용을 요약하라.

4. 전지 사용으로 인류의 생활 패턴이 어떻게 변화되었는지에 대해서 조사하라.

5. Li-ion 전지는 여러 가지 형태로 제작할 수 있는데, 그 형태와 구조를 세 가지 이상 조사하여 정리하라.

6. 출력이 75kW가 필요한 경우, 납축전지 NiMH 및 Li-ion 전지의 필요 중량과 부피를 구해 비교하라.

7. 경유 1리터 당 15km를 주행하는 디젤엔진 자동차의 150km 주행에 대응하는 전기자동차의 Li-ion 전지 크기를 구하라. 경유의 비에너지는 40kWh/kg, 디젤엔진과 변속기의 전체 변환효율 10%로 가정하며, 전기자동차의 전체 변환효율은 0.65로 가정한다.

제5장
연료전지 자동차

본 장에서는 삼차전지로 부르기도 하는 연료전지와 연료전지 자동차에 대해서 공부하고자 한다. 지금까지의 문명이 석유혁명을 통해 이루어진 것이라면 앞으로의 문명은 수소혁명에 의해서 이루어질 것이라고 예상하는 사람들이 있으며, 연료전지 자동차가 친환경자동차의 최종 우승자가 될 것으로 예상하는 사람들도 많이 있다.

1. 개요

연료전지는 연료의 산화로 인해 생기는 화학에너지를 직접 전기에너지로 변환하는 전지로서 일종의 발전장치라고 할 수 있다. 산화와 환원 반응을 이용하는 점에서는 보통의 화학전지와 차이가 없지만, 닫힌 계 내에서 전지반응을 하는 화학전지와는 달리, 반응물(연료)이 연속적으로 외부로부터 공급되고 반응생성물이 연속적으로 계 외로 제거된다.

대표적인 연료전지는 수소-산소 연료전지로 1839년 영국의 W.R. 그로브가 최초 발명했으나, 주목 받게 된 것은 1959년 5kW 급의 수소-산소 연료전지가 영국의 F.T. 베이컨에 의해 실증, 실험되면서부터이다. [그림 5.1]은 전형적인 수소-산소 연료전지의 전기발생 원리를 보여주고 있다. 연료극(anode, 양극)에서 공급된 수소가 수소이온과 전자로 분해된다. 전자는 외부회로를 거치며 전류를 발생하고, 수소이온은 전해질을 거쳐 공기극(cathode, 음극)으로 이동하여 외부회로를 거친 전자와 공급된 산소와 반응해 물이 된다. 연료전지에서 양극과 음극은 축전지의 양극, 음극과는 반대임을 주의하라.

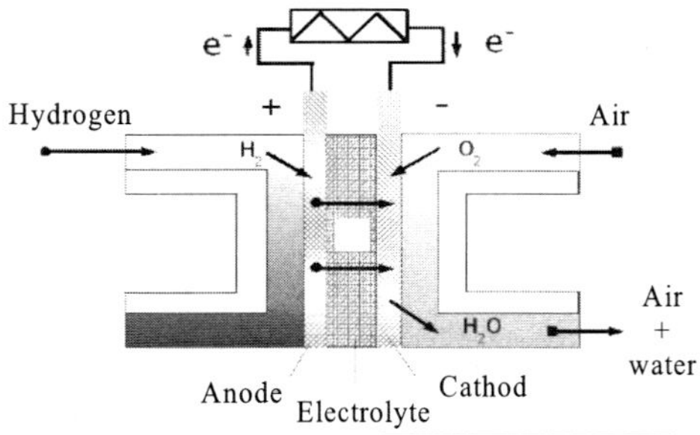

$H_2 \rightarrow 2H^+ + 2e^-$ $O_2 + 4H^+ + 2e^- \rightarrow 2H_2O$

그림 5.1 수소-산소 연료전지의 전기발생 원리

60년대부터 70년대에 이르러 제미니 및 아폴로 우주선에 연료전지가 사용되었으며, 이들은 모두 알칼리수용액을 전해질로 사용했고 순수한 수소와 산소를 반응물로 사용하였다. 그 후 수소 외에도 메탄이나 천연가스 등의 기체 화석연료를 사용하는 형태와 메탄올과 같은 액체를 사용하는 것 등 많은 연료전지가 개발되었다. 작동온도가 300℃ 이하인 것을 저온형, 그 이상인 것을 고온형이라 한다.

발전효율의 향상을 고려한 연료전지와 귀금속촉매를 사용하지 않은 고온형의 용융탄산염 연료전지를 제2세대, 그리고 보다 높은 온도와 효율로 발전하는 고체산화물 연료전지를 제3세대 연료전지라 한다.

1980년대 연료전지 자동차 개발이 시작되었으며, 2000년대 휴대용 연료전지 개발이 시작되었다. 다음 표는 일반적인 연료전지의 장점과 단점을 각각 보여주고 있다.

장점	· 보통전지와는 달리 사용함에 따라 전압이 낮아지는 일도 없고 충전도 필요치 않다 · 연료전지는 공해가 적고 소음도 없으며, 배출되는 열도 이용할 수 있기 때문에 에너지효율(60~85%)이 높다. 예) 내연기관 : 화학에너지-열에너지-기계적 에너지(20%), 발전소 : 화학에너지-열에너지-기계적 에너지-전기에너지(40%) · 소형 전지에서 대규모 발전장비까지 가능하다
단점	· 가격이 내연기관, 하이브리드, 전기자동차 등과 비교 시 현재 가장 비싸다 · 수소를 연료로 사용하는 수소내연기관과의 경쟁 · 생성되는 물 관리의 문제(물이 너무 빨리 증발해도, 너무 천천히 증발해도 문제가 됨) · 연료전지의 냉각 문제(수소와 산소가 결합하여 물이 되는 반응은 굉장한 발열반응임) · 수소를 어떻게 얻고 어떻게 저장하는냐에 대한 문제 등등

그러나 위의 표에서 나타낸 연료전지에 대한 단점들은 곧 극복될 수 있을 것으로 보이며 연료전지는 환경파괴를 줄일 수 있는 근본적인 수송수단이 될 것으로 전망하는 학자들이 많이 있다.

2. 연료전지의 특징 및 종류

다양한 연료전지가 있으나 작동방식은 모두 동일하며, 특징 또한 거의 같다.

모든 연료전지의 기본적인 형태는 동일하며, 양극, 전해질, 음극이 샌드위치 형태로 배치되어 있으며, 전해질의 종류가 연료전지의 형태를 결정한다.

양극과 음극의 촉매는 연료를 이온과 전자로 분해시키고 또 결합시키기도 하며, 보통 미세한 백금가루로 만들어지고 니켈을 촉매로 하는 연료전지도 있다.

전형적인 연료전지는 0.6~0.7V의 전압을 생산하며, 전류가 증가하면 전압이 작아진다(activation loss, ohmic loss, mass transport loss 등에 기인, 나중에 설명함). 한편 요구되는 에너지를 생산하기 위해서는 직렬과 병렬회로로 연료전지 셀을 연결시켜야 한다(직렬연결: 전압 상승, 병렬연결 : 전류 증가). 이렇게 직렬, 병렬로 셀을 연결시킨 구조를 스택(stack)이라 하며, 각 셀에 더 강력한 전류를 흐르게 하기 위해서는 셀 표면적이 커져야 한다.

다음 표는 전해질에 따른 연료전지의 성능과 사용되는 촉매 및 응용 예를 각각 보여주고 있다. 연료전지 중에 특히 우리의 관심을 집중시키는 것은 고분자전해질 연료전지(PEMFC)인데 출력과 작동온도가 적당해서 자동차용으로 사용 가능한 전지이기 때문이다.

명칭	전해질	출력	작동온도 (℃)	셀효율 (%)	시스템 효율 (%)	촉매/응용
AFC*	알칼리수용액	10~100kW	<80	60~70	62	Platinum on carbon우주선용
DMFD	Isomer**	100mW~1kW	90~120	20~30	10~20	Pt-Ru or Pt/C저출력장시간 휴대기기
PEMFC	isomer	100W~500kW	50~120	50~70	30~50	Platinum on carbon자동차, 모바일기기
PAFC	인산(H_3PO_4)	<10MW	150~200	55	40	Platinum on carbon 200kW급 CHP***시스템
MCFC	용융 알칼리 탄산염	100MW	600~650	55	47	니켈 또는 니켈화합물중~대규모 CHP 시스템
SOFC	O^{2-}-전도세라믹산화물	<100MW	850~1100	60~65	55~60	니켈/Zirconia cermet 모든 크기 CHP시스템

* AFC(Alkaline FC, 알카라인), DMFC(Direct Methanol FC, 직접 메탄올)
PEMFC(Polymer Electrolyte Membrane FC, 고분자전해질)
PAFC(Phosphoric Acid FC, 인산형),
MCFC(Molten Carbonate FC, 용융탄산염),
SOFC(Solid Oxide FC, 고체산화물)
** Isomer means ‘polymer membrane’
*** CHP means ‘Combined Heat and Power’

3. 연료전지의 응용 및 전망

연료전지는 이미 지구 곳곳에서 휴대용, 주거용, 발전용, 자동차용 등으로 사용되고 있다. [그림 5.2]는 연료전지가 응용되고 있는 다양한 분야를 보여주고 있다. 수송용도 승용차뿐만 아니라 버스, 오토바이, 보트, 트랙터 등에 적용되고 있으며, IT 기기(휴대폰, 스마트폰, 노트북, PDA 등) 전력공급용, 군사 통신용 및 특수장비 구동용, 가정용 및 지역단위 전력공급용 등으로 그 응용영역이 빠르게 확장되고 있다.

IT용 DMFC

그림 5.2 연료전지 응용 분야

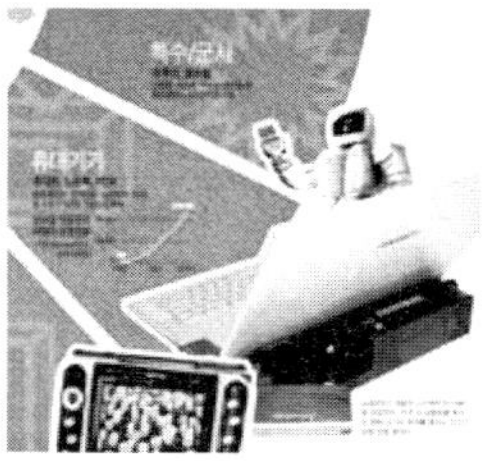

군사용 DMFC

주거 발전용 SOFC

지역 전력발전용 MCFC

그림 5.2 연료전지 응용 분야(계속)

앞에서 살펴본 바와 같이 연료전지의 응용분야는 점차 확대되고 있다. 연료전지는 날로 고갈돼 가는 에너지를 절약하고 소음과 대기오염을 크게 줄여, 산업혁명 이래로 급격히 나빠진 환경을 되살릴 것으로 전망되고 있으며, 자동차에 대한 환경 규제 극복 및 연관 산업 활성화를 촉진할 것으로 기대된다. 따라서 가장 유망한 대체에너지 자동차 사업이 될 것으로 기대하는 사람들이 많이 있다.

향후 친환경적 관점에서 볼 때 연료전지 자동차에 대적할만한 자동차는 청정연료 수소를 사용하는 수소 내연기관 자동차와 전기자동차로 압축된다. 그러나 수소 내연기관의 연소온도가 가솔린보다 높아 효율은 좋으나, 이론공연비 부근에서 다량의 NO_x가 발생하며, 수소의 단위 질량당 에너지는 120kJ/g으로 여타 연료보다 높으나, 단위 체적당 에너지밀도가 작기 때문에 저장용기가 커져야 하고, 동일한 출력을 내기 위해서는 엔진이 더 커져야 한다. 또한 수소 저장 탱크의 내구성 등의 문제가 선결되어야 한다는 등 문제점을 갖고 있다.

전기자동차의 문제점은 3장에서 언급한 전지의 성능이나 가격 문제보다 훨씬 심각한 것이 있다. 예를 들어 국내에서 운행 중인 전 차량을 전기자동차로 바꾼다면 어떤 일이 벌어질까? 전기자동차 당 평균 차량 출력을 30kW, 평균 운행 차량 수를 1/3로 가정했을 때 전체 연간 운행 차량의 소비전력량은 30x1/3x15,000,000(2004년 5월 근사적 차량 등록 대수)=150,000,000kW이다. 그런데 2004년 대한민국 연간 총 발전량은 45,000,000kW이다. 결국 현재 발전량으로는 국내 차량 소요전력을 도저히 당

해낼 수 없다. 따라서 연료전지를 선호하는 사람들은 연료전지만이 친환경을 위한 유일한 대안일 것으로 전망하고 있으나, 앞으로 어떻게 전개될지는 그 누구도 모른다. [그림 5.3]은 2040년까지의 각종 자동차 판매량 전망을 보여주고 있다. 2025년을 기점으로 하이브리드 차량의 판매량은 극감할 것이나 연료전지 차량은 급상승할 것으로 전망하고 있다.

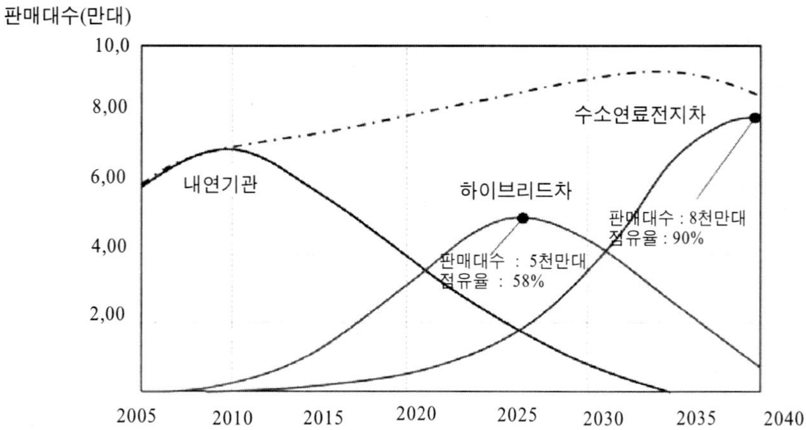

* Source : Aotomotive World Car Industry Forecast Report, Global Insight, 2004
The Hydrogen Economy : Opportuniyies, Cost, and R&D Needs, The national Academies, 2004

그림 5.3 각종 자동차의 판매량 전망

4. 연료전지의 효율

1) 열역학적 고찰

연료전지의 매력 중의 하나는 열역학적으로 볼 때 열기관이 아니기 때문에 내연기관이나 다른 종류의 연료 연소기관이 갖는 카르노 한계에 의해서 제한을 받지 않기 때문에 효율이 훨씬 크다는 사실이다. 여기에서 연료전지의 효율을 이론적으로 검토해보자.

[그림 5.4]는 연료전지를 개방시스템으로 생각하여 나타낸 개략도이다. 반응은 수소 연료 1mol에 대해서 나타나 있으며 반응물은 표준조건(25℃, 100kPa)으로 가정한다.

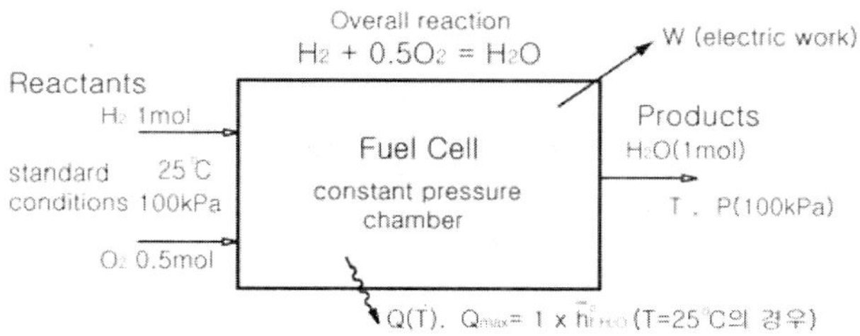

그림 5.4 연료전지 시스템 개략도

열역학 제1법칙(에너지보존법칙)을 그림의 시스템에 적용하면,

$$Q + H_R = H_P + W \tag{1}$$

$$H_R = 1 \times h_{H_2} + 0.5 \times h_{O_2} \tag{2}$$

$$H_P = 1 \times h_{H_2O} \tag{3}$$

여기서, $W = E \cdot i \cdot \Delta t = E \cdot nF$
$E =$ 전압, $i =$ 전류, $\Delta t =$ 경과시간
$n =$ 전달된 전자몰수
$F =$ 패러데이상수 $= 96{,}493\,C/mol$

이다. 따라서 $\Delta H = Q - nFE$가 되고 가역반응이라면,

$$Q = T\Delta S\ ,\ \Delta H = T\Delta S - nFE \tag{4}$$

가 성립한다.

한편 연료전지에서의 최대 유용일은 Gibbs free energy $G(= H - TS)$를 도입하면,

$$dG = dH - TdS \tag{5}$$

이고, 표준조건(25℃, 100kPa)에서

$$\Delta G^o = G_P^o - G_R^o \tag{6}$$

이 되고, 표에서 그 값을 찾으면

$$-\Delta H^o = 286\, kJ/mol\ ,\quad -\Delta G^o = 237\, kJ/mol$$

이 되므로 가역 개회로 전압(최대 전압)은 다음과 같이 구할 수 있다. 양극에서의 반응은 $H_2 = 2H^+ + 2e^-$임에 유의하자.

$$\text{가역개회로전압(최대)},\ E = \frac{-\Delta G^o}{nF} = \frac{237 \times 10^3}{2 \times 96493} = 1.23\,\mathrm{V} \tag{7}$$

열역학 제2법칙에 기준한 효율은 최대유용일에 대한 실제유용일의 비이므로 다음과 같이 정의된다.

$$\eta_{2nd} = \frac{\Delta G}{\Delta G^o} = \frac{useful\ work}{max\ useful\ work} \tag{8}$$

위 식에서 ΔG 는 임의 온도 T에서의 유용일을 나타낸다. 연료전지의 전압은 쉽게 측정될 수 있으므로 2법칙을 기준한 효율은 다음과 같이 전압비로 나타낼 수 있다.

$$\eta_{2nd} = E_{act} \,/\, 1.23 \tag{9}$$

한편 열역학 1법칙에 기준한 효율은 공급된 열에 대해 얻은 일의 비로 나타내므

로 1법칙 기준 최대효율 η_{max}는

$$\eta_{max} = \frac{-\Delta G^o}{HHV} = \frac{237}{286} = 0.83(83\%) \tag{10}$$

이 된다. 식에서 HHV는 Higher Heating Value의 약자로서 연료의 고위발열량을 나타낸다. 1법칙 기준 효율을 100% 가정할 때 얻을 수 있는 최대 전압을 구하면,

$$E_{max} = \frac{-\Delta H^o}{nF} = \frac{286 \times 10^3}{2 \times 96493} = 1.48\,\mathrm{V} \tag{11}$$

이 되는데, 만일 LHV(Lower Heating Value, 저위발열량)를 사용하면

$$E_{max} = 1.25\,\mathrm{V} \tag{12}$$

가 된다. 연료전지의 전압은 쉽게 측정할 수 있으므로 열역학 제1법칙을 기준한 효율 η는 다음과 같이 나타낼 수 있다.

$$\eta = \frac{-\Delta G}{HHV(or\ LHV)} = \frac{E_{act}}{1.48(or\ 1.25)} \tag{13}$$

실제 셀로 공급된 수소가 모두 반응하는 것은 아니다. 따라서 셀로 공급된 연료질량에 대해서 셀에서 반응한 연료질량의 비를 μ_f라 하면 1법칙 기준 연료전지 효율은

$$\eta = \mu_f \times \frac{E_{act}}{1.48\ (or\ 1.25)} \tag{14}$$

로 나타낼 수도 있다.

연료전지는 열역학적인 열기관이 아니기 때문에 카르노 열기관과 직접 비교할 수는 없지만 근사적으로 비교하면 유익한 정보를 얻을 수 있다. 연료전지에서 얻을 수 있는 최대효율이 0.83이므로 이를 카르노 사이클(0.83=1-TL/TH)에 적용하면 저온부가 25℃(298K)일 때 고온부 TH는 1753K가 되어야 한다. 연료전지의 경우는 생성물의 온도가 초기 반응물의 온도인 298K까지 내려갈 때 최대효율을 나타내므로 TH는 298K라고 할 수 있다. 다시 말해서 연료전지에서는 생성물의 온도가 298K일 때 최대효율을 기록한 후 생성물의 온도가 증가할수록 효율은 작아지며, 카르노 열기관에서는 298K에서 0이고 온도가 커질수록 효율이 커지면서 1753K에서 83%를 기록하게 된다. 연료전지 효율과 카르노 사이클 열효율이 같아지는 온도를 구하면 950K가 된다. 즉

$$T < 950K \text{ 의 경우 } \eta_{FC} > \eta_C,\quad T > 950K \text{ 의 경우 } \eta_{FC} < \eta_C$$

가 된다. 이것은 낮은 온도에서 작동될수록 연료전지의 효율이 커진다는 사실을 보여주는 것이므로 이것이 연료전지의 돋보이는 장점이 된다. 효율이 커진다는 것은 [그림 5.5]에서 보듯이 일의 생산이 커진다는 것을 의미하므로 생성물 또는 고온부 온도가 커지면 카르노 사이클의 일량은 증대되지만 연료전지의 일량이 오히려 줄어든다는 사실을 반증하고 있다.

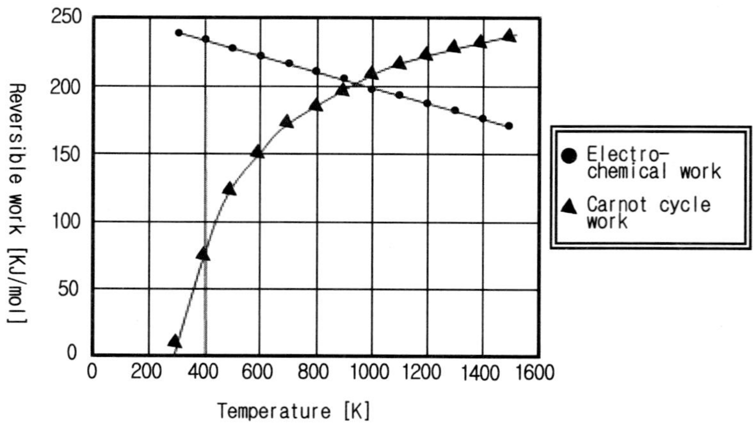

그림 5.5 연료전지와 카르노사이클의 가역일 비교

2) 연료전지의 실제 동작 전압

실제 셀 전압은 이론적인 최대 전압보다 작으며, 전류밀도가 증가할수록 전압은 감소하는데 특히 연료전지의 경우 더욱 두드러지게 나타난다. 이 현상은 여러 요인에 의해서 나타나는 일종의 손실이며 분극(polarization) 현상이라 한다. [그림 5.6]은 PEMFC의 전형적인 전압손실 곡선(polarization curve라 함)을 보여주고 있다.

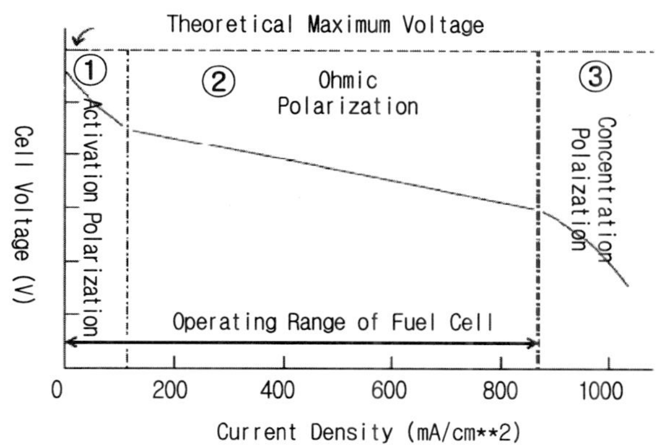

그림 5.6 전형적인 PEMFC의 전압손실 곡선
(공기 공급온도 80℃인 우수한 연료전지)

그림을 보면 무손실 전압이 1.2V이며 개회로 전압역시 이론적인 1.2V보다 작으며, 대략 1.1V 정도를 나타내고 있다. 감소경향은 초기에 다소 급격한 전압손실이 있으며, 그 후 천천히 선형적으로 감소하다가, 전류가 커지면서(>800mA/cm²) 다시 매우 빠르게 감소하기 시작한다.

전압손실의 원인으로는 다음과 같은 3가지의 주된 요인이 있다.

- 활성화 손실(activation losses) : 전극에서 반응을 일으키는데 필요한 에너지인 활성화 에너지(activation energy) 때문에 전압강하가 발생한다. 이것은 특히 공기극에서 문제가 되며 전압강하의 크기는 거의 일정하다.
- 저항전압손실(ohmic losses) : 전해질과 전극의 저항으로 인해 전압강하가 발생하며, 그 크기는 대체로 옴(ohm)의 법칙을 따르므로 전체 전류범위에 걸쳐 전압이 일정한 기울기로 감소한다.
- 농도전압손실(concentration losses) : 전류가 커지면 공급된 공기 중의 산소가 빠르

게 소모되면서 남아있는 질소가 필요한 양만큼의 산소를 공급하는데 방해가 된다. 이로 인해 전극에는 반응물이 충분하게 공급되지 않으므로 전압이 감소하게 된다.

이 밖에도 연료통과손실(fuel crossover losses)이란 것도 있는데 연료나 생성된 이온이 전해질 내를 통과하면서 발생하는 전압손실을 말하는 것으로 매우 작은 값이므로 작은 연료전지가 아닌 경우에는 보통 무시한다.

최근 10여 년에 걸쳐 많은 노력을 기울인 결과 연료전지의 성능이 크게 개선되었고, 전류밀도가 1A/cm² 가까이 될 때에도 약 0.65~0.7V의 셀 전압으로 충분히 동작하고 있다. 비록 연료전지에서 생산된 전기에너지의 일부가 기타 보조장치를 구동하는 데 쓰인다 하드라도 어떠한 내연기관보다 효율이 상당히 더 높다. 그리고 [그림 5.6]에서도 볼 수 있는바와 같이 연료전지가 저전류에서 전압이 높다는 것은 저전류에서 효율이 높아지는 결과가 되며, 출력이 낮으면 특히 효율이 나빠지는 내연기관에 비해 크게 대조적인 면이다.

5. 연료전지 전기자동차

1) 개요

자동차용으로는 고분자전해질(혹은 고분자막) 연료전지(PEMFC, Polymer Electrolyte Membrane FC 혹은 Proton Exchange Membrane FC)가 주로 사용되는데, PEMFC는 100℃ 미만의 비교적 저온에서 작동되고 구조가 간단하고, 빠른 시동과 응답특성(출력 변경 용이) 및 우수한 내구성을 갖고 있으며, 수소 이외에도 메탄올이나 천연가스를 연료로 사용할 수 있기 때문에 자동차 동력원으로 가장 적합하다.

PEMFC는 전해질 양쪽에 촉매가 첨가된 다공질 전극이 접합되어 있는 구조로 연료극 - 전해질 - 공기극의 접합체는 하나의 핵심 부품으로 막 - 전극 접합체(membrane electrode assembly, MEA)라 부르며, 기계적으로 상당히 약하다.

버스와 같이 큰 출력이 요구되는 차량에는 인산형 연료전지(PAFC)의 사용도 개발 중에 있으며, PAFC는 작동온도 200℃로 PEMFC와 같이 저온형으로 최초로 상업적으로 생산된 연료전지이고 200kW 급의 호텔, 병원 등의 전력공급용으로 주로 사용되어 왔다.

[그림 5.7]에서 보듯이 연료 공급 방식에 따라 외부개질형(external reforming type)과 내부개질형(internal reforming type) 자동차로 구분된다. 그림에서 fuel processor라는 것은 LNG, LPG 등 기존연료를 연료전지에서 사용 가능한 고농도 수소 연료로 전환시키는 기술을 말하는 것으로 연료 개질기(reformer)와 수소 농도를 높이는 후처리 기술(수소 분리막 등)이 핵심이며, 연료전지 종류에 따라 다른 기술이 적용되고 있다.

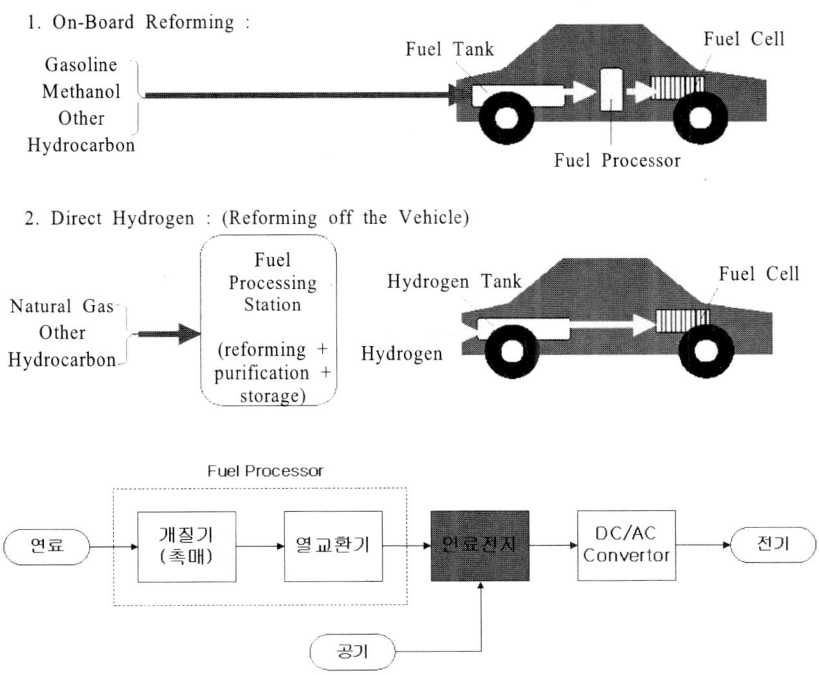

그림 5.7 연료전지 자동차의 분류(내부개질형 vs 외부개질형)

보통 연료전지 자동차의 tank to wheel 전효율은 저부하에서 45% 이상이며, 유럽 NEDC(New European Driving Cycle) 조건으로 시험한 경우 평균 36%를 기록하고 있다. NEDC 조건으로 시험한 경우 디젤엔진의 tank to wheel 효율은 평균 22% 정도인 것을 감안하면, 연료전지 자동차의 전효율은 내연기관 대비 60% 이상 향상됨을 알 수 있다. 2008년 혼다(Honda)의 연료전지 자동차 모델 'FCX Clarity'는 60%의 tank to wheel 효율을 기록했다고 알려져 있는데, 이것은 정말로 대단한 수치이다. 마지막으로 연료전지는 저장기능이 없기 때문에 연료전지 자동차에는 이차전지와 같은 저장장치가 반드시 장착되어야 한다.

2) 국내 연료전지 자동차 기술개발 현황

국내 최대 생산업체인 현대자동차는 2000년대 초부터 연료전지 시스템을 개발해 오고 있으며, 2002년 싼타페 메탄올 연료전지 자동차 개발 이후로 더욱더 연료전지 자동차에 대한 연구투자를 늘려오고 있다.

현대자동차는 2009년 미국 에너지부(DOE)에서 수소 연료전지차 시범 사업자로 선정되어 미국 주요도시에서 32대가 운행 중이며, 2009년 5월 말 투싼 연료전지차 (출력 100kW, 1회 충전 주행거리 300km, 최고속도 150km/h, 가속성능 15초(0-100km/h))로 샌디에이고에서 캐나다 밴쿠버까지 2655km를 시범 완주 하였다.

최근 2010년 3월 80회 제네바 모터쇼에 개량된 투싼ix35 (출력 100kW급)를 전시하였으며, 2006년 최초 개발된 연료전지 버스는 2010년 전국 주요 도시에서 시범 운전 중이다. [그림 5.8]은 그간의 국내 연료전지 개발현황을 보여주고 있다.

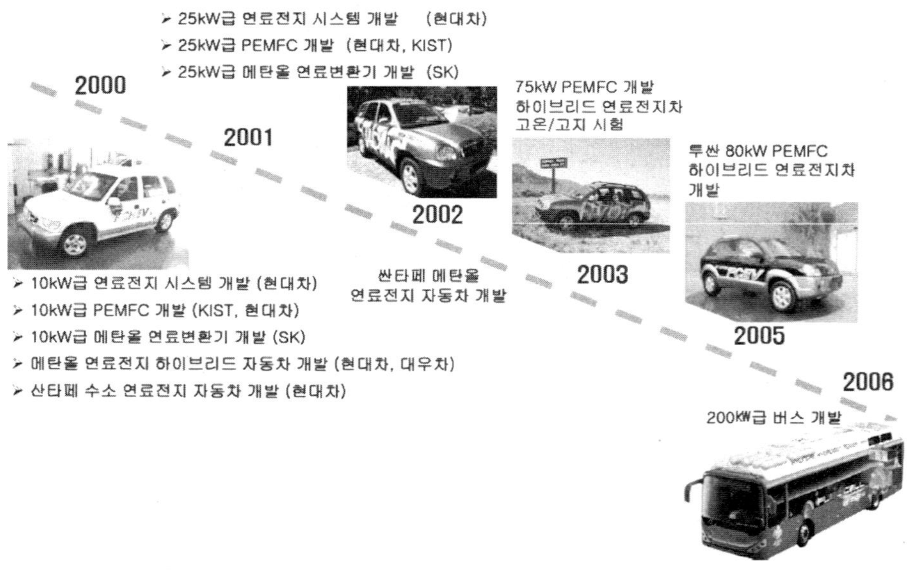

그림 5.8 국내 연료전지 개발 현황(~2006년)

[그림 5.9]는 현대자동차의 투싼 연료전지 자동차, 연료전지 버스 및 2007년 62회 프랑크푸르트 모터쇼에 출품된 연료전지 컨셉카 i-Blue를 보여주고 있으며, [그림 5.10]은 현대·기아자동차의 연료전지 자동차 개발현황을 상세하게 보여주고 있다.

그림 5.9 현대자동차에서 개발한 연료전지 자동차

Automaker	Vehicle Type	Year Shown	Engine Type	Fuel Cell Size/type	Fuel Cell Mfr.	Range (mi/km)	MPG Equivalent*	Max. Speed	Fuel Type	Commercial Intro.	Picture
	FCX-V4	2001	Fuel cell/ Honda ultra capacitors	85kW/ PEM	Ballard Mark 900 series	185mi 300km	~50 mpg (gas equiv.)	84mph 140km/h	130 L (3.75kg) Compress. H2 @ 5,000 psi	Completed Japanese road testing · 1st FCV to receive CARB & EPA emission certs	
	FCX-V3	2000	Fuel cell/ Honda ultra capacitors	62kW/ PEM	Ballard Mark 700 Series	108mi 173km	N/a	78mph 130km/h	26 gal. of Compress. hydrogen at 3600 psi		
	FCX-V2	1999	Fuel cell	60kW/ PEM	Honda	N/a	N/a	78mph 130km/h	Methanol	Honda has strict focus on pure hydrogen FCVs (2001)	
	FCX-V1	1999	Fuel cell/ battery hybrid	60kW/ PEM	Ballard Mark 700 Series	110mi 177km	N/a	78mph 130km/h	Hydrogen (stored in metal hydride)		
Hyundai	i-Blue concept	2007	Fuel cell	100 kW/ PEM	N/a	373mi 600km	N/a	102mph 165km/h	Compress. hydrogen	Shown at Frankfurt Motor Show	
	Tucson II	2007	Fuel cell/ battery hybrid	100 kW PEM	Kia	N/a	N/a	N/a	Compress hydrogen @350 bar		
	Tucson	2004	Fuel cell/ battery hybrid	80kW/ PEM	UTC Fuel Cells	185mi 300km	N/a	93mph 150km/h	Compress. hydrogen @ 350 bar	Demonstrating 33 Hyundai Tucsons and Kia Sportage FCVs in the US between 2004-2009 and in Korea between 2006-2010	
	Santa Fe SUV	2001	Ambient pressure fuel cell	75kW/ PEM	UTC Fuel Cells	250mi 402km	N/a	N/a	Compress. hydrogen		
	Santa Fe SUV	2000	Ambient pressure fuel cell	75kW/ PEM	UTC Fuel Cells	100mi 160km	N/a	77mph 124km/h	Compress. hydrogen		
Kia	Borrego/ Mojave FCEV	2008	Fuel cell/battery hybrid	115kW/ PEM	Kia	426mi 685km	54 mpg	100mph 160km/h	Compress. Hydrogen @ 700 bar	Leasing to Seoul, Korea residents starting in 2009	
	Sportage II	2008	Fuel cell/battery hybrid	100 kW PEM	Kia	Na	Na	Na	Compress hydrogen @ 350 bar		
	Sportage	2004	Fuel cell	80kW/ PEM	UTC Fuel Cells	185mi 300km	N/a	93mph 150km/h	Compress. hydrogen	Demonstrating 33 Hyundai Tucsons and Kia Sportage FCVs in the US between 2004-2009 and in Korea between 2006-2010	

그림 5.10 현대자동차와 기아자동차의 연료전지 자동차 개발 현황

3) 외국 연료전지 자동차 기술개발 현황

1966년 미국 GM 사는 최초로 수소 연료전지 자동차 개발을 시도하여 모델 'Electrovan'을 제작하였다. 이 차량은 보통 밴에 비해 무게가 2배였으며, 30초 동안에 70mph의

가속성능을 기록했다. 2000년대 미국과 일본에서의 개발 동향을 간단히 요약하면 다음과 같다.

- 2001년 Chrysler 사는 내부개질형의 'Natrium' 개발
- 2004년 일본 Honda 사 연료전지 모터사이클 개발
- 2005년 영국의 ENV 사 연료전지 모터사이클 개발
- 2005년 부시 행정부는 HFI(Hydrogen Fuel Initiative)를 제안하여(2005년 에너지 정책으로 확립됨) 2020년까지 상용 연료전지 차량을 대량 생산하며 관련된 인프라 기술을 개발하는 목표를 세우고 2008년까지 10억불의 예산을 이 프로젝트에 투입하였음.
- 2007년 Daimler 사 및 UTC Power 사에서 연료전지 버스 개발
- 2008년 일본 Honda 사 연료전지 차량 'FCX Clarity' 개발
- 2009년 오바마 행정부는 연료전지 차량 개발에 대한 예산은 대폭 삭감할 것이나 (다른 기술(PHEV 등)이 보다 짧은 시간 동안에 배기가스 규제를 보다 빨리 달성할 것으로 기대하며, 수소 차량은 10년 후에도 실제적이지 않을 것이라는 전망함), 발전용이나 휴대용과 같은 stationary fuel cell 사업에는 계속해서 예산을 배정할 것이라고 발표(미국 FC Council, National Hydrogen Association 등에서 강력 비판).

유럽의 Daimler Benz 같은 회사에서는 미국과 일본의 생산업체를 압도할 정도로 많은 연구와 개발을 해왔기 때문에 지면상 여기서는 생략한다. 다만 나중에 벤츠의 개발 품목에 대해서는 나타낼 것이다. 한편 우리나라와 같은 개도국인 브라질에서는 2009년부터 Caxias do Sul 사의 연료전지 버스가 상파울로에서 최초로 시범 운행중 에 있다.

[그림 5.11]은 BMW, Daimler Benz, Ford, GM, Toyota 및 Honda 사의 연료전지 자동차의 개발현황을 상세하게 보여주고 있다. 표에서 보듯이 독일의 BMW 사는 개발 역사가 가장 긴 Benz 사와는 다르게 최근에 와서야 연료전지 자동차 개발을 추진하고 있으며, 그 밖의 회사들은 1990년대 말에서 2000년대 초반에 본격적으로 연료전지 개발에 착수하였음을 알 수 있다.

[그림 5.12]는 2010년형 Honda FCX Clarity에서 적용된 최신기술(100kW급 수직흐름형 연료전지, 288V Li-ion 전지, 100kW 전기모터 등), 형태 및 성능 사양 등을 자세히 보여주고 있다. 외부개질형이며, 연료는 압축 정제된 수소가스를 사용하며, 주행 에너지효율(driving energy efficiency)은 60%로 소형 가솔린 자동차에 비해 3배 정도, 소형 하이브리드 자동차에 비해 2배 정도 큰 값이다.

Automaker	Vehicle Type	Year Shown	Engine Type	Fuel Cell Size/type	Fuel Cell Mfr.	Range (mi/km)	MPG Equivalent*	Max. Speed	Fuel Type	Commercial Intro.	Picture
BMW	Fuel-cell hybrid electric 1-Series	2009	Fuel cell/ battery hybrid	5 kW PEM	UTC Power	N/a	N/a	N/a	N/a	Prototype. 4-cylinder gas engine for high speed driving, electric power unit used for city driving. Electric energy generated by 5kW fuel cell Auxiliary Power Unit (APU) and stored temporarily in high-performance capacitors.	
	Series 7 (745 h) (Sedan)	2000	ICE (fuel cell APU)	5kW/ PEM	UTC	180mi 300km	N/a	140mph 87mph	Gasoline/ Liquid hydrogen	Limited intro in 2000 (Munich Airport Hydrogen Vehicle Project)	
Daimler	Mercedes-Benz F 600	2010	Fuel cell/ battery hybrid	N/a	N/a	18 miles on battery power plus 375 miles on hydrogen	N/a	N/a	Compress. H2	Concept vehicle	
	B-Class F-Cell	2009	Fuel cell/battery hybrid	90 kW PEM	N/a	385 mi 616 km	N/a	106 mph 170 km/h	Compress. hydrogen @ 700 bar	Small series production starts in 2009.	
	Blue Zero F-Cell	2009	Fuel cell	N/a	N/a	>250 mi >400km	81 mpge	N/a	Na	Unveiled at the 2009 Detroit Auto Show. Small series production starts in late 2009	
	EcoVoyager	2008	Fuel cell/ battery hybrid	45 kW/ PEM	N/a	300+ mi 483+ km	N/a	115 mph 185km/h	Compress. hydrogen @ 10,000 psi	Range of charged battery is 40mi/64km. H2FC extends range to more than 300 mi	
	F600 HYGENIUS	2005	Fuel cell/ battery hybrid	60 kW/ PEM	N/a	250mi 400km	N/a	105mph 169km/h	Hydrogen		
	Jeep Treo	2003	Fuel cell	N/a	N/a	N/a	N/a	N/a	N/a	Unveiled at Tokyo Motor Show – drive by wire technology	
	A-Class F-Cell	2002	Fuel cell/ battery hybrid	85kW/ PEM	Ballard Mark 900 Series	90mi 145km	56 mpg equiv.	87mph 140km/h	Compress. hydrogen @ 700 bar	60 fleet vehicles in US, Japan, Singapore, and Europe started in 2003 – small fleet in Michigan operated by UPS.	
	NECAR 5.2 (A-class)	2001	Fuel cell/ battery hybrid	85kW/ PEM	Ballard Mark 900 Series	300mi 482km	N/a	95mph 150km/h	Methanol	Awarded a road permit for Japanese roads. Completed CA – DC drive	
	Sprinter (van)	2001	Fuel cell	85kW/ PEM	Ballard Mark 900 Series	93mi 150km	N/a	75mph 120km/h	Compress. hydrogen @ 5,000 psi	Delivered to Hermes as part of the W.E.I.T. hydrogen project, also used by UPS	
	Natrium (Town & Country Mini Van)	2001	Fuel cell/ (40 kW) battery hybrid	54kW/ PEM	Ballard Mark 900 Series	300mi 483km	30 mpg equiv.	80mph 129km/h	Catalyzed chemical hydride - Sodium Borohydride	Uses Millennium Cell's 'Hydrogen on Demand' system with a 53 gallon fuel tank	
	Jeep Commander 2 (SUV)	2000	Fuel cell/ (90 kW) battery hybrid	50kW/ PEM	Ballard Mark 700 Series	118mi 190km	24 mpg (gasoline equiv.)	N/a	Methanol	Jeep Commander 1 came out in 1999	
	NECAR 4 - Advanced (California NECAR)	2000	Fuel cell	85kW/ PEM	Ballard Mark 900 Series	124mi 200km	53.46 mpg equiv. (CaFCP est.)	90mph 145 km/h	4 lbs. (1.8kg) of Compress hydrogen @ 5,000 psi		
	NECAR 5 (A-class)	2000	Fuel cell	85kW/ PEM	Ballard Mark 900 Series	280mi 450km	N/a	95mph 150km/h	Methanol		
	NECAR 4 (A-Class)	1999	Fuel cell	70kW/ PEM	Ballard Mark 900 Series	280mi 450km	N/a	90mph 145km/h	Liquid hydrogen		
	NECAR 3 (A-Class)	1997	2 fuel cell stacks	50kW/ PEM	Ballard Mark 700 Series	250mi 400km	N/a	75mph 120km/h	10.5 gal. of Liquid methanol	First methanol reforming FCV	
	NECAR 2 (V-Class)	1996	Fuel cell	50kW/ PEM	Ballard	155mi 250km	N/a	68mph 110km/h	Compress. hydrogen @ 3600 psi		
	NECAR 1 (180 van)	1994	12 fuel cell stacks	50kW/ PEM	Ballard	81mi 130km	N/a	56mph 90km/h	Compress. hydrogen @ 4300 psi		

그림 5.11 외국의 연료전지 자동차 개발 현황
(BMW 2009년, Daimler 1994~2001)

Automaker	Vehicle Type	Year Shown	Engine Type	Fuel Cell Size/type	Fuel Cell Mfr.	Range (mi/km)	MPG Equivalent*	Max. Speed	Fuel Type	Commercial Intro.	Picture
Ford Motor Company	Airstream concept vehicle/ HySeries Edge	2007	Fuel cell plug-in hybrid	HySeries Drive	Ballard	305mi 491km	80 mpg	85mph 137km/h	N/a	Electric motor powered by lithium-ion batteries-the fuel cell acts as on-board "generator" to recharge batteries during transit. Charged battery range is 25mi/40km. H2FC extends range by a further 280mi/450km.	 
	Explorer	2006	Fuel cell/ battery hybrid	60kW/ PEM	Ballard	350mi 563km	35 mpg	N/a	10 kg hydrogen at 700 bar		
	Advanced Focus FCV	2002	Fuel cell/ battery hybrid	85kW/ PEM	Ballard Mark 900 Series	180mi 290km	~50 mpg equiv.	N/a	8.8 lb. (4kg) Compress. H2 @ 5,000 psi	3 year demonstration in Vancouver beginning late 2004. 30 fleet vehicles in Sacramento, Orlando and Detroit	
	Focus FCV	2000	Fuel cell	85kW/ PEM	Ballard Mark 900 Series	100mi 160km	N/a	80mph 128km/h	Compress. hydrogen @ 3,600 psi		
	THINK FC5	2000	Fuel cell	85kW/ PEM	Ballard Mark 900 Series	N/a	N/a	80mph/ 128km/h	Methanol		
	P2000 HFC (sedan)	1999	Fuel cell	75kW/ PEM	Ballard Mark 700 Series	100mi 160km	67.11 mpg equiv. (CaFCP est.)	N/a	Compress. hydrogen	First FCV by Ford	
GM	Provoq	2008	Fuel cell/ battery hybrid	88kW/ PEM	GM	300mi 483km	N/a	100mph 160km/h	Compress. hydrogen @ 10,000 psi	Uses GM's 5th generation fuel cell stack. Range on one tank of hydrogen is 280 mi/450km, battery range is 20mi/32km.	
	HydroGen4	2007	Fuel cell/ battery hybrid	93kW/ PEM	N/a	200mi 320km	N/a	100mph 160km/h	N/a	European version of Equinox – will undergo tests in Berlin in 2008	
	Equinox FCEV	2006	Fuel cell/ battery hybrid	93kW/ PEM	N/a	200mi 320km	~39 mpg	100mph 160km/h	N/a	Leasing started in 2007 – 100 vehicles in California, New York and Washington DC. In Berlin, leased as "HydroGen4" to 9 companies starting in 2008	
	Sequel	2005	Fuel cell/ battery hybrid	73kW/ PEM	GM	300mi 483km	N/a	N/a	8kg Compress. h2 @ 10,000 psi		
	Diesel Hybrid Electric Military truck	2003	Fuel cell APU	5kW/PEM	Hydrogenics	N/a	N/a	N/a	Low pressure metal hydrides	Turbo diesel ICE/battery hybrid with PEM FC APU	
	AUTOnomy Concept only	2002	Fuel cell	N/a	N/a	N/a	Projected 100 mpg	N/a	N/a	GM's 2010 FCV concept Freedom of Design	
	Hy-Wire Proof of Concept	2002	Fuel cell	94kW/ PEM	GM**	80mi 129km	~41 mpg (gas equiv.)	97mph 160km/h	4.4 lbs.(2kg) Compress. h2 @ 5,000 psi	Uses HydroGen3's powertrain, so range & mpg theoretically could = HydroGen3	
	Advanced HydroGen3 (Zafira van)	2002	Fuel cell	94kW/ PEM	GM**	170mi 270km	~55 mpg (gas equiv.)	~100mph 160km/h	6.8lbs. (3.1kg) Compress. h2 @ 10,000 psi	1st FCV to incorporate 10,000 psi tanks (by Quantum). 6 placed in Washington DC.	
	HydroGen3 (Zafira van)	2001	Fuel cell	94kW/ PEM	GM**	250mi 400km	N/a	100mph 160km/h	Liquid hydrogen	Used by FedEx Corp. in Tokyo, Japan from 6/2003 – 6/2004	
	Chevy S-10 (pickup truck)	2001	Fuel cell/ battery hybrid	25kW/ PEM	GM**	240mi 386km	40 mpg	70 mph 113km/h	Low sulfur, clean gasoline (CHF)	GM has partnership with Toyota on reforming	
	Precept FCEV Concept only	2000	Fuel cell/ battery hybrid	100kW/ PEM	GM**	500mi 800km (est.)	108 mpg equiv. (est.)	120mph 193km/h	Hydrogen (stored in metal hydride)	These are concept projections	
	HydroGen1 (Zafira van)	2000	Fuel cell/ battery hybrid	80kW/ PEM	GM**	250mi 400km	N/a	90mph 140km/h	16 gal. of Liquid hydrogen		

그림 5.11 외국의 연료전지 자동차 개발 현황(계속)
(Ford 1999~2007, GM 2000~2008)

Automaker	Vehicle Type	Year Shown	Engine Type	Fuel Cell Size/type	Fuel Cell Mfr.	Range (mi/km)	MPG Equivalent*	Max. Speed	Fuel Type	Commercial Intro.	Picture
Toyota	FCHV-adv	2008	Fuel cell/ battery hybrid	Toyota FC stack	N/a	515mi 830km	N/a	97mph 155km/h	N/a	Leasing, to government agencies and energy companies in Japan, started in late 2008.	
	FINE-N Concept only	2003	Fuel cell/ battery hybrid	N/a	Toyota	311mi 194km	N/a	N/a	Compress. hydrogen	Based on the Fine-S. Uses 70 MPa tank. Features by-wire braking, steering and throttle controls.	
	FINE-S Concept only	2003	Fuel cell/ battery hybrid	N/a	Toyota	N/a	N/a	N/a	Compress. hydrogen	Toyota's freedom of design concept.	
	FCHV (Kluger V/ Highlander SUV)	2002	Fuel cell/ battery hybrid	90kW/ PEM [122 hp]	Toyota	180mi 290km	N/a	96mph 155km/h	Compress. hydrogen @ 5,000 psi	Total of 18 leased in California and Japan	
	FCHV-5 (Kluger V/ Highlander SUV)	2001	Fuel cell/ battery hybrid	90kW/ PEM	Toyota	N/a	N/a	N/a	Low sulfur, clean gasoline (CHF)	Partnered with GM on gasoline CHP reforming technology	
	FCHV-4 (Kluger V/ Highlander SUV)	2001	Fuel cell/ battery hybrid	90kW/ PEM	Toyota	155mi 250km	N/a	95mph 152km/h	Compress. hydrogen @ 3,600 psi	Completed Japanese road testing	
	FCHV-3 (Kluger V/ Highlander SUV)	2001	Fuel cell/ battery hybrid	90kW/ PEM	Toyota	186mi 300km	N/a	93mph 150km/h	Hydrogen (stored in metal hydride)		
	RAV 4 FCEV (SUV)	1997	Fuel cell/ battery hybrid	25kW/ PEM	Toyota	310mi 500km	N/a	78mph 125km/h	Methanol		
	RAV 4 FCEV (SUV)	1996	Fuel cell/ battery hybrid	20kW/ PEM	Toyota	155mi 250km	N/a	62mph 100km/h	Hydrogen (stored in metal hydride)		
Honda	FC Sport concept	2008	Fuel cell	PEM	Honda	N/a	N/a	N/a	Compress. Hydrogen	Showcased at L.A. Auto Show – 11/08	
	FCX Clarity	2007	Fuel cell	100kW/ PEM	Honda	354mi 570km	N/a	100mph 160km/h	Compress. hydrogen	Small scale production of 200 vehicles between 2008-2010. Leasing in Southern California and Japan.	
	PUYO concept vehicle	2007	Fuel cell	N/a	N/a	N/a	N/a	N/a	N/a	Shown at 2007 Tokyo Motor Show	
	FCX concept vehicle	2006	Fuel cell	100kW/ PEM	Honda	270mi 434km	N/a	100mph 160km/h	Compress. hydrogen		
	Kiwami concept	2003	Fuel cell	N/a	N/a	N/a	N/a	N/a	Hydrogen	Unveiled at Tokyo Motor Show	
	FCX	2002	Fuel cell/ Honda ultra capacitors	85kW/ PEM	Ballard Mark 900 series	220mi 355km	~50 mpg (gas equiv.)	93mph 150km/h	156.6 L Compress. hydrogen @ 5000 psi	Have 4 in Japan. 5 in L.A.. 3 in San Francisco	
	FCX-V4	2001	Fuel cell/ Honda ultra capacitors	85kW/ PEM	Ballard Mark 900 series	185mi 300km	~50 mpg (gas equiv.)	84mph 140km/h	130 L (3.75kg) Compress. H2 @ 5,000 psi	Completed Japanese road testing - 1st FCV to receive CARB & EPA emission certs.	
	FCX-V3	2000	Fuel cell/ Honda ultra capacitors	62kW/ PEM	Ballard Mark 700 Series	108mi 173km	N/a	78mph 130km/h	26 gal. of Compress. hydrogen at 3600 psi		
	FCX-V2	1999	Fuel cell	60kW/ PEM	Honda	N/a	N/a	78mph 130km/h	Methanol	Honda has strict focus on pure hydrogen FCVs (2001)	
	FCX-V1	1999	Fuel cell/ battery hybrid	60kW/ PEM	Ballard Mark 700 Series	110mi 177km	N/a	78mph 130km/h	Hydrogen (stored in metal hydride)		

그림 5.11 외국의 연료전지 자동차 개발 현황(계속)
(Toyota 1996~2008, Honda 1999~2008)

(a) 외양

(b) 인테리어

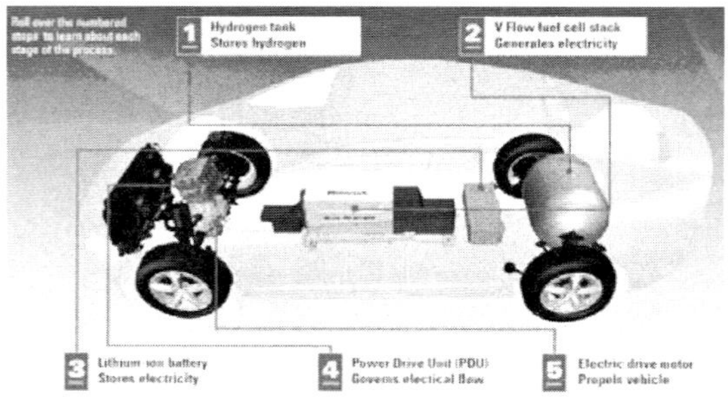

(c) 동력 전달 구조

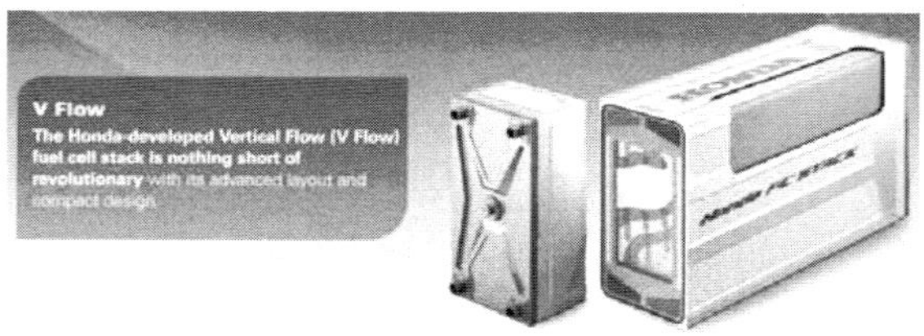

(d) V flow fuel cell (PEMFC)

(e) AC synchronous permanent magnet electric motor

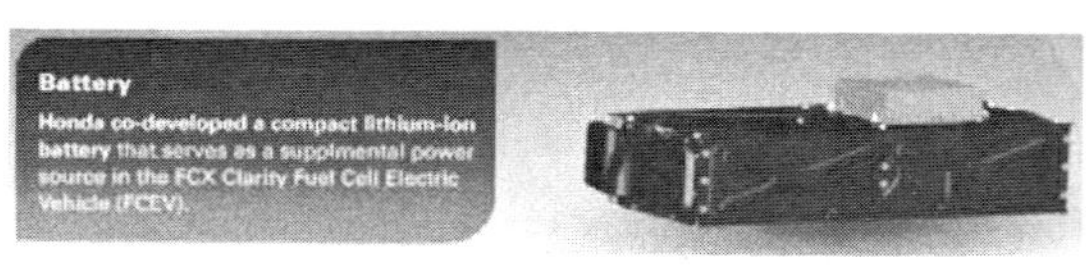

(f) Li-ion battery(148kg, 57liters)

그림 5.12 2010년형 혼다 FCX Clarity의 사양

Engineering	
Drive-by-Wire™ Throttle System	Standard
Shift-by-Wire Gear Selector	Standard
Front-Wheel Drive	Standard
CARB Emissions Rating	ZEV
V Flow Fuel Cell Stack	
Proton Exchange Membrane Fuel Cell (PEMFC)	Standard
Power Output	100kW
Size (liters)	57
Weight (lbs)	148
Electric Power Storage	
Lithium-Ion Battery	Standard
Output (Volts)	288
Electric Motor	
AC Synchronous Permanent-Magnet Electric Motor	Standard
Horsepower (SAE net)	134
Torque (lb-ft @ rpm)	189 @ 0 - 3,056
Power Output	100kW
EPA Mileage Estimates[1] /Capacities	
Miles-Per-Kilogram (City/Highway/Combined)	60 / 60 / 60
Driving Range	240
Fuel Capacity / Tank Pressure	3.92 kg @ 5000psi
Required Fuel	Compressed Hydrogen Gas

(g) Specifications

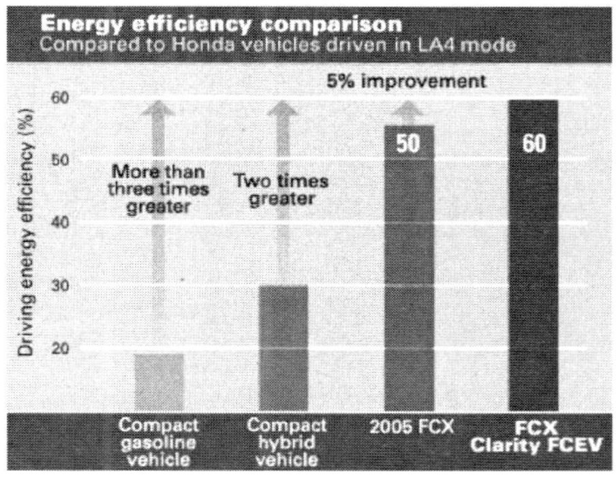

(h) Driving energy efficiency

그림 5.12 2010년형 혼다 FCX Clarity의 사양(계속)

6. PEMFC 스택

이 절에서는 자동차용으로 사용되는 고분자전해질 연료전지(PEMFC)에 대해서 조금 더 자세하게 알아보도록 하자. PEMFC는 1950년대 후반에 미국의 GE사에 의해 개발이 시작되어, 1960년대에 제미니 우주선에 탑재되었다. 개발 당시에는 우주용이나 군사용을 목적으로 한 것이었으나, 1990년대에 들어와 Daimler Benz사가 발라드사의 PEMFC를 탑재한 연료전지 자동차를 주행시킴으로써 PEMFC는 단번에 세계적인 주목을 받게 되었다.

1) 중요 기본 요소의 구조 및 특징

PEMFC의 기본 셀의 구조를 [그림 5.13]에서 보여주고 있다.

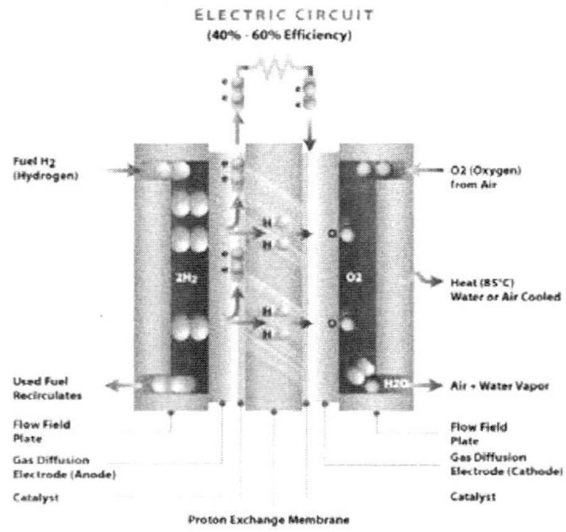

그림 5.13 PEMFC의 기본 셀의 구조

PEMFC 개발초기에는 전해질로 탄화수소계의 이온교환막이 사용되었으나, 이 후 미국 듀퐁(Dufont)사가 불소수지계 이온교환막 나피온(Nafion)을 개발하여 현재는 주로 이 교환막을 사용하여 내구성이 현저히 개선되었다. 그림에서 보듯이 촉매층과 가스확산층(GDL, Gas Diffusion Layer)으로 구성된 음극과 양극이 이 전해질막을 사이에 끼우고 있다.

PEMFC는 폭넓은 응용이 기대되고 있다. 특히 기동성과 소형, 경량화에 있어서는 다른 연료전지를 압도하고 있고, 상온에서 100℃까지의 낮은 작동온도에서 동작한다는 것이 응용범위를 넓히고 있다. 그러나 저온 동작은 결점이 되기도 한다. 그것은 PEMFC가 100℃ 이하의 비교적 저온에서 동작하기 때문에 전극반응의 발열을 개질반응의 흡열에 이용할 수 없으므로 다른 연료전지에 비교하면 열효율이 낮다는 점이다. 폐열온도가 낮고, 폐열이용이 온수에만 국한된다는 것도 결점이라고 말할 수 있다.

PEMFC는 몇 가지 개발과제를 가지고 있다. 우선 가격이다. 특히 자동차용의 경우에는 장벽이 높으며, 셀 구성 재료의 가격을 몇 자리 낮출 필요가 존재한다. 둘째로 고성능화와 장기 수명화인데, 셀의 물관리의 어려움이 이 부분을 방해하고 있다. 물관리에 대한 내용은 추후 언급할 예정이다.

2) 셀 스택의 구성 및 크기 계산 예

PEMFC 셀 당 전압은 약 0.7V로 상당히 작으므로 필요한 전압을 얻기 위해서는 많은 셀들을 직렬로 연결해야 한다. 이와 같이 셀들을 직렬연결 한 것을 스택(Stack)

이라 한다. [그림 5.14]는 셀 스택의 구조를 보여주고 있다. PEMFC의 단일셀은 전해질, 촉매층, 가스확산층과 분리판으로 구성되어 있다. 전해질막과 가스확산층을 일체화시킨 것을 막-전극접합체(MEA, Membrane Electrode Assembly)라고 부른다. 여기서는 셀의 각 구성부에 대해서 간단히 설명하고자 한다.

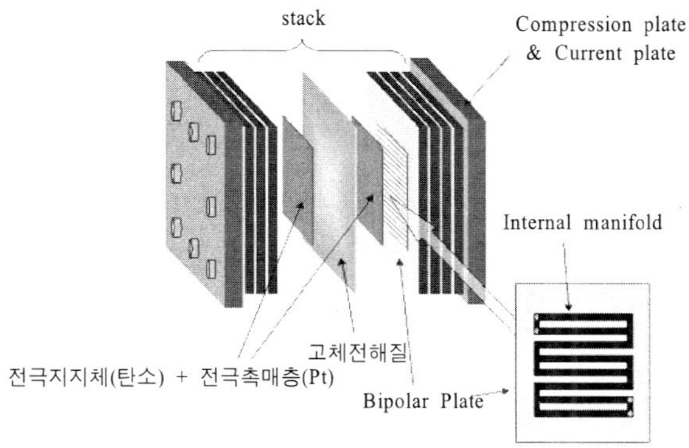

그림 5.14 PEMFC 단위 셀 구성 및 스택

(1) **전해질막**

[그림 5.15]는 단위 셀을 확대해서 나타낸 것이다. 고분자 전해질막의 기준이 되는 것은 앞에서 언급한 바 있는 1960년대 Dufont 사가 개발한 제품인 나피온(Nafion, 화학식 $C_7HF_{13}O_5SC_2F_4$ 정식 명칭, 슬폰화 테트라플루우오로에틸렌, sulphonated tetrafluoroethylene)으로 이 물질은 다른 전해질을 평가하기 위한 기준이 되므로 어떤 의미에서는 '산업표준'이라 할 수 있다. 슬폰 산의 중요한 특징은 친수성(hydrophyllic)이 크다는 것으로 전체적으로 소수성인 물질 내부에 친수성 영역이 만들어 짐을 의미한다. 나피온은 polyethylene에서 시작하여 치환 등 여러 단계의 화학적 공정을 거쳐 제조된다. 나피온의 주요 특징은 다음과 같다.

- 화학적으로 상당히 강하다.
- 기계적인 강도가 크므로 50μm까지 매우 얇은 필름으로 만들 수 있다.
- 산성이며 대량의 수분을 흡수할 수 있다.
- 수분이 적절하게 포함되어 있으면 H^+이온은 물질 내부를 매우 자유롭게 이동할 수 있다.

[그림 5.16]은 필름형태의 나피온과 테플론 강화 나피온 막 제품을 각각 보여주고 있다.

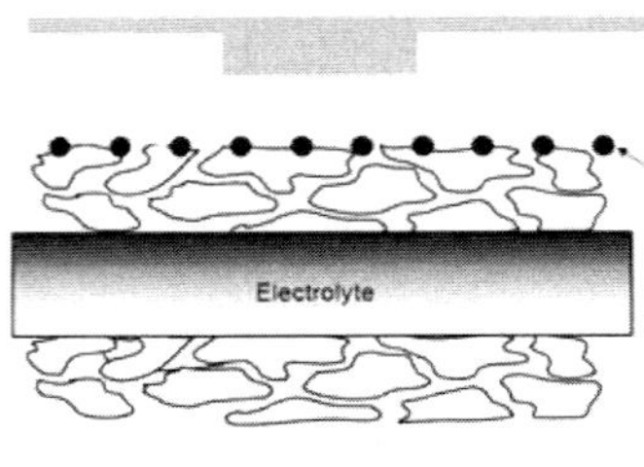

그림 5.15 PEMFC 단위 셀 확대 그림

(a) Nafion film membrane

(b) Teflon reinforced Nafion membrane

그림 5.16 여러 가지 형태의 나피온 제품

(2) **촉매층**

PEMFC의 연료극과 공기극 양쪽 모두에 가장 좋은 촉매는 활성 과전압이 낮은 백금(Pt)계의 촉매이며, Pt/Ru(ruthenium) 합금도 사용되고 있다. 백금촉매의 입자 크기는 1~5nm 정도이며, 비표면적은 50~200m²/g 정도이다. 백금촉매는 상당히 작은 입자로 만들어 이것보다 큰 탄소분말(크기 20~40nm, 비표면적 100~800m²/g)의 표면에 부착시킨 형태로 이것을 카본담지 백금촉매(carbon supported Pt catalyst)라 한다. 촉매층은 카본담지 백금촉매와 고분자전해질과 방수재(water repellent material)를 혼합한 것을 말하며, 두께는 십~수십 μm 정도이다. [그림 5.17]은 카본담채 백금촉매를 고배율로 확대한 사진을 보여주고 있다.

동일한 백금 담지량이면, 탄소분말 담체의 비표면적이 큰 편이 작은 백금입자를 잘 분산시킬 수 있으므로, 카본나노튜브나 카본나노혼(carbon nanohorn, 카본나노튜브의 일종으로 끝을 매우 뾰족하게 만들어 극미세 전극으로도 사용하는 물질)을 담체로 사용하여 백금촉매의 비표면적을 늘림으로써, 백금량을 줄이려는 시험이 다방면으로 이루어지고 있다. 이러한 노력으로 PEMFC 개발 초기에는 28mg/cm²의 백금이 사용되었으나 최근 출력 증가에도 불구하고 0.2mg/cm²(kW 당 $10수준)로 백금사용량이 줄어들었다.

최근 Brookhaven National Laboratory의 연구결과 gold-palladium으로 백금을 대체할 수 있으며, CO 피독(poisoning)의 영향이 감소되고 수명을 증대시키는 것으로 보고하고 있다. 또한 Cornell University's Energy Materials Center 연구결과로 산화티타늄

(TiO)에 백금 나노입자를 침전시킨 촉매는 가격도 다소 저렴할 뿐만 아니라 CO 2% 농도의 연료에도 촉매 피독 현상이 일어나지 않았음을 보고하고 있다.

촉매피독(catalyst poisoning)이란 수소를 생산하기 위해 연료개질에서 생성된 CO가 백금과 친화력이 있기 때문에 백금을 덮어서 수소가 촉매에 도달하는 것을 방해하여 연료전지의 성능과 효율을 급격하게 떨어뜨리는 현상을 말한다. 따라서 연료로는 고도로 정제된 수소와 고밀도의 촉매가 필요한 것이다.

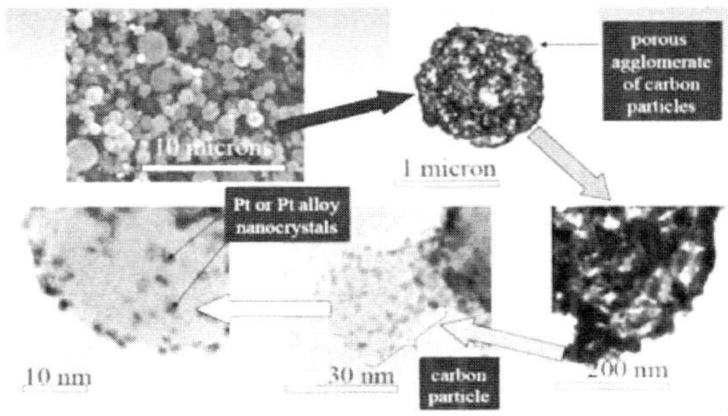

그림 5.17 카본담채 백금촉매의 고배율 전자현미경 사진

(3) 가스확산층

가스확산층(GDL)은 연료극과 공기극의 촉매층을 지지함과 동시에 연료나 산화제 가스를 촉매층에 확산시키는 역할뿐만 아니라, 생성된 물을 분리막 통로로 배출시키는 역할도 하고, 전류 집전체의 역할도 수행해야 하기 때문에 전기 및 열전도도가 좋아야 하고 다공성 조직이어야 한다. 따라서 GDL은 가스투과성과 도전성이 뛰어난 두께 100~300μm의 카본종이(carbon paper)나 카본천(carbon cloth)이다. [그림 5.18]은 가스확산층 표면의 전자현미경 사진이다.

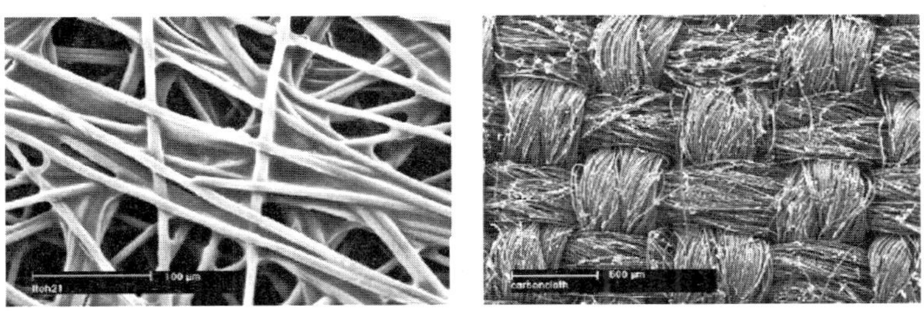

(a) Carbon paper enlarged (b) Carbon cloth enlarged

그림 5.18 가스확산층 고배율 전자현미경 사진과 carbon paper 실제품 사진

(c) Carbon paper, 25x25cm thickness 200μm

그림 5.18 가스확산층 고배율 전자현미경 사진과 carbon paper 실제품 사진(계속)

(4) 분리판

분리판(또는 분리막, separator)은 양극판(bipolar plate) 또는 유로판(flow field plate)이라 부르기도 하는 것으로, 연료와 산화제용 통로를 붙인 플레이트이다. 이 분리판은 가스의 통로 이외에도 몇 가지 역할을 담당하고 있다. 즉, 연료와 산화제를 분리하는 역할, 반응가스를 셀에 공급하는 역할, 반응에 사용되지 않은 가스를 각 셀로부터 배출시키기 위한 가스매니폴드(gas manifold)의 역할, 연료극에 수분을 공급함과 더불어 공기극에서 생성된 물을 전지 밖으로 운반해 나가는 역할, 전극반응 열을 제거하기 위한 냉각제를 흘리는 역할, 전극반응에서 생긴 전기를 모으는 역할, 전지 외부로 반응가스가 새어나가지 않도록 막아주는 역할 등이다. [그림 5.19]는 분리판과 셀 구조를 보여주고 있다.

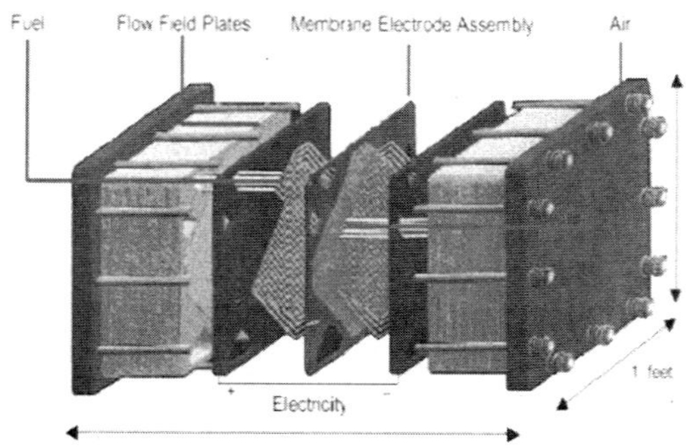

그림 5.19 나선형 분리판과 셀구조

분리판의 재료는 전기전도도가 높고(1A/cm²의 전류로 동작할 때, 전압손실은 10mV/plate가 적당하므로 저항은 0.01 W · cm보다 작아야함), 기체투과도가 낮으며(0.5%의 누설율을 취할 경우, 양극판의 최대허용 가스 투과율은 $1x10^{-4}cm^3/s \cdot cm^2$ 정도임), 기계적 강도가 우수하고 화학적으로 안정해야 하며, 가볍고 가격이 저렴해야 한다.

현재 흑연(graphite)을 기계적으로 가공한 것이 주로 사용되나 부숴지기 쉬워 가공이 어렵고 가격도 비싸고 대량생산에 적합하지 않은 단점이 있다. 금속 또는 탄소분말을 몰딩한 복합재를 이용해 분리판을 개발하기 위한 연구가 진행 중이나 현재 완전히 만족스러운 분리판 제작방법은 아직 개발되지 못한 실정이다.

(5) 전극 제조

연료극과 공기극은 기본적으로 동일하며, 실제로 대부분의 PEMFC에서는 완전히 같다. 여기서 극이라 함은 가스확산층과 촉매층을 합한 것을 말한다. 일반적으로 PEMFC 스택은 전기를 발생시키는 MEA와 연료와 공기를 분배하여 MEA에 공급하고 생성되는 물을 신속히 배출하는 분리판을 서로 겹쳐 쌓아서 만든다. 일반적으로 MEA는 고체고분자 전해질막의 양쪽에 공기극과 연료극을 고온 프레스로 접착하여 제조하게 된다.

보통의 전극 제조 단계에는 분리 전극법과 막-전극 통합법이 있으며 [그림 5.20]에서 각 방법의 개략도를 보여주고 있다.

분리 전극법 : 촉매를 탄소천(carbon cloth)이나 탄소종이(carbon paper)와 같은 다공성 물질에 고정시킨다. PTFE(polytetrafluoroethylene)는 소수성으로 생성된 수분을 증발되는 전극 표면까지 밀어낼 수 있기 때문에 전극에 PTFE를 첨가시킨다. 탄소 천이나 종이는 전극의 기계적인 지지체가 될 뿐만 아니라 가스를 촉매 위로 확산시키기 때문에 가스확산층이라 부른다. 그 뒤 전극을 전해질 막 양쪽에 고정시킨다.

막 - 전극 통합법: 전극을 별도로 만드는 것이 아니라 백금 촉매가 부착된 탄소를 전해질 막에 직접 고정시켜 전극을 제조한다. 소수성의 PTFE와 혼합된 촉매를 전해질 막 상에 도포하기 위해 롤러를 사용하기도 하고 스프레이를 사용하기도 한다.

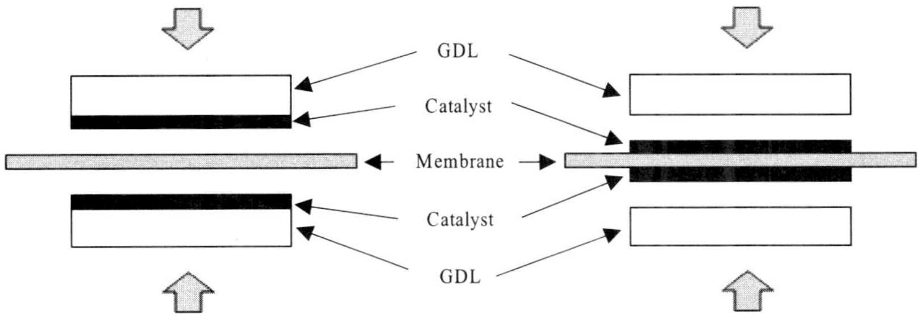

그림 5.20 두 가지 전극(촉매층+가스확산층) 제조 방법 개략도

두 방법 모두 탄소지지 촉매입자는 한쪽 면은 전해질에 다른 쪽 면은 가스확산층에 접촉된다.

일반적으로 연료전지 MEA 막의 두께는 0.05~0.1mm, 촉매층 두께는 약 0.03mm, 가스확산층 두께는 0.2~0.5mm 정도이며 분리판의 두께는 3mm 정도이다.

(6) **스택 크기 계산 예**

스택의 크기를 근사적으로 구하는 방법을 간단한 예를 통해 알아보도록 하자.

100마력(80kW)의 출력을 낼 수 있는 연료전지 스택의 길이를 구하자([그림 5.21] 참조). 연료전지의 단위 셀 전압은 0.7V, 전류밀도는 0.5A/cm²으로 가정하면, 필요한 연료전지의 총 표면적은 식 80kWx1000=0.7Vx0.5A/cm²xAcm²으로부터 A=220,000cm²이 된다. 만일 단위 셀의 가로x세로 길이가 그림에서 보는 것처럼 20x15cm라 하면 필요한 셀의 개수는 220,000/300≅700개, 단위 셀 사이의 거리가 3mm라면 필요한 스택 총 길이는 700x3=2100mm, 즉 210cm가 되며, 연료전지의 총 전압은 700x0.7=350V가 된다.

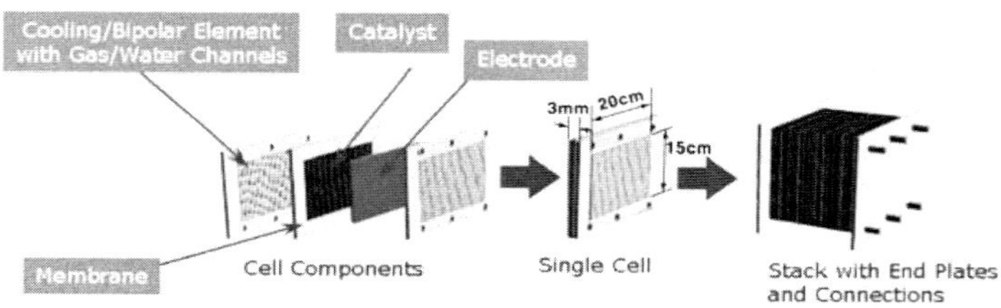

그림 5.21 스택 길이 결정

3) 수분 관리

수소 이온의 전도도는 수분의 양에 비례하며, 전해질과 연결된 전극에 수분의 양이 과도하게 됨으로써 촉매층이나 가스확산층의 미세한 공기 구멍을 막지 않도록 해야 한다. 공기극에서 물이 형성되며, 이 물에 의해 수분의 양이 정상적인 수준으로 유지된다면 이상적이다. 공기는 공기극 위를 통과하면서 필요한 산소를 공급할 뿐만 아니라 잉여 수분을 건조시킨다. 사실 전해질 막은 상당히 얇기 때문에 잉여 수분은 공기극에서 연료극 쪽으로 확산되고 어려움 없이 적절한 수분 상태로 유지된다. 이렇게 운전되기 위해서는 정교한 공학적 설계가 필요하다.

문제점은 연료극에서 공기극으로 이동하는 H^+이온이 1~5개의 물분자를 함께 끌

어당겨 이동하므로 전해질 공기극 쪽은 수분이 충분하드라도 연료극 쪽은 건조해질 수 있다는 사실이다. 보통 약 60℃ 이상의 온도에서는 수소와 산소의 반응에 의해 물이 생성되는 속도보다 공기가 전극을 건조시키는 속도가 항상 빠르게 된다. 따라서 공기나 수소 또는 양쪽 모두를 셀에 공급하기 전에 가습시키면 전극 건조 문제를 해결할 수 있다.

셀 전체에 걸쳐 전해질막의 수분이 정확히 균형을 이루도록 해야 하는데, 실제 어떤 부분은 정상이고, 어떤 부분은 너무 건조하며, 또 다른 부분에서는 수분이 넘치는 경우도 있으며, 이것은 특히 대형인 셀과 스택 설계시 큰 문제가 된다.

결론적으로 반응가스를 연료전지에 공급하기 전에 외부에서 가습하면 수분관리는 제어가능한 것이 된다(물의 생성과 흡인은 모두 전류에 비례하고, 전해질막 두께와 전해질막 양쪽의 상대습도에 따라 수분증발을 예측할 수 있음).

공기는 필요한 이론공기량의 두 배를 보통 공급하며, 관련되는 습도관계식은 다음과 같다.

$$\text{상대습도, } \phi = m_w / m_{sat} = p_w / p_{sat} \tag{15}$$

$$\text{습도비, } \omega = m_w / m_a = 0.622 p_w / (p - p_w), \; m_w = \omega \times m_a \tag{16}$$

$$\text{연료전지에 필요한 매초 건조공기량} = 3.57 \times 10^{-7} \lambda P_e / E_c \text{ (kg/s)} \tag{17}$$

여기서 m_w = 공기 중에 포함된 수증기 질량(kg)

m_a = 건공기(수증기를 제외한 공기) 질량(kg)

m_{sat} = 포화된 공기의 수증기 질량(kg)

p = 공기압력(대기압, kPa)

p_w = 공기 중의 수증기 분압

p_a = 건공기 분압(kPa), $p = p_a + p_w$의 관계가 있음

λ = 화학양론(예: 이론공기량의 두 배가 공급된다면, $\lambda = 2$)

E_c = 셀 전압(V)

P_e = 연료전지 출력 = $E_c \times i \times n$ (W), n = 셀 개수

건조를 막기 위해 공기의 상대습도는 80% 보다 높아야 하며, 물이 전극에 모이지 않도록 100% 보다는 낮아야 한다. 입구공기가 건조한 최악의 경우 연료전지 출구 수증기 분압 p_{wout} 의 근사식은 다음과 같이 구한다.

$$p_{wout} = 0.420\, p_{exit} / (\lambda + 0.210) \text{ (kPa)} \tag{18}$$

위 식에서 p_{exit} 는 출구 공기압(kPa)을 나타낸다. 예를 들어 출구 공기압이 110kPa이고 셀온도가 70℃, 화학양론이 2라면 출구 수증기 분압은

$$p_{wout} = 0.420 \times 110 / (2 + 0.210) = 20.91\, kPa$$

이 되고, 출구 공기 상대습도는 70℃에서의 포화수증기압이 31.19kPa이므로

$$\phi = 20.91/31.19 = 0.67 = 67\% \ (< 80\%)$$

가 된다. 공기온도에 대한 수증기 포화증기압은 아래 표에 나타나 있다.

온도(℃)	10	20	30	40	50	60	70	80	90
p_{sat}(kPa)	1.705	2.338	4.246	7.383	12.35	19.94	31.19	47.39	70.13

만일 입구공기의 상대습도를 고려할 때의 출구 수증기 분압을 구하기 위한 관계식은 다음과 같다.

$$p_{wout} = (0.420 + \Psi \lambda) p_{exit} / [(1 + \Psi)\lambda + 0.210] \tag{19}$$

여기서 $\Psi = p_{win} / (p_{in} - p_{win})$ 으로 정의되며, p_{in} 는 입구 공기압을, p_{win} 은 입구 공기 수증기 분압을 나타낸다.

셀의 습도를 높이는 방법으로는 온도를 낮추거나(손실은 증가함), 공기유량 즉 λ를

낮추거나(다소 효과가 있긴 하지만 공기극 성능이 저하됨), 압력을 높이는 방법(압축기를 동작시키기 위한 에너지가 필요함)이 있는데, 주로 압력을 높이는 방법이 사용된다. 비록 압축기 동력이 필요하긴 하지만 셀 자체의 성능에는 영향을 끼치지 않기 때문이다.

실제로 소형 연료전지의 경우에는 공기량과 온도 조절을 통해 습도를 높이는 것이 가능하지만, 대형의 경우에는 외부가습 방법을 사용하지 않고는 사실 불가능하다. 다음 표는 입구 공기 상대습도가 70%의 경우 입구온도와 공기량을 변화시킬 때 출구 공기의 상대습도의 변화를 보여주고 있다. 예를 들어 입구 공기 온도가 20℃인 경우는 공기유량이 커도 출구 상대습도가 80%이상이지만 입구온도가 70℃의 경우 공기유량이 이론적 공기량의 1.5배 이하일 경우만 출구 상대습도가 80% 이상이고, 80℃ 이상인 경우 아무리 공기유량을 줄여도 출구 상대습도가 80% 미만으로 유지됨을 알 수 있다.

온도©	λ=1.5	λ=2	λ=3	λ=6	λ=12	λ=24
20					213	142
30				194	117	78
40		273	195	112	68	45
50	208	164	118	67	40	26
60	129	101	72	41		
70	82	65	46			
80	54	43	30			
90	37	28				

외부 가습의 필요성을 간단한 예를 통해 살펴보자. 입구 공기조건은 화학양론 $\lambda = 2$, 온도가 20℃, 상대습도 70%, 공기압 220kPa이고, 출구 공기조건은 온도 90℃, 공기압 200kPa인 경우 관계식들을 사용하여 출구공기 상대습도를 구해 보면

$$p_{win} = 2.338 \times 0.7 = 1.64\,kPa$$

$$\Psi = 1.64/(220 - 1.64) = 0.00751$$

$$p_{wout} = (0.42 + 0.00751 \times 2)200/[(1 + 0.00751)2 + 0.21] = 39.1\,kPa$$

$$\phi_{out} = 39.1/70.13 = 0.56\ (56\%)$$

가 된다. 상대습도 56%는 아주 낮은 값이며, 이 조건에서 PEMFC는 매우 빨리 건조될 것이다.

만일 입구공기가 가열·가습되어 80℃, 90%일 때 다시 한번 계산해 보면, 출구 공기

상대습도는 다음과 같다.

$$p_{win} = 47.39 \times 0.9 = 42.65\, kPa$$

$$\Psi = 42.65/(220 - 42.65) = 0.2405$$

$$p_{wout} = (0.42 + 0.2405 \times 2)200/[(1 + 0.2405)2 + 0.21] = 66.96\, kPa$$

$$\phi_{out} = 66.96/70.13 = 0.95\ (95\%)$$

이 경우 출구공기 상대습도가 80% 이상이므로 바람직하다.

만일 전력생산량이 10kW이고 단위 셀 전압 $E_c = 0.65\,V$ 로 가정하여, 출구 공기유량을 계산해 보면

$$\text{출구 공기유량} = 3.57 \times 10^{-7} \times 2 \times 10 \times 10^3/0.65 = 0.011\, kg/s$$

이므로, 가습에 필요한 수분 공급량은

$$\text{필요 수분량} = \omega \times m_a = 0.622 \times 42.65 \times 0.011/(220 - 42.65) = 0.00165\, kg$$

이 되고, 체적으로 환산하면 6liter/h 정도이다. 한편 10kW의 스택에서 생성되는 물의 총량은

$$\text{생성 물량} = 9.34 \times 10^{-8} P_e / E_c = 9.34 \times 10^{-8} \times 10 \times 10^3/0.65 = 0.0014 kg/s$$

이 되는데, 시간당으로 환산하면 5.04kg이다.

위의 예에서 알 수 있듯이 10kW 정도의 연료전지라면 시간당 6리터 정도 수분을 공급하고 약간 가열함으로써 수분관리를 충분히 할 수 있음을 보여주고 있다.

검증된 기술로 널리 사용되는 가습방법은 물을 분사하여 직접 공기를 가습하는 것이다. 이로 인해 가스가 냉각되는 장점도 있으며, 공기가 압축돼 있을 때나 또는 연료가스가 다른 연료로부터 개질되어 온도가 높을 때 이러한 냉각이 더욱 필요하다. 물을 가압할 때는 펌프를 사용하고 주수기(injector)를 개폐할 때 솔레노이드 밸브를 사용한다. 따라서 부가적인 장치와 그에 사용된 에너지로 인해 가습시스템은 상당히 고가가 된다. 또한

습도를 균일하게 유지시키기 위해 수소연료 역시 가습하는 경우가 많다. [그림 5.22]는 공기극 분리판 유로에서 생성된 수증기가 응축되어 흘러가는 모습을 보여주고 있다.

그림 5.22 공기극에서 생성되고 응축된 물의 유동

4) 냉각

효율이 50%라면 출력이 αW인 연료전지는 αW의 열을 방출하게 되어 있다. 생성된 물이 셀 내부에서 증발된다고 하면 연료전지에서 발생된 열은 Pe(1.25/Ec-1) (LHV값 사용)이 된다.

보통 용량이 2kW 이하의 경우 공냉식을 사용하며, 5kW 이상인 경우 수냉식을 사용한다. 공랭식의 경우 반응용 공기와 냉각용 공기를 분리해서 공급하며, 수냉식은 냉각용 공기 통로에 물을 순환시키게 된다.

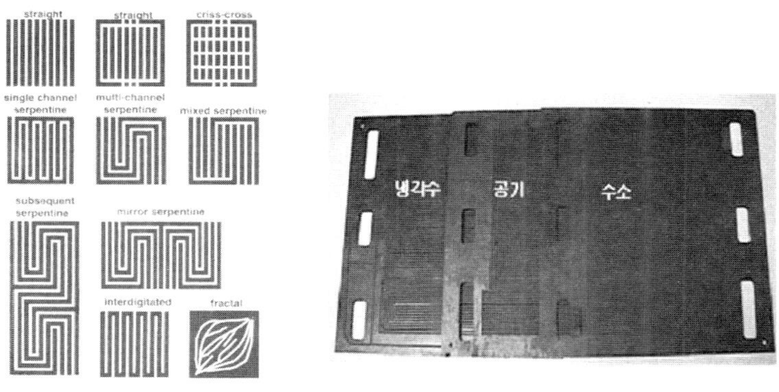

그림 5.23 PEMFC에 사용되는 각종 유로 형태

소형은 보통 대기압에서 동작하지만 10kW 이상의 대형은 대부분 고압에서 동작한다. 100kW 시스템에서 연료전지 출력의 20% 정도를 압축기가 사용하며, 압축공기는 PEMFC

로 들어가기 전에 냉각되어야 한다. [그림 5.23]은 PEMFC에 사용되는 209 각종 유로 형태를 보여주고 있다.

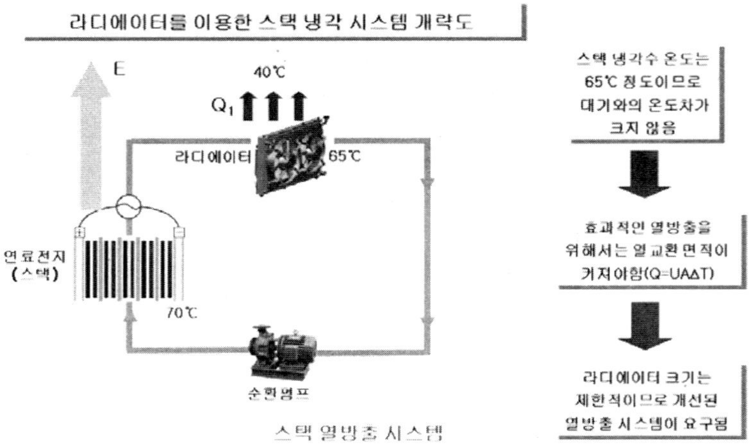

그림 5.24 라디에이터를 이용한 스택 열방출 시스템

[그림 5.24]는 라디에이터를 이용한 스택 냉각시스템을 보여주고 있는데 라디에이터만을 이용할 경우 한여름의 경우, 대기온도와 큰 차이가 없으므로 라디에이터의 면적이 커져야 하는데 라디에이터의 크기는 제한적이므로 보다 효율적인 열방출 시스템이 요구된다. 따라서 에어컨이나 열펌프의 증발기를 보조시스템으로 이용하는 방법 등이 고려되고 있으며, [그림 5.25]에 그 개략도를 나타내었다.

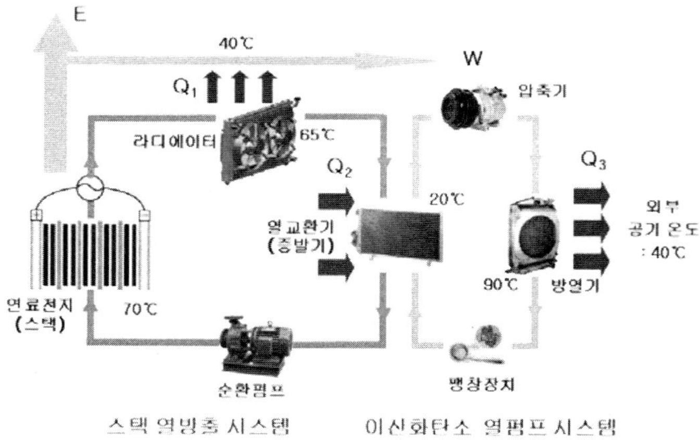

그림 5.25 보조 열교환기를 이용하는 스택 열방출 시스템

7. 동력 전달 체계

동력 전달 체계에는 병렬식과 직렬식이 있다. 병렬 전달체계는 [그림 5.26]에 나타내었는데, 연료전지에서 생산한 전력의 대부분을 전동기에 공급하고, 필요할 때에는 배터리를 계속 충전시킨다. 배터리가 완전 충전되어 있으면 가속이 필요할 때 부족한 전력을 공급할 수 있다. 배터리는 보조적이므로 연료전지에 비해 상대적으로 작게 된다.

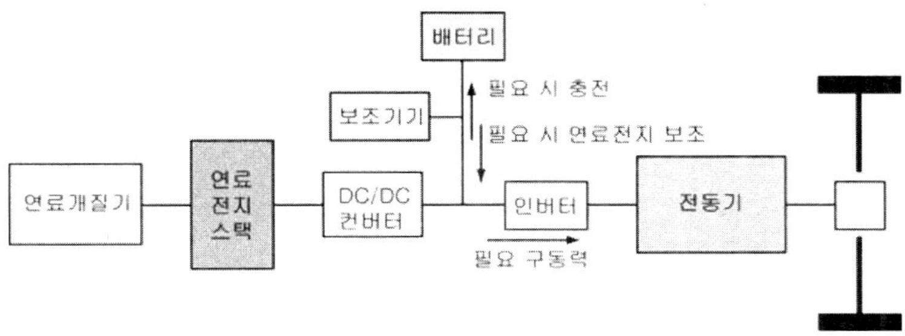

그림 5.26 병렬 전달 체계

직렬 전달체계는 [그림 5.27]에서 보여주고 있는데, 배터리가 모든 동력1을 공급하므로 그 크기가 커진다. 연료전지는 배터리 충전기로써 동작하기 때문에, 주행조건에 따라 평균적으로 저전력만을 공급하면 된다. 이 시스템은 특히 도심 배달용 차량에 적합하며, 현재 성공리에 운행되고 있다.

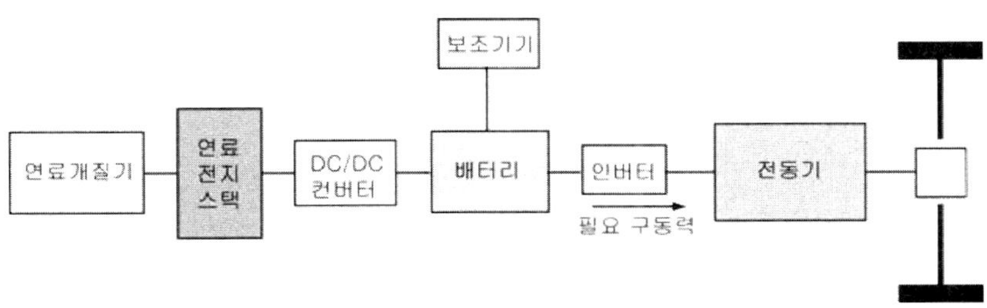

그림 5.27 직렬 전달 체계

[그림 5.28]은 최근에 Xcellsis(미국)/Ballard Power Systems(캐나다)사에서 공동 제작된 버스용 연료전지를 보여주고 있다. 출력은 205kW(총 출력 260kW 중 55kW를 시스템에서 필요한 각종 펌프, 압축기 구동에 사용)이며, 동작전압은 450~750V이다. 가로

2.5m/세로1.6m/높이1.3m, 수냉식, 병렬형 동력전달체계를 갖추고 있으며, 스택은 흑연 기반의 양극판으로 2개의 스택이 사용된다(각 스택은 130kW이고 750개의 셀이 직렬 연결됨). 최대 출력 시 시스템은 3기압으로 작동되며, 압축시스템은 두 스택 중간에 장착되어 있다.

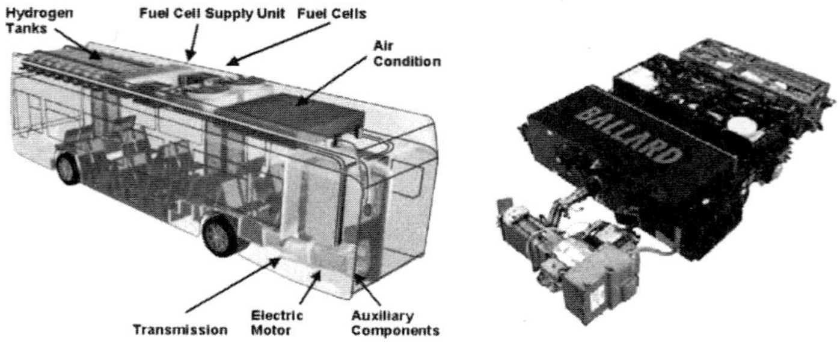

그림 5.28 Xcellsis/Ballard 사의 PEMFC 연료전지

8. 연료공급 및 저장 시스템

1) 연료 공급

현재 연료전지에 사용되는 수소의 생산은 화석연료의 개질을 통해 얻고 있다. 이들 연료개질 시스템에는 거의 항상 CO가 발생되는 반응(수증기 개질 예: $CH_4+H_2O=3H_2+CO$, 강한 흡열반응으로 열을 공급해야 함)이 포함되어 있으므로 PEMFC 촉매에서 일산화탄소 피독을 막기 위해서는 CO를 제거하는 후처리기($CO+H_2O=H_2+CO_2$, 온화한 발열반응)가 반드시 필요하다. 화석연료를 개질하는 방법은 CO_2 저감효과가 미미하므로 향후 신재생 대체에너지에 의한 수소 생산방식의 개발이 필수적이다.

액체연료인 메탄올을 개질하는 방법에는 직접 연료극에 공급하여 반응시키는 직접법과 별도의 장치를 사용하여 수소로 개질하는 간접법 두 가지 방법이 있으며, 메탄올을 수소운반체(carrier)로서 이용하여 개질기로 수소를 만들 수도 있다(메탄올은 연료전지 개발자들이 가장 관심을 보이는 수소운반체로 수증기 개질에 의해 수소로 개질됨, $CH_3OH+H_2O=CO_2+3H_2$, 메탄올 1kg 당 수소 0.188kg 발생).

탄화수소 연료의 수증기 개질은 연료전지 수소공급에 잠재적인 방법으로 보이며, 메탄올 탱크와 수증기 개질기는 부피가 큰 압축 수소탱크를 대체할 것으로도 보이나, 앞서 서술한대로 이산화탄소가 생산되는 단점을 갖고 있으며, 주요 연료전지 제작사는 내부개질기를 장착한 자동차는 실제적이지 않다는 견해를 대부분 밝히고 있다.

개질을 통해 수소를 생산하는 방식의 효율과 비용은 보통 그 크기에 따라 달라진다. 대규모일 경우 수소 1kg 당 생산비용은 수 달러에 불과하지만, 연료전지 자동차와 같은 작은 크기에서는 훨씬 비싸진다. 더욱이 개질반응은 고온에서 일어나기 때문에 자동차의 경우 시동이 느려진다는 단점도 갖고 있다. 그러나 연료전지가 안고 있는 문제점 중 가장 큰 것은 바로 연료전지 자체의 제조비용과 내구성에 있다. 다음의 표는 수소 생산방식과 그 방식의 핵심기술 및 특징을 요약한 것이다.

제조방법	분류	핵심기술 및 특징
화석연료에 의한 수소 제조	· 수증기 개질 · 천연가스 열분해 · 부분 산화 · 석탄 가스화	핵심 기술 : 반응기 설계, 고순도 수소 분리, 카본블랙 제조 및 회수 특징 : 다른 제조기술의 전단계 기술 화석연료의 고갈로 향후 사장될 것임
물로부터의 수소생산	· 직접 전기분해 · 직접 열분해 · 열화학 공정	핵심 기술 : 전기분해 셀 제작, 셀 적층, 시스템 구성 특징 : 대량생산 용이, 전기에너지의 비용이 높음 대체에너지를 사용함으로써 CO_2 저감
태양에너지를 이용한 수소생산	· 광분해 · 광전 / 전기분해 시스템 · 광화학 공정 · 광전화학 공정	핵심 기술 : 광촉매 제조, 특성 분석, 산화-환원 반응 열분산 반응기 설계 특징 : 실용화에 접근한 싸이클이 없음, 경제성 미흡
생물학적 수소생산	· 광합성 박테리아를 이용한 유기믈의 광분해 · 광학성 및 발효성 박테리아의하이브리드 시스템 · 유기화합물 발효	핵심 기술 : 균주 분리 및 개선, 광합성 미생물 배양 수소생산 시스템 특징 : 대량 생산이 어려움, 기술의 경제성 확보 어려움

수소와의 전기화학반응에 필요한 공기를 공급해 주는 공기공급 시스템은 압축기, 열교환기, 가습기/냉각기 및 압력조절기 등으로 구성된다. 공기 대신 순수산소를 공급하면 PEMFC의 성능이 크게 개선되나 우주선과 같이 공기와 무관한 시스템에서만 사용되고 있다. 압축된 고압의 공기를 사용하면 비출력(specific power)이 증가되어 동일한 크기의 연료전지에서 더욱 큰 출력을 얻을 수 있는 장점이 있으나, 압축기, 냉각기 등의 보조 장치가 필요하기 때문에 5kW이하의 연료전지에서는 대기압의 공기를 보통 사용한다. 가압형 PEMFC의 가장 간단한 형태는 아래 [그림 5.29]와 같은 것으로 수소가 고압용기로부터 공급되므로 공기만 압축되면 되고, 공기용 압축기는 전동기에 의해 구동된다.

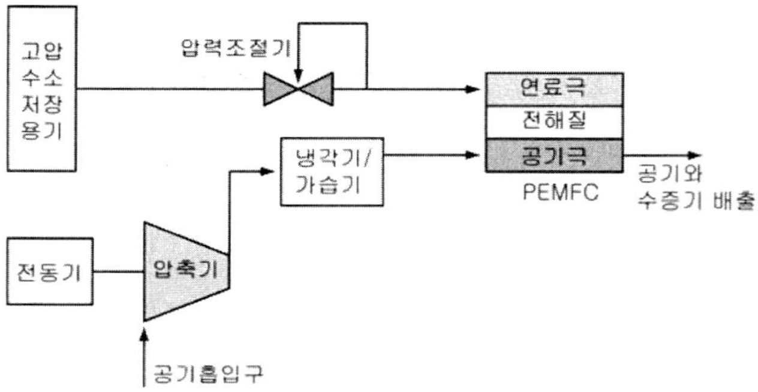

그림 5.29 가압형 PEMFC의 구조도

2) 저장기술

수소의 저장기술은 연료전지의 안전한 운전을 위하여 필수적인 기술이다. 액화수소(우주선에서 주로 사용), 압축수소, 금속 수소화물, 화학적 수소화물 등의 형태로 저장되고 있다.

현재 수송용으로는 압축수소 저장방식(350bar와 700bar가 사용됨)이 가장 일반적인 방법으로 일본의 혼다와 닛산 등에서 사용하고 있으며, 액화수소 방식도 BMW Hydrogen 7에서 사용하고 있다. 다음의 표는 각종 저장방식의 장·단점을 보여주고 있다.

	장 점	단 점
압축수소	현재 리스로 판매되고 있는 연료전지차 채용	체적 수소 밀도가 낮고, 압력이 어느 정도 높아지면 압축률의 한계부피와 무게의 한계
금속 수소화물 (수소저장합금)	흡수량 증가 시 소형화 가능	현시점에서는 흡수량의 한계 가격, 수명, 수소 재충전 문제
액화수소	수소 저장량이 큼	기화되어 수 주 내에 사라짐
화학적 수소화합물	수소 저장량이 큼 저가, 저중량, 취급 용이	부식 문제 누출되어 인체 접촉 시 위험

9. 연료전지 관련 향후 연구과제 및 전망

수소연료의 생산, 수송 및 저장에 기인한 손실을 모두 감안하면 압축수소로 구동되는 연료전지 차량의 power plant to wheel 전효율은 22% 정도이며, 액체수소 구동 차량은 17% 정도이다. 더욱이 수소생산에 사용되는 전기의 70%(미국 경우)는 화석연료를 사용하는 발전소에서 생산된 것이기 때문에 이산화탄소 배출 감소 효과는 사실 크지 않다.

촉매, MEA 등을 비롯한 스택 제조 기술, 연료생산 및 저장기술, 가습/냉각 시스템과 같은 보조시스템의 효율향상 기술 등이 종합적으로 발전하여 생산비용을 줄이고 내구성을 높여야 하며, 생산에 필요한 전기를 신재생 대체에너지로 전환하지 않는다면 연료전지의 미래는 꼭 밝다고만 할 수 없다. 아래 [그림 5.30]은 연료전지 자동차에서 필요한 요소기술별 과제를 요약해서 나타내고 있다.

그림 5.30 연료자동차 향후 요소기술별 과제

연습문제

1. 휴대기기 장시간 전력공급용으로 주로 사용되는 직접메탄올(DMFC) 연료전지에 대해서 조사하라.

2. 2010년 제네바 모터쇼에 출품된 투싼 ix35 연료전지 자동차 사양을 조사하라.

3. 백금 사용량의 저감이나 대체촉매 개발에 대한 연구동향 자료를 찾아 요약 정리하라.

4. 1990년대 초부터 연료전지를 연구, 개발해온 다임러-크라이슬러 社가 추진하는 연료전지 자동차 대책을 조사하라.

5. 신기술개념의 바이오공정에 의한 수소제조 방법에 대해서 조사하라.

6. 140kW의 출력을 낼 수 있는 연료전지 스택의 길이를 구하라. 연료전지의 단위 셀 전압은 0.0.65V, 전류밀도는 0.5A/cm²으로 가정한다.

7. 온도가 30℃이고 수증기의 분압이 2.5kPa인 공기의 상대습도와 비습도를 구하라.

8. 입구 공기조건은 화학양론 $\lambda = 2$, 온도가 25℃, 상대습도 80%, 공기압 220kPa이고, 출구 공기조건은 온도 90℃, 공기압 200kPa인 경우 관계식들을 사용하여 출구공기 상대습도를 구하라.

9. 다른 조건은 문제 8과 동일하며, 다만 입구공기가 가열.가습되어 85℃, 85%일 때 출구 공기 상대습도를 구하라.

10. 문제 9의 데이터와 결과를 사용하여 필요한 공기유량과 생성되는 물의 양을 각각 구하라. 단, 전력생산량은 12kW이고 단위 셀 전압은 $E_c = 0.65\,V$로 가정한다.

제 6 장
고효율 에너지 절약형 변속기

자동차용 기관에서 발생되는 출력은 기관 회전수에 거의 비례하여 증가하고 기관 토크는 실용 회전 속도 범위에서 거의 일정하다. 그러나 주행조건에 적합한 구동력 또는 구동 토크(torque, 회전력)는 정지로부터 출발, 고부하의 저속에서 저부하의 고속주행, 특히 후진 등 광범위하게 변하고 있으므로, 이에 대응하기 위하여 기관과 구동차륜 사이에서 토크를 변화시키는 변속기가 장착된다. 따라서 변속기는 기관 또는 전기 모터 등의 원동기에서 발생하는 동력을, 자동차의 주행 조건에 적합하도록 증폭 또는 감소시켜(대부분의 경우 증폭시킴) 구동 차륜에 전달하는 역할을 하며 차량 후진 기능도 갖고 있다. 이러한 변속기에 적용되는 원리는, 서로 다른 직경의 치차 또는 가변 직경의 풀리(pulley) 등을 사용하여 입력축과 출력축의 회전 속도 비를 변경하면 이에 반비례하는 토크 비가 얻어진다는 것이며, 결과적으로 다음과 같은 역할을 담당할 수 있다.

① 기관과 구동륜 구동축 사이에 회전력을 증가시키는 변속기에 의하여, 광범위하게 변화하는 자동차의 주행 저항력에 적합한 구동력을 얻을 수 있다. 즉 높은 구동력(회전력)이 구동륜에서 요구되는 고부하 운전의 경우 차륜을 구동하는 구동축의 회전속도를 기관 회전수보다 낮게 감속시켜 높은 회전력을 얻고, 반대로 구동력의 여유가 존재하는 경우에는 구동축의 속도를 증가하여 높은 주행속도를 얻는다.

② 엔진 시동과 정차 또는 제동 시, 변속기 이후의 동력 전달을 차단할 수 있으므로 기관을 무부하 상태에서 조작할 수 있으며, 자동차의 후진을 가능하게 한다.

이러한 역할을 수행하기 위한 변속기 구비조건은, 우선 연속적 또는 단계적으로 유연한 변속과 조작이 용이하여야 하고, 변속조작이 확실·정확· 정숙하고 전달효율이 양호하여야 하며, 관성이 낮고(경량이고) 고장이 없으며 정비가 용이하여야 한다는 것이다.

자동차가 처음 개발된 시기의 변속기는 레버로 작동하는 2단 기어식이였으며, 2마력 정도의 최고 시속 20㎞를 넘지 못했던 당시 수준에는 2단식으로도 충분했다. 이후 자동차의 속도 경쟁이 불붙으며 출력과 속도를 높이기 위해 여러 단계의 변속 범위가 요구되었고, 이 과정에서 3단 변속기가 1920년 미국에서 처음 등장했으며, 오늘날과 비슷한 형태의 수동변속기(MT)는 1929년 제너럴모터스(GM)의 캐딜락에 최초로 장착됐다. 현재까지 대부분의 차량에 설치되어 사용된 자동변속기(AT)는 1925년 독일에서 처음 개발되어 1936년부터 2년간 벤츠차에 시험 장착됐으나 양산에 실패했고, GM에서는 양산에 성공하여 판매한 결과 운전의 편리성으로 당시 큰 인기를 얻었다. 차세대 변속기로 주목받는 무단변속기(CVT)는, 네덜란드에서 “DAF”라는 자동차 회사를 공동 설립한 반도르네(Van Doorne) 형제가 1956년에 “바이오메틱” 이라는 벨트 구동식 변속기를 발명하여 시험운전에 성공한 후, 70년대 까지 CVT 설치 차량(다프 CVT시리즈)을 약 6만 여대 생산했다. “DAF”회사가 문을 닫은 후, CVT기술은 일본으로 전수되어 95년에 “후지 중공업”은 반도르네식 결함을 보완한 전자식 무단변속기를 경차에 장착하여 시판을 시작했고, 현재는 우리나라를 포함한 각국에서 생산하는 승용차 수준 차량에 널리 장착되고 있다.

본 장에서는 우선 기존 변속기(MT, AT)의 종류 및 특성에 대하여 간단히 언급한 후, 무단 변속기(CVT)의 개념 및 종류, 작동원리, 제어계통 등에 대하여 중점적으로 다루겠다. 마지막으로 현재 소형 차량에 흔히 적용되는 반자동 변속기(SAT)와 차세대의 에너지 절약형 변속기로 주목받는 2중 클러치 자동화 수동변속기(AMT)에 대하여 다루겠다.

1. 기존 변속기 종류 및 특성

변속기는 기본적으로 수동(MT)과 자동(AT)으로 나눌 수 있다. 수동변속기는 활동적인 운전성능, 뛰어난 연비, 저렴한 가격 등 많은 장점을 갖추고 있지만, 동력을 단속하는 클러치 페달과 연동되어 있으므로 언덕이나 미끄러운 도로 등에서 자동차를 출발시키는 것이 쉽지 않다는 단점이 있고 또한 혼잡한 도로를 주행 할 때 크러치 조작을 계속해야 하므로 운전자의 피로가 누적된다. 반면, 자동변속기는 클러치나 변속레버를 조작할 필요가 없는 편리한 시스템이다. 하지만 AT는 MT에 비해 가격이 비싸고 연료소모가 많다는 단점이 있다. 또한 구조가 복잡해 정비성이 좋지 않고 MT에 비해 내구성이 떨어진다는 단점이 있다. 이러한 기존 변속기들의 단점을 해결하고, 가장 효율적인 기관 상태에서 주행할 수 있는 무단 변속기(CVT)는, 다임러 벤츠에서 1886년 가변 풀리를 이용하여 세계 최초로 제안한 이후, 네덜란드의 반도네가 1956년에 실용화에 성공했고, 90년도부터 전자 제어회로와 결합되어 전자식 CVT가 각국의 자동차 제작회사에서도 생산되는 친환경차의 절반 이상에 장착되고 있다.

1) **수동변속기**(MT, manual transmission)

차량의 주행 속도에 따라 운전자가 변속레버 위치를 변화시켜 직접 치차(gear) 결합을 선택할 수 있는 변속기로서, 선택기어식 변속기라고도 한다. 치차를 선택하여 결합할 때에는 클러치 페달도 조작하여 원동기와의 동력 전달을 차단해야하는 불편한 점과 오일 유출, 기구의 마모와 부조화로 인한 치차소음, 치차 빠짐 등의 문제점이 존재한다. 설치되는 자동차의 형식에 따라, FR(전기관 후륜구동)차에 장착되는 T/M(변속기)과 FF(전기관 전륜구동)차에 사용되는 Transaxle(T/A, 변속기+최종감속기+차동장치)로 구분한다.

(1) **활동 기어식**(Sliding Gear Type)

변환(Shift) 레버에 의하여 스플라인(spline) 주축 상에 부착되어있는 여러 지름의 활동치차를 전·후로 이동시켜, 부축 상에 고정된 치차와 적당히 조합하여 요구 변속비를 얻는다. 구조가 간단하고 취급이 용이하지만, 치차 자체가 스플라인 축 위를 활동하며 상대방 치차 원주상의 잇빨과 맞물려야 하므로, 소음과 간섭이 크다는 단점이 있다.

(2) **상시 치합식**(Constant-Mesh Type)

활동 기어식의 결점을 없애기 위하여 각 변속단계의 치차는 항상 서로 물려있지만, 주축 상의 치차는 주축과 연결되어 있지 않다. 치차와 주축과의 연결은 주축 위를 활동하는 치차 클러치에 의하며, 치차 클러치 중심부는 주축에 회전력을 전달하기 위하여 스플라인 구멍이 가공되었고, 원주면은 주축 상의 치차에 가공된 내접

치차와 맞물리기 위한 치차 잇빨이 가공되어 있다. 따라서 변속치차와 주축과의 고정은, 직경이 작은 내접치차와 클러치 치차의 맞물림에 의하므로, 조작이 쉽고 저소음이며 활동거리도 짧다.

구조가 비교적 간단하며, 헬리컬 치차를 선택할 경우 부담 하중이 커지고 운전이 정숙하여 아직도 일부 대형버스나 트럭 등에 이용되고 있다. 그러나 아직, 변속시의 치차 클러치와 주축 상의 내접치차와 물릴 때 발생하는 소음은 피할 수 없다는 단점이 있다.

(3) **동기 치합식**(Synchro-Mesh Type)

근간의 자동차용 수동변속기에서는 싱크로메시 기구가 이용된 상시물림 동기 치합식이 대부분이며, 이 형식은 종래 상시 물림식의 치차 클러치를 개량한 싱크로메시 기구를 채용한 장치이다. 즉, 상시치합 치차와 결합 슬리이브 사이에 동기 클러치를 설치하고, 여기서 발생한 마찰 토크를 이용하여 슬리이브와 상대 치차의 원주속도를 일치시켜 원활한 물림을 한다. 따라서 상시 치합식의 단점인, 변속시의 소음과 더블 클러치의 조작 등이 불필요하고 변속이 용이하며 기어 수명이 보장되고, 헬리컬 기어를 채용했으므로 하중 부담능력이 크다는 장점이 있다.

이상에서 언급한 수동 변속기에 대한 개략도와 동기 치합식의 싱크로 메쉬 기구 등은 [그림 6.1]에 도시했다.

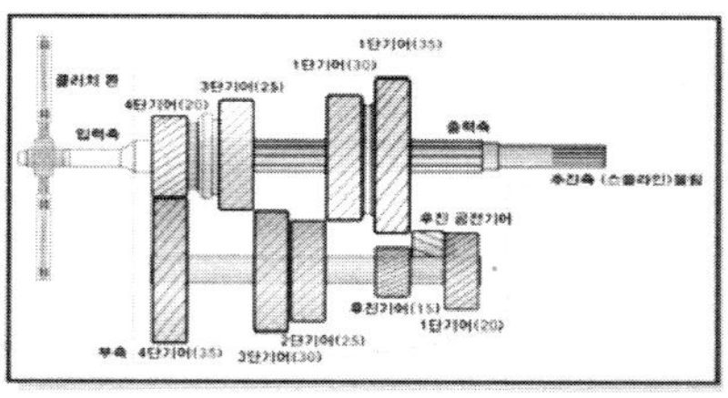

(a) 활동 기어식

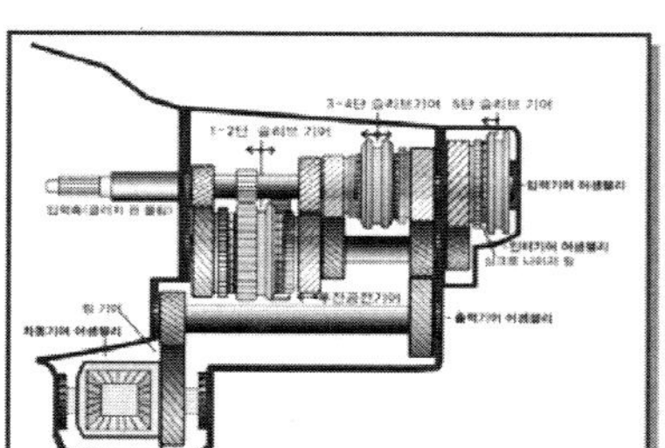

(b) 상시 치합식

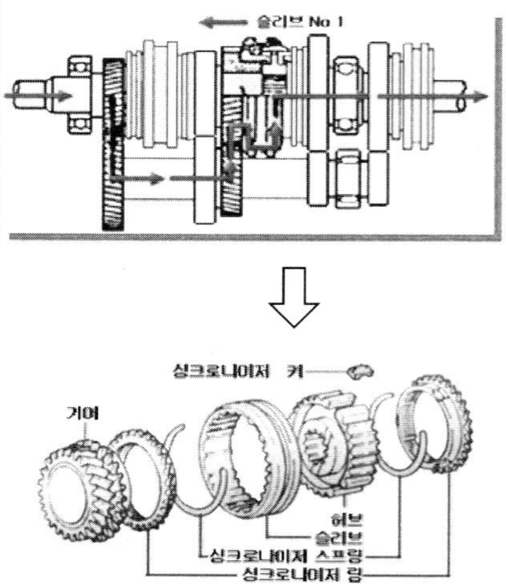

(c) 동기 치합식

그림 6.1 수동 변속기(MT)의 개략도

2) 자동 변속기(automatic transmission)

자동변속기는 크게 나누어 2개의 부분, 즉 수동변속기의 클러치 역할과 기관 토크의 변화가 가능한 토크 컨버터(torque converter)와 후진을 포함하여 몇 개의 변속단이 가능한 치차 장치로 구성되며, 이 외에 유압 또는 전자 제어장치와 클러치, 브레이크 디스크 등이 있다. 자동변속기의 큰 특징은, 클러치 페달이 필요 없는 토크 컨버터와 항상 맞물려 회전하는 3종의 치차에 의하여 6단의 변속이 가능한 유성치차열로 구성된다는 점이다. 따라서 운전자의 가속페달 밟기 정도에 따라 치차 선택이 자동적으로 이루어져 주행속도를 증가할 수 있고 정지 시에도 변속기 레버를 중립으로 조작할 필요가 없으므로 수동식에 비해 운전이 용이하고 각 부분에 가해지는 충격이 적은 장점이 있으나, 구조가 복잡하고 고가이며 정비가 어렵고 연료소모가 약 10% 증가한다는 단점이 있다.

(1) 토크 컨버터의 원리

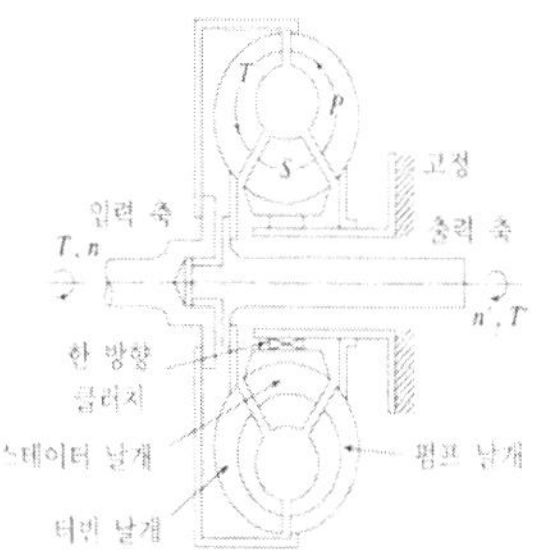

그림 6.2 토크 컨버터

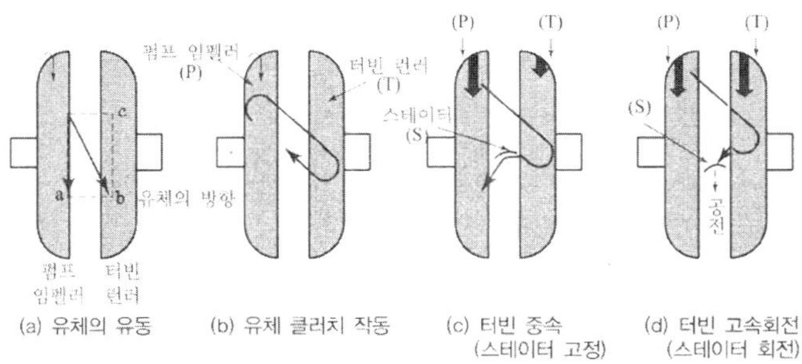

그림 6.3 스테이터 회전 여부에 따른 토크 변화

토크 컨버터는 [그림 6.2]와 같이 입력축(원동기 연결)에 고정된 펌프 날개와 출력축(구동 차륜축 연결)에 고정된 터빈 날개, 펌프와 터빈 사이에서 한쪽 방향으로만 회전하는 스테이터 날개 등의 3개 요소로 구성되며, 이들은 오일로 채워진 케이스 내에 밀봉되어 있다. 이러한 구조에서, 원동기가 회전하면 펌프 날개에서 발생된 원심력에 의하여 오일이 터빈 날개에 충격을 주며 유입하여 터빈에 회전력이 전달되며, 이 때 터빈 날개의 원주속도가 낮아지면(출력축의 저속회전 - 고부하) 원동기 토크를 증폭하여 터빈에 전달하고, 터빈 날개의 원주속도가 높아지면(출력축의 고속회전-저부하) 원동기와 동일한 토크를 터빈에 전달한다. 이와 같은 토크 변화는 [그림 6.3]과 같이 스테이터 회전의 허용 여부에 의한다. 즉, 원동기와 동일한 토크(회전력)를 전달시키려면 스테이터를 펌프와 동일 방향으로 회전하게하고, 토크를 증가시키려면 펌프와 반대 방향으로 회전하려는 스테이터 회전을 허용하지 않는다.

(2) 유성치차

자동변속기에서는 토크 컨버터에 의한 토크 증폭(2~3배) 외에 주행 속도에 적합한 토크 변화 및 후진을 위하여 보조 토크 변환장치가 필요하며, 이 장치는 소음이 없고 소형이며 입·출력축을 동심에 배열할 수 있는 유성치차를 사용한다. 유성치차 장치는 선치차, 유성치차 캐리어, 링치차 등의 3가지 요소로 [그림 6.4(a)]와 같이 구성되며, 어느 하나를 완전히 고정시키고 다른 하나를 입력으로 선택하여 회전시키면, 나머지 하나가 감속 또는 증속 회전하거나 역회전하는 출력축으로 결정되므로, 한 개의 치차열로 6개의 변속이 가능하다. 또한 치차열은 항상 물려있는 상태에서 회전력이 전달되므로, 수동변속기와 같이 일일이 클러치를 밟아 동력을 차단하지 않더라도 변속이 가능하다. 현재 적용되는 유성치차의 형식은 [그림 6.4(b)(c)]와 같이 심프슨 형식과 라비뇨 형식이 있다.

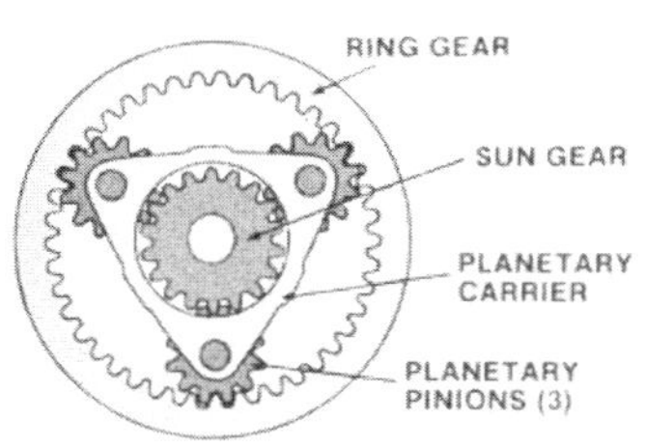

(a) 단순 유성치차열

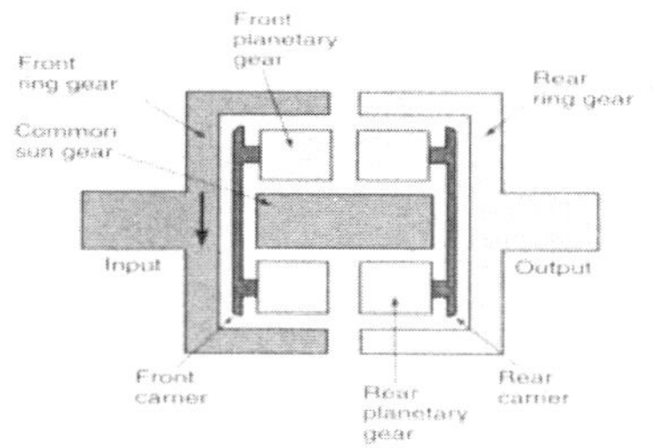

(b) 심프슨 유성치차열

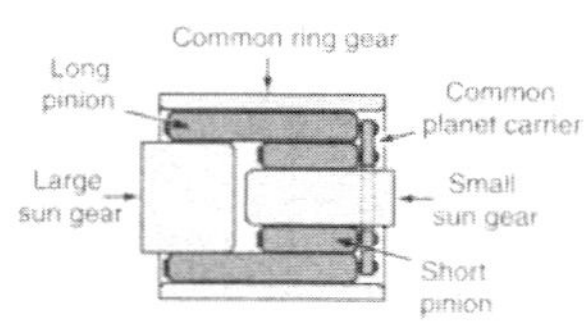

(c) 라비뇨 유성치차열

그림 6.4 유성치차열의 기본 구성 및 형식

(3) 기타 제어장치

클러치 및 브레이크는, 다판 디스크 또는 밴드 등을 사용하여, 제어장치로부터 전달된 신호에 따라 유성치차 구성 요소 중, 입력 및 고정요소를 선택하거나 연결 및 구속하고, 역회전을 방지하는 역할을 수행한다. 이들을 제어하는 장치는, 오일펌프에서의 유압을 제어 밸브를 통하여 클러치 및 브레이크에 배분 압송하는 유압제어장치와 기계적 제어밸브 대신 전자제어 솔레노이드 밸브로 대체하고 ECU에서 제어하는 전자제어장치가 있다.

[그림 6.5]에 자동 변속기 개략도와 구성 요소들 간의 회로도를 전기관 전륜구동 차량에 장착된 경우(자동 트랜스 액슬)에 대하여 도시했다.

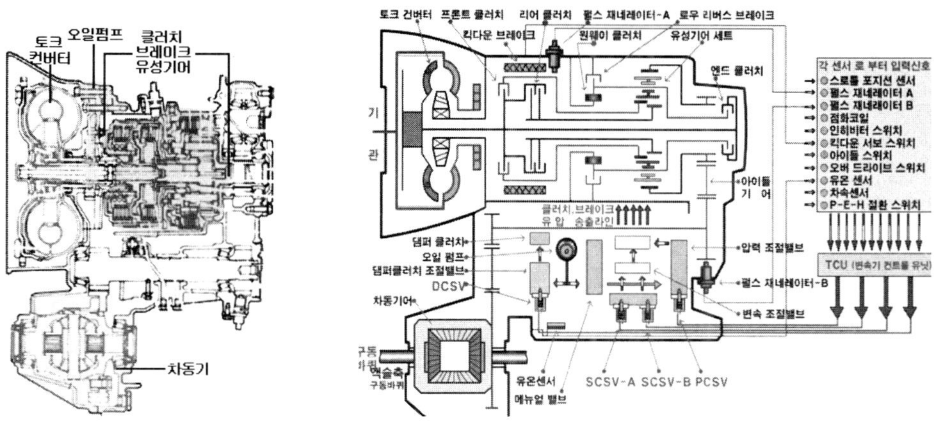

그림 6.5 FF자동차의 자동변속기 구조 및 단면도

2. 무단 변속기(CVT, continuously variable transmission)

자동차의 주행은 높은 토크가 요구되는 고부하에서는 저속으로 주행하고, 낮은 토크가 요구되는 저·중부하에서는 고속으로 운전하는 것이 일반적이지만, 장착된 기관이나 모터는 회전속도의 상승에 비례하여 출력이 증가하는 반면 토크는 기관의 저속 영역에서 작으며 중속 영역에서 최대값을 나타내는 특성이 있다. 따라서 원동기와 구동륜 사이에 변속기를 설치하여 주행 상태에 대응하는 구동력과 주행속도를 확보하며, 일반적으로 사용하는 유단 변속기는 5단의 수동변속기나 4단의 자동변속기처럼 필요에 따라 주어진 범위 내의 일정한 변속비를 선택하여 사용한다. 그러나 주행 상태 및 운전자의 가속 페달 조작은 수시로 변화되고 치차 단수는 한정이 되어 있으므로, 항상 주어진 상태에 알맞은 최적의 운전 상태는 유지하기 어렵고 또한 엔진의 출력을 충분히 활용할 수 없는 것이 기존 유단 변속기(수동 및 자동 변속기)의 결점이다.

이러한 결점을 보완하기 위하여, 변속기는 다단화의 방향으로 발전하고 있으며, 이를 적극적으로 추진하여 무한 단수를 갖게 하는 궁극적 목표로 개발한 것이 무단 변속기(CVT)이다. 무단변속기는, 이름에서 알 수 있듯이, 변속비의 변화가 단속적이지 않고 연속적으로 변속이 가능하기 때문에, 변속비가 확장되어도 변속 시에 발생하는 충격이 없고 치차를 사용한 유단 변속기에서는 따라올 수 없는 수준으로 변속 충격이 없으며 연비나 동력성능 및 가속성능이 우수하게 향상 되는 특징을 갖는다.

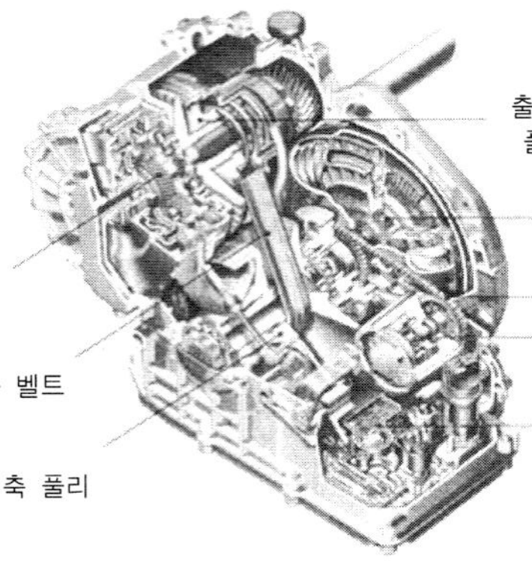

그림 6.6 토크 컨버터식CVT

무단 변속기는, 벨트나 벨트의 피치 반경(유효 반경)을 변화시키기 위해 풀리(pulley)의 반쪽을 축 상에서 이동시키는 가변식 풀리 CVT와 기본적인 요소는 같지만, 여러 가지 방식으로 차량에 장착되고 있다. 예를 들어 발진이나 정지 시에 필요한 자동 클러치에 대해 서는 전자 파우더 클러치(electromagnetic power clutch)나 유압 제어의 습식 다판 클러치(wet multipl disc clutch), 토크 컨버터 등이 이용되었지만, [그림 6.6]과 같이 자동 클러치는 토크 컨버터, 벨트는 스틸 벨트, 전진·후진의 변환 장치는 유성기어식의 CVT 사양을 선호하고 있다.

1) 무단 변속기 개발과 장·단점

(1) 개발과정과 현황

무단 변속기는 내연기관이나 모터 등과 같이 저속에서 높은 토크를 얻을 수 없는 원동기의 토크 특성을 보충하기 위한 변속기로서 이상적이기 때문에 여러 형식들이 개발되었다. 다임러 벤즈는 1886년에 최초로 고무 V벨트와 가변 풀리(pulley)

를 이용한 무단 변속기를 개발하여 가솔린 차량에 탑재했고, 1907년 미국에서는 [그림 6.7]과 같은 원반과 코로에 의한 마찰판식 동력 전달장치가 제작되었다. 그 작동 원리는 코로를 원반의 중심에 위치시키면 회전력이 전달되지 않는 중립, 중심으로부터 멀어질수록 저속에서 고속으로 변속되며, 중심을 지나 반대 측에 위치시키면 후진이 되는 간단한 것이지만, 회전력 전달능력이 매우 제한되므로 실용화되지 못했다. 이러한 원리를 근거로 1930년에 GM은 금속롤러와 레이스의 구름접촉에 의하여 동력을 전달하는 토로이들(toroidal) 드라이브에 대한 특허를 얻어 뷰익 디비전에서 실용화를 위해 개발했으나 성공하지 못했다.

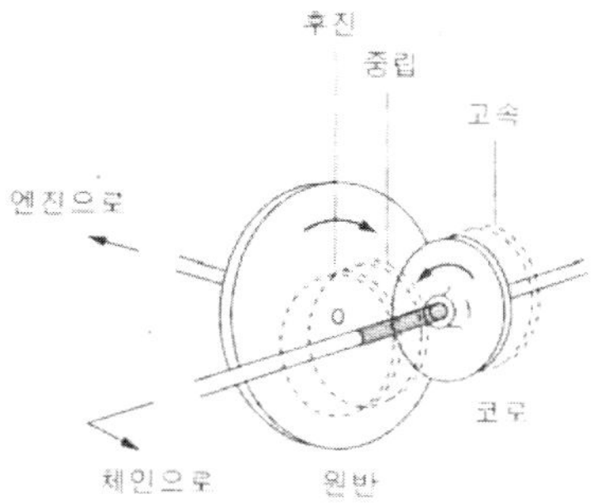

그림 6.7 마찰판식 변속장치

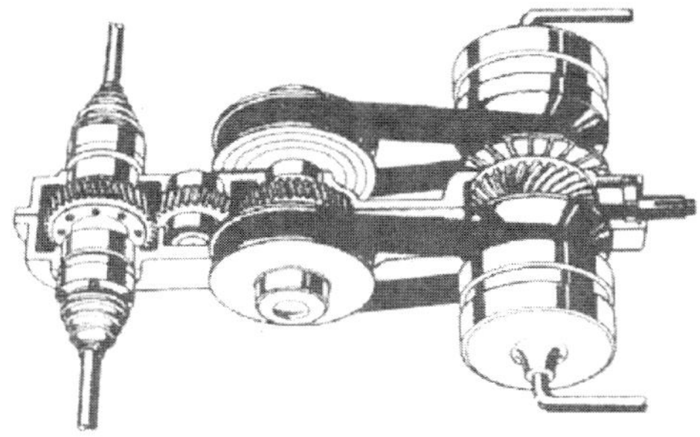
그림 6.8 DAF사의 바리오 매틱

현재의 양산 차종에 적용되는 유일한 방식인 가변 풀리-벨트 방식이 처음으로 자동차에 탑재되어 양산이 시작된 것은 1956년 네델란드의 DAF600의 “바리오 매틱(variomatic)”으로, 초기에는 [그림 6.8]과 같이 고무 벨트와 풀리로 되어 있는 2조의 변속기를 채용하여 좌우의 차륜을 별도로 구동했지만, 그 후에 배기량과 출력이 증가함에 따라 2조의 변속기로 1개의 출력축을 구동하는 방식으로 바뀌었다. 그러나 고무 V벨트 자체의 열변형과 마모에 의한 성능저하 등의 문제가 존재했으며, 1995년에 일본의 후지 중공업에 의하여 기술적 결함이 보완된 후 64마력의 경차에 탑재되어 본격적인 시판이 이루어졌다.

무단변속기에 대한 세계적인 연구는 1980년대 후반부터 활발해지기 시작했으며, 우리나라에서는 1999년에 대우 자동차의 마티즈에 벨트와 풀리를 이용한 벨트식의 무단 변속기의 탑재로 시작되어, 2000년에 현대자동차의 EF 쏘나타에, 2002년도에 기아자동차의 옵티마 리갈에 벨트식 무단 변속기가 채용되었다. 벨트식 무단변속기는 입·출력 축상에 설치된 2등분 분할 풀리와 두 축 간에 동력을 전달하는 매체

(체인 또는 벨트)로 구성된다. 분할이 가능한 V홈 풀리(pulley)의 한쪽은 축에 고정되고 다른 한쪽은 축 방향으로 이동할 수 있으므로 이동 거리에 따라 풀리 V홈의 폭이 변하고, 홈의 폭이 변하면 동력전달 매체(벨트 또는 체인)는 V홈 경사면을 따라 이동하므로 동력전달 위치의 반경이 변화되어 무단 변속이 가능하며, 이 장치는 2006년 프라이드, 베르나 하이브리드 및 2009년 아반떼, 포르테 하이브리드 자동차에도 채용되었다.

그림 6.9 벨트식 CVT의 외형 구조

현재 사용되는 CVT의 외형은 [그림 6.9]와 같고, 지금까지 개발된 무단변속기의 일반적인 특성을 비교하면 [표 6.1]과 같다.

표 6.1 무단 변속기의 일반적 특성 비교

구 분	벨트 풀리 방식	트로이들 방식	유성기어 방식
동력전달 수단	벨트와 가변풀리의 마찰력	회전체 구름접촉에 의한 윤활재 전단력	무단 변속기구와 유성기어기구
기구의 효율	고	고	고
동력전달 용량	소	대	대
크기	중	대 (전륜구동의 경우)	중
무게	중	대	중
소음	중	저	중
내구성	보통	불량	보통
레이아웃 용이성	불량 (후륜구동의 경우)	불량 (전륜구동의 경우)	양호
특허회피 가능성	매우 낮음	매우 낮음	보통
자동변속기와의 공용화 가능성	낮음	낮음	보통
상업화	중·소형차종에 일부 적용	없음	없음
개선점	변속비 범위 확대	윤활재 개발,내구성 향상,무게감소	

(2) **무단 변속기의 장·단점**

무단변속기의 일반적인 이미지는 변속 충격이 없는 부드러운 가속성이며, 이는 종전의 자동변속기에서 실현이 어려운 충분한 동력성능과 양호한 연비특성을 모두 만족하기 때문이다. 이와 같은 CVT는, 일반 자동변속기와 달리, 기관 속도를 구동륜과 독립적 관계를 유지하며 변속이 가능하므로, 주어진 변속 조건에 따라 최고와 최소 변속비 사이를 연속적으로 무한대의 단으로 변속함에 의하여 기관 동력을 최대한 이용하고 우수한 동력 성능과 연비 향상을 얻도록 설계된 변속기로서, 다음과 같은 장점들을 갖고 있다.

① 변속할 때 충격(shock)이 없다.

② 원동기 출력을 효율적으로 사용하므로 성능향상과 연비를 높일 수 있다.

토크 컨버터를 사용한 유단 변속기 장착 차량은 [그림 6.10(a)]에 나타낸 바와 같이 엔진의 회전 속도 증가에 따라 주행속도가 직선으로(단 자동 변속기인 경우, 토크 컨버터 slip 영역은 제외)증가하고 변속 할 때에는 엔진의 회전속도가 급속히 감소한 후, 다시 증가하면서 다음 단계로 변속된다. 즉, 원동기 회전수 변화의 폭이 크고, 주행조건에 최적 상태를 유지하며 연속적으로 운전할 수 없다. 그러나 CVT의 경우는 변속이 연속적으로 이루어지므로 엔진의 회전속도를 일정하게 유지한 상태에서 주행 속도를 증가시킬 수 있다. 따라서 [그림 6.10(b)]의 차량 성능 곡선에서 유단변속기로는 불가능한 영역의 운전이 가능하다. 즉 연료 소비율 측면만을 고려한다면 최소 연료 소비율 곡선을 따라 운전될 수도 있고, 가속 성능만을 고려한다면 최대 토크 발생 영역에서 운전이 가능하다.

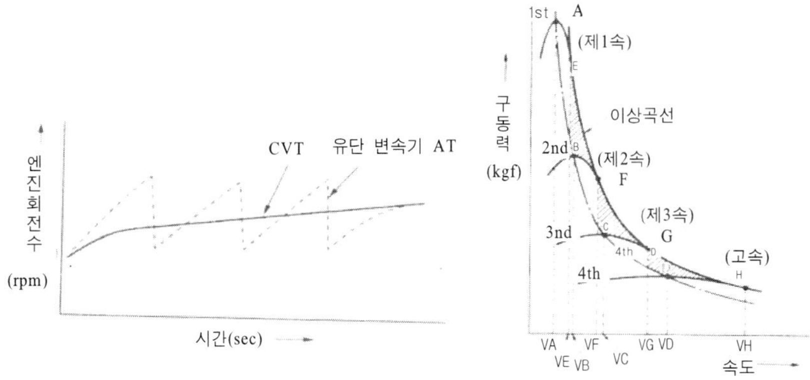

(a) 변속 시 기관 회전수 변화 (b) 구동력-차속 관계

그림 6.10 유단 변속기와 무단 변속기의 기관회전수 및 구동력 비교

가솔린 및 디젤 기관의 특성은 부하의 크기에 관계없이 기관 본체의 작동에 의한 마찰 손실은 별로 변화되지 않는다. 즉, 저부하에서는 기관 자체를 회전시키기 위한 연료 소비량이 많아지며, 특히 가솔린 기관의 경우에는 교축 밸브 열림 정도가 매우 작은 상태이므로 기관의 흡기 손실(pumping loss)이 추가적으로 증가하여 마찰 손실이 커지고, 또한 기관 회전수가 높아져도 마찰 손실이 증가된다. 따라서 기관의 회전수는 가능한 한 낮고 부하는 가능한 한 높아지는 조건으로 운전하는 것이 열효율과 연비가 향상될 수 있으며, 부하는 가속도에 의해서 변화되기 때문에 가능한 거의 일정한 저속 회전으로 기관을 운전하면 연비를 향상시킬 수 있다. 이러한 관점을 고려하면, CVT는 기관의 회전수를 일정하게 유지한 상태에서 변속비를 변화하여 가속할 수 있으므로, 연비면에서 훨씬 유리하다.

③ 로크 업(lockup)의 사용 범위가 넓다.

로크 업이란, 토크 컨버터를 사용하는 유단 자동변속기에서, 일정속도 이상에서는 슬립에 의한 회전 차이를 없애기 위하여 출력축과 입력축을 기계적으로 직결하는 것을 의미하며, 이러한 장치에 의하여 출력축의 속도가 증가할 때, 토크 감소와 변속에 의한 충격을 피할 수 있다. 따라서 유단 자동변속기에서, 출력축의 속도가 어느 정도 이상인 상태에서 가속 페달을 밟으면, 고단 치차측으로 변속됨과 동시에 요구되는 토크를 전달할 수 있는 정도로 로크 업되며, 출력축의 속도가 어느 정도 낮아지면, 추가되는 토크를 토크 컨버터로부터 얻기 위하여 로크 업이 해제된다. 토크 컨버터를 사용하는 무단 자동 변속기에서는 연속적인 변속이 가능하므로 충격이 없고 또 액셀러레이터 페달을 밟음과 동시에 저속 치차 측으로 변속하여 구동력을 증대시킬 수 있으므로, 토크 컨버터에 의한 토크 증가 효과가 필요하지 않다. 따라서 변속비가 가장 큰 저속에서부터 교축 밸브가 완전히 열릴 때까지의 넓은 범위에서 로크 업이 가능하다.

일반적으로, CVT에서는 20～25km/h 정도의 속도 즉, 발진하여 5～10m 정도를 주행하면 로크 업 되어 토크 증대 효과를 얻을 수 있으므로, [그림 6.11]과 같이 거의 전영역을 로크 업 상태로 주행 가능하다. 로크 업 주행 범위가 클수록 토크 컨버터에서 발생하는 슬립 등의 손실들을 감소되므로, 유단 자동변속기보다 더 효율적인 운전이 가능하다.

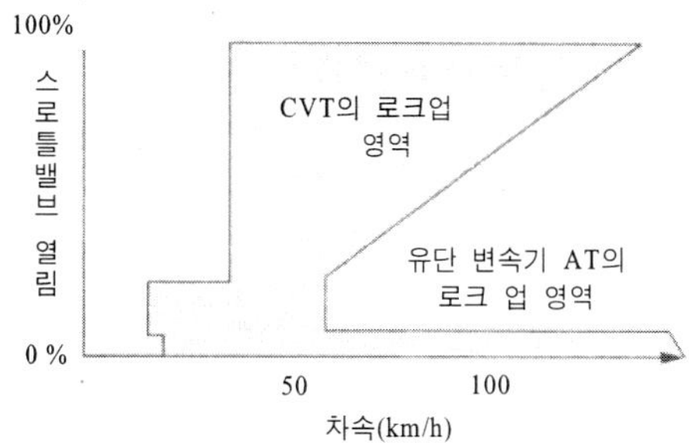

그림 6.11 CVT의 로크 업 범위

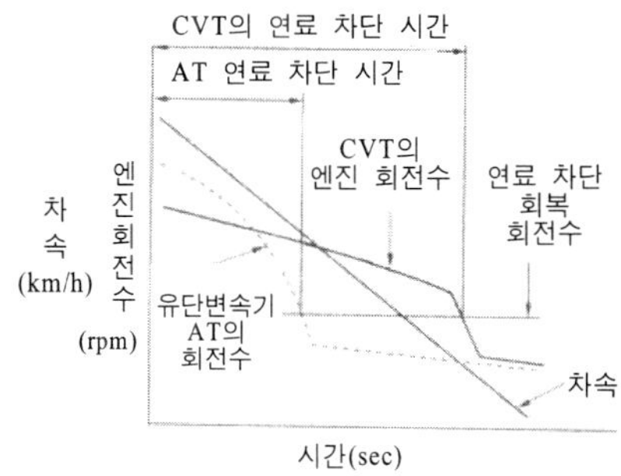

그림 6.12 연료 차단 시간

④ 연료 차단(fuel cut) 시간이 길므로 여비 및 열효율이 향상된다.

정상적인 연료 차단은 제동기구가 작동하여 차속이 감소되기 시작한 후부터 시작하여 기관이 정지하기 직전의 저속회전에 도달할 때까지 계속되어야 한다. 따라서 연료 차단 영역이 길어질수록 연비를 향상할 수 있고, 연료 차단 기간이 필요한 이유는 토크 컨버터에서 구동축과 피동축 사이에 어느 정도의 회전수 차이가 있어야만 동력이 전달되기 때문이다. 감속 시에는 터빈이 구동측이 되므로, 유단 자동변속기에서는 상당히 높은 차속에서 로크 업이 해제되고 기관 회전수는 차속이 낮아지는 것보다 훨씬 빨리 저하됨에 의하여 연료의 차단기간은 단시간 내에서 끝난다. 이에 비하여 CVT에서는 차속의 낮아짐에 따라 변속비가 저속측으로 변속되고 로크 업도 저속까지 계속되어 기관 회전수는 [그림 6.12]과 같이 완만하게 낮아지므로 연료 차단 시간이 연정되고 연비도 향상된다.

⑤ 가속성이 향상된다.

가속 시 유단 자동변속기 변속마다 엔진의 회전이 낮아지고 높아지는 것을 반복하기 때문에 엔진의 회전수 변화의 폭이 커서 최고 출력을 연속하여 사용할 수 없다. 이에 비하여 CVT는 최고 출력 회전수를 유지한 상태에서 변속비를 저속으로부터 고속으로 변속하여 가속을 계속할 수 있다. 즉, 가속이 완료될 때까지 기관의 최고 출력을 연속적으로 유지할 수 있다. 그 결과 CVT는 엔진이 갖는 능력을 거의 100% 모두 사용할 수 있지만, 유단 자동변속기에서는 [그림 6.13]에서와 같이 사용하지 못하는 영역이 존재한다.

또한 기관 회전수를 증가시키기 위하여 가속할 경우에는 이에 해당한 동력이 요구되며, 변속비가 큰 저속 기어의 경우에는 엔진의 출력이 1/4～1/3 정도가 소비된다. 이러한 관점에서도 CVT는 기관 회전 속도의 변화 없이 변속비를 변경하여 가속을 연속적으로 수행할 수 있으므로, 기관 회전수를 높이는데 소비되는 손실을 줄일 수 있다. 실제로 유단 자동변속기에서는 가속 중에 로크 업이 되지 않지만, CVT는 가속 중에도 로크 업이 되므로 가속성이 향상된다.

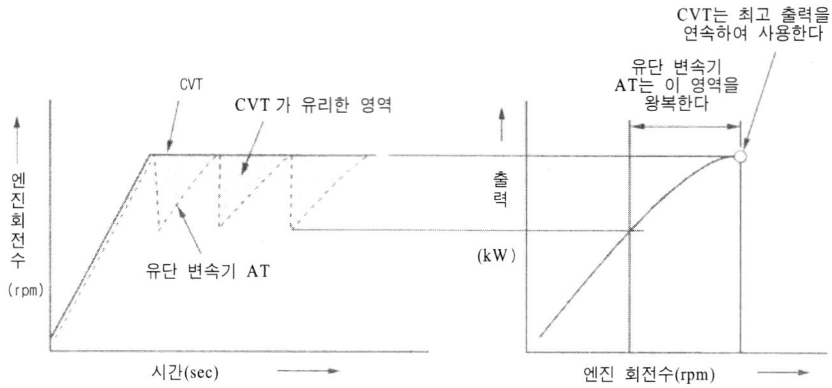

그림 6.13 교축밸브 완전 열림 가속에서 운전조건

⑥ 유단 변속기 AT에 비하여 구조가 간단하고 중량이 가볍다.

이상의 장점들에 의하여 CVT는 자동변속기 대비 20% 이상의 연비향상이 가능하고, 이에 따른 배기가스 절감효과가 있다. 하지만 다음과 같은 단점들도 존재한다.

- 장치의 특성상 높은 출력의 차량 즉 배기량이 큰 차량에도 적용이 어렵다.
- 회전 저항이 커 전달 효율이 나쁘다.
- 마찰력으로 동력 전달을 하기 때문에 풀리 등 부품이 커 차량의 중량이 증가된다.
- 정밀도가 높은 부품이 많아 비교적 고가이다.
- 전달 토크 용량에 한계가 있어 FR 자동차에 적용이 어렵다.

2) 무단 변속기의 종류와 작동 원리

CVT의 종류는 [그림 6.14(a)]의 벨트 구동 방식(Belt Drive type)과, [그림 6.14(b)]의 트랙션 구동 방식(Traction Drive type)의 일종인 트로이덜식(Toroidal type)이 있다. 이외에 국내에서도 현재 연구가 진행 중인 유성기어식(power split type)이 있으나, 자세한 원리 및 신뢰성과 내구성 등에 대한 전반적인 검토가 공식적으로 밝혀지지 않은 상태이며, 특징은 치차식 무단 변속 원리를 이용함에 의하여 기존의 트랙션 구동식 및 벨트식보다 동력 손실이 최소화 된다는 것이다.

(a) 벨트 구동식 CVT

(b) 트로이덜 CVT

그림 6.14 무단 변속기의 형식

(1) **트랙션 구동 방식**(Traction Drive Type)

이 방식은 탄성 유막을 이용하여 금속의 전동체를 사용하는 것이다. [그림 6.15(b)]에 나타낸 것이 가장 기본적인 구조이다. 작동 원리는 [그림 6.15(a)]와 같이 입력 축과 출력 축 원판에 하중 P를 작용시키고 롤러(roller)가 A점을 중심으로 회전함에 따라 유효 접촉 반지름인 Ri와 Ro가 변화하며, 이러한 반지름 비율에 의하여 변속된다. 마찰 바퀴는 토로이드(toroid)라고도 하며, 레이스(race)와 롤러는 직접 접촉하지 아니하고, 그 사이에 존재하는 유막의 전단력에 의해 동력이 전달되며, 이때의 압력은 약 100,000psi 정도이다. 롤러의 회전축은 각도를 바꿀 수 있으며, 회전축의 각도에 따라 두 마찰판의 반경비가 결정된다. 유압에 의한 롤러 위치 제어회로는 [그림 6.15(c)]와 같다.

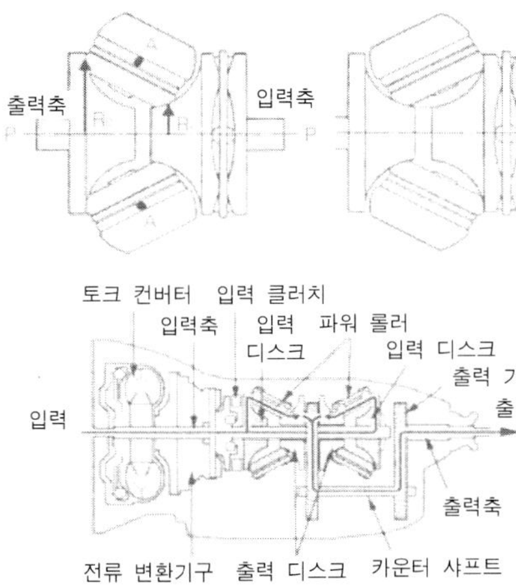

(b) 트랙션 CVT 내부 구조

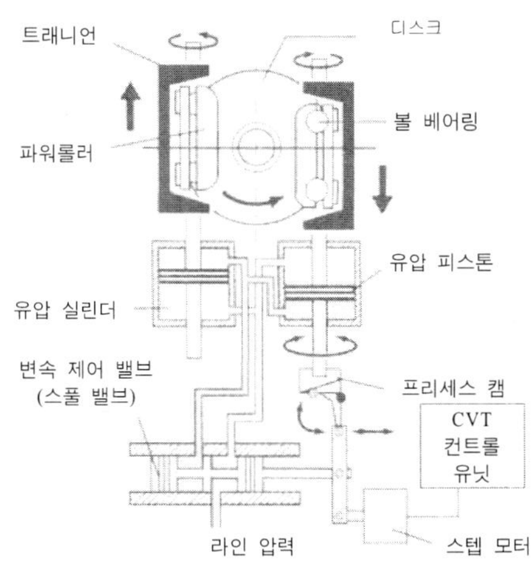

(c) 파워 롤러의 제어

그림 6.15 트랙션 구동 CVT

트랙션 구동 방식의 특징은 다음과 같다.

① 변속 범위가 넓으며, 높은 효율을 낼 수 있으며, 작동 상태가 정숙하다.

② 큰 추력 및 회전면의 높은 정밀도와 강성이 필요하다.

③ 무게가 무겁고, 전용 오일을 사용해야 한다.

④ 마멸에 따른 출력 부족(power failure) 가능성이 크다.

(2) **벨트 구동 방식**(Belt Drive type)

이 방식은, [그림 6.16(a)]와 같이, V홈 분할 풀리(pulley)의 반쪽은 축에 고정하고 다른 반쪽은 축 방향으로 이동하여 V홈 폭이 변할 수 있게 조립된 풀리를 입력축과 출력축에 각각 한 개씩 설치하고 그 사이에 벨트를 걸어 동력을 전달한다. 이때, 풀리 반쪽이 축방향으로 이동함에 따라 풀리와 접촉하는 벨트는 V홈의 경사면을 따라 이동하고 결과적으로 풀리의 유효 직경이 변하여 변속이 이루어진다. 벨트 재질은 전달 토크가 작은 경우에는 고무 또는 가죽 제품도 가능하지만 자동차에는 풀리의 최소 반지름을 작게 할 수 있으며 변속비를 크게 선정할 수 있는 금속 벨트식과 금속 체인식 등이 사용된다.

① 작동 원리 : 저속 시에는 구동 풀리의 폭을 넓게 하여 유효 반경을 작게 하고 피동 풀리의 폭을 좁게 하여 유효 반경을 크게 함으로써 큰 변속비가 된다. 고속 시에는 반대로 구동 풀리의 폭을 좁게 하고, 피동 풀리의 폭을 넓게 하여 작은 변속비가 된다. 풀리 폭의 변화는 이동 풀리에 작용하는 유압을 제어하여 조절되며, 구동 풀리와 피동 풀리의 고정 풀리와 이동 풀리가 각각 반대 측에 위치하고 있기 때문에 변속할 때는 벨트가 축방향으로 약간의 평행 이동을 하게된다.

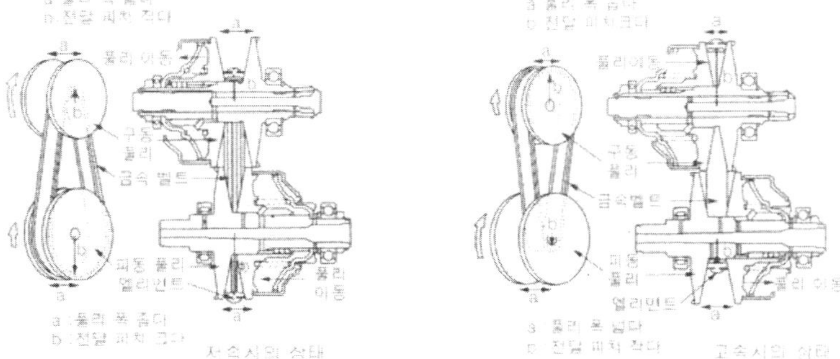

그림 6.16 가변 풀리-벨트식 CVT의 변속 원리

변속비는 최고속인 경우에 약 0.5 : 1, 최저속인 경우에 2.5 : 1 정도이며, 변속비의 폭은 기계식 변속기(MT ; Manual Transmission)의 1속에서부터 5속의 범위와 같거나 약간 넓은 정도이고, 유단 자동변속기에 비해서도 변속 범위가 넓다.

② CVT 벨트의 종류 : 현재 금속 벨트와 금속 체인, 고무벨트 등을 사용하고 있지만, 자동차에 흔히 사용되는 것은 금속 벨트이고, 고무벨트는 주로 산업용 기구에 사용된다.

- 금속 벨트(metal belt) - 이 벨트는 [그림 6.17]과 같이 풀리의 축방향 압력을 받는 약 300개의 블록(Block, 또는 Element)과, 동력 전달을 가능하도록 이들 블록을 연결하는 유연한 얇은 판 형상으로 된 2개조의 링 조합체(Ring, 또는 Band)로 구성되어 있다. 블록과 풀리 경사면 사이는 유체 윤활상태를 이루며, 동력은 블록의 압축력으로 발생한 마찰력에 의하여 전달하는 구조로서 기존의 인장벨트(Tension Belt)와는 달리 푸시벨트(Push Belt)라고 하며, 현재 실용화에 성공한 무단 변속기용 벨트의 주류(主流)를 이루고 있다. 블록을 연결하는 링 밴드는 얇은 특수 강판을 10매 정도 겹친 구조로 엘리먼트와는 전혀 고정되어 있지 않으며, 엘리먼트의 두께는 약 2mm 정도이다.

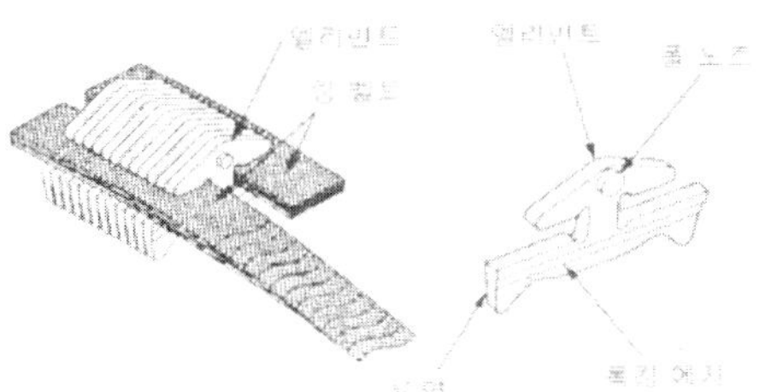

그림 6.17 금속 벨트의 구조

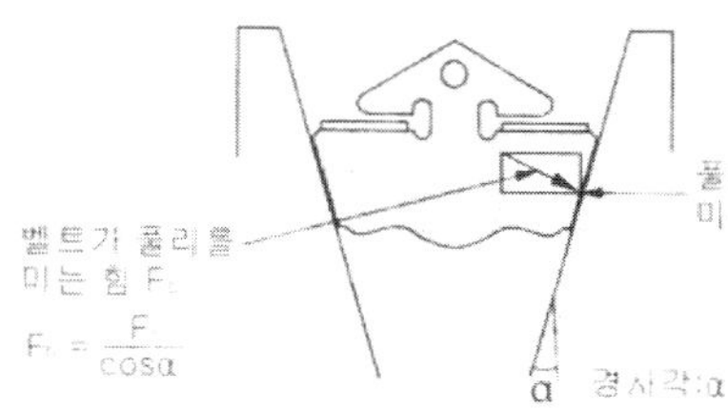

그림 6.18 시브각의 영향

풀리와 벨트가 접촉하는 면은 [그림 6.18]과 같이 경사면으로 되어 있으며, 이 각도를 시브각(sheave angle) 또는 경사각이라 한다. 경사각을 크게 하면 풀리의 접촉면에 벨트가 미는 힘이 커지므로 전달 토크가 크다. 그러나 링 벨트의 장력도 크게 되므로 경사각이 너무 크면 풀리의 피치 반경(유효 반경)을 변화시키기 위한 슬라이드 양이 커져 충분한 변속비의 범위를 이용할 수 없게 되므로, 현재는 주로 11°의 경사각이 이용되고 있다.

풀리에 토크가 작용하면 벨트는 [그림 6.19]와 같은 장력측과 이완측이 발생하며, 인장식 고무벨트의 경우는 벨트의 장력 차이에 의해서 토크를 전달하지만, 압축식 벨트로 호칭되는 스틸 벨트는 벨트의 장력 차이와 엘리먼트의 압축력 합계로 토크를 전달하게 된다.

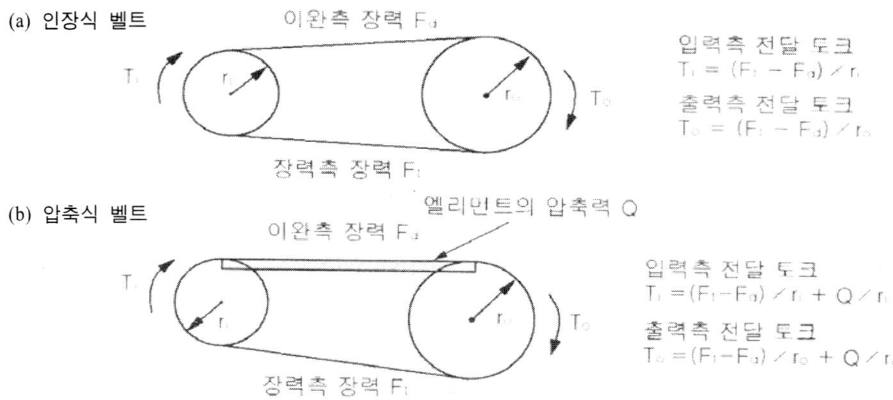

그림 6.19 인장식 벨트와 압축식 벨트의 토크 전달

- 금속 체인(metal chain) - 금속체인은 일반적인 동력 전달용 체인을 개량하여 무단 변속기용으로 개발한 것이로, 제작회사는 미국의 BWA와 독일의 PIV가 있다. BWA사에서 동력전달용 체인을 무단변속기용으로 개발한 체인은, 풀리의 축방향 하중을 로드 블록(Load Block)이 받도록 한 구조이며, 핀(Pin)의 마모로 인한 체인의 인장 및 소음 그리고, 링크(Rink)의 길이 때문에 금속벨트나, 고무벨트에 비해 작은 회전반경을 얻을 수 없다는 단점을 지니고 있다. 이를 이용한 무단변속기가 1987년 스즈끼(Suzuki)社 1300cc 모델인 컬터스(Cultus)에 장착되어 판매되었으나 소음 문제로 양산 중단 되었다. 한편, 독일 Luk사가 개발한 CVT는 PIV의 Chain을 채용했으며, 이 체인은 힘을 받는 로커 핀 양단 부분를 원형으로 가공했으므로 풀리와 접촉시 점 접촉상태가 된다. 따라서 접촉부 오일 압력 증가로 점성이 커져 탄성 유체윤활(EHL, elasto hydrodynamic lubrication) 상태를 이루며, 기존의 유체윤활 금속벨트와 비교할 때 동력 전달능력이 훨씬 높아진다. 체인구조는 비용 측면에서는 유리하나, 마디가 있기 때문에 풀리와 부딪힐 때 발생하는 충돌음은 피할 수가 없는 단점이 존재한다.

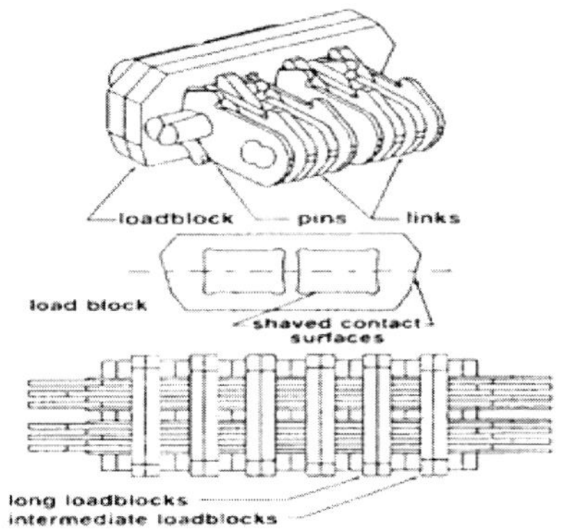

그림 6.20 금속 체인

③ CVT의 유압 제어계통 : 유압제어는 크게 라인 압력제어, 변속비 제어, 발진장치 제어, 매뉴얼 변속제어 등으로 구분하며, 대표적인 회로도는 [그림 6.21]과 같다.

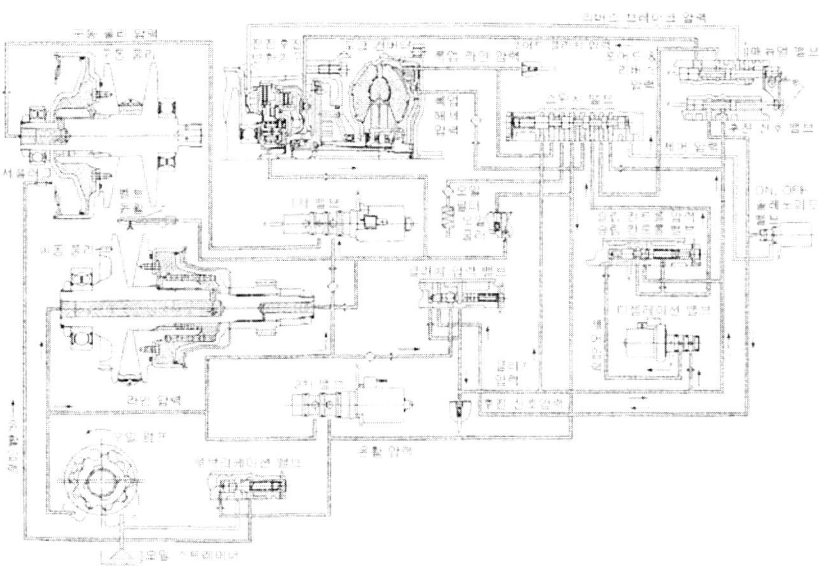

그림 6.21 벨트식 무단 변속기의 유압제어 회로

벨트식 무단 변속의 가장 주요 부분인 풀리 폭의 변화는 이동 풀리에 작용하는 유압을 변화시키는 것으로 이루어지며, 유압을 제어하는 방법에는 한쪽 유압 조정식과 양쪽 유압 조정식의 두 가지 방법이 있다. 한쪽 유압 조정 방식은 피동측의 풀리에는 라인 압력을 작용시키고 구동측 풀리에는 변속 압력을 작용시켜 변속 제어를 하는 방식이다. 양쪽 압력 조정식은, [그림 6.22]과 같이, 저속 변속비에서 작동은 한쪽 압력 조정 방식과 같지만, 압력이 바뀌어 고속 변속비가 되면 구동측 풀리에 라인 압력이 작용시키고 피동측 풀리에는 변속 압력을 작용시켜 변속한다. 일반적으로 변속 압력은 라인 압력을 감압하여 구동측 풀리에 작용시키고 피동측 풀리는 라인 압력이 작용하므로, 구동측 풀리의 작은 피치 반경을 크게 하기 위해서는 유압 작용 면적을 2배로 하거나 더블 피스톤을 적용할 필요가 있다.

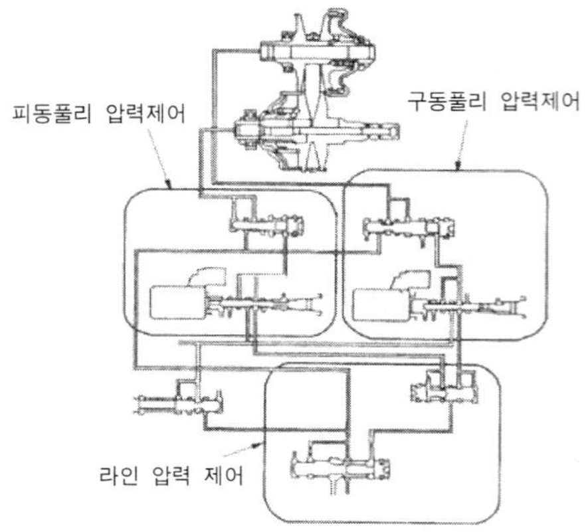

그림 6.22 양쪽 압력 조정식

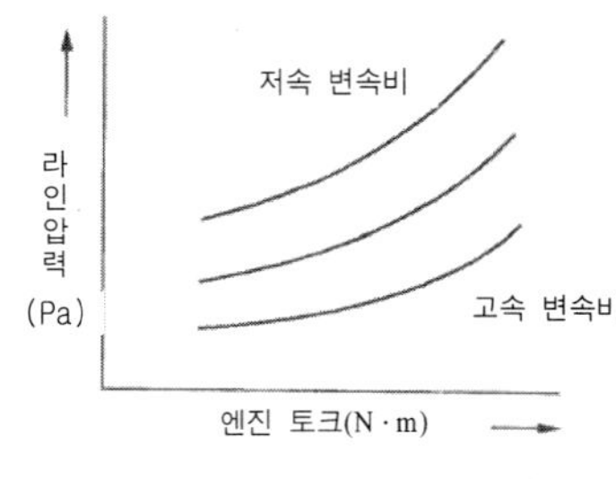

그림 6.23 양쪽 압력 조정식

• 라인압 제어시스템 - 벨트의 장력 및 마찰력에 의해 토크가 전달되므로, 벨트와 풀리 사이에 슬립이 없이 동력을 전달하기 위하여 풀리에 작용하는 유압은 통상 35-50bar 정도로 높아야하고, 기관 토크에 대한 압력 변화 경향은 [그림 6.23]와 같다. 이러한 높은 라인 압력을 유지하기 위해서는 오일펌프의 구동 토크가 커지므로 효율을 높이기 위해서는 전달되는 토크의 크기에 비례하여 적절한 라인 압력을 조절해 줄 필요가 있다. 따라서 라인 압력 제어시스템은 자동 변속기보다 훨씬 높은 압력의 조절과 수시로 입력 토크에 대해 라인압을 신속 정확하게 가변제어 시킬 필요가 있다. 통상적으로 피동측 풀리에 라인 압력을 직접 작용시켜 벨트의 장력 및 마찰력을 확보하는 제어방식을 많이 채택하고 있다. 금속벨트식 무단 변속기에서는 피동측 풀리에 라인 압력을 작동시키고, 이 라인 압력의 크기에 의해 전달토크를 제어하므로, 반드시 가변제어 시스템을 적용해야 하고 또한 금속벨트와 풀리 사이의 마찰에 의해 동력이 전달되고 구동측 풀리의 변위에 의해 변속비의 제어가 이루어지므로, 일반적으로 자동변속기 보다 높은 유압과 많은 유량이 필요하다. 하지만 매뉴얼 변속 제어용 라인 압력의 경우 고압이 필요 없기 때문에 2차 압

력 조절밸브에 의해서 공급되며, 벨트가 미끄러지지 않는 범위 내에서 가능한 한 낮은 것이 바람직하기 때문에 스로틀 밸브의 개도에 따라 제어된다.

• 변속 압력 제어시스템 - 두 풀리의 반경 변화에 의해 변속비가 얻어지므로 변속하기 위해서는 반드시 풀리가 축방향으로 움직여야 한다. 풀리의 움직임은 풀리에 작용하는 유압에 의해 이루어지므로, 비교적 넓은 면적의 풀리 피스톤을 변속비 위치로 신속하게 움직이기 위해서는 매우 큰 유체 유동률을 필요로 한다. 변속비 제어시스템은 이와 같이 풀리가 신속히 움직이기 위한 필요 유압과 유량을 제공해 준다.

현재의 무단 변속기는, 변속 압력을 구동측 풀리에 작동시켜 제어하는 한쪽 유압 조정식을 일반적으로 많이 채택하고 있으며, 압력은 1차 압력 조절밸브로 제어한다.

• 발진장치 제어시스템 - 무단변속기의 발진장치로서 습식 다판 클러치 혹은 토크 컨버터를 사용하며, 최근 개발되는 무단 변속기에서는 운전성 측면에서 유리한 토크 컨버터를 발진장치로 채택하는 경향이 있다. 발진장치로 토크 컨버터를 사용할 경우 댐퍼 클러치의 제어방식은 자동변속기의 경우와 유사하지만, 록업은 속도비가 0.6~0.7 정도에서 일어나므로, 자동변속기 보다 다소 빠르게 이루어진다. 이것은 무단 변속기의 록업 범위가 자동변속기 보다 넓으므로 댐퍼 클러치를 일찍 작동시켜도 발진 성능에 문제가 없기 때문이며, 오히려 연비를 조금이라도 향상시키기 위해 토크 컨버터를 일찍 록업시키는 것이 유리하기 때문이다.

만일 발진장치로서 습식다판 클러치를 적용 한다면 유압제어 시스템도 많이 달라져 한다. 특히, 정지시의 크립 제어나 언덕 및 평지 발진시의 발진감 제어가 매우 까다로워지며 경우에 따라서는 클러치 슬립에 의하여 발생되는 열을 충분히 냉각시키기 위한 별도의 냉각제어 회로가 필요하기도 하다.

• 매뉴얼 변속 제어시스템 : 자동 변속기의 제어와 거의 유사하고 매뉴얼 변속밸브에 의해 변속단이 결정되며, 오리피스와 어큐뮬레이터에 의한 순수 기계식 제어방식과 듀티 제어용 솔레노이드 밸브의 전자제어와 어큐뮬레이터를 동반한 전자제어방식이 주로 이용되고 있다.

• 오일 펌프 : 무단 변속기에서는 높은 라인 압력과 높은 오일 유동률을 필요로 하고 오일펌프의 토출량 역시 자동변속기보다 매우 커야 하므로, 고압용에 보다 적합한 외장 기어타입 오일펌프를 많이 선택하고 있다. 그러나 오일펌프 용량이 커질수록 많은 구동 토크가 요구되므로, 오일펌프의 구동손실을 최소화하기 위하여 일부 무단 변속기에서는 특수한 가변용량 오일펌프를 사용하기도 한다.

3. 전자제어 무단 변속기(ECVT)

전자제어 무단 변속기는 전자 클러치와 금속 벨트(steel belt)에 의한 무단 변속기를 조합하여 고속 성능과 연료 소비율을 낮춘 것으로, 클러치는 자성체 분말을 이용했다.

전자 클러치는 엔진 회전속도, 주행속도, 가속 페달을 밟는 정도 등의 신호로 기초로 계산하는 컴퓨터에 의해서 제어된다. 벨트 풀리 부분은, 컴퓨터 출력에 따라 구동 및 피동축의 풀리 유압이 제어되어, 클러치로부터 전달된 동력을 해당 변속비로 무단계 변속하여 종감속 장치로 보낸다. 전자제어 무단 변속기에서 동력 전달과정 및 내부 구성 부품 등은 [그림 6.24]과 같다.

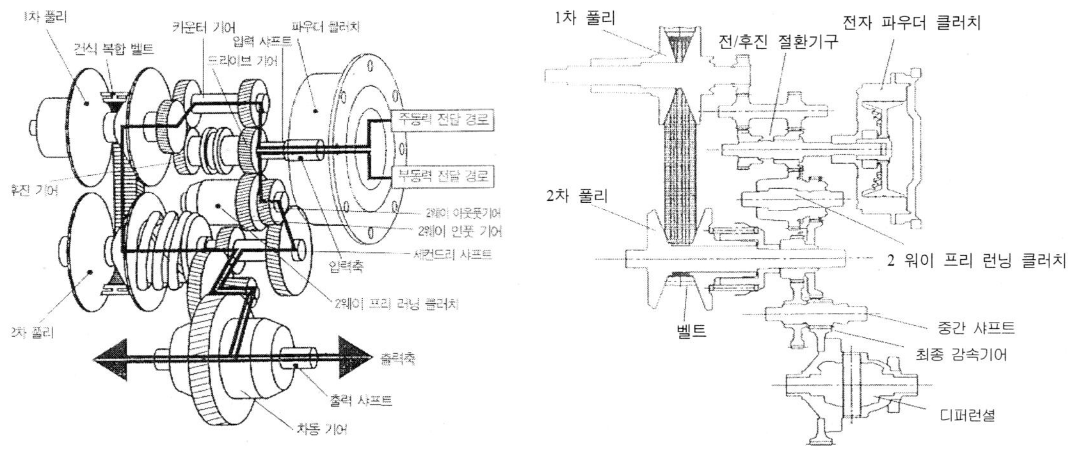

그림 6.24 전자제어 무단 변속기의 동력 전달 및 구성 부품

1) 전자 클러치의 구조와 작동

발진용 전자 클러치에 의한 전자제어 CVT의 작동 계통은 [그림 6.25]의 개략도와 같으며 기본적으로 전자 클러치, 클러치 제어용 컴퓨터, 주행상태를 지시하는 입출력 신호와 스위치 등으로 구성된다.

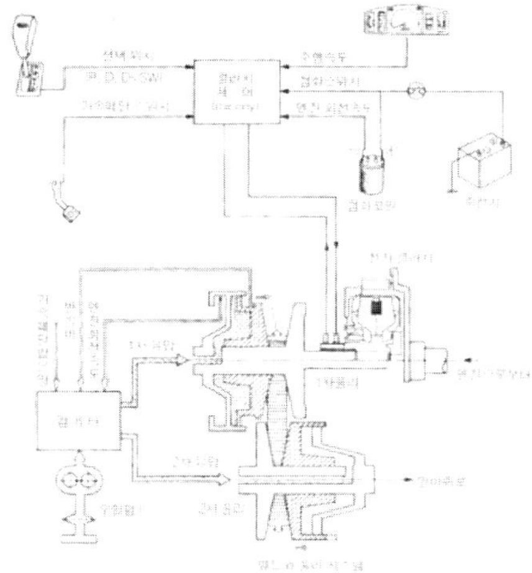

그림 6.25 전자제어 CVT의 작동도

(1) **클러치의 작동 원리**

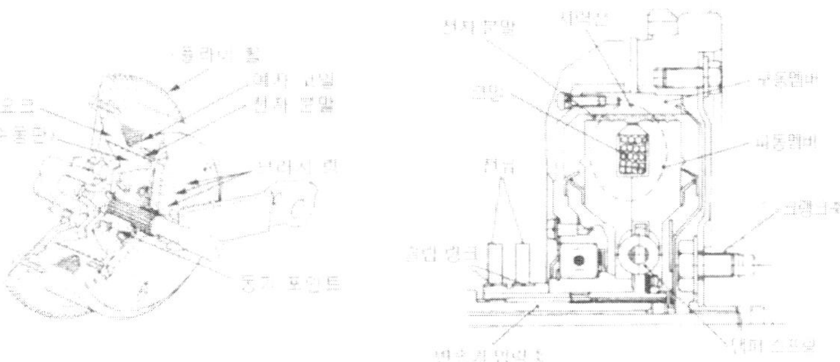

그림 6.26 전자 클러치의 구조

작동 원리는 철분을 자석에 가까이하면 철분이 연결되어 결합력이 생기는 것을 이용한 것으로, [그림 6.26]과 같이 피동 멤버(deiven member) 바깥 둘레와 구동멤버 안 둘레 사이에 틈새(gap)를 두고 그 사이 틈새는 전자 분말들로 채웠고 피동 멤버 내부에 여자 코일을 설치했으므로, 코일에 전류가 통과할 때 발생된 자력(磁力)에 의하여 동력이 전달된다. 이때의 분말에 의한 결합력(전달 토크)은 전류의 크기에 비례하며, 전류를 차단하면 결합력이 완전히 제거되는 기계식 클러치의 발진용 클러치로서 특성을 지닌다.

(2) **클러치 제어**(clutch control) **계통**

① 자동화 계통 : 발진, 정지, 변환의 기본 제어에 엔진 브레이크, 직결 및 재결합

할 때의 충격 완화를 포함하여, 올라가는 언덕길에서 일단 정지하였다가 발진 할 때의 힐 홀더(hill holder) 기능 등이 있다. 또한 자기 진단 기능 및 부분 고장에 대처할 수 있는 백 업(back-up)기능도 포함되어 있다.

② 입력 신호의 기능 : 점화 스위치, 가속페달 스위치, 차속 펄스, 선택 레인지 스위치, 쵸크 스위치, 가속페달 변위, 에어컨 스위치의 입력신호는 컴퓨터 입력으로 사용된다.

- 점화 펄스(ignition pulse) - 발진할 때 기관 회전수에 비례하는 클러치 전류 발생.
- 가속 스위치 - 발진할 때 클러치 전류를 On시키거나 또는 정차할 때 차속 펄스와 함께 엔진의 작동이 정지하는 것을 방지하기 위한 신호로 사용.
- 가속 페달 개도 스위치 - 액셀러레이터 페달을 밟는 양을 검출하여 클러치 직결 전류 및 반 클러치 특성을 변경하기 위한 신호로 사용.
- D, Ds, R 레인지 스위치 - D, Ds, R 레인지를 검출하며, 가속 스위치와 연동하여 주행이 가능하도록 하는 신호로 사용.
- 차속 펄스 - 발진 후 엔진 회전수에 비례한 클러치 전류를 일정 전류(직결 전류)로 변환하고, 정차할 때에는 가속 스위치와 연동하여 엔진의 작동이 정지하는 것을 방지하기 위한 신호로 사용. 차속 스위치는 속도계에 내장되어 있음.
- 초크 스위치(chock S/W) - 초크 사용을 검출하여 클러치 전류의 상승 특성을 변경해 스톨 포인트(stall point)를 고속 회전 쪽으로 변경하는 신호로 사용.
- 에어컨 스위치(air-con S/W) - 에어컨 사용을 검출하여 클러치 전류의 상상 특성을 변경하여 스톨 포인트를 고속 회전 쪽으로 변경하는 신호로 사용.

이상의 신호들에 대한 입출력 회로는 [그림 6.27]에 도시했다.

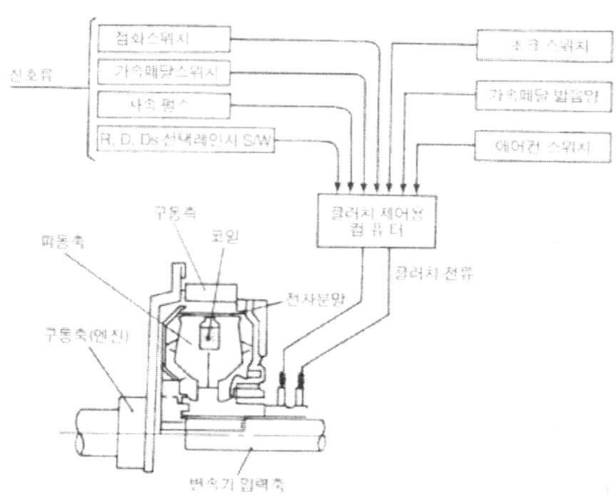

그림 6.27 입력 신호 입출력 회로도

③ 클러치 제어용 컴퓨터 : 컴퓨터는 엔진 회전속도, 주행속도, 액셀러레이터 페달, 변속 레버 등으로부터의 신호를 분석 및 계산하고 최적 조건을 결정하여 출력신호를 클러치 코일에 송출하며, 이에 대한 블록 선도는 [그림 6.28]과 같다.

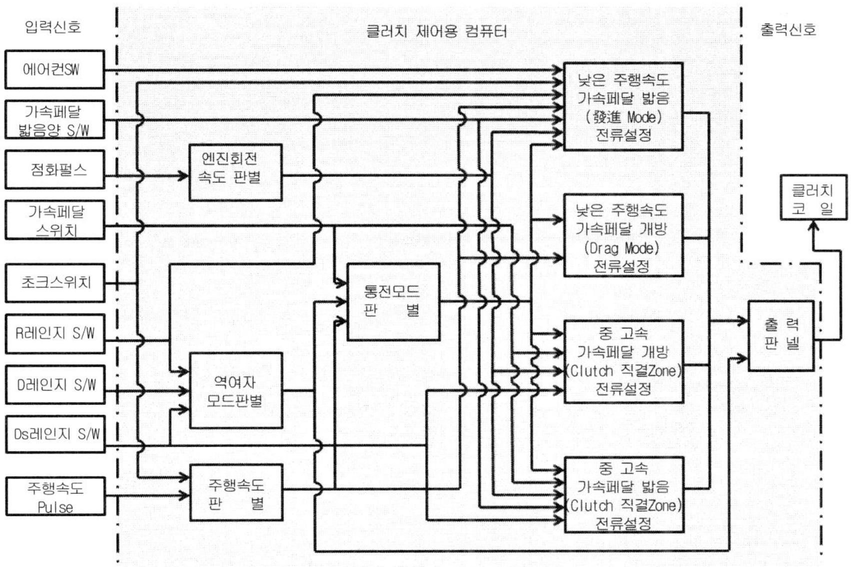

그림 6.28 컴퓨터 블록 다이어그램

④ 작동 : 기관 시동은 변속 레버가 N 또는 P 위치에 있는 경우만 가능하다.

- 발진 모드 - 액셀러레이터 페달을 밟는 양에 의하여 엔진 회전속도 및 엔진 회전속도의 증가율에 비례하여 클러치 전류를 증대시켜 클러치 토크를 제어한다. 즉 일반적인 엔진 공회전 상태에서 발진할 때에는 자동 변속기 부착 차량과 같은 발진 특성을 지니며, 초크를 작동할 때 등 높은 공회전 상태에서 가속 페달을 약간 밟은 발진에서는 엔진 회전속도 증가율이 비교적 작기 때문에 부드러운 발진이 된다.
- 직결 모드 - 일정 주행 속도 이상으로 되면 정격 전류를 통해서 클러치를 직결한다. 정격 전류는 액셀러레이터 페달을 밟는 상태에 따라 다음의 3단계로 분류된다.
  - · 액셀러레이터 페달을 밟지 않는 경우 : 0.1～1.9A
  - · 액셀러레이터 페달을 조금 밟은 경우 : 2.1A
  - · 액셀러레이터 페달을 많이 밟은 경우 : 3.3A(가속/페달 개도 스위치 작동 상태)

• 드래그 모드(drag mode) - 주행 중의 정지 상태를 포함한 주행속도가 7km/h 이하에서는 발진 및 저속 주행에서 양호한 운전성을 유지하기 위하여 액셀러레이터 페달을 놓았을 때 클러치에 미약한 전류(0.2A)를 통전하여 드래그 토크를 준다. 이 때, 드래그 토크 편차에 의한 공전 속도의 저하와 차량의 크리프(creep) 방지를 위해 공전 속도를 피드 백(feed-back)함으로서 드래그 토크의 적정 제어를 시행한다.

• 역 여자 모드 : 다음의 4개 조건에서 역 여자 모드(동력 전달 차단 모드)로 된다.
  · N 또는 P 레인지 : 클러치를 차단하기 위함.
  · 엔진 회전속도 300rpm 이하 : 엔진의 시동 꺼짐을 방지하기 위함.
  · D 또는 R 레인지로 변속한 후 0.4～0.8초 동안 : 변속 레버 조작을 위함.
  · 저속에서 가속 페달을 놓았을 때 약 1초 동안 : 잔류 자기를 제거하기 위함.

• 영(zero) 모드 : D 레인지에서 액셀러레이터 페달을 놓았을 때, 직결 모드로부터 드래그 모드로 이행하는 사이에는 클러치를 비 통전 상태로 한다.

• 과도 모드(과도 응답 제어) : 위에서 설명한 정상 운전 제어 모드에 첨가하여, 클러치를 직결할 때 Ds 레인지로 변속한 경우, 최 저속에서의 가·감속을 할 때 등에서 원활한 클러치 물림을 위해 클러치 토크의 과도 응답 제어를 한다.

⑤ 자기 진단 기능 - 클러치 회로 계통, 점화 펄스 계통, 가속 스위치 계통, 변속 레인지 스위치 계통, 차속 스위치 계통 등에 고장이 발생하는 경우 경고등이 점멸한다.

⑥ 페일 세이프(fail safe) - 가속 스위치의 고장으로 클러치에 전류가 흐르지 않을 경우에는 액셀러레이터 페달 개도 스위치와 엔진 회전속도를 1000rpm으로 감지하여 클러치를 통전 상태로 하고, 속도계의 고장 등으로 차속 펄스가 입력되지 않으면 엔진 회전속도를 1200rpm으로 감지하여 페달을 밟을 때 클러치를 통전 상태로 한다.

2) 전진·후진 변환 기구 및 토크 컨버터

CVT는 연속적으로 무단계 변속하는 기능은 있어도 회전 방향을 변환하는 기능이 없으며, 토크 컨버터도 클러치 기능은 있지만 터빈 런너측의 회전을 제동하는 구속력이 없어지면 엔진과 동일한 속도로 회전하므로, CVT는 전·후진 선택 기구가 요구된다.

(1) **전·후진 변환기구의 작동**

이와 같이 일정한 방향으로 회전하는 상태의 회전 방향을 바꾸려면 모든 기어가 서로 맞물린 상태에서 변속비나 회전 방향을 바꿀 수 있는 유성치차 장치가 적당하며, 이 장치는 [그림 6.29]과 같은 더블 피니언 기어 또는 싱글 피니언 기어의 유성치차 장치가 선택되고 있다. 싱글 피니언 치차는 구조가 간단하지만 후진 변속비가 0.7 정도로 증속이 되어 전진에 비해 구동력이 저하되기 때문에 더블 피니언 기어식이 많이 이용된다.

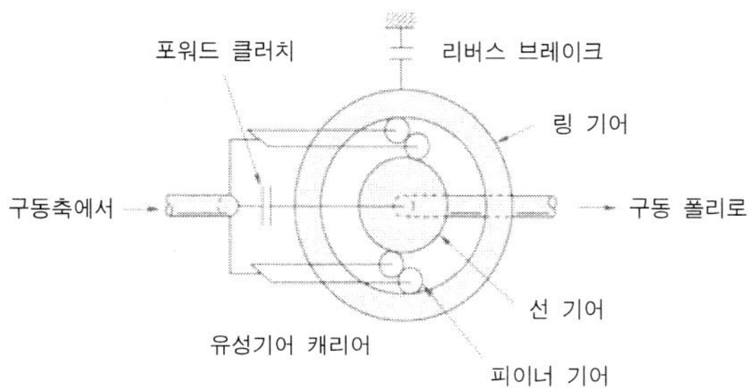

(a)더블 유성치차

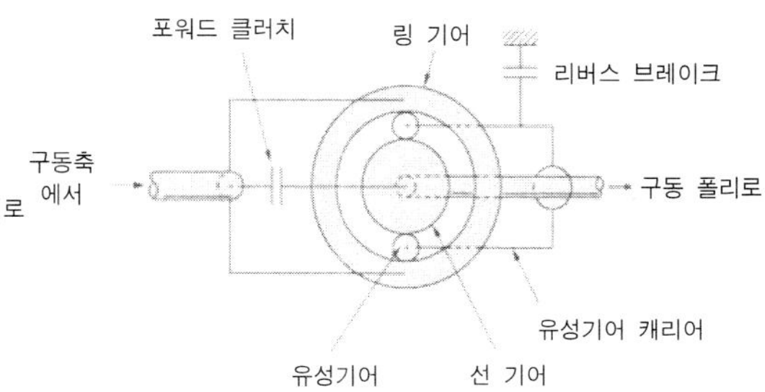

(b) 싱글 유성치차

그림 6.29 전·후 유성치차

더블 유성치차에서 입력축과 출력축의 선택은 몇 종유가 있지만, 입력측이 되는 구동축(imput shaft)은 유성치차를 일체화 시킨 유성치차 캐리어를 흔히 선택하며 토크 컨버터의 터빈 런너와 동일한 속도 및 방향으로 회전 한다. 출력측이 되는 선 기어는 CVT의 구동 폴리(1차 폴리)에 접속되어 있기 때문에 포워드 클러치(전진용 클러치)가 연결되면 선 기어와 1개의 폴리가 터빈 런너와 동일한 회전을 하게 되어 전진이 된다. 그러나 포워드 클러치를 차단하고 리버스 브레이크가 작동되면 링 기어가 고정되기 때문에 선 기어는 역전 즉, 후진을 하게 된다. 싱글 유성치차의 경우도 포워드 클러치를 연결하면 전진이 되고 리버스 브레이크를 작동시키면 후진하지만 증속이 되는 것이 단점이다.

(2) **토크 컨버터**(Torque convertor)

CVT는 무단 변속기의 기능만 있기 때문에 클러치 기능이 필요하다. 현재 CVT의 자동 클러치의 기능으로서 가장 많이 사용되고 있는 것은 토크 컨버터이다. 토크 컨버터는 가장 부드러운 발진 특성을 얻을 수 있고 소음이나 진동 흡수가 양호하며, 발진시에는 토크 증대 작용에 의해 우수한 가속 성능을 얻을 수 있다. 토크 증대 작용은 패닉 스톱으로 변속비가 고속단 상태에서 정차한 경우에도 다음 발진시의 성능 저하를 어느 정도 보충할 수 있다. 토크의 증대 작용 시, 미끄러짐이 있는 영역에서 전달 효율은 저하되지만, 미끄러짐이 없는 토크 컨버터의 록업 운전은 유단 자동 변속기보다 훨씬 넓은 영역에 걸쳐 존재한다. 따라서 발진이나 저속 시를 제외하고 대부분의 영역에서 록업이 이루어지므로 효율의 저하를 최소한으로 제어하는 것이 가능하다. 무단 변속기의 토크 컨버터 자체의 특성은 자동 변속기의 토크 컨버터와 큰 차이는 없으며, 제작사에 있어서도 기존의 부품과 생산 설비를 그대로 사용할 수 있으므로 새로운 설비 투자가 필요 없다. 단, CVT에 적용하는 경우, 변속기 전체의 치수를 조금이라도 작게 하기 위해서, 토크 컨버터의 편평화를 추진하여 [그림 6.30]와 같이 록업 클러치의 토셔널 댐프 스프링을 안쪽으로 방해가 되지 않는 외주 측에 배치하는 등 앞뒤의 길이를 단축하는 경향으로 연구하고 있다.

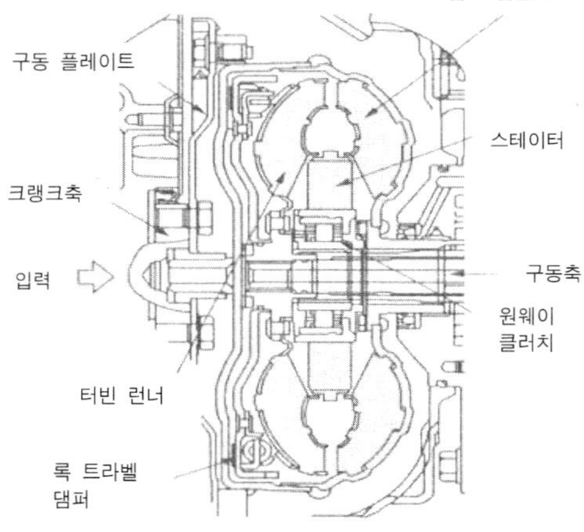

그림 6.30 토크 컨버티 구조

4. 차량 탑재 무단 변속기

현대식 경차에 유단 자동변속기 대신 무단 변속기를 장착하여 시판이 시작된 1987년 이후부터 지금까지 CVT 기술 개발은 꾸준히 진행되었다. 현재 하이브리드 차량에 탑재될 수 있는 무단 변속기는 트로이덜 방식과 벨트 방식이 대표적이고,

이 외 무단변속기와 유성치차 방식 등이 있으나 아직 실용화되지 못한 실정이다, 하이브리드 차량에 가장 많이 적용되는 것은, 구조가 간단하고 전달 효율이 높은, 금속 벨트식 무단변속기이며, 우리나라의 아반떼 및 포르테 등에도 하이브리드 무단변속기(HCVT)가 장착되어 있다.

여기서는 벨트식 CVT에 대한 차량 장착 형식 및 구성, 작동원리 등을 언급하겠다.

1) 발진 장치에 따른 분류

발진 장치란, 기관 동력을 변속기로 전달하는 과정 중, MT에서의 마찰 클러치 또는 AT에서의 토크 컨버터와 같은 역할을 하는 장치를 의미한다. 이것은 변속기 입력축 및 1차 풀리를 회전시키는 방식에 따라 토크 컨버터 방식, 습식 다판 클러치 방식, 전자 분말 클러치 방식의 무단 변속기로 분류되며, 이들에 대한 구성은 [그림 6.31]과 같다.

(1) **토크 컨버터 방식**(torque converter)

출발 초기의 가속감 증대 및 기존 자동 변속기와의 위화감을 없애려고 기존 AT와 동일한 토크 컨버터를 채용한 방식으로, 토크 컨버터를 통하여 기관 동력을 변속기 입력축에 전달한다. 변속기의 변속비, 라인 압력, 록크 업 등의 제어를 완전 전자제어화한 최근 모델이며, 30mm의 금속벨트를 채용하고 있어 토크 용량이 250Nm까지 적용 가능하다.

(2) **습식 다판 클러치 방식**(multiple wet clutch)

자동 변속기 내부의 클러치 기구와 동일한 구조로, TCU(변속기 제어유닛)가 솔레노이드 밸브를 이용하여 클러치 기구에 유압을 공급하면, 클러치 기구가 동작하여 동력을 전달하는 방식이다. 이 방식은 소형 경량화가 가능하므로 소형 경차에 흔히 적용된다.

(3) **전자 분말 클러치 방식**(magnetic powder clutch)

크랭크축에 연결되고 내부에 여자 코일이 내장된 구동 휠, 변속기 입력축에 연결된 피동 휠, 구동 휠과 피동 휠 사이의 자성체 금속 분말 등으로 구성된 클러치에 의하여 동력이 전달되는 방식으로, TCU의 여자 코일 전류 제어에 의하여 발생된 자력에 의하여 입력 휠과 출력 휠이 일체화됨으로 동력이 전달된다.

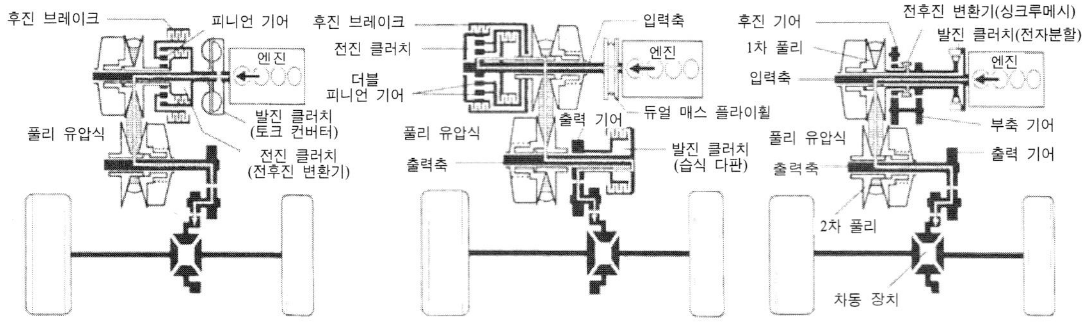

(a)토크 컨버터 방식 (b) 습식 다판 클러치 방식 (c) 전자 클러치 방식

그림 6.31 벨트식 무단 변속기의 발진장치 형식

2) HCVT 외관 및 단면도

HCVT는 [그림 6.32]와 같이 외부에는 오일을 공급하고 청정도를 유지하기 위한 오일 주입구와 보조 필터가 설치되며 또한 발진장치 제어 및 풀리 이동 압력 등을 제어는 솔레노이드 밸브의 컨넥터, 풀리 속도 센서 등이 부착되어 있다. 내부에는, 발진 장치인 전진 클러치와 후진 브레이크, 더블 피니언 방식의 단순 유성기어 및 변속비를 조절하는 1차 풀리와 장력을 조절하는 2차 풀리, 금속 벨트, 밸브 보디 등으로 구성되어 있다.

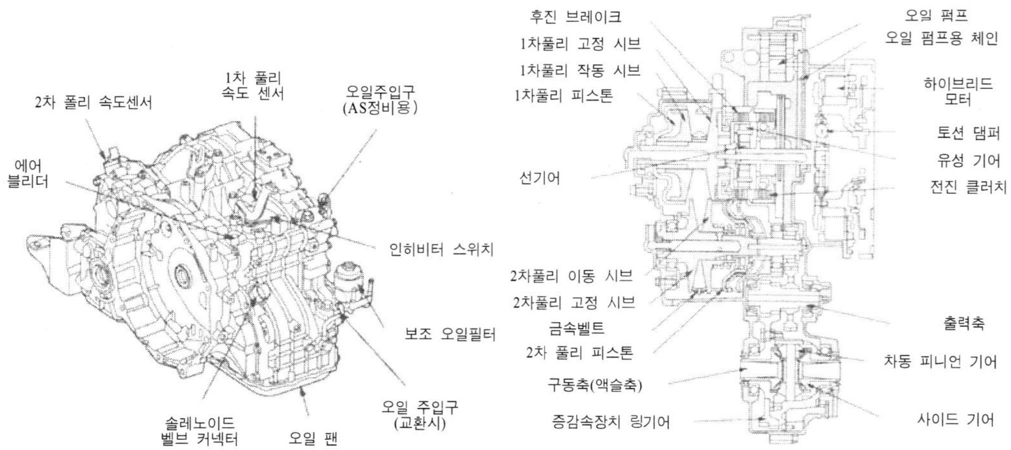

(a) CVT의 외관도 **(b) CVT의 단면도**

그림 6.32 무단변속기의 구조

3) 작동 원리

(1) 토션 댐퍼

기관과 모터를 통해 입력되는 동력의 회전 진동을 완화하여 변속기로 전달하는 진동을 흡수하는 장치로, 수동 변속기에 장착된 클러치 디스크의 비틀림 스프링 구조와 유사하다. 토션 댐퍼의 설치에 의하여, 변속기 내의 기어 마찰음(rattle noise)을 감소시킬 수 있고, 공진점(공명점)을 피할 수 있는 입력 주파수의 조절이 가능하므로 동력전달에 동반되는 진동과 소음을 감소시킬 수 있다.

(2) 발진 장치(전진 클러치 및 후진 브레이크)와 유성치차의 작동

무단변속기의 발진장치로서 습식 다판 클러치 혹은 토크 컨버터를 사용하는데 최근에 개발되는 무단변속기에서는 운전성 측면에서 유리한 토크 컨버터를 발진장치로 채택하는 경향 있다. 어느 형식을 선택하든지 간에, 전진 주행에서는 전진 클러치를, 후진 주행에서는 후진 브레이크를 작동시키며, 유압제어 계통은 습식 다판 클러치를 사용하여 1차 풀리를 회전시키는 경우와 토크 컨버터식과는 서로 상이하다. 그러나 발진장치 이후의 동력전달 과정은 서로 유사하며, 각 운전 레인지에 따라 [그림 6.33]와 같다.

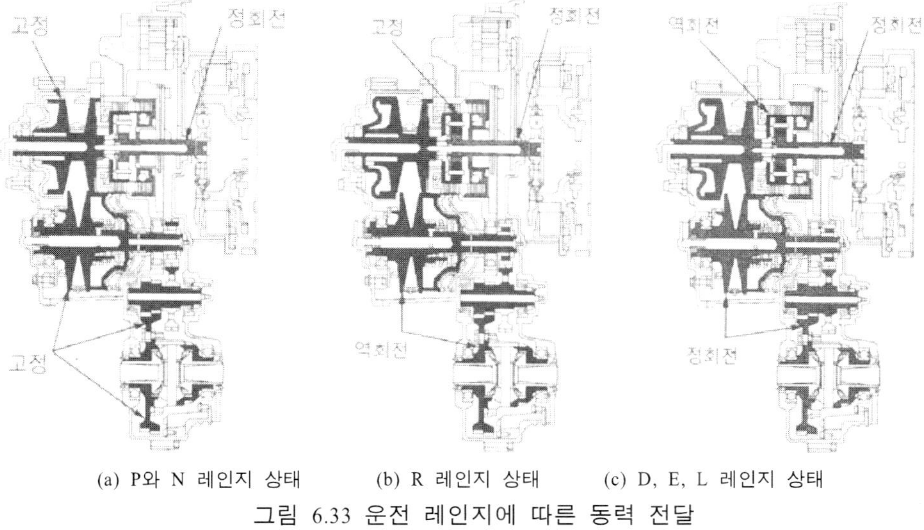

(a) P와 N 레인지 상태 (b) R 레인지 상태 (c) D, E, L 레인지 상태

그림 6.33 운전 레인지에 따른 동력 전달

① P, N 레인지 : 토션 댐퍼 회전→입력축 회전→유성기어 공회전(전진 클러치와 후진 브레이크 자동하지 않음)

② R 레인지 : 토션 댐퍼 회전→입력축 회전→후진 브레이크 작동→유성기어 작동→1차 풀리 역회전→벨트에 의해 2차 풀리에 동력전달→2차 풀리 역회전→후진 주행(전진 클러치는 작동하지 않고 후진 브레이크는 작동)

③ D, E, L 레인지 : 토션 댐퍼 회전→입력축 회전→전진 클러치 작동→유성기어 작동→1차 풀리 정회전→벨트에 의해 2차 풀리에 동력전달→2차 풀리 정회전→전진 주행(전진 클러치는 작동하고 후진 브레이크는 작동하지 않음)

(3) 1차(구동)·2차(피동) 풀리와 풀리 압력 센서

발진 클러치를 통해 1차 풀리가 회전하면 1차 풀리 압력 제어용 솔레노이드 밸브를 통해 입력된 유압으로 1차 풀리의 이동 시브(sheave)가 축방향으로 이동된다. 이에 따라 금속 벨트도 번경 방향으로 이동하여 변속비를 변화하며, 2차 풀리 역시 공급된 유압에 의해 2차 풀리의 이동 시브가 이동하여 벨트가 미끄러짐이 없도록 장력을 조절하는 역할을 한다. 2차 풀리에는 유압이 해제된 상황 및 고장 시에도 벨트의 장력을 유지하기 위하여 장력 조절용 스프링이 내장되어 있다. 1차 및 2차 풀리 압력 센서는 변속기 케이스 하단에 설치되어 1차 및 2차 풀리에 작동한 유압을 검출하여 TCU(변속기 제어 유닛)에 입력시키면 정밀제어가 이루어진다. [그림 6.34]에 변속비에 따른 풀리 위치를 도시했다.

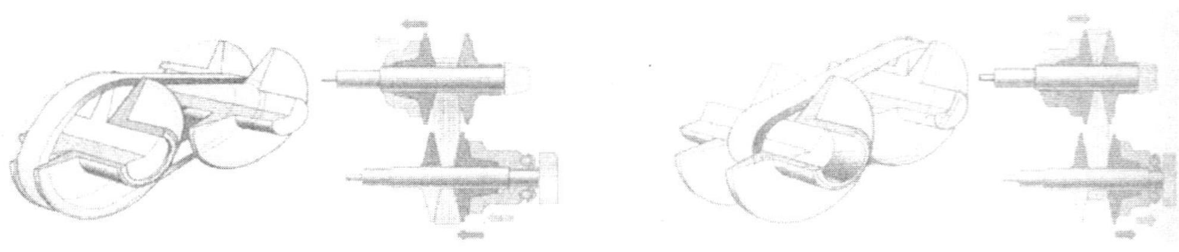

(a) 최저속 상태 (b) 최고속 상태

그림 6.34 변속비에 따른 풀리 위치

(4) 전자제어 입력 및 출력 요소

전자제어는 입력부, 제어 모듈(TCU 또는 TCM), 출력부로 구분하며, [그림 6.35]과 같다. 변속기 제어 모듈은 입력된 신호를 분석하고 미리 저장된 자료와 비교하여 최적 운전 조건을 결정하며 이를 전기적 신호로 변환하여 출력부에 송출한다.

• 냉각 윤활 제어 솔레노이드 밸브 - 밸브 보디에 설치되며, 차동 치차의 윤활과 발진 클러치의 냉각을 위하여 PWM(Pulse-Width Modulation ; 듀티 제어) 솔레노이드 밸브를 사용한다. 제어 압력은 0～6.6kgf/㎠ 이고 코일의 저항은 3.0～3.4Ω 이다.
• 자기진단 및 계기판 경고 문구 - 변속기에 고장이 발생되면 계기판의 SERVICE 램프를 점등시키고 계기판 중앙의 메시지 센터를 통해 운행 제한 모드라는 문구를 표출한다. 또한 자기진단 커넥터를 통해 변속기의 센서 출력 및 고장 코드를 출력한다.

5. 반자동 변속기(SAT)

자동 변속기의 편리성과 수동 변속기의 스포티한 운전성, 높은 연비 및 저렴한 가격의 장점을 접목시킨 시스템으로, 수동 변속기 차량의 클러치 페달을 밟는 작업이 불필요하고, 기어 레버 조작만으로 클러치의 단속이 이루어져 변속이 가능한 시스템이다. 운전자가 변속을 하기위해 변속 레버를 조작하면, 전자 제어장치(SAT ECU)는 각종 센서로부터 현재 변속단의 위치, 가속 페달을 밟은 정도, 엔진 회전수 등을 입력받아 차량상태에 가장 적합한 최적의 클러치 작동시간을 계산하여 액츄에이터(acturator)를 작동시킴으로서 변속이 이루어진다. 전체적인 SAT의 구조는 [그림 6.37]와 같다.

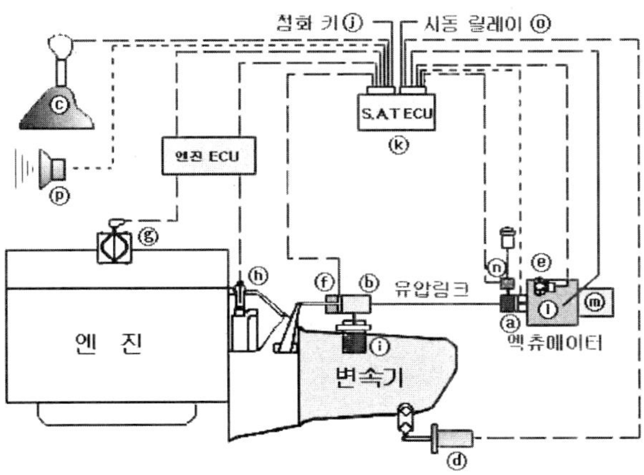

그림 6.37 SAT의 구조

1) 주요 구성품 및 기능

(1) SAT 구성 요소

반자동 변속기는 일반적으로 유압계통, 입력계통, 제어계통과 출력계통 등으로 구분하며, 각 계통은 [표 6.2]와 같은 요소들로 구성된다.

표 6.2 SAT의 구성 요소

구 분	구성 요소
유압부	ⓐ클러치 마스터 실린더(CMC) ⓑ클러치 릴리스 실린더(CRC)
입력부	ⓒ엑츄에이터 위치 센서(APS) ⓓ치차위치센서(GPS) ⓔ클러치 릴리스 실린더 위치센서 (CPS) ⓕ푸시 풀센서(PPS) ⓖ교축밸브 위치센서(TPS) ⓗ엔진속도센서(ESS) ⓘ기어박스 속도 센서(GSS) ⓙ점화키(IG.KEY)
제어부	ⓚSAT ECU
출력부	ⓛ파워컨트롤 유니트(PCU) ⓜDC Motor ⓝ전자밸브(EV) ⓞ시동릴레이 ⓟ부져

(2) 요소들의 기능

① 클러치 마스터 실린더 : 액튜에이터와 고압 파이프 사이에 자리하고 솔레노이드 밸브에 연결되어 있다. 액튜에이터 DC모터의 회전운동을 직선운동으로 전환해 오일을 클러치 릴리스 실린더로 전달한다.

② 클러치 릴리스 실린더 : 트랜스미션 케이스 상부에 달려 있고 CMC에서 만들어진 유압으로 푸시 로드를 밀어 클러치를 해제시킨다. 또한 CRC 내의 위치센서는 푸시 로드의 이동범위를 감지해 클러치의 마모상태를 파악한다.

③ 푸시 풀 센서(push-pull sensor) : 운전자의 변속의지를 감지해 SAT ECU로 신호를 전달한다. 기어 노브 내에 내장되어 있고, 변속레버를 당기거나(pull) 밀면(push) 스위치의 접점이 연결 또는 차단되어 ECU에 전달되는 원리다.

④ SAT ECU : SAT의 제어부로서 엔진 ECU 및 각종 센서로부터 입력된 시그널을 종합, 분석해 PCU로 최종 시그널을 전달(각 상황별 최적의 클러치 작동시간 조정)한다. SAT 구성요소에 결함이 있을 때는 자기보정 모드로 제어한다

⑤ 치차 위치센서 : 현재 변속단의 위치(1단, 2단, 3단, 4단, 5단, 후진, 중립)를 감지하여 SAT ECU로 보낸다. SAT ECU는 차량 출발시 1단, 2단, 후진에서만 클러치를 연결시켜 출발이 가능하도록 했으며, 기관 시동도 기어가 중립인 상태에서만 하다.

⑥ 교축밸브 위치센서 : 교축밸브 위치센서는, 가속 페달을 밟고 있는지를 감지하여 SAT ECU로 전달하고, 가속 페달을 밟아야만 클러치가 연결되어 차량출발이 가능하다.

⑦ 기관 회전수 : 엔진의 회전수를 감지하여 엔진회전수가 낮아지면(940rpm이하) 클러치를 자동으로 차단시켜 줌으로서 시동이 꺼지는 것을 방지한다. 이 기능은 아주 편리한 기능으로서, 정체 도로 주행 시, 변속 레버를 중립으로 이동시킬 필요가 없으며 계속 1단 기어를 삽입한 상태에서 주행이 가능하게 해준다.

⑧ 전자 밸브 : 액츄에이터에서 CRC까지의 오일량에 변화가 있을 때만 밸브를 작동(SAT ECU에서 명령을 받음)한다.

⑨ 파워 컨트롤 유닛 : SAT ECU로부터 클러치 차단 또는 연결 명령신호를 입력받아 액츄에이터(DC MOTOR)를 구동한다.

⑩ 액츄에이터 : 운전자가 클러치 페달을 밟는 역할을 대신하는 장치로서 [그림 6.38]과 같은 경로를 통하여 클러치 차단 및 연결을 수행한다

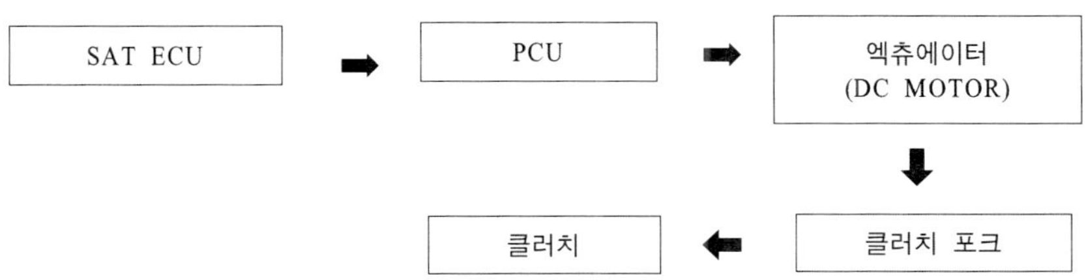

그림 6.38 클러치 단속 신호 전달경로

- 액츄에이터가 앞으로 전진하면 클러치 마스터 실린더를 밀게되고 클러치 마스터 실린더는 유압을 증배하여 클러치 릴리스 실린더를 밀게 된다. 클러치 릴리스 실린더는 마스터 실린더에서의 증배된 유압을 받아 클러치 포크를 밀어 클러치를 차단시킨다.
- 클러치의 연결은 액츄에이터가 뒤로 후진함으로써 클러치는 연결된다.

⑪ 경고음 - 반자동 변속기 시스템의 작동상태 및 결함 발생 시에 경고음을 울려 운전자에게 알려준다.(경고등은 장착되지 않음)

- 점화키를 "OFF"에서 "ON"으로 했을 때, 기어가 중립상태이고 시스템에 이상이 없다면 "삑""삑"하고 짧은 부저음이 2회 울린다.
- 점화키를 "OFF"에서 "ON"으로 했을 때 기어가 삽입되어 있다면 "삐익"하는 부저음이 1회 울리며 이때는 엔진시동을 차단한다.

• 점화키 "ON"상태에서 시스템에 결함 발생 시는 "삐익"하는 부저음이 10초마다 계속해서 울린다.

⑫ 시동 릴레이 - 시동 릴레이는 기어가 중립이고 클러치가 차단된 상태에서만 엔진시동이 가능토록 제어하는 기능을 가지고 있다.

(2) 전자제어 장치 입출력

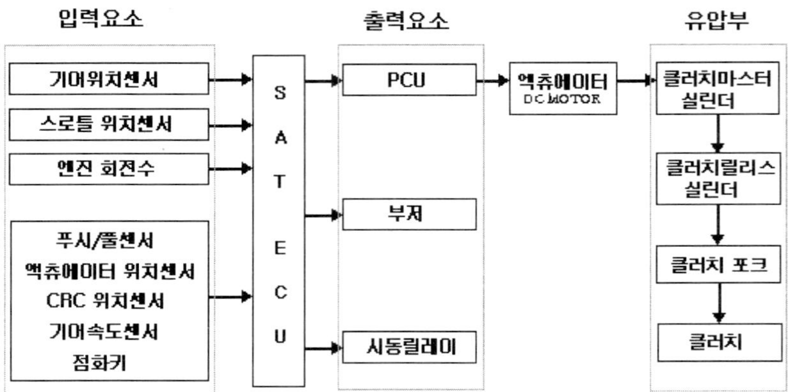

그림 6.39 SAT의 전자제어 장치의 구성

전자제어 장치의 입출력은, [그림 6.39]의 구성도와 같이, 먼저 속도 및 위치 센서로 구성된 입력 부분으로 신호가 감지되면, 반자동 변속기 제어 유닛(SAT ECU)에서 이들에 대하여 분석 및 종합하여 출력 제어유닛(PCU)과 부저 등으로 구성된 출력 부분으로 송출하면, 운전 상태에 해당하는 클러치 조건이 출력부로부터 엑츄레이터에 전달된다.

클러치의 조작은 출발할 때와 주행 중에 변속할 때에 주로 적용하며, 출발할 때의 작동 과정은 다음과 같다.

- 중립상태에서 이그니션키를 ON시키면 클러치가 떨어진다.
- 운전자가 출발하기 위해 변속(1.2단만 가능하고, 이 외의 변속단일 경우 경고음 발생)하면 푸시 풀 센서에서 운전자의 변속의지를 감지하여 SAT ECU로 전달한다
- 운전자가 가속 페달을 밟으면 교축밸브 위치 센서가 밸브개폐 정도를 감지하고, 기관 속도와 변속기 회전속도를 각각의 센서가 감지하여 SAT ECU로 전달하며, 치차 위치 센서는 현재의 변속단을 감지하여 SAT ECU에 전달한다
- SAT ECU는 각 센서에서의 입력 신호를 종합하여 최적의 클러치 조작이 되도

록 파워 콘트롤 유닛(PCU)으로 신호를 전달한다.

- 파워 콘트롤 유닛은 엑츄레이터의 DC모터 회전수를 조절하여 각각의 상황에 맞게 클러치를 결합시킨다.

또한 주행 시의 변속과정에서 과정은 다음과 같다.

- 변속을 위해 중립상태가 되면 푸시 풀 센서가 중립신호를 SAT ECU에 전달한다.
- SAT ECU는 엑츄레이터의 DC 모터를 작동하여 클러치 릴리스 실린더에 오일을 공급해서 클러치를 구동축과 분리시킨다.
- 변속이 완료된 상태에서 엑셀페달을 밟으면 클러치 연결 과정이 시작된다. 먼저 푸시 풀 센서가 변속 레버의 연결 상태를 감지하여 SAT ECU로 전달하고, 기관 및 변속기 회전수, 변속단의 위치도 해당 센서에 의하여 SAT ECU에 전달되며, 교축밸브 위치센서가 액셀페달을 밟은 상태를 SAT ECU에 전달하면, SAT ECU는 각 센서에서 받은 신호를 분석, 종합하여 액튜에이터의 DC 모터의 회전수를 제어함에 의하여 클러치를 연결한다.

6. 자동화 수동 변속기(AMT, AST)

자동차 변속기의 자동화와 에너지 소비의 경제성을 동시에 만족시키기 위하여 개발된 자동화 수동변속기(AMT, Automated manual transmission) 또는 AST(Automated shift transmission)는, 수동 변속기를 자동화한 방법으로서, 변속을 쉽고 편리하게 해주는 동시에 연료 소비도 감소시킬 수 있으므로, 지금까지의 수동 변속기에 대한 대체 수단 중에 한 방법이다. 이러한 AMT에서는 기존의 수동 기어 변속방식을 공압 또는 유압이나 전자적 제어 방식으로 대체하여 작동하고 있으며, 흔히 전자적 방법을 선호하고 있다.

1) 자동화 수동변속기의 특징 및 구조와 작동원리

자동화 수동변속기는 일반적으로 전자 클러치 제어(Electronic Clutch Management)와 자동화된 변속기가 서로 연동되어 작동하며, 변속 시기 및 변속치차의 선택은 운전자 판단에 의존한다는 점이 기존의 수동 변속기와 유사하므로 변속치차 자체를 애호하는 운전자에게는 바람직한 변속기라 할 수 있다. 또한 변속 치차들은 해당 변속비에 적합한 치차와 자동으로 맞물리지만, 자동 변속기와는 대조적으로, 변속시의 동력 전달은 전자 클러치에 의하여 차단된다. AMT의 주요 특징은 우선, 높은 효율과 컴팩트(compact)한 구조 및 기존 변속기에 적용 가능하다는 점이고, 이 외에 AT와 CVT에 비교하여 가격 경쟁력이 높고, 조작 방법이 간단하다는 장점들이 있다. 단점으로는 변속 중의 구동력 차단이 존재하며, 최적 연료 소비율 구현을 위해 적절한 변속 전략이 필요하다는 것이다.

(1) 자동화 수동변속기(AST)와 수동변속기와의 비교

AST는, 전자 클러치 제어(ECM, electronic clutch management)에 의하여, 기어를 언제 어떤 변속을 선택할 것인지의 운전자 의지가 구현되며, 이러한 점은 종래의 수동 변속기에서 운전자가 클러치 페달을 밟고 변속 레버를 조작하는 행위와 매우 유사하다.

그러나 크러치 페달이 불필요하며, 운전자가 조작할 수 있는 변속 레버는 존재하지만 이것은 순전히 운전자 변속 의지를 표현 할 뿐이고, 실제의 기어 변속은 전기 모터에 의하여 자동적으로 수행된다. 따라서 자동화 수동변속기는 변속기어 그 차체를 좋아하는 운전자를 위하여 모든 토크 등급에서 추천할 수 있는 변속기라 할 수 있다.

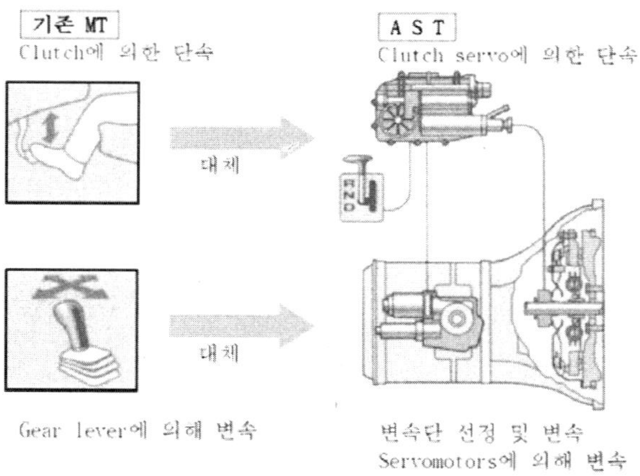

그림 6.40 기존 수동변속기(MT)와 AST와의 조작 방법 비교

[그림 6.40]은 AST의 조작 방법을 기존 수동변속기와 비교한 것으로, 동력 차단을 위한 클러치 조작은 클러치 서보에 의하고 변속단 선택과 변속은 두 개의 서보모터로 구성된 변속기 엑츄레이터(transmission actuator)를 사용하므로, AST에서는 운

전자의 간단한 조작으로 변속기 자동화로 인한 편리함을 증가시킬 수 있다. 이 변속기에서는, 수동 변속기에서 힘 및 변위를 전달하던 기계적 요소들이 스위치 및 도선 등으로 대체되며, 변속 레버(Tip 레버 또는 H 기어변속 형태의 스위치)는 단지 전기적인 신호만 발생시킨다. 원동기와의 동력 단속은 수동변속에 의하여도 가능하지만, 완전 자동화 시스템에서의 변속과 동력 단속은 모두 자동화되어 있다. 다단 변속기의 자동변속은, 여러 상황의 주행 조건에 대해서 적절하게 설정되어야 하므로 이를 위해서는 복잡한 변속 전략이 필요하다. 또한 변속 중의 동기 과정에서 구동력이 차단되는 기간을 줄이기 위해 전기적 엔진제어를 통해 자동적으로 단시간 교축밸브 개도를 줄인다.

(2) 자동화 수동변속기(AST)의 작동원리와 기본 구조

AST는 운전자가 변속 레버를 작동함으로써 생긴 전기적인 신호 또는 전자 제어 시스템에 의하여 중간 과정에서 발생한 전기적 신호에 의하여, 수동으로 제어되는 클러치식 수동 변속기를 완전 자동화 시킨 것이다. 이 시스템에서는 전기 모터 구동 방식의 엑츄레이터에 의하여 기어 변속이 자동으로 이루어지지만, 자동 변속기와는 대조적으로 변속할 때 동력 전달이 차단되어야 한다.

이러한 동력 차단은 구동력이 전달되는 기어 간의 과도한 간섭 및 높은 조작력과 반력 등을 피하기 위함이며, 이 때문에 AST는 주로 소형차에 적용되는 것이 바람직하다.

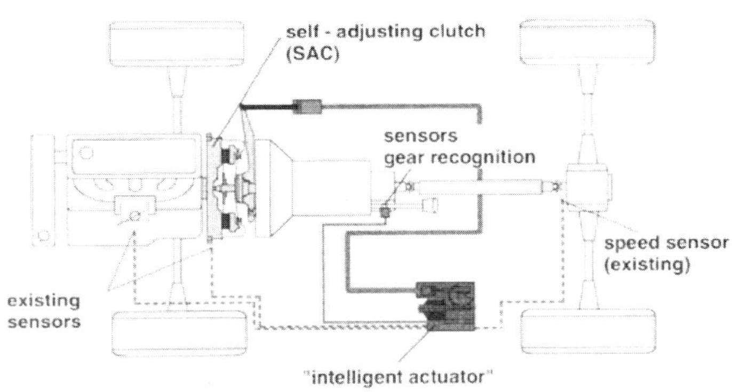

그림 6.41 후륜 구동 자동차 AST의 기본 구조

[그림 6.41]은 AST의 기본 구조를 도시한 것으로, 변속레버에 설치된 기어인식 센서로 부터 발생된 신호는 지능형 클러치 엑츄레이터의 제어계통으로 전달되어

유압 또는 전자적으로 클러치를 단락시키며, 또한 기존의 교축밸브 개도 센서, 속도 센서 등으로부터의 신호를 근거로 적절한 변속단를 선택하여 전기 모터에 의한 엑츄레이터를 작동시켜 변속되는 과정을 나타내고 있다. AST의 구성요소는, 변속의도 및 기어 상태 등을 인식하고 동력을 차단하는 장치와 이에 적절한 변속단을 선정하고 변속을 수행하는 장치로 구성되며, 전자의 경우는 클러치 엑츄레이터(clutch servo)에 의하고 후자는 변속기 엑츄레이터(transmission servo)에 의하여 수행된다. 이들은 전기 모터의 기본 제어와 자체 조정 및 계산 능력을 보유한 통합 AST 제어계통(또는 ECM)의 지시로 동작하며, 가능한 넓은 영역의 적용을 위하여, 변속시간과 과정에서의 영향 등을 고려하여 제어될 수 있고, 가능한 한 많은 표준화된 구성 요소들을 사용하기 위하여 AMT 모듈로 기획된다.

AST의 설계는 수동 변속기의 기본 설계와 동일하지만 엑츄레이터에 의한 클러치와 기어변속 동작과 이를 제어하는 전기회로 등을 포함하고, 구성 부품은 온도, 공차규격, 수명, 그리고 진동 등의 가혹한 부하에 대한 높은 내구성을 요구하며, 주요 부품들에 대한 요구 사항은 다음과 같다.

① Clutch Servo Unit : 집적회로로 구성된 통합 ECU(Electronic Control Unit)를 포함하여 냉각기능이 있는 Housing, DC Motor, Helical Gear, Push Rod, Return Spring 등으로 구성되며, 클러치를 조작하는데 사용된다.

② Transmission Servormotors : AST 구동을 위한 DC Motor에는 두 가지 종류, 즉 짧은 반응시간을 가지고 있는 Selector Motor와 높은 회전력을 가지고 있는 Shift Motor가 있다. 이들은 대칭적으로 구성할 수 있고 서로 다른 크기의 구멍에 설치할 수 있으며, Motor의 알루미늄 Housing은 변속기에 직접 장착된다. [그림 6.42]는 수동변속기의 동력단속 및 변속을 위한 운전자 조작을 AST의 엑츄레이터 모듈이 대체한 형식을 도시한 것으로, 클러치의 동력 단속은 전기 모터 또는 전자적 제어에 의하여 선택적으로 가능함을 나타내고 있다.

③ EC(Electronically Commutated) Motors : EC Motor는 Brush가 없으며 영구적으로 여자되어 전자적으로 정류되는 Motor이며 DC(Direct Current) Motor의 대안으로 선택될 수 있다. EC Motor는 Rotor Position Sensor와 함께 장착 되며 이 Sensor는 제어 및 전력 전자소자를 통해 직류가 공급되고 장수명과 작은 설치공간의 특징이 있다.

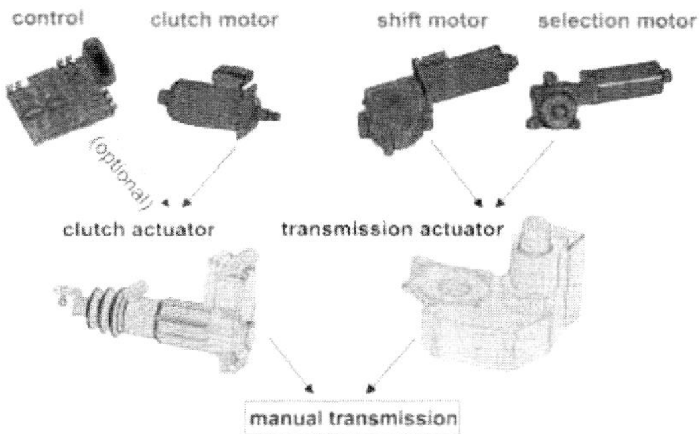

그림 6.42 클러치와 변속기 엑츄레이터

2) 듀얼 클러치 변속기(DCT, dual-clutch transmission)

DCT는 AST가 더욱 발전된 형태로 볼 수 있지만, DCT는 AST의 결점인 구동력의 중단이 없이 변속을 수행할 수 있고, 연비도 AST에 비하여 양호하다는 것이 가장 중요한 장점이다. DCT는 1992년에 자동차 경주(Porsche)에서 처음 사용했으나 정확하고 편안한 기어변속을 위한 제어 시스템 구성의 어려움 때문에 대량 생산에 실패했었다. 그러나 최근의 컴퓨터 성능 향상과 더불어, 몇몇 업체들(VW, Audi)이 선두적으로 DCT를 양산하여 판매하고 있으며, 이러한 제품들은 기능성이 양호하고, 편리하게 자동변속을 할 수 있으므로 고급차 시장의 한 영역을 차지하고 있다. 또한 DCT는 MT, AST와 같은 기존의 양산 라인에서 생산할 수 있으므로, 현재 유럽 소형차급에 적용중인 AST의 단점을 개선한 2세대 자동화 수동변속기로서 이제 거의 모든 자동차 메이커에서 채택하고 있으며, 향후 중·대형급 차량용 변속기로도 가능성이 높다. 변속기 시장에서 아직은 토크 컨버터 방식의 AT가 가장 높은 점유율을 차지하고 있지만 DCT의 생산 코스트를 대폭 줄일 수 있는 솔루션이 나온다면 DCT의 확산은 더욱 빨라질 전망이다.

DCT는 AT와 MT의 장점만을 모은 새로운 타입의 변속기이며, 두 가지의 장점을 모았기에 완성도가 높은 것은 당연하다. DCT 개발 전에는 편한 것을 찾는 소비자들의 기호에 따라 메이커들은 AT의 적용을 늘릴 수 밖에 없었지만 연비가 나쁘다는 결정적인 단점이 있다. 현재와 같이 조금이라도 연료 소모와 CO_2를 줄여야 하는 입장에서는, AT의 편의성을 모두 제공하면서도 MT의 성능도 동등 이상의 수준으로 제공하는 DCT가 새로운 해법으로 등장됨은 당연한 현상이라 하겠다.

(1) DCT의 장단점과 작동 원리

DCT를 한 문장으로 설명한다면 클러치가 2개 내장된 수동 기반의 투 페달 변속기라 할 수 있다. 페달은 2개로 일반 AT와 동일하지만, 구조는 수동에 기반을 두고 있어 편리성과 성능을 모두 만족한다. 그러나 기반 구성이 수동 변속기라고 해서 구조가 간단한 것은 아니며, 오히려 어떤 형식의 변속기보다도 구조가 복잡하고 제어가 까다로운 특징이 있다. 하지만 듀얼 클러치 변속기는 운전자의 단순한 조작에 의하여 자동적인 치차 변속과 클러치 조작이 가능하므로 자동변속기와 동등한 수준의 편의성을 보유하고, 전달 효율 면에서도 건식인 경우에는 수동 변속기와 동등 수준 이상이고 습식에서는 자동 변속기에 비해서 약 3~7% 향상된다. 또한 기존의 MT 생산 설비 활용이 가능하고, 기어 변속 중에도 자동 변속기와 같이 구동력 중단이 불필요하며, D 모드에서 기어를 건너뛰는 스킵 시프트(skip shift)도 가능하다. 단점으로는 클러치가 2개 존재하므로 AST에 비해 더 큰 공간이 필요하고, 베어링에 높은 하중이 작용하므로 견고한 구조가 요구된다.

설계상의 특성은, 수동변속기의 기본적 설계와 거의 유사하지만, 입력축에 해당되는 2개의 클러치 축과 출력축에 해당하는 2개의 주축 상에 변속치차들이 배열되어 있고 주축과 변속 기어를 결합시키는 싱크로메쉬 기구가 각 단에 설치되며, 변속 요소와 클러치를 작동시키기 위한 변속기 제어와 엑츄레이터의 구동 계통이 추가적으로 필요하다. DCT의 작동방식은 전통적인 수동변속기과 비슷하지만, 기어의 변속단이 짝수냐 또는 홀수냐에 따라 그룹으로 나눠진다는 것이 중요한 차이점이다. 즉, 클러치 축은 중실축과 그 주위의 중공축(Solid Shaft and Surrounding Hollow Shaft)으로 분리되어 있지만, 두 개 모두 기어열에 연동되어 있으며, 각각의 축은 해당 Clutch와 변속기 입력축에 할당되어 있다.

[그림 6.43]은 7단 DCT을 구성하는 각각의 구동 및 피동축과 변속치차 배열에 대한 개념도로서, 하나의 클러치는 홀수(1, 3, 5, 7단)단, 다른 하나는 짝수(2, 4, 6단)단의 변속단이 배당됨을 알 수 있다. 이러한 구조로, 만약 기어가 2단에 물려 있어도 홀수단의 클러치는 미리 3단을 준비할 수 있어 싱글 클러치에 비해 한결 빠른 변속이 가능할 뿐만 아니라 동력 손실도 줄일 수 있다. 즉 변속 과정에서 요구되는 구동력 차단 기간이 거의 없거나 극히 짧은 것이 DCT의 큰 장점이다. 또한 싱글 클러치의 MT는 운전자의 숙련도에 의지해야 하지만 DCT는 유압 엑츄레이터가 빠르고 정확하게 클러치를 제어한다.

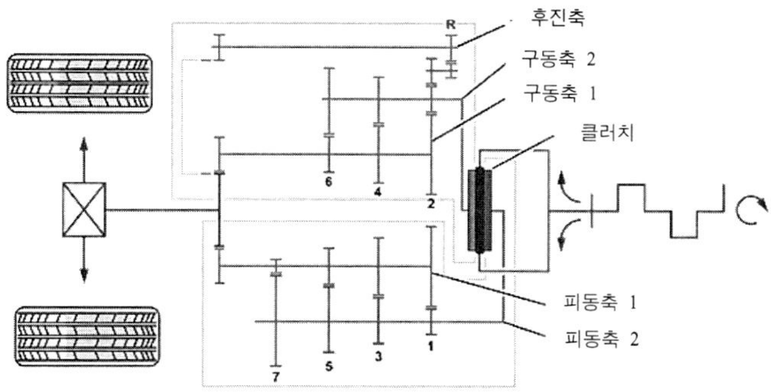

그림 6.43 7단 변속 DCT의 변속단 배열 개념도

(2) **실제 DCT에서의 동력 전달**

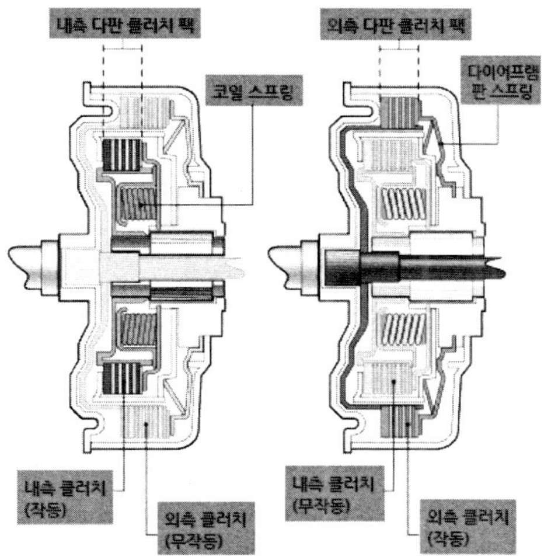

그림 6.44 습식 다판클러치 단면도

① 습식 다판 클러치 : 내부에 오일이 채워져있고 원동기 축에 고정되어 회전하는 습식 듀얼 클러치 케이스 내부에는, [그림 6.44]과 같이, 코일 스프링에 의하여 케이스 프레임에 밀착되어 회전하는 내측 클러치와 다이어프램 판스프링으로 게이스 벽면에 밀착되어 회전력을 전달하는 외측 클러치가 조립되어 있다. 내측 클러치는 중심축 둘레를 감싸는 중공축에 연결되고 외측 클러치는 중심에 위치하는 중실축에 연결되므로 동력은 내측과 외측으로 구분하여 전달되며, 이와 같은 동심 2중 축은 각각 독립적인 변속 치차열(홀수 변속단 또는 짝수 변속단)을 구비하고 있으므로, 변속기 입력축으로서의 기능을 수행하고 있다.

② 7단 듀얼 클러치 변속기 동력전달(Audi Q5)

독일 Audi Q5의 7 speed DCG(dual-clutch gearbox) S tronic의 내부 단면도는 [그림 6.45]와 같이 습식 다판 클러치 기구와 이중의 입력축, 각 변속단의 기어와 싱크로매쉬(synchro mesh) 기구 외에 전·후륜의 출력 연결을 위한 차동기구 시스템으로 구성되며, 일반 변속기와 달리 축의 수가 적고 덜 복잡하지만 길이가 더 길어졌다. 그림에서 굵은 실선의 화살표는 동력 전달과정을 표시하고 있으므로, 외측 클러치의 구동에 의하여 내부 입력축(구동축1)이 회전력을 전달하고 있음을 알 수 있다. 회전력은 내부 입력축 상의 기어와 맞물리는 1단 변속 기어로 전달되고, 이 기어는 싱크로메쉬 기구에 의하여 피동축과 물려 있으므로 1단 변속비 조건의 회전 구동력이 피동축에서 출력되어 차동장치로 입력된다. 이러한 운전 상태에서 2단 변속 기어는 미리 싱크로메쉬 기구에 의하여 피동축과 물려 있으므로 내측 클러치와 외측 입력축(구동축2)은 공회전 상태이지만, 외측 클러치가 풀리는 동시 내측 클러치가 물리게 되면, 그림의 점선과 같은 경로를 통하여, 동력의 중단 과정 없이 2단의 구동력이 피동축으로 출력된다.

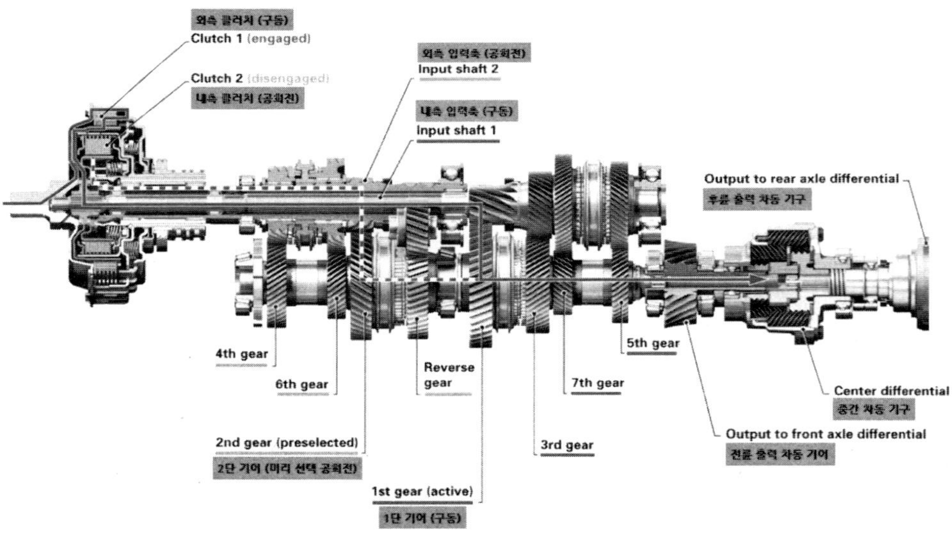

그림 6.45 Audi Q5의 7단 DCT에서 1단 변속과 2단 변속에서의 동력 전달 경로

2단 변속이 완료되어 운전되는 과정에서, 싱크로메쉬는 3단 기어와 미리 물려있는 상태이므로 외측 클러치와 내측 입력단은 3단 기어에 의하여 공회전 상태이지만, 내측 클러치가 풀리는 동시 외측 클러치가 물리면 3단의 출력이 전달된다. 이

와 같이 다음 단의 기어에 의하여 해당되는 입력축이 공회전하는 이유는, 출력축은 입력축과 달리 이중이 아니므로 싱크로메쉬에 의하여 출력축에 미리 결합된 다음 단의 치차가 회전하기 때문이다. 이러한 방법에 의하면, 비슷한 출력으로 출력축에 의해 공회전 하고 있다가 바로 다음 단으로 올려도 기관 동력 손실을 최소화할 수 있으므로 변속이 신속하고 부드럽게 진행되어 충격이 없고 가속력도 증가하여 안정적인 과정으로 변속되며, 기관 구동력의 차단이 없으므로 변속 후의 재 가속 시에 소비되는 불필요한 연료 손실도 감소할 수 있다.

(3) DCT의 현황과 경향

듀얼 클러치 변속기 이전의 반자동 변속기(SAT)도 순발력 및 전달 토크 능력이 높은 기어 물림식의 수동식 변속기(MT)에 전자적인 시스템으로 가동되는 자동 클러치가 접목된 변속기이므로 상당한 편리성을 갖고 있으나, 변속할 때마다 변속 충격이 강하고 기계적 충격 소음이 수반된다. 그러나 DCT는 소음이나 충격이 거의 없으며, 변속 시간도 SAT보다 훨씬 단축되며 변속을 위한 구동력 차단기간이 거의 없고 크기 및 무게(100 kg)는 거의 수동변속기와 비슷한 상황이다.

DCT의 원천 기술은 미국의 보그워너가 갖고 있기 때문에 모든 DCT는 보그워너로부터 라이센스 생산 또는 모듈을 공급받아야 한다. 현재 듀얼 클러치를 자체 생산하는 회사는 보그워너와 게트락, 폭스바겐, ZF 정도이며, DSG와 아우디 S-트로닉은 보그워너 라이센스로 폭스바겐이 자체 생산하고 있으며, 포드와 미쓰비시, 닛산, BMW, 크라이슬러, 페라리는 게트락에서 공급받고 있다. 반면 포르쉐 911과 차후 벤츠에 쓰일 8단 DCT는 ZF가 공급한다. 보그워너는 듀얼트로닉이라는 이름으로 변속기를 출시하고 있으며 2010년부터 저가 모델도 시판할 예정이다.

시간이 흐르면서 DCT의 용량도 점차 개선되어 현재는 전달 토크가 50kg·m을 초과하고 있으며, BMW M3, 포르쉐 911 카레라 S 같은 고성능 모델에서도 DCT 기술이 적용되고 있다. 건식 타입의 DCT에 대한 기술 개발은 아직 초기단계로서 폭스바겐의 7단 DSG 뿐이지만, 독일의 LuK(Lamellen und Kupplungsbau)가 독점 공급하는 건식 클러치는 기존의 6단 DSG보다 연비가 10%나 우수하므로, 현재의 토크 용량 좀 더 증가된다면 차세대 DCT의 주역으로 부상할 가능성이 높다.

연습문제

1. 자동차에서 변속기의 필요성과 그 역할에 대하여 논하라.

2. 수동 변속기의 종류와 각 각의 특징에 대하여 언급하라.

3. 자동변속기에 적용되는 유성치차 장치의 구성과 변속 원리를 설명하고, 종류를 열거하라.

4. 토크 컨버터의 원리를 설명하고, 부하에 따른 자동적 토크 변환 경향에 대하여 설명하라.

5. 무단변속기(CVT)의 종류를 열거하고, 작동 원리에 대하여 간단히 설명하라.

6. 구동력과 차량속도 관계에서, 유단변속기인 경우와 무단변속기인 경우에 대하여 비교 검토하라.

7. 무단 변속기의 장단점에 대하여 논하라.

8. 벨트식 무단변속기의 유압 제어회로에서 대표적인 제어 시스템을 열거하고 그 특징에 대하여 기술하라.

9. 전자제어 무단 변속기에 사용되는 클러치의 종류와 후진장치 등의 작동 원리를 기술하라.

10. 차량 탑재 무단 변속기의 P(주차), R(후진), D(전진) 조건에서 동력 전달 경로를 기술하라.

11. 무단 변속기의 전자제어 시스템에서 입력 및 출력요소를 열거하고 이에 대하여 간단히 설명하라.

12. 반자동 변속기(SAT)의 작동 원리와 주요 구성품들의 기능에 대하여 기술하라.

13. 자동화 수동변속기(AMT)와 수동 변속기의 차이점에 대하여 논하라.

14. 자동화 수동 변속기의 작동원리와 기본 구성에 대하여 기술하라.

15. 듀얼 클러치 변속기(DCT)의 작동 원리와 장단점에 대하여 기술하라.

제 7 장

전기자동차의 모델링

든 자동차의 경우 성능과 주행거리를 예측하는 것은 매우 중요하며, 컴퓨터를 이용하면 이것을 상당히 쉽게 예측할 수 있다. 컴퓨터를 기반으로 한 방법을 사용하면 전동기의 출력, 배터리의 종류와 크기 및 무게 등과 같은 자동차의 사양에 대해 신속하게 시험해 볼 수 있으며, 그것들의 변화가 자동차의 성능과 주행거리에 미치는 영향을 알 수 있다.

모델링해야 할 파라메타는 자동차의 '성능'과 '주행거리'이다. 수학적으로 모델링하는 방법을 알아보자.

1. 견인력

모델링의 첫 번째 단계는 견인력(tractive force)에 대한 식을 도출하는 것이다. 견인력은 자동차를 앞으로 나가게 하는 힘으로써, 구동바퀴를 통해 지면으로 전달된다.

[그림 7.1]에서 보듯이 질량 m, 주행속도 v, 경사면의 등판각 θ를 고려하자. 견인력은 다음 사항을 만족시켜야 한다.

- 구름저항(rolling resistance)을 극복해야 한다.
- 공기역학적 항력(drag)을 극복해야 한다.

- 경사면 아래쪽으로 작용하는 자동차의 무게 성분을 극복해야 한다.
- 속도가 줄어들면 자동차를 가속시킨다.

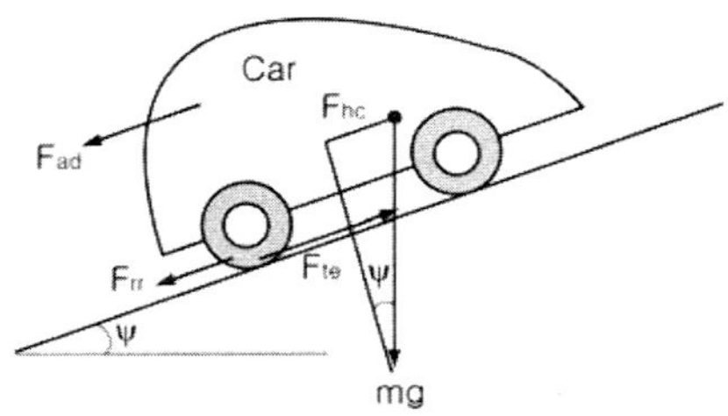

그림 7.1 자동차에 작용하는 힘

1) 구름저항력

구름저항은 도로에 대한 자동차 타이어의 마찰에 의해 주로 발생된다. 베어링과 기어시스템의 마찰 또한 구름저항의 일부분이다. 구름저항은 자동차 속도에는 거의 무관하며, 자동차 무게에 비례한다. 구름저항력 F_{rr}은 다음과 같다.

$$F_{rr} = \mu_{rr}\, mg \cos\theta \qquad (1)$$

여기서 μ_{rr}은 구름저항계수이다. 구름저항계수는 타이어의 종류와 압력에 따라 달라진다. 타이어의 압력이 높으면 안락한 승차감은 덜 하지만 주행성능은 훨씬 더 좋아진다. μ_{rr}의 값은 매우 낮은 속도로 일정하게 자동차를 끌어당길 때 필요한 힘을 측정함으로써 쉽게 구할 수 있다.

μ_{rr}의 대표적인 값은 플라이타이어(ply tyre)의 경우 0.015, 전기자동차용으로 특별히 개발된 타이어의 경우 0.005이다.

2) 공기역학적 항력

이 힘은 공기 속을 주행하는 자동차 자체의 마찰과 압력차가 원인이며, 자동차 전면의 면적, 자동차의 형상, 사이드미러, 닥트와 공기통로, 스포일러(spoiler) 및 다른 요소의 함수이다. 공기역학적 항력 F_{ad}는 다음과 같이 표시된다.

$$F_{ad} = \frac{1}{2}\rho A C_d v^2 \tag{2}$$

여기서 ρ는 공기의 밀도, A는 전면 면적(frontal area), v는 속도, C_d는 항력계수라 부르는 상수이다.

세단형 승용차의 대표적인 항력계수 값은 0.3이지만, 일부 전기자동차는 0.19라는 아주 작은 값을 가지는 것도 있다. 전기자동차의 경우 주 구성요소의 위치를 유연하게 배치할 수 있기 때문에 C_d를 줄일 수 있는 여지가 많다. 그러나 오토바이나 버스와 같은 차량은 그 값이 커질 수밖에 없으며, 대표적인 값은 0.7 정도이다.

공기의 밀도는 온도나 고도 및 습도에 따라 변화하는데 대부분의 경우 표준값인 $1.25\,kg/m^3$을 사용할 수 있다.

3) 등판력

자동차가 경사면을 올라가는데 필요한 힘으로 경사면을 따라 작용하는 자동차의 무게성분과 같다. 즉

$$F_{hc} = m g \sin\theta \tag{3}$$

이 된다.

4) 가속력

자동차가 가속하려면 [그림 7.1]에 나타난 힘뿐만 아니라 또 다른 힘이 가해져야 한다. 이 힘에 의해 자동차는 직선으로 가속되며, 그 관계식은 Newton 제2법칙으로 주어진다.

$$F_{la} = m a \tag{4}$$

그러나 자동차를 가속시키는데 필요한 힘을 정확히 알려면 회전부를 더욱 빠르게 회전시키는데 필요한 힘을 고려해야 한다. 즉 '회전가속력' 역시 고려할 필요가 있다. 여기서 주된 문제는 전동기이다. 왜냐하면 전동기는 관성모멘트가 크기 때문이 아니라 각속도가 매우 크기 때문이다.

[그림 7.2]를 보면 축토크는 $F_{te}r$이다. 여기서 r은 타이어 반지름이고, F_{te}는 동력계통(power train)에서 전달된 견인력이다. G를 전동기와 축을 연결하는 기어비(=축/전동기), T를 토크라 하면 다음 식이 성립한다.

$$T = \frac{F_{te}\, r}{G} \quad \text{또는} \quad F_{te} = \frac{G}{r}T \tag{5}$$

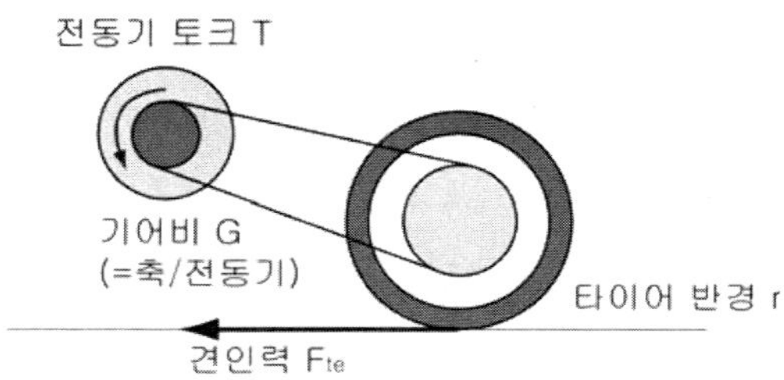

그림 7.2 전동기와 구동바퀴의 단순 연결구조

한편 축의 각속도는 v/r(rad/s, v는 타이어 원주 속도로 slip이 없는 경우 자동차의 속도와 같음)이므로 전동기의 각속도 ω(rad/s)는 다음과 같이 표현된다.

$$\omega = G\frac{v}{r} \tag{6}$$

따라서 전동기의 각가속도(rad/s²)는 다음과 같이 된다.

$$\dot{\omega} = G\frac{a}{r}$$

이 각가속도에 필요한 토크는

$$T = IG\frac{a}{r}$$

가 되며, I는 전동기 회전자의 관성모멘트이다. 각가속력 $F_{\omega a}$를 얻기 위해 필요한 바퀴에서의 힘은 위 식과 식 (5)로부터 다음과 같이 주어진다.

$$F_{\omega a} = \frac{G}{r} IG\frac{a}{r} = I\frac{G^2}{r^2}a \tag{7}$$

이 식은 기어시스템의 효율을 100%로 가정해서 나온 식이다. 기어시스템은 보통 구조가 간단하므로 효율은 매우 높으나 100%는 아니다. 기어시스템의 효율을 η_g라 하면 필요한 각가속력은 다음과 같이 된다.

$$F_{\omega a} = I\frac{G^2}{\eta_g r^2}a \tag{8}$$

여기서 G/r의 대표적인 값은 40이며, 관성모멘트의 대표적인 값은 0.025kg · m²이다. 이 값들은 30kW의 전동기를 7000rpm으로 회전시켜 자동차를 약 60km/h의 속도로 구동하는 경우에 대한 값이다. 그와 같은 자동차의 무게는 약 800kg정도이며, IG^2/r^2 항은 약 40kg정도가 될 것이다. 다시 말하면 식 (7)로 주어진 각가속력은 식 (4)로 주어진 직선 가속력보다 훨씬 작다. 이와 같은 특정하지만 아주 대표적인 경우 두 가속력의 비는 다음과 같이 된다.

$$40/800 = 0.05 = 5\%$$

사실 전동기의 관성모멘트는 알 수 없다. 따라서 이와 같은 경우는 간단히 식 (4)에서 질량을 5% 정도 증가시키고 $F_{\omega a}$항을 무시하면 상당히 만족스러운 근사화가 이루어진다.

5) 총 견인력

총 견인력은 이 모든 힘들을 합한 것이다.

$$\begin{aligned} F_{te} &= F_{rr} + F_{ad} + F_{hc} + F_{la} + F_{\omega a} \\ &\cong F_{rr} + F_{ad} + F_{hc} + 1.05F_{la} \end{aligned} \tag{9}$$

자동차가 감속하고 있으면 F_{la}와 $F_{\omega a}$는 음(-)이며, 언덕 아래로 내려가고 있다면 F_{hc}가 음(-)이라는 사실을 명심하라.

2. 자동차 가속 모델링

1) 가속성능 파라메타

대부분 전동기의 경우 저속영역에서 최대 토크는 일정하며, 임계속도(ω_c)를 넘어서면 토크는 감소하기 시작한다. 토크가 감소한다는 것이지 대부분의 브러시리스형 전동기에서처럼 출력은 일정하다. 따라서 다음이 성립한다.

$$\begin{aligned} &\omega < \omega_c \ \text{ 또는 } \ v < r\omega_c/G \ \text{ 인 경우 } \ T = T_{\max} \\ &\omega \geq \omega_c \ \text{ 또는 } \ v \geq r\omega_c/G \ \text{ 인 경우 } \ T = \frac{T_{\max}\omega_c}{\omega} = \frac{r\,T_{\max}\omega_c}{G\,v} \end{aligned} \tag{10}$$

또는 선형적으로 토크가 감소한다면

$$T = T_o - k\omega$$

가 되며, k는 비례상수이다.
식 (6)의 각속도를 위 식에 대입하면 다음과 같다.

$$T = T_o - \frac{kG}{r} v \tag{11}$$

공기밀도가 1.25kg/m³일 때 주어진 식들을 사용하여 정리하면, 지표면상에 있는 자동차($F_{hc} = 0$)의 총 견인력은 다음과 같이 된다.

$$F_{te} = \mu_{rr} m g + 0.625 A C_d v^2 + m a + I \frac{G^2}{\eta_g r^2} a$$

F_{te}는 $\eta_g GT/r$이고, $a = dv/dt$이므로 위 식은

$$\frac{G}{r} T \eta_g = \mu_{rr} m g + 0.625 A C_d v^2 + \left(m + I \frac{G^2}{\eta_g r^2} \right) \frac{dv}{dt} \tag{12}$$

가 되고, 속도 v에 대한 일차미분방정식이므로 그 해를 구할 수 있다.

2) 소형 자동차의 가속성능 모델링

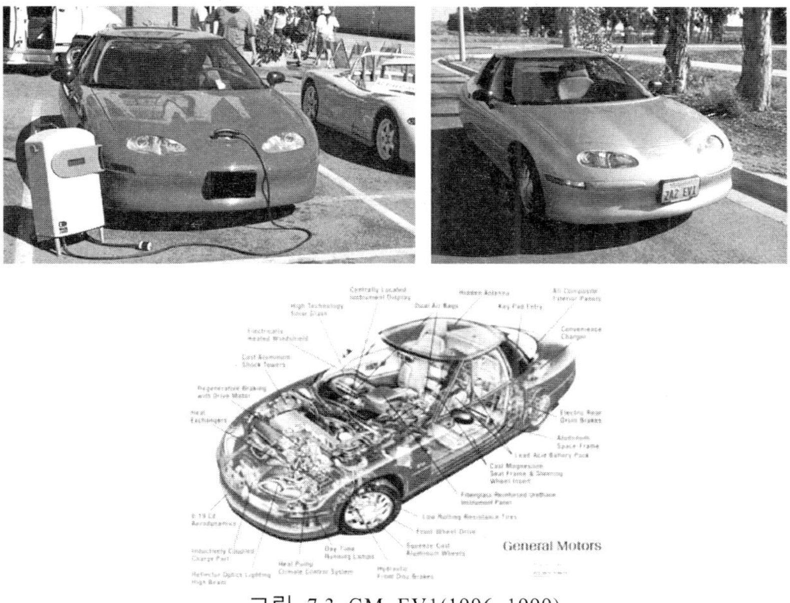

그림 7.3 GM EV1(1996~1999)

자동차 모델은 [그림 7.3]과 같은 GM EV1(1996~1999년, 1000여대 생산, 2 seat 2 door compact coupe, 초기모델 납축전지 사용, 후기 모델 NiMH 사용)으로 주요 데이터는 다음과 같다.

- 극히 낮은 항력계수 $C_d = 0.19$
- 매우 낮은 구름저항계수 $\mu_{rr} = 0.0048$
- 가변주파수 유도전동기 사용, 매우 고속으로 동작하며 최대회전속도는 12,000rpm
- 자동차 무게 1400kg, 운전자와 승객의 무게를 모두 70kg이라면 전체 무게는 1540kg
- 전동기의 관성모멘트는 제시되지 않았지만, 그와 같이 무거운 자동차에 비해 매우 작을 것이다. 바퀴 또한 가벼우므로 이 무게를 대략 20kg으로 추정하여 $m = 1560\text{kg}$
- 기어비는 11:1이므로 $G = 11$이며, 타이어의 반지름은 0.3m
- 전동기의 경우 $T_{\max} = 140\,Nm$, $\omega_c = 733\,rad/s$ 이다.

  이는 $v = 19.8\,m/s\,(71km/h)$ 가 될 때까지 $T = T_{\max}$임을 유의하라.

- 19.8m/s 이상이 되면 전동기는 102kW의 일정한 출력으로 운전되며, 이 때 토크는 다음과 같이 계산된다.

$$T = 102 \times 10^3/\omega = 102000/(v/r) = 102000/[1/(0.3/11)v] = 102000/(37v) = 2756/v$$

- 전면 면적 $A = 1.8\,m^2$
- 일정 속도로 구동하는 경우 기어효율은 95%, 즉 $\eta_g = 0.95$

이 값들을 식 (12)에 대입하면, 전동기 토크가 일정한 임계속도 이전 영역에서 다음 식이 얻어진다.

$$0.95 \times \frac{11}{0.3} \times 140 = 0.048 \times 1540 \times 9.8 + 0.625 \times 1.8 \times 0.19\,v^2 + 1560\,\frac{dv}{dt}$$

$$\frac{dv}{dt} = 3.11 - 0.000137\,v^2 \tag{13}$$

일단 속도가 19.8m/s에 도달하면(출력 일정) 속도는 다음과 같은 미분식으로 주어진다.

$$
0.95 \times \frac{11}{0.3} \times \frac{2756}{v} = 0.048 \times 1540 \times 9.8 + 0.625 \times 1.8 \times 0.19\,v^2 + 1560\,\frac{dv}{dt}
$$

$$
\frac{dv}{dt} = \frac{62.1}{v} - 0.046 - 0.000137\,v^2 \tag{14}
$$

위의 미분방정식을 explicit scheme를 사용한 차분방정식으로 만들면 각각 다음과 같다.

$$
v_{n+1} = v_n + \Delta t\,(3.11 - 0.000137\,v_n^2) \tag{15}
$$

$$
v_{n+1} = v_n + \Delta t\,(\frac{62.1}{v_n} - 0.046 - 0.000137\,v_n^2)
$$

시간에 대한 속도 그래프가 [그림 7.4]에 주어져 있으며, 60mph(96km/h)에 도달할 때까지 걸린 시간은 단지 9초 이하임을 알 수 있다. 이는 매우 우수한 성능일 뿐만 아니라 실제 자동차의 공식적인 값과 정확히 일치한다. 결국 지금까지 다룬 방법은 신뢰성이 있음을 알 수 있다.

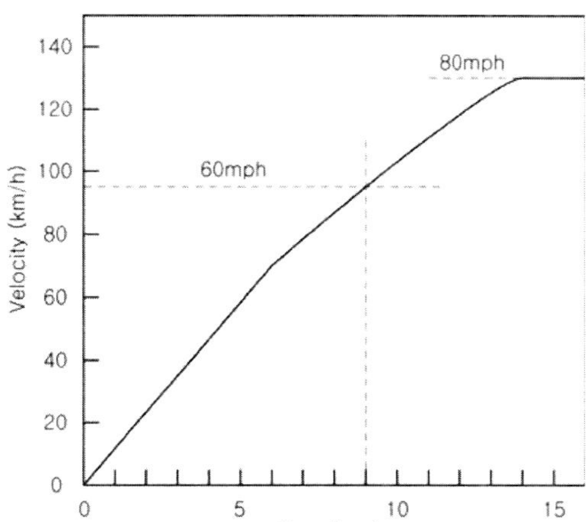

그림 7.4 GM EV1이 전출력으로 구동될 때의 가속성능

3. 자동차 주행거리 모델링

전기자동차의 주된 문제는 주행거리라는 것이 잘 알려져 있다. 이는 주로 전기에너지를 효율적으로 저장하기가 매우 어렵기 때문이다. 어떤 경우에는 이것이 전기자동차를 설계하는데 있어 결정적인 문제가 된다. 주행거리를 계산하는 방법에는 두 가지가 있다.

첫 번째는 가장 간단한 것으로 정속도(constant velocity) 시험이 있다. 사실 어떤 차량도 정속도로 주행하지는 않지만, 자동차가 고도 0인 지역만을 주행한다든가 바람이 없는 경우를 가정하는 것은 이러한 시험을 하기 위한 단순화 방법이다.

두 번째 시험 방법은 유용하지만 복잡한 것으로써, 실제로 또는 시뮬레이션 상에서 정해진 속도 프로파일을 따라 자동차가 운전될 때의 주행거리를 계산하는 것이다. 이러한 구동 사이클에는 많은 종류가 있다. 한 예로 [그림 7.5]에 나타나 있는 구동 사이클은 유럽의 도시 주행 사이클을 보여주고 있다. 특히 이 사이클은 배터리 구동 전기자동차와 같은 소형자동차의 성능을 시험하는데 매우 유용하다.

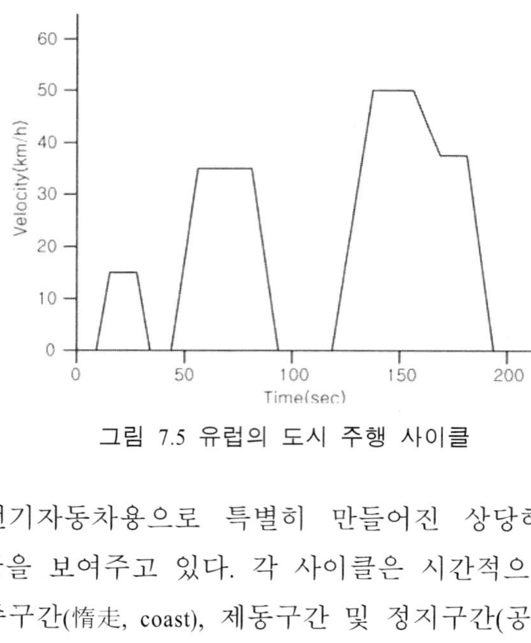

그림 7.5 유럽의 도시 주행 사이클

[그림 7.6]은 전기자동차용으로 특별히 만들어진 상당히 오래된 표준인 SAE J227a 주행 사이클을 보여주고 있다. 각 사이클은 시간적으로 매우 짧으며, 가속구간, 정속구간, 타주구간(惰走, coast), 제동구간 및 정지구간(공회전 상태)으로 되어 있으며, [표 7.1]에 세부적인 값이 주어져 있다. 속도는 정의되어 있지 않지만, 견인력이 0인 타주구간은 모델에서 다소 귀찮은 부분이다.

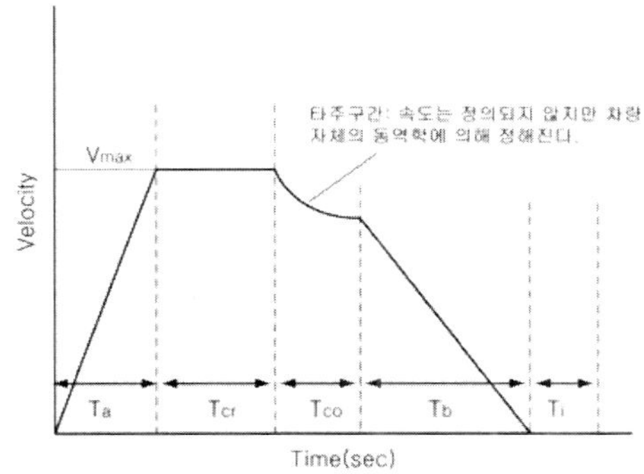

그림 7.6 SAE J227a 주행 사이클

표 7.1 SAE J227a 주행 사이클 4가지 종류에 대한 파라메타

파라메타	사이클 A	사이클 B	사이클 C	사이클 D
최대속도(km/h)	16	32	48	72
가속시간 T_a(s)	4	19	18	28
순항시간 T_a(s)	0	19	20	50
타주시간 T_a(s)	2	4	8	10
제동시간 T_a(s)	3	5	9	9
공회전시간 T_a(s)	30	25	25	25
총 시간	39	72	80	122

1) 배터리 구동 전기자동차의 모델링

전기자동차의 에너지 흐름도가 [그림 7.7]에 나타나 있다. 계산은 견인력을 구하는 것부터 시작해서 거꾸로 올라간다. 1초 동안에 자동차를 주행시키는데 필요한 에너지는 전력과 같으므로

$$1초\ 동안에\ 필요한\ 에너지 = P_{te} = F_{te} \times v \ \ (J)$$

이 되고 다음의 식과 같이 거꾸로 차례대로 구하면 배터리에서의 에너지 소모량 P_{bat}를 구하게 된다.

$$P_{motor-out} = P_{te} / \eta_g$$

$$P_{motor-in} = P_{motor-out} / \eta_m$$

$$P_{bat} = P_{motor-in} / \eta_b + P_{ac} / \eta_b$$

누적 P_{bat}가 한계치에 도달할 때까지 시간을 증가시키면서 계산하게 되며, 그 때까지의 주행거리를 합산하면 총 주행거리를 계산할 수 있다. 이 계산에서 중요한 것은 각 장치의 효율을 정확하게 구하는 것이다. 자세한 계산은 생략한다. 회생제동의 경우에는 효율의 적용 위치가 다름에 주의하라(예:$P_{motor-out} = P_{te} \times \eta_g$).

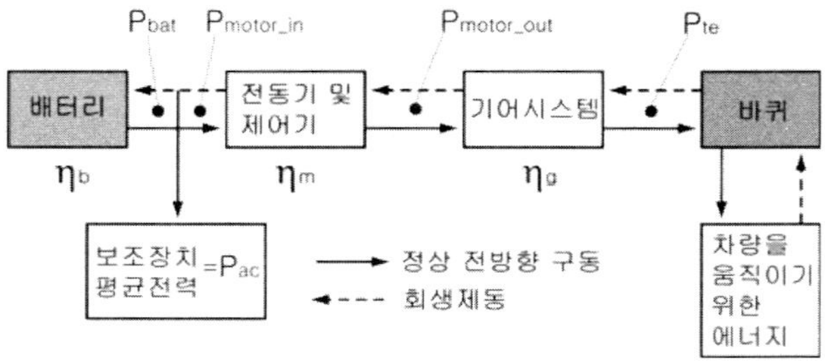

그림 7.7 전기자동차의 에너지 흐름도

2) 연료전지 자동차의 모델링

연료전지 자동차의 에너지 흐름도가 [그림 7.8]에 나타나 있다. 전기자동차와 마찬가지로 계산하게 되며, 여기서는 연료의 한계치에 도달할 때까지 계산하게 된다.

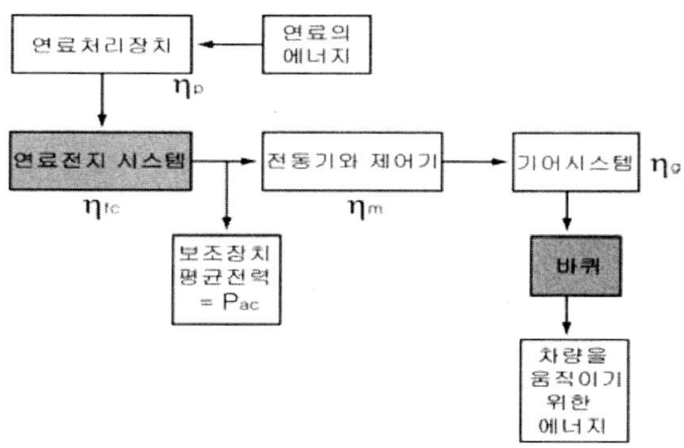

그림 7.8 연료전지 자동차의 에너지 흐름도

연습문제

1. 다음과 같은 조건을 사용하여 10초 후의 속도를 구하라.

> · 항력계수 $C_d = 0.2$, 구름저항계수 $\mu_{rr} = 0.005$
> · 유도전동기 최대회전속도는 12,000rpm, $T_{\max} = 140\,Nm$, $\omega_c = 733\,rad/s$, 이는 $v = 19.8\,m/s\,(71km/h)$가 될 때까지 $T = T_{\max}$이고 19.8m/s 이상이 되면 전동기는 102kW의 일정한 출력으로 운전됨
> · 자동차 전체 무게는 1600kg, 관성모멘트 관련 무게를 대략 20kg으로 추정
> · 기어비는 10:1이며, 타이어의 반지름은 0.3m
> · 일정 속도로 구동하는 경우 기어효율은 95%, 즉 $\eta_g = 0.95$

2. 다음 그림과 같은 주행사이클을 참고하여 물음에 답하라.
   1) 50초에서의 속도와 가속도를 구하라.
   2) 50초에서 필요한 견인력이 10kN일 때, 그 순간 필요한 동력을 계산하라.

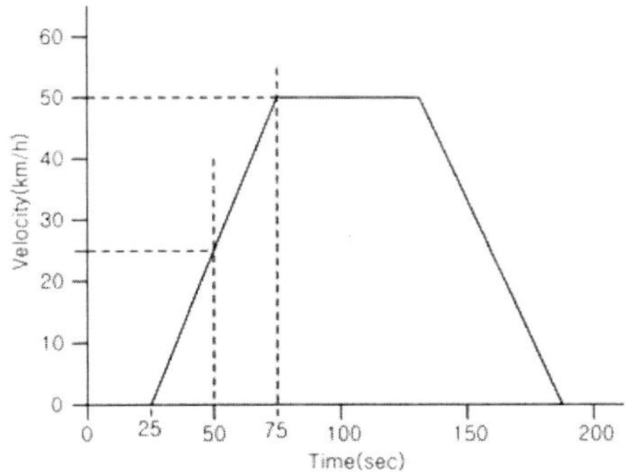

제8장
전동기 종류 및 특성

전기모터는 기계장치가가 어떤 일을 할 때 그 기기의 구동원이 되는 것으로 전원을 넣으면 전기 작용에서 발생하는 회전력을 축(SHAFT)으로 꺼내어 다른 기계에 벨트 또는 GEAR를 통해 힘을 전달시키는 작용을 하며, 회전축과 직결시켜 어떤 구체적인 작용을 하는 것이다. 즉, 전기 에너지를 기계 에너지(회전 에너지)로 변환하는 장치로 대부분의 기기의 구동을 책임지는 중요한 역할을 한다. 이러한 전기모터는 크게 구동전압의 종류에 따라 교류(AC) 및 직류(DC)모터로 나뉜다. 특히, DC 모터의 한 부류인 브러시리스(brushless) DC 모터의 경우 '90년대 이후로 컴퓨터 산업을 포함한 정보화 산업의 급속한 발전에 따라 그 생산량이 급성장하고 있다. 이것은 브러시리스 DC 모터의 경우 반도체 소자를 이용한 스위칭 방식의 전환으로 장수명의 특징과 고 에너지밀도를 갖는 마그네트를 이용한 고효율화 및 소형화가 유리하다는 장점을 갖고 있기 때문이다. 또한, 현재에는 각종 산업용 구동원 및 전기자동차 등의 운송수단의 구동원으로 브러시리스 DC모터를 채용하기 위한 개발이 이루어지고 있어, 빠른 기간 에 실용화의 단계로 접어들고 있다.

신뢰성과 내 환경성에서 우수한 특성을 가지고 있는 AC 유도모터는 가전분야의 지속적인 시장점유와 공작기계를 포함한 산업용기기 분야의 폭넓은 시장을 가지고 있다. 그러나 다른 모터에 비하여 상대적으로 낮은 효율과 제어가 용이하지 않다는 단점으로 인하여, 제품의 고효율화가 요구되고 있는 가전의 각 세트제품에서 타 모터(브러시리스 DC모터)화가 지속적으로 진행되고 있는 품목이다. 그러나 중형 등 출력이 높아질수록 상대적으로 저렴한 가격 및 벡터제어 등의 제어이론의 발전 등에 힘입은 제어성의 향상으로 인하여 그 입지는 상대적으로 넓다고 할 수 있다. 각종 공작기계 및 로봇 등에 채용되고 있는 서보모터는 기존의 DC모터에서 브러시를 가지지 않는 AC 서보모터로 지속적으로 대체되고 있으며, 수년 후에는 FA 시장에서의 AC 서보화는 80%를 넘을 것으로 예상한다.

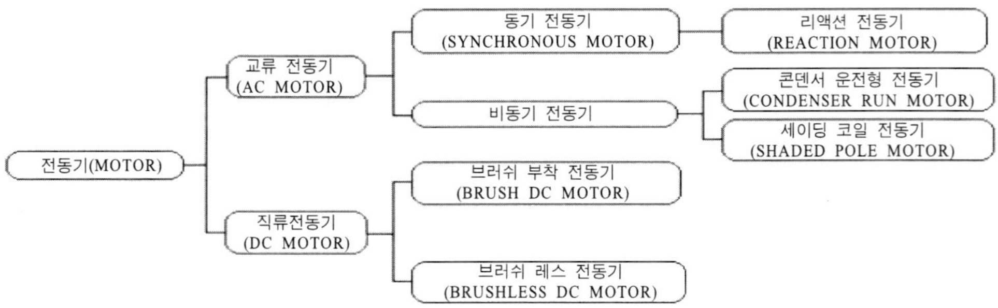

그림 8.1 번기모터의 전우너에 의한 분류

1. 직류모터

1) 직류모터의 구조 및 동작원리

직류모터는 다른 모터에 비하여 양호한 제어성, 고효율, 속응성 등 제어용 모터로서의 기본적인 조건을 두루 갖추고 있기 때문에 다양한 전동시스템의 구동원으로 많이 사용되어 왔다. 그러나 직류모터는 브러시와 정류자라는 기계적인 접촉부를 가지고 있다. 이 기계적인 접촉부에 의하여 보수가 필요하고 스파크와 먼지가 발생하며 최대속도에 제한을 받게 된다. 그래서 이러한 결점을 보완한 브러시리스 직류모터가 확대, 보급되고 있다.

(1) 직류전동기의 구조

직류 모터의 구조는 기본적으로 [그림 8.2]와 같이 크게 전기자(Rotor, 로우터), 계자용 마그네트(자석), 브러쉬(Brush), 베어링, 모터케이스 등으로 이루어져있다. 브러시의 작용은 전기자에 전류를 공급하기 위한 섭동 접점이고, 브러시는 정류자와 복수의 전기자 권선에 전류를 공급하는 전류 전환 장치이다. 전기자는 회전력을 발생하기 위한 전자석이고 동시에 모터의 회전체(전기자)를 구성하는 것이다. 계자 자속은 영구자석 또는 계자코일에 의한 전자석으로 구성되는데, 전기자 권선에 자력을 주는 것이며 전기자에서 발생하는 전자기력과 함께 회전력을 발생시킨다. 베어링은 로터의 회전구조를 형성하는 것인데 볼 베어링이나 오일리스 메탈이 사용되고 있다. 기타 모터 케이스, 앞뒤 커버 등이 있는데 이것은 모터의 회전 구조를 지지함과 동시에 보호역할을 하는 것이다. 이러한 구조의 DC 모터는 제어용 모터로서 매우 우수한 특성을 가지고 있다. 예를 들면 급격한 가속성, 큰 시동 토크, 선형적 회전 특성 등 대체로 제어용 모터에 요구되는 모든 성능을 겸비한 우수한 모터이다.

그림 8.2 직류전동기의 구조

(2)직류모터의 동작원리

직류전동기의 구동원리는 플레밍의 왼손 법칙에서 [그림 8.3]에서와 같이 전류 I가 흐르고 있을 때 전선 a-b사이에서는 F1 방향으로, 또 전선 c-d 사이에는 F2방향으로 기계적인 힘이 작용하여 구동 코일에 회전력을 주어 회전자가 회전하는 형태이다. 구동 코일 부는 회전구조로 되어 있기 때문에 회전축을 중심으로 반시계 방향으로 180도 회전한다. 이 위치에서도 반시계 방향의 힘이 작용하고 순차적으로 이것을 반복하여 구동 코일 부는 연속적으로 회전을 계속한다. 단, 이 전동기는 구동 코일의 a-b, c-d 부분이 자석의 바깥쪽으로 밀려 나갔을 때 어느 방향으로도 회전하지 않는다. 그래서 실제의 모터에서는 더욱 전선의 수와 극수를 많게 하여 어느 위치에서는 회전하는 구조로 되어 있다.

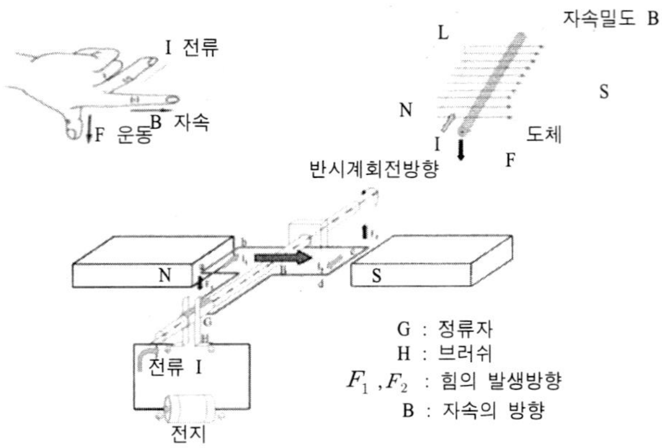

그림 8.3 직류전동기의 동작원리

회전자(Rotor)가 힘을 받아 회전하게 되면 회전속도가 점점 증가하게 되나 회전자 코일에서는 자속의 변화를 방해하려는 역기전력(Electromotive Force)이 발생하여 코일 전류를 감소시킨다. 결국 어느 속도까지 증가하게 되면 역기전력에 의해 코일의 전류는 0이 되므로 더 이상 속도는 증가하지 않게 된다. 역기전력을 E, 코일에 흐르는 전류를, I_a 코일저항을 R_a , 단자전압(코일 양단의 전압)을 V 라고 하면 다음의 관계를 가진다.

$$V = I_a R_a + E \tag{1}$$

역기전력은 자속의 시간적인 변화율에 비례하므로 회전자의 회전속도를 N, 계자에 의해 만들어진 자속을 Φ 라고 하면 다음과 같다.

$$E = k_1 \Phi N \tag{2}$$

여기서 k_1 을 역기전력 상수이다. 한편 발생토크 T 는 전류 I_a 와 자속 Φ 의 곱에 비례한다. 여기서 k_2 를 토크 상수이다.

$$T = k_2 \Phi I_a \tag{3}$$

큰 토크를 얻기 위해서는 자속과 전류를 증가시키면 되지만, 이들은 다음과 같은 제한을 가진다. 자성체는 자속밀도가 $1.4 \sim 1.8[T]$가 되면 포화되므로, 직류전동기에서는 일반적으로 슬롯(slot)폭과 치(teeth)폭의 비가 거의 같으므로 공극자속밀도는 $0.7 \sim 0.9$ $[T]$미만이 되어야 한다. 한편, 코일에 전류가 흐르면 코일 저항에 의해 $I_a^2 R_a$의 줄(Joule)열이 발생하므로 전류를 많이 흘릴 경우 높은 열에 의해 코일의 절연이 파괴될 수도 있다. 공기에 의한 냉각효과를 고려하여 일반적으로 코일에 흐르는 전류밀도는 $0.3 \sim 0.8$ $[A/mm^2]$ 미만이 되어야 한다.

2) 직류모터의 구동 방식 및 특성

직류모터는 다음과 같은 장단점을 갖는다. 즉, 토크가 전류에 비례하므로 시동토크가 크고, 이에 따라 제어의 선형성이 보장되어 응답특성이 좋다. 제어에 있어서도 아마추어, 계자자속 중 어느 것이나 또는 병용에 의해서도 제어할 수 있으나 영구자석에 의한 계자속의 생성이 주류이므로 아마추어 제어가 일반적이다. 또한, 회전수는 모터의 단자전압에 의해 정해지므로 넓은 속도제어범위로 사용할 수 있다. 그러나 브러시의 마모에 의한 기계적 손실이 크고, 이에 따라 브러시와 정류자 등의 보수가 필요하며 브러시, 정류자의 섭동에 다라 스파크가 발생하는 단점을 가지고 있다.

(1) **직류모터의 기본특성**

전기자 전류는 전기자 저항에 의존하며

$$I_a = (V_a - E_a)/R_a \tag{4}$$

전동기가 정지해 있으면, 유기전압은 0이므로 따라서 기동전류는

$$I_a = E_a/R_a \tag{5}$$

기동 전류는 전동기의 정격 전류의 20-30배 크다. 전기자 도체에 발생하는 큰 힘

은 강력한 기동 Torque를 발생하고 결과적으로 전기자는 빠르게 회전한다. 전기자의 속도가 빨라질수록 역기전력은 증가하고 $(V_a - E_a)$ 은 결과적으로 감소한다. 따라서 전기자 전류는 급속히 감소한다. 비록 전기자 전류가 감소하더라도 전동기는 최고 속도까지 계속 증가한다. 무부하에서 이 속도는 역기전력이 입력 전압과 거의 같게 만든다. 만일 역기전력이 입력 전압과 같다면 $(V_a - E_a)$ 는 0이 되고 전기자 전류도 0이다. 전기자 도체에 발생하는 기동력은 중단되고, 부하에 의해서 전동기의 속도는 서서히 줄어든다. 전동기의 속도가 줄어들면 $(V_a - E_a)$ 는 증가하고 전기자 전류도 증가한다. 전기자 전류에 의해서 발생하는 Torque가 부하와 같게 되면 속도의 변화는 없어진다. 따라서 전동기가 무부하로 운전되면 부하를 이겨내기 위한 Torque를 발생하기 위하여 작은 전류가 전기자 도체에 흐르게 역기전력은 입력 전압보다 약간 작게 결정된다.

전기자에 발생하는 역 기전력은

$$E_a = k_1 \Phi \omega_a = Z \omega_a \Phi / 60 \tag{6}$$

[그림 8.3]로부터 전기자에 입력되는 전기 에너지 P_a 는 입력 전압과 전기자 전류의 곱이다

$$P_a = V_a I_a \tag{7}$$

그러나 입력 전압은 역기전력과 전기자 저항의 전압강하의 합과 같으므로,

$$P_a = V_a I_a = (E_a + I_a R) I_a = E_a I_a + I_a^2 R_a \tag{8}$$

여기서 $I_a^2 R_a$ 부분은 전기자 도체에 발생하는 열 손실을 나타내고, 나머지 부분 $E_o I$ 이 기계적 에너지로 변환되는 전기 에너지이다. 전동기의 기계적 에너지는 정확하게 역기전력과 전기자 전류의 곱이다

실제적으로 직류 전동기는 갑자기 발전기로 되고 타여자 발전기는 전동기로 된다. 직류 전동기가 타여자 발전기로 보내는 에너지는 전동기의 전기자를 줄임으로써 공급된다. 따라서 입력 전압을 줄이면 전동기는 갑자기 줄어들게 된다. 타여자 발전기에서 받은 직류 에너지를 어떻게 되는가? 타여자 발전기가 에너지를 받으면 이것은 전동기로 동작하고 타여자 발전기 축에 달려있는 3상 전동기는 발전기로 작용한다. 따라서 교류 전력이 교류 전동기에 공급한다.

직류 전동기 속도 제어를 하는 다른 방법은 [그림 8.14]와 같이 전기자에 직류 저항을 다는 것이다. 저항에 흐르는 전류는 전압강하를 일으키고 역기전력이 떨어진다. 이 방법은 전동기 속도를 정격 속도 이하로 줄일 수 있다. 이 방법은 소형 전동기에 적용이 되고 대형 전동기는 열 손실이 많기 때문에 효율이 떨어진다. 더욱이 속도 변동률이 나쁘다. 따라서 직접적인 단자전압을 바꿀 수 있는 경우, 전력변환장치 등을 이용하여 전압제어를 통해서 제어를 수행하는 것이 보다 효율적이다.

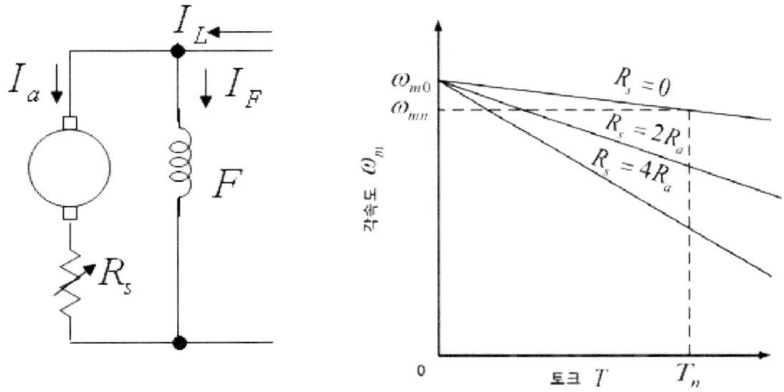

그림 8.14 가변 저항을 사용한 전동기의 속도 제어

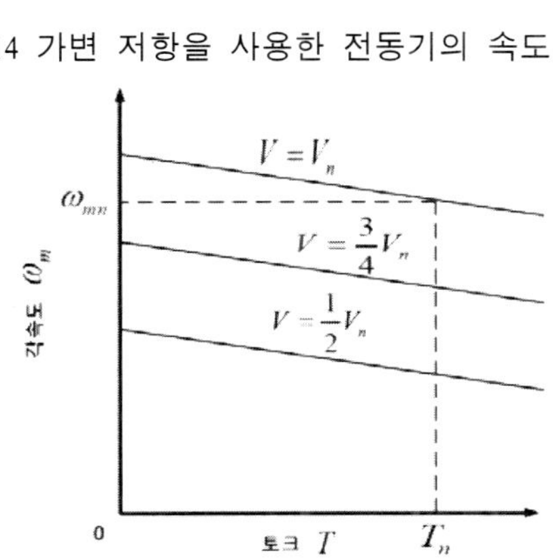

그림 8.15 단자전압의 변화를 통한 전동기의 속도 제어

(2) **계자 속도 제어**

전동기 회전식으로부터 입력 전압이 일정하면 계자 자속을 변화시킴으로써 속도를 제어 할 수 있다. 전동기의 회전속도는 계자 자속에 역비례한다. 이 속도 제어 방법은 전동기가 정격 속도 이상으로 운전하고자 할 때 자주 사용된다. 속도 조정을 위해 자속을 조정하기 위하여 계자 권선에 직렬로 가변 저항을 삽입한다

[그림 8.16]의 전동기가 일정 속도로 운전하고 있다고 가정하자. 역기전력은 전기자 저항에 의한 전압 강하에 의하여 입력 전압보다 약간 작다. 만일 가변 저항을 증가하면 여자 전류 및 자속을 줄어들 것이다. 이것은 즉시 역기전력을 감소시키고 전기자 전류를 크게 증가 시킨다. 전류는 단순히 입력전압과 역기전력의 차이에만 의존하므로 전류변화는 매우 크다. 약계자에 무관하게 전동기는 전보다 훨씬 더 큰 Torque를 발생한다. 이것은 역기전력이 입력 전압과 거의 비슷하게 될 때까지 가속된다. 확실히 약계자 영역에서 같은 역기전력을 발생하기 위하여 전동기는 더 빨리 돌아야함을 알 수 있다. 따라서 계자 권선에 직렬로 가변저항을 삽입하여 전동기 속도를 정격 속도보다 더 높일 수 있다. 분권전동기에 대하여 이 방법은 정격속도 대 속도의 비를 1에서 3까지 올릴 수 있다. 넓은 속도 범위는 불안정과 양호하지 못한 정류를 일으킨다.

어떤 조건에서 자속은 급격하게 낮은 값으로 떨어진다. 만일 분권전동기의 여자 전류가 사고에 의해서 차단이 되면 단지 잔류 자속만이 전동기의 계자에 남아 있다. 이 자속은 너무 작기 때문에 전동기는 적절한 역기전력을 발생하기 위하여 고속으로 회전하게 된다. 이것을 막기 위한 안전장치가 필요하게 된다.

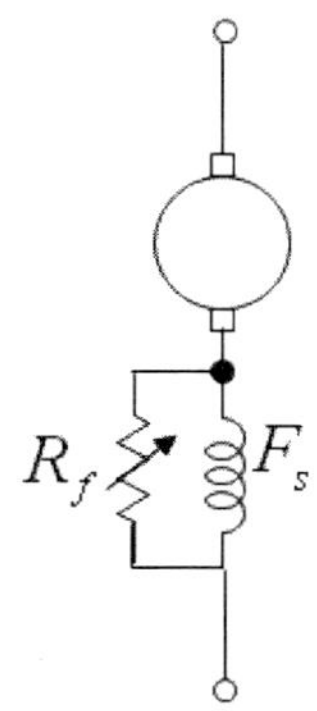

(a) 계자 권선에 가변저항이 삽입된 구조

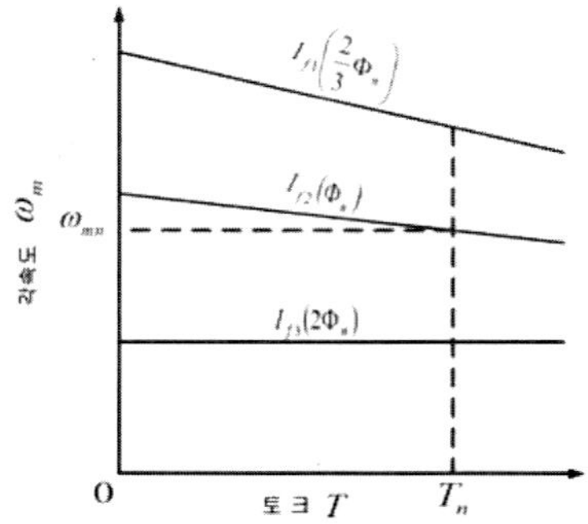

(b) 토오크-속도, 토오크-전류 곡선

그림 8.16 분권 전동기의 속도제어

(3) 직류전동기의 단점

직류전동기는 전압 및 전류로써 속도와 토크를 쉽게 제어할 수 있다는 장점이 있으나 다음과 같은 단점을 가지고 있다.

가. 정류자편과 브러시의 지속적인 보수가 필요하다.

나. 회전자의 관성이 비교적 크다.

다. 밀봉이 어렵기 때문에 열악한 환경에 적합하지 않다.

라. 정류자의 Stress 때문에 고속 운전이 어렵다.

2. 교류모터

1) 교류모터의 구조 및 동작원리

교류모터는 동기형과 비동기형으로 크게 대별되는데, 동기모터는 운전효율이 높고, 특히 영구자석모터는 슬립 링(slip ring)이 없으며 회전자의 발열이 적어 냉각면에서 유리하다. 비동기형 즉 유도전동기의 경우 토크발생 원리상 회전자에 영구자석을 사용할 수 없기 때문에 소형화에 한계가 있어 크기와 중량이 커질 수밖에 없다. 따라서 유도전동기는 소용량의 용도에서는 운전효율이나 파워레이트(Power rate) 등에서 영구자석 동기모터나 직류서보모터에 비해 불리하나, 2-3Kw이상의 용량에서는 유도모터의 일차 전류 중 토크성분 전류에 대한 여자전류의 비가 적어져 효율이 높아지게 된다.

(1) 동기기형 교류모터

고정자측 구성은 기계적 지지를 목적하는 원통형의 프레임과 프레임 내경에 원통형의 고정자 코어(Stator Core)가 있고 코어에 전기자 권선이 감겨져 있다. 권선 끝단에는 리드선이 나와 있어서 이 리드선으로부터 전류 및 전압이 공급된다. 회전자측 구성은, 샤프트와 샤프트 외경에 자석이 부착되어 있다. 양쪽 브라켓 및 플랜지에는 볼 베어링이 부착되어 있다. 동기기형 교류모터는 직류모터와 반대로 자석이 회전자에 부착되어 있고 전기자 권선은 고정자측에 감겨져 있다. 따라서 정류자나 커뮤테이터 없이도 외부로부터 직접 전원을 공급받을 수 있는 구조이기 때문에 브러시리스 DC 모터라고도 한다.

동기기형 교류모터도 직류모터와 마찬 가기로 광학식 인코더나 리졸버를 회전속도 검출기로 사용한다. 동기기형 교류모터는 회전자에 자석 즉, 페라이트 자석 혹은 희토류(Rare Earth)자석을 사용하여 계자 역할을 한다. 동기기형 교류모터는 전기자 전류와 Torque의 관계가 선형이므로 제동이 용이하고 비상 정지 시에 다이내믹 브레이크가 작동한다. 그러나 회전자에 영구자석을 사용하는 구조이므로 복잡하고 제어 시 회전자 위치를 검출해야 할 필요가 있다. 또한 드라이버로부터의 전기자 전류에는 고주파 성분이 포함되어 있어서 토오크리플(Torque Ripple) 및 진동의 원인이 되는 경우가 있다.

동기전동기의 기본 동작원리는 직류모터를 브러시리스화 하였을 때 채용되는 구조로서 직류모터성질을 가지고 있다. 즉, 회전자계와 영구자석 회전자의 자기력에 의해 회전하게 된다.

(2) **유도기형 교류모터**

유도기형 AC모터인 유도기(Induction Motor)의 구조는 고정자측이 프레임, 고정자 코어, 전기자 권선, 리드선으로 구성되어 있고, 회전자는 샤프트, 회전자 코어 그리고 코어 외경에 도전체(Conductor)가 조립되어 있다. 컨덕터는 코어 외경에 축 방향으로 경사지게 많은 슬롯이 나 있는데 링 형상의 코어 양 단면과 슬롯에는 순도 높은 알루미늄 봉이 차 있어서 바구니 모양과 비슷하다. 유도기의 경우 회전자와 고정자의 상대적인 위치 검출 센서가 필요치 않다.

유도기형은 회전자 구조가 간단하고 검출기도 특수한 것이 필요 없다. 그러나 정지 시에도 여자전류를 계속 흘려야 하므로 이것에 의한 발열 손실과 비상 정지 시에 DC서보모터와 같이 전기자 권선을 단락하여 다이내믹 브레이크를 걸어주는 것이 불가능한 것 등의 결점이 있다.

유도전동기의 기본 동작원리는 전자유도법칙이다. 다른 전동기는 토크를 발생시키기 위해 계자 권선과 전기자 권선 모두 전류를 공급해야 하나 유도전동기는 계자 권선에만 전류를 공급하는 특징이 있다. [그림 1.7]과 같이 3상 권선을 취하게 되면 회전자계가 발생하는데 이 회전자계는 전기자 권선에 역기전력을 유도한다. 따라서 회전자계와 역기전력에 의한 전기자 권선의 전류에 의해 토크가 발생하게 된다. 회전자계의 동기속도 N_s는 전원주파수를 f, 극수를 p라고 했을 때 다음과 같다.

$$N_s = \frac{120f}{p} \tag{19}$$

회전자가 정지해있을 때(기동시) 회전자에 대한 회전자계의 상대속도는 동기속도와 같으므로 회전자에서는 크기와 주파수가 큰 역기전력이 유도된다. 큰 역기전력에 의해 회전자 권선에 흐르는 전류의 크기도 매우 크게 되지만 높은 주파수에 의한 높은 리액턴스는 역률을 감소시킨다. 역률이 낮으면 회전자계와 전기자 권선의 전류 사이에 공간적인 위상차가 생기게 되므로 유도전동기는 기동 시 큰 전류가 유도됨에도 불구하고 기동토크는 매우 작다. 회전자가 회전함에 따라 회전자에 대한 회전자계의 상대속도는 작아진다. 회전자와 회전자계의 속도의 차이를 슬립(slip) s라고 하는데 다음과 같이 정의한다.

$$s = \frac{N_s - N}{N_s} \tag{20}$$

회전자가 회전하면 회전자에 대한 회전자계의 상대속도가 작아지므로 회전자 권선에 유도되는 역기전력의 크기와 주파수도 작아진다. 이때 유도되는 역기전력의 주파수는 슬립을 이용하여 sf로 표현할 수 있다.

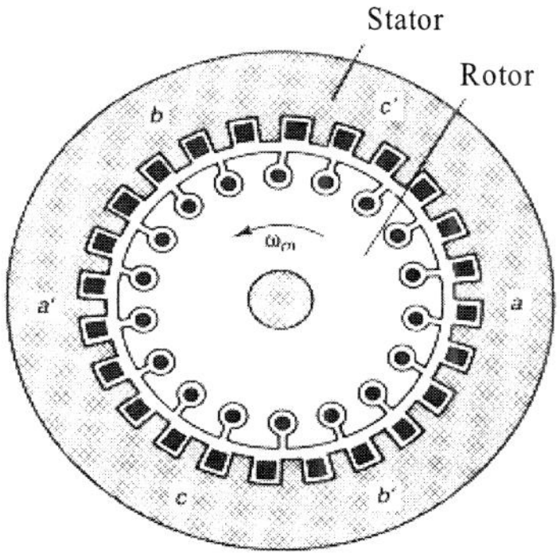

그림 8.17 유도전동기의 구조

역기전력의 크기가 작아지므로 회전자 권선에 흐르는 전류의 크기도 감소하나 낮은 주파수에 의한 작은 리액턴스 때문에 역률은 좋아진다. 따라서 회전자가 회전함에 따라 작은 전류에도 불구하고 오히려 토크는 증가하게 된다. 그러나 어느 정도 속도가 증가하게 되었을 때 역률은 매우 좋아지지만 전류가 매우 작게 되므로 토크는 급격히 감소하게 된다. 유도전동기의 속도에 따른 토크곡선은 [그림 8.18]과 같다. 유도전동기의 회전자는 권선형 뿐만 아니라 단락된 도체바(conductor bar)들로 이루어진 농형이 있다. 유도전동기는 입력이 하나 밖에 없으므로 높은 효율을 위해서 다른 모터들에 비해 공극이 비교적 작은 편이다.

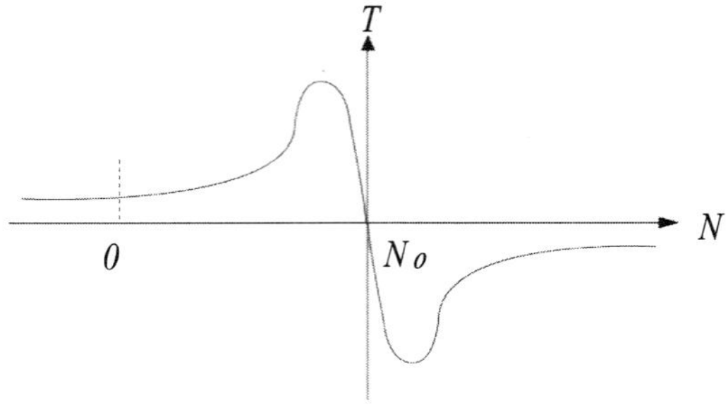

그림 8.18 유도전동기의 토크-스피드 곡선

2) 교류모터의 특성

교류모터는 여러 가지 형식이 있으며, 그 중에서도 직류모터의 성질을 가지고 있는 것이 동기형 모터이고, 영구자석을 사용하지 않는 것이 유도형 교류모터이다. 정류자를 대신하는 자극위치검출기구와 정현파 3상 전류제어 기구를 필요로 하는데 고속, 고 Torque영역까지 사용이 가능하므로 무엇보다도 설치환경에 적응성이 높은 이점이 있다.

가. 브러시가 없어서 보수가 용이하다.

나. 영구자석은 로터상에 조립되어 있다 (회전계자형)

다. 내 환경성이 우수하다

라. 정류한계가 없어서, 고속으로 고 토크 이용이 가능하다

마. 코일이 스테이터에 있어서 방열상 유리하다

바. 자극위치검출이 필요하다

사. 제어기가 복잡해서 고가로 된다.

(1) **동기형 교류모터의 구동원리 및 구조**

[그림 8.19]는 교류모터의 정류자를 슬립링으로 바꾼 것이다. 지금, 브러시 A가 (+), 브러시 B가(-)로 되는 모양으로 통전하면 DC 모터와 같은 모양의 Torque가 발생하여 모터가 회전한다. 그러나 정류자가 없기 때문에 정지하여 버리므로, 적당한 시기에 전류 방향을 바꿔 줄 필요가 있다. 역으로 생각하면, 전원을 교류로 하면, 그 주파수에 맞는 회전속도로 계속 돌 수 있다. 이와 같이, 전원 주파수에 동기시켜 모터를 돌리는 것이 교류 모터이고, 회전자의 위치에 의해 전원의 극성을 반전시키는 것이 브러시리스 모터이다.

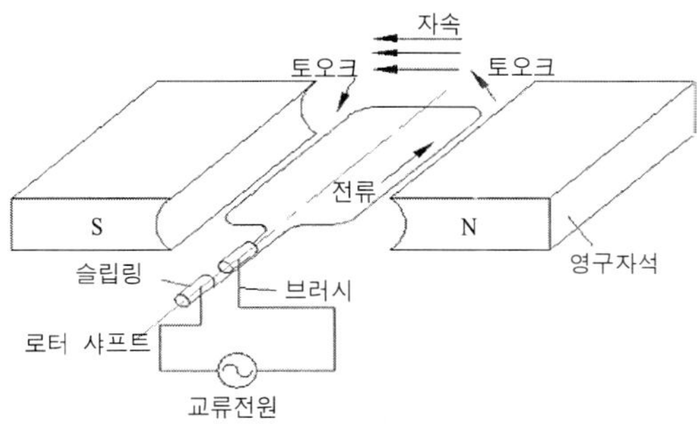

그림 8.19 AC 모터의 기본원리(1) - 회전 전기자형

[그림 8.19]에서는 DC 모터와 비교하기 쉬운 형태로 브러시와 슬립링을 설치했는데, 같은 원리를 [그림 8.20]의 형태로 나타내면 브러시를 생략할 수 있다. [그림 8.19]를 회전 전기자형, [그림 8.20]을 회전 계자형이라 부른다. 브러시리스 모터의 경우는 회전 계자형을 사용한다.

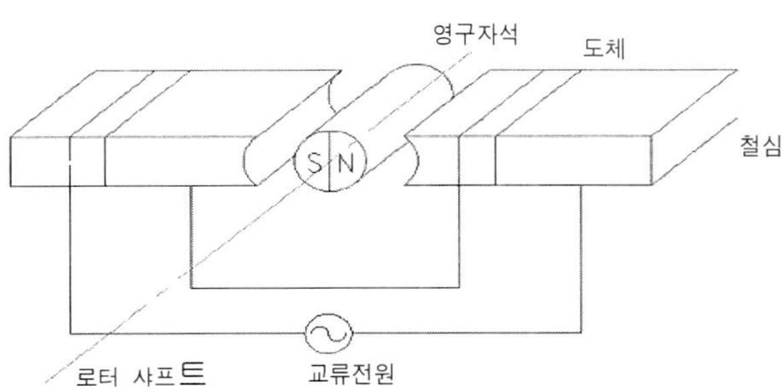

그림 8.20 AC 모터의 기본원리(2) - 회전계자형

브러시리스 모터는 DC 모터가 가진 정류장치를 모터에서 떼어내고, 대신에 전원을 제어하여 회전자 위치에 맞는 전류를 흘리는 장치 즉, 드라이버에 의해 구동된다. DC 모터는 정류자의 개수를 늘림으로써 Torque 리플을 적게 할 수 있는데, 브러시리스 모터에서는 모터를 3상 권선으로 하고, 각 상의 전류를 구형파 혹은 정현파의 교번 전류를 흘려 구동하다. [그림 8.21]의 (a), (b)는 3상 브러시리스 모터의 횡단면도 이고, U+, U-, V+, V-, W+, W-는 각 권선의 시작과 끝이다.

모터에 [그림 8.21(c)]과 같은 3상 교류(정현파)가 통전되고 있을 때, 시각 A점에 있어서 모터의 상태를 보면, U상만이 정(+)이고 V상과 W상 모두 부(-)이다. 그러므로 각 권선의 전류 방향은 [그림 8.21(a)]과 같이 되고 전류에 의해 유기된 자속의 합성벡터는 N에서 S로 향하는 방향으로 발생한다. 이때 자속과 직각으로 교차하는 위치에 회전자의 자계가 있다고 하면 자석끼리의 반발력과 흡인력에 의해 회전자를 시계 방향으로 돌리는 Torque가 발생한다. 또 시각 B점에 대해서도 같은 모양으로 검토해 보면, 권선에 의한 자속은 [그림 8.21(b)]와 같이 회전방향에 60도 어긋난 위치에 발생한다. 이와 같이 고정자 권선에 3상 교류(정현파 혹은 구형파)전류를 흘림으로써 연속적인 회전자계를 얻을 수 있다. 이 구동전류 위상을 회전자의 회전각에 대하여 항상 직교하는 형태로 맞출 수 있다면 매끄러운 Torque를 내면서 효율이 좋은 모터를 브러시리스로 구성할 수가 있다.

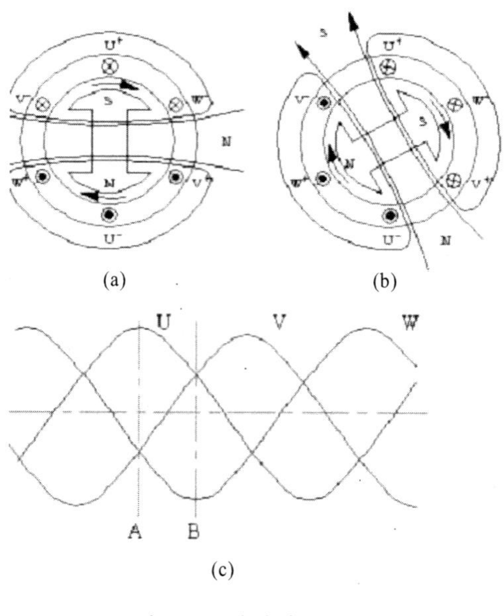

그림 8.21 회전자계의 원리

(2) 회전자계

[그림 8.22]와 같이 6개의 돌극을 갖고 코일 당 5턴을 감은 간단한 고정자를 생각하자. 지름적으로 대칭인 코일들은 a-a, b-b, c-c와 같이 각각 세 개의 점퍼로 직렬로 연결된다. 이것은 기계적으로 120도로 떨어져 있고 세 개의 독립적인 AN, BN, CN 권선을 만든다. 각 권선의 두 개의 코일들은 같은 방향으로 작용하는 것은력을 발생한다. 세 개의 권선은 Y로 결선이 되어 중성점 N을 만든다. 완전한 대칭적인 배치로 세 개의 상 임피던스는 동일하다. 만일 세 권선에 3상전류를 흘리면 기자력을 발생하고 자속을 생성한다.

양의 전류는 선에서 중성점으로 흐르고 음의 전류는 중성점에서 선으로 흐른다고 가정하자. 상당 최대 전류가 10A로 가정할 때 a상 전류가 7A가 흐르면 A상의 두 코일을 7A*10턴 = 70 ampere-turn의 기자력을 발생하고 이에 상응하는 자속을 발생한다. 전류가 양이므로 자속을 위로 향하게 된다.

시간이 지나가면서 각 권선에 흐르는 전류의 방향과 크기를 알 수 있고 이에 따른 자속의 패턴도 알 수 있다. [그림 8.23]의 시점 1과 같이 a상 전류가 10A, b상 및 c상 전류가 -5A일 때 A상의 기자력은 10A*10turn = 100ampere-turn 인 반면에 B상과 C상은 50 ampere-turn이다. 기자력의 방향은 순시 전류의 방향에 의존하고 합성 자속 밀도는 [그림7.24(a)]와 같이 된다.

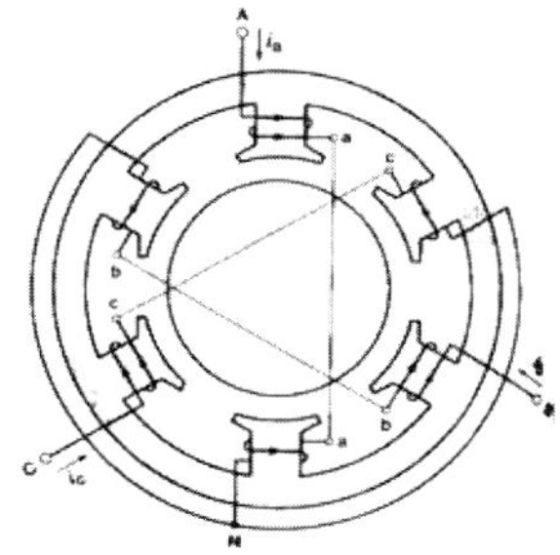

그림 8.22 3상 전원에 연결된 3상 권선을 가진 간단한 고정자

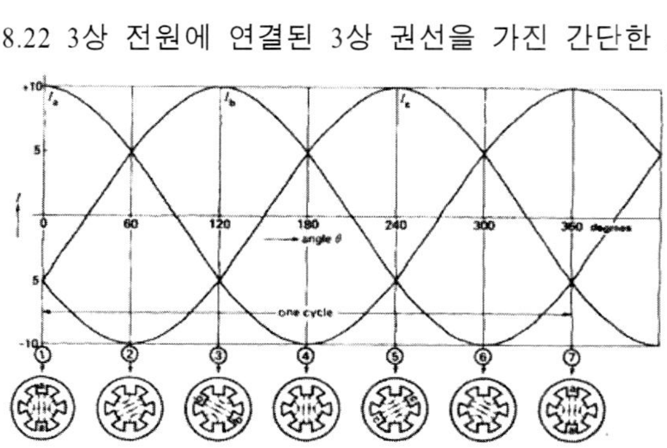

그림 8.23 그림 8.22에서 전류의 순시값과 자속의 위치

이 그림에서 알 수 있듯이 6개의 돌극이 서로 합쳐서 두 극을 만드는 기자력을 발생하게 된다. 이것은 6극 고정자는 2극 계자를 만드는 것이다. 합성 자계는 위 방향이다. 1/6 사이클이 지난 시점 2에서는 C상 전류가 -10A로 최대값이고 A상, B 상은 5A 이다. [그림 8.24(b)]에서 알 수 있듯이 새로운 자속의 형태도 [그림 8.24(a)]와 같으며 60도 시계방향으로 이동한 것 뿐이다. 이와 같은 방법으로 시점 3,4,5,6,7을 생각하면 자계는 한 사이클 동안 한 바퀴를 돌게 된다([그림 8.24(c)] - [그림 8.24(f)]). 그러므로 계의 회전 속도는 한 사이클 기간, 즉 전원의 주파수에 의존한다. 만일 주파수가 60Hz라면 합성 자속은 1/60s 내에 한 바퀴를 회전하게 되고 분당 3,600을 회전(3,600rpm)하게 된다. 만일 주파수가 5Hz 라면 합성 자속은 1/5s 내에 한 바퀴를 회전하고 300r/min 회전한다. 회전 자속의 속도가 전원의 주파수와 동일하므로 이 속도를 동기 속도라고 한다.

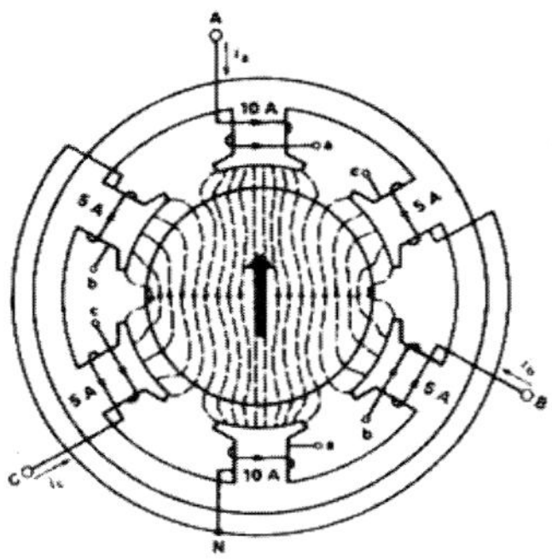

그림 8.24a 시점 1에서의 자속 패턴

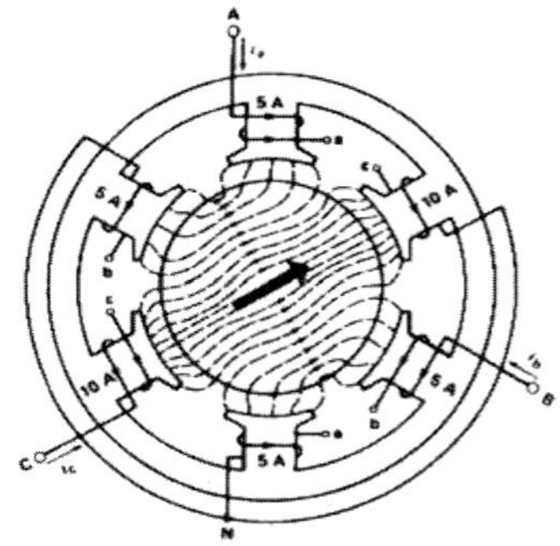

그림 8.24b 시점 2에서의 자속 패턴

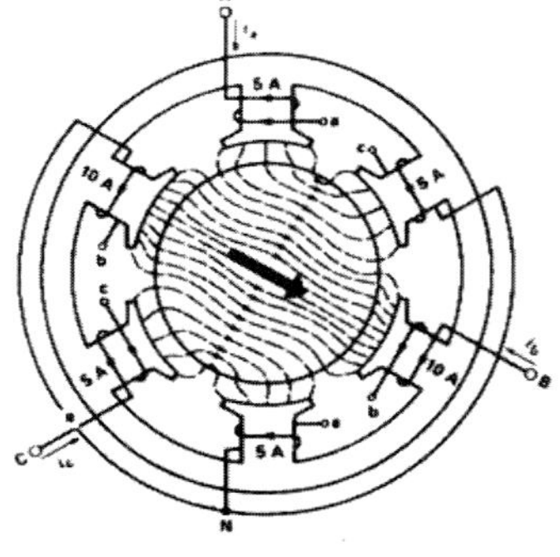

그림 8.24c 시점 3에서의 자속 패턴

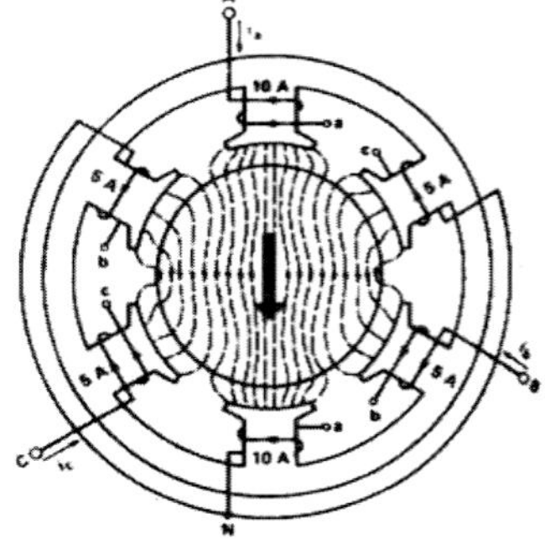

그림 8.24d 시점 4에서의 자속 패턴

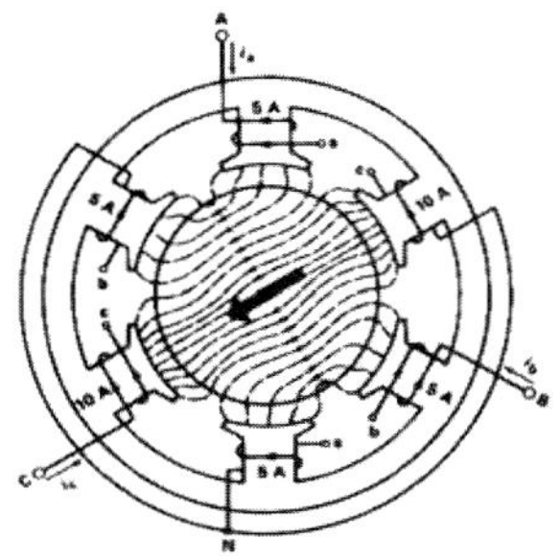

그림 8.24e 시점 5에서의 자속 패턴

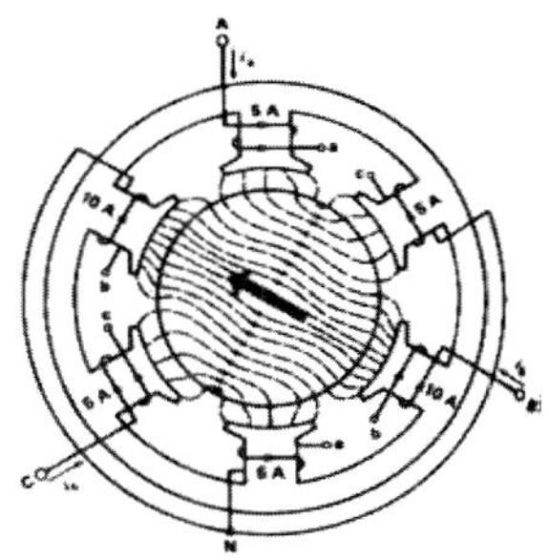

그림 8.24f 시점 6에서의 자속 패턴

(3) 유도형 교류모터의 구동원리 및 구조

① 구조

삼상 유도 전동기는 산업계에서 가장 자주 접하는 전동기이다. 이것은 유지 보수가 간단하며 강인하고 가격이 싸다. 그리고 무부하에서 전 부하까지 일정한 속도로 회전한다. 회전 속도는 주파수에 의존하기 때문에 속도 제어에 쉽게 응용될 수 없다. 그러나 가변 주파수 드라이브가 상업적인 유도 전동기의 속도 제어를 위하여 연구 되었다.

유도전동기의 고정자는 적층된 코어로 된 강철 프레임으로 구성되어 있으며, 고정자 권선을 배치하기 위한 슬롯도 포함되어 있다. 회전자도 마찬가지로 회전자 권선을 가지기 위한 회전자 슬롯을 가진 적층된 형태를 가진다. 회전자의 권선에는 두가지 방식이 있다. (1) 일반적인 3상 권선형 (2) 농형 권선 즉, 회전자 권선의 종류에 의하여 농형 유도기와 권선형 유도기로 나누어진다.

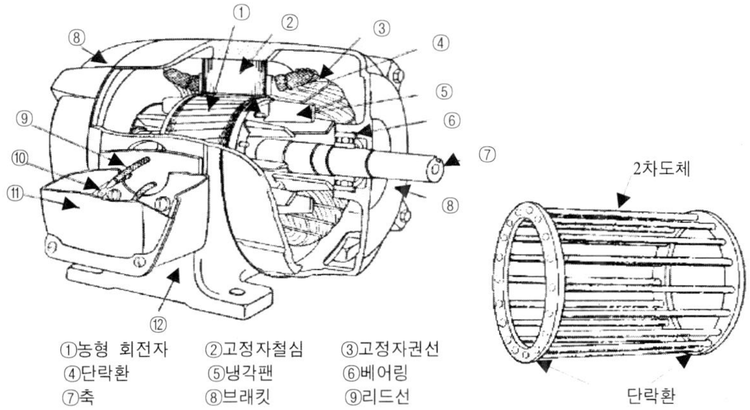

그림 8.25 농형유도전동기의 구조

농형 유도기는 회전자보다는 얇고 긴 동 바로 이루어지며 슬롯에 삽입된다. 동 바의 양쪽 끝은 동 end-ring 으로 단락을 이루게 된다. 전제적인 구조 형상이 다람쥐 집과 같은 형상으로 이와 같은 이름이 붙여졌다. 소형, 중형 전동기에서는 바와 end-ring은 die-cast 알루미늄으로 구성이 되며 전체적인 외관은 [그림 8.25]와 같다.

권선형 회전자는 고정자와 같은 3상 권선으로 이루어진다. 권선은 슬롯에 균일하게 분포되어 있고 일반적으로 Y결선으로 이루어진다. 단자는 삼상 슬립 링에 연결되어 있으며 회전자와 같이 회전한다.([그림 8.26]) 회전하는 슬립 링과 고정된 브러쉬는 회전자 권선과 직렬로 외부 저항에 연결되어 있다. 외부 저항은 전동기 기동 구간에서 사용되고, 일반적인 운전 구간에서는 세 개의 브러쉬는 단락되어 있다.

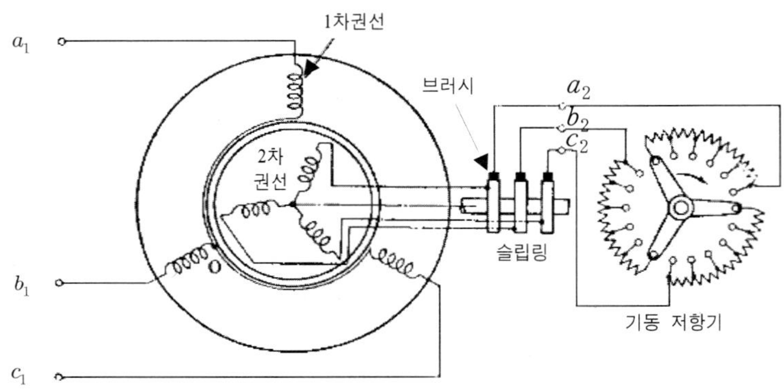

그림 8.26 권선형 유도전동기의 구조

② 동작 원리

3상 유도전동기의 동작 원리는 도체에 작용하는 패러데이 법칙과 로렌츠 힘에 기초를 두고 있다. 예를 들어 [그림 8.27(a)]와 같이 바 A와 바 B에 의해서 단락이 되는 길이 L인 일련의 도체를 생각하자. 영구 자석의 그림과 같이 도체 위를 속도 v로 빠르게 움직이면, 즉 자계가 도체를 지나가면 다음과 같은 현상이 발생한다.

가. 자속을 끊는 도체에는 전압 $E = Blv$ 가 유기된다.(패러데이 법칙)

나. 유기 전압은 전류를 흘리고 이 전류는 자석 밑에 있는 도체 내부를 흐르게 된다.

다. 전류가 흐르는 도체가 자속 내에 있게 되기 때문에 도체는 로렌츠 힘을 받는다.

라. 힘은 언제는 도체를 자계를 따라 움직이게 하는 방향으로 작용한다.

만일 도체가 자유롭게 움직인다면 이것은 오른쪽으로 가속이 될 것이다. 그러나 도체가 빠르게 움직여서 자속을 덜 끊게 되면 유기전압과 전류는 떨어지게 된다. 결과적으로 도체에 작용하는 힘은 떨어질 것이다. 만일 도체가 이동하는 자계와 같은 속도로 움직인다면 유기 전압과 전류 그리고 도체를 움직이게 하는 힘은 0이 될 것이다.

유도 전동기에서 [그림 8.27]의 도체를 농형을 구성하기 위하여 [그림 8.25]와 같이 구성할 수 있고 영구 자석은 회전 자계로 대체할 수 있다. 회전 자계는 고정자 3상 권선에 3상 전류를 흘림으로써 얻을 수 있다.

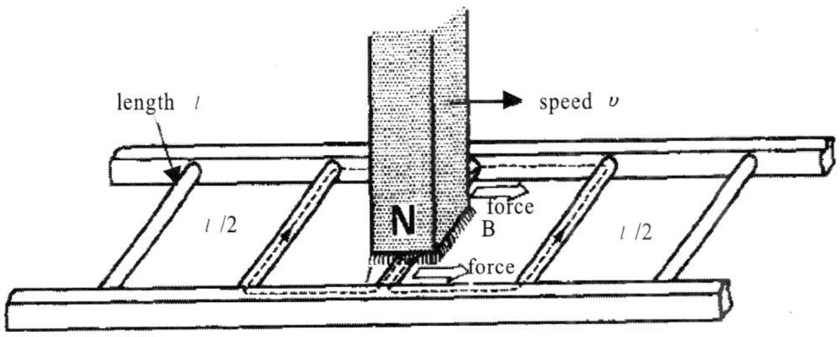

그림 8.27 도체를 끊는 영구 자석

연습문제

1. 직류전동기의 동작원리에 대해서 간략히 설명하시오.

2. 분권전도이고 속도제어 방식에 대해서 설명하시오.

3. 전기자반작용에 대해서 설명하시오.

4. 유도전동기에서 슬립(Slip)에 대해서 설명하시오.

5. 회전자계에 대해서 설명하시오.

제 9 장

전력변환장치

1. 서 론

본 장에서는 그린자동차에서 사용되고 있는 다양한 전력 변환회로 (Power converter)의 구조, 특성, 제어방법 등에 대하여 설명한다. 그린자동차 특히 전기자동차 또는 하이브리드 자동차에서는 자동차 견인용으로 사용되고 있는 직류전동기, 유도전동기 또는 브러쉬리스 직류전동기(Brushless DC motor: BLDC) 구동용 전력변환회로, 배터리를 충전시키는 전력변환회로 등이 필요하다. 여기서 전력변환회로는 전압 및 전류를 다른 형태로 변환시키는 전력용 반도체회로 즉 전력변환기는 다음과 같이 분류된다.

교류입력 - 직류출력 변환기

일정한 크기 및 주파수를 가지는 교류전압을 직류전압으로 변환시키는 전력변환기로 일반적으로 정류기 (Rectifier)라고 부른다. 이 정류기는 출력 직류전압 크기를 가변시킬 수 없는 비제어 정류기 (Uncontrolled rectifier)와 출력 직류전압 크기를 가변시킬 수 있는 제어 정류기 (Controlled rectifier)등으로 분류되며, 또한 입력 교류전압이 단상일 경우인 단상 정류기와 3상일 경우인 3상 정류기로 분류할 수 있다.

직류입력 - 직류출력 변환기

일정한 크기를 가지는 입력 직류전압을 가변 직류전압으로 변환시키는 직류 - 직류 컨버터이다. 출력 평균 직류전압이 입력 직류전압보다 낮은 벅 컨버터(Buck converter), 출력 직류전압 편균값이 입력 직류전압보다 높게 제어되는 부스트 컨버터(Boost converter), 출력직류전압의 크기가 입력전압보다 낮게도 높게도 제어 가능한 벅-부스트 컨버터(Buck-boost converter)로 구분된다.

직류입력 - 교류출력 변환기

일정한 크기를 가지는 입력 직류전압을 주파수와 크기를 가변하는 교류전압으로 변환시키는 전력변환기로 일반적으로 인버터(Inverter)라고 한다. 이 인버터는 출력 교류전압의 주파수만 제어할 수 있으며, 펄스폭을 변조하여 출력 교류전압의 주파수와 함께 크기까지 변환시킬 수 있는 PWM(Pulse Width Modulation) 인버터가 있다. 그리고 출력 교류전압이 단상인 단상 인버터와 3상인 3상 인버터로 구분한다.

교류입력 - 교류출력 변환기

일정한 크기를 가지는 입력 교류전압을 주파수와 크기를 가변하는 교류전압으로 변환시키는 전력변환기이며, 이 전력변환기는 그린자동차에서는 거의 사용하지 않으므로 이 교재에서는 이 전력변환기에 대한 부분은 제외한다.

한편 응용분야에 따라 전력변환기를 한 가지 종류 이상을 사용하는 다 단계로 전력변환이 가능하다. 예를 들면 교류 - 직류변환기로 교류전압을 직류전압으로 변환시킨 후 인버터를 사용하여 직류전압을 가변 교류전압으로 변환시켜 입력 교류전압과 주파수 및 크기가 다른 교류전압을 만들 수 있다. 다른 예에서는 직류부스트 변환기로 직류전압을 승압시킨 후 인버터를 사용하여 주파수와 크기를 바뀌는 교류전압으로 변환시킬 수 있다.

그리고 가끔씩 전력흐름의 방향에 따라 전력변환 장치의 동작 모드가 바뀔 수 있다. 예를 들면 제어 정류기는 교류전압을 직류전압으로 변경시키므로, 에너지가 교류 입력단에서 직류 출력단으로 이동한다. 그런데 에너지가 출력 교류단에서 입력 직류단으로 공급될 경우에는 이 제어정류기는 교류를 직류로 변환하는 인버터로 동작하게 된다.

다음 [그림 9.1]은 그린자동차의 견인용 전동기에 대한 전력변환기와 배터리 충전장치에서의 전력변환기의 블럭도를 보인 것이다. [그림 9.1(a)]는 소형 전기자동차에서는 견인용 전동기로 직류전동기를 사용하면 전기자 직류전압의 크기를 제어하여 직류전동기의 속도 및 토크를 제어한다. 따라서 배터리팩의 출력 직류전압을 가변 직류전압으로 변환시키기 위하여 직류-직류 변환기를 사용한다. [그림 9.1(b)]는 일반 전기자동차에서 견인용 전동기로 유도전동기 또는 브러쉬리스 직류 전동기 (Brushless DC motor, BLDC motor) 등 교류전동기를 사용하였을 경우 블록도이다. 배터리 출력 전압이 충분하게 크기 않을 경우에는 직류전압을 승압시키기 위한 직류-직류 컨버터와 승압된 직류전압으로 교류전동기의 입력 교류전압 주파수 및 크기를 제어하기 위하여 직류-교류 변환기 즉 인버터를 사용한다.

[그림 9.1(c)]는 직렬형 하이브리드 자동차에서는 가솔린엔진에서 발생되는 에너지는 모두 배터리 충전용으로 사용한다. 따라서 엔진이 회전 시 엔진 축과 연결된 교류발전기에서 교류전압을 발생시키고, 교류전압을 직류전압으로 변환시켜 배터리를 충전시키기 위하여 교류-직류 변환기를 사용한다. 마지막으로 플러그 인(Plug-in) 자동차는 가정에서 사용하고 있는 220V, 60Hz의 교류전원 단자에 연결하여 이 교류전원으로 부터 에너지를 받아 배터리를 충전하는 것이다. 이 때 교류전원을 직류로 변환시키기 위한 교류-직류 변환기와 배터리 전압에 맞추어 직류 값을 조정하기 위한 직류-직류 변환기가 필요하다.

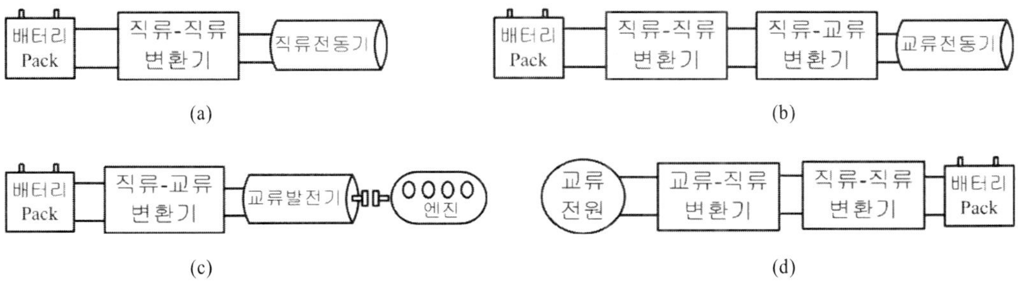

(a) 견인용 직류전동기 구동회로 블록도, (b) 견인용 교류전동기 구동회로 블록도
(c) 하이브리드 자동차의 배터리 충전회로, (d) 플러그인 배터리 충전회로

그림 9.1 그린자동차에서의 전력변환기

이 전력변환기에는 제어신호로 온과 오프상태의 스위칭동작을 제어하는 전자스위치를 사용하므로 각 전력변환 회로의 설명에 앞서 전자스위치의 종류 및 동작특성을 분석할 필요가 있다.

따라서 이 장의 구성은 다음과 같다

제 2 절 : 전자스위치의 종류 및 특성

제 3 절 : 전력계산

제 4 절 : 교류-직류 컨버터 (정류기)

제 5 절 : 직류-직류 컨버터

제 6 절 : 직류-교류 컨버터 (인버터)

2. 전자스위치

전력변환기에는 제어신호로 온과 오프상태의 스위칭동작을 제어하는 전자스위치를 사용하므로 각 전력변환회로에 대한 설명에 앞서 전자스위치의 종류 및 동작특성을 분석한다. 현재 반도체 소자 기술에 의존된 전력변환회로에 있어서는 특수한 스위칭 소자를 사용한다.

먼저 이상적인 스위치의 온 상태 및 오프 상태에 대한 동작을 간단한 직류전원에 저항부하에서 설명한다. [그림 9.2(a)]에서는 스위치가 온상태에서의 회로를 보인 것으로, 스위치가 온상태가 되면 스위치 양단에 걸리는 전압 V_s는 0이 되고, 전류 $I_S=E/R$로 회로의 전압 및 임피던스(저항)에 의하여 결정된다. [그림 9.2(b)]는 스위치가 오프상태에서의 회로를 보인 것으로, 스위치가 오프상태가 되면 스위치에 흐르는 전류 I_s가 0이 되고, 스위치 걸리는 전압은 회로의 전압에 의하여 결정된다.

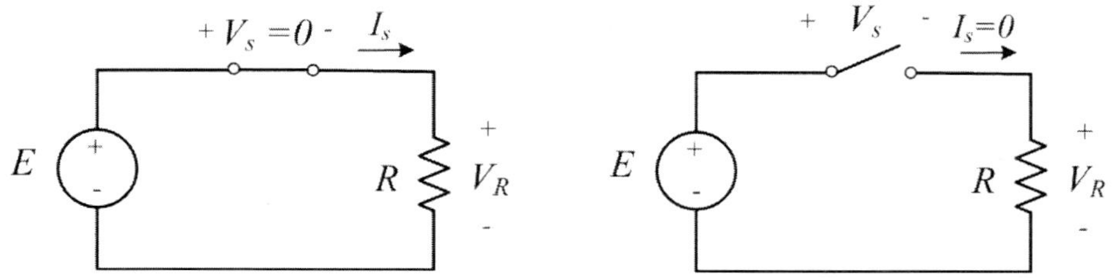

(a) 스위치 온 상태 (b) 스위치 오프 상태

그림 9.2 스위치 상태에 대한 회로

여기서 스위치의 턴 온 또는 턴 오프 상태를 사람 손으로 제어할 수 있지만 시간에 맞추어 스위칭상태를 제어하는 것이 불가능하므로 [그림 9.3]와 같이 제어신호로 스위칭 상태를 제어하여야 한다. 첫 번째 방법이 전자개폐기를 사용하는 방법으로, 이 전자개폐기는 여자코일에 여자전류를 인가 여부로 이 전자개폐기의 스위칭 상태를 조정한다. 여자코일에 전류가 흐르지 않을 때 전자개폐기가 오프상태일 경우에는 여자코일에 전류를 흘리면 개폐기가 온상태가 된다. 그런데 이 전자개폐기는 기계적인 접점으로 구성되어 있으므로 여자 코일에 전류가 인가하는 시점으로부터 전자개폐기가 온 상태에서 오프 상태로 또는 그 반대상태로 제어될 때까지 소요되는 시간이 있으므로 고속으로 스위칭 시키기가 힘들며 또한 스위칭 시 소음과 함께 접점에서 스파이크가 발생된다는 문제점이 있다.

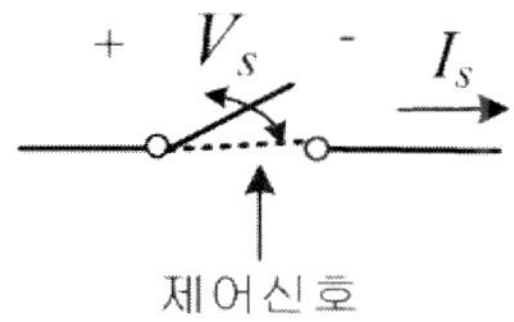

그림 9.3 제어신호로 스위치의 스위칭상태 제어

따라서 제어신호로 온및 오프상태의 스위칭동작을 제어할 수 있는 반도체소자를 스위치로 사용하는 전자스위치를 사용한다. 전자스위치는 전자개폐기와 달리 온 또는 오프 시 소음이 발생하지 않고 온 상태에서 오프 상태로 또는 그 반대로 스위칭하는 시간이 상당히 짧아 고속 스위칭이 가능하다, 그러나 실제 전자스위치가 도통시 전압강하가 있지만 외부 회로 전압들에 비하여 상당히 작으므로 전력변환회로의 성능에 큰 영향을 주지 않는다. 따라서 회로의 동작을 나타내기 위하여 반도체 스위칭소자는 온 상태에서 전압강하가 없는 이상적인 스위치로 간주한다. 즉 전자 스위치는 [그림 9.2]와 같이 온 상태인 단락회로와 오프 상태인 개방회로로 모델링되며 온 오프 상태전이는 순간적이라고 가정한다. 이상적이 아닌 스위치의 영향은 생략하고 이 절에서는 여러 반도체 전자스위치에 대해 특성과 제어 방식만 설명한다.

1) 다이오드

다이오드는 2단자 반도체소자로 가장 간단한 전자 스위치이며 온 및 오프 조건이 회로의 전압 및 전류에 의해 결정되는 비제어용이다. [그림 9.4(a)]는 다이오드의 심볼이며, p-형 반도체단자를 애노드(anode), n-형 반도체단자를 캐소드(cathod)라고 정의하고, 다이오드 단자 전압 v_d와 전류 i_d 방향은 이 그림과 같이 표시한다. [그림 9.4(b)]는 실제 다이오드의 전압-전류 특성을 보인 것이다. 만약 다이오드 전압 v_d가 순방향 바이어스(Forward bias)로 문턱전압 V_T(약 0.7V)보다 클 경우 다이오드 전류가 애노드에서 캐소드로 흐르므로 온상태가 되고, 전압 v_d가 음일 경우에는 역방향 바이어스(Reverse bias)가 인가되어 캐소드에서 애노드로 역방향으로 상당히 작은 포화전류 I_s가 흐르면서 오프상태가 된다.

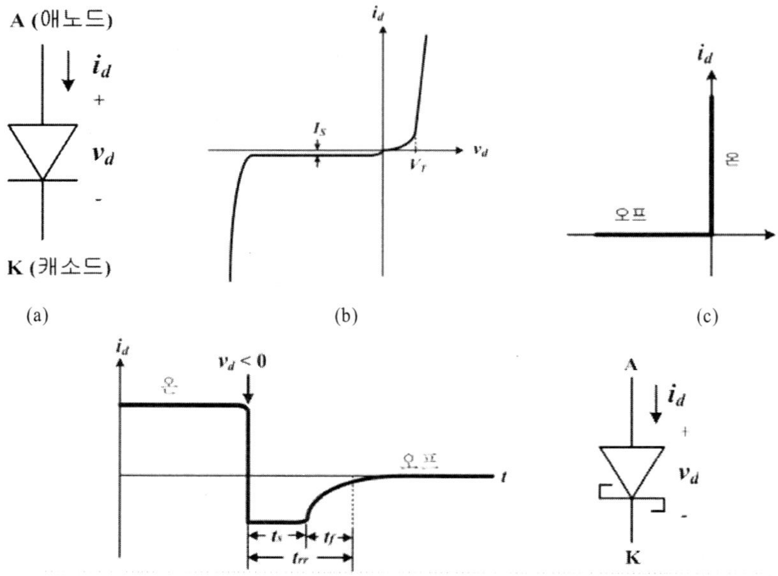

(a) 다이오드 심볼 (b) 다이오드 특성곡선 (c) 이상적인 다이오드 특성곡선
(d) 다이오드 스위칭 특성 (e) Schottky 다이오드

그림 9.4 다이오드 심볼 및 특성곡선

여기서 [그림 9.4(c)]는 문턱전압 V_T와 역방향 포화전류 I_s를 무시한 이상적인 다이오드 특성곡선이다. 이상적인 다이오드일 경우에서 다이오드 전압 v_d가 순방향 바이어스로 0V보다 클 경우 다이오드에 전류가 애노드에서 캐소드로 흐르므로 온상태 즉 단락회로가 되고, 전압 v_d가 음일 때는 역방향 바이어스가 인가되어 전류가 0이 되어 개방회로가 된다.

한편 [그림 9.4(d)]는 다이오드의 스위칭특성이다. 다이오드에 순방향 바이어스가 인가되어 온 상태에서 전류가 순방향으로 흐르고 있을 때, 다이오드를 오프시키기 위하여 역방향 바이어스가 인가되었지만 바로 오프상태가 되어 전류가 0이 되지 않고 다이오드 전류가 역방향으로 흐르다가 전류가 역방향으로 서서히 감소되면서 오프상태가 된다. 다이오드에 역방향바이어스가 인가되는 시점에서 다이오드 전류가 서서히 감소되어 거의 0이 되는 구간을 역 회복시간(Reverse-recovery time) t_{rr}으로 정의한다. 이 시간이 길어지면 이 다이오드를 빠르게 스위칭할 수 없으므로 천천히 스위칭하여야 하므로 스위칭주파수가 낮아진다. 이 역 회복시간은 다이오드의 주파수 응답특성 즉 최대 스위칭주파수를 결정하는 데 가장 중요한 요소이다. 따라서 스위칭 주파수가 높은 고주파신호의 응용분야에서는 역 회복시간이 짧은 고속회복(Fast-recovery) 다이오드를 사용하여야 하며, [그림 9.4(e)]에서 보인 쇼트키 장벽 다이오드(Schottky barrier diode)가 대표적인 고속 다이오드이다. 이 쇼트키 다이오드는 p-n 접합 다이오드 대신 금속 대 실리콘 장벽을 가지고 있으며 역 회복시간이 상당히 짧으며 순방향 전압강하도 일반 다이오드보다 작은 약 0.3V이하 정도이다. 이는 다이오드의 전압강하가 다른 회로전압에 대하여 상대적으로 중요한 저전압 응용분야에 자주 사용된다.

2) 사이리스터 (Thyristor)

사이리스터는 턴 온제어가 요구되는 전자스위치로서 SCR(Silicon-controlled rectifier)이라고도 부른다. 이 사이리스터는 [그림 9.5(a)]와 같이 3단자 소자로서 3개 단자는 애노드(anode), 캐소드(cathod) 및 게이트(gate)이다. 사이리스터는 전압 및 류용량이 큰 대전력 분야에서 사용하기 위하여 대 전류와 큰 저지전압(Blocking voltage)을 가지나 스위칭 주파수는 약 10~20㎑로 제한되어 고속 스위칭 분야에서는 사용하기 힘들다.

SCR을 도통하기 위해서는 두 가지 조건 즉 양의 전압이 인가되고 여기에 게이트전류의 인가가 필요하다. SCR이 도통되면 게이트 신호를 계속 인가할 필요는 없으며, SCR은 애노드 전류가 도통되기 위한 최소값인 양의 홀딩 레벨(Holding level)이상이면 계속 도통된다. 이 SCR의 게이트신호를 인가하지 않더라도 SCR을 턴 오프시킬 수 없으며, 이 SCR을 턴오프시키기 위한 조건은 다음과 같다.

· SCR에 역방향전압을 인가
· 애노드 전류를 0으로 제어

결론적으로 게이트신호로 SCR을 턴 온시킬 수 있으나 턴 오프를 시킬 수 없다는 큰 단점을 가지고 있다. 따라서 제어정류기와 같은 입력이 교류전압인 경우에는 자동적으로 SCR에 역방향전압이 인가되어 턴 오프시킬 수 있으나, 직류 - 직류 컨버터와 같은 입력이 직류전압일 경우에는 역방향 전압을 인가 또는 애노드전류를 0으로 하기 위한 별도의 전류회로 (Commutation circuit) 가 필요하다. [그림 9.5(b)]는 이상적인 SCR의 전류-전압 특성곡선을 보인다. 애노드와 캐소드 간에 양의 전압 (V_{AK} > 0)이 인가되면서 게이트전류가 인가되었을 때 온 영역에 동작하고 애노드와 캐소드간에 양의 전압이 인가되지만 게이트전류가 없을 경우 또는 애노드와 캐소드간에 음의 전압 (V_{AK} < 0)이 인가되었을 경우에는 SCR이 오프상태가 된다.

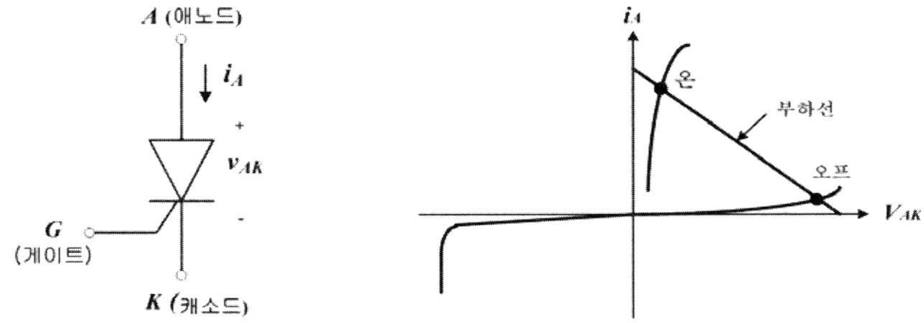

(a) SCR 심볼 (b) SCR 특성곡선

그림 9.5 SCR의 심볼 및 특성곡선

SCR은 게이트전류에 의하여 턴 오프시킬 수 없다는 문제를 해결하기 위한 스위칭소자로 GTO(Gate turn off)가 있다.

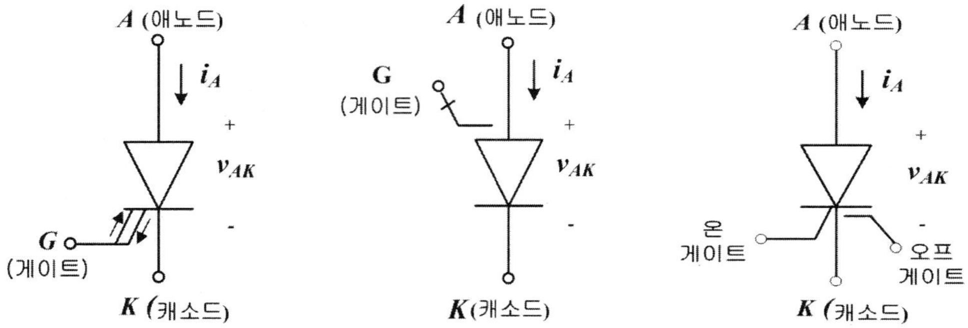

(a) GTO 심볼 (b) MCT 심볼 (c) MTO 심볼

그림 9.6 기타 스위칭 소자 심볼

[그림 9.6(a)]는 GTO를 보인 것이며, 이 GTO는 SCR과 마찬가지로 애노드-캐소드 전압이 양일 때 짧은 기간의 게이트 신호에 의해 턴 온된다. 그러나 SCR과는 달리 GTO는 음의 게이트 전류로 턴 오프시킬 수 있다. 따라서 GTO는 스위치의 턴 온과 턴 오프 제어가 모두 요구되는 분야에 적합하다. 음의 GTO 전류는 짧은 지속기간(수 μs)을 갖지만 크기는 턴온 전류에 비해 상당히 커야만 하며, 일반적으로 턴 오프 게이트전류는 온상태 애노드 전류의 1/3 수준으로 상당히 높다.

이 GTO의 단점 중 한 개가 GTO를 턴 오프시키기 위한 음의 게이트 전류 값이 너무 커다는 것이다. 이 턴오프 게이트전류를 줄이기 위한 스위칭소자 MCT(MOS Controlled Thyristor)를 개발하였다. [그림 9.6(b)]에서 MCT심볼을 보였으며, MCT는 한 개의 SCR과 두 개의 MOSFET를 하나의 소자에 집적한 것으로, 두 개의 MOSFET는 각각 SCR을 온과 오프 시킨다. 그림 9.6(c)는 MTO(MOS Turn-off Thyristor)로 2개의 전력단자와 2개의 게이트 단자 등 4개 단자가 있으며, 온 게이트는 MTO를 온시킬 때, 오프 게이트는 MTO를 오프시킬 때 사용한다.

트라이악(Triac)은 [그림 9.7(a)]와 같이 SCR 2개가 서로 반대방향으로 역병렬로 연결되어 전류를 양방향으로 흐를 수 있는 사이리스터이다. 게이트단자는 같이 연결되어있으므로 게이트 전류가 2개의 SCR에 동시에 인가되지만 1개의 SCR이 순방향 바이어스가 걸리면 다른 SCR은 역방향 바이어스가 걸리므로 순방향 바이어스가 걸린 SCR 1개만 도통된다. [그림 9.7(b)]는 트라이악의 심볼이며, 일반 조광기 회로에서 입력 정현파의 양 및 음의 파형을 변형하기 위하여 트라이악을 사용한다.

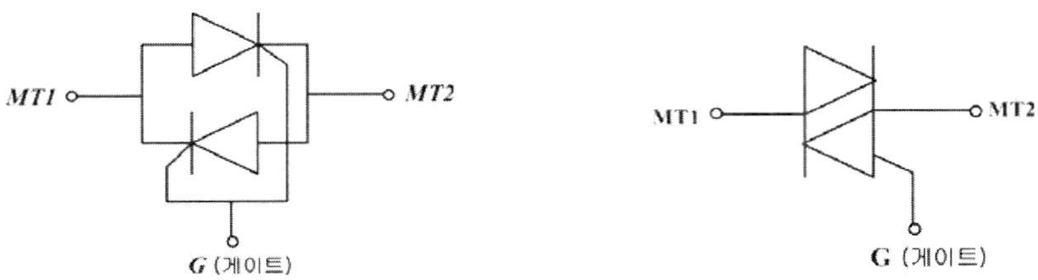

(a) 트라이악 구조, (b) 트라이악 심볼
그림 9.7 트라이악 구조 및 심볼

사이리스터는 높은 전압과 전류정격으로 인하여 오래 전부터 사용해 온 전력전자용 스위칭 소자이다. 사이리스터는 특히 대전력 분야에서 아직도 사용되고 있으나 전력용 트랜지스터 등 다른 스위칭소자의 정격이 크게 증가함에 따라 많은 응용분야에서는 전력용 트랜지스터 등 다양한 스위칭소자를 선택할 수 있다.

3) 전력용 트랜지스터(Power Transistor)

전력용 트랜지스터는 전력변환기회로에서 스위치로 동작된다. 트랜지스터는 오직 턴온 조작만 가능한 SCR과는 달리 턴온 뿐만 아니라 턴오프 조작까지도 가능한 이점이 있다. 전력전자회로에 사용되는 트랜지스터의 종류는 BJT(Bipolar Junction Transistor), MOSFET (Metal Oxide Semiconductor Field Effect Transistor), 그리고 IGBT(Insulated-Gate Bipolar Junction Transistor)와 같은 하이브리드 소자가 있다.

[그림 9.8(a)]는 BJT에서 npn 트랜지스터를 표시한 것이며, [그림 9.8(c)]는 출력특성곡선을 보인 것이다. 이 특성곡선과 부하선이 교차점에서 동작점이 결정되며, 베이스전류로써 트랜지스터의 동작영역이 결정된다.

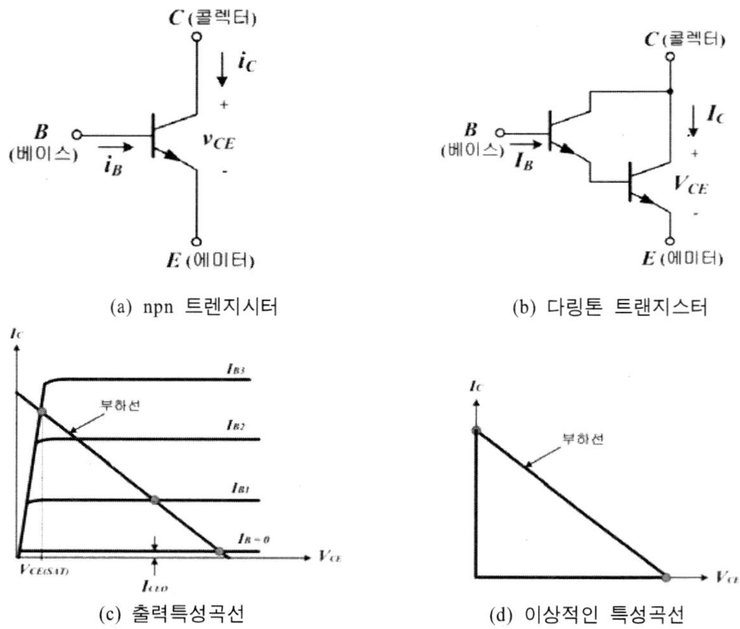

(a) npn 트렌지시터 (b) 다링톤 트랜지스터

(c) 출력특성곡선 (d) 이상적인 특성곡선

그림 9.8 BJT 특성

베이스전류를 0으로 하였을 경우에는 차단영역, 베이스전류가 I_{B1}일 경우는 활성영역, 베이스전류를 I_{B3}만큼 크게 증가시켰을 경우에는 포화영역에 동작한다. 활성영역은 신호 증폭용에서 사용하고 차단영역과 포화영역은 BJT가 스위치로 동작하는 영역이다. 즉 충분한 베이스전류를 공급 할 경우 BJT는 포화영역에 동작하여 온상태가 되면서 컬렉터-에미터 사이 전압은 콜렉터-에미터 포화전압 $V_{CE(SAT)}$으로 보통 1~2V이다. 그리고 베이스 전류를 0으로 하였을 경우 BJT는 오프상태가 되며 콜렉터 전류는 누설전류 I_{CEO}만큼 흐른다.

여기서 온상태에서 콜렉터-에미터 포화전압 VCE(SAT)과 오프상태에서 누설전류 I_{CEO}를 무시하면 [그림 9.8(d)]와 같이 이상적인 전류-전압 특성곡선을 가지면서 이상적인 스위치가 된다. 여기서 전력용 트랜지스터 경우에는 전류증폭율이 너무 낮으므로 이 전류증폭율을 증가시키기 위하여 [그림 9.8(b)]와 같이 2개의 트랜지스터를 연결하는 다링톤 (Darlington) 연결을 한다. 이 전력용 BJT는 베이스 전류로 스위칭동작이 이루어지는 전류제어소자이며, 일반적으로 MOSFET보다 전압 및 전류용량이 상당히 크고 약 10㎑이상에서 동작하는 변환기에도 사용된다.

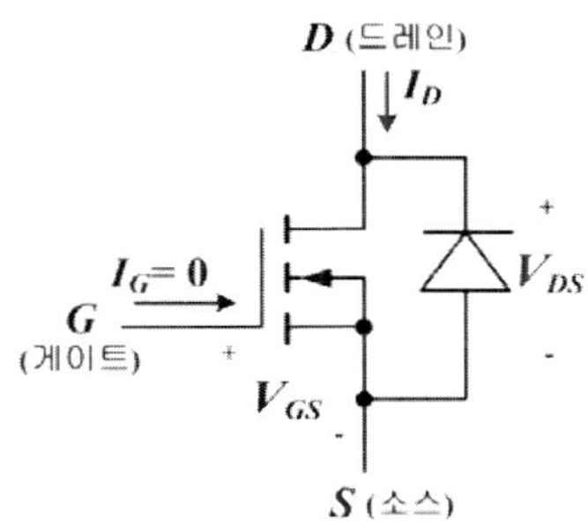

(a) 다이오드를 내장한 MOSFET

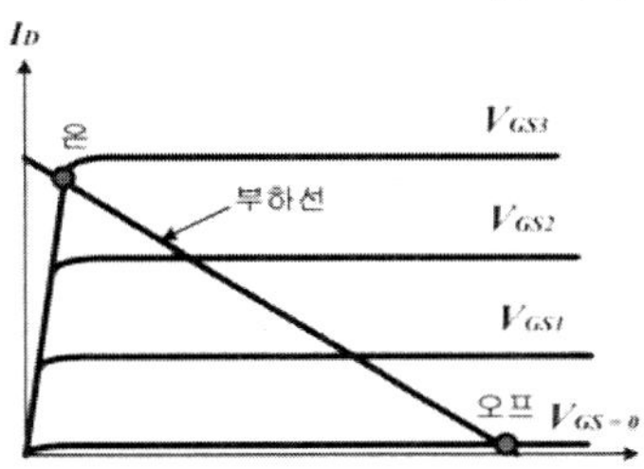

(b) MOSFET 특성곡선

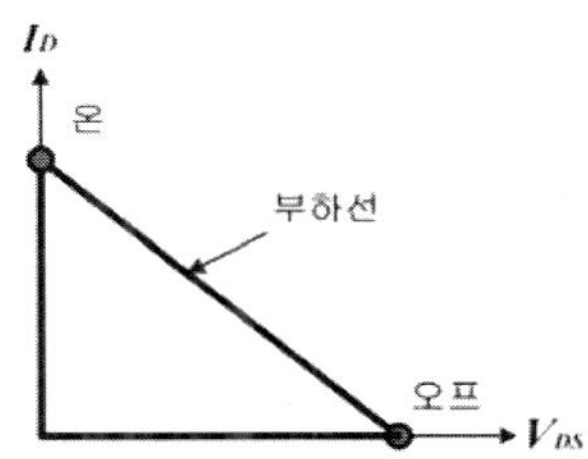

(c) 이상적인 MOSFET 특성곡선

그림 9.9 N-채널 전력용 MOSFET 특성

[그림 9.9(a)]에서의 N-채널 전력용 MOSFET는 전압제어 소자로서 [그림 9.9(b)]의 출력특성곡선에서 보는 바와 같이 게이트-소스 전압 V_{GS}으로 동작점을 결정한다. 게이트-소스 전압이 0이 되면 MOSFET가 오프상태가 되며 게이트 - 소스 전압을 크게 증가시킬 경우 온상태가 된다. 이 MOSFET는 입력전압으로 제어하면서 입력전

류인 게이트 전류 I_G가 거의 0이므로 턴온 및 턴오프 하기 위한 구동회로는 BJT의 구동회로보다는 훨씬 간단하다. 이 MOSFET의 정격은 BJT보다 작지만 스위칭 속도는 BJT보다 빠르므로 100㎑ 이상의 범위에서 동작하는 변환기에 사용된다.

위의 BJT와 MOSFET의 특성을 비교한 결과 입력부분은 입력전압 제어함으로써 구동회로가 간단하고 스위칭주파수를 높일 수 있는 MOSFET가 특성이 우수하고, 출력측은 출력 전압 및 전류용량이 큰 BJT가 유리하다. 따라서 입력측에는 MOSFET를 출력측에는 BJT로 하여 두 스위칭소자의 장단점을 조합한 스위칭소자가 IGBT이다. 따라서 IGBT의 구동회로는 MOSFET와 같으며 온상태 특성은 BJT와 같다. IGBT는 약 20㎑까지의 스위칭 속도에 적합하며 많은 응용분야에서 BJT를 대신하고 있다. [그림 9.10(a)]는 IGBT의 내부 구조이며, [그림 9.10(b)]는 IGBT의 심볼을 표시한 것이다.

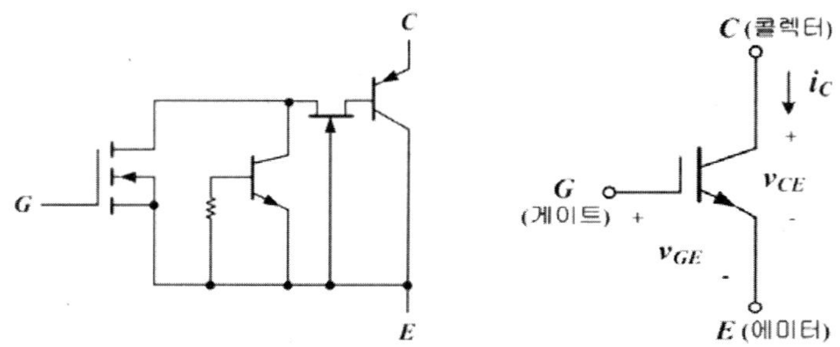

(a) IGBT 내부 구조 (b) IGBT 심볼

그림 9.10 IGBT 구조 및 심볼

4) 전자스위치 선정

특수한 응용분야에 있어서 전력용 소자의 선정은 요구되는 전압과 전류값 뿐만 아니라 소자의 스위칭 특성도 고려해야 한다. 트랜지스터와 GTO는 턴온 및 턴오프 제어가 모두 가능한 반면 SCR은 턴온 제어만 그리고 다이오드는 턴온 및 턴오프 제어 둘 다 불가능하다.

스위칭 속도와 연관된 전력 손실은 전력전자회로에 있어서 매우 중요하다. BJT는 소수캐리어(Minority-carrier)소자인 반면 MOSFET는 소수캐리어 축적의 지연이 없는 다수캐리어(Majority-carrier)소자이므로 스위칭 속도에 있어 MOSFET가 유리하다. BJT의 스위칭 시간은 MOSFET보다 길다. 따라서 MOSFET는 일반적으로 적은 스위칭 손실을 갖는다.

3. 전력계산

전력계산과 인덕터 및 커패시터의 개념은 전력변환기를 해석하고 설계하는 데 필수적이다. 이 절에서는 기본적인 전력 및 에너지 개념과 인덕터와 커패시터의 전압, 전류, 에너지 특성을 다룬다.

1) 전력과 에너지

(1) 순시전력

소자의 순시전력은 그 소자 양단의 전압과 흐르는 전류의 곱으로 구할 수 있으므로, 순시전력 식은 다음과 같다. 이 식은 모든 소자나 회로에서도 성립하며, 순시전력은 일반적으로 시간의 함수이다.

$$p(t) = v(t)i(t) \tag{9.1}$$

[그림 9.11]의 수동기호규약 (Passive sign convention)에 의하면 [그림 9.11(a)]와 같이 특정시간 t에서 전력 $p(t)$가 양이면 즉 전류방향이 전압의 +단자로 흘러들어올 경우에는 소자는 전력을 소비하고, [그림 9.11(b)]와 같이 전력 $p(t)$가 음이면 즉 전류방향이 전압의 +단자로 흘러나올 경우에는 소자에서 전력을 공급한다.

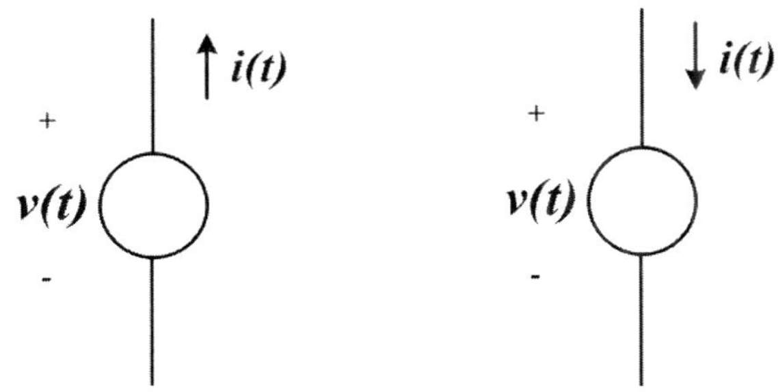

(a) $p(t) > 0$ 는 전력이 소모됨　　(b) $p(t) < 0$ 는 전원에 의해 공급됨.

그림 9.11 순시전력방향

(2) 에너지

에너지 또는 일은 순시전력의 누적값이다. 수동 부호 약조에 따라 시간 t_1에서

t_2까지 소자에 의해 소비되는 에너지는 다음과 같다.

$$W = \int_{t_1}^{t_2} p(t)dt \tag{9.2}$$

만일 전압 $v(t)$의 단위가 볼트이고 전류 $i(t)$의 단위가 암페어이면, 전력의 단위는 Watt가 되고 에너지의 단위는 Joule이 된다.

(3) **평균 전력**

주기를 가지는 전압과 전류 함수는 순시전력함수 역시 주기를 가진다. 따라서 한주기 동안의 평균전력 P는 다음 식과 같이 표현된다.

$$P = \frac{1}{T}\int_0^T p(t)dt = \frac{1}{T}\int_0^T v(t)i(t)dt \tag{9.3}$$

여기서 T 는 전력파형의 주기이다. 또한 식(9.2)을 식(9.3)에 대입하면 다음과 같이 주기 당 에너지로부터 전력을 계산할 수 있다.

$$P = \frac{W}{T} \tag{9.4}$$

전력이란 용어는 보통 평균전력을 의미하며, 특히 교류회로에서 평균전력은 실효전력 또는 유효전력(Effective power)이라고도 한다. 회로에 소비되는 전체 평균전력 또는 실효전력은 공급되는 전체 평균전력또는 실효 전력과 같다.

§**예제** 9.1§ **전력과 에너지**

소자의 전압과 전류(수동 부호 약조와 일치)가 [그림 9.12]와 같을 경우 다음을 유도하라.

(a) 소자에서 소비되는 순시전력 $p(t)$를 구하라.

(b) 한 주기 동안 소자에서 소비되는 에너지를 구하라.

(c) 소자에 소비되는 평균전력을 구하라.

【해】 (a) 식 (9.1)로부터 순시전력을 구한다. 전압과 전류는 다음과 같이 표현된다.

$$v(t) = \begin{cases} 10t & 0 < t < 1s \\ -10t & 1s < t < 2s \end{cases}$$

$$i(t) = \begin{cases} 2A & 0 < t < 1s \\ -1A & 1 < t < 2s \end{cases}$$

[그림 9.12]에 주어진 순시전력은 전압과 전류의 곱이며 다음과 같다.

$$p(t) = \begin{cases} 20t\,[W] & 0 < t < 1s \\ -10t\,[W] & 1s < t < 2s \end{cases}$$

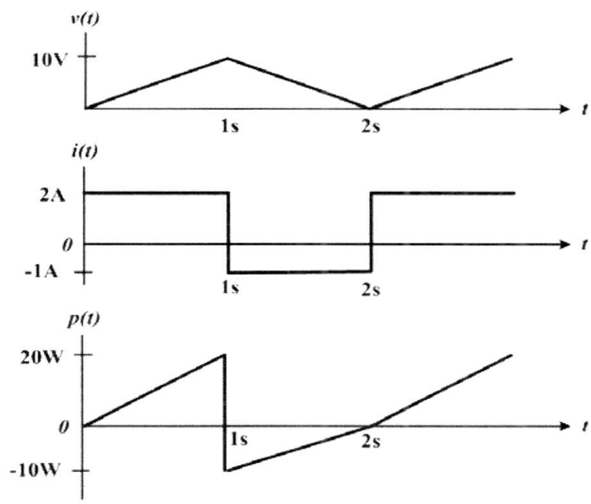

그림 9.12 예제 9.1의 전압, 전류 그리고 순시전력

(b) 한 주기동안 소자에 소비되는 에너지는 식 (9.2)로부터 구한다.

$$W = \int_0^T p(t)dt = \int_0^1 20t dt + \int_1^2 (-10t)dt = 20 - 10 = 10\,J$$

(c) 평균전력은 식 (9.3)으로부터 구한다.

$$P = \frac{1}{T}\int_0^T p(t)dt = \frac{1}{2}\left[\int_0^1 20t dt + \int_1^2 (-10t)\right]$$
$$= \frac{20-10}{2} = 5\,W$$

평균전력은 식 (9.4)와 같이 주기당 에너지를 이용하면 다음과 같이 구할 수 있다.

$$P = \frac{W}{T} = \frac{10\,J}{2s} = 5\,W$$

전압원이 전기와 같은 일정한 전압값을 유지하는 직류 전원일 경우에는 주기전류 $i(t)$를 갖는 직류전압원 $v(t) = V_{dc}$에 의해 소비되는 평균전력은 식 (9.3)의 평균전력의 기본 정의로부터 유도된다.

$$P_{dc} = \frac{1}{T}\int_{t_0}^{t_0+T} v(t)i(t)dt = \frac{1}{T}\int_{t_0}^{t_0+T} V_{dc}i(t)dt \tag{9.5}$$

상수 V_{dc}를 적분기호 밖으로 놓으면

$$P_{dc} = V_{dc}\left[\frac{1}{T}\int_{t_0}^{t_0+T} i(t)dt\right] \tag{9.6}$$

괄호 속의 항은 전류파형의 평균값이다. 따라서 직류 전압원에 의해 소비되는 평균전력은 전압과 평균전류의 곱이 된다.

$$P_{dc} = V_{dc} I_{avg} \tag{9.7}$$

마찬가지로 직류 전류원 $i(t) = I_{dc}$에 의해 소비되는 평균전력은 다음과 같다.

$$P_{dc} = V_{dc} I_{avg} \tag{9.8}$$

(3) **인덕터와 커패시터**

인덕터와 커패시터는 전력변환장치에서 중요한 소자이다. 주기 전류와 전압에 있어서는 다음과 식과 같이 인덕터는 전류가 한 주기에서의 초기값이 동일하여야 하고, 커패시터는 전압이 한 주기에서의 초기값이 동일하여야 한다.

$$i(t+T) = i(t) \tag{9.9}$$

$$v(t+T) = v(t) \tag{9.10}$$

인덕터

먼저 인덕터의 경우 전류에 의하여 에너지를 저장되며, 저장된 에너지량은 인덕터 값과 전류의 제곱에 비례한다. 즉 전류가 증가되면 인덕터에 저장된 에너지량도 증가한다.

$$w(t) = \frac{1}{2} L i^2(t) \tag{9.11}$$

만일 인덕터 전류가 주기적이면 한 주기가 끝나는 부분에서 저장되는 에너지는 한 주기가 시작부분에서 저장되는 에너지와 같다. 즉 한주기 동안 에너지를 받지도 주지도 않으므로 정상상태의 주기적인 동작에서 인덕터에 의해 소비되는 평균전력은 0이 되지만, 한 주기 중 에너지를 흡수 또는 공급할 수 있으므로 순시전력은 반드시 0이 되지 않는다.

그리고, 인덕터 전류-전압 식은 다음과 같다.

$$i(t_0+T)=\frac{1}{L}\int_{t_0}^{t_0+T} v_L(t)dt+i(t_0) \tag{9.12}$$

주기 전류에서는 시작과 끝부분의 값이 같다는 관계를 이용하면

$$i(t_0+T)-i(t_0)=\frac{1}{L}\int_{t_0}^{t_0+T} v_L(t)dt=0 \tag{9.13}$$

식 (9.13)에 L/T를 곱하여 한 주기동안의 인덕터 양단의 평균전압을 구할 수 있다.

$$V_L=\frac{1}{T}\int_{t_0}^{t_0+T} v_L(t)dt=0 \tag{9.14}$$

따라서 주기 전류의 경우 인덕터에 걸리는 평균전압은 0이 된다.

커패시터

다음 커패시터의 경우에는 전압에 의하여 에너지를 저장되며, 저장된 에너지량은 식 (9.15)와 같이 커패시터 값과 전압의 제곱에 비례한다. 즉 전압이 증가되면 커패시터에 저장된 에너지량도 증가한다.

$$w(t)=\frac{1}{2}Cv^2(t) \tag{9.15}$$

만일 커패시터 전압이 주기적이면 한 주기가 끝나는 부분에서 저장되는 에너지

는 한 주기가 시작부분에서 저장되는 에너지와 같다. 즉 한주기 동안 에너지를 받지도 주지도 않으므로 정상상태의 주기적인 동작에서 커패시터에 의해 소비되는 평균전력은 0이 되지만, 한 주기 중 에너지를 흡수 또는 공급할 수 있으므로 순시전력은 반드시 0이 되지 않는다.

커패시터의 전압 - 전류 식은 다음과 같다.

$$v(t_0+T)=\frac{1}{C}\int_{t_0}^{t_0+T} i_C(t)dt+v(t_0) \tag{9.16}$$

위의 식에서 주기 전압에서의 주기 시작과 끝부분의 전압 값이 같다는 것을 고려하면 다음 식이 유도된다.

$$v(t_0+T)-v(t_0)=\frac{1}{C}\int_{t_0}^{t_0+T} i_C(t)dt=0 \tag{9.17}$$

식 (9.17)에 C/T 를 곱하면 한 주기동안의 커패시터의 평균전류 값을 구하면 식 (9.18)과 같이 0이 된다.

$$I_C=\frac{1}{T}\int_{t_0}^{t_0+T} i_C(t)dt=0 \tag{9.18}$$

결론적으로 주기 전압의 경우 커패시터의 평균전류는 0이 된다.

§예제 9.2§ 인덕터의 전류, 전압 및 순시전력

[그림 9.13(a)]는 50mH 인덕터에 [그림 9.13(b)]와 같은 피크치가 1A인 삼각파 전류가 인가되었다. 이 때 인덕터의 전압, 순시전력 그리고 평균전력을 구하라.

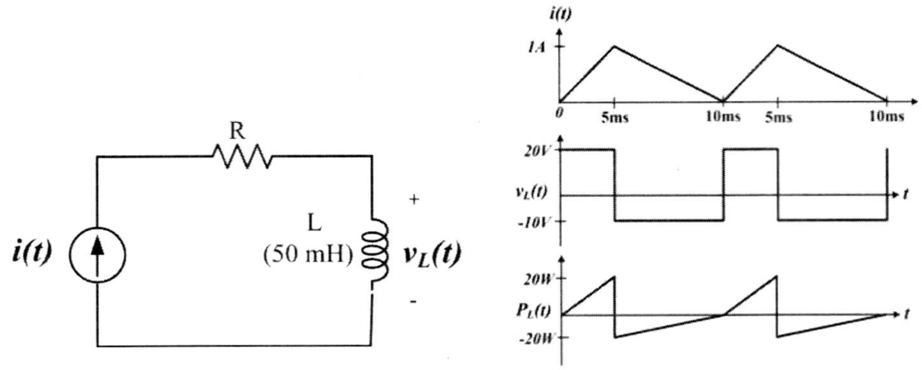

(a) 인덕터 회로　　　　　(b) 인덕터 전류, 전압 및 순시전력

그림 9.13 인덕터 회로 및 각종 파형

【해】 인덕터 양단의 전압은 $v(t)=L\left(\frac{di}{dt}\right)$로 계산한다. 즉 전류가 선형적으로 증가 시 인덕터 전압은 양의 값으로 전류가 선형적으로 감소 시 인덕터 전압은 음의 값이 된다. 그리고 인덕터에 축척된 순시전력은 인덕터 전압 및 전류를 곱하면 [그림 9.13(b)]와 같이 구할 수 있다. 이 순시전력 그림에서 순시 전력 $p(t)$가 양이면 인덕터는 전력을 흡수하고 $p(t)$가 음이면 인덕터는 전력을 공급하면서 인덕터의 평균전력은 0이 된다. 한편 평균 인덕터 전압도 0이 된다.

§**예제** 9.3§ **커패시터 전압, 전류 및 순시전력**

[그림 9.14(a)]는 10mF 커패시터에 [그림 9.14(b)]와 같은 피크치가 1V인 삼각파 전압이 인가되었다. 이 때 커패시터의 전압, 순시전력 그리고 평균전력을 구하라.

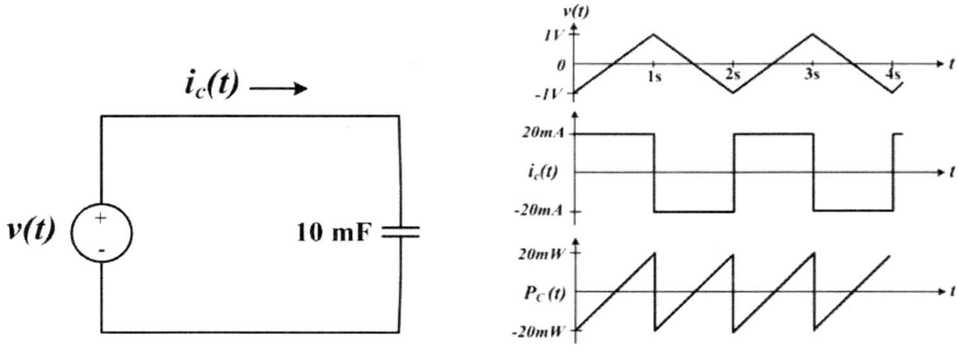

(a) 커패시터 회로　　　　　(b) 커패시터 전압, 전류 및 순시전력

그림 9.14 커패시터 회로 및 각종 파형

【해】 커패시터양단의 전류는 $i_c(t)=C\left(\frac{dv}{dt}\right)$로 계산한다. 즉 전압이 선형적으로 증가 시 커패시터 전류는 양의 값으로, 전압이 선형적으로 감소 시 커패시터 전류는 음의 값이 된다. 그리고 커패시터에 축척된 순시전력은 커패시터 전압 및 전류를 곱하면 [그림 9.14(b)]와 같이 구할 수 있다. 이 순시전력 그림에서 순시 전력 $p(t)$가 양이면 커패시터에 전력이 축척되고 $p(t)$가 음이면 커패시터는 전력을 공급하면서 커패시터의 평균전력은 0이 된다. 한편 평균 커패시터 전류도 0이 된다.

(4) 인덕터 에너지 소비

인덕터와 커패시터는 전력전자의 여러 응용부분에서 에너지를 저장할 수도 방출할 수도 있다. 예를 들면 자동차의 연료분사 솔레노이드는 트랜지스터 스위치에 의해 설정된 시간 동안 에너지를 저장한다. 에너지는 전류가 흐를 때 솔레노이드 인덕턴스에 저장된다. 회로는 트랜지스터가 턴 오프될 때 트랜지스터의 소손을 막기 위해 인덕터에 저장된 에너지를 회로저항에서 소멸되도록 설계되어 있다.

[그림 9.15(a)]에는 트랜지스터 스위치를 턴온 시 인덕터로 전류가 흐르므로 인덕터에 에너지를 저장한다. 여기서 인덕턴스내의 저항은 무시하고 트랜지스터 스위치와 다이오드 이상적이라 가정한다. 다이오드-저항 경로는 스위치 개방과 트랜지스터가 턴오프될 때 인덕터에 저장된 에너지를 방출하기 위해 사용된다. 다이오드-저항 경로가 없다면 트랜지스터가 턴오프될 때 인덕터 전류의 급격한 감소로 트랜지스터에 높은 전압이 인가되어 트랜지스터를 파괴할 수 있다. 트랜지스터 스위치는 $t=0$에서 턴온되고 $t=t_1$에서 턴오프될 때 회로의 동작을 설명한다.

트랜지스터 온 시 (0 < t < t1)

[그림 9.15(b)]에는 보는바와 같이 트랜지스터가 온상태일 때는 인덕터 양단의 전압은 V_{cc}이고 다이오드는 역방향 전압이 걸려 오프상태가 된다. 인덕터 전류는 다음 식과 같이 인덕터 전압을 적분하면 구할 수 있다.

$$i_L(t)=\frac{1}{L}\int_0^t v_L(\lambda)d\lambda+i_L(0)=\frac{1}{L}\int_0^t V_{cc}d\lambda+0=\frac{V_{cc}t}{L} \tag{9.19}$$

여기서 전원전류 $i_{s(t)}$는 이 인덕터 전류 $i_{L(t)}$와 같으므로 트랜지스터가 온상태일 때는 인덕터와 전원전류는 선형적으로 증가한다.

트랜지스터 오프 시 (t1 < t < T)

트랜지스터 스위치가 오프 시는 [그림 9.15(c)]와 같이 다이오드가 온상태가 된다. 따라서 인덕터 전류는 다이오드를 통하여 저항으로 흐르므로 인덕터에 저장된 에너지가 저항으로 전달되면서 인덕터 전류는 서서히 감소된다. [그림 9.16]과 같이 인덕터 전류가 연속이므로 트랜지스터 턴오프 시 트랜지스터에 과전압이 인가되지 않는다.

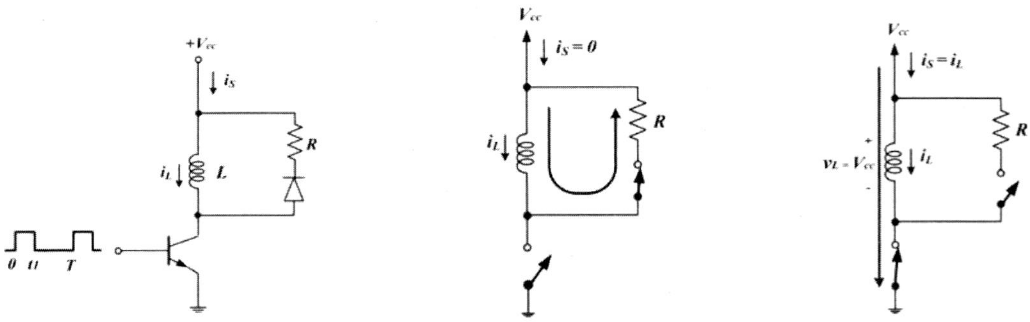

(a) 솔레노이드 회로 (b) 트랜지시터 턴 온 시 (c) 트랜지스터 턴 오프 시

그림 9.15 솔레노이드 회로

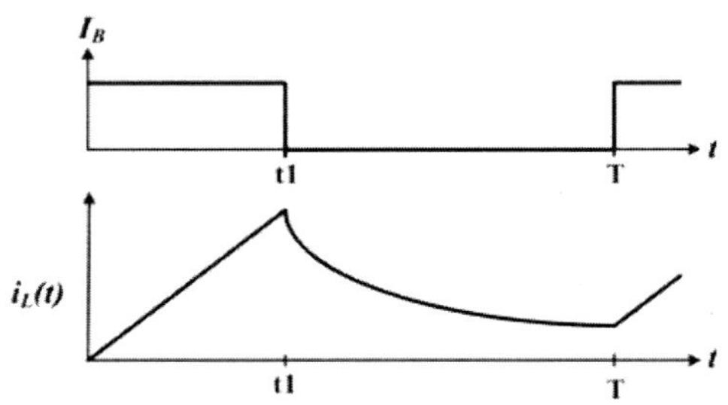

그림 9.16 인덕터 전류 파형

(5) **실효치**

전압이나 전류의 크기를 표시하기 위하여 실효치 즉 rms(Root mean square)를 사용한다. 저항양단의 전압이 주기적인 경우 실효치 전압은 평균전력을 공급하는 직류 전압의 값으로 정의된다. 식 (9.20)은 실효치전압으로 저항에 소비되는 전력을 표시한 것이다.

$$P = \frac{V_{\mathrm{rms}}^2}{R} \tag{9.20}$$

식 (9.20)에서 한 주기동안의 저항 평균전력을 계산하면

$$P = \frac{1}{T}\int_0^T p(t)dt = \frac{1}{T}\int_0^T \frac{v^2(t)}{R}dt = \frac{1}{R}\left[\frac{1}{T}\int_0^T v^2(t)dt\right] \tag{9.21}$$

식 (9.20), (9.21)을 조합하면 다음 식과 같다.

$$P = \frac{v_{rms}^2}{R} = \frac{1}{R}\left[\frac{1}{T}\int_0^T v^2(t)dt\right] \tag{9.22}$$

따라서 실효치 전압을 식으로 나타내면 다음과 같다.

$$V_{\mathrm{s}} = \sqrt{\frac{1}{T}\int_0^T v^2(t)dt} \tag{9.23}$$

실효치는 전압을 제곱하고 평균을 취한 후 평방근을 취한 것이다. 이를 rms라고도 한다.

같은 방법으로 실효치 전류는 $P = I_{\mathrm{rms}}^2 R$로부터 다음과 같이 구할 수 있다.

$$I_{rms} = \sqrt{\frac{1}{T}\int_0^T i^2(t)dt} \tag{9.24}$$

전압이나 전류의 실효치는 저항에 의해 소비되는 전력을 계산할 때 유용하다. 따라서 소자의 정격들도 실효치 전압이나 전류로 표시한다.

§예제 9.4§ 구형파의 실효치

[그림 9.17]에서 주어진 구형파의 실효치를 구하라.

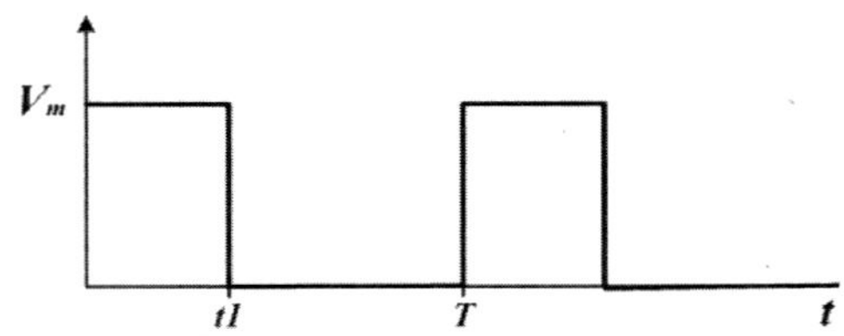

그림 9.17 구형파 파형

【해】 전압은 다음과 같이 표현된다.

$$v(t)=\begin{cases} V_m & 0< t< (T/3) \\ 0 & (T/3) < t< T \end{cases}$$

위의 식을 이용하여 파형의 실효값을 계산하면

$$V_{\mathrm{rms}}=\sqrt{\frac{1}{T}\int_0^T v^2(t)dt}=\sqrt{\frac{1}{T}(\int_0^{T/3} V_m^2\,dt+\int_{T/3}^{T}0^2 dt)}=\sqrt{\frac{(T/3)}{T}V_m^2}$$

$$V_{\mathrm{rms}} = V_m\frac{1}{\sqrt{3}} \tag{9.25}$$

§예제 9.5§ 정현파의 실효치

다음 피크치가 Vm인 정현파의 실효값을 계산하라.

$$v(t) = V_m \sin(\omega t) \tag{9.26}$$

【해】 정현파 전압의 실효값은 식 (9.23)을 사용하여 정현파 전압의 실효치 식은 다음과 같다.

$$V_{rms} = \sqrt{\frac{1}{T}\int_0^T V_m^2 \sin^2(\omega t)dt} \text{ 그리고 } T = \frac{2\pi}{\omega} \qquad (9.27)$$

여기서 적분변수로서 ωt를 사용한다. 적분과정을 생략한 결과식은 다음과 같다.

$$V_{rms} = \sqrt{\frac{1}{2\pi}\int_0^{2\pi} V_m^2 \sin^2(\omega t)d(\omega t)} = \frac{V_m}{\sqrt{2}} \qquad (9.28)$$

정현파 전압 또는 전류의 실효치는 피크치를 $\sqrt{2}$ 로 나눈 값이다.

4. 다이오드 정류회로

9.2에서 설명한 전자스위치 중 다이오드를 사용한 응용분야 중 정류회로가 가장 많이 적용되고 있다. 이 정류회로란 교류전압을 직류전압으로 바꾸는 것이다. 이 다이오드 정류기는 입력교류전압이 단상일 경우 단상 다이오드 정류회로, 3상일 경우 3상 다이오드 정류회로로 구분되고, 또한 반파 정류회로와 전파 정류회로로 나눌 수 있다. 이 절에서는 단상 다이오드 정류기에서 반파 정류회로와 전파 정류회로의 구조, 동작 및 특성을 각각 설명한다.

1) 단상 다이오드 정류회로 : 저항부하

단상 다이오드 정류기의 동작 및 출력전압 및 전류 파형은 부하 종류에 따라 달라진다. 여기서는 가장 기본이 되는 저항부하에 대하여 단상 반파 및 전파 다이오드 정류회로를 각각 해석한다.

(1) 반파 정류회로

다이오드를 사용한 가장 간단한 정류회로인 반파 정류회로(Half wave rectification circuit)는 [그림 9.18(a)]와 같으며 각 부분의 전압과 전류 파형은 [그림 9.18(b)]와 같다. 반파 정류회로는 교류 입력전원이 단상이며, 다이오드 정류기가 다이오드 D 하나로 구성되고, 부하가 저항 R인 경우이다.

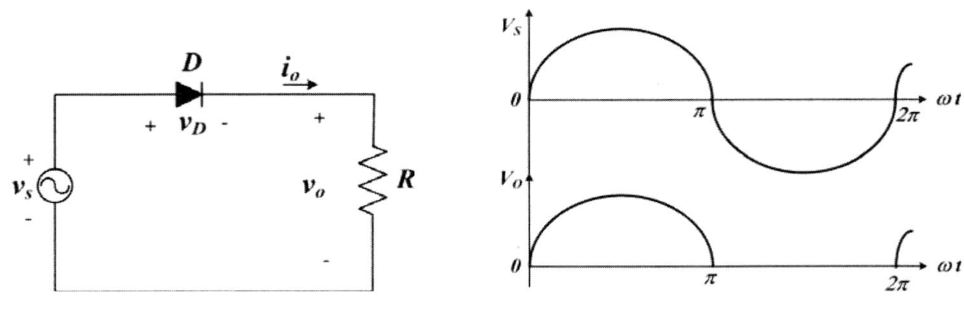

(a) (b)

그림 9.18 단상 반파 정류회로

다이오드 회로를 해석하는 방법을 요약하면 다음과 같다.

① 다이오드가 오프 상태에서 다이오드에 걸리는 전압을 구한다.
② 다이오드 전압이 순방향(양의 전압)에 걸리는 구간과 역방향(음의 전압)에 걸리는 구간을 구별한다.
③ 다이오드 전압이 순방향 걸리는 구간에서는 다이오드가 온 상태이므로 다이오드를 단락시켜 회로를 구성한 후 전압 및 전류를 구한다.
④ 다이오드 전압이 역방향 걸리는 구간에서는 다이오드가 오프상태이므로 다이오드를 개방시켜 회로를 구성한 후 전압 및 전류를 구한다.

출력전압 v_0의 파형은 전원전압 v_s의 반주기마다 다르므로 양의 반주기($0 \le \omega t < \pi$)와 음의 반주기($\pi \le \omega t < 2\pi$)로 나누어 해석한다. [그림 9.19(a)]에서 입력전압 v_s와 다이오드 D의 전압 v_D 및 출력전압 v_0의 관계는

$$v_s = v_D + v_0 \tag{9.29}$$

이며, 전원전압 $v_s = \sqrt{2}\, V \sin\omega t$ 로 표현된다.

(1) **양의 반주기** : $0 \leq \omega t < \pi$

이 구간에서 다이오드 D는 순방향 바이어스 되어 온(on) 상태가 되며 전원측에서 부하측으로 전류가 흐르며, [그림 9.19]와 같이 등가회로가 구성된다.

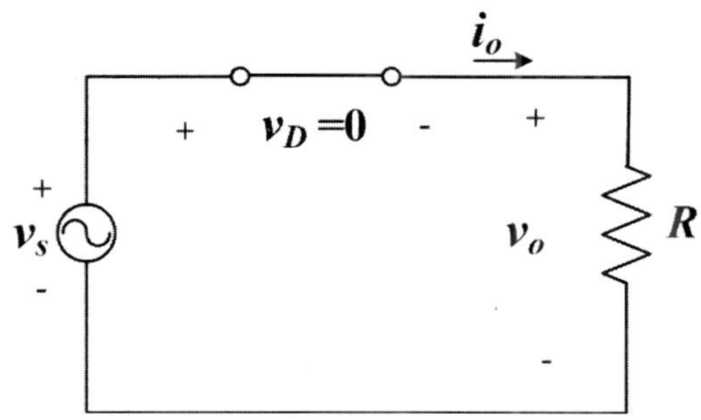

그림 9.19 등가회로 (다이오드가 온상태 시)

이상적인 다이오드의 순방향 전압 v_D는 0이므로 출력전압 v_0는 식 (9.29)로부터 다음 식과 같이 전원전압과 같다.

$$v_0 = v_s = \sqrt{2}\, V \sin\omega t \tag{9.30}$$

한편, 저항 R을 통해 흐르는 출력전류 i_0는 식 (9.31)과 같으며, 이 전류파형은 전압파형에서 크기만 다르다.

$$i_0 = \frac{v_0}{R} = \frac{\sqrt{2}\, V \sin\omega t}{R} \tag{9.31}$$

(2) **음의 반주기** : $\pi \leq \omega t < 2\pi$

전원전압 v_s가 음의 값으로 되면 다이오드 D는 역방향 바이어스가 걸려 오프되고, 그 때 등가회로는 [그림 9.20]과 같다.

따라서 출력전압 v_0와 출력전류 i_0는 다음 식과 같이 모두 0이 된다.

$$v_0 = 0, i_0 = 0 \tag{9.32}$$

여기서 식 (9.30)과 (9.32)로부터 부하저항 R에 인가되는 출력전압 v_0의 한 주기 평균값은 다음과 같이 유도된다.

$$v_{0(avg)} = \frac{1}{2\pi}\int_0^{2\pi} v_0 d(\omega t) = \frac{1}{2\pi}\left(\int_0^{\pi} \sqrt{2}\,V\sin\omega t\,d(\omega t) + \int_{\pi}^{2\pi} 0\,d(\omega t)\right)$$
$$= \frac{\sqrt{2}\,V}{\pi R} \tag{9.33}$$

[그림 9.18(b)]에서 출력전압 v_0의 파형을 보면 교류 입력전압 v_s에 대하여 양의 반주기만 출력되고 음의 반주기에서는 0이 됨을 알 수 있는데, 이와 같이 입력전압의 반 주기만 출력전압이 나오므로 이 정류방식을 반파정류라 한다.

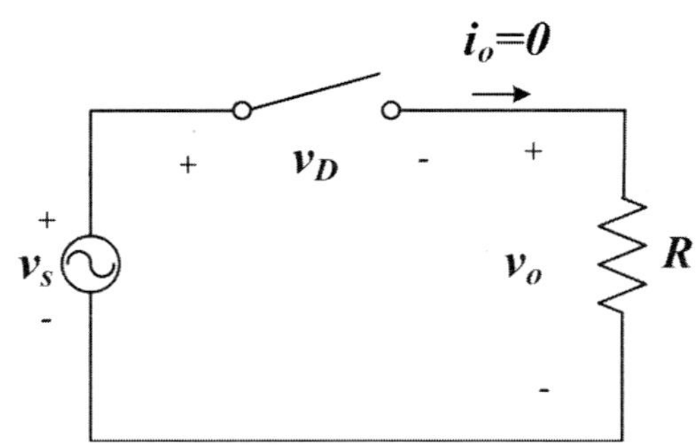

그림 9.20 등가회로 (다이오드가 오프상태 시)

(2) 전파 정류회로

[그림 9.21]은 다이오드를 사용한 전파 정류회로(Full wave rectification circuit)와 각 부분의 전압과 전류파형을 나타낸다. 전파 정류회로는 반파 정류회로와는 달리 4개의 다이오드(D_1~ D_4)로 구성된다. 교류 입력전압 v_s가 양의 반주기 ($0 \le \omega t < \pi$)에서는 다이오드 D_1과 D_4가 순방향 바이어스가 걸려 온상태가 되고 다이오드 D_2과 D_3는 역방향 바이어스가 걸려 오프된다. 음의 반주기 ($\pi \le \omega t < 2\pi$)에서는 다이오

드 D_1과 D_4는 역방향 바이어스가 걸려 오프되고 D_2와 D_3는 순방향 바이어스가 걸려 온상태가 된다.

따라서, 출력전압 v_0는 [그림 9.21(b)]와 같이 음의 반주기에서도 양의 반주기에서와 동일하다. 이와 같은 방식으로 교류를 직류로 변환하는 것을 전파정류라 한다. 출력전압 v_0의 평균값은 다음과 같이 구할 수 있다. 이 출력전압 평균치는 식(9.33)의 반파정류기의 출력전압 평균치에 비하여 2배가 되며, 출력전압의 리플성분도 감소된다는 장점들이 있다.

$$v_{0(avg)} = \frac{1}{\pi}\int_0^{\pi} v_0\, d(\omega t) = \frac{1}{\pi}\int_0^{\pi} \sqrt{2}\, V \sin\omega t\, d(\omega t)$$
$$= \frac{2\sqrt{2}\,V}{\pi} \tag{9.34}$$

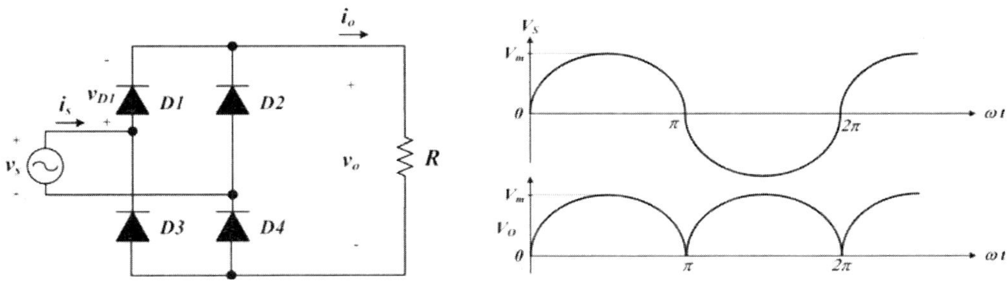

(a) 전파 정류회로 (b) 파형

그림 9.21 단상 전파 정류회로

2) 단상 다이오드 정류회로 : 유도성 부하

저항부하를 갖는 다이오드 정류회로에서는 출력전류 파형과 출력전압 파형의 형태가 동일하여, 평균값을 간단히 구할 수 있으며 정류기회로 해석 역시 간단하였다. 그런데 부하에 인덕턴스 성분이 포함되면 출력전류와 출력전압 파형 형태가 다르므로 동작 해석 및 평균값 구하는 과정이 조금 복잡하다.

여기서는 R-L 유도성 부하를 갖는 단상 반파 및 전파 정류회로에 대하여 동작을 해석한다.

(1) **반파 정류회로**

[그림 9.22]에서 (a)는 R-L 유도성 부하를 갖는 다이오드 반파 정류회로를 나타내고, (b)는 각 부분의 전압과 전류파형을 나타낸다. [그림 9.22(b)]에서 출력전류 i_0의 파형은 [그림 9.21(b)]에 나타낸 저항부하시의 출력전류 파형과는 다르다. 즉, 출력전류는 비정현파이며 전류가 0되는 시점도 π가 아니고 $\pi+\theta_d(=\beta)$로 전류도통 시간이 더 늘어났다. 따라서 출력전압 v_0의 파형도 $\pi \le \omega t < \beta$ 구간에서 전원전압의 음의 값이 나타난다. 이렇게 전류가 π이상 흐르는 현상의 원리와 출력 특성을 설명한다.

[그림 9.22(b)]에서 위상각 $\omega t=0$에서는 전원전압 v_s와 출력전류 i_0 모두 0이다. 위상각 ωt가 0보다 커지면, v_s가 사인의 함수로 증가하여 양의 값을 갖게 되므로 다이오드 D는 순방향 바이어스 되어 온상태가 된다. 따라서 출력전류는 다이오드 D를 통해 흐르며, 이때 전압과 전류 관계식은 다음과 같다.

$$\begin{aligned} v_s = v_0 &= v_L + v_R \\ &= L\frac{di_0}{dt} + i_0 R \end{aligned} \tag{9.35}$$

여기서, v_R은 저항 R양단의 전압이므로 v_R의 파형은 i_o의 파형과 같다. 또한 인덕터 전압 v_L은 식 (9.35)로부터 v_s와 v_R의 차이이므로, 인덕터 전압이 0이 되는 위상각 θ_1은 전원전압 v_s와 저항전압v_R이 같아지는 시점이다. 따라서 인덕터 전압 v_L은 θ_1을 기준으로 극성이 바뀐다. 즉, $0 \le \omega t < \theta_1$ 구간에서는 $v_R < v_s$이므로 인덕터 전압 v_L은 양(+)이다. 그러므로 이 구간에서 인덕터 L을 통해 흐르는 출력전류는 계속 증가하여 인덕터에 저장되는 에너지는 인덕터 전류에 의해 축적되므로 이 인덕터 축척에너지도 증가한다. 위상각이 θ_1보다 커지면 $v_s < v_R$이 되므로 v_L은 음(-)이 되어 인덕터를 통해 흐르는 i_0는 감소하기 시작한다. 위상각이 π보다 커지기 시작하면 교류 입력전압 v_s가 음(-)이 되어도 출력전류 i_0는 양(+)의 값을 유지하면서 계속 감소한다. 이것은 $0 \le \omega t < \theta_1$ 구간 동안 인덕터 L에 축적되었던 에너지가 $\theta_1 \le \omega t < \pi$ 구간에서 모두 방출되지 못하였기 때문이다. 인덕터의 에너지를 모두 방출하기 위해서는 출력전류 i_0가 계속 흘러야 되며 $\omega t=\beta$에서 에너지 방출은 종료되므로 출력전류 i_0가 0이 된다. 따라서 다이오드 D는 $0 \le \omega t < \beta$ 구간 동안 온 상태를 유지하며, $\omega t=\beta$

에서 출력전류가 0이 되면서 다이오드 D는 오프상태가 되어 [그림 9.22(b)]의 다이오드 전압 v_D파형에서 보듯이 전원전압 v_s는 모두 다이오드에 인가된다.

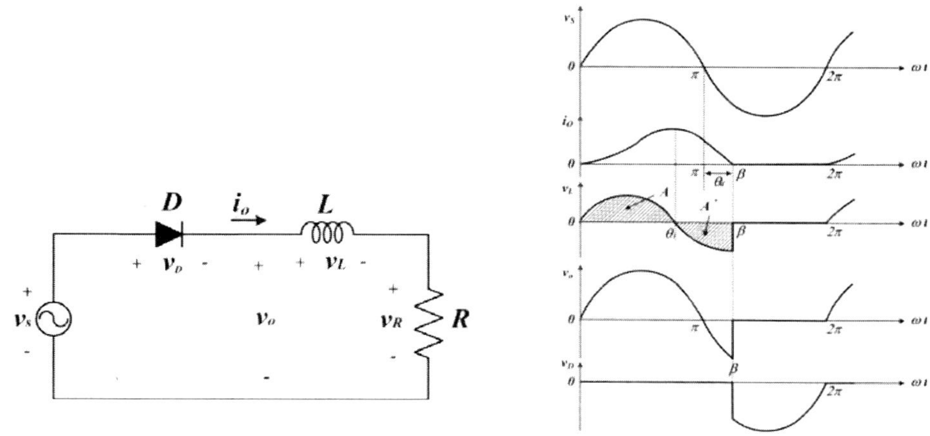

(a) 정류회로

(b) 전압 및 전류 파형

그림 9.22 유도성 부하를 갖는 단상 반파 정류회로

(2) **환류 다이오드**

[그림 9.23(a)]는 위의 단상 반파 정류회로에서 R-L부하와 역병렬로 연결한 다이오드 D_F를 추가한 회로이다. 이 역병렬 다이오드를 환류다이오드 (Free-wheeling diode) 라고 부르며, 출력 특성이 많이 달라진다.

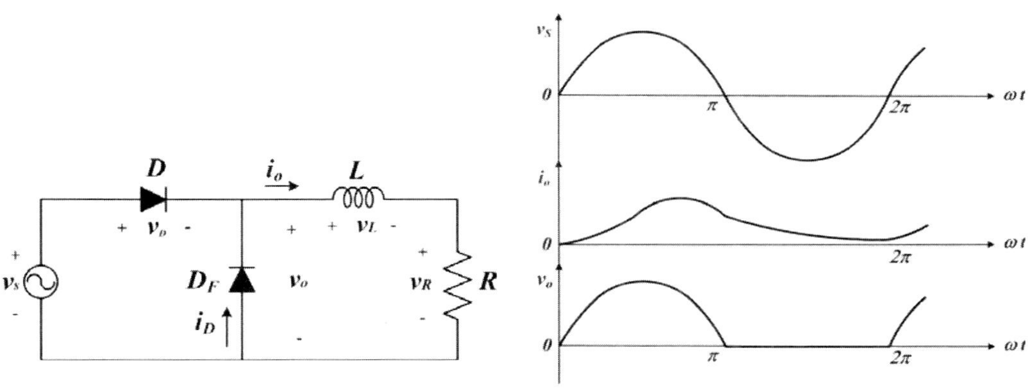

(a) 환류 다이오드가 있는 단상 반파 정류회로

(b) 출력전류 및 전압 파형

그림 9.23 환류 다이오드가 추가된 단상 반파 정류회로

(1) **양의 반주기** : $0 \leq \omega t < \pi$

[그림 9.23(b)]에 보이는 바와 같이 전원전압이 양의 반주기일 때 다이오드 D는 순방향 바이어스가 되어 온상태가 되고 환류다이오드 D_F는 역방향 바이어스되어 D_F의 전류 i_D는 0이다. 따라서 [그림 9.22]와 같이 환류다이오드 D_F가 없는 회로와 동일하게 동작하여, 출력전압은 입력전압과 동일하다.

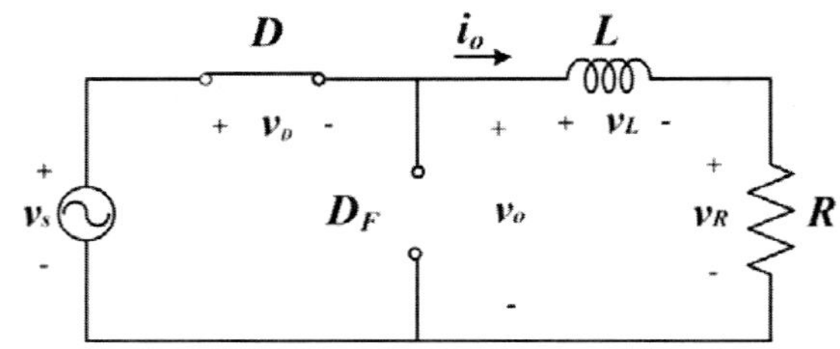

그림 9.24 단상 반파 정류회로 (입력교류전압이 양의 반주기 시)

(2) **음의 반주기** : $\pi \leq \omega t < 2\pi$

입력교류 전압이 음의 반주기가 시작되면 [그림 9.25]와 같이 다이오드 D_F는 순방향 바이어스되어 전류가 흐르기 시작하고 다이오드 D에는 역전압이 인가되어 오프상태가 된다. 이때 인덕터 L의 전류는 연속이어야 하므로 $\omega t = \pi$에서 다이오드 D_F의 전류 초기값과 다이오드 D의 오프 직전 전류의 크기는 동일하다. 음의 반주기에서 D_F가 온되므로 R-L부하 양단에 인가되는 출력전압 v_0는 0이 되고 인덕터 L에 축적되었던 에너지는 저항 R에서 열에너지로 소비된다. 따라서 인덕터를 통해 흐르는 출력전류 i_0의 감소시간은 R-L 회로의 시정수 $\tau(= L/R)$에 따라 결정된다. 이 시정수는 인덕터 값에 비례하고 저항값에 반비례한다. 따라서 인덕터 값을 증가시키면 시정수가 증가하여 전류 감소되는 속도가 느려진다.

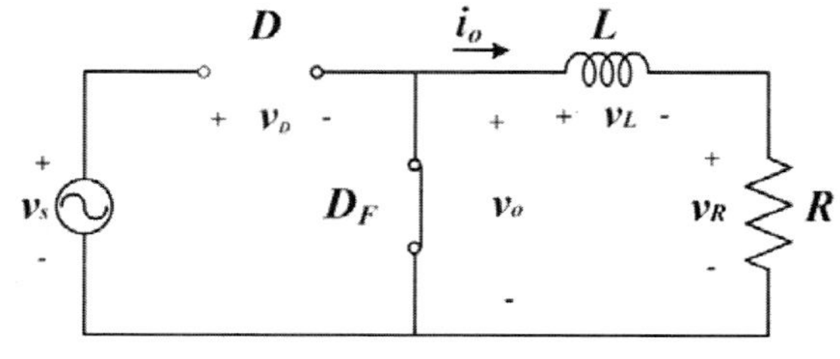

그림 9.25 단상 반파 정류회로 (입력교류전압이 음의 반주기 시)

(3) 전파 정류회로

[그림 9.26(a)]와 같이 단상 전파 정류회로에 R-L 유도성 부하일 경우 이 정류회로를 해석한다. 인덕턴스 L값이 증가되면 전류리플이 줄어들므로 인덕턴스 L이 매우 큰 경우에는 출력전류 io는 평활되어 리플성분이 없는 일정한 값 Id로 가정하였을 경우 각 부분의 전압 및 전류 파형은 [그림 9.26(b)]에서 보인다. 전원전압 v_s가 양(+)인 반주기 동안에는 다이오드 D_1과 D_4가 온되고 음(-)인 반주기 동안에는 다이오드 D_2와 D_3가 온상태가 된다. 따라서 전원측 전류 i_s는 [그림 9.26(b)]와 같이 구형파의 교류가 되며 그 크기는 출력전류 i_0와 같다.

한편, 출력전압 v_0의 파형은 [그림 9.21(b)]의 저항부하를 갖는 전파 정류회로에서와 동일하므로, 출력전압 평균값도 아래 식과 같이 동일하다.

$$v_{0(avg)} = \frac{2\sqrt{2}\,V}{\pi} \tag{9.36}$$

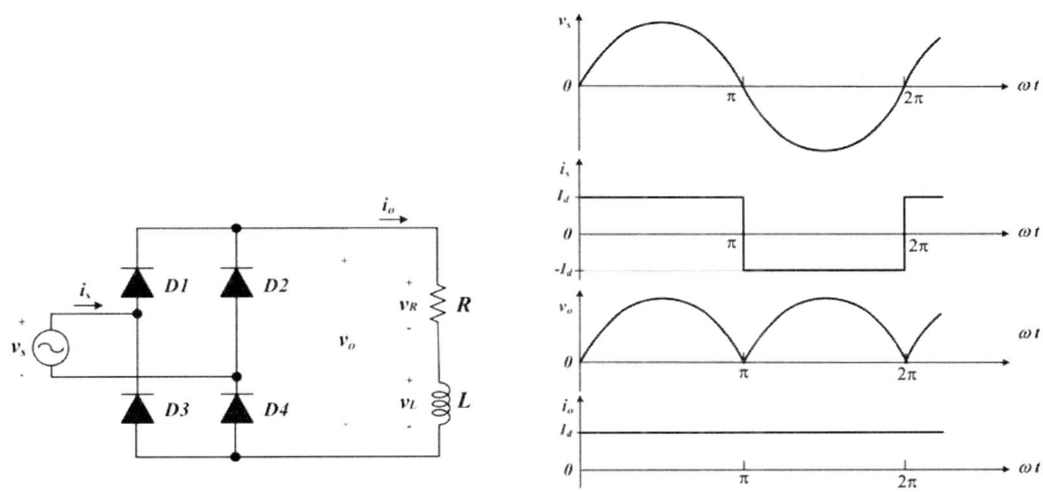

(a) 단상 전파 정류회로 (b) 전류 및 전압 파형 $\tau = (L/R) \gg 1$ 시

그림 9.26 단상 전파 정류회로 $\tau = (L/R) \gg 1$

5. 위상제어기

다이오드 정류기는 교류전압을 직류전압으로 변환시킬 수 있으나 출력 직류전압의 크기를 제어하지 못한다. 따라서 출력 직류전압의 크기를 제어하기 위하여 입력 교류전압의 위상을 제어하는 위상제어 정류기(Phase controlled rectifier)의 개념도는 [그림 9.27]과 같다. 다이오드 정류회로에서는 온·오프 제어불가 소자(Uncontrollable device)인 다이오드로 구성되지만, 위상제어 정류기는 온 제어가능 오프 제어 불가소자(Controlled turn-on uncontrolled turn-off device)인 SCR 구성한다.

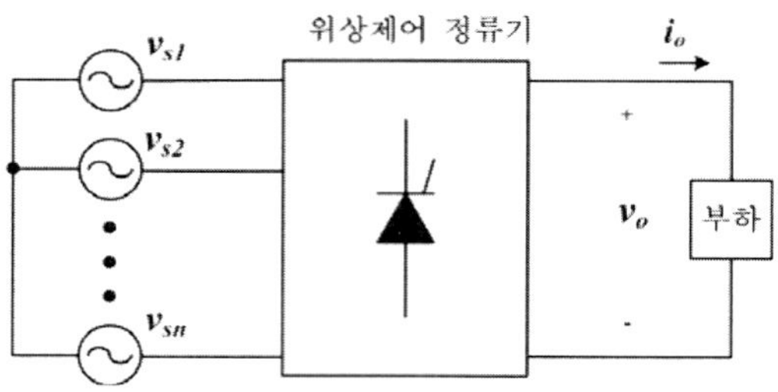

그림 9.27 n-상 위상제어 정류기의 개념도

9.2.2절에서 설명한 바와 같이 SCR은 다이오드와는 달리 애노드(Anode)와 캐소드(Cathode)간에 순방향으로 전압이 인가된 상태에서도 게이트(Gate)에 구동 전류를 흘려주지 않는 한, 턴온되지 않는다. 따라서 SCR을 턴온시키는 시점을 임의로 정할 수 있다. 이와 같이 SCR의 턴온 시점을 교류입력 전원전압의 위상에 대하여 임의로 가변하여 교류전력을 가변 직류전력으로 변환하는 전력변환기를 위상제어 정류기라 한다.

위상제어 정류기는 직류 출력전압의 크기를 조절할 수 있으므로 가변 직류전원을 필요로 하는 시스템에 널리 사용되며 직류전동기의 속도제어장치, 전기 도금장치, 배터리 충전장치, 고압직류 송전시스템 등 그 적용범위가 매우 넓다.

이 장에서 다루는 위상제어 정류기에 사용된 SCR은 9.2.2절에서 언급한 바와 같은 이상적인 것으로 가정한다.

1) 단상 위상제어 정류회로 : 저항부하

단상 위상제어 정류회로의 구성은 다이오드를 이용한 단상 정류회로와 유사하나,

다이오드 대신 턴온 시점을 임의로 제어가능한 반도체 소자인 SCR을 사용한다. [그림 9.27] 의 위상제어 정류기 개념도에서 교류 입력전원이 단상인 경우가 단상 위상제어 정류회로이다. 이 절에서는 저항부하인 경우 단상 위상제어 정류회로의 구성, 입출력 전압 및 전류파형, 동작원리 등을 알아본다.

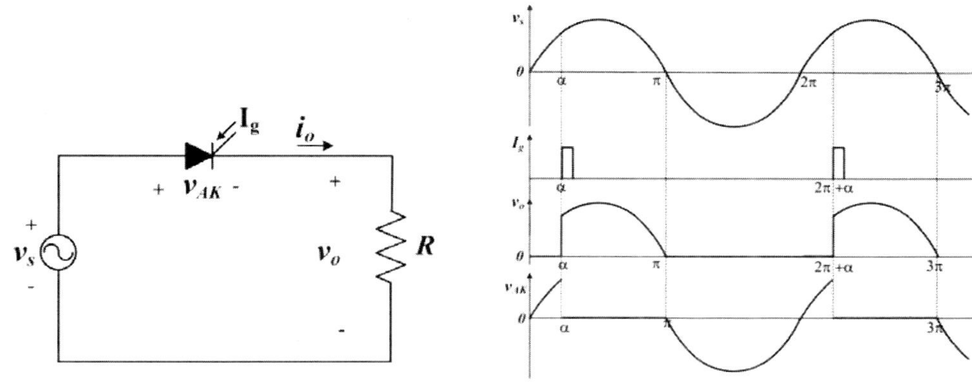

(a) 단상 반파 위상제어기 회로

(b) 전압 전류 파형

그림 9.28 단상 반파 위상제어기 (저항부하시)

[그림 9.18(a)]의 단상 반파 정류회로에서 다이오드를 SCR로 교체하면 [그림 9.28(a)]와 같다. [그림 9.28(b)]는 위상제어 정류기의 입력이 단상(single phase) 교류전원인 경우 저항부하시의 입출력 전압파형을 나타낸다. 이 그림에서 I_g는 SCR의 게이트 전류펄스를 나타내며 위상각 $\omega t = \alpha$에서 SCR의 게이트에 인가된다. 따라서 SCR은 $\omega t = \alpha$에서 턴온되어 $\omega t = \pi$까지 온 상태가 지속된다. 출력전압 v_0는 위상각 ωt가 $\alpha \leq \omega t < \pi$인 구간에서만 교류 전원전압 v_s가 정류되어 나타난다. 전원전압 v_s의 극성이 $\omega t = \pi$에서 음(-)으로 바뀌면 SCR의 애노드와 캐소드간에 역전압이 가해짐으로써 SCR은 턴 오프된다.

따라서 SCR을 턴온하는 시점인 α의 값을 0에서 π까지 가변하면 출력전압의 직류평균값을 제어할 수 있다. 즉, α가 0이면 출력전압 v_0의 평균값은 다이오드 정류기 출력전압의 평균값과 동일하게 되어 최대이며, π이면 v_0는 최소값인 0이 된다. 이와 같이 SCR의 턴온 시점을 교류입력 전원전압의 위상에 대하여 임의로 가변하여 교류전력을 가변 직류전력으로 변환하는 전력변환기를 위상제어 정류기라 한다. 한편 SCR은 $\omega t = 0$에서 α만큼 지연되어 턴온되므로 α를 지연각(Delay angle)이라

한다. [그림 9.28(b)]에서 지연각 α는 0~180°범위 내에서 제어가능하므로 원하는 출력전압의 크기에 따라 정해준다.

지연각 α의 변화에 따른 출력전압의 평균값은 유도한다. 전원전압 $v_s = \sqrt{2}\,V\sin\omega t$일 경우 출력전압 v_0의 평균값은 [그림 9.28(b)]로부터 다음과 같이 표현된다.

$$\begin{aligned} v_{o(avg)} &= \frac{1}{2\pi}\int_0^{2\pi} v_o d(\omega t) = \frac{1}{2\pi}\left(\int_0^{\alpha} 0\,d(\omega t) + \int_{\alpha}^{\pi} \sqrt{2}\,V\sin\omega t\,d(\omega t)\right) \\ &= \frac{1}{2\pi}\int_{\alpha}^{\pi} \sqrt{2}\,V\sin\omega t\,d(\omega t) \\ &= \frac{\sqrt{2}\,V}{2\pi}(1+\cos\alpha) \end{aligned} \tag{9.37}$$

2) 전파 위상제어 정류회로

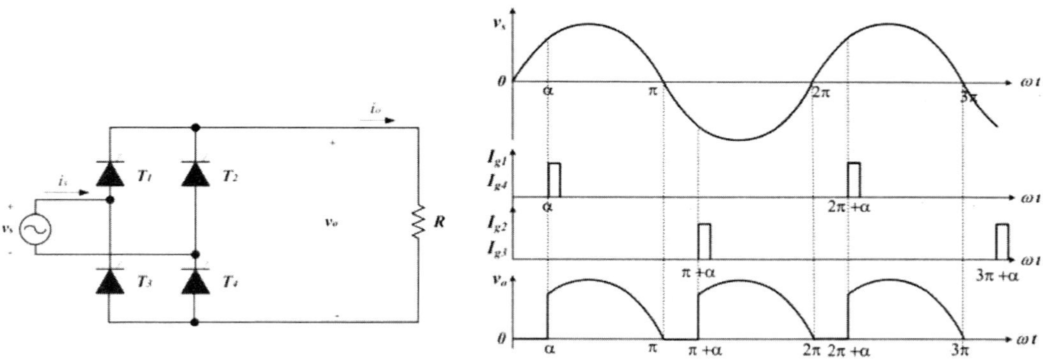

(a) 전파 위상제어기 회로　　(b) 전압 전류 파형

그림 9.29 단상 전파 위상제어 정류회로(저항부하)

[그림 9.29]는 단상 전파 위상제어 정류회로와 각 부분의 전압 및 전류파형을 나타낸다. 이 그림에서 $I_{G1} \sim I_{G4}$는 각각 SCR T1~T4의 게이트 전류펄스이다. $0 \le wt \le \pi$ 구간에서 T_1과 T_4는 순방향으로, T_2와 T_3는 역방향으로 바이어스 되어 있다. 따라서 $wt = \alpha$ 에서 T_1과 T_4의 게이트에 각각 I_{G1} 과 I_{G4} 를 동시에 인가하면 T_1과 T_4가 턴 온 된다. $wt = \pi$ 에서 v_s의 극성이 바뀌면서 T_1과 T_4는 역 바이어스 되어 턴 오프 되고 $wt = \pi + \alpha$ 에서 순방향 바이어스 되어 있는 T_2와 T_3를 동시에 턴 온 한다.

[그림 9.29(b)]에서 출력전압 v_o의 평균값 을 구하면 다음 식과 같다.

$$v_{0(avg)} = \frac{1}{\pi}\int_0^{\pi} v_o \, d(wt) = \frac{1}{\pi}\int_{\alpha}^{\pi} \sqrt{2}\, V \sin(\omega t)\, d(wt)$$

$$= \frac{\sqrt{2}\, V}{\pi}(1 + \cos\alpha) \quad (9.38)$$

6. 직류 - 직류 변환기

직류 - 직류 변환기는 일정한 직류전압을 다른 크기의 직류전압으로 변환하는 회로이다. 그린자동차에서는 배터리 출력전압이 직류이므로 이 전력변환기로 이 배터리 전압의 크기를 증가시키거나, 직류전동기의 전압제어로 속도 또는 토크를 제어시 사용된다. 이 장에서는 출력전압의 크기를 입력 직류전압보다 낮게 제어하는 벅 컨버터, 출력전압의 크기가 입력 직류전압보다 높게 제어하는 부스트 컨버터 등에 대한 구조 및 동작특성 등에 대하여 설명한다.

1) 선형 전압제어기

스위치 모드 변환기를 설명하기 전에, 또 다른 직류-직류 변환기인 선형 직류-직류 변환기를 이해할 필요가 있다. 직류전압을 더 낮은 직류전압으로 변환하는 한 방법으로 [그림 9.30]과 같은 간단한 회로가 있다. 이 회로에서 출력전압은 식 (9.39)과 같으며 부하전류는 트랜지스터에 의해 제어된다.

$$V_o = I_o R_L \quad (9.39)$$

트랜지스터의 베이스 전류를 조정함에 따라 출력전압은 0에서 입력전압 VDC 까지의 범위 내에서 제어된다. 베이스 전류는 전원전압 또는 부하의 변동을 보상하도록 제어될 수 있으며, 따라서 출력전압을 제어할 수 있다. 이러한 형태의 회로를 선형 직류-직류 변환기 또는 선형제어기라고 부르는데, 그 이유는 트랜지스터가 스위치용으로 사용 시 동작되는 포화영역이나 차단영역이 아닌 증폭용으로 사용되는 선형영역에서 동작하기 때문이다. 이 트랜지스터가 선형영역에서 동작 시 [그림 9.30(b)]와 같이 가변저항으로 등가 된다.

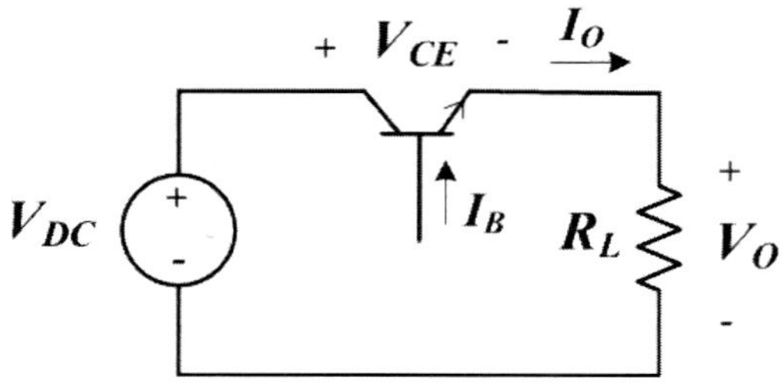

(a) 직류-직류 컨버터

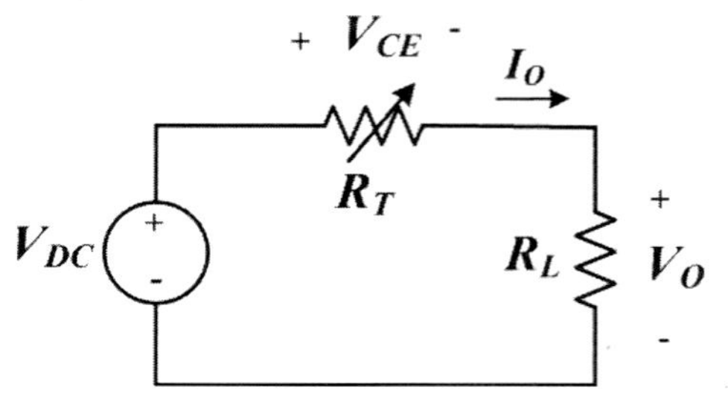

(b) 등가회로

그림 9.30 기본적인 선형제어기

이 경우에는 출력전압 V_o가 다음 식 (9.40)과 같이 두 저항의 전압분배로 구할 수 있으며, 부하전항 R_L은 일정하고 트랜지스터 등가저항 R_T가 증가 시 출력전압은 감소되고, 등가저항 R_T가 감소 시에는 출력전압이 증가하게 된다.

$$V_o = \frac{R_L}{R_T + R_L} V_{DC} \tag{9.40}$$

이 회로는 직류전압을 더 낮은 직류전압으로 변환하여 출력을 제어할 수 있는 간단한 방법이기는 하지만, 효율이 낮아서 전력용으로 사용하기에는 결정적인 단점이 된다. 부하에서 소비된 전력은 $V_o I_o$이고, 트랜지스터에서 소모된 전력은 $V_{CE} I_o$이다. 트랜지스터에서의 이러한 전력손실로 인하여 회로의 효율이 낮아진다. 예를 들어, 출력전압이 입력전압의 1/4이라면 부하에서 소모되는 전력은 전원전력의 1/4이 되어 회로의 효율이 25%이다. 전원이 공급한 전력 중 나머지 75%는 트랜지스터에서 소비된다. 따라서 출력전압이 낮아지면 효율도 낮아지게 된다.

2) 기본적인 직류-직류 스위칭 변환기

선형제어기를 효과적으로 대체한 것이 [그림 9.31(a)]와 같은 직류-직류 스위칭 변환기이다. [그림 9.31(b)]와 같이 트랜지스터는 스위칭 변환기 회로에서 완전히 켜지거나 완전히 꺼지는 전자스위치로 동작한다. 스위치용 트랜지스터 중 BJT의 경우에는 턴 온상태에서는 포화영역과 턴 오프상태에서는 차단영역에서 동작한다. 이 회로를 직류 쵸퍼(Chopper)라고 부른다.

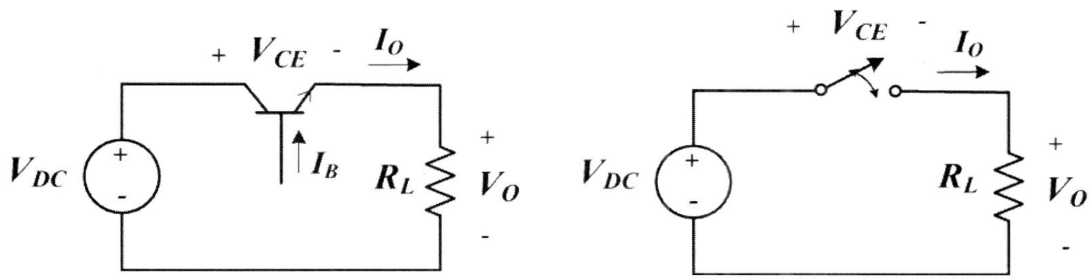

(a) 직류-직류 컨버터　　　(b) 등가회로

그림 9.31 기본적인 스위칭 변환기

[그림 9.32(a)]와 같이 한 주기 T 구간 중 0에서 t_{on} 구간 동안 BJT의 베이스 전류를 인가하여 BJT를 턴 온시키고 나머지 구간은 BJT의 베이스 전류를 0으로 하여 BJT를 턴 오프시킨다. 먼저 [그림 9.32(b)]에서는 $(0 \le t < t_{on})$구간에서 트랜지스터가 턴 온 상태에서 등가회로이며, 출력전압 V_o는 입력 직류전압 V_{DC}가 된다. 다음 [그림 9.32(c)]에서는 $(t_{on} \le t < T)$구간에서 트랜지스터가 턴 오프 상태에서 등가회로이며, 전류가 0이 되므로 출력전압 V_o도 0이 된다.

전자스위치인 BJT를 주기적으로 열고 닫으면 출력전압은 [그림 9.32(a)]와 같은 펄스 형태로 나타난다. 이러한 펄스파형에는 듀티비 (Duty ratio) D는 다음 식과 같이 한 주기동안 높은 전압의 시간 구간 t_{on}의 비로 표시하므로 이 듀티비의 범위는 0～1이 된다. 여기서 f는 스위칭 주파수이다.

$$D = \frac{t_{on}}{t_{on}+t_{off}} = \frac{t_{on}}{T} = t_{on} f \tag{9.41}$$

출력전압의 평균값 또는 직류성분은

$$V_o = \frac{1}{T}\int_0^T v_o(t)dt = \frac{1}{T}\int_0^{DT} V_s\,dt = V_s D \tag{9.42}$$

이다. 출력전압의 직류성분 즉 평균값은 듀티비 D에 비례함을 알 수 있으며, 이 듀티비 D의 범위가 0~1이므로 출력의 직류값은 입력전압보다 작거나 같게 된다.

이상적이 스위치에서는 전력이 소모되지 않는다. 스위치가 열려있을 때 소자에는 전류가 흐르지 않으며, 스위치가 닫혀있을 때 소자 양단간에는 전압이 걸리지 않는다. 그러므로 모든 전력은 부하에서 소모되며, 에너지효율은 100%이다. 실제의 스위치에서는 손실이 발생하는데, 그 이유는 스위치가 닫혀있을 때 소자 양단간의 전압이 0이 아니며 스위치가 온상 태에서 오프상태로 바뀔 때 또는 오프상태에서 온상태로 바뀔 때 손실이 발생되는 선형영역을 통과하기 때문이다.

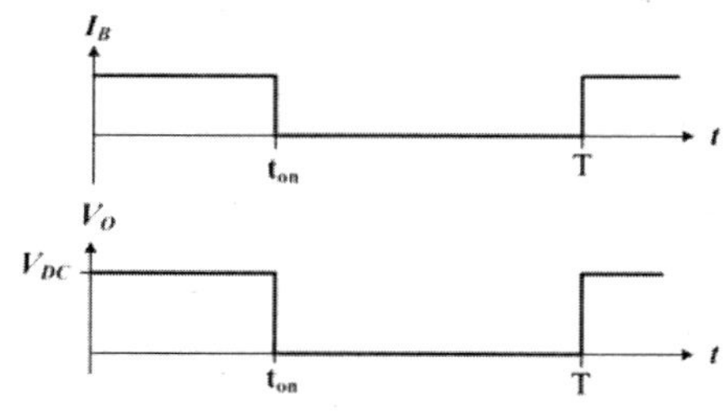

(a) 베이스전류 및 출력전압

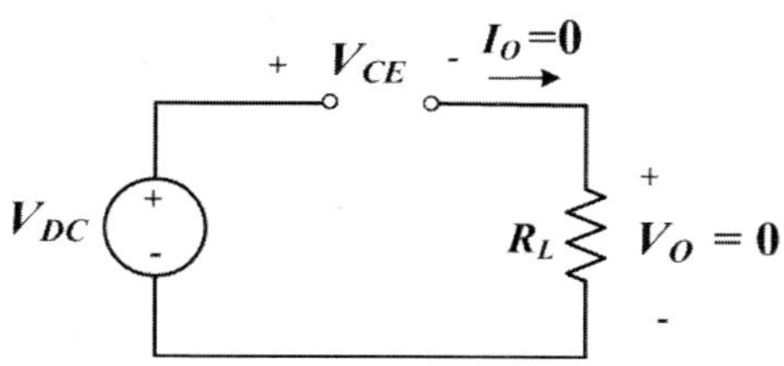

(b)트랜지스터 턴온 시

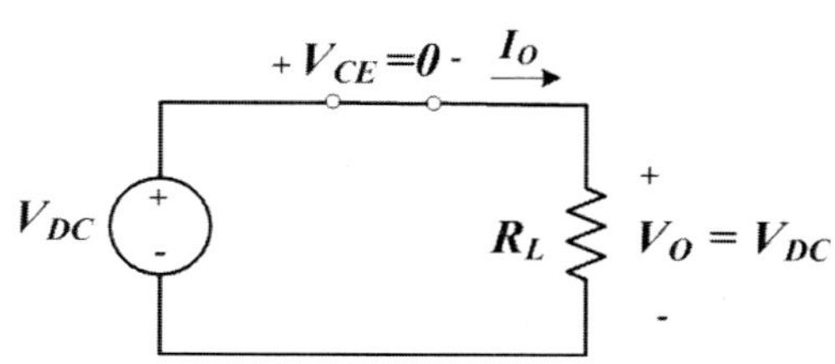

(c) 트랜지스터 턴오프 시

그림 9.32 직류-직류 스위칭 변환기 동작

3) 벅 컨버터 (buck converter)

[그림 9.32(a)]와 같은 펄스 형태의 출력은 직류성분과 함께 많은 고조파의 리플 성분도 포함되어 있으며, 이와 같이 리플성분이 포함된 직류전압이 아닌 일정한 직류인 출력을 얻는 것이 바람직하다. 거의 일정한 직류 출력전압을 얻을 수 있는 방법 중 가장 일반적인 방법이 스위치 뒷단에 고조파 성분을 억제시키는 저역통과필터를 삽입하는 것이다. [그림 9.33]은 기본적인 직류-직류 변환기에 인덕터-커패시터(L-C) 저역통과필터를 추가한 것이다. 다이오드는 스위치가 오프상태일 때 인덕터 전류가 흐르는 경로 역할을 하며 스위치가 온상태 되었을 때에는 역 바이어스 상태가 되어 오프상태가 된다. 이 회로는 출력전압이 입력전압보다 낮기 때문에 벅 컨버터라고 한다.

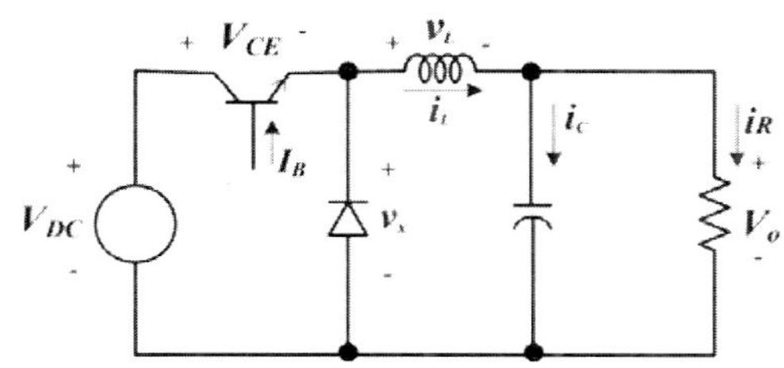

그림 9.33 벅 컨버터 회로

(1) 벅 컨버터 동작

LC 저역 통과필터에서 인덕터와 커패시터에 손실 또는 전압강하가 없는 이상적인 LC필터일 경우에는 출력전압은 필터의 입력단 전압의 평균값과 같다. [그림 9.33]에서 v_x로 표시된 필터 입력전압은 스위치가 닫혀있으면 V_s가 되어 다이오드가 역방향 전압이 인가되어 오프상태가 된다. 스위치가 오프 상태에서는 양의 인덕터 전류를 흘리기 위해 다이오드가 온 상태를 유지하므로 다이오드 양단전압으로 0이 된다. 이 컨버터 해석은 스위치가 온상태의 구간에서는 다이오드가 순방향바이어스 상태임을 전제로 한 것으로서 인덕터 전류가 양의 값을 유지함을 의미한다. 즉 스위칭 주기동안 인덕터 전류가 양의 값 유지하면 연속전류모드라고 한다. 반대로 한 주기동안 인덕터 전류가 0이 되는 구간이 존재하면 불연속전류모드이다.

여기서 [그림 9.32(a)]와 같이 스위치가 듀티비 D로 주기적으로 닫히면 필터 입력단의 평균전압은 식 (9.42)에 나타낸 바와 같이 $V_s D$ 가 된다.

벅 컨버터가 정상상태에서 동작할 때 아래와 같은 특성을 가지고 있다.

- 주기 전류와 전압에 있어서는 다음과 식과 같이 한 주기에서의 인덕터 전류와 커패시터 전압의 초기값이 동일하여야 한다

$$i_L(t+T) = i_L(t) \tag{9.43}$$

$$v_c(t+T) = v_c(t) \tag{9.44}$$

- 인덕터 전압의 평균값과 커패시터 전류의 평균값은 0이다 (9장 3.1절 참조)

$$V_{L(avg)} = \frac{1}{T}\int_{T}^{1} v_L(\lambda)d\lambda = 0 \tag{9.45}$$

$$I_{c(avg)} = \frac{1}{T}\int_{t}^{t+T} i_C(\lambda)d\lambda = 0 \tag{9.46}$$

- 소자가 이상적일 경우에는 전원에서 공급한 전력은 부하에 전달된 전력과 같다. 소자가 비이상적인 경우에는 소자에서의 손실분을 포함하여 전원에서 공급한다.

$$P_s = P_o \text{ (이상적인 경우)} \tag{9.47}$$

$$P_s = P_o + \text{소자손실 (비이상적인 경우)} \tag{9.48}$$

이 벅 컨버터를 해석하기 위하여 다음과 같이 몇 가지 가정을 한다.

- 회로는 정상상태에서 동작한다.
- 인덕터 전류는 항상 양의 값을 가지는 연속적이다.
- 커패시터가 매우 커서 출력전압인 커페시터 전압은 리플성분이 없는 일정한 전압 V_o으로 유지된다. 이 가정은 커패시턴스로 인한 영향을 분석 시에는 적용되지 않는다.
- 스위칭 주기는 T이며, 스위치는 DT동안 턴 온상태 $(1-D)T$동안은 턴 오프상태이다.
- 모든 소자들은 손실 및 전압강하가 없는 이상적 소자이다.

출력 V_o를 구하기 위하여 스위치가 턴 온 시와 턴 오프 시를 나누어 분석한다. [그림 9.34]는 스위치가 턴 온 시와 턴 오프 시 등가회로를 각각 보인 것이다. 그리고 이 등가회로에서 인덕터 전압 및 전류 파형과 커패시터 전류파형은 [그림 9.35]에서 보여준다.

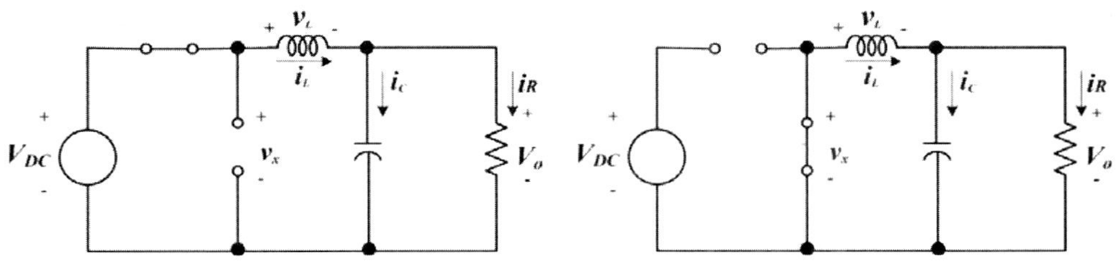

(a) 스위치가 턴 온 시 등가회로 (b) 스위치가 턴 오프 시 등가회로

그림 9.34 벅 컨버터 동작

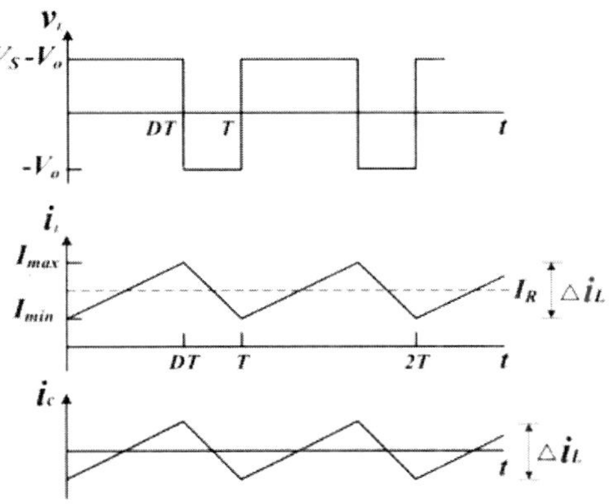

그림 9.35 벅 컨버터에서 인덕터 전압 및 전류 파형, 커패시터 전류 파형

(2) **스위치가 턴 온시 해석**

벅 컨버터 회로에서 스위치가 턴 온상태일 경우, 다이오드는 역 바이어스 상태가 되며 [그림 9.34(a)]와 같은 등가회로로 나타낼 수 있다. 인덕터 양단간의 전압은

$$v_L = V_s - V_o = L\frac{di_L}{dt} \tag{9.49}$$

이며, 인덕터 전류의 미분으로 정리하면 다음과 같다.

$$\frac{di_L}{dt} = \frac{V_s - V_o}{L} \tag{9.50}$$

전류의 미분치는 양의 값이므로 인덕터 전류는 [그림 9.35]에 나타낸 것처럼 선형적으로 증가한다. 이 인덕터 전류의 리플성분을 앞의 식 (9.50)을 이용하여 다음과 같이 계산한다.

$$\frac{di_L}{dt} = \frac{\Delta i_L}{\Delta t} = \frac{\Delta i_L}{DT} = \frac{V_s - V_o}{L} \tag{9.51}$$

$$(\Delta i_L)_{closed} = \left(\frac{V_s - V_o}{L}\right) DT \tag{9.52}$$

한편 커패시터 전류는 다음 식과 같이 인덕터 전류에서 출력전류를 빼어 구할 수 있다. 이 때 출력전압 V_o가 일정하다고 가정하였으므로 출력전류 i_R 역시 일정 전류 I_R로 표시하였다.

$$i_c = i_L - i_R = i_L - I_R \tag{9.53}$$

(3) **스위치가 턴 오프시 해석**

스위치를 턴 오프시키면 다이오드는 인덕터 전류를 흘리기 위해 순방향바이어스가 되며 [그림 9.34(b)]와 같은 등가회로로 나타낼 수 있다. 이 때 인덕터 양단간의 전압은

$$v_L = -V_o = L\frac{di_L}{dt} \tag{9.54}$$

이며, 이 식을 인덕터 전류 미분으로 정리하면 다음과 같다.

$$\frac{di_L}{dt}=\frac{-V_o}{L} \tag{9.55}$$

인덕터 전류의 미분함수가 음의 값이므로, 인덕터 전류는 [그림 9.35]에 나타낸 것처럼 선형적으로 감소한다. 이 인덕터 전류의 리플성분을 앞의 식 (9.55)을 이용하여 다음과 같이 계산한다.

$$\frac{\Delta i_L}{\Delta t}=\frac{\Delta i_L}{(1-D)T}=\frac{-V_o}{L} \tag{9.56}$$

$$(\Delta i_L)_{open}=-\left(\frac{V_0}{L}\right)(1-D)T \tag{9.57}$$

한편 커패시터 전류는 위의 식 (9.53)과 같이 인덕터 전류에서 출력전류를 빼어 구할 수 있다.

(4) **출력전압 식 유도**

정상상태 동작에서 한주기 동안 인덕터 전후의 순수 변화량이 0이므로 스위칭주기 끝점에서의 인덕터 전류값은 그 주기의 시작점에서의 값과 같아야 한다. 따라서 다음 식과 같이 의 턴 온시 전류변화량과 턴 오프 시 전류 변화량의 합은 0이 된다.

$$(\Delta i_L)_{closed}+(\Delta i_L)_{open}=0 \tag{9.58}$$

식 (9.52)와 식 (9.57)를 식 (9.58)에 대입하면 다음 식이 유도된다.

$$\left(\frac{V_s-V_o}{L}\right)DT-\left(\frac{V_0}{L}\right)(1-D)T=0 \tag{9.59}$$

위의 식에서 V_o를 구하면 다음과 같다.

$$V_o = V_s D \quad (9.60)$$

식 (9.60)과 식 (9.42)와 같은 결과를 보인다.

출력전압을 유도하는 또 다른 방법은 인덕터 전압을 이용하는 방법이다. 주기적인 동작에서 인덕터 전압의 평균값이 0 이므로

$$V_L = (V_s - V_o)DT + (-V_o)(1-D)T = 0 \quad (9.61)$$

이 성립하며, 이 식에서 V_o를 구하면 식 (9.60)와 같이 $V_o = V_s D$의 결과를 얻을 수 있다.

출력전압은 입력전압과 듀티비 D의 함수이므로, 만약 입력전압이 변동되면 듀티비를 적절히 조정하여 출력전압을 원하는 값으로 제어할 수 있다. 출력전압을 원하는 값으로 항상 제어하기 위하여 궤환루프가 필요하다.

5) 부스트 컨버터 (Boost converter)

앞 절에서 기술한 벅 컨버터는 출력전압의 평균치가 입력 직류전압 보다 낮게 제어한다. 이에 반하여 부스트 컨버터는 출력전압의 평균치가 입력전압보다 더 높게 제어할 수 있다. 즉 부스팅시키는 특성을 가지고 있다. [그림 9.36]은 부스트 컨버터 회로를 보인 것으로 [그림 9.33]에서 보인 벅 컨버터 회로와 비교하면 인덕터, 트랜지스터와 다이오드의 위치만 변경된 것이다.

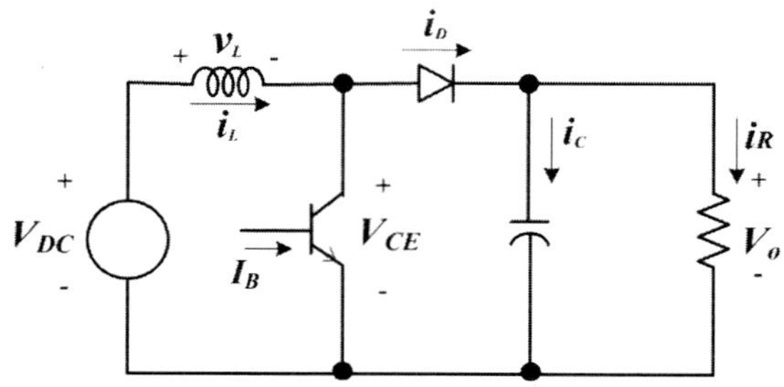

그림 9.36 부스트 컨버터 회로

이 벅 컨버터를 해석하기 위하여 다음과 같이 몇 가지 가정을 한다.

- 회로는 정상상태에서 동작한다.
- 인덕터 전류는 항상 양의 값을 가지는 연속적이다.
- 커패시터가 매우 커서 출력전압인 커페시터 전압은 리플성분이 없는 일정한 전압 V_o으로 유지된다.
- 스위칭 주기는 T이며, 스위치는 DT동안 턴 온상태 $(1-D)T$동안은 턴 오프상태이다.
- 모든 소자들은 손실 및 전압강하가 없는 이상적 소자이다.

출력 V_o를 구하기 위하여 스위치가 턴 온 시와 턴 오프 시를 나누어 분석한다. [그림 9.37]는 스위치가 턴 온 시와 턴 오프 시 등가회로를 각각 보인 것이다.

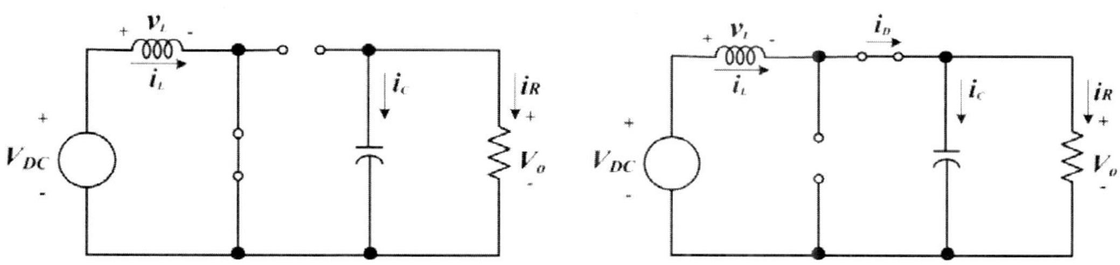

(a) 스위치가 턴 온 시 등가회로 (b) 스위치가 턴 오프 시 등가회로

그림 9.37 부스트 컨버터 동작

(1) **스위치가 턴 온시 해석**

스위치가 턴 온상태에서는 다이오드는 역 바이어스 상태이므로 턴 오프된다. 전원, 인덕터, 스위치로 구성되는 경로를 따라 키르히호프의 전압법칙을 적용하면,

$$v_L = V_s = L\frac{di_L}{dt} \quad \text{또는} \quad \frac{di_L}{dt} = \frac{V_s}{L} \tag{9.62}$$

이다. 전류의 변화율이 일정하므로 스위치가 닫혀있을 때의 전류는 [그림 9.38]과 같이 선형적으로 증가한다. 인덕터 전류의 리플분은 다음과 같다.

$$\frac{\Delta i_L}{\Delta t} = \frac{\Delta i_L}{DT} = \frac{V_s}{L} \tag{9.63}$$

위의 식에서 스위치가 턴 온시 전류 변화량 즉 리플성분의 크기 Δi_L을 구하면 다음과 같다.

$$(\Delta i_L)_{closed} = \frac{V_s DT}{L} \tag{9.64}$$

(2) 스위치가 턴 오프시 해석

스위치가 턴 오프하여도 인덕터의 전류는 순간적으로 변하지 않으므로 다이오드가 순방향바이어스 상태가 되어 인덕터 전류가 흐르는 경로가 된다. 출력전압 V_o가 일정하다면 인덕터 양단간의 전압은 다음과 같다.

$$v_L = V_s - V_o = L\frac{di_L}{dt} \tag{9.65}$$

위의 식에서 전류의 미분은 다음 식으로 표현된다.

$$\frac{di_L}{dt} = \frac{V_s - V_o}{L} \tag{9.66}$$

인덕터 전류의 변화율이 일정하며 출력전압 V_o가 입력전압 V_s보다 더 크므로 스위치가 턴 오프상태에서 인덕터 전류는 선형적으로 감소된다. 따라서 인덕터 전류의 변화율은 다음과 같다.

$$\frac{\Delta i_L}{\Delta t} = \frac{\Delta i_L}{(1-D)T} = \frac{V_s - V_o}{L} \tag{9.67}$$

이 때 인덕터 전류 변화량 즉 리플성분 Δi_L을 구하면 다음과 같다.

$$(\Delta i_L)_{open} = \frac{(V_s - V_o)(1-D)T}{L} \tag{9.68}$$

(3) **출력전압 식 유도**

정상상태로 동작중이면 인덕터 전류의 순수 변화량이 0이어야 한다. 식 (9.64)와 (9.68)를 사용하면

$$(\Delta i_L)_{closed} + (\Delta i_L)_{open} = 0 \tag{9.69}$$

$$\frac{V_s DT}{L} + \frac{(V_s - V_o)(1-D)T}{L} = 0 \tag{9.70}$$

이므로 다음과 같이 출력전압 V_o를 구할 수 있다.

$$V_s(D+1-D) - V_o(1-D) = 0 \tag{9.71}$$

$$V_o = \frac{V_s}{1-D} \tag{9.72}$$

출력전압을 구하는 다른 방식으로 구할 수 있다. 즉, 인덕터의 평균전압이 주기적인 동작에서 0이어야 하므로 스위칭 한주기 동안에 인덕터 전압의 평균값을 나타내면 다음 식과 같다.

$$V_L = V_s D + (V_s - V_o)(1-D) = 0 \tag{9.73}$$

이 식에서 V_o를 구하면 식 (9.72)과 같은 결과를 얻을 수 있다.

식 (9.72)에서 알 수 있듯이 스위치가 항상 온 상태에 있으면 D가 0이면 출력전압이 입력전압과 같다. 듀티비가 증가하게 되면 식 (9.72)의 분모값이 점점 작아져서 출력이 입력보다 커지게 된다. 따라서 부스트 변환기의 출력전압은 입력전압보

다 높거나 같으며, 벅 변환기에서처럼 출력이 입력보다 낮을 수는 없다. 스위치의 듀티비가 1에 가까워지면 출력은 무한대가 된다.

위의 2개 등가회로에서 인덕터 전압 및 전류 파형과 커패시터 전류파형은 [그림 9.38]에서 보여준다.

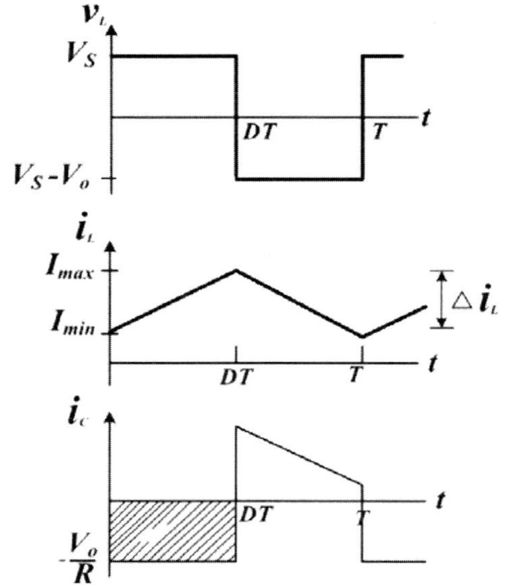

그림 9.38 부스트 변환기의 전압 및 전류파형

7. 직류-교류 변환기 (인버터)

직류-교류 변환기를 일반적으로 인버터(Inverter)라고 부르며, 직류를 교류(주파수 및 크기)로 변환하는 회로이다. 출력 교류전압이 단상일 경우 단상 인버터, 3상일 경우 3상 인버터로 분류되며, 여기에 반파인버터 및 전파 인버터로 다시 분류된다. 따라서 이 절에서는 먼저 단상 반파인버터를 시작으로 단상 전파인버터, 3상 인버터 및 교류전압의 주파수와 크기까지 변화시키는 PWM (Pulse Width Modulation) 인버터의 구조 및 동작에 대하여 각각 기술한다. 이 인버터는 가변속 운전 교류 전동기 구동과 무정전 전원장치(UPS), 그리고 자동차 축전지로부터 동작하는 교류 장치와 같은 다양한 용도에 사용된다.

1) 단상 반파 인버터

단상 반파 인버터 회로는 [그림 9.39]와 같다. 먼저 직류 입력전압을 용량을 가지고 있는 2개의 커패시터를 직렬로 연결하면 각 커패시터의 전압은 입력전압의 1/2인 Vdc/2로 분배된다. 여기서는 스위칭소자로 MOSFET로 사용하였으며 역병렬 다이오드가 연결된 2개 MOSFET를 사용한다. 부하는 두 커패시터의 중간점과 두 개의 MOSFET 중간점에 연결한다.

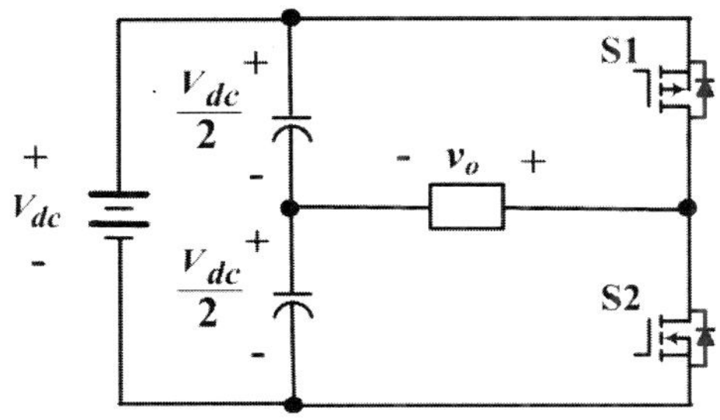

그림 9.39 단상 반파 인버터

[그림 9.40]은 2개 MOSFET의 제어신호와 출력전압을 보인 것이다. 한 주기 T를 결정하고, 반주기 동안은 상위 스위칭소자인 S1을 턴온 시키고, 나머지 반주기 동안은 하위 스위칭 소자인 S2를 턴온 시킨다. 첫 반주기 동안 스위칭소자인 S1을 턴온 시켰을 경우 등가회로는 [그림 9.41(a)]와 같으며, 출력전압은 $+V_{dc}/2$이 된다. 다음 반주기 동안 스위칭소자인 S2을 턴온 시켰을 경우 등가회로는 [그림 9.41(b)]와 같으며, 출력전압은 $-V_{dc}/2$이 된다.

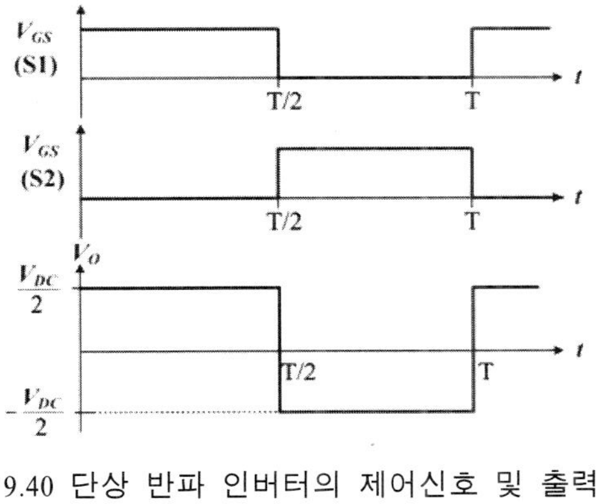

그림 9.40 단상 반파 인버터의 제어신호 및 출력전압

[그림 9.40]에서 보면 출력전압은 최대값이 $-V_{dc}/2$인 구형파 교류전압이며, 주기 T를 조절하면 주파수 f는 (f=1/T)관계로 제어할 수 있으나, 출력 교류전압의 크기를 제어하지 못한다.

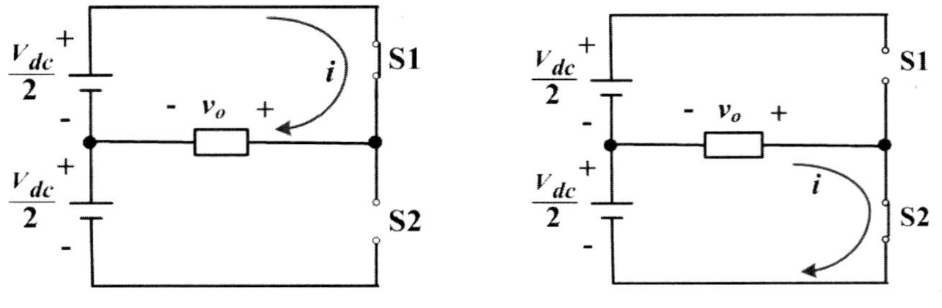

(a) S1 턴 온시 (b)S2 턴온시

그림 9.41 단상 반파 인버터 등가회로

2) 단상 전파 인버터

단상 전파 인버터 회로는 [그림 9.42]와 같다. 반파 인버터와 비교하면 입력전압을 반으로 분리시키는 2개의 커패시터가 없으며 역병렬 다이오드가 연결된 4개 MOSFET 스위칭소자로 구성된다.

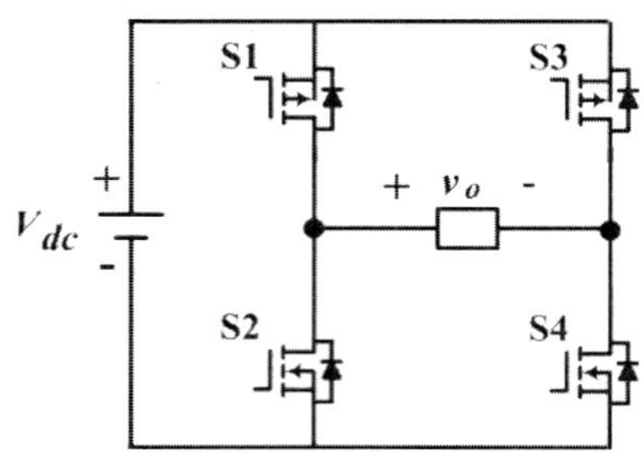

그림 9.42 단상 전파 인버터

[그림 9.43]은 4개 MOSFET의 제어신호와 출력전압을 보인 것이다. 한 주기 T를 결정하고, 반주기 동안은 2개 스위칭소자 S1과 S4를 동시에 턴온 시키고, 나머지 반주기 동안은 다른 2개 스위칭소자 S2과 S3를 동시에 턴온 시킨다. 첫 반주기 동안 스위칭소자 S1과 S4을 턴온 시켰을 경우 등가회로는 [그림 9.44(a)]와 같으며, 출력전압은 $+V_{dc}$이 된다. 다음 반주기 동안 스위칭소자 S2와 S3을 턴온 시켰을 경우

등가회로는 [그림 9.44(b)]와 같으며, 출력전압은 $-V_{dc}$이 된다.

따라서 [그림 9.45]에서 보면 출력전압은 최대값이 V_{dc}인 구형파 교류전압이며, 주기 T를 조절하면 주파수 f는 (f=1/T)관계로 제어할 수 있으며, 출력 교류전압의 크기도 펄스폭을 변조하여 제어할 수 있으며 이 방법은 다음 절에서 설명한다.

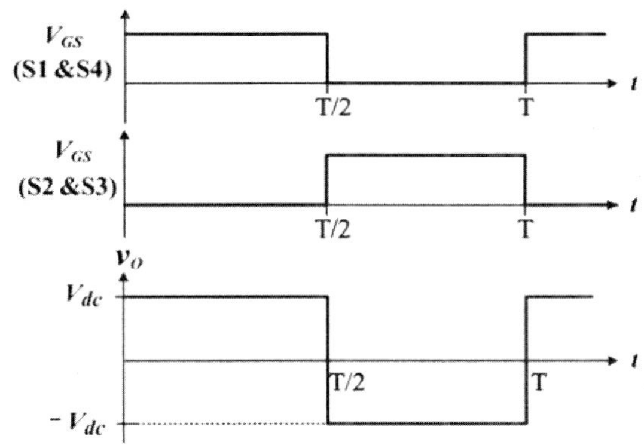

그림 9.43 단상 전파 인버터의 제어신호 및 출력전압

한편 단상 반파 인버터의 출력전압은 $+V_{dc}/2$, $-V_{dc}/2$ 등 2가지의 전압만 출력할 수 있지만, 단상 전파 인버터의 출력전압은 $+V_{dc}$, $-V_{dc}$와 함께 영(0) 전압까지 즉 3단계 전압을 출력시킬 수 있다.

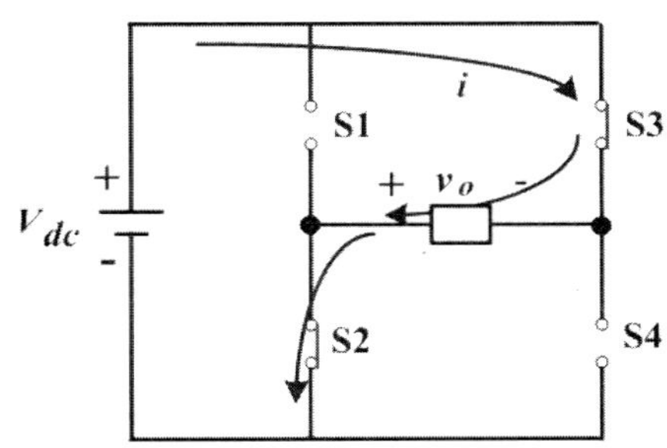

(a) S1, S4 턴 온시

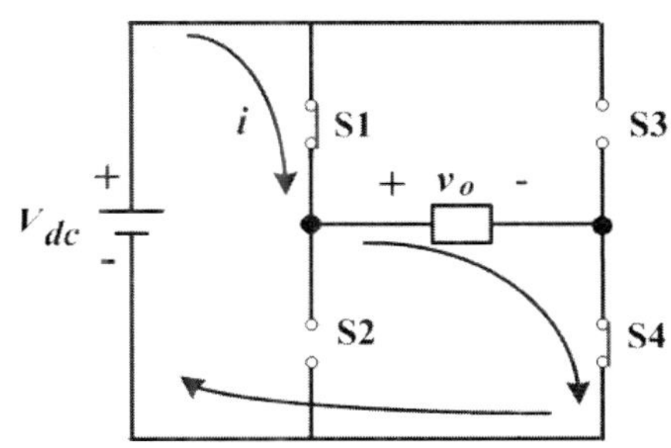

(b) S2, S3 턴 온시

그림 9.44 단상 전파 인버터 등가회로

다음은 영 전압을 출력시키는 방법으로 먼저 [그림 9.45(a)]와 같이 상위 2개 스위칭 소자 S1과 S3를 동시에 턴 온시킨다. 그런데 전류가 이 그림과 같은 방향으로 흐를 경우에는 스위칭 소자 S3에 제어신호를 인가하였으나 전류가 반대방향이

므로 MOSFET대신 역병렬 다이오드가 도통된다. 다음은 [그림 9.45(b)]와 같이 하위 2개 스위칭 소자 S2과 S4를 동시에 턴 온시키는데, 전류가 그림과 같은 방향으로 흐를 경우에는 스위칭 소자 S2에 제어신호를 인가하였으나 전류가 반대방향이므로 이 MOSFET의 역병렬 다이오드가 도통된다. 이 영전압은 출력전압을 제어하기 위한 펄스폭 변조방식에서 적용한다.

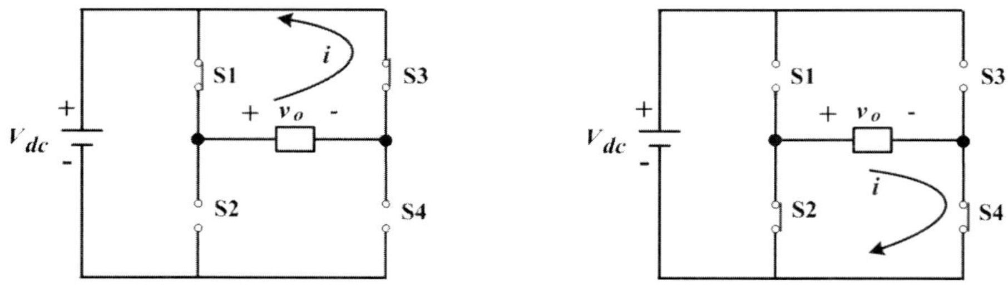

(a) S1, S3 턴 온시　　(b) S2, S4 턴 온시

그림 9.45 영전압 발생 등가회로

3) 구형파 인버터

전 브리지 변환기에 대한 가장 간단한 스위칭 기법은 구형파 출력전압을 만드는 것이다. 스위칭소자 S1과 S2가 턴 온 되었을 때는 부하에 $+V_{dc}$ 인가하고 S3과 S4가 턴 온 되었을 때는 $-V_{dc}$를 인가한다. $+V_{dc}$와 $-V_{dc}$ 사이에 부하전압의 주기적 스위칭은 부하양단에 구형파 전압을 만든다. 비록 이러한 교류출력은 비정현적이지만 몇 가지 응용에서 적절한 교류파형이 될 수 있다.

부하에서 전류파형은 부하 요소에 의존한다. 저항부하에 있어서 전류파형은 출력전압의 파형과 일치한다. 유도성 부하는 인덕턴스의 필터링 특성 때문에 전류가 전압보다 더 정현적인 특성을 가지면서 전압에 비하여 위상이 지연된다. 그리고 유도성 부하는 스위치에 흐르는 전류가 양방향이기 때문에 전파 인버터 회로에서 스위치를 설계하는데 있어서 고려가 필요하다.

직렬 R-L부하와 구형파 출력전압에 대하여 [그림 9.46]에서 $t=0$일 때 스위치 S1과 S4가 턴 온 되었을 경우에는 부하 양단 전압은 $+V_{dc}$ 이고 전류는 음의 최소값인 $I_{\min}$에서 양의 최대값 $I_{\max}$로 증가한다, 그리고 t = T/2에서 스위치 S2과 S3가 턴 온 되었을 경우에는 부하 양단 전압은 $-V_{dc}$이고 전류는 최대값인 $I_{\max}$에서 $I_{\min}$

로 감소한다.

전파 인버터회로에 R-L부하에 대하여 부하 전류는 양과 음의 전류를 흘릴 수 있음을 보여준다. 그러나 실제 전자 스위치소자는 일반적으로 한 방향으로만 전류를 흘린다. 이 문제를 해결하기 위하여 각각의 스위치에 역병렬로 궤환 다이오드를 연결한다. 그 시간 간격 동안 스위치에서 전류가 음일 때 전자스위치는 턴 오프되고 궤환 다이오드가 도통되어 전류가 흐른다. 스위치에서 전류가 양일 때 다이오드는 역 바이어스되어 전류가 흐르지 않으며 스위치 소자로 전류가 흐르게 된다. [그림 9.47(a)]는 궤환 다이오드를 가진 BJT로 구성된 단상 전파 인버터회로를 보여준다. 구형파 전압에 대한 트랜지스터, 다이오드 전류 그리고 R-L부하는 [그림 9.47(b)]에 표시되어 있다.

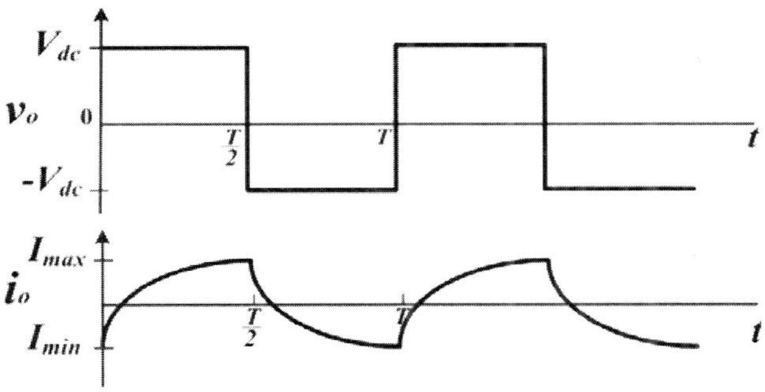

그림 9.46 R-L부하에 대한 정상상태 구형파 출력전압과 전류파형

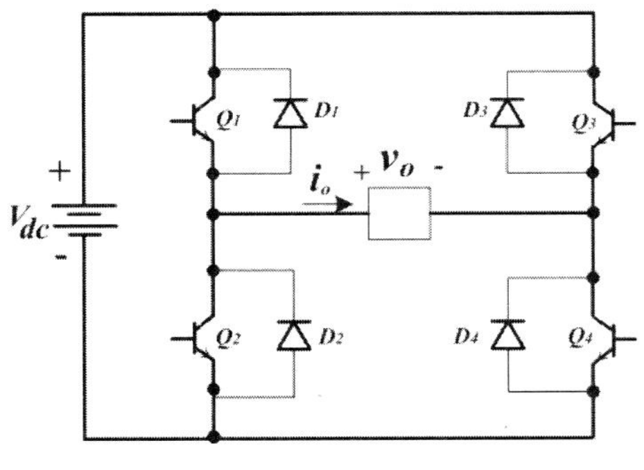

(a) BJT를 사용한 단상 전파인버터 회로

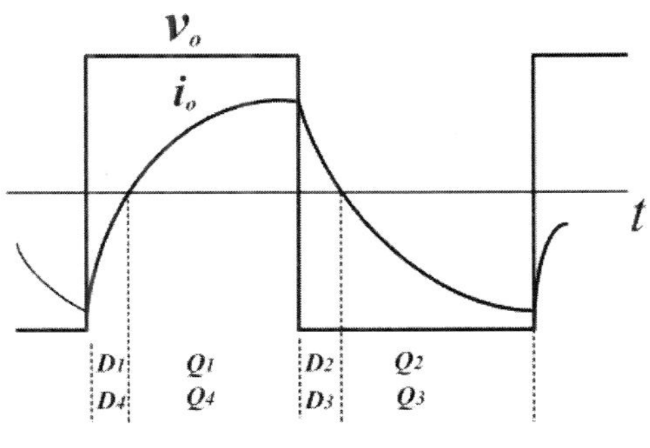

(b) 정상상태 부하 전압 및 전류

그림 9.47 BJT를 사용한 단상 전파인버터

4) PWM (pulse width modulation) 제어 방법

위에서 기술한 단상 인버터에서는 출력전압의 주기 즉 주파수만 제어하고 전압 크기는 제어하지 못하였다. 이 전압의 크기를 제어하기 위하여 [그림 9.48]과 같이 PWM (Pulse Width Modulation : 펄스폭 변조방식)을 사용한다. 출력전압의 펄스폭 δ의 범위는 0에서 (T/2)까지이며, δ가 감소하면 출력전압의 크기가 감소되고 δ가 증가하면 출력전압의 크기도 증가한다.

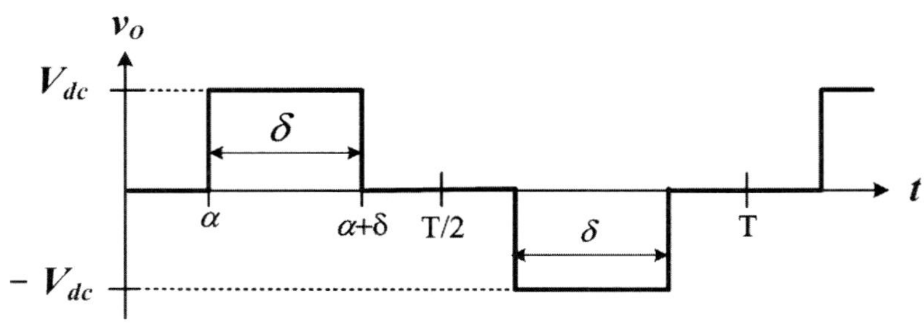

그림 9.48 PWM방식의 출력전압

[그림 9.48]에서 전압파형의 실효치는 다음 식(9.74)와 같으며, 교류전압의 크기는 δ로 조정할 수 있다.

$$V_s = \sqrt{\frac{1}{\pi}\int_{\alpha}^{\alpha+\delta} V^2{}_{dc}\, d(wt)} = V_{dc}\sqrt{\frac{\delta}{\pi}} \tag{9.74}$$

기본주파수의 크기는 다음 식과 같이 α를 조정하면 제어가능하다.

$$V_1 = \left(\frac{4\,V_{dc}}{\pi}\right)\cos(\alpha) \tag{9.75}$$

한편 단상 전파인버터에서 [그림 9.48]과 같은 출력전압을 빌생시키기 위하여는 4개의 스위칭소자의 제어신호는 [그림 9.49]와 같다. 이 그림에서 4개 스위칭소자의 제어신호를 보면 출력전압을 0으로 하기 위하여 스위칭소자 S2와 S4 또는 S1와 S3

을 동시에 턴 온시켰다. 그리고 스위칭소자 S1과 S4를 동시에 턴 온시킴으로써 출력전압을 $+V_{dc}$로 하였으며, 스위칭소자 S2와 S3을 턴 온시킴으로써 출력전압을 $-V_{dc}$로 하였다.

위의 PWM방식은 주기를 조정하여 출력전압의 주파수를 펄스 폭 δ을 조정하여 전압 크기를 동시에 제어할 수 있다. 그러나 이상적인 교류전압 및 전류의 파형은 정현파인데 [그림 9.48]에서 보는 바와 같이 PWM인버터에서 출력되는 전압은 구형파이므로 많은 고주파 성분을 포함하고 있다. 이 고주파 성분을 감소시키기 위하여 [그림 9.50]과 같이 한 주기 중 여러 개 펄스의 폭을 제어하는 다중 PWM방식이 있다. 이 방식은 1개의 펄스 폭을 변조하는 방식보다 출력전압의 고주파성분은 감소되나 고조파 성분이 여전히 남아 있다는 문제가 있다.

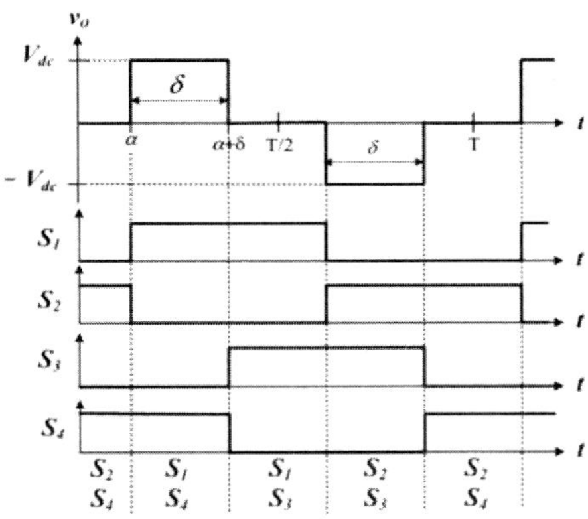

그림 9.49 PWM방식의 스위칭소자 제어신호

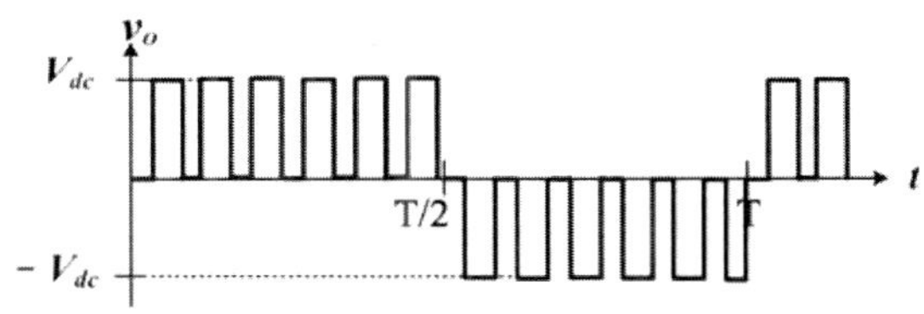

그림 9.50 다중 PWM방식

5) 정현파 PWM 제어 방법

펄스폭변조(PWM)인버터의 출력전압의 고주파성분을 대폭 감소시키기 위한 방법으로 정현파 PWM방식을 사용한다. 이 방식은 [그림 9-51]과 같이 기준 정현파 vsine와 일정 주파수 및 일정 크기를 가지는 삼각파 Vtri와 비교하여 다음과 같이 이 두 파형의 차에 따라 출력전압이 결정된다. 만약 기준정현파가 삼각파보다 클 경우에는 [그림 9.41]에 보인 인버터에서에서 스위칭소자 S1과 S4를 턴온시켜 출력전압을 $+V_{dc}$로 한다. 기준정현파가 삼각파보다 작을 경우에는 인버터에서 스위칭소자 S2과 S3를 턴온시켜 출력전압을 $-V_{dc}$로 한다.

- $v_{\sine} \geq V_{tri}$ 이면 $v_o = +V_{dc}$
- $v_{\sine} < V_{tri}$ 이면 $v_o = -V_{dc}$

기준 정현파의 주파수와 크기에 따라 인버터 출력전압의 크기와 주파수가 결정되며, 펄스폭이 기준 정현파의 크기에 거의 비례함으로써 출력전압의 고주파 성분을 크게 감소시킬 수 있다.

이 PWM방식을 사용할 때 고려할 사항은 다음과 같다.

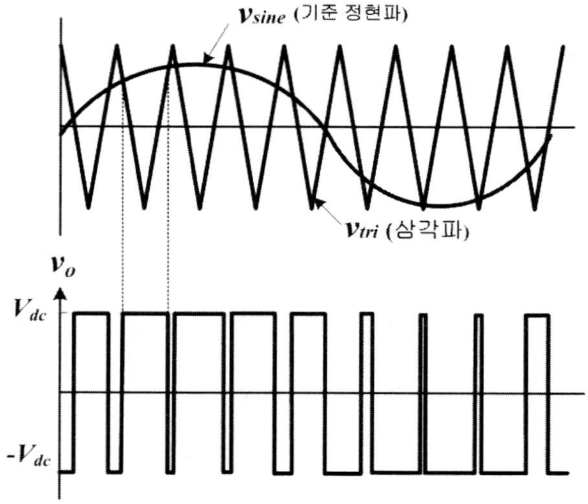

그림 9.51 정현파 PWM방식

• 주파수 변조비 m_f

PWM출력전압의 푸리에 급수는 기준신호의 주파수와 같은 기본파를 가진다. 고조파 주파수는 스위칭 주파수의 정수배와 그 주위에 존재한다. 몇몇 고조파의 크기는 매우 크고, 때로는 기본파보다도 크다. 그러나 이 고조파들은 매우 높은 주파수대에 위치하기 때문에 간단한 저역통과 필터가 이들을 없애는데 효과적이 될 수 있다. PWM에서 고조파의 항목이 다음 절에 주어진다. 주파수 변조지수 m_f는 캐리어 주파수와 기준 신호주파수의 비로써 정의된다.

$$m_f = \frac{f_{carrier}}{f_{reference}} = \frac{f_{tri}}{f_{\sin e}} \tag{9.76}$$

캐리어 주파수를 증가시키는 것은 (m_f를 증가) 고조파의 발생이 일어나는 주파수를 증가시킨다. 고주파 스위칭의 단점은 인버터를 구현하기 위해 사용되는 스위치의 높은 손실에 있다.

• 크기 변조비 m_a

크기 변조비 m_a는 기준신호와 캐리어 신호의 크기의 비로써 정의된다.

$$m_a = \frac{V_{m_{reference}}}{V_{m,carrier}} = \frac{V_{m\,sine}}{V_{m,tri}} \tag{9.77}$$

만약 $m_a \leq 1$이면 출력전압의 기본파의 크기, V_1은 m_a에 선형적으로 비례한다. 즉,

$$V_1 = m_a\, V_{dc}$$

ㅊ

PWM출력의 기본파의 크기는 m_a에 의해서 제어된다. 이것은 m_a값이 일정한 크기의 출력을 만드는 직류 전원전압에 변화를 보상하는 것이 가능하기 때문에 조절이 불가능한 직류 전원전압의 경우에 중요하다. 교번적으로 m_a는 출력의 크기를 바꾸기 위하여 가변 될 수 있다. 만약에 m_a의 크기가 1보다 크면 출력의 크기는 m_a와 함께 증가하는데 선형적으로 증가하지는 않는다.

• 전자스위치

전파 인버터 회로의 스위치는 구형파 동작과 마찬가지로 펄스폭 변조를 위하여 양방향으로 전류를 흘려보낼 수 있어야 한다. [그림 9-47(a)]의 인버터와 같이 스위칭 소자 양단의 궤환 다이오드는 필요하다. 실제 스위치의 또 다른 결과는 스위치

가 동시에 즉각적으로 켜지고 꺼지지 못하는 것이다. 그러므로 스위치 제어 있어서 구형파 인버터와 같이 스위칭 시간을 고려하는 것이 필요하다.

· 기준 정현파전압

기준 정현파 전압은 인버터의 제어회로 내에서 발생하거나 외부 기준전압에서 얻어진다.

6) 3상 인버터

3상 인버터는 3상 출력 교류전압이 출력되는 것으로 [그림 9.52]와 같이 역병렬 다이오드가 연결된 6개의 스위칭소자로 구성된다. 출력단자는 a상, b상, c상 3개가 있으며 저항부하가 연결되어 있다. 6개 스위칭소자의 번호는 다음과 같이 각 스위칭소자의 제어신호가 인가되는 순서이다.

G1 → G2 → G3 → G4 → G5 → G6 → G1 → G2

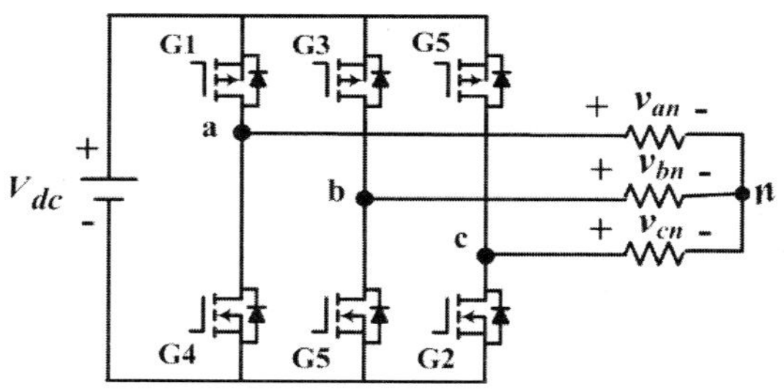

그림 9.52 3상 인버터

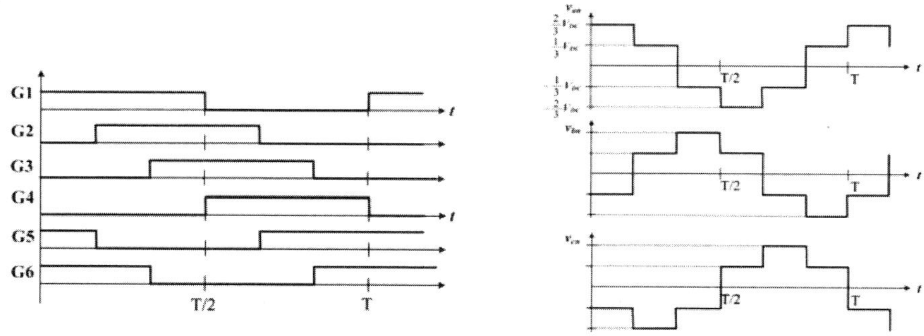

(a) 6개 스위칭소자 제어신호 (b) 3상 출력전압

그림 9.53 3상 인버터 제어신호 및 출력전압

[그림 9.53(a)]는 [그림 9.52]의 3상 인버터의 6개 스위칭소자의 제어신호를 보인 것이며, [그림 9.53(b)]는 3상 인버터 출력전압을 보인 것이다. 6개 스위칭소자의 제어신호는 앞에서 기술한 바와 같이 G1부터 G2, G3 등 G6까지 60° 간격으로 순차적으로 인가되며 1개 스위칭 소자는 한주기 중 반주기동안 턴 온 시킨다. 따라서 60° 간격으로 3개의 스위칭 소자 동시에 도통된다.

[그림 9.53(b)]는 60° 간격으로 도통되는 스위칭소자로 인하여 출력되는 3상전압 파형을 그린 것이다. 각 출력전압은 $+(2/3)V_{DC}$, $+(1/3)V_{DC}$, $-(2/3)V_{DC}$, $-(1/3)V_{DC}$ 등 4개 단계로 이루어 졌으며 3상의 출력전압이 120° 간격임을 알 수 있다. 이 3상인버터에서는 출력 교류전압의 주기 즉 주파수만 제어하는 것으로 되어 있지만, 단상 전파 인버터에서 사용된 정현파 PWM에 의한 전압제어 방식을 3상 인버터에 바로 사용된다.

일반적으로 3상 인버터는 3상 유도전동기 등 교류전동기 구동용이나 태양광, 풍력 발전용 전력변환장치 등 다양한 산업응용 분야에서 적용하고 있다.

연습문제

1. 소자에 걸리는 전압 및 전류의 시간에 대한 값이 다음과 같으며, T=10ms 의 주기함수이다.

$$v(t) = \begin{cases} 4V & 0 < t < 3ms \\ 6V & 3ms < t < 7ms \\ 0V & 7ms < t < 10ms \end{cases}$$

$$i(t) = \begin{cases} -2A & 0 < t < 5ms \\ +3A & 5ms < t < 10ms \end{cases}$$

다음을 각각 구하라.

(a) 소자에서 소비 또는 공급되는 순시전력

(b) 소자에서 소비 또는 공급되는 평균전력

(c) 한 주기 동안 소자에서 소비되는 에너지

2. 전류 $i = 10\sin(2\pi 60t)$A 일 경우 다음 부하에서 평균소비전력을 구하라.

(a) 저항 10Ω

(b) 인덕터 1mH

3. 다음 파형의 실효치를 계산하라.

(a) [그림 9.18(b)]의 반파 정류기 출력전압 파형

(b) [그림 9.21(b)]의 전파 정류기 출력전압 파형

4. 반파 위상제어 정류기의 출력전압의 평균값을 보인 식(9.37)에서 지연각 α가 0에서 π까지 변화될 때 출력전압 평균치 값을 matlab등을 이용하여 그려라.

5. [그림 9.29(a)]의 전파 위상제어 정류기에서 4개의 SCR 제어신호가 아래와 같으며 $\alpha=\pi/2$ 일 경우

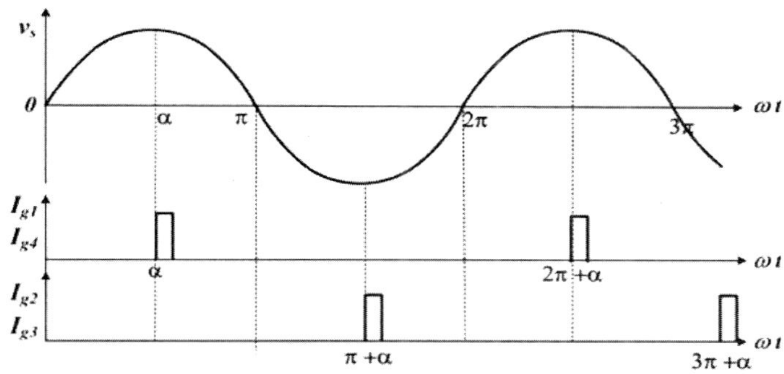

(a) 출력전압 파형을 그려라.

(b) 출력전압의 평균치를 구하라.

(c) SCR T1에 걸리는 전압 파형을 그려라.

6. [그림 9.31(a)]의 기본 직류-직류 변환기에서 입력 전원전압이 200V이고 부하저항이 5Ω이다. 스위치의 듀티비가 D = 0.3이고 스위칭주파수가 10kHz일 때와 5kHz일 경우 각각 다음을 구하라.

(a) 부하에 걸리는 평균전압

(b) 부하에 소비되는 평균전력

7. [그림 9.33]의 벅컨버터에서 Vs = 50V, L = 1mH, C = 200μF, R = 10Ω 이다. 스위칭주파수가 20kHz이며 듀티비 D = 0.4일 경우 다음을 구하라.

(a) 출력전압 평균치

(b) 인덕터 전류의 최대값 및 최소값

8. [그림 9.36]의 부스트컨버터에서 V_s = 25V, L = 200μH, C = 50μF, R = 25Ω 이다. 스위칭주파수가 10kHz이며 듀티비 D = 0.7일 경우 다음을 구하라.
   (a) 출력전압 평균치
   (b) 인덕터 전류의 최대값 및 최소값

9. 단상 반파 인버터 [그림 9.39]에서 RL 부하일 경우 출력전압에 대하여 출력전류파형를 대략적으로 그리고 각 구간별 도통되는 소자를 표시하라.

10. 단상 전파 인버터 [그림 9.47(a)]에서 RC 부하일 경우 출력전압에 대하여 출력전류파형를 대략적으로 그리고 각 구간별 도통되는 소자를 표시하라.

제10장
그린자동차 견인용 전동기제어

1. 서 론

본 장에서는 9장에서 기술한 전력 변환회로 (Power converter circuit)로 그린자동차의 견인용 전동기를 구동하기 위한 제어방법 등에 대하여 설명한다. [그림 10.1]은 대표적인 전동기의 분류표이다.

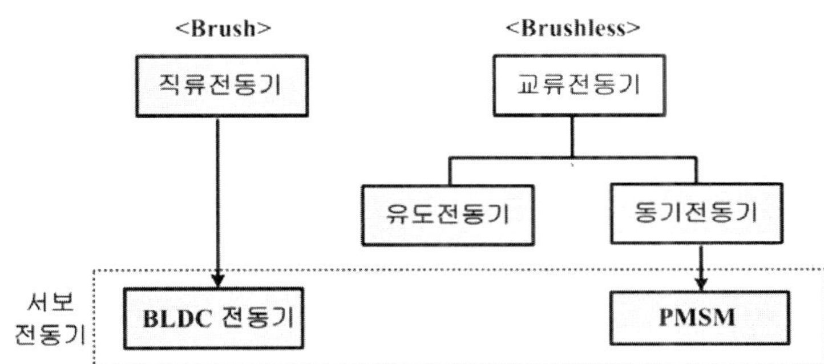

그림 10.1 전동기 분류

먼저 브러쉬 전동기와 브러쉬리스 전동기로 분류되고, 브러쉬 전동기 중 대표적인 것이 직류전동기이며, 브러쉬리스 전동기인 교류전동기는 유도전동기와 동기전동기로 다시 나누어진다. 서보전동기로 직류전동기로부터 개발된 브러쉬리스 직류전동기(Brushless DC motor: BLDC)와 동기전동기로부터 개발된 영구자석형 동기전동기 (Permanent-Magnet Synchronous Motor : PMSM)가 있다. 이 중 그린자동차의 견인용 전동기로 많이 사용하는 직류전동기, 유도전동기, BLDC 전동기 및 PMSM에 대하여 기본 구조와 토크 발생방법. 각종 전력 변환회로를 사용하여 속도 및 토크제어 기법에 대하여 각각 설명한다.

이 장의 구성은 다음과 같다

제 2 절 : 직류전동기 특성 및 제어방법

제 3 절 : 유도전동기 특성 및 제어방법

제 4 절 : BLDC 전동기 특성 및 제어방법

제 5 절 : PMSM 전동기 특성 및 제어방법

2. 직류전동기 특성 및 제어방법

직류전동기는 최대 토크를 발생시킬 수 있으며 속도 및 토크제어를 위한 전력변환회로가 간단하고 제어가 쉽다는 장점 때문에 소형 전기자동차의 견인용으로 많이 사용되고 있다. 이 절에서는 직류전동기의 구조 및 토크 발생원리와 속도제어 기법 및 전력변환회로를 사용한 속도제어방법에 대하여 기술한다.

1) 직류전동기 구조 및 토크 발생원리

(1) 직류전동기 구조

[그림 10.2]는 직류전동기의 기본 구조이며, 직류전동기는 크게 계자(Field)와 전기자(Armature)로 구성된다. 먼저 계자는 고정자이며 양쪽으로 계자권선이 있다. 직류 계자전압 V_f를 계자단자에 인가하면 계자권선에 직류 계자전류 I_f가 흐른다. 이 계자전류의 방향에 따라 그림과 같이 오른쪽 계자철심에는 N극이 왼쪽 계자철심에는 S극의 자속이 발생되고 두 N-S극에 의해 자속 Φ는 N극에서 S극 방향으로 발생된다. 여기서 [그림 10.2(b)]와 같이 계자전류에 의해 자속의 크기가 제어되는데, 계자전류가 증가되면 자속 역시 거의 비례적으로 증가된다. 계자전류가 정격치에 도달하면 자속도 정격값이 발생되지만, 계자전류를 정격전류 이상으로 증가시키면 자속

은 포화되어 더 이상 증가하지 못한다. 따라서 계자전류는 정격치 이하로 제어하여야 하며, 정격치 이상으로 흘릴 경우에는 자속은 증가하지 못하면서 철심에 손실 즉 철손만 증가된다.

전기자부분은 브러쉬, 정류자 및 전기자권선으로 구성된다. 전기자권선은 여러 개의 권선으로 구성되어 있으며 각 고정자 권선은 개별 정류자편에 각각 연결되어 있다. 브러쉬는 양쪽에 설치되어 있으며 브러쉬 윗면에 설치된 스프링의 힘에 의해 브러쉬가 정류자편에 접촉되어 있다. 두 개의 전기자 단자에 전기자 직류전압 V_a을 인가하여 발생된 전기자전류 I_a는 브러쉬와 정류자편을 통하여 전기자 권선으로 흘러간다. 따라서 직류전동기는 2개의 직류전압 즉 계자전압 및 전기자 전압이 필요하다.

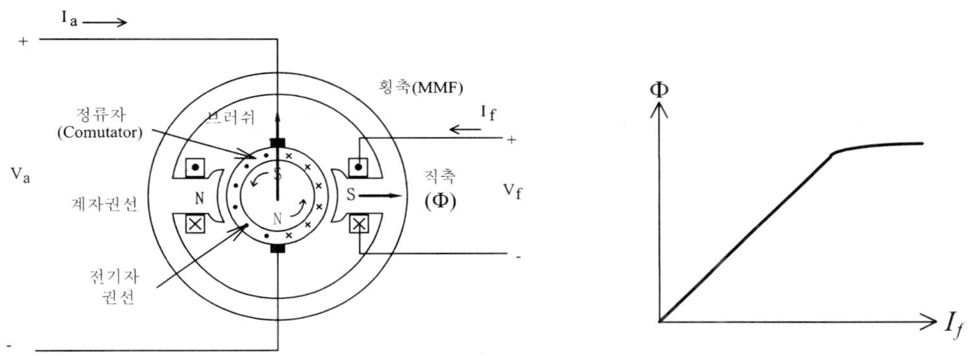

(a) 직류전동기 구조 (b) 계자전류-자속 특성곡선

그림 10.2 직류전동기 구조

(2) 직류전동기 토크 발생원리

브러쉬와 정류자의 역할은 [그림 10.2(a)]와 같이 브러쉬 왼쪽 전기자권선의 전류방향은 아래쪽에서 위쪽 즉 ⊙ 방향으로, 오른쪽 전기자권선의 전류방향은 아래쪽 즉 ⊗ 방향으로 전류를 흐르게 한다. 전기자가 회전하여 전기자권선이 브러쉬를 통과하면 바로 이 전기자권선의 전류방향이 바뀌게 된다. 따라서 [그림 10.3]은 한 개의 전기자권선에 흐르는 전류파형을 보인 것으로 브러쉬를 통과하는 시점에서 전류방향이 전환된다. 전기자가 한 바퀴 회전하는 동안 이 전기자 권선전류는 반바퀴 동안은 +방향에서 다음 반바퀴 동안은 -방향으로 흐르는 일종의 교류전류 형태가 된다.

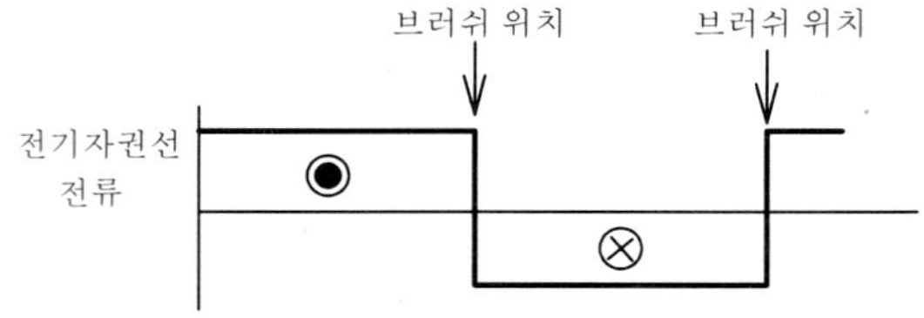

그림 10.3 전기자권선 전류 파형

전기자 전류에 의하여 발생되는 자속은 MMF (Magnetic Motive Force)라고 부르며, 플라밍 오른손 법칙에 의하여 전기자전류에 의한 MMF의 방향은 [그림 10.4]와 같다. 여기서 계자전류에 의해 발생되는 자속 Φ와 전기자전류에 의해 발생되는 MMF 등 두 자력 힘에 의해 발생되는 회전력 즉 토크의 방향은 CCW이므로 전기자도 같은 방향으로 회전된다. 앞에서 언급한 바와 같이 전기자가 회전하더라도 전기자권선이 브러쉬를 통과할 때마다 전기자 전류방향에 바뀌므로 전기자 MMF방향은 항상 일정하며, 자속과 MMF가 항상 90° 즉 직각임을 알 수 있다.

[그림 10.5]는 계자 전류에 의한 자속과 전기자 전류에 의한 MMF의 위상도를 그린 것이다. 자속과 MMF사이의 위상각을 δ라고 표시하며, 앞에서 언급한 바와 같이 자속과 MMF가 항상 직각을 유지하므로 δ=π/2가 된다. 여기서 자속은 계자전류에 비례하지만 거의 정격 자속값으로 유지하며, 전기자 MMF는 전기자 전류에 비례한다.

직류전동기의 토크는 자속의 크기와 MMF의 크기 및 자속과 MMF 사이 위상각 δ의 사인값에 비례한다. 여기서 MMF는 전기자 전류에 비례하고, 자속과 MMF 사이의 위상각 δ=π/2이므로 직류전동기 토크 T_e식은 다음과 같다. 이 식에서 보는 바와 같이 동일한 자속 및 MMF에서 δ가 90° 이므로 최대 토크를 발생시킬 수 있다.

$$T_e = K\Phi I_a \sin\delta = K\Phi I_a \tag{10.1}$$

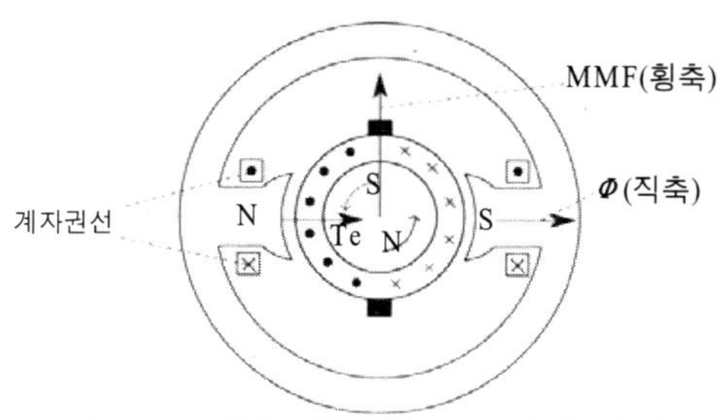

그림 10.4 직류전동기 토크 발생 원리

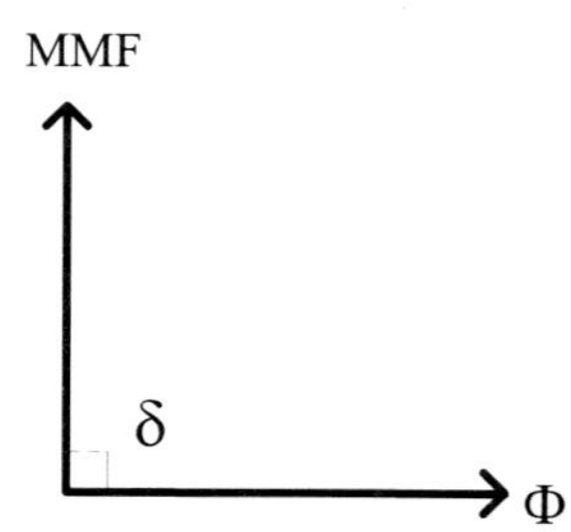

그림 10.5 자속과 MMF의 위상도

(3) 전기자 및 계자권선 연결 방식

[그림 10.2(a)]에서 직류전동기의 전기자 부분과 계자부분의 등가회로를 구성한다. 먼저 전기자부분은 [그림 10.6]과 같이 전기자 권선저항 R_a, 전기자 권선인덕턴스 L_a와 역기전력 e_a으로 등가되며, 이 역기전력은 다음 식과 같이 자속이 일정할 경우 전동기속도 ω에 비례한다.

$$e_a = K\Phi\omega \tag{10.2}$$

계자부분은 전기자와 달리 회전하지 않는 고정자이므로 역기전력은 없고 계자저항을 무시하면 계자 권선인덕턴스 L_f로 등가할 수 있다.

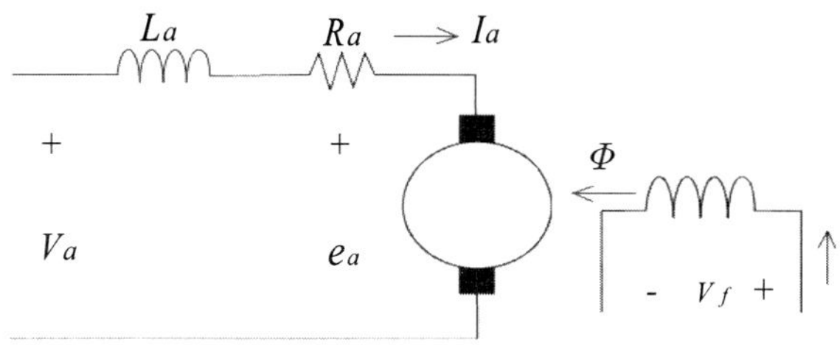

그림 10.6 직류전동기 등가회로

한편 이 전기자 권선에 전기자 직류전류를 공급하기 위한 직류 전기자 전압 V_a와 계자 직류전류를 공급하기 위한 계자전압 V_f등 두개의 직류전원이 필요하다. 이 계자권선과 전기자권선을 연결하는 3가지 방법은 다음과 같다.

직권(Series) **직류전동기**

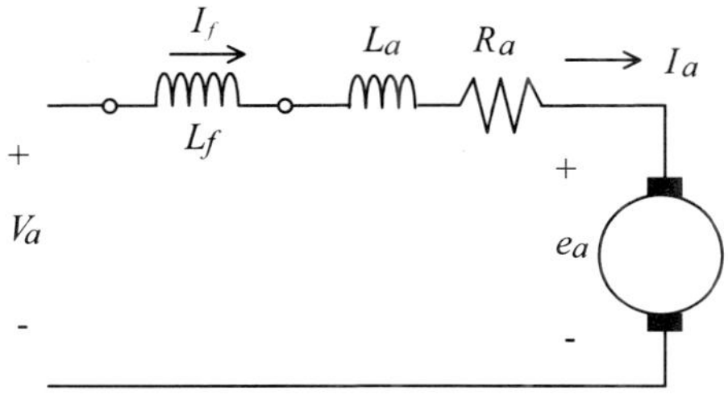

그림 10.7 직권 직류전동기

이 방식은 [그림 10.7]과 같이 전기자권선에 계자권선을 직렬로 연결하여 계자권선 앞단에 전기자 전압을 인가한다. 이 방식은 전기자전류 I_a와 계자전류 I_f가 동일하며, 기동토크가 크다는 특성을 가지고 있다.

분권(Shunt) **직류전동기**

이 방식은 [그림 10.8]과 같이 전기자권선에 계자권선을 병렬로 연결하여 두 공통단자에 전기자 전압을 인가한다. 이 방식은 전기자전압 V_a와 계자전압 V_f가 동일하며, 부하 토크 변화 시 속도변화가 작다는 특성을 가지고 있다.

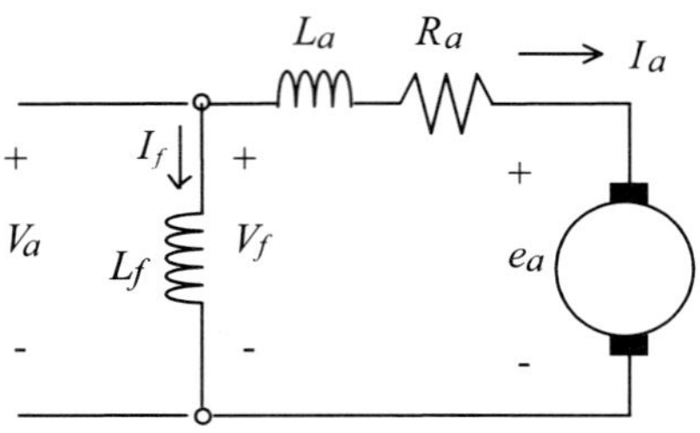

그림 10.8 분권 직류전동기

타여자(Seperated excited) **직류전동기**

직권 및 분권 직류전동기는 직류전원을 한 개 사용한다는 장점이 있으나, 계자전류에 의한 자속과 전기자전류가 독립적으로 제어하지 못하여 직류전동기 속도 또는 토크 제어 성능이 떨어진다는 문제가 있다. 따라서 [그림 10.6]과 같이 전기자전압과 계자전압을 따로 분리하여 자속과 전기자 전류를 독립적으로 제어하는 타여자 직류전동기는 직류전원이 2개 필요하지만 직류전동기 속도 및 토크제어 성능을 더 향상시킬 수 있다.

따라서 앞으로 설명할 직류전동기의 속도제어 방식은 이 타여자 직류전동기를 기준으로 기술한다.

(4) 직류전동기 속도제어 방식

직류전동기의 토크-속도 특성곡선을 유도하기 위하여, 먼저 등가회로 [그림 10.6]에서 전기자 전압방정식은 다음과 같이 전기자 단자전압은 전기자 저항 전압강하, 전기자 인덕턴스 전압강하 와 역기전력의 합과 같다.

$$V_a = R_a I_a + L_a \frac{dI_a}{dt} + e_a \tag{10.3}$$

여기서 정상상태에서는 전기자 전류가 일정하여 변화량이 없으므로 전기자 인덕턴스 전압강하 항이 0이 되므로 전기자 전압방정식이 다음과 같이 간략화 된다.

$$V_a = R_a I_a + e_a \tag{10.4}$$

식(10.2)의 역기전력을 식(10.4)에 대입하고 전기자전류의 함수로 표현하면 다음과 같다.

$$I_a = \frac{V_a - e_a}{R_a} = \frac{V_a - K\Phi\omega}{R_a} \tag{10.5}$$

식(10.5)의 전기자 전류를 식(10.1)의 토크식에 대입하고, 속도에 대한 토크관계식을 유도하면 다음과 같다.

$$\omega = -\frac{R_a}{(K\Phi)^2} T_e + \frac{V_a}{K\Phi} \tag{10.6}$$

식(10.6)을 이용하여 x축을 전동기토크, y축은 전동기속도로 설정한 속도-토크 특성곡선은 [그림 10.9]와 같다.

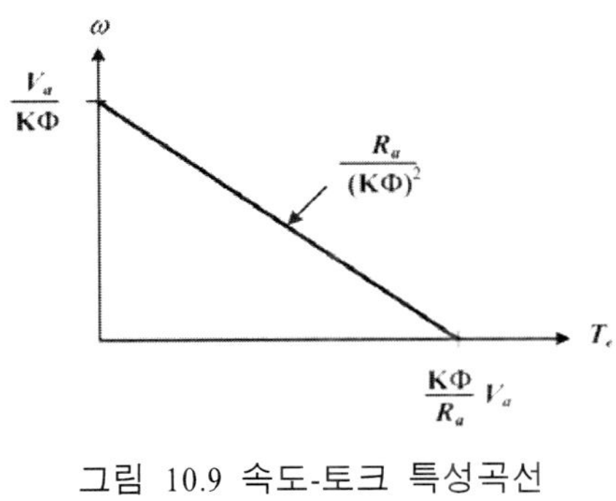

그림 10.9 속도-토크 특성곡선

직류전동기 속도제어방식으로 전기자 저항제어, 자속제어, 전기자전압제어 방식이 있으며, 각 속도제어방식에 대한 특성들에 대하여 설명한다.

전기자 저항제어방식

[그림 10.6]의 직류전동기 등가회로에서 전기자 저항 R_a을 제어하여 속도를 변화사키는 방법이다.

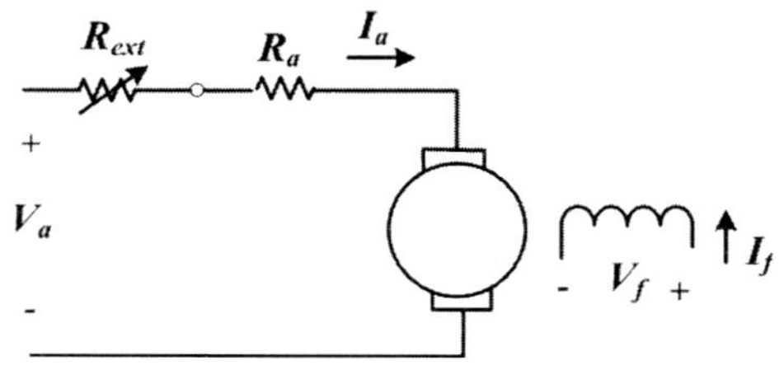

그림 10.10 전기자 저항제어방법

그런데 이 전기자저항은 전기자 권선내 저항성분을 등가시킨 것으로 이 값을 직접 증가 또는 감소시킬 수 없다. 따라서 [그림 10.10]과 같이 전기자 단자에 외부저항 R_{ext}을 직렬로 연결하면 등가 전기자 저항 R_a'은 다음 식과 같이 표현된다.

$$R_a' = R_a + R_{ext} \tag{10.7}$$

등가 전기자저항은 실제 전기자저항에 비해 증가만 시킬 수 있으며, 이 고정자 저항 증가 시 속도-토크 특성곡선의 변화는 [그림 10.11]과 같다. 속도에 대한 부하토크의 특성이 아래 그림과 같을 경우 전동기토크와 부하토크의 교차점에서 직류전동기가 동작된다. 따라서 전기자저항이 증가 시 전동기 속도는 감소됨을 알 수 있다.

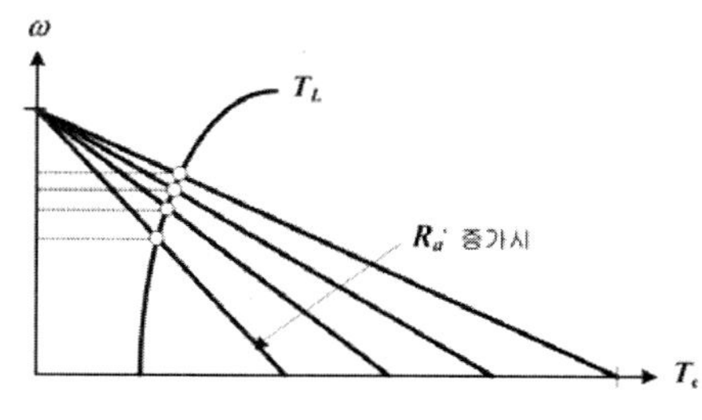

그림 10.11 전기자 저항 증가시 특성곡선 변화

이 속도제어 방식의 문제점을 요약하면 다음과 같다.

- 제어신호로 외부 저항값을 연속으로 변화시키기가 상당히 힘듬
- 전기자저항 증가 시 $I_a^2 R_{ext}$의 손실이 크게 증가되어 효율이 저하
- 속도제어 범위가 제한됨

따라서 이 전기자저항 제어방식을 전력용 변환회로로 수행하기에 상당한 문제점이 있으므로 거의 사용하지 않는 방식이다.

자속 제어방식

[그림 10.2(b)]와 같이 정격자속이하에서는 계자 전류를 증가시키면 자속이 비례적으로 증가되나 계자전류를 정격치 이상으로 증가시키면 자속은 정격자속에서 포화되어 더 이상 증가되지 않는다. 따라서 자속제어로 속도제어 시, 계자전류를 감소시킴으로써 자속을 정격자속이하에서만 제어한다. [그림 10.12]는 직류-직류 컨버터 등 전력변환회로로 직류 계자전압으로 계자전류를 즉 자속을 제어하기 위한 방식을 보인 것이다.

이 자속을 감소시켰을 직류전동기 속도-토크 특성곡선을 변화는 [그림 10.13]과 같으며, 자속이 감소 시 속도가 증가됨을 알 수 있다. 이 자속제어 문제점 및 특성을 요약하면 다음과 같다.

- 자속이 감소 시 속도는 증가되나 전동기토크가 감소
- 전동기속도를 정격속도 이상으로 증가 시 자속제어 사용

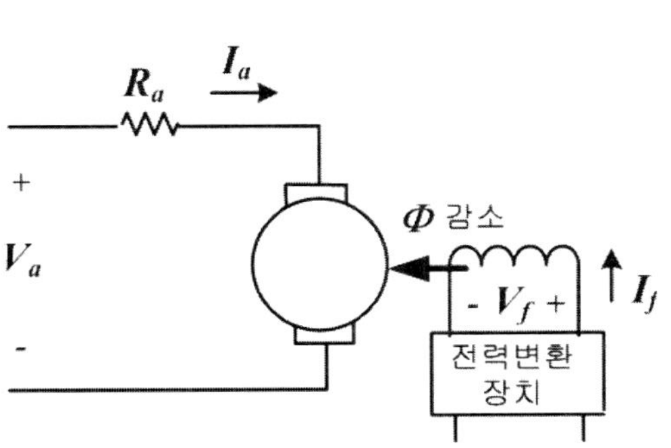

그림 10.12 자속제어 방식

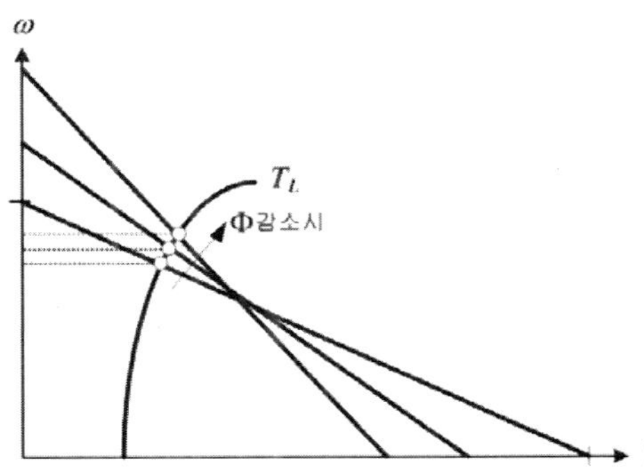

그림 10.13 자속 감소시 특성곡선 변화

전기자 전압제어방식

전기자 전압크기를 조절하여 속도를 제어하는 방식이다. 여기서 전동기의 정격 고정자전압 이상으로 증가 시 전기자권선의 절연이 파괴되므로, 전기자 전압제어 시 전기자 전압을 정격전압 이하로만 제어하여야 한다. [그림 10.14]는 자속은 정격 값으로 일정하게 유지하면서 직류-직류 컨버터 또는 위상제어 컨버터 등 전력변환 회로로 직류 전기자 전압의 크기를 제어하기 위한 방식을 보인 것이다. 그리고 [그림 10.15]는 전기자 전압 감소 시 직류전동기 속도-토크 특성곡선을 변화를 보인 것으로 전기자전압이 감소하면 속도가 거의 비례적으로 감소됨을 알 수 있다. 이 전기자 전압의 장점 및 특성을 요약하면 다음과 같다.

- 전기자 전압 감소 시 속도는 감소되나 토크는 일정하게 유지
- 전동기 속도를 정지상태에서 정격속도까지 연속적으로 광범위하게 제어 가능
- 전동기 전압 극성을 바꾸면 속도회전 방향을 반대방향으로 조정
- 전동기 속도는 정격속도 이하에서 제어

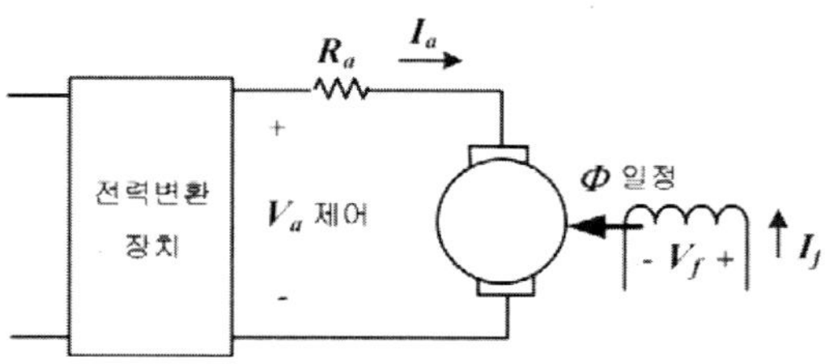

그림 10.14 전기자전압 제어 방식

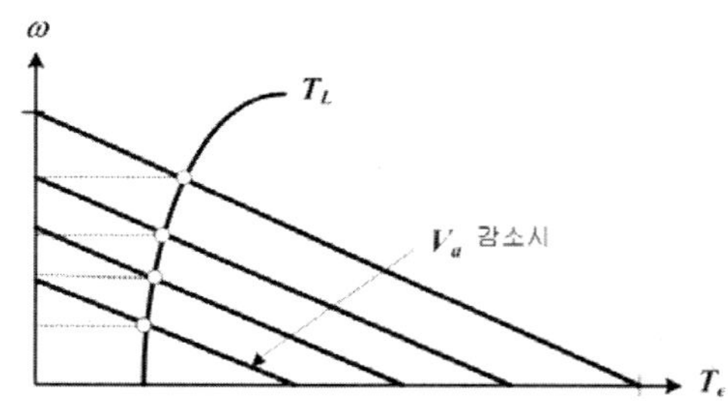

그림 10.15 전기자전압 감소시 특성곡선 변화

직류전동기 속도제어

일반적인 직류전동기 속도제어방식은 직류전동기의 속도가 정격속도이하일 경우에는 자속을 정격자속으로 일정하게 유지하면서 전기자 전압을 제어하는 전기자 전압제어방식을 사용한다. 직류전동기의 속도가 정격속도이상일 경우에는 전기자 전압은 정격전압으로 일정하게 유지하면서 자속을 감소시켜 속도를 증가시키는 자속제어를 사용한다. 이를 위하여 전기자 전압과 계자 전압 모두 제어하여야 하므로, [그림 10.16]과 같이 전기자와 계자에 각각 한 개씩 두 개의 전력변환장치가 필요하다.

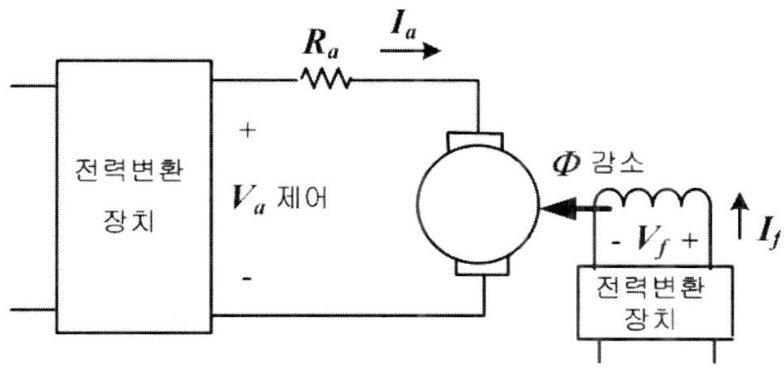

그림 10.16 직류전동기 속도제어 구성도

그린자동차 견인용 직류전동기의 장점은 다음과 같다.

- 최대토크를 발생
- 속도제어를 위한 전력변환장치 및 제어가 간단

그린자동차 견인용 직류전동기의 단점은 다음과 같다.

- 주기적으로 브러쉬와 정류자의 유지 보수가 필요
- 브러쉬와 정류자에 의해 전동기 가격 및 부피 증가

(5) **직류전동기 속도제어를 위한 전력변환회로**

직류전동기에서 전기자 전압 및 계자 전압을 제어하기 위하여 직류전압의 크기 즉 평균치를 제어하는 전력변환장치가 필요하다. 입력전압이 교류일 경우에는 교류를 가변직류로 변환시키는 위상제어 정류기를 사용하며, 입력전압이 직류일 경우에는 일정 직류를 가변 직류로 변환시키는 직류-직류 컨버터를 사용한다.

단상 위상제어 정류기를 사용한 전압제어

입력전압이 단상 교류전압일 경우 교류전압을 가변 직류전압으로 변환하는 전력변환기인 위상제어 정류회로를 사용한 전기자 전압을 제어회로는 [그림 10.17(a)]와 같다. 위의 9.5절에서 위상제어기의 구조 및 동작을 설명하였다. 그런데 [그림 9.29]에서는 부하를 저항부하일 경우 즉 출력전류가 불연속일 때 지연각 α에서 입력전압에 대한 출력전압 파형을 보였다. 그런데 직류전동기의 전기자는 권선 인덕턴스 성분이 있으므로 동일한 지연각 α에서 출력전류 즉 전기자 전류가 연속이 되므로 출력전압 즉 전기자 전압의 파형은 [그리 10.17(b)]와 같다.

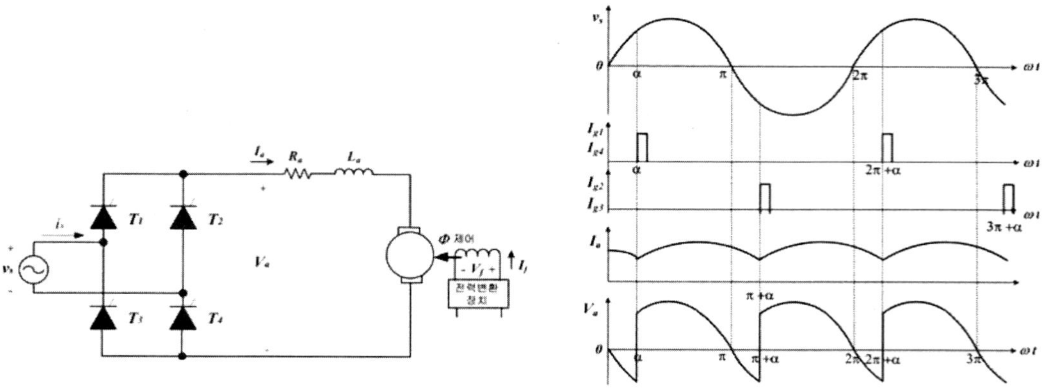

(a) 전기자 전압제어용 단상 위상제어 정류회로 (b) 출력 전류 및 전압 파형

그림 10.17 위상제어 정류기를 사용한 직류전동기 전압제어

[그림 10.17(b)]에서 전기자전압 V_a의 평균값을 구하면 다음 식과 같다.

$$V_{a(avg)} = \frac{1}{\pi}\int_{\alpha}^{\alpha+\pi} V_a\,d(wt) = \frac{1}{\pi}\int_{\alpha}^{\alpha+\pi}\sqrt{2}\,V\sin(\omega t)\,d(wt)$$

$$= \frac{2\sqrt{2}\,V}{\pi}cos\,\alpha \tag{10.8}$$

지연각 α의 범위인 0~π에서 α에 대한 전기자 전압의 제어 범위는 다음과 같다. 즉 α= 0일 경우 전기자 전압의 평균값이 양의 최대값이 되며, α가 증가할수록 전기자 전압 평균값이 감소되다가 α=π/2가 되면 0이 된다. 그리고 α가 π/2이상이 되면 이 평균값은 음의 값 즉 전기자전압의 극성이 음으로 된다.

따라서 전기자전압은 지연각 α에 따라 양 또는 음의 값으로 제어되지만, SCR이 역방향으로 전류를 흐르지 못하므로 전기자전류는 항상 양의 방향으로만 흐른다.

$$0 \le \alpha < \frac{\pi}{2}\ 일경우\ V_{a(avg)} > 0 \tag{10.9}$$

$$\alpha = \frac{\pi}{2}\ 일경우\ V_{a(avg)} = 0 \tag{10.10}$$

$$\frac{\pi}{2} < \alpha \leq \pi \text{ 일경우 } V_{a(avg)} < 0 \quad (10.11)$$

직류-직류 컨버터를 사용한 전압제어

입력전원이 배터리 또는 연료전지일 경우에는 입력전압이 직류이므로 가변 직류 전압으로 변환하는 전력변환기로 9.6절에서 설명한 직류-직류 컨버터를 사용한다.

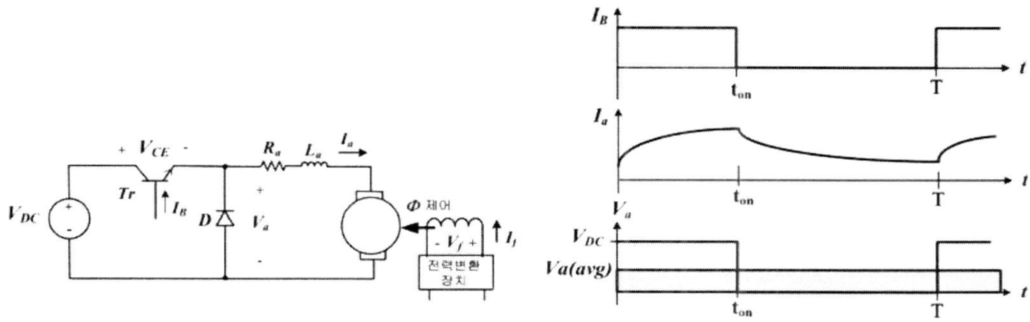

(a) 전기자 전압제어용 벅 컨버터회로

(b) 전기자 전류 및 전압 파형

그림 10.18 벅 컨버터를 사용한 직류전동기 전압제어

입력전원 즉 배터리 또는 연료전지의 출력전압이 전기자 정격전압보다 낮을 경우에는 직류전압의 크기를 증가시키기 위하여 부스터 컨버터를 사용하고, 입력전원의 출력전압이 전기자 정격전압보다 높을 경우에는 직류전압 크기를 감소 제어하는 벅 컨버터를 사용한다. 여기에서는 입력전원의 출력전압이 전기자 정격전압보다 높다고 가정하여 직류-직류 컨버터로 9.6.3절에서 기술한 벅 컨버터를 사용한다.

[그림 10.18(a)]는 LC저역필터를 제거한 벅 컨버터로 직류전동기 전기자전압을 제어하는 회로를 보인 것이다. [그림 10.18(b)]에서 한 주기 T구간 중 t_{on}구간 만 BJT의 베이스 전류를 인가하여 BJT를 턴온시키고 나머지 구간에서는 베이스 전류를 0으로 하여 BJT를 턴 오프시킨다.

먼저 $0 \leq t < t_{on}$ 구간에서 BJT를 턴 온 시켰을 때 이 직류-직류 컨버터의 동작상태는 [그림 10.19(a)]와 같다. BJT가 턴 온됨으로써 환류형 다이오드는 턴 오프되어 [그림 10.18(b)]에서와 같이 전기자전압은 직류 입력전압과 같으며, 전기자 전류는 상승하게 된다.

다음 ton≤t<T 구간에서 BJT가 턴 오프되면 [그림 10.19(b)]와 같이 전기자 전류는 환류형 다이오드를 통하여 흐르므로 이 다이오드는 턴 온상태가 된다. 이 때 전기자전압은 0이 되고 전기자 전류는 하강하게 된다.

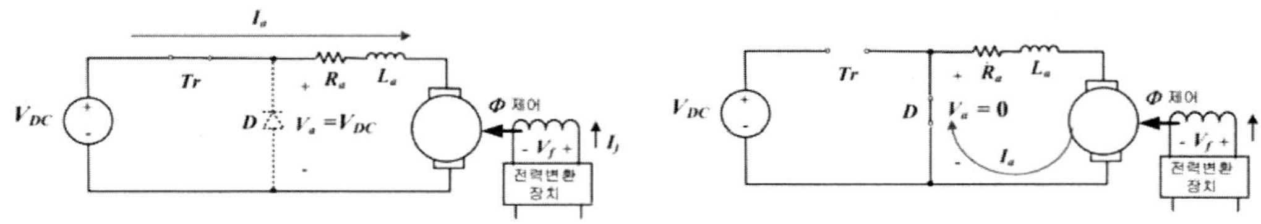

(a) BJT가 턴온 시 (b) BJT가 턴오프 시

그림 10.19 벅 컨버터의 동작상태

[그림 10.18(b)]에서 보인 전기자 전압의 평균값은 다음 식과 같다.

$$V_{a(avg)} = \frac{1}{T}\int_0^{t_{on}} V_{DC}\,dt = \frac{t_{on}}{T}V_{DC} = D \cdot V_{DC} \tag{10.12}$$

여기서 듀티비 $D = t_{on}/T$ 이며, 이 듀티비 D의 범위는 0∼1이다. 위의 식을 보면 전기자 전압의 크기는 온 시간 ton 또는 듀티비 D에 비례함을 알 수 있다.

3. 유도전동기 특성 및 제어방법

그린자동차 견인용 직류전동기는 최대토크를 발생시킬 수 있으며, 비교적 간단한 전력변환회로인 직류-직류 컨버터로 속도제어가 가능하다는 장점들이 있으나, 주기적으로 브러쉬와 정류자의 유지 보수가 필요하며, 브러쉬와 정류자에 의해 가격 및 부피 증가 된다는 단점 때문에 근래에 교류전동기 특히 유도전동기를 그린자동차 견인용 전동기로 사용하고 있다. 이 유도전동기는 회전자구조에 따라 농형과 권선형으로 나누어지는데, 거의 농형유도전동기를 사용하고 있다. 이 절에서는 유도전동기의 구조 및 토크 발생원리와 속도제어 기법 및 전력변환장치를 사용한 속도제어에 대하여 기술한다.

1) 유도전동기 구조 및 토크 발생원리

(1) 유도전동기 구조

[그림 10.20]는 농형 유도전동기의 구조이며, 고정자와 회전자로 구성된다. 고정자는 a상, b상, c상 등 3상 권선 3개가 120° 간격으로 설치되어 있으며, 회전자는 도체봉이 회전자 철심에 일정간격으로 고정되면서 고체봉들의 양쪽 단은 서로 단락판으로 연결되어 있는 단순한 구조를 가지고 있다.

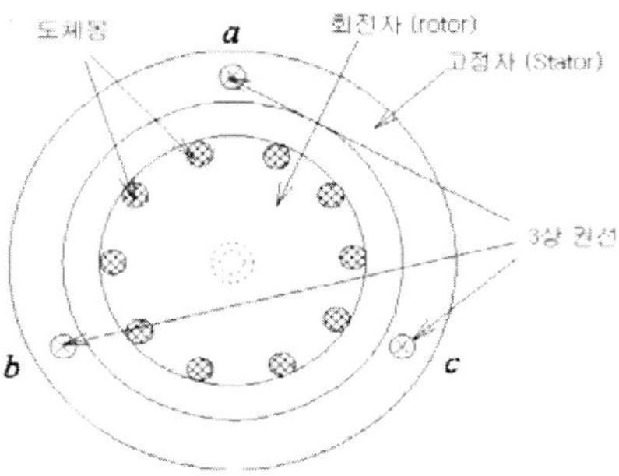

그림 10.20 농형 유도전동기 구조

(2) 유도전동기 토크 발생

고정자 3상 권선 단자에 3상 전압을 인가하면 3상 권선에 [그림 10.21]과 같은 3상 교류전류가 흐른다. 이 그림에 보는 바와 같이 이 3상 교류전류는 크기와 주파수는 동일하고 120° 씩 위상차를 가진다.

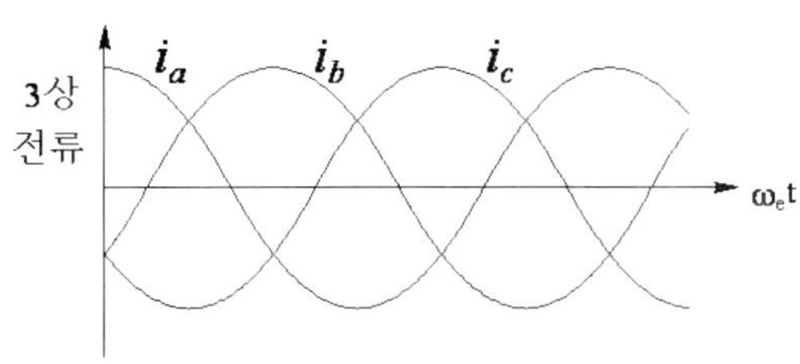

그림 10.21 3상 고정자 전류 파형

이 고정자 a상, b상 및 c상 전류 식은 다음과 같다. 여기서 I_p는 고정자 전류의 최대값이다.

$$i_{sa} = I_P \cos(\omega t)$$

$$i_{sb} = I_P \cos(\omega t - \frac{2}{3}\pi) \quad (10.13)$$

$$i_{sc} = I_P \cos(\omega t - \frac{4}{3}\pi)$$

각 3상 고정자 권선에 3상 전류가 흐르면, [그림 10.22]와 같이 이 고정자전류에 의하여 N-S자속이 발생하고 이 자속은 동기각속도 W_e로 회전한다. 이 동기각속도로 회전하는 자속을 회전자계로 부르며 다음 식과 같다.

$$\omega_e = \frac{4\pi f}{p} \quad (10.14)$$

여기서 f는 전원 전압 및 전류의 주파수이고 p는 전동기 극수이다.

다음은 이 고정자 전류에 의해 발생되어 동기각속도로 회전하는 회전자계가 회전자의 도체봉에 쇄교한다. 이 쇄교자속에 의하여 도체봉에 회전자 전압이 발생되고, 이 전압에 의해 회전자전류가 도체봉에 흐르게 된다. 이 때 회전계자가 회전자 도체봉에 쇄교하기 위하여 회전자가 회전자계보다 천천히 회전하여야 하므로, 회전자 각속도 W_r이 동기각속도 W_e보다 반드시 작아야 한다. 여기서 두 각속도의 차를 효과적으로 표현하기 위하여 슬립(Slip) s를 사용하며, 이 슬립은 다음 식과 같이 정의한다.

$$s = \frac{\omega_e - \omega_r}{\omega_e} = \frac{\omega_{sl}}{\omega_e} \quad (10.15)$$

위의 식에서 동기각속도 W_e와 회전자 각속도 W_r의 차이를 슬립각속도 W_{sl}로 정의하고, 식 (10.15)에서 전동기 각속도는 다음과 같이 슬립의 함수로 표현할 수 있다.

$$\omega_r = (1 - s)\,\omega_e \quad (10.16)$$

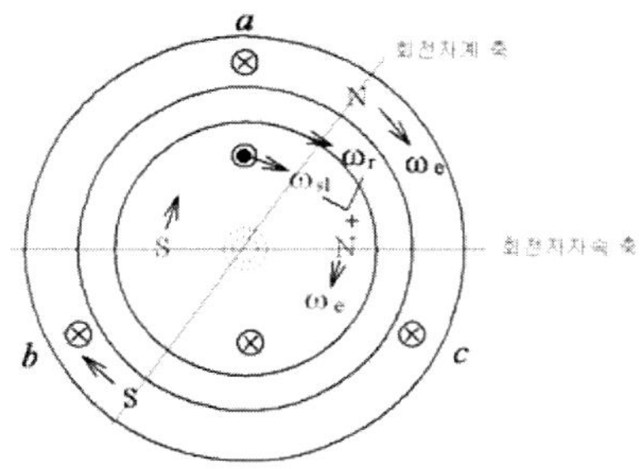

그림 10.22 유도전동기 회전자계 및 회전자 자속

동기각속도와 회전자 각속도의 차와 슬립의 관계를 요약하면 다음과 같다. 즉 속도가 0일 경우에는 슬립 s는 1이 되고 전동기 속도가 증가되면 슬립이 감소되며, 전동기속도가 동기속도에 도달하면 슬립은 0이 된다. 따라서 전동기 속도가 반드시 동기속도보다 낮아야 하므로 슬립 범위는 $0 < s \le 1$이 된다.

- ωr = 0 : s = 1
- ωr < ωe : s < 1
- ωr = ωe : s < 0

고정자 회전자계에 의하여 유기된 회전자 전류의 주파수는 다음과 같은 슬립주파수 즉 슬립각속도이다.

$$\omega_{sl} = s\,\omega_e \tag{10.17}$$

여기서, 이 회전자전류에 의한 발생되는 자속의 회전각속도는 회전자각속도 W_r에 회전자 전류의 각속도인 슬립각속도 W_{sl}의 합이 되며, 식 (10.16)과 (10.17)를 대입하면 다음 식이 유도된다.

$$\omega_r + \omega_{sl} = (1-s)\,\omega_e + s\,\omega_e = \omega_e \tag{10.18}$$

식 (10.18)에서 보면 회전자전류에 의한 발생되는 자속의 회전수는 고정자 전류에 의한 발생되는 회전자계와 같은 동기속도로 회전함을 알 수 있다.

[그림 10.23]은 3상 고정자 전류에 의해 발생되는 고정자 자속 즉 회전자계와 회전자전류에 의해 발생되는 회전자 자속이 같은 동기각속도로 회전하면서 두 N-S 자력힘에 의해 토크가 발생된다. 여기서 회전자 전류 즉 자속은 다른 교류 또는 직류전원에서 공급하여 발생하는 것이 아니라, 고정자자속을 쇄교하여 도체봉에 유기되어 발생되므로 유도전동기라고 부른다. [그림 10.24]는 고정자 자속과 회전자 자속의 위상도를 그린 것이고, 이 두 자속의 의해 발생되는 토크의 식은 다음과 같다. 여기서 유도전동기는 두 자속사이의 위상각 δ는 90° 이하이므로 이 위상각이 90° 인 직류전동기에 비하여 토크가 낮다는 단점이 있다.

$$T_e = K\lambda_s\lambda_r \sin\delta \qquad (10.19)$$

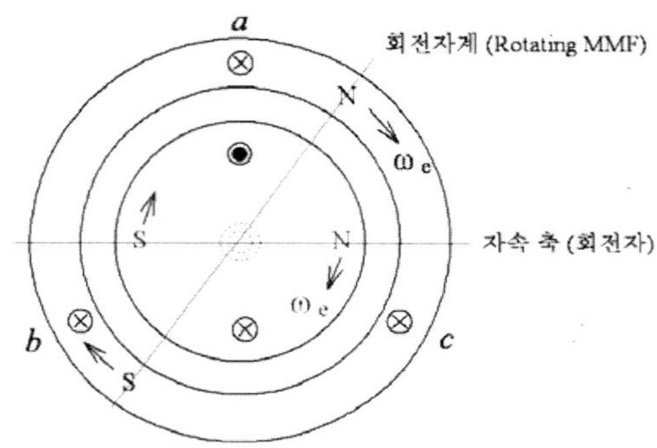

그림 10.23 유도전동기 토크 발생

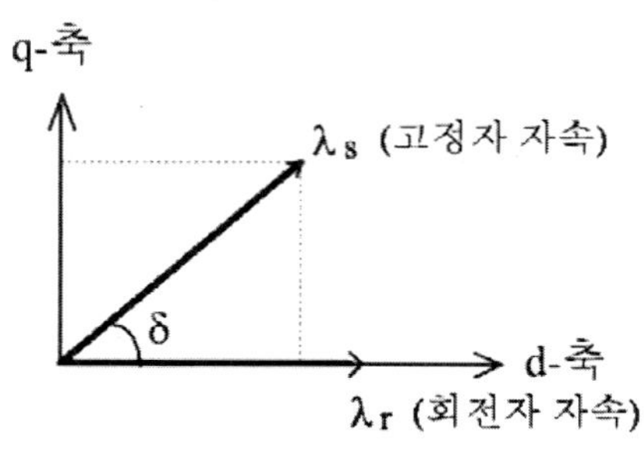

그림 10.24 고정자 및 회전자 자속 위상도

한편 식(10.14)의 동기각속도 식에서 사용한 극수 p의 개념을 설명한다. 먼저 극수 p=2일 경우에는 [그림 10.25(a)]와 같이 회전자계가 전기적으로 한 바퀴 회전 시

회전자 역시 한 바퀴 회전하므로, 전기적 각속도와 기계적 각속도가 동일하다. 다음은 극수 p = 4일 경우에는 [그림 10.25(b)]와 같이 고정자에 a, b, c 상 권선과 a', b', c'상 권선 등 3상 권선 2세트가 설치되어 있다. 따라서 회전자계가 전기적으로 한 바퀴 회전 시 기계적으로는 반 바퀴 회전한 것이다. 따라서 기계적 각속도는 전기적 각속도의 1/2이 된다.

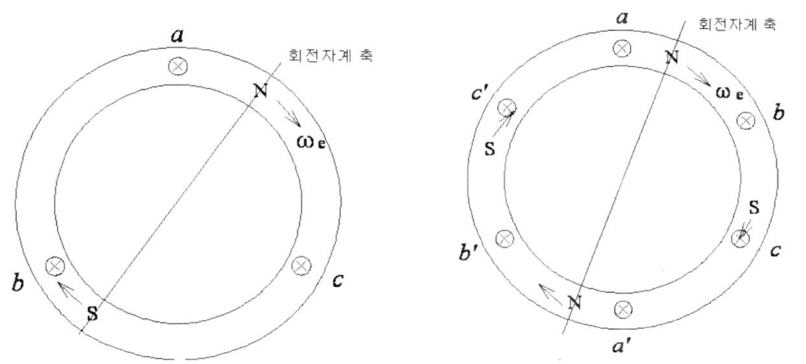

(a) 극수 p = 2일 경우　　(b) 극수 p = 4일 경우

그림 10.25 극수에 대한 특성비교

극수가 증가되면 기계적 속도는 감소되지만 토크가 증가되고, 반대로 극수가 감소되면 기계적 속도는 증가되지만 토크가 감소된다. 범용 유도전동기는 일반적으로 4극을 사용한다.

2)유도전동기 속도제어 방법

유도전동기의 토크-슬립(속도) 특성곡선은 [그림 10.26]과 같다. 이 그림에서 x-축을 슬립과 속도로 표시하였는데 슬립이 감소하면 속도가 증가된다. 이 특성곡선은 안정영역과 불안정영역으로 나누어진다. 불안정 영역에서는 부하토크 증가 시 속도가 증가되지만, 안정영역은 그림과 같이 부하토크가 T_L에서 T_L'으로 증가 시 속도는 감소된다. 따라서 유도전동기는 특성곡선 상에서 안정영역에서만 동작한다. 유도전동기 속도제어방법은 회전자저항 제어방식, 고정자전압 제어방식, 주파수제어 방식 등이 있다. 그런데, 회전자 저항제어방식은 회전자저항을 증가시켜 속도제어하는 방식으로 유도전동기의 종류 중 농형 유도전동기에서는 적용할 수 없고 회전자 권선 단자를 사용할 수 있는 권선형 유도전동기에서만 적용할 수 있으므로 이 방식은 제외하고 나머지 두 개의 속도제어방식에 대하여 설명한다.

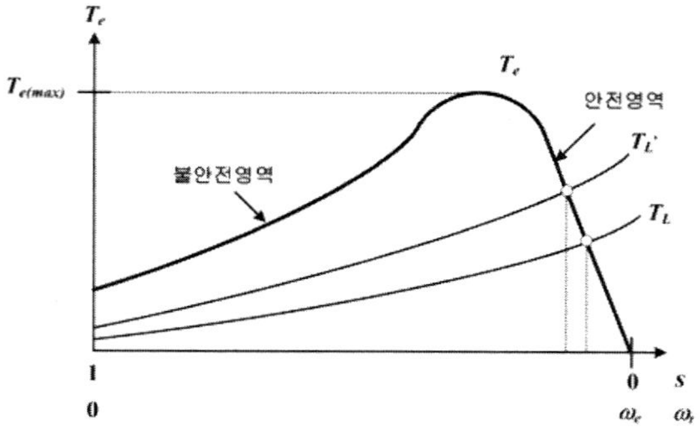

그림 10.26 유도전동기 토크-속도 특성곡선

(1) **고정자 전압제어 방식**

고정자전압의 크기를 제어하여 속도를 조정하는 방식으로, 직류전동기에서 설명한 바와 같이 고정자전압도 정격 전압이상을 인가하면 고정자 권선사이의 절연이 파괴될 수 있으므로, 반드시 정격전압 이하로 제어하여야 한다. [그림 10.27]은 고정자전압의 크기를 감소하였을 때 토크-슬립(속도) 특성곡선의 변화를 보인 것이다. 최대 토크값 $T_{e(\max)}$는 고정자 전압크기의 제곱에 비례하므로, 고정자전압의 크기를 감소시키면 최대 토크값이 감소된다. 부하토크와 전동기 토크가 만나는 점에서 동작점이 결정되며, 전압의 크기가 감소할수록 전동기속도가 감소 (슬립은 증가) 됨을 알 수 있다.

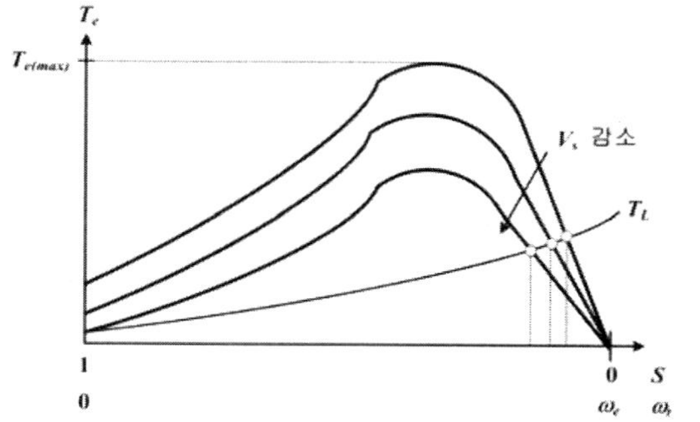

그림 10.27 고정자 전압제어 시 특성곡선

이 고정자 전압제어 방식에서 전압의 크기를 감소하면 속도를 감소시킬 수 있으나 최대 토크값이 감소되고 속도제어 범위가 너무 제한되어 있다는 문제점이 있다.

(2) 주파수제어 방식

고정자전압의 주파수를 제어하여 속도를 제어하는 방식이다. 식 (10.14)에서 보면 고정자 전류에 의해 발생되는 회전자계의 회전 속도 즉 동기각속도 ω_e가 주파수에 비례하므로 주파수를 제어하면 동기각속도가 제어되고 따라서 전동기속도도 제어된다. [그림 10.28]은 주파수를 감소 시 토크-속도(슬립) 특성곡선 변화를 보인 것이다. 주파수를 감소시키면 동기속도가 감소되므로 특성곡선이 최대토크값을 일정하게 유지하면서 좌측으로 이동된다. 따라서 주파수가 감소되면 전동기속도가 감소하게 된다. 이 주파수제어 장점을 요약하면 다음과 같다.

- 주파수 감소 시 전동기 토크는 최대값을 유지
- 전동기 속도는 정지상태 즉 0에서 정격속도까지 연속적으로 제어되며, 주파수를 정격 주파수보다 더 증가시키면 전동기 속도 역시 정격속도이상으로 동작시킬 수 있으므로 속도제어 범위가 상당히 넓음

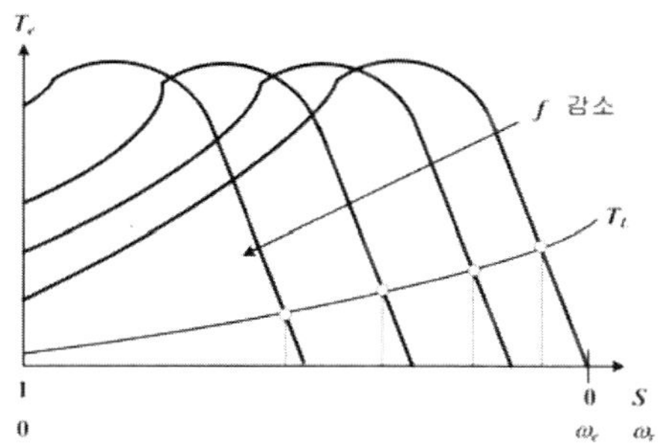

그림 10.28 주파수제어 시 특성곡선

그런데 이 주파수제어방식에서 고려하여야 할 부분이 있다. 먼저 유도전동기의 역기전력 E_s은 식(10.20)과 같다.

$$E_s = 4.44 f N \Phi \tag{10.20}$$

여기서 f는 주파수, N는 고정자권선의 턴수, Φ는 자속이다.

그리고 고정자전압은 다음 식 (10.21) 과 같이 역기전력과 고정자 임피던스 전압강하를 더한 값이다. 역기전력이 고정자 임피던스 전압강하 값보다 더 크므로 고정자 임피던스 전압강하 성분을 무시할 경우, 역기전력은 고정자전압과 같다고 근사화할 수 있다.

$$V_s = E_s + Z_s I_s \cong E_s = 4.44 f N \Phi \tag{10.21}$$

식(10.21)에서 고정자전압 V_s는 일정하게 유지하면서 주파수 f를 감소시킬 경우 자속 Φ가 증가하게 된다. 그런데 자속은 정격 값에서 포화되므로 정격 자속 이상으로 증가시킬 수 없다. 그리하여 주파수제어 시 이 자속을 일정하게 유지하기 위하여 다음 식과 같이 주파수에 대하여 전압의 크기를 비례적으로 제어하여야 한다. 이 제어 방식을 (V/f)제어 방식이라 부른다.

$$\Phi \propto \frac{V_s}{f} \tag{10.22}$$

결론적으로 주파수제어 시 고정자 전압의 주파수와 함께 크기도 동시에 제어하여야 하며, 이를 위하여 9장에서 기술한 바와 같이 [그림 10.29]의 PWM (펄스폭 변조) 인버터를 사용하여야 한다.

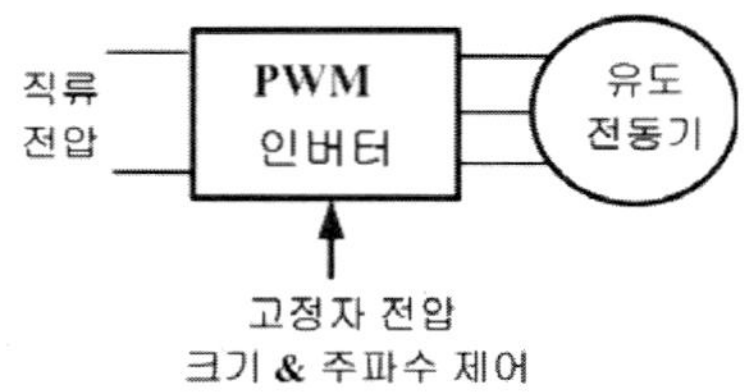

그림 10.29 주파수제어를 위한 전력변환회로 구성

3) PWM 인버터를 사용한 유도전동기 주파수제어 방법

[그림 10.30]은 3상 PWM인버터를 사용한 유도전동기의 주파수제어를 위한 전력회로 구성도이다.

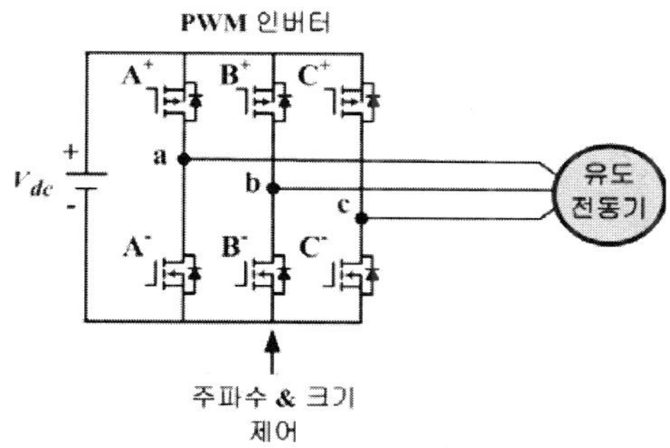

그림 10.30 주파수제어를 위한 3상 PWM인버터 회로

PWM인버터에서 주파수와 함께 크기까지 제어하기 위한 일반적인 펄스폭 변조 방식으로 9장의 7절에서 설명한 출력전압의 고주파성분을 대폭 감소시킬 수 있는 정현파 PWM방식을 사용한다. 즉 기준 3상 정현파와 일정 주파수 및 일정 크기를 가지는 삼각파와 비교하여 각 상별로 이 두 파형의 차에 따라 출력전압이 결정된다.

한편 이 유도전동기의 장점 및 단점을 요약하면 다음과 같다.

- 회전자가 도체봉으로 구성되어 있으므로 견고함
- 저가 및 부피가 작음
- 일정속도로 운전하는 응용분야에 많이 사용
- 최대토크 발생이 않됨
  → 직류전동기와 같이 최대토크 발생시키기 위하여 벡터제어 (Vector control) 방법을 사용
- 직류전동기에 비하여 속도제어(주파수 제어)가 더 복잡함
- 서보 전동기와 비교하여 효율이 떨어짐

4. BLDC전동기 (Brushless DC motor) 특성 및 제어방법

10.2절에 기술한 그린자동차 견인용 직류전동기는 자속과 MMF가 직각이므로 최대토크를 발생시킬 수 있으며 속도 및 토크제어를 위한 전력변환장치 및 제어가 간단하다는 장점이 있다. 그러나 브러쉬와 정류자의 주기적 유지 보수가 필요하며 브러쉬와 정류자에 의해 가격 및 부피 증가된다는 심각한 문제점이 있다. 따라서 주요 서보전동기인 BLDC (Brushless DC) 전동기는 직류전동기에 있는 브러쉬 및 정

류자를 제거하고, 자속 위치에 따라 적절한 인버터의 스위칭작용으로 이 브러쉬 및 정류자의 동작을 수행한다. 이 BLDC전동기는 코일에 전류를 흘려 자속을 발생시키는 전자석 대신 영구자석으로 자속을 발생시키므로 먼저 영구자석의 주요 특성 및 종류를 설명한다.

1) 영구자석의 주요 특성 및 종류

BLDC와 같은 서보전동기는 영구자석으로 자속을 발생시킴으로 영구자석의 성능이 BLDC의 성능에 크게 죄우하므로 영구자속의 주요 특성에 대한 이해가 반드시 필요하다. 따라서 이 절에서는 영구자석의 주요 특성과 종류에 대하여 설명한다.

(1) **영구자석 주요 특성**

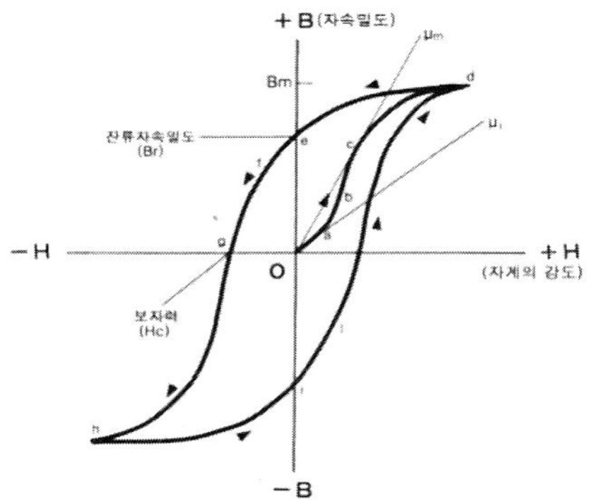

그림 10.31 B-H 곡선

영구자석의 특성을 설명하기 전에 B-H 히스테리시스 곡선에 대하여 먼저 설명한다. [그림 10.31]은 B-H 곡선으로 x축은 자계 (Field intensity)이며 y축은 자속밀도 (Flux intensity)로 설정되어 있다. 자계는 외부 자장에 의하여 발생되며 순방향으로 자계를 증가시키면 자속이 증가되고, 자계의 세기를 감소시키면 자속밀도도 감소되는데 자계세기가 0이 될 때 자속밀도는 0이 되지 않는다. 자계를 역방향으로 인가하면 그 값을 증가시키면 자속밀도는 감소되면서 0이 되고, 자계의 역방향으로 더 증가시키면 자속밀도는 음의 값이 되면서 계속 증가한다. 다음은 역방향 자계 값을 감소시키면 자속밀도 역시 감소되다가 자계를 순방향으로 계속 증가시키면 자속밀도는 양의 값을 가지면서 상승하게 된다. 이 곡선을 보면 자속밀도가 증가 시와 감소 시 다른 궤적을 가지는데, 이런 종류의 곡선을 히스테리시스 (Hysteresis) 곡선이라 한다.

이 B-H 히스테리시스 곡선을 4개의 상한으로 나누어지는데 그 중 2상한 부분이 영구자석의 특성을 설명하는데 사용된다. 이 2상한 부분은 자계를 역방향으로 인가하면서 크기를 증가시켰을 때 자속밀도가 감소되면서 결국 0이 되므로 감자곡선 (Demagnetization curve) 라고 한다. [그림 10.32]는 B-H곡선 중 2상한 부분인 감자곡선을 다시 그린 것이다.

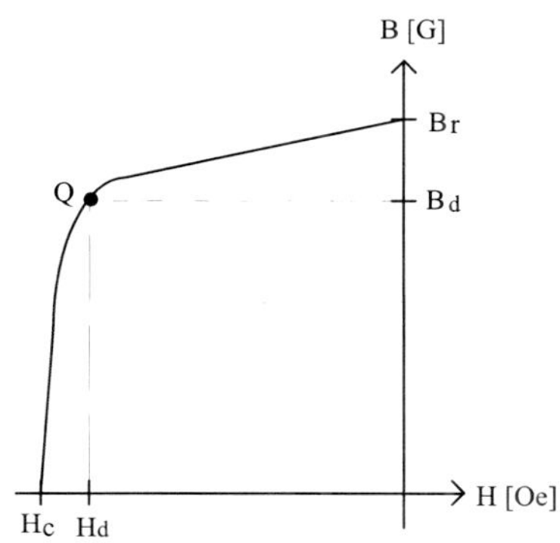

그림 10.32 감자곡선

이 감자곡선을 설명하면 외부자계가 없는데도 불구하고 자속밀도는 존재하고 외부 자계를 자속의 역방향으로 인가하면서 자계세기를 점차 증가시키면 자속밀도가 감소하면서 결국은 0이 된다. 이 역방향 자계에 의해 자속이 감소된다고 하여 감자곡선이라고 한다. 이 감자곡선을 사용하여 영구자석의 주요 요소들을 설명한다.

먼저 B_r(Remanence, 잔류자속밀도)로 어떠한 외부자계가 없는 상태에서 영구자석이 발생할 수 있는 자속밀도이다. 단위는 일반적으로 T(Tesla)를 사용하고 1T = 10,000 G(Gauss)이다. 자속밀도 즉 단위면적당 자속크기가 클 경우 같은 크기의 영구자석에서 자속 Φ가 커지고 따라서 출력 토크 및 출력 전력 역시 증가하게 된다.

다음은 H_c(Coercive force, 보자력)으로 외부 자계가 역방향으로 인가되면서 자속밀도가 감소되다가 0이 되는 자계를 Hc라고 정의한다. 단위는 Oe이다. 이 요소는 외부 역방향 자계에 의해 자속이 감소되는 감자되는 것을 방지하는 것이다. 이 Hc 값이 클수록 영구자석의 자속을 감소시키기 위하여 더 큰 자계를 인가하여야 하므로 감자될 확률이 감소된다.

마지막으로 최대 에너지곱 (Product) BHmax는 $BH_{\max}[MGOe] = B_d \times H_d$로 Bd와 Hd 곱으로 구할 수 있다. 단위는 MGOe로 1MGOe = 106GOe가 된다. 최대 에너지곱은 영구자석이 저장할 수 있는 최대 에너지량으로써, BHmax 값이 증가하면 더 많은 에너지를 저장할 수 있다.

(2) **영구자석 종류**

영구자석의 물질종류는 크게 나누어 다음과 같이 4개로 분류할 수 있다.

· Ferrite (Ceramic)

· Alnico (Aluminum Nichol Cobalt)

· SmCo (Samarium Cobalt) ⇐ 희토류 (Rare earth)

· NdFeB (Neodynium Ferrum Boron) ⇐ 희토류 (Rare earth)

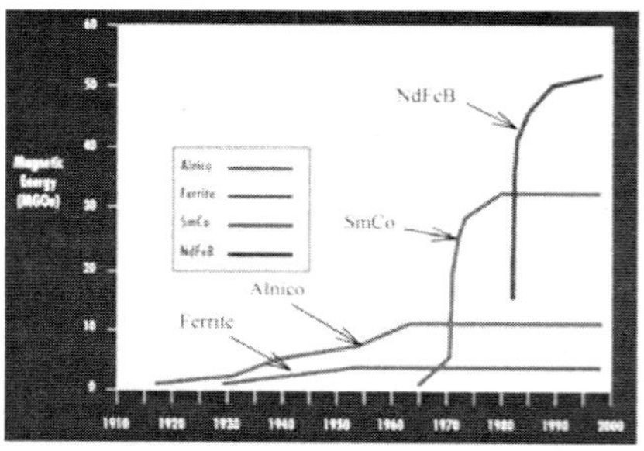

그림 10.33 영구자석 역사

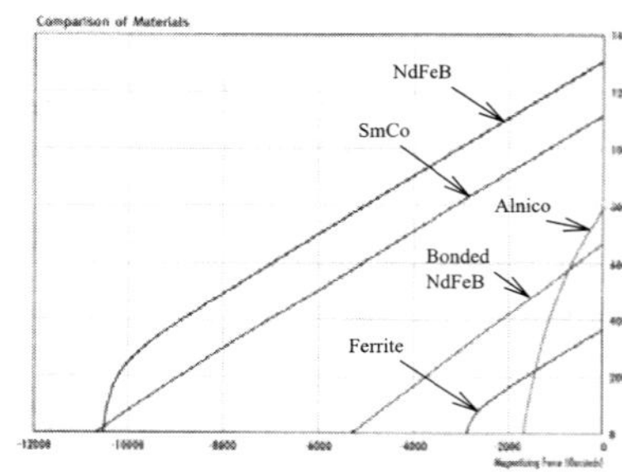

그림 10.34 영구자석 별 감자곡선

[그림 10.33]에는 이 4개의 영구자석 물질이 개발된 년도 및 년도에 따른 영구자석의 성능 중 최대 에너지곱의 변화를 보인 것이다. 1915년도에 Alnico가 개발 시작하여 1930년도 Ferrite, 1965년도 희토류인 SmCo, 1980년도 또 다른 희토류인 NdFeB가 개발 시작하였다. 2000년도에는 최대 에너지곱의 크기 순위는 NdFeB → SmCo → Alnico → Ferrite로 되어있다.

[그림 10.34]에는 각 영구자석 물질별 성능을 비교하기 위한 감자곡선을 보인 것이다. 여기서 B_r(잔류자속밀도)의 크기는 NdFeB → SmCo → Alnico → Ferrite 순서이며, 희토류인 NdFeB가 제일 크고 Ferrite가 가장 작음을 알 수 있다. 다음 H_c(보자력)의 크기는 SmCo → NdFeB → Ferrite → Alnico이 순서이며, 두 희토류는 비슷하지만 SmCo가 제일 크고 가장 낮은 것이 Ferrite로 외부 역방향 자계에 감자되기 쉽다.

마지막으로 최대 에너지 적 $BH_{\max}$의 크기는 NdFeB → SmCo → Alnico → Ferrite이

순서로 되어 있으며, NdFeB가 가장 많은 에너지를 축척할 수 있다. 전체 성능을 평가하면 희토류인 NdFeB 와 SmCo이 Alnico와 Ferrite에 비하여 월등히 우수하므로 최근 개발되고 있는 BLDC 전동기 등 서보전동기는 거의 희토류의 영구자석을 사용하고 있다.

영구자석은 온도에 상당히 민감하고 영구자석 물질에 따라 동작온도가 많은 차이가 있으며 대체적으로 150°에서 450°사이에 있다. 그리고 영구자석의 온도가 상승하면 영구자석의 성능도 저하되고, [표 10.1]는 SmCo의 온도효과 즉 온도상승 시 영구자석의 주요 요소 값 변화를 보인 것이다. 온도가 25°에서 500°까지 상승하면 B_r, H_c 및 $BH_{\max}$ 모두 감소됨을 알 수 있다.

표 10.1 SmCo의 온도효과

온도	Br [KG]	Hc [KOe]	BHmax [MGOe]
25 °C	8.85	8.61	19.2
300 °C	7.91	7.139	14.7
400 °C	7.38	6.438	12.7
500 °C	6.59	5.466	9.78

2) BLDC 전동기 구조

직류전동기는 자속과 MMF가 직각이므로 최대토크를 발생시킬 수 있으며 속도 및 토크제어를 위한 전력변환장치 및 제어가 간단하다는 장점이 있으나, 브러쉬와 정류자의 주기적 유지 보수가 필요하며 가격 및 부피 증가된다는 심각한 문제점이 있다. 따라서 서보전동기인 BLDC전동기는 직류전동기에 있는 브러쉬 및 정류자를 제거하고, 자속 위치에 따른 적절한 인버터의 스위칭작용으로 이 브러쉬 및 정류자의 역할을 수행한다. 먼저 [그림 10.35]는 직류전동기의 구조를 보인 것이다.

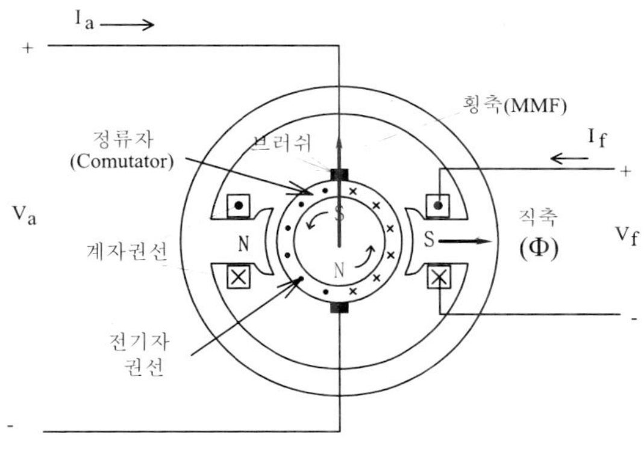

그림 10.35 직류전동기 구조

이 직류전동기의 동작을 다시 설명하면 계자권선에 흐르는 계자전류에 의해 자속 Φ가 발생되고, 브러쉬와 정류자의 작용으로 브러쉬 왼쪽 부분과 오른쪽 부분에 있는 전기자 권선의 전류방향을 항상 그림과 같은 방향으로 흐르게 한다. 즉 전기자가 회전 시 브러쉬를 통과하는 전기자권선의 전류방향은 바꾸게 된다. 이 전기자 권선에 흐르는 전기자전류에 의해 자속 즉 MMF 가 발생된다.

여기서 계자권선에 흐르는 계자전류에 의해 발생되는 자속 Φ를 영구자석으로 자속을 발생시키는 직류서보 전동기의 구조는 [그림 10.36]과 같다. 이 직류서보 전동기는 영구자석으로 자속을 발생시키므로 직류전동기에서 계자권선 및 계자전압을 발생시키는 직류전원이 필요 없으므로 더 간단한 구조를 가지고 있다. 그런데 영구자석으로 발생시킬 수 있는 자속크기가 제한되어 있으므로 출력 토크 및 전력을 충분히 높일 수 없으므로 소용량 전동기용으로 사용되고 있다.

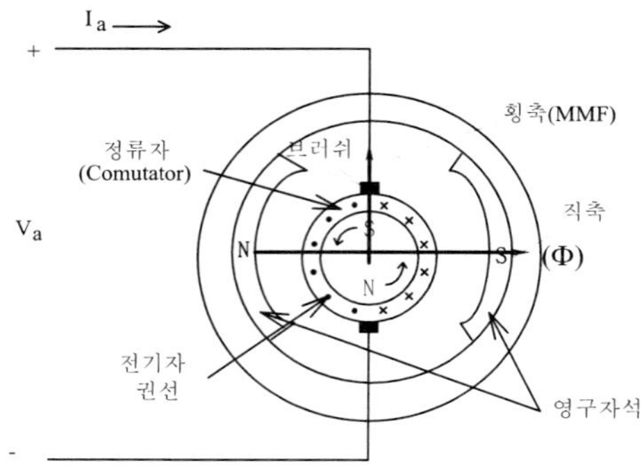

그림 10.36 직류서보전동기 구조

그런데 이 직류 서보전동기는 계자부분은 영구자석으로 교체하였으나 여전히 브러쉬와 정류자는 존재한다. 따라서 이 정류자와 브러쉬를 제거하기 위한 BLDC 전동기 구성은 [그림 10.37]와 같으며, 직류 서보전동기에서 BLDC 전동기로 바꾸는 것을 요약하면 다음과 같다.

- 고정자에 있는 영구자석 → 회전자로 이동
- 전기자에 있는 정류자와 브러쉬 역할 → 고정자의 3상권선과 3상 인버터

이 BLDC 전동기의 동작을 설명하면 먼저 회전자에 설치된 영구자석으로 일정자속을 발생시킨다. 그리고 고정자에 a상, b상, c상 등 3상 권선을 설치하고 회전자

자속위치에 따라 영구자석의 자속과 직각방향으로 자속을 발생시키기 위하여 3상 권선 전류의 위상을 조정함으로써 전기적으로 정류자와 브러쉬 역할을 수행한다. 이를 위하여 회전자 자속 위치검출 센서와 3상 권선 전류 위상 제어용 전력변환회로 즉 3상 인버터를 사용한다.

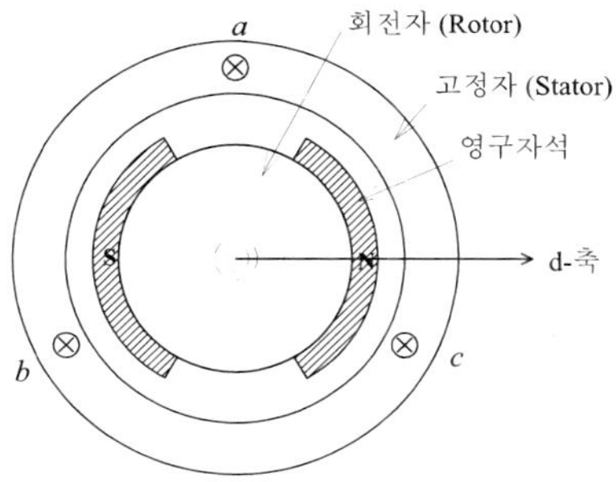

그림 10.37 BLDC전동기 구조

3) BLDC 전동기 동작

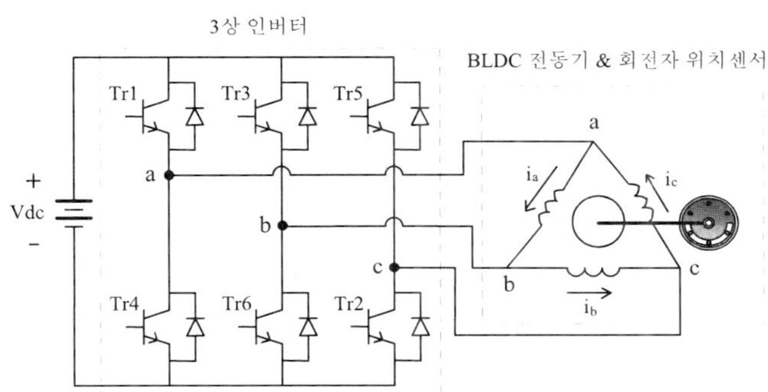

그림 10.38 BLDC전동기 제어시스템

[그림 10.38]은 3상 고정자권선, 영구자석이 부착된 회전자로 구성된 BLDC전동기, 회전자 축에 연결된 회전자 자속위치검출 센서, 회전자 자속위치에 따라 3상 고정자 전류 방향을 전환하기 위한 3상 인버터로 구성된 BLDC전동기 제어장치를 보인 것이다. 이 BLDC 전동기의 3상 고정자권선이 Δ형태로 되어있으며 3상 고정자권선에 흐르는 전류의 기준 방향을 표시하였다. 회전자 자속 위치 검출센서는 60°간격으로 자속위치를 검출하여 이 영구자석의 자속방향과 고정자 전류에 의해 발생되는 자속이 직각이 되도록 3상 인버터의 6개 스위칭소자 중 3개 스위칭소자를 턴온시킨다.

3상 인버터의 스위칭소자로 BJT를 사용하였으며, 각 60°구간별 회전자자속 위치에 따라 3상 인버터의 스위칭 방법, 고정자 3상 전류 및 고정자자속 방향 등을 설명한다.

① 구간 1 [$(\pi/6) \le \omega t < (\pi/2)$]

회전자 자속 위치가 [그림 10.39(a)]와 같을 때 3상 인버터의 6개 스위칭소자 중 Tr1, Tr2, Tr6를 턴 온시키고 나머지 3개 스위칭소자는 턴 오프시킨다. 이 때 a상 단자는 직류 입력전압 E가 걸리고 b상 및 c상 단자는 접지가 되므로, 고정자 전류는 a상 단자에서 b상 및 c상 단자로 흐르게 된다. 이 직류전압에 의해 고정자 전류는 일정한 값 I_p전류가 흐른다. 이 3상 고정자 전류에 의해 발생되는 자속은 [그림 10.39(b)]와 같으며 회전자 자속과 직각을 이루고 회전자는 CW방향으로 회전한다. 여기서 3상 전류 식은 다음과 같다.

$$i_a = I_P \ , i_b = 0 \ , i_c = - I_P \qquad (10.23)$$

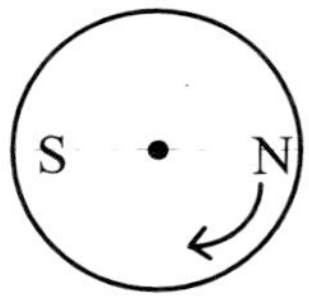

(a) 회전자 자속

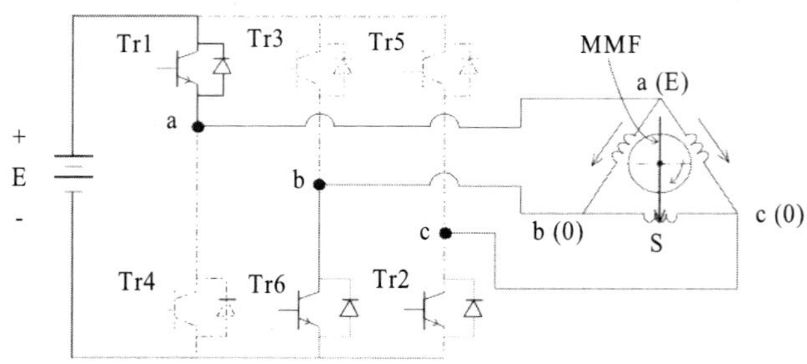

(b) 인버터 및 BLDC 전동기

그림 10.39 구간 1 에서 BLDC전동기 제어시스템 동작

② 구간 2 [$(\pi/2) \le \omega t < (5/6)\pi$]

구간 1에서 회전자가 CW방향으로 60°회전하면 회전자 자속 위치는 [그림 10.40(a)]와 같다. 이때 3상 인버터의 6개 스위칭소자 중 Tr2 대신 Tr5을 턴 온시키면 Tr1, Tr5, Tr6 등 3개의 스위칭소자가 턴 온된다. 이 때 a상 과 c상 단자는 직류 입력전압 E가 걸리고 b상 단자만 접지가 되므로, 고정자 전류는 a상 및 c상 단자에서 b상 단자로 흐르게 된다. 이 3상 고정자 전류에 의해 발생되는 자속은 [그림 10.40(b)]와 같으며 회전자 자속과 직각을 이루고 회전자는 CW방향으로 더 회전한다. 여기서 3상 전류 식은 다음과 같다.

$$i_a = I_P \ , i_b = -I_P \, , i_c = 0 \tag{10.24}$$

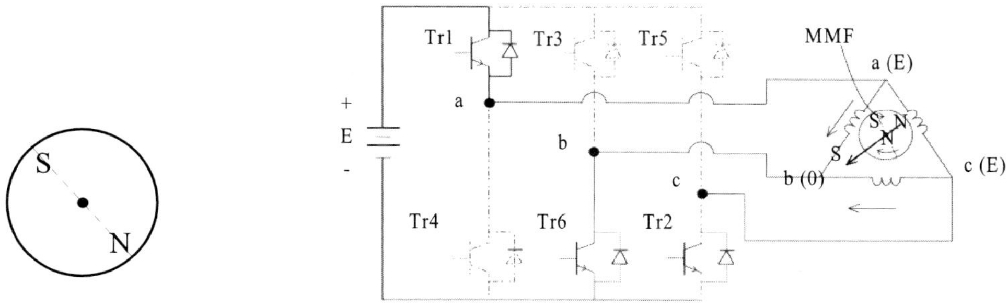

(a) 회전자 자속 (b) 인버터 및 BLDC 전동기

그림 10.40 구간 2 에서 BLDC전동기 제어시스템 동작

③ 구간 3 $[(5/6)\pi \leq \omega t < (7/6)\pi]$

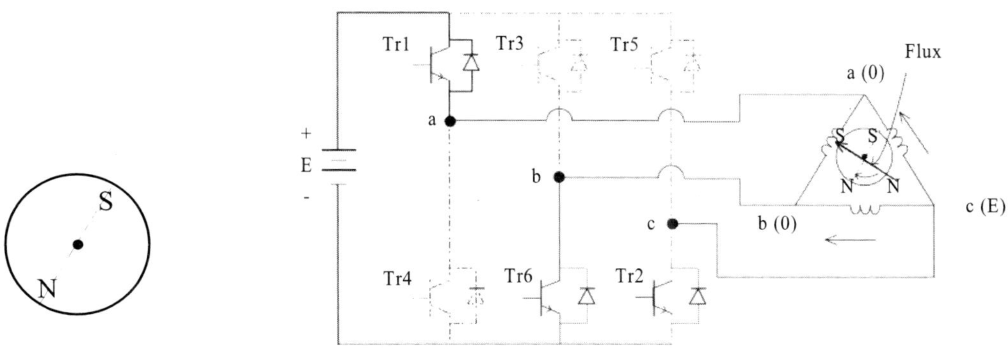

(a) 회전자 자속 (b) 인버터 및 BLDC 전동기

그림 10.41 구간 3 에서 BLDC전동기 제어시스템 동작

구간 2에서 회전자가 CW방향으로 60°회전하면 회전자 자속 위치는 [그림 10.41(a)]와 같다. 이때 3상 인버터의 6개 스위칭소자 중 Tr1 대신 Tr4을 턴 온시키면 Tr4, Tr5, Tr6 등 3개의 스위칭소자가 턴 온된다. 이 때 c상 단자는 직류 입력전압 E가 걸리고 a상과 b상 단자가 접지가 되므로, 고정자 전류는 c상 단자에서 a상과 b상 단자로 흐르게 된다. 이 3상 고정자 전류에 의해 발생되는 자속은 [그림 10.41(b)]와 같으며 회전자 자속과 직각을 이루고 회전자는 CW방향으로 계속 회전한다. 여기서 3상 전류 식은 다음과 같다.

$$i_a = 0 \ , i_b = -I_P \, , i_c = I_P \tag{10.25}$$

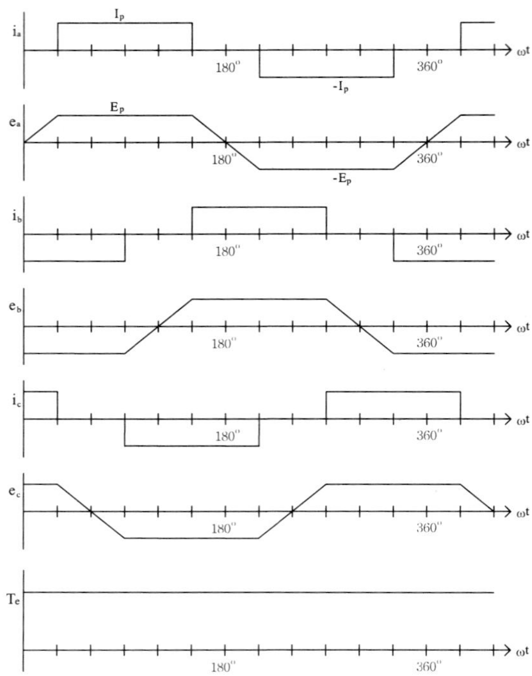

그림 10.42 3상 전류, 역기전력 및 토크 파형

나머지 3개 구간도 같은 방법으로 해석할 수 있다. [그림 10.42]은 한 주기동안 a상 전류와 역기전력, b상 전류와 역기전력. c상 전류와 역기전력 및 전동기 토크 파형을 보인 것이다. 한 상 전류파형을 보면 한주기 중 120°는 양의 전류, 120°는 음의 전류가 흐르고 나머지 120°는 전류가 0인 교류 전류파형이다. 역기전력은 양의 120°와 음의 120°는 크기가 E_p로 일정한 사다리꼴 파형으로 각상 전류와 위상이 같다.

전동기 토크는 한 주기 동안 일정하다.

역방향회전 시

구간 1 $[(\pi/6) \leq \omega t < (\pi/2)]$에서 [그림 10.39]에서는 3상 인버터의 6개 스위칭소자 중 Tr1, Tr2, Tr6를 턴 온시키고 나머지 3개 스위칭소자인 Tr4, Tr5, Tr3 은 턴 오프시켜 BLDC 전동기를 CW 즉 정방향으로 회전하도록 고정자 자속을 발생시켰다. 이번에는 [그림 10.43(a)]에서 보는 바와 같이 회전자 자속은 [그림 10.39(a)]와

같은 위치에 있으면서 BLDC 전동기를 CCW방향 즉 역방향으로 회전하도록 한다. 이를 위하여 [그림 10.43(b)]와 같이 3상 인버터에서 Tr4, Tr5, Tr3 의 3개 스위칭소자를 턴 온시킨다. 이 때 b상 및 c상 단자는 직류 입력전압 E가 걸리고 a상 단자는 접지되므로, 고정자 전류는 b상 및 c상 단자에서 a상 단자로 흐르게 된다. 이 3상 고정자 전류에 의해 발생되는 자속은 [그림 10.39(b)]와 반대 방향이므로 회전자는 CCW방향으로 역회전을 한다. 여기서 3상 전류 식은 다음과 같다.

$$i_a = -I_P \ , \ i_b = 0 \ , \ i_c = I_P \qquad (10.26)$$

나머지 구간도 같은 방법으로 해석하면 회전자 자속위치에 대하여 턴 온되는 스위칭소자, 3상 고정자전류, 발생되는 고정자자속 방향 등을 구할 수 있다.

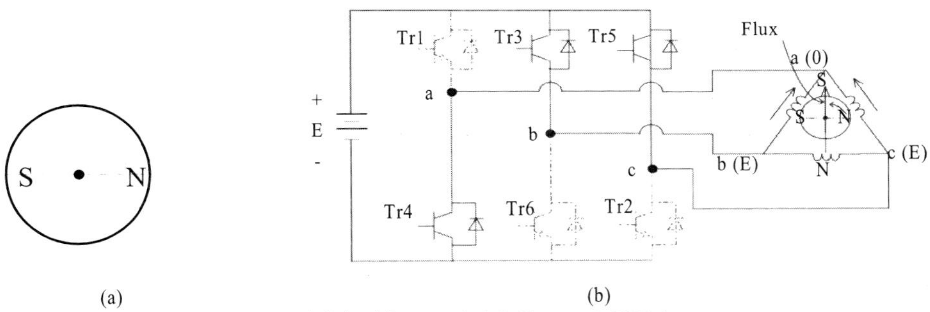

(a) 회전자 자속, (b) 인버터 및 BLDC 전동기

그림 10.43 구간 1 에서 BLDC전동기 역회전 동작 시

5. PMSM (Permanent-Magnet Synchronous Motor) 특성과 제어방법

10.4절에서는 BLDC전동기의 특성 및 제어방식에 대하여 기술하였다. 이 절에서는 또 다른 서보전동기인 PMSM(Permanent-Magnet Synchronous Motor, 영구자석형 동기전동기)의 특성 및 제어방식에 대하여 설명한다. BLDC전동기는 직류전동기에서 브러쉬와 정류자를 제거하기 위한 서보전동기인데, PMSM은 동기전동기로부터 개발된 서보전동기이다. 따라서 먼저 동기전동기의 구조 및 동작방법에 대하여 설명한 후, PMSM의 특성 및 제어방법에 대하여 기술한다.

1) 동기전동기 구조 및 제어 방법

(1) 동기전동기 구조

[그림 10.44]는 3상 동기전동기의 구조를 보인 것으로 고정자와 회전자로 구성된다. 고정자는 a상, b상, c상 등 3상 권선이 120°간격으로 설치되어 있다. 회전자는 도체봉이 회전자 철심에 일정간격으로 고정되면서 고체봉들의 양쪽단은 서로 단락판으로 연결되어 있는 유도전동기와 달리 회전자코일과 회전자가 회전 시 회전자 코일에 전원을 공급하는 전선이 꼬이는 것을 방지하기 위한 슬립링(Slip ring)이 있다. 외부에 직류전원을 연결하여 직류 전류를 슬립링을 통하여 회전자 코일에 공급한다.

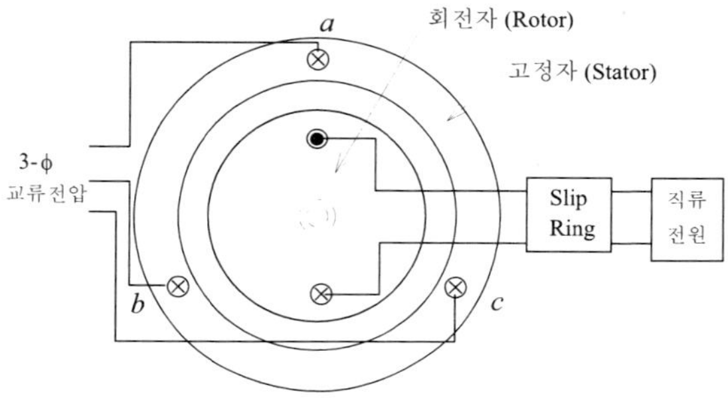

그림 10.44 3상 동기전동기 구조

(2) 동기전동기 토크발생 원리

유도전동기와 같이 고정자 3상 권선 단자에 3상 전압을 인가하면 3상 권선에 크기와 주파수는 동일하고 120°씩 위상차를 가진 3상 전류가 흐른다. 이 고정자 a상, b상 및 c상 전류 식은 다음과 같다. 여기서 I_p는 고정자 전류의 최대값이다.

$$
\begin{aligned}
i_{sa} &= I_P \cos(\omega t) \\
i_{sb} &= I_P \cos(\omega t - \frac{2}{3}\pi) \\
i_{sc} &= I_P \cos(\omega t - \frac{4}{3}\pi)
\end{aligned}
\tag{10.27}
$$

각 3상 고정자 권선에 3상 전류가 흐르면, [그림 10.45(a)]와 같이 이 고정자전류에 의하여 N-S자속이 발생하고 이 자속은 동기각속도 ω_e로 회전한다. 이 동기각속도로 회전하는 자속을 회전자계로 부르며 다음 식과 같다.

$$\omega_e = \frac{4\pi f}{p} \tag{10.28}$$

여기서 f는 전원 전압/전류의 주파수이고 p는 극수이다.

회전자는 [그림 10.45(a)]에서와 같이 외부 직류전원에 의하여 직류 전류를 슬립링을 통하여 회전자 코일에 공급하면, 이 전류에 의해 회전자 자속 N-S가 발생된다. 3상 고정자 전류에 의해 발생된 회전자계와 회전자 전류에 의해 발생된 회전자 자속으로 토크가 발생된다.

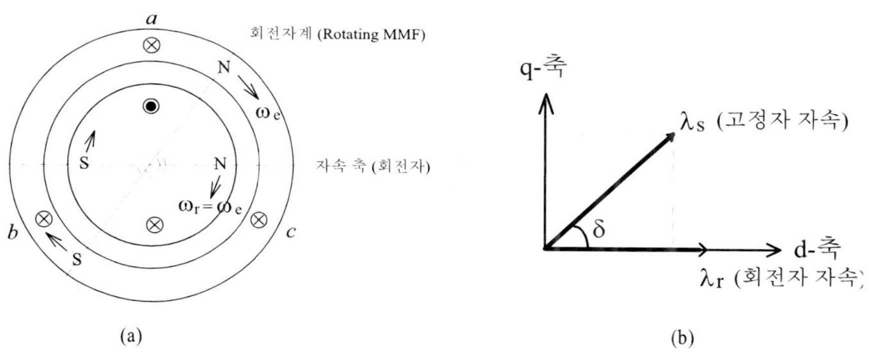

그림 10.45 고정자 및 회전자 자속

[그림 10.45(b)]는 회전자계 자속 즉 고정자 자속 λ_s과 회전자 자속 λ_r의 위상도를 보인 것이다. 두 자속간의 위상각이 δ일 경우 동기전동기 토크 식은 다음과 같이 두 자속의 크기와 위상각 사인값에 비례한다.

$$T_e = K\lambda_s \lambda_r \sin\delta \tag{10.29}$$

한편, 앞에서 설명한 바와 같이 유도전동기는 고정자 3상 교류전류에 의해 동기각속도로 회전하는 회전자계가 회전자의 도체봉에 쇄교한다. 이 쇄교자속에 의하여 도체봉에 전압이 발생되고, 이 회전자전압에 의해 회전자전류가 도체봉에 흐르게 된다. 이 유기된 회전자 전류에 의해 회전자 자속이 발생된다.

결론적으로 동기전동기와 유도전동기의 토크발생 원리에서 가장 다른 점이 회전자자속 발생 방법이다. 동기전동기는 회전자 자속은 외부 직류전류가 회전자 코일에 흘러 발생되고, 유도전동기는 따로 회전자 자속을 발생시키기 위한 권선 및 전원장치 없이 도체봉에 유기된 전류로 회전자 자속을 발생시킨다.

유도전동기는 회전계자가 회전자 도체봉에 쇄교하기 위하여 회전자가 회전자계보다 천천히 회전하여야 하므로, 회전자 각속도가 동기각속도보다 반드시 작아야 한다. 그러데 동기전동기는 고정자 3상전류에 의해 발생되는 회전자계가 동기속도 ωe로 회전하고 회전자 전류에 의해 발생되는 회전자 자속 역시 토크를 발생시키기 위하여 역시 동기속도로 회전한다.

회전자속도가 동기속도이므로 동기전동기라고 부른다.

2) 동기전동기 속도제어

동기전동기 속도제어를 위하여 가장 일반적으로 사용하는 방법이 주파수제어방법이다. 고정자 전류에 의해 발생되는 회전자계의 회전 속도 즉 동기속도 ω_e가 주파수에 비례하므로 주파수를 제어하면 동기속도가 제어되고 따라서 전동기속도가 동기속도이므로 전동기속도가 제어된다. 여기서 고정자전압 V_s을 일정하게 유지하면서 주파수 f를 감소시킬 경우 자속 Φ가 증가하게 된다. 그런데 자속은 정격 값에서 포화되므로 정격 자속 이상으로 증가시킬 수 없다. 따라서 주파수제어 시 이 자속을 일정하게 유지하기 위하여 다음 식과 같이 주파수에 대하여 전압의 크기를 비례적으로 제어하여야 한다. 이 제어 방식을 유도전동기와 동일하게 (V/f)제어 방식이라 부른다.

$$\Phi \propto \frac{V_s}{f} \tag{10.30}$$

[그림 10.46]은 주파수 제어시 주파수와 전압크기를 같은 비율로 감소할 경우 토크-속도 특성곡선 변화를 보인 것이다. 주파수와 함께 전압 크기를 비례적으로 감

소시켰을 때 전동기 속도-토크곡선이 수평 일직선이 아래로 이동한다. 부하토크를 전동기 최대 토크 Te(max)이하이고 이 부하토크를 T_L에서 T_L'으로 증가시켰을 때 전동기 속도는 변동이 없다.

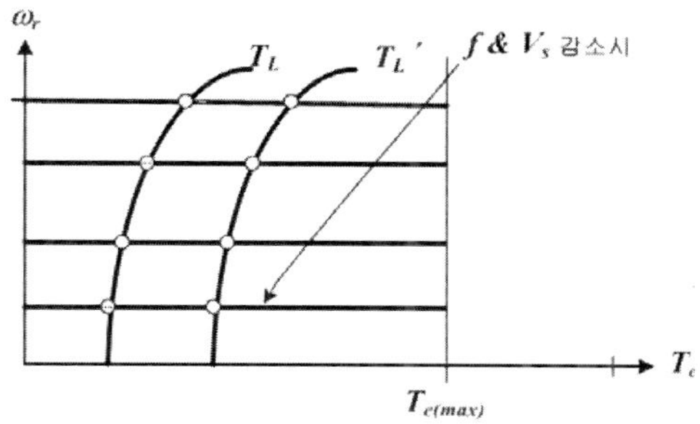

그림 10.46 동기전동기의 속도-토크 특성곡선

직류전동기와 유도전동기는 부하토크를 증가 시 속도가 떨어지고 부하토크가 감소하면 속도가 상승하는 특성을 가지고 있으나, 동기전동기는 부하토크에 관계없이 반드시 동기속도로 회전하여야 하므로 부하 증가 시에도 전동기 속도는 변동이 없다는 점이 다르다. 만약 주파수(전압크기와 함께)를 급격히 증가 또는 감소시켰을 경우 이 과도상태에서 회전자관성 때문에 전동기 속도가 동기속도가 따라가지 못할 경우 전동기속도가 동기속도와 다르므로 전동기 토크방향이 수시로 정방향에서 역방향으로 또는 반대로 바뀌게 된다. 따라서 동기전동기가 진동하면서 큰 기계적 충격이 발생되는 등과 심각한 문제가 발생할 수 있다. 이런 현상을 동기탈조라고 한다.

동기전동기를 주파수제어로 속도제어를 할 경우, 3상 고정자 전압의 주파수와 함께 크기까지 변화시켜야 하므로 유도전동기의 주파수 제어 시와 같이 [그림 10.30]에서 보인 3상 PWM인버터를 사용한다.

이 동기전동기의 장점을 요약하면 다음과 같다.

- 부하토크 변동 시 전동기 속도는 변동없음
- 주파수제어 시 최대토크는 일정하게 유지하면서 전동기 전동기의 속도를 정지상태에서 정격속도 이상까지 연속적으로 제어할 수 있음

동기전동기의 단점을 요약하면 다음과 같다.

- 회전자 권선이 있으므로 부피가 크고 무거워 관성모멘트가 크므로 속도응답이 느림

· 고가의 슬립링과 직류전원이 1개 더 필요하므로 가격이 상승
· 주파수를 급격히 변동 시 동기전동기가 동기탈조 가능성 있음

2) PMSM의 구조 및 제어

앞 절에서 설명한 동기전동기는 부하토크 변동 시에 전동기 속도가 일정하다는 특성 외 회전자 권선, 슬립링, 회전자 자속발생용 직류전원이 더 필요하다는 단점 때문에 전동기보다 발전기용으로 많이 사용되어 왔다. 그런데 기존의 동기전동기의 문제점인 회전자자속 발생용으로 필요한 회전자 권선, 슬립링, 직류전원을 제거하고 영구자석으로 회전자 자속을 발생시키는 것이 서보전동기인 PMSM (Permanent-Magnet Synchronous Motor, 영구자석형 동기전동기)이다. [그림 10.47]는 PMSM의 구조를 보인 것이다. 고정자는 기존의 동기전동기와 같이 3상 권선이 120°간격으로 설치되어 있으며, 회전자는 영구자석으로 회전자 자속을 발생시킨다. 여기서 회전자에 부착된 영구자석의 두께를 보면 중간에는 영구자석 두께가 제일 두껍고 양쪽으로 갈수록 점점 얇아지는 정현파 모양을 가지고 있다. 따라서 자속의 크기도 위상에 따라 정현파모양이므로 PMSM의 역기전력 역시 정현파형태를 가진다.

회전자에 부착된 영구자석의 N극 중간점을 d-축으로 설정한다. 고정자 3상 권선 단자에 3상 전압을 인가하여 3상 권선에 3상 전류가 흐른다. 이 3상 전류에 의해 발생되는 N-S자속 즉 회전자계가 동기각속도 ωe로 회전한다.

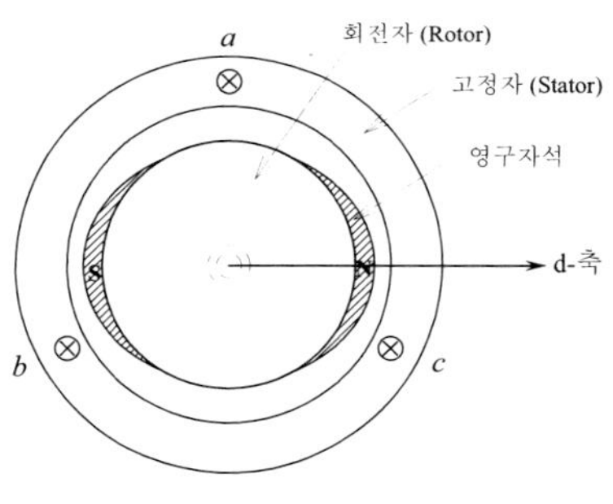

그림 10.47 PMSM의 구조

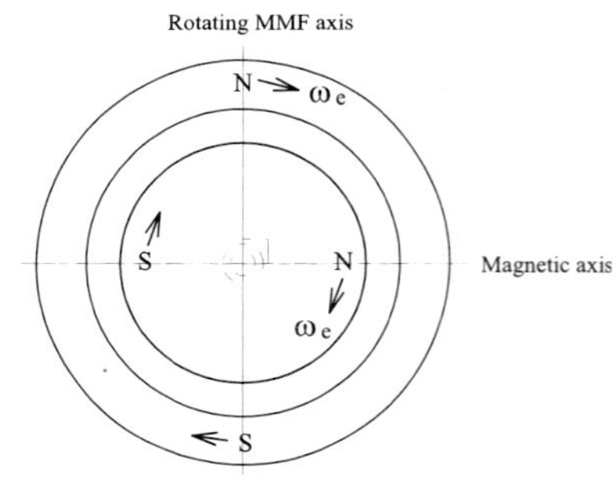

그림 10.48 PMSM의 자속제어

[그림 10.48]은 영구자석에서 발생되는 회전자 자속과 고정자 전류에 의해 발생되는 회전자계를 보인 것이다. 여기서 회전자가 회전 시 회전자 자속의 위치 즉 N극의 중간점을 검출하여 이 회전자 자속과 직각방향이 되도록 3상 고정자 전류의

위상을 제어한다. 따라서 회전자도 동기속도로 회전하면서 회전자 자속에 대하여 고정자 자속 즉 회전자계가 직각을 유지한다. 이와 같이 PMSM의 3상 전류 위상을 제어하여 회전자 자속과 고정자 자속 즉 회전자계를 직각으로 유지하여 최대 토크를 발생시키는 제어 방식을 벡터제어(Vector control)이라고 한다.

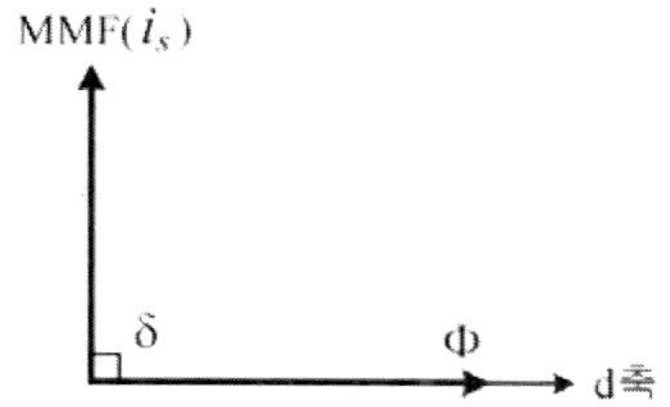

그림 10.49 PMSM의 자속 및 MMF 위상도

[그림 10.49]는 회전자 자속과 고정자 회전자계에 대한 위상도를 그린 것으로 고정자 MMF의 크기는 고정자 전류의 크기에 비례하고 자속과 고정자 전류에 의한 MMF는 직각이 된다.

직류전동기의 자속 및 전기자 전류에 비례하는 MMF의 위상도를 보인 [그림 10.5]와 [그림 10.49]를 비교하면 직류전동기 계자전류에 발생되는 자속 Φ는 PMSM의 회전자 영구자석의 자속이 되며, 전기자전류에 의한 MMF는 PMSM의 고정자전류에 의한 MMF와 등가되고 두 전동기 모두 자속과 MMF가 직각이 된다. PMSM의 토크식은 다음과 같으며 직류전동기와 같이 최대 토크를 발생시킬 수 있다.

$$T_e = K\Phi I_s \sin\delta = K\Phi I_s \sin\frac{\pi}{2} = K\Phi I_s \tag{10.31}$$

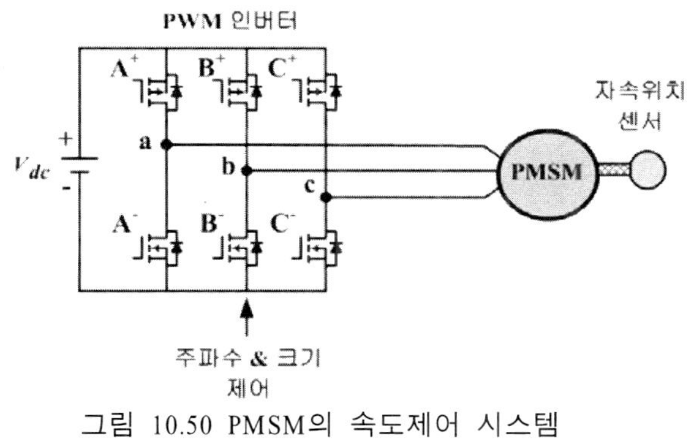

그림 10.50 PMSM의 속도제어 시스템

[그림 10.50]는 PMSM 속도제어하기 위한 시스템 블록도이다. 동기전동기 주파수제어와 같이 3상 고정자 전압 또는 전류의 주파수 및 크기를 제어하기 위하여 3상 PWM인버터를 사용하며 회전자 자속위치를 측정하기위한 센서를 회전자축에 연결한다.

3) PMSM과 BLDC의 차이점

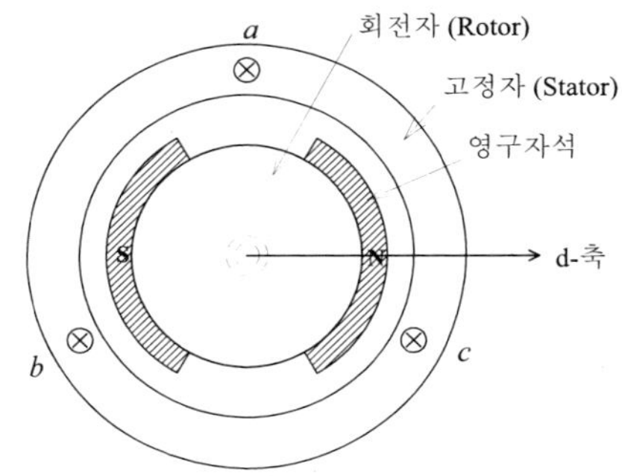

(a) BLDC전동기

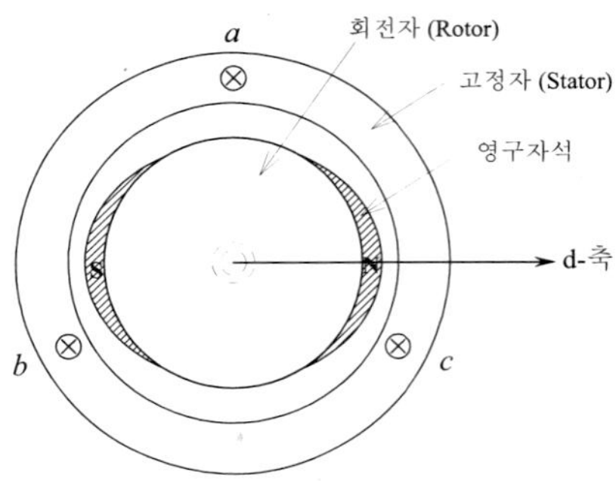

(b) PMSM

그림 10.51 BLDC전동기와 PMSM 구조

대표적인 서보전동기인 PMSM과 BLDC전동기는 [그림 10.51]과 같이 고정자에 3상권선이 120°간격으로 있으며, 회전자에 영구자석이 부착되어 회전자자속을 발생시키고, 3상 인버터로 전동기를 구동하는 것이 거의 동일하지만 기본적으로 두 서보전동기는 전혀 다른 특성을 가지고 있다. 먼저 BLDC 전동기는 직류전동기에서 브러쉬 및 정류자를 제거하기 위한 전동기이며, PMSM은 동기전동기에서 회전자자속을 영구자석으로 발생시키고자 하는 것이다.

그 외 두 서보전동기의 차이점은 다음 [표 10.2]와 같다.

표 10.2 BLDC전동기와 PMSM의 차이점

	BLDC 전동기	PMSM
고정자 전류 파형	정현파	구형파
역기전력 파형	정현파	사다리꼴
회전자 영구자석	자속밀도가 동일	자속밀도가 정현파형태
회전자 자속위치 검출	60°간격으로 검출	연속위치 검출
속도/토크 제어	비교적 쉬움	약간 복잡

연습문제

1. 그린자동차 견인용으로 유도전동기와 비교하여 직류전동기의 장점 및 단점을 기술하라.

2. [그림 10.2(a)]의 직류전동기 구조에서 두 브러쉬 위치를 같이 CW방향으로 30°이동시키면 발생되는 문제점을 작성하라.

3. 유도전동기의 극수는 4극이며 3상 전압의 주파수는 60Hz이며 정격속도는 1730rpm이다.
   (a) 동기각속도를 계산하라.
   (b)유도전동기가 정격속도로 회전 시 슬립 값을 계산하라.

4. [그림 10.34]의 영구자석 물질의 감자곡선에서
   (a) B_r(잔류자속밀도) 특성이 제일 우수한 영구자석과 제일 나쁜 영구자석을 기술하라,
   (b) H_c(보자력)특성이 제일 우수한 영구자석과 제일 나쁜 영구자석을 기술하라,

5. BLDC전동기와 3상 인버터가 [그림 10.38]과 같으며, 회전자 자속위치가 아래그림과 같다. 회전자를 CCW방향으로 회전시키고자 한다.

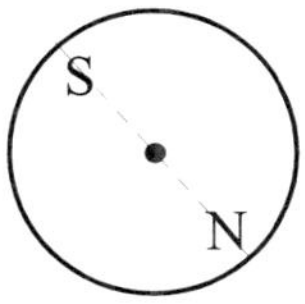

   (a) [그림 10.38]에서 3상 인버터에서 턴 온되는 스위치 종류를 기술하라.

(b) 3상 고정자전류 식을 구하라.

(c) 3상 고정자전류에 의해 발생되는 자속방향을 표시하라.

7. [그림 10.17] 단상 위상제어 정류기에서 α= 60°일 경우

(a) 출력전압 파형을 그려라.

(b) 출력전압 평균값를 구하라.

(c) 전원전류 is의 파형을 그려라.

8. [그림 10.18] 벅컨버터에서 환류다이오드가 없을 경우

(a) (0 ≤t < ton) 구간에서 전기자 전압 및 전류 파형을 그려라.

(b) (ton ≤t < T) 구간에서 전기자 전압 및 전류 파형을 그려라.

9. PMSM의 벡터제어 시와 직류전동기의 자속과 MMF의 위상도 및 토크 식를 서로 비교하라.

10. 동기전동기와 유도전동기 주파수제어로 속도제어 시

(a) 동기전동기의 속도-토크 특성곡선을 작성하고 속도제어 방법을 설명하라.

(b) 유도전동기의 속도-토크 특성곡선을 작성하고 속도제어 방법을 설명하라.

제11장

차제 전기장치 및 제어시스템

최근에 하이브리드자동차(Hybrid Electric Vehicle, HEV) 및 연료전지 자동차(Fuel Cell Electric Vehicle, FCEV)로 정의되는 친환경 미래형 자동차와 편의성 및 안정성을 향상시키기 위해 여러 가지 부가장치들의 고지능화와 관련하여 자동차에 전자장치화를 폭넓게 적용하는 지능형 자동차분야는 현재의 엔진에 연결되어 구동되는 동력시스템과 현재의 간단한 DC모터를 이용한 사용자에 의한 단순ON/OFF 구동분야의 지능화를 위해 많은 구동모터의 사용에 대한 개발이 증대되고 있다.

특히, 차량의 '안전성'과 "편의성"을 획기적으로 향상시킴으로써 안전하고 쾌적한 교통 환경을 확보하고, 교통사고로 인한 사회적인 인적, 물적 손실을 최소화하면서 차량의 개념이 단순한 운송수단에서 운송, 정보, 업무, 휴식 공간으로 발전된 지능형자동차는 현재도 어느 정도의 시장을 확보하고 있으며, 편의성 및 안전성에 대한 소비자의 요구가 크게 증대되고 있으므로, 지능형 차량에 대한 수요는 향후 10년간 크게 증가할 것으로 예측될 뿐만 아니라 향후 HEV 및 EV의 적용확대에 따라 시장규모가 더욱 큰 폭으로 확대될 것으로 예상되고 있다.

지능형 안전시스템 및 차량 편의 시스템을 시작으로 선진국 중심으로 시장형성이 시작되는 단계인 지능형 자동차는 그 보급률이 2010년에는 평균 40%, 2020년에는 70%로 전망되며, 2030년 이후에는 지능형 차량이 보편화될 것으로 전망되고 있다. 특히 기존의 차량 안전시스템은 승객의 생명보호 및 상해 최소화를 위한 수동 개념의 안전 기술(Passive Safety)이 개발되어 장착되고 있지만, 인명의 피해를 최소화하기 위한 기술로 사고를 미연에 방지할 수 있는 능동 개념의 안전기술(Active Safety)을 필요로 하게 됨에 따라 사고를 미리 예방하는 능동적 개념의 안전 시스템과 차량의 능동 제어를 통한 안전성을 도모하는 시스템들이 개발되고 있으며, 최근에는 한층 더 진보된 안전 시스템들로서 운전자의 개입이 있기 전에 미리 주행 상황을 판단하여 운전자에게 안전을 제공하는 시스템(Pre-Crash Safety)들의 연구가 활발히 진행되고 있다.

차량의 지능화는 궁극적으로 운전자의 안전과 편리성을 위한 것이며 기본적으로 차량 동특성 제어를 통하여 가능하지만 향후에는 차량의 지능을 향상시키기 위한 차량의 정보 습득 능력이 매우 중요하게 될 것이며, 이것은 현재 활발히 추진되고 있는 ITS 분야의 많은 기술들이 차량으로 이식됨을 의미하며, 향후 지능화 차량에 있어서는 센서 기술과 전자기술(마이크로프로세서, 집적화)을 이용한 차량 안전도분야에 대한 개발이 더욱 가속화될 것이며 정보통신(도로의 인프라, 통신망)을 이용한 차량 정보화 기술도 ITS 분야의 기술개발과 더불어 더욱 가속화 될 것이다.

이러한 지능화 차량의 개발은 수많은 센서와 통신기를 통하여 정보를 수집하고 고성능의 제어기가 많은 Actuator 및 Motor를 실시간으로 제어함으로써 이루어지며, 따라서 제어기의 설계는 각 부분 별 개발보다는 차량 전체를 통합하는 방향으로 진행되고 있다.

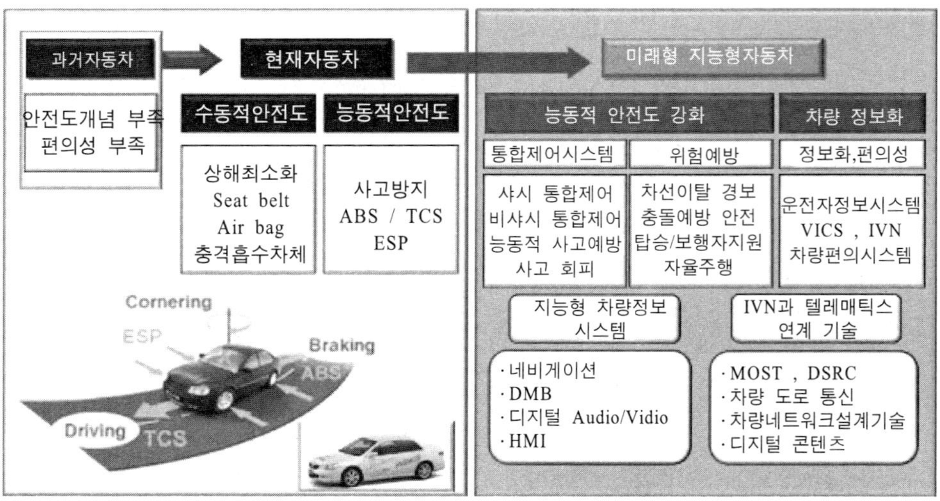

그림 11.1 지능형자동차의 기술발전

차량에서의 전동모터는 이러한 차량의 안전 및 편의에 있어 인식된 정보에 의한 판단결과를 실행에 옮기는 동작을 취하는 부분으로서 그 중요성이 매우 클 뿐만 아니라 그 사용수요도 급격하게 증대할 것으로 예상되고 있다. 이러한 수요증대는 자동차용 전동모터가 1994년 20억 개에서 2005년 64억 개로 216%의 성장률로 자동차 대수의 증가보다는 자동차 대당 소요량의 증대로 해석되며, 이러한 해석은 대당 모터수가 현재의 70개내 외에서 100개 이상의 적용에 따라 그 증가가 더욱 커질 것으로 예측되고 있다.

물론 현재의 차량에도 사용하는 모터의 수가 30개에서 70개정도가 적용되고 있으나, 95%이상이 운전자에 의한 단순 ON/OFF구동이 대부분이며, 그 외 전동모터의 경우에도 단순 전압가변에 의한 속도제어에 한정되고 있다. 따라서 지능화된 정보 인식에 의한 판단의 실천을 위한 동작을 위해서는 대부분의 전동모터화되고 제어부(VehiclN/Control/Unit, VCU)로 부터의 명령에 의한 제어가 가능한 제어형 모터로 변환되어야 하며, 그 제어정도에 있어서도 단순 ON/OFF구동이 아닌 속도제어, 위치제어, 토크제어까지 확장되어야만 한다.

그러므로 이러한 제어를 위해서는 현재의 배터리에 직접 연결된 DC모터에 스위치 ON/OFF구동방식에서 제어기를 갖는 제어형모터로서의 DC 및 Brushless DC (BLDC) 모터, 영구자석형 동기모터(Permanent Magnet Synchronous Motor, PMSM)가 다양하게 응용분야에 따라 개발되어야 한다. 이러한 개발추세는 응용분야 및 기능에 따라 다음과 같이 분류할 수 있다.

가. 현재 엔진구동력에 의존하는 장치의 전동화를 위한 전동 조향장치 (Electric Power Steering, EPS), 전동 워터펌프 (Electric Water Pump, EWP), 제동장치 (Electric Brake System, EBS), 운전자의 상태에 따른 적응형 능동공조를 위한 전동 공조 시스템(Electric Air-conditioner) 등과 같은 차세대 차량용 전동시스템 개발분야.

나. 기존의 단순 전동구동 장치인 Power Folding Mirror, 전동 Seat, Power window, Wipers, 전기안전벨트(Electric Safety belt) 등의 기능향상용 전동시스템 개발분야.

다. 기존의 수동적 구동을 능동적 구동으로 변환하기 위한 능동 현가장치 (Active Suspension System), X-by-Wire, 지능형 차량조명 시스템 및 편의성 향상을 위한 자동주차시스템 등의 능동기능구현을 위한 전동시스템개발 분야.

본 장에서는 이러한 지능화, 능동화 되어가는 전기장치에 있어, 전동구동의 기본이 되는 예로서의 와이퍼 제어, 기본 전기장치 중의 하나인 열선 타이머 제어, 감광식 실내등 제어, 파워 윈도도도타이머 제어, 키 회수 제어, 안전벨트 경고등 타이머 제어, 중앙 집중식 도어록제어, 미등 자동소등 제어, 오토 도어록제어 등에 대해서 구현 예를 통하여 살펴본다.

1. 간헐 와이퍼(INT WIPER) 제어

1) 입·출력요소 제어

간헐와이퍼(INT) 제어는 우천 시 등에 사용하는 와이퍼의 제어 기능으로서 비, 눈의 양이 적은 경우에 사용하는 것이다.

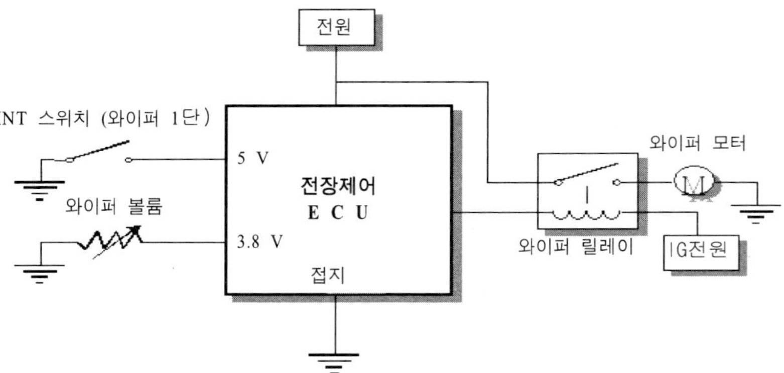

그림 11.2 간헐 와이퍼 제어 개략도

운전자는 적은 양의 비, 눈으로 인해 시야에 방해를 받게 되면 와이퍼를 1단 작동시킨다. 이 때 비의 양에 따라서 와이퍼 작동속도를 빠르게(fast) 또는 느리게(slow) 제어할 수 있다. 전장제어 ECU는 와이퍼스위치 신호(INT스위치)와 와이퍼 볼륨 스위치의 변화를 전압신호로 입력받아서 와이퍼 모터의 작동 주기를 제어한다.

즉, 전장제어 ECU는 와이퍼 릴레이 코일을 접지시켜서 와이퍼 모터를 작동하는데 접지시간의 주기를 길게 또는 느리게 하여 와이퍼 작동속도를 제어하는 것이다. [그림 11.2]은 간헐와이퍼 제어를 간략하게 나타낸 것이며 [표 11.1]은 간헐와이퍼 제어의 입력요소와 출력요소의 전압 변화를 나타낸 것이다.

표 11.1 간헐 와이퍼 제어 입·출력 전압

입력요소	INT 스위치	OFF	ON
		5 V	0 V
	와이퍼볼륨스위치	FAST	LOW
		0 V	3.8 V
출력요소	와이퍼 릴레이	모터 구동	모터 정지
		0V	12V

2) 타임차트

시동키를 ON시킨 상태에서 와셔 스위치를 ON시키면 0.6초(T1) 후에 와이퍼 출력이 ON된다. 와셔스위치를 OFF시킨 후 2.5~3.8초(T2) 후에 와이퍼 출력이 OFF로 된다. [그림 11.2]는 간헐 와이퍼 제어의 타임 차트를 나타낸 것이다.

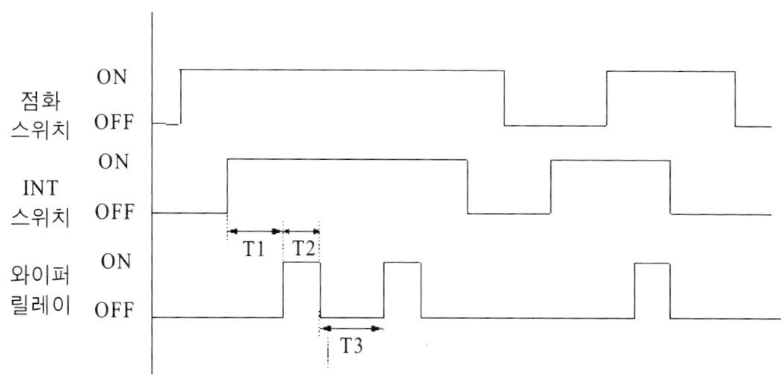

11.2 워셔 연동 와이퍼 제어

2. 워셔 연동 와이퍼 제어

1) 입·출력요소 제어

운전 중에 앞 유리에 성애, 먼지 등으로 시야가 불투명할 때 운전자는 워셔 스위치를 작동시켜 앞 유리에 워셔액을 분출시킨다. 이 때 와이퍼가 자동으로 앞 유리를 약 2~3회 왕복 세척 후 정지한다. 이것은 운전자가 핸들 우측에 있는 워셔 스위치를 작동시키면 전장제어 ECU는 워셔 스위치 신호를 입력받아서 와이퍼 모터

릴레이를 구동시키게 된다. 이렇게 되면 와이퍼 릴레이와 연결된 와이퍼 모터에 전류가 공급되고 와이퍼 모터가 회전하여 와이퍼가 작동하게 되는 것이다.

또한 워셔 스위치가 OFF되면 전장제어 ECU는 일정시간 후 와이퍼릴레이를 정지시켜서 와이퍼를 멈추도록 제어하는 것이다. [그림 11.3]은 워셔 연동 와이퍼 제어를 간략하게 나타낸 것이며 [표 11.2]는 간헐 와이퍼 제어의 입력요소와 출력요소의 전압 변화를 나타낸 것이다.

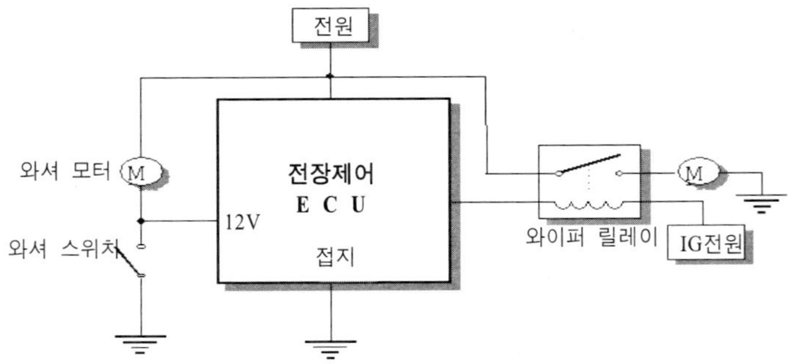

그림 11.3 워셔 연동 와이퍼 제어 개략도

표 11.2 워셔 연동 와이퍼 제어 입·출력 전압

입력요소	워셔 스위치	OFF	ON
		12 V	0 V
출력요소	와이퍼 릴레이	모터 구동	모터 정지
		0V	12V

2) 타임차트

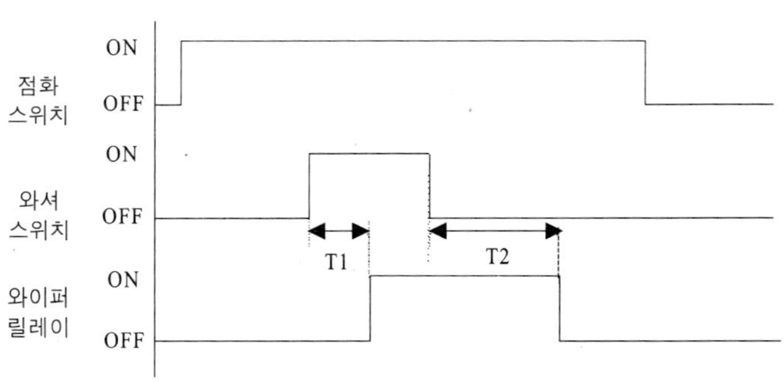

그림 11.4 워셔 연동 와이퍼 제어의 타임 차트

3. 선 타이머 제어

1) 입·출력요소 제어

성애, 눈 등으로 뒤 유리, 사이드미러의 시야가 불투명하게 되면 운전에 어려움을 겪게 된다. 이때 운전자는 뒷 유리 열선 스위치를 눌러서 뒤 유리, 사이드 미러의 성애, 눈 등을 제거시키게 된다. 만약 운전자가 열선 스위치를 OFF시키지 않아도 자동으로 약 15분 후에는 열선스위치는 꺼지고 열선 동작은 정지하게 된다.

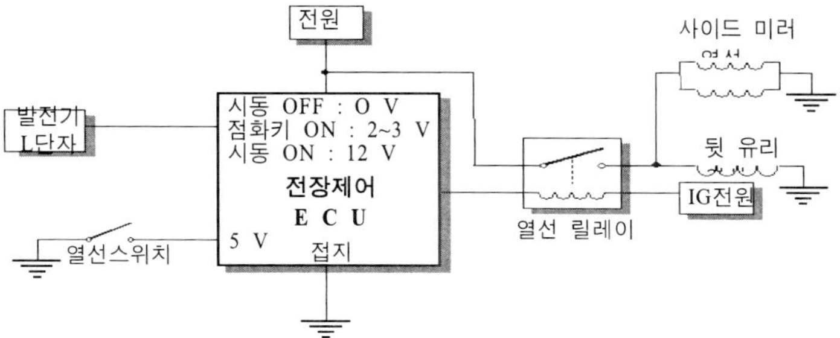

그림 11.5 열선 타이머제어의 개략도

이것은 전류 소모량이 큰 열선이 오랜 시간 동안 작동하게 되면 자동차 배터리의 전류 소모량이 과도하게 증가하게 되어 배터리가 방전될 수 있기 때문에 이를 방지하기 위한 것이다.

표 11.3 열선 타이머 제어의 입·출력 전압

입력요소	발전기L단자	시동키 OFF	시동키 ON	시동 시
		0V	2~3V	12V
	열선 스위치	OFF	ON	
		5V	0V	
출력요소	열선 릴레이	열선 작동	열선 해제	
		0V	12V	

[그림 11.5]는 열선 타이머 제어의 개략도 이며 표 9는 열선 타이머 제어의 입·출력 전압을 나타낸 것이다. 열선 스위치가 ON되면 전장제어 ECU는 발전기 L단자의 전압을 검출하여 차량의 시동이 걸려있는지 확인한다. 시동이 걸려 있으면 열선릴레이를 동작시켜 뒤 유리와 사이드미러의 열선을 작동시키고 만약 시동이 걸려 있

지 않으면 열선은 작동하지 않는다. 이것은 차량 배터리의 급속한 방전을 막기 위한 것이다. 열선 스위치가 ON된 후 15분 이내에 운전자가 열선 스위치를 OFF시키지 않으면 전장제어 ECU는 자동으로 열선 릴레이를 OFF시켜서 열선 동작을 중지시키고 배터리를 보호하는 제어를 한다.

2) 타임차트

차량의 시동이 걸려서 발전기 L단자에서 12V가 출력이 되면 이 신호를 입력받은 전장제어 ECU는 차량의 시동이 걸렸다고 인정하고 이 상태에서 운전자가 열선 스위치를 한번 누르면 열선 릴레이를 작동시켜서 열선을 15분(T1)간 작동시킨다. 열선이 작동하는 중에 운전자가 다시 열선스위치를 누르면 전장제어ECU는 열선 릴레이 출력을 즉시 멈춘다. 그리고 열선이 작동하는 중에 시동이 꺼져서 발전기 L단자의 출력이 OFF상태로 되면 이 경우에도 전장제어 ECU는 열선 출력을 즉시 멈춘다. 또한 사이드 미러 열선도 뒤 유리 열선과 병렬로 연결되어 동일하게 작동한다.

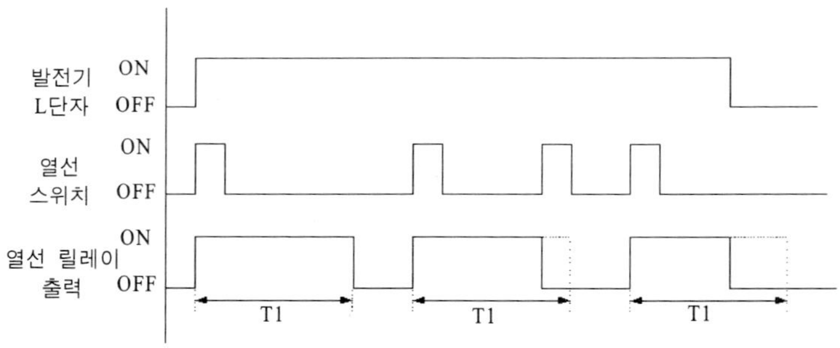

그림 11.6 열선 타이머 제어의 타임 차트

4. 감광식 실내등 제어

1) 입·출력요소 제어

야간에 차량에 승차하기 위해서 차량 문을 열었을 때 실내가 어두우면 여러 가지로 불편하게 된다. 이런 문제로 인하여 전장제어 ECU가 문이 열리면 차내의 실내등이 자동으로 점등되도록 하여 승하차 시에 도움을 주도록 제어하고 있다. 그리고 문을 닫더라도 바로 실내등이 꺼지는 것이 아니라 시동 및 출발준비를 할 수 있도록 실내등을 수 초 동안 점등시켜 준 후 서서히 소등한다. 이 실내등 제어를 위해서 룸램프는 "DOOR"위치로 스위치를 설정해야 한다. [그림 11.7]은 감광식 실내등 제어의 개략도 이며 [표 11.4]은 감광식 실내등 제어의 입·출력 전압을 나타낸 것이다. 전장제어 ECU는 운전석 도어스위치 신호, 조수석 도어스위치 신호, 2개의 뒷좌석 도어스위치 신호를 각각 입력받아서 각 도어의 개폐에 따라 실내등을 제어한다.

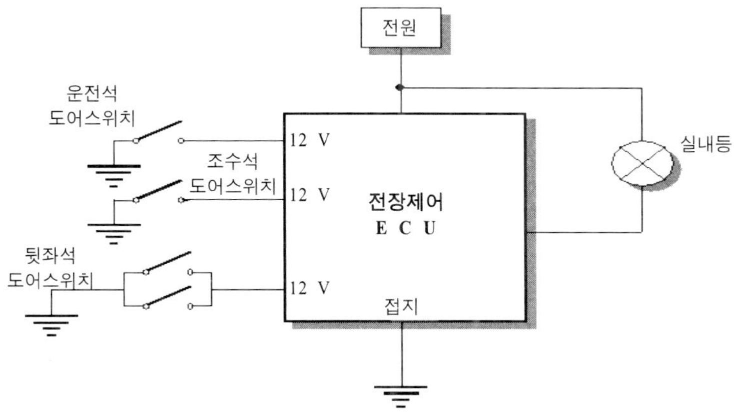

그림 11.7 감광식 실내등 제어의 개략도

표 11.4 감광식 실내등 제어의 입·출력 전압

입력요소	전 도어 스위치	도어 열림	도어 닫힘
		0V	12V
출력요소	실내등	점등	소등
		0V	12V

2) 타임차트

운전자가 차량의 도어를 열면 도어스위치는 ON으로 되고 전장제어 ECU는 실내등은 점등한다. 도어를 닫으면 도어 스위치는 OFF로 되고 실내등은 75% 감광 후 서서히 감광하여 5~6초(T_1) 후에 완전히 소등한다. 또한 감광 동작 중에 도어를 열어서 도어스위치가 다시 ON으로 되면 전장제어ECU는 즉시 실내등을 다시 점등한다. 그러나 도어 스위치 ON시간이 0.1초 이하인 경우에는 감광 동작을 하지 않는다.

또한 감광 동작 중에 시동을 걸기 위해 시동키를 ON하면 즉시 감광 동작을 멈추고 실내등을 소등시킨다. 이것은 운전 시에 실내등으로 인해 방해되지 않기 위한 것이다. 물론 실내등 제어에서 입력되는 도어 스위치는 모든 도어 스위치이다.

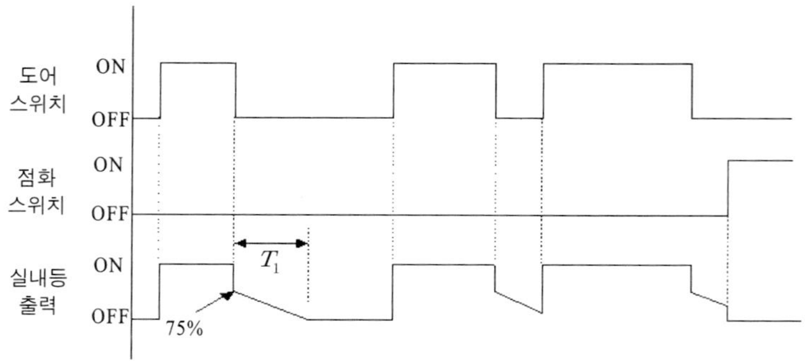

그림 11.8 감광식 실내등 제어의 타임 차트

5. 파워 윈도우 타이머 제어

1) 입·출력요소 제어

운전자가 차량의 시동을 끈 후에 차량을 살펴보니 창문이 내려져 있었다. 이러한 경우에 창문을 올리기 위해서는 다시 시동키를 삽입하고 시동을 건 후에 창문을 올려야 창문이 올라가도록 되어있다. 이러한 불편을 피하기 위해서 시동을 끄고 키를 뺀 후에도 일정시간(약 30초)동안만 파워 윈도우 모터에 전원을 공급시켜서 내려져 있는 윈도우를 다시 올릴 수 있도록 제어하는 것이 파워 윈도우 타이머 제어이다. 시동키가 ON되면 전장제어 ECU는 파워 윈도우 릴레이를 작동시켜서 파워윈도우 메인 스위치로 전원을 공급한다. 즉 파워 윈도우가 작동하게 된다.

시동키가 OFF된 후에도 약 30초 동안은 릴레이를 제어하여 파워 윈도우 메인 스위치에 전원을 공급하도록 하고 그 후에는 릴레이를 OFF시킨다. [그림 11.9]는 파워 윈도우 타이머 제어의 개략도 이며 [표 11.5]은 파워 윈도우 타이머 제어의 입·출력 전압을 나타낸 것이다.

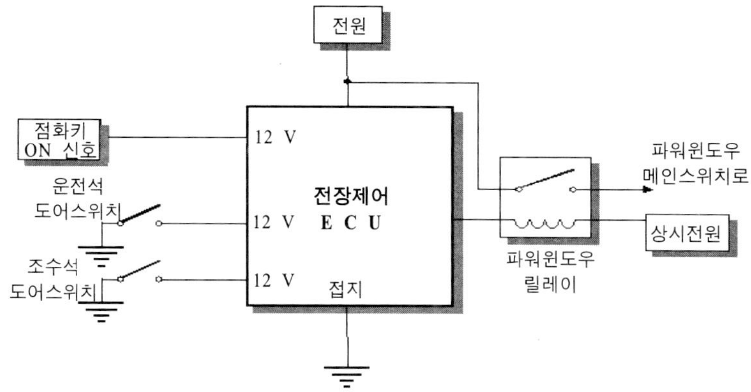

그림 11.9 파워 윈도우 타이머 제어의 개략도

표 11.5 파워 윈도우 타이머 제어의 입·출력 전압

<table>
<tr><td rowspan="5">입력요소</td><td rowspan="2">시동 키</td><td>OFF</td><td>ON</td></tr>
<tr><td>0V</td><td>12V</td></tr>
<tr><td></td><td>도어 열림</td><td>도어 닫힘</td></tr>
<tr><td>운전석 도어 스위치</td><td rowspan="2">0V</td><td rowspan="2">12V</td></tr>
<tr><td>조수석 도어 스위치</td></tr>
<tr><td rowspan="2">출력요소</td><td rowspan="2">파워윈도우릴레이</td><td>작동</td><td>비작동</td></tr>
<tr><td>0V</td><td>12V</td></tr>
</table>

차량의 종류에 따라서 도어가 열리면 그 즉시로 파워 윈도우 타이머 제어를 종료하기도 한다. 즉 도어가 열려 있는 상태에서는 시동키를 ON시켰을 때만 파워 윈도우에 전원을 공급하게 된다.

2) 타임차트

운전자가 시동키를 ON시키면 파워 윈도우 출력이 ON되어 파워 윈도우가 동작된다. 운전자가 시동키를 OFF시켜서 시동을 정지시킨 후에도 약 30초 동안 파워 윈도우 출력을 유지시켜서 파워 윈도우가 작동하도록 제어한다. 만약 파워 윈도우 타이머 제어 중 운전석 또는 조수석 도어가 열리면 파워 윈도우 출력을 즉시로 OFF한다. 즉 운전석 또는 조수석이 열려 있는 상태에서는 파워 윈도우 타이머 제어 기능이 작동하지 않고 시동키가 ON되어 있는 상태에서만 파워 윈도우가 동작하는 것이다.

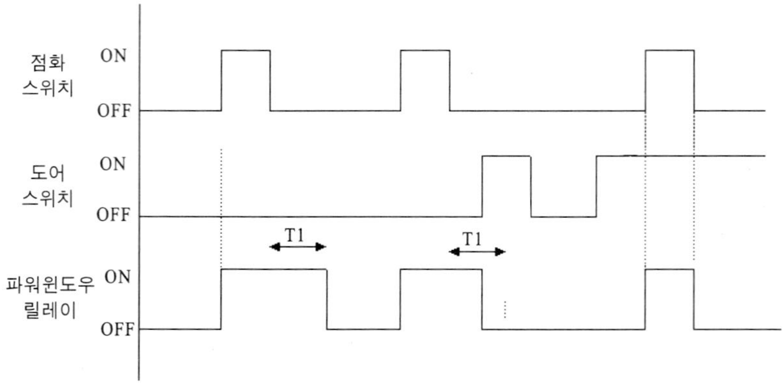

그림 11.10 파워 윈도우 타이머 제어의 타임 차트

6. 키 회수 제어기능

1) 입·출력요소 제어

운전자가 차량의 키 박스에 키를 꽂아 둔 채로 문을 잠그게 되면 차량의 문을 열지 못하는 어려움을 겪게 된다. 이러한 상황이 발생하지 않도록 전장제어 ECU는 키 회수 제어를 수행한다. 이것은 키 박스에 키가 삽입되어 있고 운전석의 문이 열린 상태에서 도어 록을 시키면 전장제어 ECU는 바로 도어 언록 출력을 내어서 운전석 문이 잠기는 것을 방지하도록 한다.

[그림 11.11]은 키 회수 제어의 개략도 이며 [표 11.6]은 키 회수 제어의 입·출력 전압을 나타낸 것이다.

표 11.6 키 회수 제어의 입·출력 전압

입력요소	키 삽입 스위치	탈거	삽입
		0V	12V
	운전석 도어 스위치	도어 열림	도어 닫힘
		0V	12V
	운전석 도어 록 스위치	도어 언록	도어 록
		0V	5V
출력요소	도어 언록 릴레이	작동	해제
		0V	12V

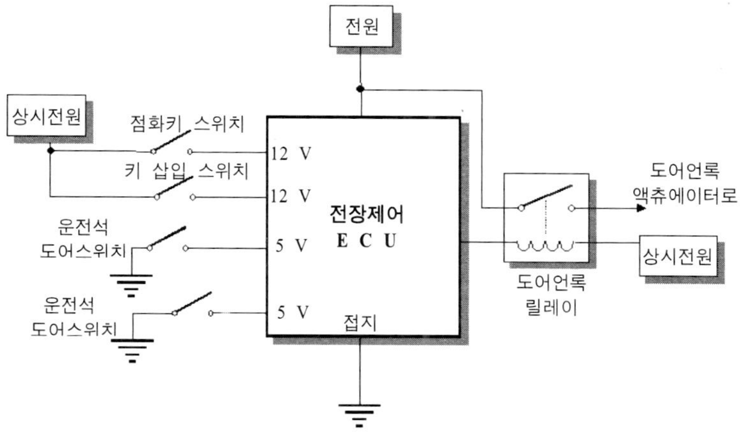

그림 11.11 키 회수 제어의 개략도

2) 타임차트

[그림 11.12]는 키 회수 제어의 타임 차트를 나타낸 것이다. 키가 삽입되어 있는 상태에서 운전석 도어 스위치가 열리고 운전자가 운전석 도어록 스위치를 눌러서 운전석 도어를 록 시키면 전장제어 ECU는 바로 도어 언록 릴레이를 작동시켜서 전체 도어를 언록시킨다. 즉 키가 꽂혀 있는 상태에서 도어가 록 되는 것을 방지하는 것이다. 이 동작은 1회만 작동하는 것이 아니고 차종에 따라서 수회 반복 실시한다.

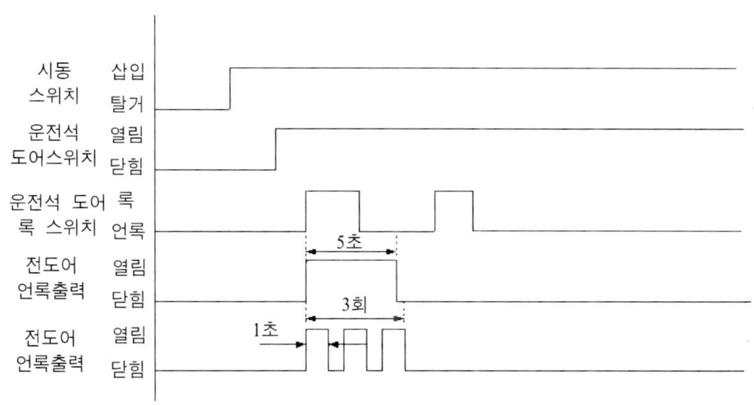

그림 11.12 키 회수 제어의 타임 차트

7. 안전벨트 경고등 타이머제어

1) 입·출력요소 제어

시동키가 OFF상태에서 ON으로 되면 전장제어 ECU는 운전자가 차량의 시동을 걸고 운전하려는 것으로 인식을 한 후 운전자에게 안전벨트 착용을 알리는 안전벨트 경고등이 점멸시킨다.

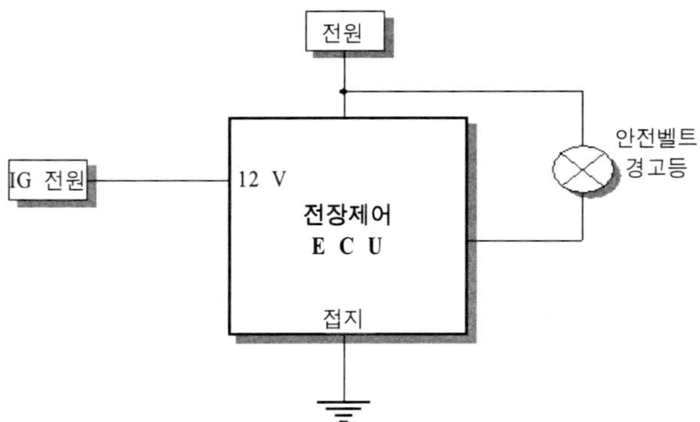

그림 11.13 안전벨트 경고등 타이머 제어 개략도

이 안전벨트 경고등 타이머 제어는 운전자가 안전벨트를 착용하는 것과 관계없이 약 6초 동안 안전벨트 경고등을 점멸시킨 후에 정지한다. 시동이 ON되어 있는 상태에서 안전벨트를 탈거하여도 안전벨트 경고등은 점멸하지 않는다. [그림 11.13]은 안전벨트 경고등 제어의 개략도 이며 [표 11.7]는 안전벨트 경고등 제어의 입·출력 전압을 나타낸 것이다.

표 11.7 안전벨트 경고등 타이머 제어 입·출력 전압

입력요소	시동 키 스위치 (IG1 신호)	OFF	ON
		0V	12V
출력요소	안전벨트 경고등	점등	소등
		0V	12V

2) 타임차트

[그림 11.14]는 안전벨트 경고등 타이머 제어의 타임 차트를 나타낸 것이다. 시동키를 ON시키면 안전벨트 경고등은 약 0.6초 주기(T2= 0.3, 50% 듀티신호)로 약 6초(T1)간 점멸한다. 만약 6초 이내에 안전벨트를 착용하여도 경고등은 계속 점멸한다. 안전벨트 경고등이 소등한 후에 안전벨트를 탈거하여도 안전벨트 경고등은 다시 점멸하지 않는다.

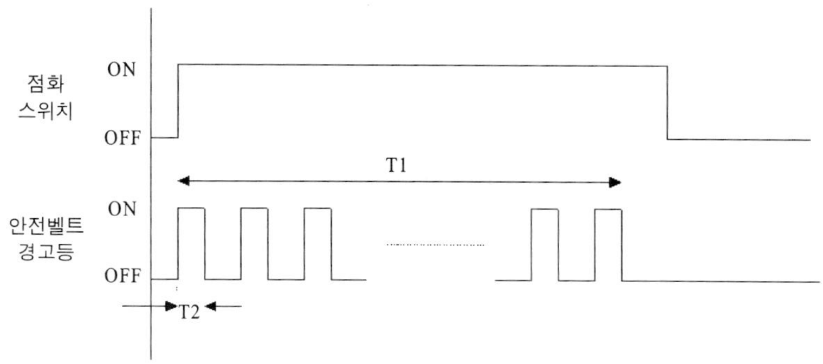

그림 11. 14 안전벨트 경고 타이머 제어 타임 차트

8. 중앙 집중식 도어록 제어

1) 입·출력요소 제어

운전자가 차량에서 내려서 운전석도어에 키를 삽입하고 문을 잠그면 전체 도어가 함께 잠기고 잠긴 문을 해제하면 전체 도어가 함께 해제 된다. 또한 차량에 승차하여 차내에서 운전석 또는 조수석 도어의 도어 록 노브를 사용하여 문을 잠가도 마찬가지도 전체도어가 잠기고 운전석 또는 조수석 도어를 해제시키면 전체도어가 해제 된다. 이러한 기능을 중앙 집중식 도어 록 제어라고 하며 이 제어 역시 전장제어 ECU가 담당하고 있다. 전장제어 ECU는 운전석 도어 록 스위치와 조수석 도어 록 스위치 신호를 입력 받아서 그 신호에 따라서 도어 록 릴레이 또는 도어 언록 릴레이를 제어하여 전체 도어를 록 또는 언록 시키는 것이다.

[그림 11.15]는 중앙집중식 잠금장치 제어의 개략도이고 [표 11.8]는 중앙집중식 도어 록의 입·출력 전압의 변화를 나타낸 것이다. 또한 도난 경보기가 장착된 차량에서는 리모컨 신호에 의해서 차량을 록 또는 언록 시키기도 한다.

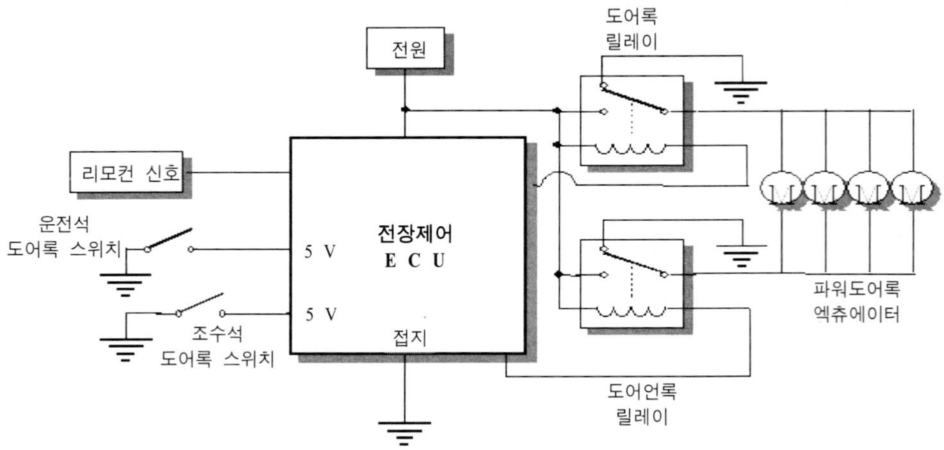

그림 11.15 중앙집중식 도어 록 제어 개략도

표 11.8 중앙집중식 도어 록 제어 입·출력 전압

입력요소	운전석 도어 록 스위치	도어 언록	도어 록
		0V	5V
	조수석 도어 록 스위치	도어 언록	도어 록
		0V	5V
출력요소	도어 록 릴레이	작동	해제(평상시)
		0V	12V
	도어 언록 릴레이	작동	해제(평상시)
		0V	12V

도난 경보기가 장착된 차량은 운전석 또는 조수석 노브를 사용하여 도어를 잠그면 전체 도어가 잠기기는 하지만 노브를 사용하여 도어를 해제시키면 전체도어가 해제되지는 않는다. 이것은 안전상의 이유로 이렇게 설정되어 있다.

2) 타임차트

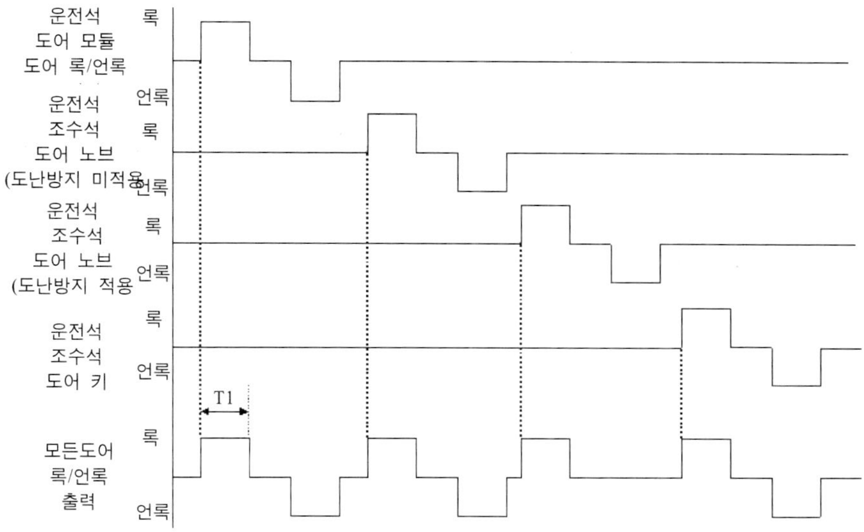

그림 11.16 중앙집중식 도어 록 제어 타임 차트

9. 미등자동 소등제어

1) 입·출력요소 제어

운전자가 실수로 미등 스위치를 OFF시키지 않고 차량에서 내렸을 경우에 장시간 시간이 지나면 배터리가 방전하게 되어 그 후에 시동이 불가능하게 되는 어려움을 겪는 경우가 종종 있다. 이러한 문제를 미연에 방지하기 위하여 전장제어 ECU는 시동키 OFF로 된 후 키박스에서 탈거되고 미등스위치가 ON되어 있는 상태에서 운전석 도어가 열리면 그 즉시 미등릴레이를 OFF시켜서 배터리 방전을 예방한다. 이것을 미등 자동 소등제어 라고 한다.

[그림 11.17]은 미등 자동 소등 제어의 개략도이고 [표 11.9]는 미등 자동 소등 제어의 입·출력 전압을 나타낸 것이다. 단, 그랜저 XG 차량은 시동키를 OFF할 때 미등 소등 제어 기능 수행하고 아반테XD 차량은 시동키를 키박스에서 탈거할 때 미등 소등제어 기능을 수행한다.

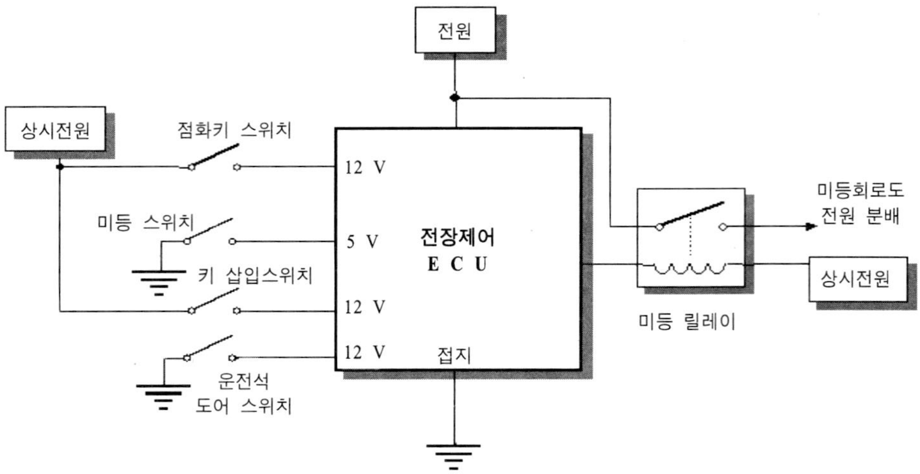

그림 11.17 미등 자동 소등 제어 개략도

표 11.9 미등 자동 소등 제어 입 출력 전압

입력요소	시동 키	OFF	ON
		0V	12V
	키 삽입 스위치	탈거	삽입
		0V	12V
	미등 스위치	ON	OFF
		0V	5V
	운전석 도어스위치	도어 열림	도어 닫힘
		0V	12V
출력요소	미등 릴레이	작동	해제
		0V	12V

2) 타임차트

미등이 켜 있는 상태에서 시동키를 OFF한 후 키박스에서 탈거하고 운전석 도어를 열면 그 즉시로 전장제어 ECU가 미등릴레이가 OFF시켜서 미등이 소등된다. 그 상태(미등스위치는 ON되어 있으나 전장제어 ECU가 미등릴레이를 OFF시킨 상태)에서 다시 키를 삽입하여 키를 ON시키면 미등릴레이가 ON으로 되어 미등이 켜진다. 여기서 다시 시동키를 OFF시키고 키 박스에서 다시 탈거하면 동일하게 미등 소등제어를 실시한다.

다시 시동키를 OFF시킨 상태에서 운전석 도어를 열고 미등스위치를 OFF상태에서 ON시키면 미등릴레이가 ON으로 되고 미등이 켜진다. [그림 11.18]은 미등 자동 소등 제어의 타임차트를 나타낸 것이다.

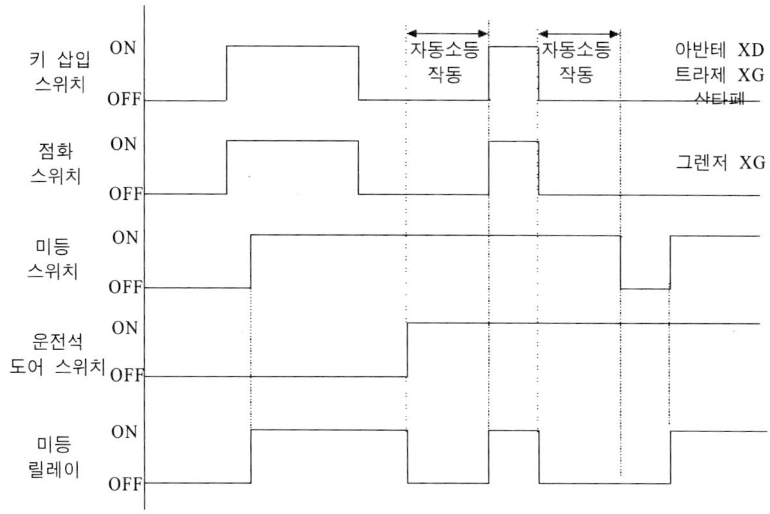

그림 11.18 미등 자동 소등 제어 타임 차트

10. 오토 도어록 제어

1) 입·출력요소 제어

차속이 40km 이상이 되면 전장제어 ECU는 자동으로 전체 도어를 자동으로 잠그는 제어를 수행한다. 이것은 차량이 빠른 속도로 주행하고 있는 상태에서 어린이 등이 장난으로 혹은 실수로 문이 열려서 크게 상해를 입는 것을 방지하기 위한 것이다. 전장제어 ECU는 시동키가 ON신호, 전체 도어 록 신호, 차속 신호를 입력받고 있다가 차속이 40km 이상이 되면 도어 록 릴레이를 ON시켜서 전체 도어를 록 시킨다. [그림 11.19]는 오토 도어 록 제어의 개략도를 나타낸 것이고 [표 11.10]은 오토 도어 록 제어의 입·출력 제어를 나타낸 것이다.

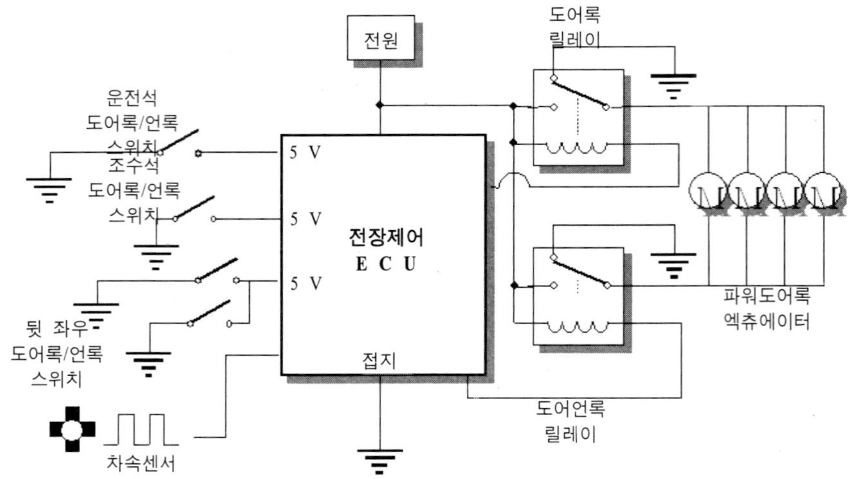

그림 11. 19 오토 도어 록 제어의 개략도

표 11.10 오토 도어 록 제어의 입·출력 전압

<table>
<tr><td rowspan="4">입력요소</td><td rowspan="2">운전석/조수석/뒤 좌우 도어 록, 언록 스위치</td><td>도어 언록</td><td>도어 록</td></tr>
<tr><td>0V</td><td>5V</td></tr>
<tr><td rowspan="2">차속 센서</td><td colspan="2">차속 증가 시</td></tr>
<tr><td colspan="2">펄스 증가</td></tr>
<tr><td rowspan="4">출력요소</td><td rowspan="2">도어 록 릴레이</td><td>작동</td><td>해제(평상시)</td></tr>
<tr><td>0V</td><td>12V</td></tr>
<tr><td rowspan="2">도어 언록 릴레이</td><td>작동</td><td>해제(평상시)</td></tr>
<tr><td>0V</td><td>12V</td></tr>
</table>

2) 타임차트

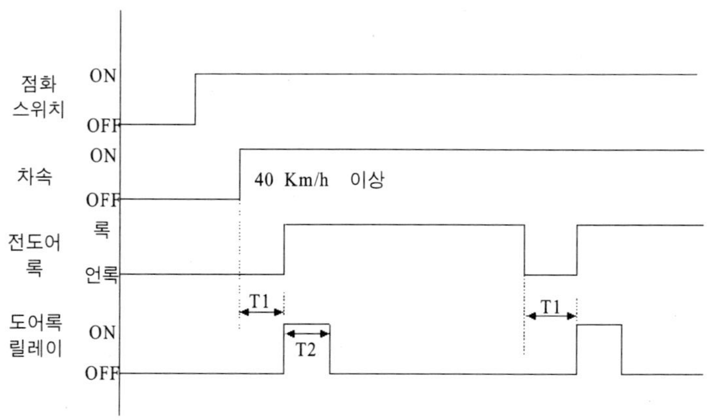

그림 11.20 오토 도어 록 제어의 타임 차트

[그림 11.20]은 오토 도어 록 제어의 타임 차트를 나타낸 것이다. 차속이 40Km/h 이상이 되면 전체 도어를 록 시킨다. 이 제어 후에 어느 한 개의 도어가 언록이 되면 그 즉시 다시 전체 도어 록 동작을 수행한다.

11. 시동 키 홀 조명

1) 입·출력요소 제어

시동키가 OFF상태에서 운전석 도어의 문을 열면 시동 키 박스에 조명등이 들어온다. 이것은 야간에 운전자가 시동 키 박스를 쉽게 찾을 수 있도록 도와주기 위한 편의 장치이다.

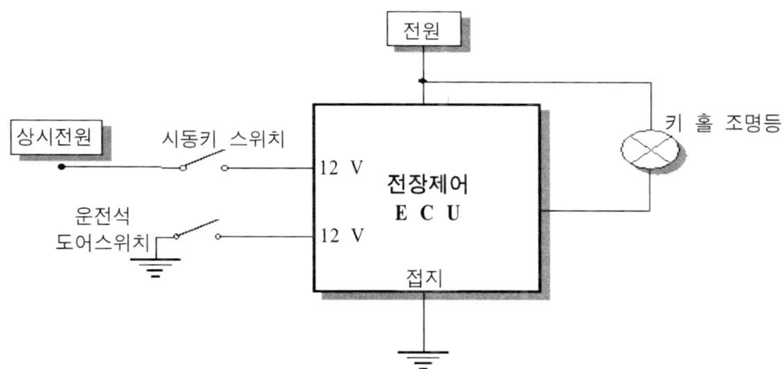

그림 11.21 시동 키 홀 조명 제어 개략도

표 11.11 시동 키 홀 조명 제어 입·출력 전압

입력요소	시동키 스위치	OFF	ON
		0V	12V
	운전석 도어 스위치	도어 열림	도어 닫힘
		0V	12V
출력요소	키 홀 조명등	점등	소등
		0V	12V

전장제어 ECU는 시동키의 ON, OFF상태를 검지할 수 있는 시동 키 스위치 신호와 운전석 도어 스위치 신호를 입력 받아서 키 홀 조명등을 제어한다. [그림 11.21]

은 시동 키 홀 조명 제어의 개략도이고 [표 11.11]은 시동 키 홀 조명 제어의 입·출력 전압을 나타낸 것이다.

2) 타임차트

시동 키(점화스위치) OFF상태에서 운전석 도어가 열리면(운전석 도어 스위치가 ON되면) 키 홀 조명이 ON된다. 운전석 도어가 닫혀도 T1시간동안 계속 키 홀 조명이 ON된다. 키 홀 조명이 ON되어 있을 때 시동을 걸기 위해서 점화스위치를 ON시키면 그 즉시 키 홀 조명은 OFF된다. 즉 점화스위치 OFF, 운전석 도어 스위치 ON 조건만 되면 키 홀 조명은 ON된다.

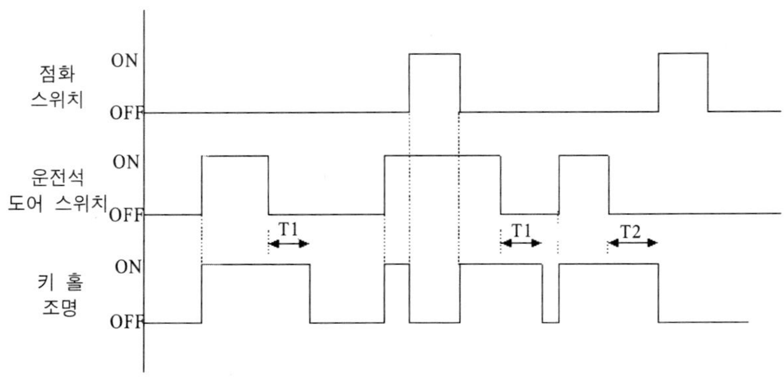

그림 11.22 시동 키 홀 조명 제어의 타임 차트

12. 시동 키 탈거 시 전도어 언록(Un-Lock)제어

1) 입·출력요소 제어

자동차 키를 키 박스에서 탈거 하면 전 도어가 언록 된다. 운전자가 키를 키 박스에서 탈거 했다는 것은 도어를 열고 차량에서 내리려는 것으로 간주될 수 있으므로 운전자의 편의를 위해서 자동으로 전도어를 언록시키는 것이다. [그림 11.23]은 시동키 탈거 시 전도어 언록 제어의 개략도이고 [표 11.12]는 시동 키 탈거 시 전도어 언록 제어의 입·출력 전압을 나타낸 것이다.

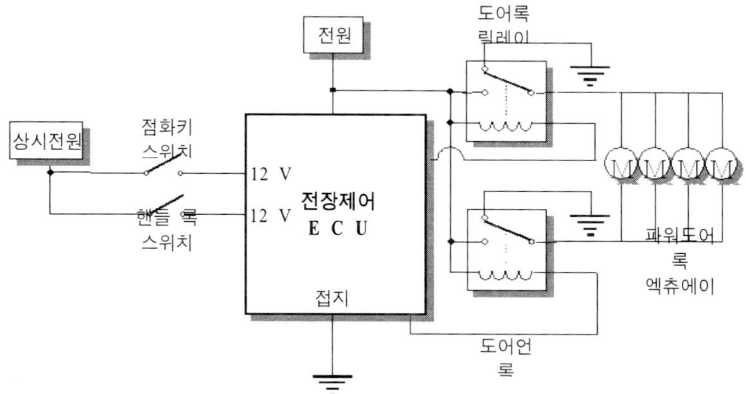

그림 11.23 시동키 탈거 시 전도어 언록 제어 개략도

표 11.12 시동 키 탈거 시 전도어 언록 제어의 입출력 전압

입력요소	시동 키 스위치	OFF	ON
		0V	12V
	핸들 록 스위치	탈거	삽입
		0V	12V
출력요소	도어 언록 릴레이	작동	해제
		0V	12V

2) 타임차트

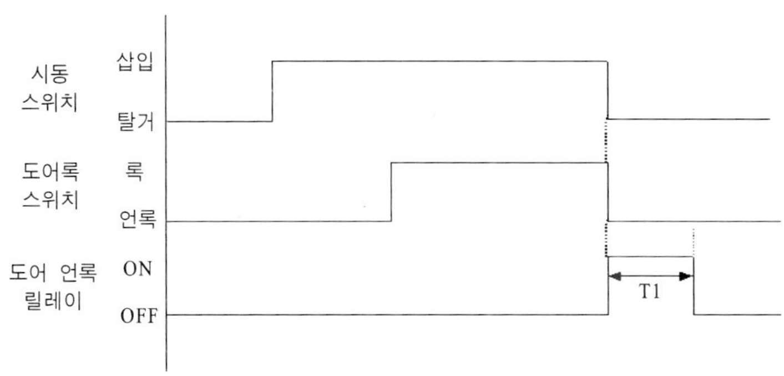

그림 11.24 시동 키 탈거 시 전도어 언록 제어의 타임 차트

[그림 11.24]는 시동키 탈거 시 전도어 언록 제어의 타임 차트를 나타낸 것이다. 시동키를 탈거 하는 순간에 도어 언록 릴레이가 ON으로 된다. 따라서 모든 도어

록 스위치가 언록 상태로 된다. 그랜저 XG, 산타페는 시동키 탈거 시 모든 도어가 언록이 되는 것이 아니고 시동키 OFF 상태가 되면 모든 도어가 언록이 된다.

13. 충돌 감지 언록(Un-Lock)제어

1) 입·출력요소 제어

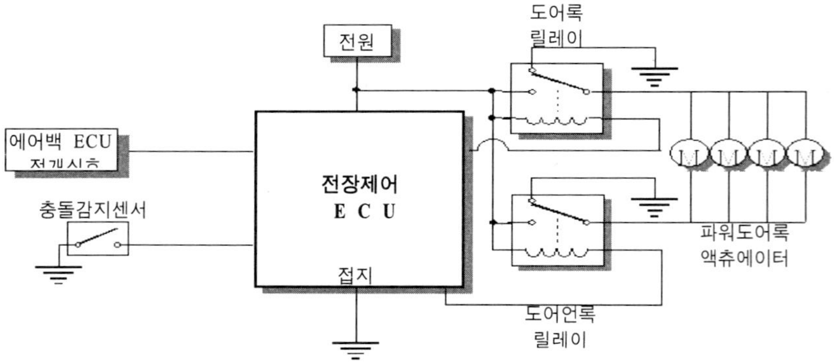

그림 11.25 충돌 감지 언록 제어 개략도

충돌 감지 언록 제어는 자동차 사고가 발생하면 차체의 충격을 감지하여 자동으로 모든 도어를 언록시키는 것이다. 이렇게 하여 자동차로부터 승객이 쉽게 탈출할 수 있게 하는 것이다.

표 11.13 충돌 감지 언록 제어 입출력 전압

입력요소	에어백 전개 신호	평상시	전개
		0V	12V
	충돌감지센서	평상시	충돌
		0V	5V
출력요소	도어 언록 릴레이	작동	해제
		0V	12V

전장제어 ECU는 충돌감지센서, 혹은 에어백 ECU의 전개 신호로 자동차의 충돌을 감지하고 이 때 도어 언록 릴레이를 ON시켜서 전 도어를 언록 하도록 한다.

[그림 11.25]는 충돌 감지 언록 제어 개략도이고 [표 11.13]는 충돌 감지 언록 제어의 입·출력 전압을 나타낸 것이다.

2) 타임차트

에어백 전개 신호가 전개 신호를 발생하던지, 아니면 충돌감지 센서에서 충돌 신호를 내보내면 도어 언록 릴레이가 ON 된다.

트라제 XG, 산타페 등의 차량에서 차량 충돌하면 에어백 ECU로부터 에어백 전개 신호를 입력 받아서 즉시 도어 언록을 행한다. 그랜저 XG의 경우는 별도의 충돌센서에 의하여 파워윈도우 메인 스위치가 도어 언록 제어를 한다. [그림 11.26]은 충돌 감지 언록 제어의 타임 차트를 나타낸 것이다.

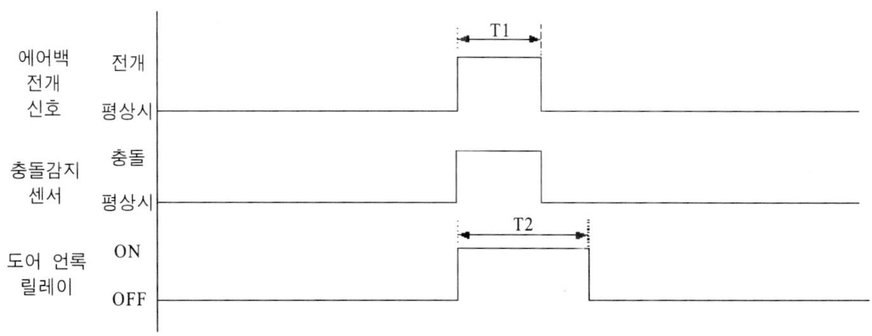

그림 11.26 충돌 감지 언록 제어의 타임 차트

14. 도난 경보 제어

1) 도난 경보기

도난 경보 시스템은 운전자의 도어 록, 언록 신호를 무선으로 내보내는 리모컨과 리모컨의 신호를 무선 통신으로 받아들이는, 차량에 설치된 수신기(리시버) 그리고 수신기의 신호를 받아들여서 각종 릴레이를 제어하는 전장제어 ECU(ETACS)로 구성되어 있다.

표 11.14 차종별 도난 경보기 사양

항목	베르나	아반테 XD	EF소나타	그랜저 XG	트라제XG	산타페	에쿠스
리모컨으로 LOCK	비상등 1회	비상등 1회	비상등 2회	비상등 2회	비상등 1회	비상등 1회	비상등 2회
리모컨으로 UNLOCK	비상등 2회	비상등 2회	비상등 1회	비상등 1회	비상등 2회	비상등 2회	비상등 1회
경보주기 및 횟수	27초 ON 10초 OFF 3회 반복	27초 ON 10초OFF 3회 반복	27초 ON 10초OFF 3회 반복	27초 ON 10초OFF 3회 반복	27초 ON 10초OFF 3회 반복	27초 ON 10초OFF 3회 반복	5초 ON 5초 OFF 90초간 작동
경보동작 중 새로운 도난 발생 시 (사이렌 작동중)	잔여분만 출력	잔여분만 출력	잔여분만 출력	잔여분만 출력	27초 ON 10초OFF 3회 반복	27초 ON 10초OFF 3회 반복	5초 ON 5초 OFF 90초간 작동
경보동작 후 새로운 도난 발생시 (사이렌 작동중)	27초 ON 10초OFF 3회 반복	27초 ON 10초OFF 3회 반복	27초 ON 10초OFF 3회 반복	27초 ON 10초OFF 3회 반복	27초 ON 10초OFF 3회 반복	27초 ON 10초OFF 3회 반복	5초 ON 5초 OFF 90초간 작동
리모컨 주파수대역	447.725 MHz	447.725 MHz	304MHz	447.725 MHz	447.725 MHz	447.725 MHz	447.725 MHz
경보해제 방법	리모컨 IG KEY	리모컨전용	리모컨 IG KEY	리모컨전용	리모컨전용	리모컨전용	리모컨전용
원격시동	없음	있음	없음	있음	없음	없음	있음
ETACS 장착위치	동전 케이스 뒤	오디오하단	정션박스 뒤 삽입	정션박스 뒤 삽입	정션박스 뒤 삽입	정션박스 뒤 삽입	정션박스 측면 삽입
수신기 장착위치	ETACS 일체형	ETACS 일체형	오디오하단	ETACS 일체형	ETACS 일체형	ETACS 일체형	악셀페달 상단부

[표 11.14]는 차종별 도난 경보기의 사양을 나타낸 것이다. 도난 경보기 제작회사에 따라서 조금씩 변화가 있으므로 주의하여 살펴보아야 한다. 단, 리모컨으로만 경계가 해제되는 차량은 리모컨 분실 시 점화키 ON상태로 30초 이상 유지하게 되면 경계가 해제되고 경보 발생이 중지된다. 여기에서는 그랜저, 그랜저XG, 다이너스티 차량에 대해서 살펴본다.

그랜저 다이너스티는 리모컨 코드 판단을 전장제어 ECU가 아닌 수신기가 기억하며 판단한다. 먼저 파워 윈도우 메인스위치에서 수신기로 5V의 전압을 인가하며 수신기로는 록 시 50ms 접지, 언록시 100ms 동안 0V로 접지시키므로 리모컨 록, 언록 신호를 알 수 있다. 이 신호를 입력받은 파워윈도우 메인 스위치는 도어 록 출력을 내고 MUX 통신라인을 통하여 전장제어 ECU로 경계진입 신호를 보내고 전장제어 ECU는 경계진입에 관련된 입력을 확인하고 경계진입조건에 적합하면 경계상태로 진입한다. 따라서 리모컨 입력 시 전장제어 ECU가 아닌 수신기가 리모컨 코드를 기억하므로 별도의 코드 입력선이 필요하지 않으며 단지 5V, 0V로 전압 변화를 보이는 시그널 선만 필요하다.

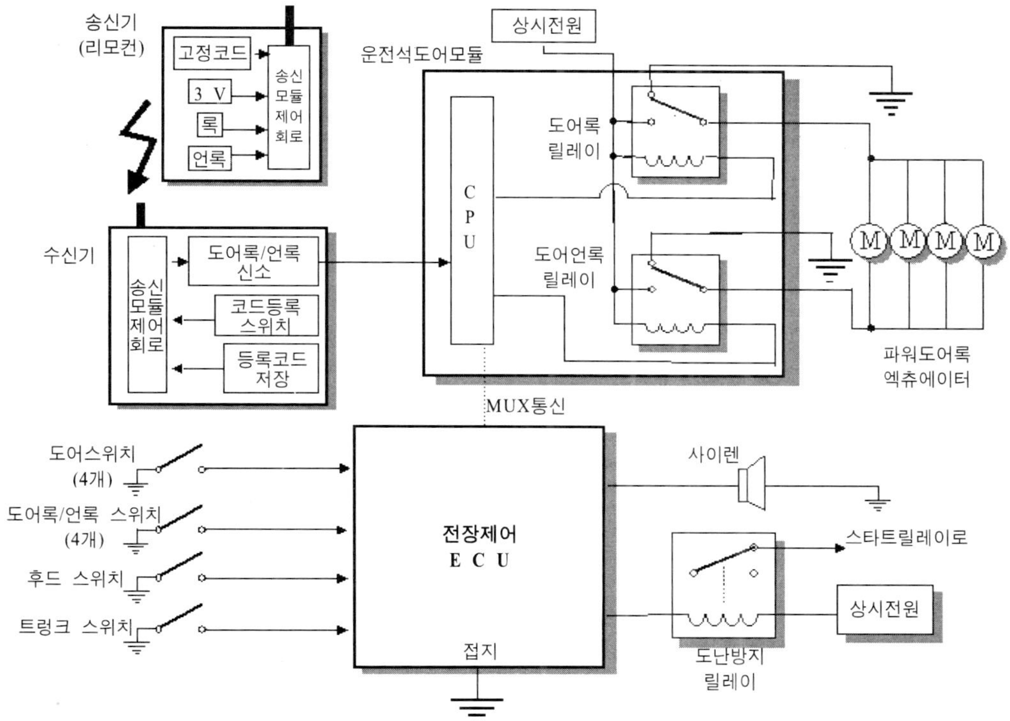

그림 11.27 그랜저, 그랜저XG, 다이너스티 차량의 도난경보 시스템 개략도

표 11.15는 그랜저, 그랜저 XG, 다이너스티 차량의 도난경보 시스템을 설명한 것이다. 리모컨은 사용자가 작동시킨 록, 언록 스위치를 리모컨 정보와 조합하여 도난 경계 진입 및 해제 신호를 수신기로 무선 송출한다. 수신기는 리모컨에서 입력 받은 신호를 내부에 입력된 리모컨 코드와 비교하여 코드가 일치할 경우 파워 윈도우 메인 스위치로 신호를 출력한다.

파워윈도우 메인 스위치는 수신기로 5V의 전압을 인가하며 전압 변화에 따른 리모컨 신호를 입력 받아 도어 록 시 전도어를 잠그고 전장제어 ECU로 경계신호를 보내 준다. 전장제어 ECU는 파워 윈도우 메인 스위치의 도어 록 동작 이후 경보에 관련된 입력을 확인하고 경계조건에 적합하면 경계상태로 진입한다.

표 11.15 그랜저, 그랜저XG, 다이너스티 차량의 도난경보 시스템 설명

단품	역할
리모컨	록 또는 언록 스위치를 리모컨 정보와 조합하여 경계진입 및 해제 신호를 수신기로 송출한다.
수신기	리모컨으로부터 입력받은 신호를 내부에 입력된 리모컨 코드와 비교하여 코드가 일치할 경우 파워윈도우 메인스위치로 신호를 출력한다.
파워윈도우 메인스위치	수신기로 5V의 전압을 인가하여 전압 변화에 따른 리모컨 신호를 입력 받아 록 시 전도어를 잠그고 전장제어 ECU로 경계신호를 보내 준다.
전장제어 ECU	파워 윈도우 메인 스위치의 록 동작 이후 경보에 관련된 입력을 확인하고 경계조건에 적합하면 경계상태로 진입한다.

2) 입·출력요소 제어

도난 경보기의 입력요소는 4개의 도어 스위치, 후드스위치, 트렁크 스위치, 4개 도어의 록 스위치 이다. 전장제어 ECU는 4개 도어, 후드, 트렁크를 각각 병렬로 감지하여 어느 하나라도 열려 있으면 도난 경계 진입을 보류한다. 또한 4개 도어 록 스위치를 감지하여 4개 도어가 모두 록이 되면 경계상태로 진입한다.

도난경보기의 출력요소는 비상등, 도난 경보 릴레이, 사이렌, 도어 록 릴레이 등이 있다. 모든 도어, 후드, 트렁크가 닫혀있고 4개 도어가 모두 잠기는 도난 경계상태의 모든 조건이 만족되면 경계상태로 진입하고 그 신호로 비상등을 1회~2회 깜박인다. 만약 도어 록은 되지만 비상등이 깜박이지 않으면 경계상태로 진입하지 못한 것이다.

도난경보릴레이는 도난 경계상태에서 강제로 문이 열리고 시동키를 키박스에 꽂아서 차량의 시동을 걸려고 할 때 전장제어 ECU가 시동회로를 차단하여 차량의 시동이 걸리는 것을 막고 차량의 도난을 방지하는 장치이다. 사이렌은 도난 경계상태에서 강제로 문이 열리면 사이렌을 동작시켜 경고음을 내어 도난을 방지하는 장치이다. 도어 록 릴레이는 도난 경계상태로 진입할 때 전장제어 ECU가 4개의 도어를 잠그기 위해 작동하는 릴레이이고 도어 언록 릴레이는 도난 경계 해제할 때 4개 도어가 잠긴 것을 풀기 위해 작동하는 릴레이이다.

표 11.16 도난 경보기의 입출력 요소

입·출력 요소		역 할
입력	전체 도어 스위치	4개의 도어 스위치를 병렬로 감지하여 어느 하나라도 열려 있으면 경계진입을 보류한다.
	후드 스위치	후드가 열려 있으면 경계진입을 보류한다.
	트렁크 스위치	트렁크가 열려 있으면 경계진입을 보류한다.
	도어 록 스위치	운전석, 조수석은 독립으로 뒤좌석의 좌, 우는 병렬로 감지하여 도어 록 액추에이터 안의 록 스위치를 감지하여 실제로 도어 록이 되었는지를 감지하여 경계상태로 진입한다.
출력	비상등 출력	모든 조건이 만족되면 경계상태로 진입한다는 신호이며 록은 되나 비상등 출력이 없다면 경계조건이 성립되지 않았다고 볼 수 있다.
	도난 경보 릴레이	경계상태에서 침입 발생시 차량 이동을 방지하기 위하여 시동 회로를 차단하기 위한 릴레이 이다.
	사이렌	도난 발생시 경고음 발생
	도어 록, 언록 릴레이	에탁스 신호에 의하여 전체 도어 록, 언록을 수행

3) 타임차트

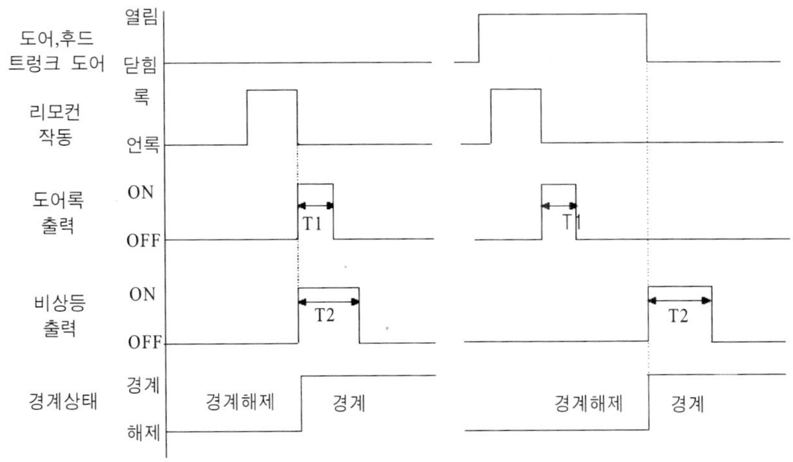

그림 11.28 도난 경계상태의 타임 차트

시동키가 키박스 로부터 탈거되고 4개의 도어와, 후드 그리고 트렁크가 모두 닫힌 상태에서 리모컨의 록 신호가 수신되면 전장제어 ECU는 도어록 릴레이에 출력을 내보내어 4개 도어를 잠근 후 도어 록 스위치로 도어가 잠겨 있는 지 확인한 후 비상 경고등을 점등시키고 경계상태로 진입한다.

4개 도어, 후드, 트렁크 중 하나라도 열려 있는 상태로 리모컨 록 신호를 수신한 경우 4개 도어에 도어 록 동작만 수행하고 비상등은 출력하지 않으며 경계상태로 진입하지도 않는다. 반드시 비상등이 점멸해야만 경계상태로 진입했다는 신호이다. 이 때 열려있는 도어를 닫게 되면 비상등을 출력하고 경계상태로 진입한다. 또한 경계상태의 진입은 리모컨으로만 가능하다. [그림 11.28]은 도난 경계상태의 타임 차트를 나타낸 것이다.

제12장
데이터통신 기본

데이터통신과 네트워크 기술의 눈부신 발전으로 현대사회는 그 어느 때보다도 가까워지고 새롭게 변화하고 있다. 인터넷을 통한 화상전화, 온라인 뱅킹, 차량을 이용한 이동중에 셀룰러 폰을 이용한 자유로운 통신, 소셜 네트워크를 통한 다양한 사람들과의 정보교환 등은 과거에는 상상하기도 어려웠던 모습이다. 이러한 현대사회의 변화와 새로운 패러다임으로의 변천을 가능하게 한 핵심기술이 바로 데이터통신과 네트워크 기술이다. 데이터통신은 다양한 형태로 정의할 수 있지만, 온라인 브리태니커 사전에 의하면 "전용 전기통신회선이나 일반 전화선에 컴퓨터 단말기 및 기타 주변기기를 접속시켜 정보를 송·수신 처리하는 것으로, 전보·전화에 이어 제3의 통신이라고도 하며, 정보 공급자인 중앙컴퓨터와 정보 수요자인 단말기 사이의 통신뿐만 아니라 개인과 개인 사이의 통신도 포함된다"라고 정의되어 있다. 데이터통신을 위해서는 컴퓨터와 같은 데이터 처리장치뿐만 아니라 통신시스템과 같은 정보전송 및 교환장치도 필요하다. 즉 데이터통신을 위해서는 컴퓨터와 같은 데이터 처리장치는 정보전송 및 교환장치 등과 함께 데이터통신 네트워크 시스템에 의해 연결되고, 데이터통신 장치들은 일정한 규칙 (통신 프로토콜)에 따라 정보를 교환하게 된다. 이와 같은 데이터통신 네트워크 시스템은 다음 [그림 12.1]과 같은 요소들로 구성되며, 본 장에서는 이러한 데이터통신의 기본 개념에 대해 설명한다.

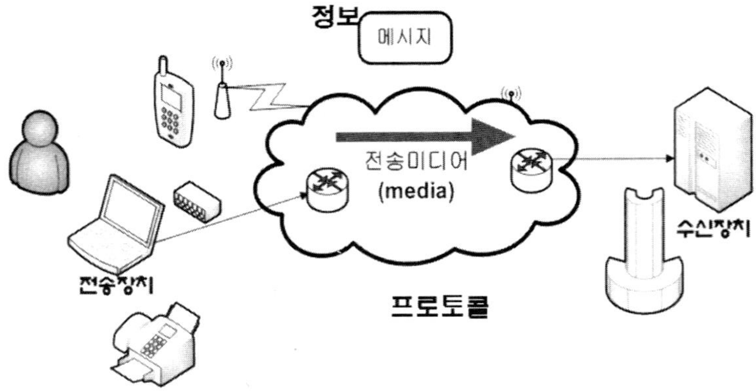

그림 12.1 데이터통신 네트워크 구성요소

- 메시지 : 송신자와 수신자 사이에 교환하는 텍스트, 그림, 또는 오디오, 비디오와 같은 정보
- 전송장치 : 컴퓨터, 서버, 전화기, 프린터, 팩스머신 등과 같은 네트워크 시스템을 통해 정보를 전송하는 장치
- 수신장치 : 컴퓨터, 서버, 전화기, 프린터, 팩스머신 등과 같은 네트워크 시스템을 통해 정보를 수신하는 장치
- 전송미디어 : 구리선, 광케이블, 또는 무선 등과 같은 정보가 전송되는 물리적인 매체
- 프로토콜 : 전송장치, 수신장치, 그리고 교환장치들 사이에 정보를 교환하기 위한 규약

1. 네트워크 프로토콜 구조

서로 다른 이기종의 장치들 사이에 메시지 교환을 위해 일정한 규약이 필요한데 이를 통신 프로토콜이라고 한다. 통신 프로토콜에서는 장치들 사이에 메시지 교환을 위한 메시지 포맷과 메시지를 교환하기 위한 절차들을 정의하고 있다. 현재 많은 종류의 프로토콜들이 사용되고 있는데, 이들 사이의 호환 및 프로토콜의 개발 및 유지보수를 원활하게 하기 위하여 ISO와 같은 국제표준화 기구에서는 네트워크 프로토콜의 표준 구조를 정의하고 있다. 다음은 ISO에서 정의한 7개의 계층으로 구성된 OSI (Open System Interconnect) 구조에 대해 설명한다.

그림 12.2 OSI 7계층 프로토콜 구조

OSI 7계층 프로토콜 구조에서는 네트워크 프로토콜에서 수행해야 하는 기능을 [그림 12.2]과 같은 계층화된 모듈 구조로 정의하였다. 이러한 계층화된 네트워크 프로토콜 구조에서는 송신측에서는 상위 계층의 프로토콜은 해당 프로토콜 메시지 전송을 위해 하위 계층 프로토콜 기능을 이용하여 전송하며, 수신측에서는 하위 계층으로부터 메시지를 받으면 해당 프로토콜 기능을 수행한 뒤 이 메시지를 해당 상위 프로토콜에 전송해 주게 된다. 각 프로토콜 규격에서는 전체 네트워크 프로토콜 구조와 각 계층의 프로토콜의 기능, 그리고 인접한 계층 프로토콜 사이의 인터페이스들을 정의하고 있다. OSI 7-계층 프로토콜에서는 전체 프로토콜 구조가 응용 계층, 표현 계층, 세션 계층, 전송 계층, 네트워크 계층, 데이터링크 계층, 물리 계층으로 구성되어 있으며 각각의 프로토콜의 기능은 다음의 표와 같다.

표 12.1 OSI 7계층의 분류

계 층	기 능
응용	사용자가 사용하는 응용에 따라 필요한 서비스 기능을 제공하는 계층
표현	위의 응용 계층 간에 전송하는 데이터의 구조 등을 규정하는 계층
세션	응용 계층간의 데이터 전송을 하기 위한 세션을 제어하는 계층
전송	망 계층의 서비스를 보완하고 상위 계층 사이에서 망의 경로나 서비스 품질을 고려하지 않는 통신 경로 및 통신 수단을 제공 하는 계층
네트워크	하나 혹은 복수의 네트워크를 통하여 각각의 라우팅 기능과 호스트들 간의 데이터 전송을 위한 계층
데이터링크	인접한 시스템 간의 데이터 전송 제어 및 전송 데이터의 오류 검출 기능을 제공하는 계층
물리	데이터 전송을 위해 전기적이며 기계적인 인터페이스를 다루며, 데이터를 신호화하여 전달하는 계층

현재 가장 많이 사용되고 있는 인터넷 프로토콜 구조는 OSI 7-계층 구조와는 [그림 12.3]과 같이 달리 5개의 계층으로 구성되어 있다.

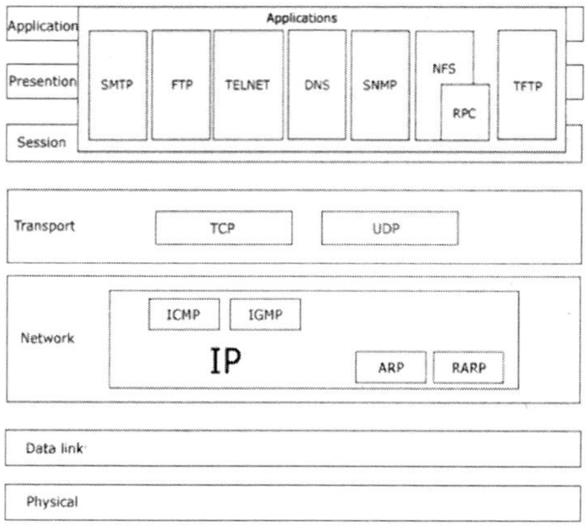

그림 12.3 인터넷 프로토콜 계층 구조

가장 대표적인 프로토콜인 TCP와 IP를 대표로 하여 TCP/IP 프로토콜이라고 부르는 인터넷 프로토콜은 [그림 12.3]에서 보는 것과 같이 많은 종류의 프로토콜들의 집합을 의미하며 각각의 프로토콜에 대한 간략한 설명은 다음과 같다.

응용계층

- SMTP (simple mail transfer protocol/RFC2821) : 전자 우편 전송을 위한 프로토콜
- FTP (file transfer protocol/RFC959) : 인터넷 상에서 파일전송을 위한 프로토콜
- Telnet (RFC15) : 인터넷이나 로컬 영역 네트워크 연결에 쓰이는 네트워크 프로토콜이며, 일반적으로 다른 사람의 호스트 컴퓨터를 원격지에서 연결할 수 있도록 해주는 방법을 얘기한다.
- DNS (Domain Name Service/RFC1035, RFC1123, RFC2181) : 호스트의 도메인이름을 호스트의 네트워크 주소로 바꾸거나 그 반대의 변환을 수행하는 프로토콜이며, 특정 호스트의 주소를 찾기 위해, 사람이 이해하기 쉬운 도메인 이름을 숫자로 된 식별 번호(IP 주소)로 변환해 준다.
- SNMP (Simple Network Management Protocol/RFC1157) : 네트워크 장비를 관리 감시하기 위한 목적으로 UDP 상에 정의된 응용 계층 표준 프로토콜이다.
- NFS (Network File System/RFC1094) : 1984년 썬 마이크로 시스템즈가 개발한 프로토

콜이며 클라이언트 컴퓨터의 사용자가 스토리지 연결 방식과 비슷한 방식으로된 네트워크를 통해 파일에 접근하도록 도와주는 프로토콜이다.

- RPC (Remote procedure call/RFC1057) : 컴퓨터 프로그램이 다른 주소 공간에서 원격 제어를 위한 프로그래머의 세세한 코딩 없이 함수나 프로시저의 실행을 허용하는 프로토콜이다.
- TFTP (Trivial File Transfer Protocol/RFC1350) : FTP 와 마찬가지로 파일을 전송하기 위한 프로토콜이지만 FTP보다 더 단순한 방식으로 구현되어 전송과정에서 데이터가 손실될 수 있는 등 불안정하다는 단점을 가지고 있다.

전송 계층

- TCP (Transmission Control Protocol/RFC793) : 네트워크의 정보 전달을 통제하는 프로토콜이다. IP 위에서 동작하는 프로토콜로 흔히 TCP/IP 라고 표기한다. TCP의 경우 데이터 전달을 보증하며 보낸 순서대로 받게 해준다.
- UDP (User Datagram Protocol /RFC768) : TCP와 함께 데이터그램을 교환하는 프로토콜이며 TCP보다 단순한 구조로 되어있어 속도가 일반적으로 TCP보다 빠르며 오버헤드가 적다. 하지만, 데이터전달을 보증하지 못하면 패킷의 순서를 보장하지 못한다.

망 계층 (network layer)

- IP (Internet Protocol / RFC791) : 호스트와 호스트 사이에 패킷을 주고 받는데 사용하며 호스트의 주소 지정과 패킷 분할 및 조립 기능을 담당한다. IP는 비신뢰성과 비연결성이 특징이며, 이는 패킷 전달에서 제대로 송수신이 되었는지 보장하지 않는다는 뜻이다. 이것을 보안하기 위하여 TCP 프로토콜과 같은 상위 프로토콜을 이용해야 한다. 현재 인터넷에서는 사용하는 표준 프로토콜은 4번째 버전인 IPv4를 사용하고 있지만 주소 고갈 문제를 겪고 있어 차세대 버전인 IPv6를 점차 도입하고 있다.
- ICMP (Internet Control Message Protocol/RFC792) : 호스트와 게이트웨이 사이에서 메시지를 제어하고 에러를 알려주는 프로토콜이며, IP 데이터그램을 사용하지만 메시지는 TCP/IP소프트웨어에 의해 처리되며, 사용자에게는 직접적으로 보이지 않는다. 예로 접속판단을 위해 사용되는 ping 명령어가 ICMP 프로토콜을 사용한다.
- IGMP (Internet Group Management Protocol/RFC1112) : 인터넷 컴퓨터가 멀티캐스트 그룹을 인근의 라우터들에게 알리는 수단을 제공하는 인터넷 그룹 관리 프로토콜이다.

• ARP (Address Resolution Protocol/RFC826) : 네트워크 상의 IP주소를 물리적 네트워크 주소로 대응시키기 위해 사용되는 프로토콜이며, 이때 물리적 네트워크 주소란 이더넷 또는 토큰링의 48비트 네트워크카드 주소를 뜻한다.

• RARP (Reverse Address Resolution Protocol/RFC903) : RARP는 ARP와는 반대로, IP호스트가 자신의 물리적 네트워크 주소는 알지만 IP주소를 모르는 경우, 서버로부터 IP주소를 요청하기 위한 프로토콜이다.

2. 물리 계층 (Physical Layer) 프로토콜 기능

데이터 링크 계층에서는 이진 비트열인 프레임 단위로 에러 없이 전송하는 기능을 수행하고, 물리 계층에서는 각 이진 비트들을 물리적인 매체에서 전송할 수 있는 신호로 변환하여 전송하는 기능을 수행한다. 따라서 본 절에서는 데이터 링크 계층에서 나오는 0과 1의 이진 비트들을 실제 매체를 통해 전송하는 방법과 그 전송된 신호를 다시 0과 1의 디지털 신호로 변환 시키는 방법에 대해서 알아본다. 물리적인 전송 매체에서 전송되는 신호는 다음과 같이 아날로그 신호와 디지털 신호의 두 종류가 있다.

1) 아날로그 신호와 디지털 신호

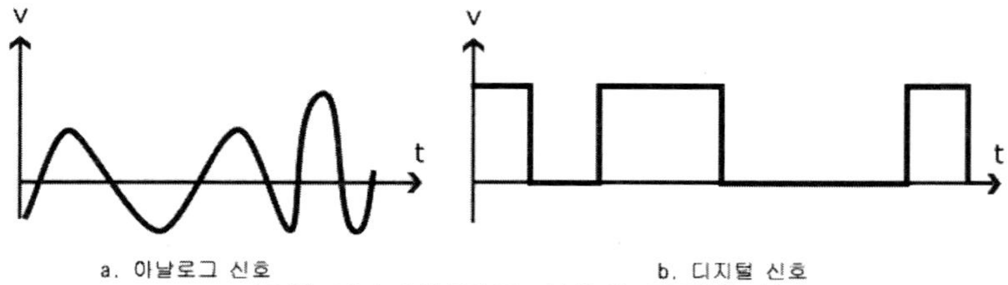

그림 12.4 아날로그 신호와 디지털 신호

신호는 다음 [그림 12.4]와 같이 크게 아날로그 신호 (analog signal)와 디지털 신호 (digital signal)로 나뉠 수 있다. 아날로그 신호란 신호의 값이 시간에 따라 연속적으로 변하는 신호를 나타내며, 디지털 신호는 불연속적인 파동을 지니며 제한된 수의 값을 가지는 신호이다. 따라서 아날로그 신호는 그 값의 종류가 무한하며, 디지털 신호는 제한된 수의 값을 갖는 신호이다.

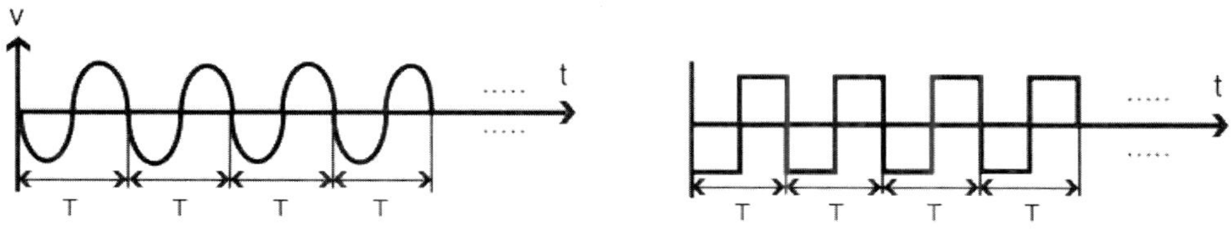

a. 아날로그　　　　　　　　　　　　b. 디지털

그림 12.5 주기적 신호: 아날로그 신호, 디지털 신호

또한 신호는 신호가 발생되는 주기성에 따라 주기적인 신호 (periodic signal)와 비주기적인 신호 (aperiodic signal)로 나눌 수 있다. 다음 [그림 12.5]는 아날로그 신호와 디지털 신호에 대한 주기적인 신호의 예를 나타내는데, 각각의 신호는 일정한 주기 T 간격으로 똑같은 신호가 반복하여 나타난다.

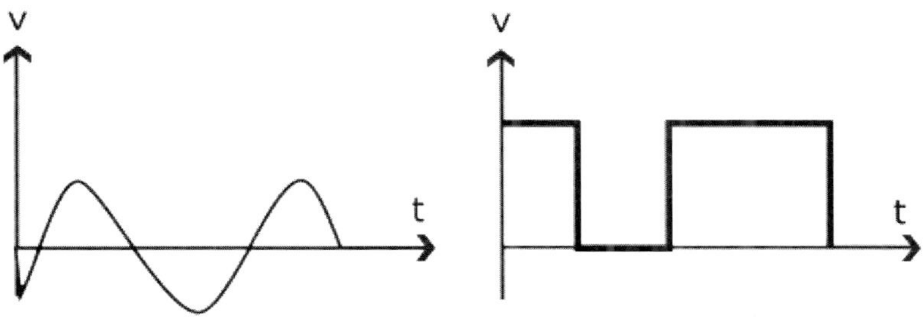

a. 아날로그　　　　　　　　　　　　b. 디지털

그림 12.6 비주기적 신호: 아날로그 신호, 디지털 신호

다음 [그림 12.6]은 아날로그 신호와 디지털 신호에 대한 비주기적인 신호의 예를 나타내는데, 이들 신호는 일정한 주기없이 불규칙한 형태로 신호가 나타난다. 비주기적인 신호는 일정한 주기가 없이 불규칙하게 나타나는 신호이지만 퓨리에 (Fourier) 변환을 통해 각 비주기적인 신호는 주기적인 신호들의 합으로 표현될 수 있다.

2) 주기적인 신호

일반적으로 사용하는 주기적 신호의 형태는 싸인 (Sine) 곡선 형태의 신호로 다음 [그림 12.7]과 같이 주어진 진폭 (amplitude), 주기 (period), 위상 (phase)으로 표현될 수 있다.

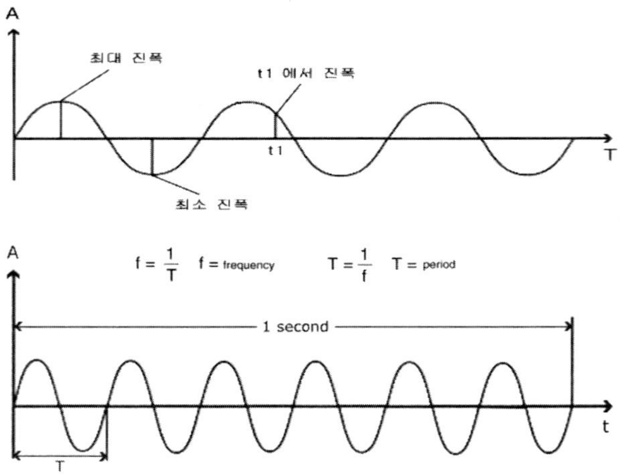

그림 12.7 싸인 (sine) 파형

진폭은 파형 중의 한 점에서의 신호의 값을 나타내고, 주기는 한 사이클이 걸리는 시간, 즉 가장 큰 진폭을 갖는 지점에서 다음에 나타나는 가장 큰 진폭을 갖는 지점까지의 시간을 나타낸다. 또한 1초 동안 나오는 사이클의 수를 진동수 (Frequency)라고 표현하며 Hz로 나타낸다. 위상은 신호의 시작점이 신호의 기준점인 0도 지점을 기준으로 얼마나 떨어져 있는지를 나타낸다. 다음 [그림 12.8]는 0도, 90도, 180도, 270도의 위상을 갖는 싸인 파형의 4가지 형태를 나타낸다.

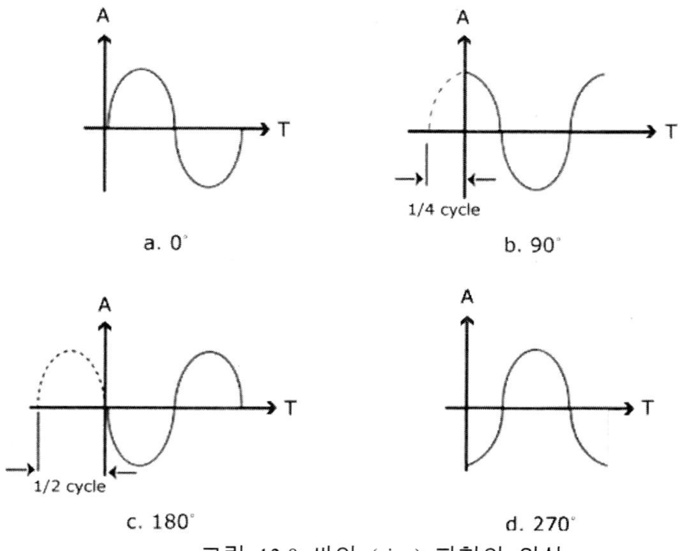

그림 12.8 싸인 (sine) 파형의 위상

하나의 주어진 전자기적인 신호가 갖는 특성은 [그림 12.9]과 같이 시간 영역 (time domain)과 주파수 영역 (frequency domain)에서 표현할 수 있다. 시간 영역에서의 특성은 신호가 시간에 따라 값이 어떻게 변하는지를 나타내고, 주파수 영역에서의 특성은 신호가 포함하고 있는 주파수 성분들을 나타낸 것이다.

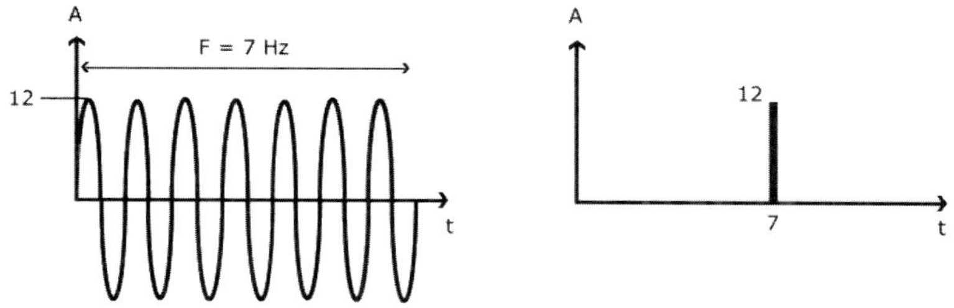

그림 12.9 신호의 시간 영역에서의 특성과 주파수 영역에서의 특성

위 [그림 12.9]와 같이 단일의 최대 진폭과 하나의 주파수 성분만 가진 신호를 단순 신호 (simple signal)라고 하고, 여러 개의 단순 신호를 포함하고 있는 신호를 복합 신호 (composite signal)이라고 한다. 다음 [그림 12.10]는 최대 진폭이 7이고 주파수가 6Hz인 단순 신호와 최대 진폭이 10이고 주파수가 0Hz인 단순 신호가 합해져서 생성된 복합 신호를 나타내고 이를 시간 영역과 주파수 영역에서 나타내고 있다.

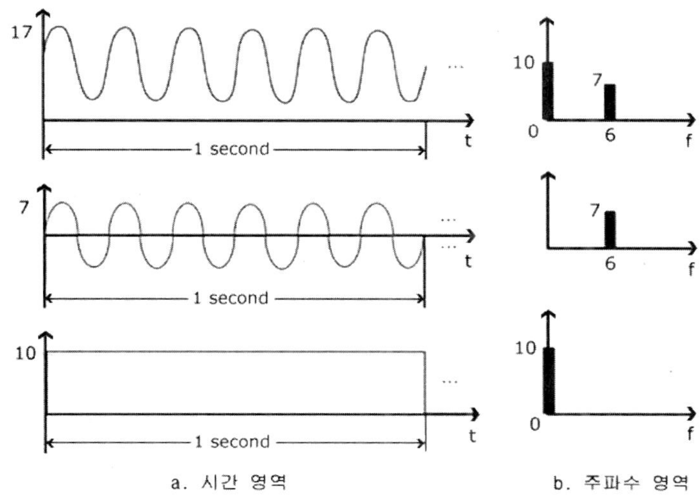

그림 12.10 복합 신호

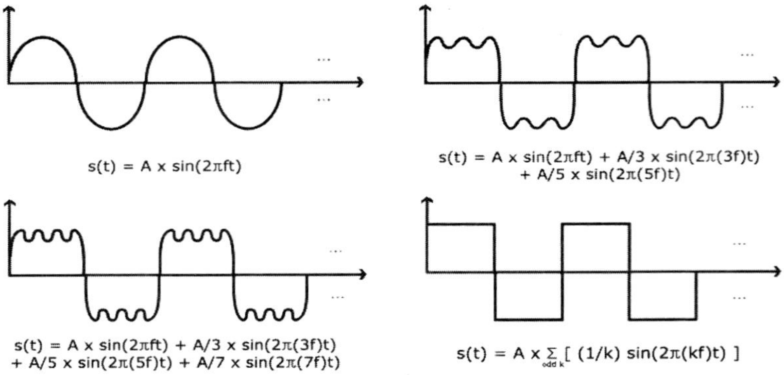

그림 12.11 디지털 신호의 퓨리에 변환

디지털 신호는 일정개수의 값으로 표현되는 신호로 디지털 신호는 여러 개의 싸인 파형 신호를 합해서 생성될 수 있다 ([그림 12.11]). 퓨리에 변환을 이용하면 진폭이 A이고 주파수가 f인 디지털 신호는 진폭이 A이고 주파수가 f인 싸인 파형 (1-번째 하모닉 신호)과 진폭이 A/3 이고 주파수가 3f 인 싸인 파형 (3-번째 하모닉 신호), ..., A/(2k+1) 이고 주파수가 (2k+1)f 인 싸인 파형 ((2k+1)-번째 하모닉 신호)을 합해서 표현될 수 있다. 여기서 1-번째 하모닉 신호의 주파수 f를 그 신호의 기본 주파수 (fundamental frequency)라고 한다. 다음 [그림 12.12]는 진폭이 A이고 주파수가 f인 싸인 파형, 진폭이 A/3 이고 주파수가 3f 인 싸인 파형, 진폭이 A/5 이고 주파수가 5f 인 싸인 파형, 그리고 진폭이 A/7 이고 주파수가 7f 인 싸인 파형이 합해진 신호를 나타내고 있다. [그림 12.12]에서와 같이 좀 더 많은 하모닉 (주파수 성분)을 포함하면 좀 더 원래의 디지털 신호의 파형과 유사하게 된다.

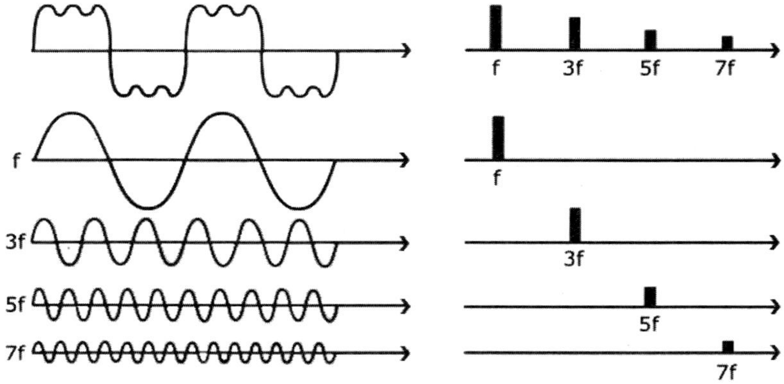

그림 12.12 디지털 신호의 퓨리에 변환: 시간 영역, 주파수 영역 표현

아날로그 신호만 전송할 수 있는 전송 매체를 통해 디지털 신호를 전송하기 위해서는 위와 같이 원래의 디지털 신호를 일정한 수의 아날로그 성분 (하모닉)으로 분해하여 전송하게 된다. 신호에 포함된 주파수 성분의 폭 (bandwidth) (최대 주파수 - 최소 주파수)를 신호의 대역폭이라고 한다. 다음 [그림 12.13]은 최대 주파수가 5000Hz이고 최소 주파수가 1000Hz를 포함하고 있는 신호의 주파수 영역 표현을 나타내며 이 신호의 대역폭은 4000Hz 이다.

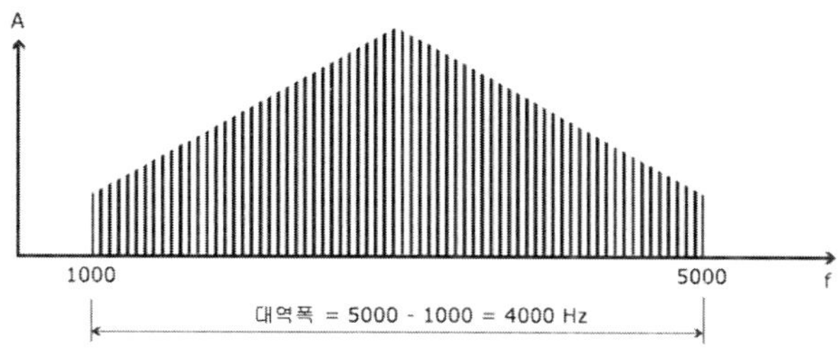

그림 12.13 신호의 대역폭

하나의 디지털 신호를 [그림 12.12]에서와 같이 디지털 신호를 주파수가 f, 3f, 5f, 7f인 신호들을 통해 전송할 경우 신호의 주파수 성분의 폭은 7f - f = 6f 가 되며, 이러한 신호를 전송하기 위해서는 최소한 6f 만큼의 대역폭을 가진 매체가 필요하다. 여기서 합성된 디지털 신호의 주기는 기본 주파수 f와 같고 한 주기에 2개의 디지털 신호가 전송이 되므로 전송속도 (bit rate)는 2*f 가 된다. 예를 들어 대역폭이 6MHz인 매체에서 디지털 신호를 주파수가 f, 3f, 5f, 7f인 신호들을 통해 전송할 경우, 해당 매체를 통해 전송할 수 있는 데이터 전송률은,

- 신호를 전송하기 위해 필요한 대역폭 : 6f (7f - f)
- 매체의 대역폭 : 6 Mhz 이므로
- 그리고 6f = 6 Mhz 이므로, 기본 주파수 f = 1Mhz 가 되고
- 데이터 전송률은 2*f = 2 Mbps 가 된다.

3) 디지털 신호 (Digital Signal)

0과 1의 2가지 값을 갖는 이진 디지털 신호는 다음 그림과 같이 2개의 신호값으로 나타내지는데, 각 비트의 시간 간격을 비트 간격 (bit interval)이라고 하고 1초 동안에 보내지는 비트의 수가 비트 전송률을 나타낸다. 1초에 보내지는 신호의 수를

보오률 (Baud rate)라고 한다. [그림 12.14]은 비트 간격이 1/8초인 신호를 나타내고, 이 신호의 비트 전송률은 8 bps (bits per second)가 된다.

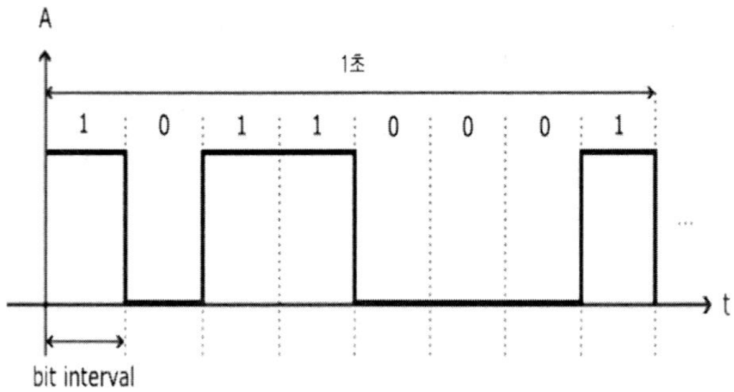

그림 12.14 이진 디지털 신호

앞 절에서 설명한 것처럼 디지털 신호는 여러 개의 싸인 신호를 합성하여 나타내진다. [그림 12.15]-(b)는 주파수가 각각 f, 3f, 5f 인 3개의 하모닉 신호를 합성하여 생성된 신호를 나타내고, 주파수가 각각 f, 3f, 5f, 7f 인 4개의 하모닉 신호를 합성하면 [그림 12.15]-(c)와 같은 신호가 되고, f, 3f, 5f, ... 의 무한개의 하모닉 신호를 합성하면 [그림 12.15]-(d)와 같이 나타내 진다. 따라서 하모닉 신호를 많이 포함할수록 원래의 디지털 신호 형태와 유사해 지지만 이렇게 하기 위해서 신호는 더 많은 주파수 대역폭을 갖게 되어 해당 신호를 전송하기 위해서는 더 많은 주파수 대역폭을 가진 매체가 필요하게 된다.

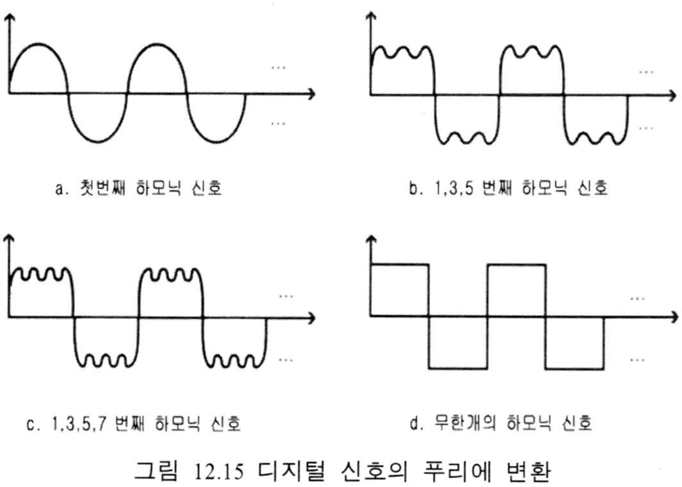

그림 12.15 디지털 신호의 푸리에 변환

일반적으로 각 매체들이 전송할 수 있는 주파수 대역폭은 제한되어 있어 무한대의 주파수 영역을 다 전송할 수 없다. 그리고 디지털 신호를 퓨리에 변환을 통해 분해된 하모닉 신호들은 주파수가 커질수록 해당 신호의 진폭 (신호의 세기)은 작아진다. 따라서 주파수가 큰 하모닉 신호들은 잘라내어도 전체 신호에 미치는 영향은 크지 않기 때문에 신호 전송에 필요한 대역폭을 줄이기 위해 전송하는 하모닉 수를 제한하게 된다. 이렇게 제한된 신호는 전체 신호의 일부 주파수 성분들만 포함하게 되지만 원래 신호의 주요한 성분들을 대부분 포함하게 되며, 이렇게 생성된 신호의 주파수 대역을 유효 주파수 대역 (significant frequency spectrum), 그리고 이 유효 주파수 대역의 길이를 유효 주파수 대역폭 (significant bandwidth)이라고 한다.

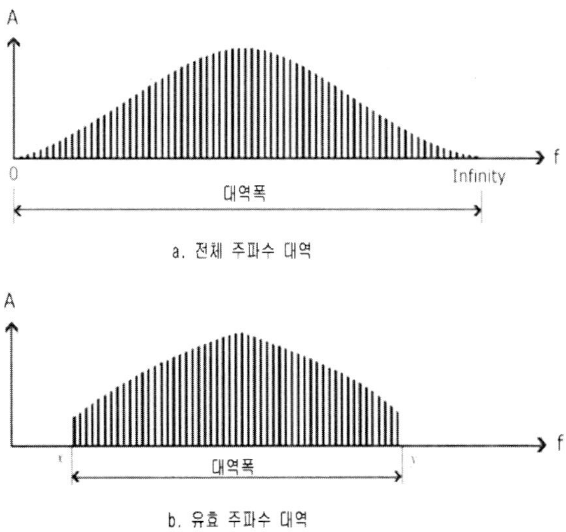

그림 12.16 유효 주파수 대역과 유효 주파수 대역폭

4) 신호 인코딩(encoding) 및 변조(modulation)

앞절에서는 아날로그 신호와 디지털 신호의 특성에 대해 설명하고, 하나의 신호는 여러 개의 단순 신호를 합병하여 만들어짐을 설명하였다. 이번 절에서는 데이터를 어떻게 신호로 변환하는지에 대해 설명한다. 데이터를 신호로 변환하는 방법은 크게 다음과 같이 디지털데이터-디지털신호 (Digital-to-Digital), 디지털데이터-아날로그신호 (Digital-to-Analog), 아날로그데이터-디지털신호 (Analog-to-Digital), 아날로그데이터-아날로그신호 (Analog-to-Analog) 의 4종류로 구분된다.

• 디지털데이터-디지털신호 변환 : 디지털 데이터를 디지털 신호로 변환하는 방법
• 디지털데이터-아날로그신호 변환 : 디지털 데이터를 아날로그 신호로 변환하는 방법
• 아날로그데이터-디지털신호 변환 : 아날로그 데이터를 디지털 신호로 변환하는 방법
• 아날로그데이터-아날로그신호 변환 : 아날로그 데이터를 아날로그 신호로 변환하는 방법

(1) **디지털데이터-디지털신호** (Digital-to-Digital) **변환**

디지털데이터-디지털신호 인코딩 방법은 [그림 12.17]과 같이 디지털 데이터를 디지털 신호로 변환하는 방법으로 0과 1로 이루어진 이진 디지털 데이터를 정해진 수의 신호레벨을 가진 디지털 신호로 변환하는 방식이다.

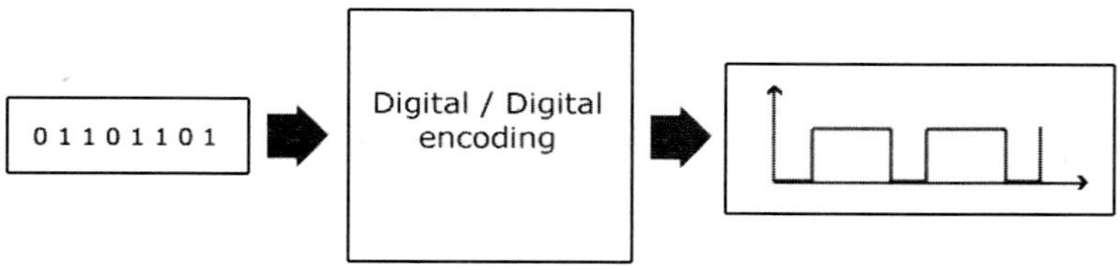

그림 12.17 디지털데이터-디지털신호 인코딩

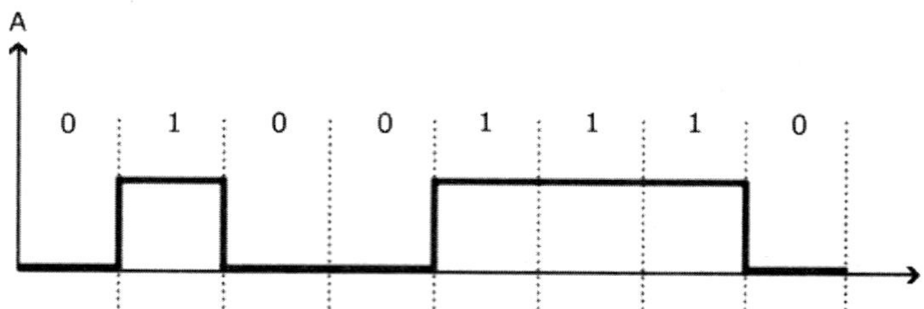

그림 12.18 Unipolar 인코딩

일반적으로 이 디지털 인코딩은 0과 1의 데이터를 두 개의 다른 전류로 표현하게 되는데 이 기법은 +, -, 0 중 사용하게 되는 극성 (polarity)의 수에 따라 Unipolar, Polar, Bipolar의 3가지 방식으로 나뉘어진다. 먼저 Unipolar는 가장 간단한 방식으로 다음 [그림 12.18]와 같이 한쪽 극만을 사용하여, 양(+) 전압을 가지면 1을 나타내

고 Zero 전압을 가지면 0을 나타내는 방식이다. 이 Polar 인코딩 방식은 매우 단순한 방식이지만, 1혹은 0이 지속될 경우 지연시간에 따른 동기화 문제가 발생한다. 서로 다른 클럭을 사용하는 노드들 사이에 데이터를 전송할 경우 수신자는 각각의 비트들의 구간을 정확하게 알아야 수신되는 비트들을 해독할 수 있는데, 같은 값을 갖는 비트들이 연속될 경우 수신자는 비트 구간을 인식하기 위한 동기화 지점을 알 수가 없어 해독에 문제가 발생할 수 있다.

다음으로는 양쪽의 극성을 다 사용하여 변환하는 Polar 방식이다. +와 -의 두 가지를 모두 사용하는 Polar 방식은 크게 다음과 같이 나뉘게 된다.

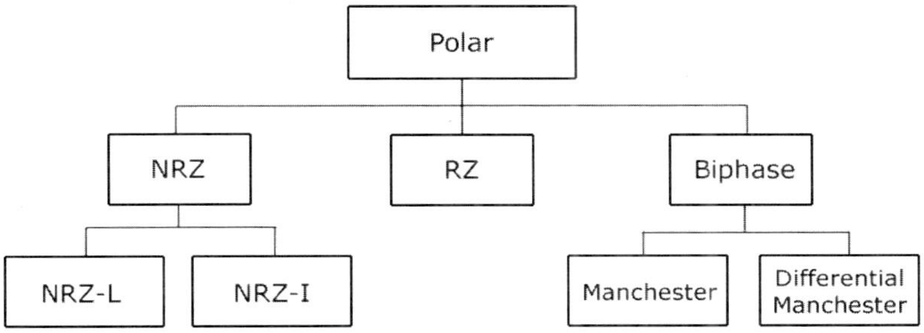

그림 12.19 Polar 인코딩 종류

NRZ (Non-Return to Zero) 방식은 +, -의 두 개의 신호레벨을 통해 0과 1을 표현하는 방법으로, NRZ-L (NRZ-Level) 과 NRZ-I (NRZ-Invert)의 두 가지 방식으로 나뉘어진다. NRZ-L 방식은 양(+) 전압을 0, 음(-) 전압을 1로 사용하는 방식인데, 이 경우 역시 Unipolar 방식과 마찬가지로 같은 비트가 연속될 경우 앞의 Unipolar 인코딩 방법과 마찬가지로 동기화 문제가 생길 수 있다. NRZ-I 방식은 +, -의 두 개의 신호레벨을 통해 0과 1을 표현하는 방법은 NRZ-L 방식과 동일하지만 비트 시작점에서 신호 레벨의 변화의 유무에 따라 0과 1로 표현한다. 즉 비트 시작점에서 신호 레벨의 변화가 없으면 비트 0을 나타내고, 비트 시작점에서 신호 레벨의 변화가 있으면 비트 1을 나타내는 방법이다. NRZ-I 방식 경우에는 NRZ-L 방법에 비해 주위로 부터의 전자기적인 영향dfm 덜 받고, 전송하는 데이터가 1이 지속될 경우, 계속 신호 레벨이 바뀌게 되어 동기화 문제는 없으나, 0의 경우 신호 레벨이 같은 값이 계속 지속되기 때문에 동기화 문제가 발생한다. 다음 [그림 12.20]은 NRZ-L 방식과 NRZ-I 인코딩 방식의 예를 나타낸다.

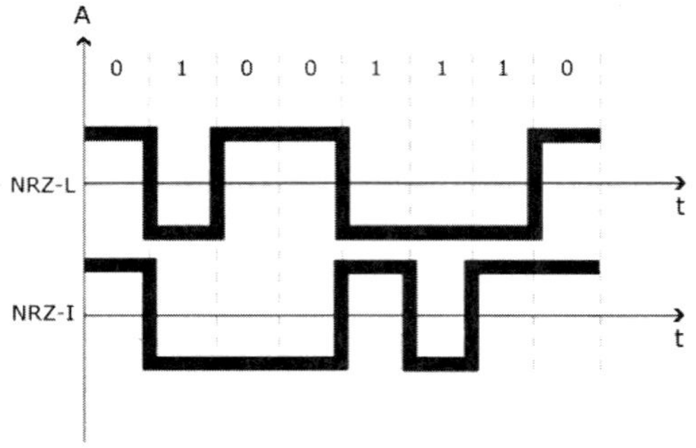

그림 12.20 NRZ 인코딩

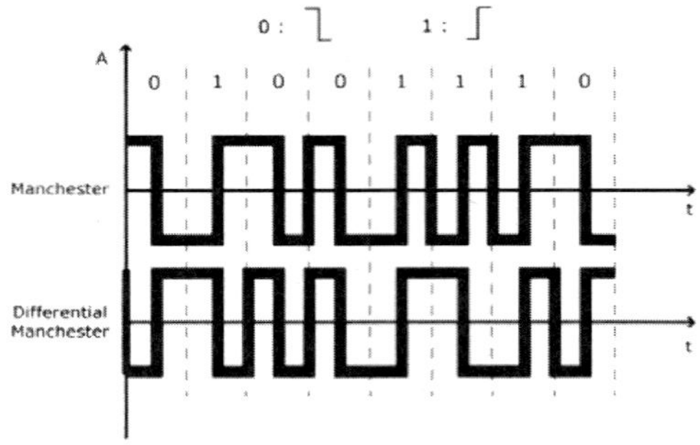

그림 12.21 Manchester와 Differential Manchester 인코딩

Polar 방식 중 Biphase 인코딩 방식은 NRZ 인코딩 방식들에서 발생하는 송신자와 수신자 사이의 동기화 문제를 해결하기 위하여 각 비트의 중간점에서 신호레벨의 변이가 발생하도록 인코딩하는 방법으로, Manchester 와 Differrential Manchester 의 두 가지 방식이 있다. Manchester 인코딩 방식은 [그림 12.21]과 같이 비트 0은 한 비트 구간에서 앞절반은 +V 값을 갖고 뒤절반은 -V 값을 갖도록 하고, 비트 1은 반대로 한 비트 구간에서 앞절반은 -V 값을 갖고 뒤절반은 +V 값을 갖도록 인코딩 하는 방법이다. 이렇게 모든 비트에 신호레벨의 변이가 있도록 함으로써 송신자와 수신자 사이의 동기화 문제를 해결할 수 있다. Differential Manchester 인코딩 방식의 경우, Manchester 방식과는 달리, 각 비트 시작점에서의 신호레벨 변이의 유무에 따라 비트 0과 1을 나타내는 방법으로, [그림 12.21]에서 나타내듯이 같이 비트 시작점에서 신호레벨 변이가 있으면 비트 0을 나타내고, 비트 시작점에서 신호레벨 변이가 없으면 비트 1을 나타낸다.

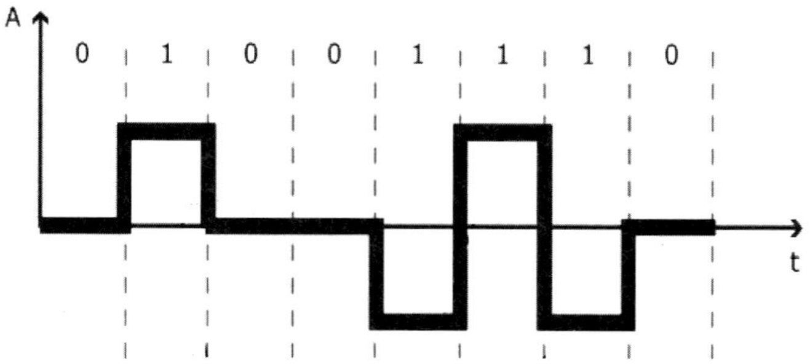

그림 12.22 Bipolar AMI 인코딩

Bipolar 인코딩 방식은 +, -, 0 3가지를 모두 사용하는 방법으로, Bipolar AMI (Alternate Mark Inversion), B8ZS (8-Zero Substitution), HDB3 (High Density Bipolar 3) 등의 인코딩 방법들로 나눌 수 있다. Bipolar AMI 인코딩 방법의 경우, Bipolar 방식 중 가장 간단한 방식으로, [그림 12.22]와 같이 비트 0의 경우 zero를 사용하며, 비트 1은 +V와 -V를 번갈아가며 나타낸다.

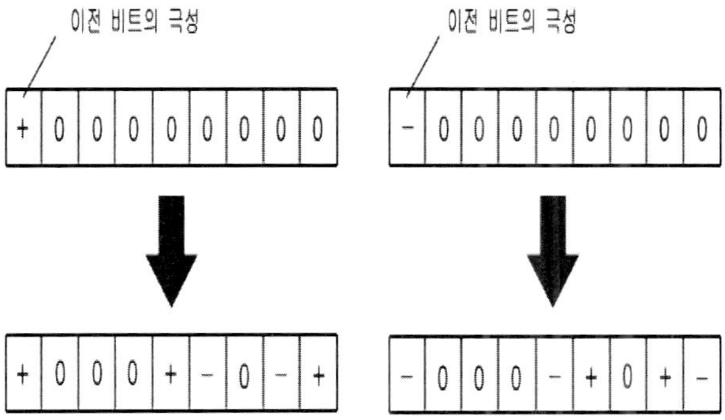

그림 12.23 Bipolar B8ZS 인코딩

Bipolar AMI 인코딩 방법은 주파수가 0인 DC-항 (Direct Current Component) 신호가 없어 전압 불균형 (Voltage imbalance) 문제가 발생하지 않고, 비트 1이 +V와 -V를 번갈아가면서 사용하여 동기화 문제가 없으나, 비트 0의 지속될 경우 동기화 문제가 발생하게 된다. 이러한 비트 0의 지속될 경우 동기화 문제를 해결하기 위해서는 일정갯수 이상의 0이 지속되는 것을 피하도록 하는 방법들이 사용되고 있는데, 이러한 방법으로 Bipolar B8ZS (8-Zero Substitution)와 Bipolar HDB3 인코딩 방식들이 있다. Bipolar B8ZS (8-Zero Substitution)의 방식은 북미에서 사용하는 방식으로 0의 동기화 문제를 해결하기 위하여 8개의 비트 0이 반복될 경우, 이를 [그림 12.23]에서와 같이 Bipolar 인코딩에 어긋나는 방법으로 변환하여 인코딩하는 방법이다. 8개의 반복되는 비트 0들은 바로 이전 비트의 극성에 따라 다르게 변환되는데, 바로 이전 비트의 극성이 +V이면 (0 0 0 +V -V 0 -V +V)의 8개의 신호 요소로 변환되고, 바로 이전 비트의 극성이 -V이면 (0 0 0 -V +V 0 +V -V)의 8개의 신호 요소로 변환하게 된다. 수신자 측에서의 인코딩은 Bipolar 인코딩에 이긋나는 인코딩이 나타나면 역으로 해당되는 패턴을 8개의 비트 0으로 변환하여 디코딩하게 된다.

HDB3 (High Density Bipolar 3) 인코딩 방식은 유럽과 일본에서 주로 사용하는 방식으로 연속된 4개의 비트 0을 [그림 12.24]에서와 같이 Bipolar 인코딩에 어긋나는 방법으로 치환하여 인코딩하는 방법이다. 연속된 4개의 비트 0을 변환하는 패턴은 마지막 치환이후에 발생한 값이 1인 비트의 수에 따라 달라지는데, 마지막 치환이후에 발생한 값이 1인 비트의 수가 홀수이면 [그림 12.24]-(a)와 같은 패턴으로 변환되는데, 바로 이전 비트의 극성이 +V이면 (0 0 0 +V) 형태로 바로 이전 비트의 극성이 -V이면 (0 0 0 -V) 형태로 Bipolar 인코딩에 어긋나는 방법으로 치환된다. 만약 마지막 치환이후에 발생한 값이 1인 비트의 수가 짝수이면, [그림 12.24]-(b)에서와 같이 바로 이전 비트의 극성이 +V이면 (-V 0 0 -V) 형태로, 바로 이전 비트의 극성이 -V이면 (+V 0 0 +V) 형태로 Bipolar 인코딩에 어긋나는 방법으로 치환이 이루어진다.

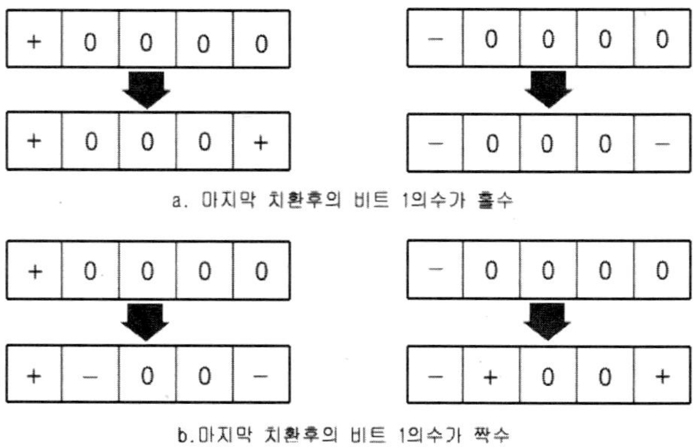

그림 12.24 HDB3 인코딩

[그림 12.25]는 Bipolar B8ZS 인코딩과 Bipolar HDB3 (High Density Bipolar 3) 인코딩 방식에 의한 이진 비트열에 대한 인코딩 예를 나타낸다.

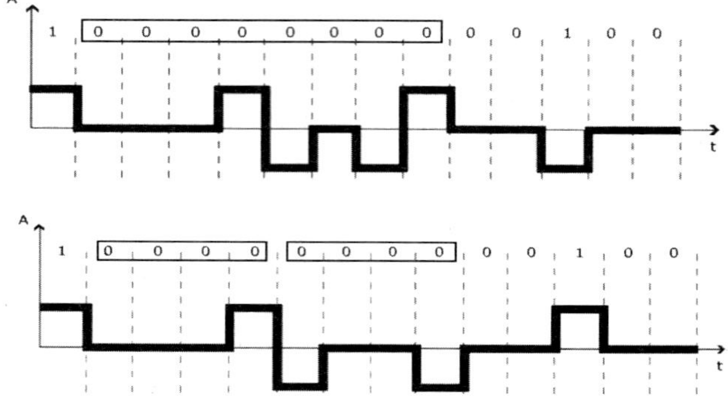

그림 12.25 Bipolar B8ZS 인코딩과 HDB3 인코딩 예

(2) **아날로그데이터-디지털신호** (Digital-to-Digital) **변환**

다음은 아날로그 데이터를 디지털 신호로 변환하는 방식에 대해 설명한다. 음성 데이터와 같은 아날로그 데이터는 무한대의 값을 가지고 있어 디지털 신호로 나타내기 위해서는 아날로그 데이터를 일정한 간격으로 샘플링을 하고 샘플링된 각 샘플들을 정해진 길이의 디지털 비트로 변환하여 이를 디지털 신호로 나타내는 방법을 사용한다. 아날로그 신호를 일정한 간격으로 샘플링하는 과정을 PAM (Pulse Analog Modulation) 이라고 하고, 다음 [그림 12.26]은 PAM에 의해 아날로그 신호를 샘플링한 아날로그 샘플들을 나타낸다.

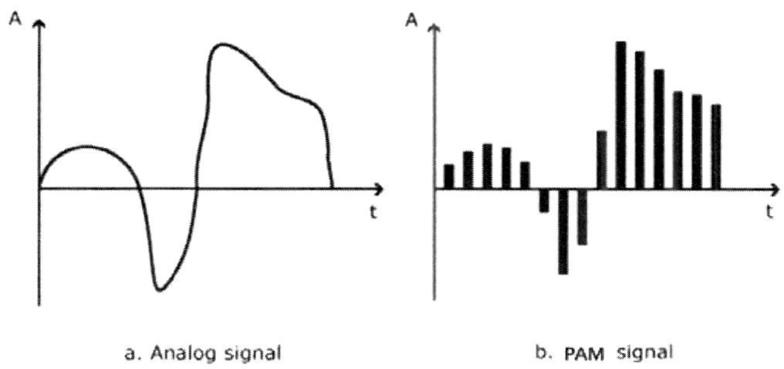

그림 12.26 PAM(Pulse Amplitude Modulation)

PAM(Pulse Amplitude Modulation)을 통해 샘플링된 각 아날로그 샘플들은 [그림 12.27]과 같이 양자화 (Quantization)라는 과정을 통해 디지털 데이터로 변환되는데, 아날로그 샘플들이 갖는 값들을 근사화 과정을 통해 가까운 정수로 나타낸다. [그림 12.27]에서는 샘플링된 각 아날로그 샘플들을 +127에서 -127까지의 정수로 근사하여 나타내는 예를 보여주고 있다. 이렇게 근사하여 변환된 정수들은 일정 길이의 비트열로 나타내지고 이를 디지털 신호 변환 방법을 통해 디지털 신호로 변환할 수 있다.

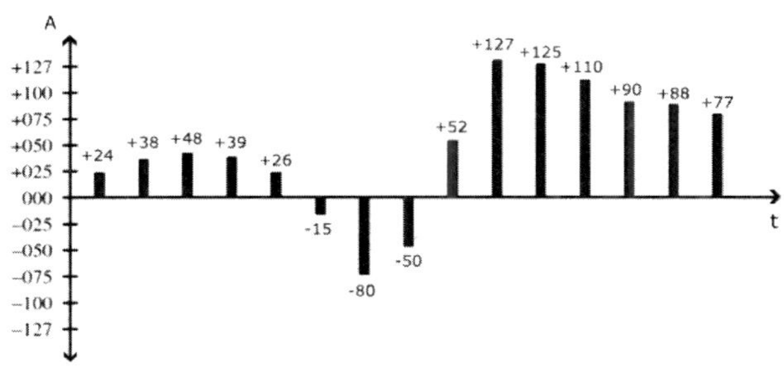

그림 12.27 양자화(Quantization)2

다음 [그림 12.28]은 아날로그 데이터를 디지털 신호로 변환하는 전체 과정을 나타내는데 이러한 변환방법을 PCM (Pulse Code Modulation) 인코딩 방법이라고 한다.

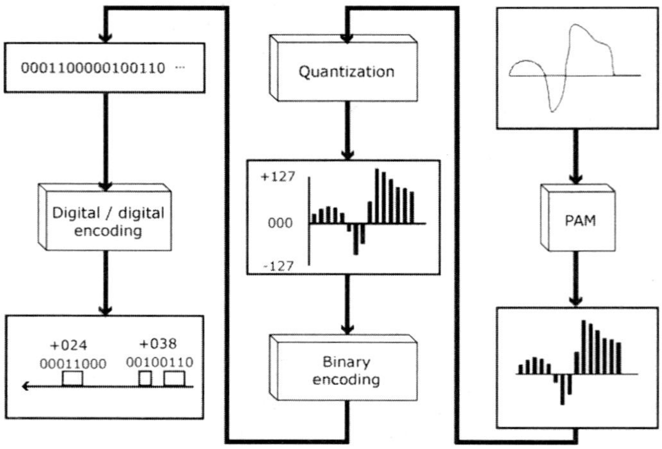

그림 12.28 PCM(Pulse Code Modulation)

아날로그 데이터를 디지털 신호로 변환하기 위해서는 먼저 PAM 과정을 통해 일정한 간격으로 아날로그 데이터를 샘플링을 하고 이 샘플링된 아날로그 샘플들로 원래의 아날로그 신호를 표현하게 된다. 따라서 원래의 아날로그 신호를 좀 더 정확하게 표현하기 위해서는 샘플링 주기를 작게 해주야 하는데 샘플링 주기를 너무 작게 할 경우에는 아날로그 샘플들의 수가 너무 많아져 데이터량이 많아지게 된다. 따라서 적절한 양의 샘플링 주기가 필요한데, Nyquist의 이론에 따르면 아날로그 데이터를 PCM 인코딩을 하기 위해 필요한 샘플링 속도는 원래의 아날로그 신호가 가진 최대 주파수의 2배정도로 샘플링을 하면 원래의 아날로그 신호를 정상적으로 복원할 수 있다는 것이 알려졌다. 예를 들어 음성 신호를 디지털로 변환하기 위해 PCM 인코딩을 하게 되면, 원래의 음성 신호는 대략 20-20KHz의 주파수 대역을 가지고 있지만 음성 신호의 대부분의 에너지는 300-3,500Hz 주파수 대역에 포함되어 있다. 따라서 필요한 최소 대역폭은 3,200Hz 정도인데 여유분을 포함하여 4,000Hz 대역을 포함한다고 하면, 이 4000Hz의 대역폭을 갖는 음성 아날로그 신호를 샘플링하기 위해 필요한 샘플링 주기는 8000 baud 가 되므로, 초당 8000개의 PAM 샘플이 만들어지게 된다. 이렇게 추출된 PAM 샘플을 각각 양자화 과정을 통해 8비트 길이의 이진 데이터로 표현한다고 하면 음성 신호를 전송하기 위해 필요한 전송속도는 8,000 x 8 = 64,000 bps 가 되게 된다.

(3) **디지털데이터-아날로그신호** (Digital-to-Analog) **변환**

다음은 디지털 데이터를 아날로그 신호를 전송할 수 있는 매체를 통해 전달하기 위해 사용하는 방식인 디지털데이터-아날로그신호 인코딩에 대해 설명한다. 디지털 데이터를 아날로그 신호로 전송하기 위해서는 디지털 데이터를 캐리어 주파수가 fc인 캐리어 신호에 다음과 같은 인코딩 방식들을 사용하여 변환하게 되며 이를 변조 (modulation 또는 shift-keying)라고 한다.

- 진폭 변조 (Amplitude Shift-Keying: ASK)
- 주파수 변조 (Frequency Shift-Keying: FSK)
- 위상 변조 (Phase Shift-Keying: PSK)

ASK (Amplitude Shift Keying) 변조 방식은 진폭이 서로 다른 2개의 아날로그 신호를 이용하여 비트 0과 1을 표현하여 전송하는 방식으로, 전송되는 아날로그의 신호의 세기는 주위의 영향을 받아 변하게 되므로 ASK 변조 기법은 다른 변조 방식에 비해 노이즈 간섭에 민감한 측면이 있다. 다음 [그림 12.29]는 ASK 변조 기법의 예를 나타낸다.

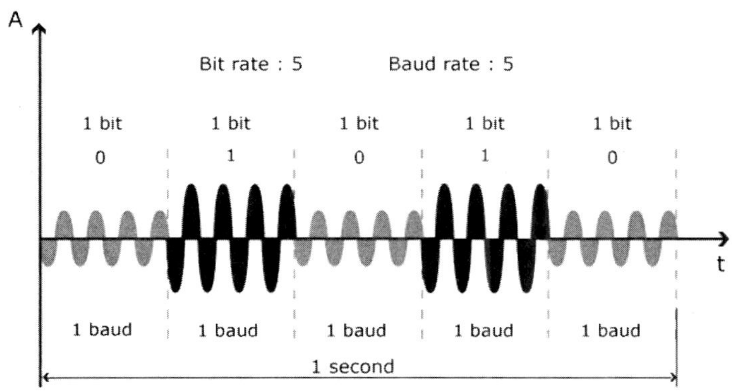

그림 12.29 ASK 변조 기법

FSK (Frequency-Shift Keying) 변조 방식은 진폭은 같지만 주파수가 다른 2개의 아날로그 신호를 이용하여 비트 0과 1을 표현하여 전송하는 방식으로, 일반적으로 노이즈에 대한 간섭이 ASK에 비해 적은 장점이 있다. 다음 [그림 12.30]은 FSK 변조 기법의 예를 나타낸다.

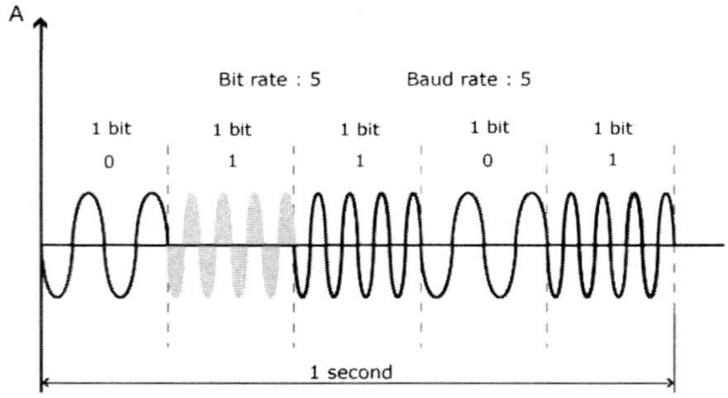

그림 12.30 FSK 변조 기법

PSK (Phase-Shift Keying) 변조 방식은 진폭과 주파수가 같은 캐리어 신호의 위상을 달리하여 비트 0과 1을 표현하는 방식으로 다음 [그림 12.31]은 0도와 180도의 2개의 위상을 이용하여 비트 0과 1을 나타낸 PSK 변조 기법의 예를 나타낸다.

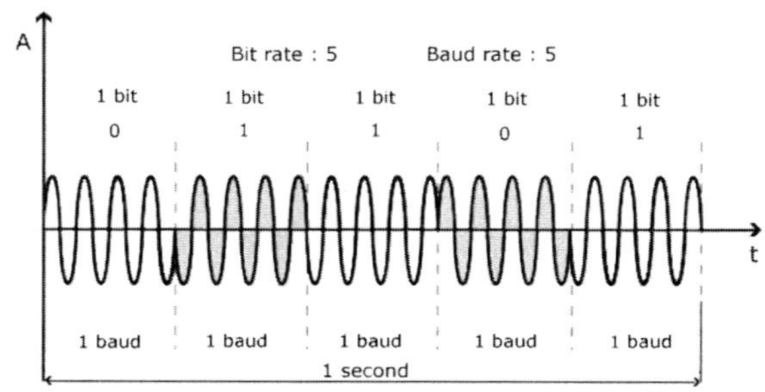

그림 12.31 PSK 변조 기법

다음 [그림 12.32]는 PSK 변조 기법에서 위상과 비트 값 사이의 매핑을 나타내는 다이어그램으로 컨스털레이션 다이어그램이라고 한다. [그림 12.32]는 0도와 180도의 2개의 위상을 사용하여 이진 비트를 표현하는 BPSK (Binary PSK) 변조 기법에 대한 컨스털레이션 다이어그램을 나타내고 있다.

비트	위상
0	0
1	180

Bits

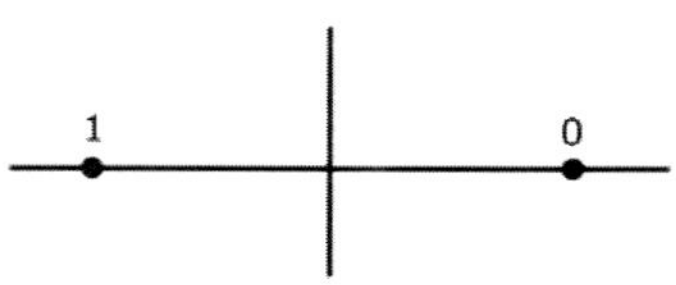

Constellation diagram

그림 12.32 BPSK 변조 컨스털레이션 다이어그램

디빗	위상
00	0
01	90
10	180
11	270

Dibit
(2 bits)

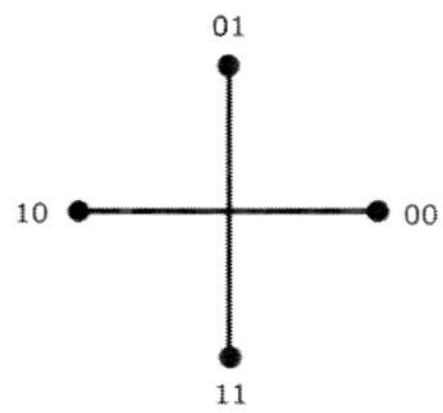

Constellation diagram

그림 12.33 QPSK 변조 컨스텔레이션 다이어그램

PSK 변조 기법은 서로 다른 위상의 종류를 늘리게 되면 신호 요소의 수가 증가하여 하나의 신호 요소를 통해 표현할 수 있는 비트의 수가 증가하게 된다. 예를 들어 0도, 90도, 180도, 270도의 4개의 서로 다른 위상을 사용하게 되면 신호 요소의 수가 4개가 되어 하나의 신호 요소를 통해 표현할 수 있는 비트는 00, 01, 10, 11 의 2비트를 나타낼 수 있게 된다. 이렇게 4개의 위상을 통해 디지털 데이터를 표현하는 방법을 QPSK (Quadrature PSK)라고 하며, [그림 12.33]은 4개의 위상을 사용하여 2비트의 이진 비트를 표현하는 QPSK 변조 기법에 대한 컨스텔레이션 다이어그램을 나타내고 있다.

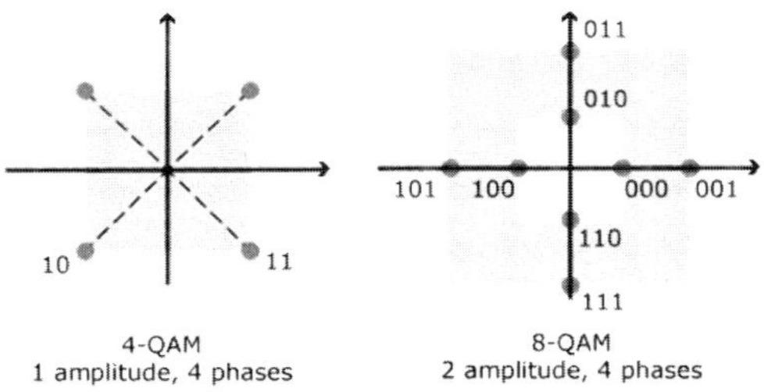

(a) 4-QAM과 8-QAM 변조의 컨스텔레이션 다이어그램

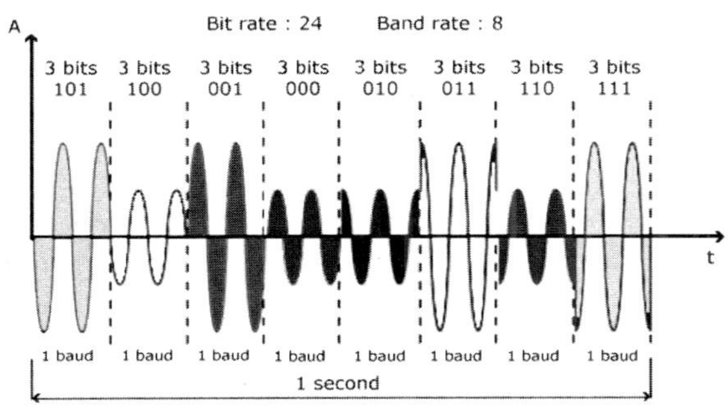

(b) 8-QAM 변조를 통한 변환 예

그림 12.34 QAM 변조 기법

디지털 데이터를 아날로그 신호로 변조할 때 진폭 변조와 위상 변조를 결합하여 사용하면 이진 비트를 표현하기 위한 신호요소의 수가 증가하여 하나의 신호요소를 통해 더 많은 이진 비트를 표현할 수 있다. 이러한 변조 방법을 QAM (Quadrature Amplitude Modulation)이라고 한다. 다음 [그림 12.34]-(a)은 1개의 진폭과 4개의 위상을 사용하여 변조를 하는 4-QAM 변조 방식과 2개의 진폭과 4개의 위상을 사용하여 변조를 하는 8-QAM 변조 방식에 대한 컨스털레이션 다이어그램을 나타내고 있다. [그림 12.34]-(b)는 8-QAM 변조 방식을 이용하여 디지털 데이터를 아날로그 신호로 변조한 예를 나타낸다.

ASK, FSK, PSK, 그리고 QAM 변조 기법들을 이용하여 디지털 데이터를 변조를 할 때 변조된 아날로그 신호의 변화율 (baud rate)과 원래 이진 데이터의 데이터 전송률 (date bit rate)와의 관계는 다음과 같은 표로 나타낼 수 있다.

표 12.2 변조 기법에 따른 신호의 보오율과 데이터 전송율 사이의 관계

변조기법	단위	비트율	비트율	비트율
ASK, FSK, BPSK	Bit	1	N	N
QPSK, 4-QAM	Dibit	I2	N	2N
8-PSK, 8-QAM	Tribit	3	N	3N
16-QAM	Quadbit	4	N	4N
32-QAM	Pentabit	5	N	5N
64-QAM	Hexabit	6	N	6N

3. 데이터링크 계층 프로토콜 기능

1) 네트워크 종류

(1) **회선 구성** (line configuration)

회선 구성 (line configuration)은 회선에 노드들이 연결되어 있는 형태를 의미하며 [그림 12.35]와 같이 일대일 (Point-to-Point) 연결 방식과 일대다 (Point-to-Multipoint) 연결 방식으로 분류할 수 있다.

일반적으로 일대일 연결 방식은 연결에서의 신뢰성이나 보안성 등이 뛰어나나, 네트워크의 많은 노드들이 존재할 경우 그 모두를 연결하기에는 비용이 많이 들며

배선에 의한 공간 문제가 있는 등 단점이 존재한다. 일대다 연결 방식은 하나의 공유된 버스에 기기들이 접속하여 통신하는 방식으로 네트워크의 신뢰성이나 보안성 등은 점대점 방식에 비해 취약하나 노드의 추가가 간편하고 비용이 적게 들고 각각의 노드의 관리가 쉽다는 장점이 있는 반면 한번에 하나의 전송만 할 수 있으므로 동시에 여러 전송이 동시에 하려고 할 경우 공유되는 버스를 어느 전송에서 사용할 지를 정해야 하는 기능 (매체접속제어 프로토콜)이 필요하다.

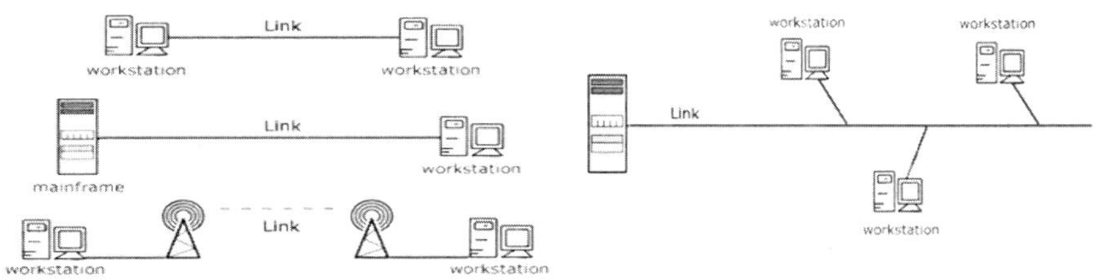

그림 12.35 회선 구성 방식

(2) **네트워크 위상** (Network Topology)

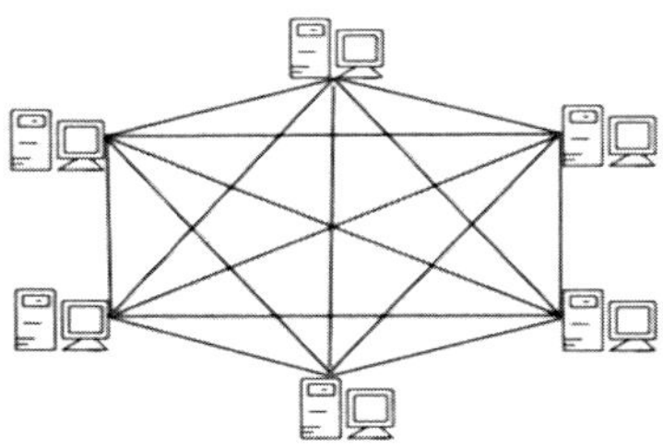

그림 12.37 메시 위상 네트워크

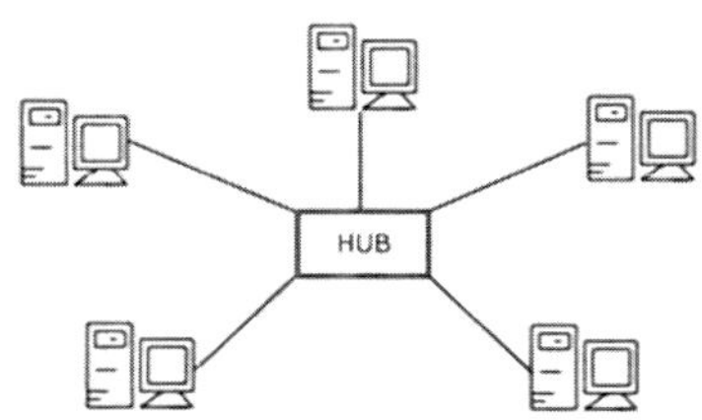

그림 12.38 스타 위상 네트워크

네트워크내에서 노드들의 상대적인 역할에 따라 네트워크를 peer-to-peer 네트워크와 마스터-슬레이브 (또는 primary-secondary) 네트워크로 나눈다. peer-to-peer 네트워크는 각 노드들의 역할이 동등한 네트워크를 말하고 마스터-슬레이브 네트워크는 노드들의 역할이 마스터와 슬레이브로 나누어진다. 마스터 노드는 공유되는 버스를 접근을 제어하는 기능을 수행하는 노드를 나타내며, 슬레이브 노드는 버스를 통해 메시지를 전송하기 위해서는 마스터로 버스접근 제어 요청을 하여 마스터의 허락을 통해 네트워크 버스를 접근하게 된다. 대부분의 사무실 환경의 네트워크는 peer-to-peer 네트워크 기술을 사용하고 있지만 산업용 제어시스템에서 사용하는 네트워크 기술은 실시간 통신을 요하는 특성상 마스터-슬레이브 네트워크 기술을 많이 사용하고 있다.

또한 전체 네트워크에서 노드들이 연결되어 있는 형태를 네트워크 위상이라고 하며, [그림 12.36]과 같은 위상들을 많이 사용하고 있다.

메시(Mesh) 네트워크 위상은 아래 [그림 12.37]과 같이 네트워크의 모든 노드가 일대일 방식으로 연결되어 있어, 어느 한쪽의 연결에 오류가 생겨도 다른 기기들 간의 통신은 문제가 없는 견고하고 높은 보안성을 제공하게 된다. 하지만 네트워크 상의 노드가 추가되거나 많을수록 네트워크의 설치 비용이 기하급수적으로 증가한다는 단점을 지니고 있다.

스타 (Star) 위상의 네트워크는 모든 기기가 중앙의 허브(hub)로 일대일 방식으로 연결되어 있어, 노드들 간의 메시지 전송이 중앙 허브를 통해 전송이 되는 형태의 네트워크로, 메시 형태보다 네트워크의 설치비용이 적게 드는 이점이 있고, 메시 형태와 마찬가지로 한 쪽의 연결에 오류가 생겨도 다른 기기의 통신은 문제가 없다. 하지만 중앙의 허브에 오류가 생길 경우, 네트워크의 모든 통신에 장애가 생기는 문제점이 있다.

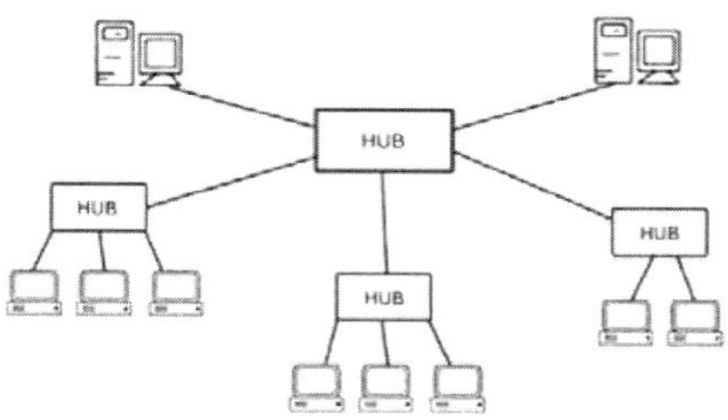

그림 12.39 트리 위상 네트워크

트리 위상 네트워크는 중앙 허브와 다수의 보조 허브를 지니고 있는 구조로 각각의 허브에 사용자들이 연결하고 있어 전체 네트워크가 트리 구조 형태로 연결되어 있는 네트워크 이다. 일반적으로 케이블 TV 접속 네트워크가 이러한 형태를 지니고 있다.

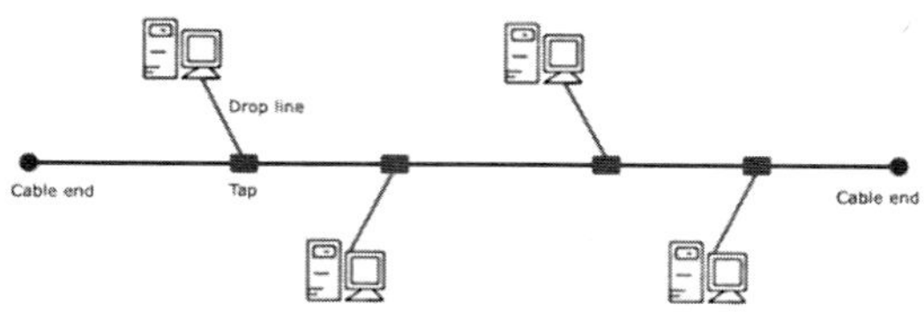

그림 12.40 버스 위상 네트워크

버스 위상 네트워크는 하나의 버스에 모든 기기들이 접속하여 버스를 공유하고 있는 형태이다. 이는 버스의 최대 길이, 노드사이의 간격과 설치할 수 있는 노드의 수 등에 제한을 보이지만 새로운 노드의 설치가 쉽다는 장점이 있어 현재 일반적으로 많이 사용되고 있는 네트워크 형태이다.

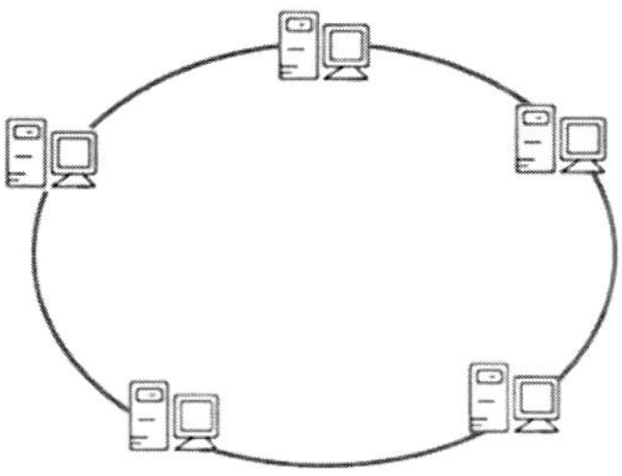

그림 12.41 링 위상 네트워크

링 위상 네트워크는 모든 기기들이 일대일 형태로 양 옆의 노드들과 원을 그리며 연결하는 형태이다. 이는 새로운 노드들의 설치 및 네트워크의 설정이 버스 구조의 네트워크에 비해 어렵고, 네트워크의 어느 한 부분이라고 오류가 생길 경우, 전체 네트워크가 마비된다는 단점이 있지만 네트워크 접근 프로토콜이 실시간 전송이 필요로 하는 기능을 가지고 있어 산업용 네트워크에서 종종 사용되고 있다.

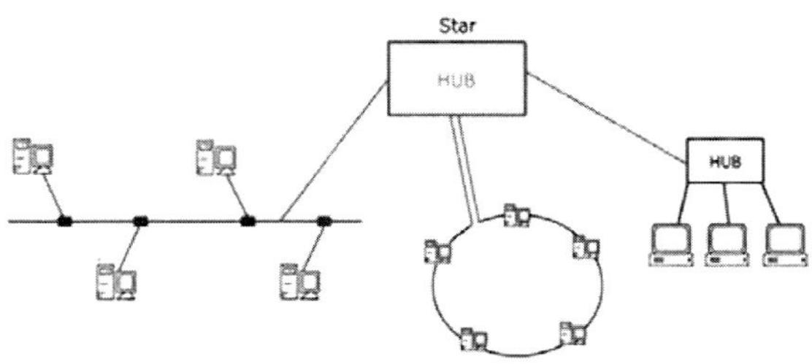

그림 12.42 하이브리드 위상 네트워크

하이브리드 위상 네트워크는 여러 개의 위상을 지니는 서브 네트워크들이 하나의 백본 네트워크와 연결되서 복합적인 형태를 이루는 형태이다.

(3) **네트워크 전송 모드** (transmission mode)

네트워크 전송 모드는 두 노드 사이의 메시지 전송에서 데이터 흐름의 방향에 따라 단방향 전송과 양방향 전송으로 나누고, 양방향 전송은 전송방식에 따라 반이중방식과 전이중방식으로 나눈다.

단방향 전송 (Simplex 방식)은 메시지 전송이 설정된 한 방향으로만 통신이 가능한 것으로 현재 방송 네트워크에서 많이 사용하고 있는 방식이다. 양방향 전송은 각각의 노드가 송신 및 수신을 하여 양쪽 방향으로 메시지를 교환하는 통신방식이며, 이중에서 반이중방식의 양방향 전송은 메시지가 양쪽 방향으로 전송은 될 수는 있지만, 동시에 양방향으로 전송할 수 없고 어느 한 순간에는 한쪽 방향으로만 전송이 가능한 방식이다. 일반적으로 무전기에서 반이중방식의 양방향 전송을 사용하고 있다. 전이중방식의 양방향 전송은 데이터가 양쪽 방향으로 동시에 전송될 수 있는 것을 의미한다. 이는 한 쪽에서 데이터를 수신하는 동시에 다른 방향으로 데이터를 송신할 수 있는 것이다. 이를 위해서 물리적으로나 논리적으로 송신과 수신 전용의 두 가지 채널이 필요하다.

(4) **연결 거리에 따른 네트워크 종류**

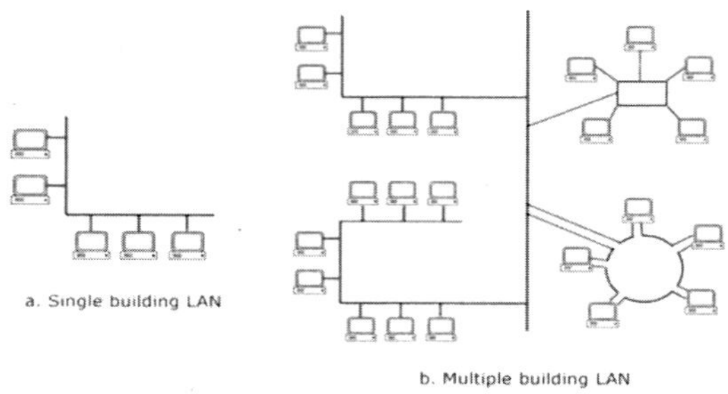

그림 12.43 LAN 네트워크 연결

네트워크가 연결하는 노드들 사이의 거리에 따라 LAN , MAN (Metropolitan Area Network), WAN (Wide Area Network)으로 구분한다. LAN은 일반적으로 1 Km 내외의 범위의 근거리 지역 통신을 뜻하는 것으로 대부분의 네트워크의 기본적인 단위로 사용하고 있다. LAN 은 보통 하나의 매체 (Medium)을 공유하는 통신망으로 일반적으로 수십 Mbps에서 최근에는 수 100Mbps 또는 수 Gbps의 높은 전송 속도를 가지고 있다. LAN은 [그림 12.43]과같이 하나의 건물 또는 사무실과 같이 특정 지역에 밀집되어 위치한 노드들을 연결하기 위해 많이 사용하고 여러 지역의 LAN들을 백본 네트워크로 묶어 전체 네트워크를 구성하고 있다.

MAN (Metropolitan Area Networks : 도시권 네트워크)은 일반적으로 10Km 내외의 범

위를 지니는 하나의 도시 크기 정도의 네트워크를 지칭하며, 한 도시 내에 지역적으로 연결되어 있는 LAN들을 묶어 하나의 네트워크로 서로 연결하는데 적용한다. 일반적으로 MAN 네트워크 기술을 LAN들에 대한 백본 네트워크로 사용하기 위해 연결 거리가 크고 대역폭이 큰 네트워크 기술을 사용하고 있다.

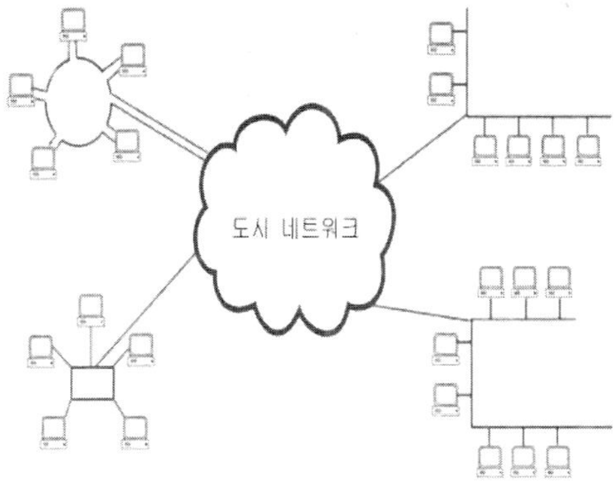

그림 12.44 MAN 네트워크 연결

WAN (Wide Area Network : 광역 네트워크) 기술은 지리적으로 멀리 떨어져 있는 광역 통신망을 의미하는 것으로, 국가 전체 또는 국가간과 같이 넓은 지역을 연결하는 네트워크를 지칭한다. 이 광역 통신망은 인터넷이나 전화망과 같이 공공망이거나, 통신회사들이 서비스를 제공하고 있는 임차망 (leased), 혹은 사설망이 될 수도 있다. 기업 네트워크 (Enterprise Network)는 지역적으로 떨어져 있는 한 기업의 네트워크를 WAN을 통해 연결한 네트워크로 인터넷이나 통신회사의 WAN을 임대하여 기업 네트워크를 구축한다. 통신회사의 WAN을 임대한 기업 네트워크 구축은 성능 및 안정성이 보장되고 및 보안이 잘 되어 있지만 통신 임대 비용이 많이 들게 되는 반면, 인터넷과 같은 개방된 네트워크를 통한 기업 네트워크 구축은 비용이 저렴하지만 성능 및 안정성이 보장되지 못하고, 보안에 많이 문제점이 있다. 최근에는 인터넷과 같은 개방된 네트워크를 통해 보안을 제공하는 가상사설망 기술이 기업 네트워크을 위해 많이 사용되고 있다.

인터넷은 전 세계를 연결하고 있는 네트워크들의 집합을 의미하며 무수히 많은 서로 다른 종류의 네트워크들을 연결하기 위하여 브리지, 라우터, 또는 게이트웨이와 같은 네트워크 연결 장비를 사용하고 있다 ([그림 12.45]). 네트워크를 연결하는 각 장비들은 기능에 따라 다음과 같은 여러 종류들이 사용되고 있다.

① 리피터 : 네트워크에서 전송되는 신호를 복사하여 물리계층 (1계층) 기능만을 수행하는 네트워크 연결 장비로 보통 네트워크의 연결 거리를 늘리기 위해 사용한다. 리피터로 연결되어 있는 전체 네트워크에서는 특정 순간에는 하나의 전송만이 가능하며 동시에 두 개 이상의 전송이 동시에 이루어질 경우에는 충돌이 발생하여 모든 전송이 실패하며, 허브와 같은 장비들이 여기에 해당한다.

② 브리지 : 네트워크에서 전송되는 프레임을 인식하여 프레임 단위로 전송하는 기능 (데이터 링크계층)을 수행하는 네트워크 연결 장비로 브리지는 프레임의 헤더에 있는 목적지 주소를 인식하여 프레임 해당 목적지 노드가 위치한 네트워크로만 전송을 하여 네트워크 상에서 충돌을 줄여주는 기능을 수행한다. 이더넷 스위치와 같은 장비들이 여기에 해당한다.

③ 라우터 : 서로 다른 네트워크들 사이의 패킷 전송을 수행하여 네트워크 계층의 기능을 수행하는 장비를 라우터라고 한다. 라우터의 가장 주요한 기능은 송신자로부터 전송할 패킷을 받아 목적지 노드까지 경로를 찾아 전송해주는 기능을 수행하며, 이러한 과정을 라우팅한다고 하며, 라우터들은 사전에 경로탐색을 위해 필요한 정보를 구하고 이를 라우팅 테이블에 저장하고 있다. 인터넷과 같은 패킷교환 네트워크의 라우터들은 하나의 네트워크를 통해 전송할 패킷이 들어오면 그 패킷의 헤더에 들어있는 목적지 주소와 라우팅 테이블에 들어있는 정보를 기반으로 목적지로 가기 위한 경로를 찾고 이 경로에 속하는 다음 라우터에게 패킷을 전송하게 된다.

④ 게이트웨이 : OSI 프로토콜 계층에서 계층 4 이상에서 응용 계층까지 수행하는 장비들을 일반적으로 게이트웨이라고 부른다.

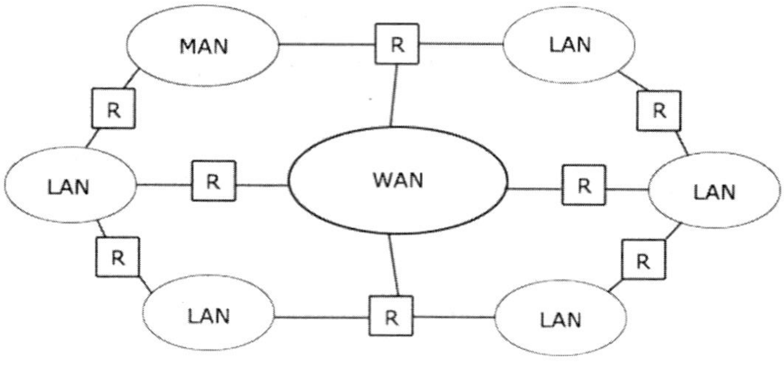

그림 12.45 인터 네트워크 (Inter-Network)

2) 데이터링크 계층 프로토콜 기능

제 2 계층인 D/L 계층은 하나의 매체에 공유되어 있는 노드들 사이에 데이터 전송을 관리하는 계층이다. 이 계층에서는 주로 하나의 메체를 공유하고 있는 노드들의 데이터 전송을 위한 회선 제어 (line discipline), 두 노드 사이의 신뢰성 있는 데이터 전송을 위한 오류 제어, 그리고 두 노드 사이의 흐름 제어를 담당하고 있다.

(1) **회선 제어** (line discipline)

회선 제어는 하나의 네트워크내에서 두 노드 사이에 데이터를 교환하기 위한 절차 및 방법을 나타낸다. 하나의 네트워크에서의 회선의 구성은 전송 매체를 공유하고 있는 노드들의 방식에 따라 다음과 같이 일대일 혹은 일대다 회선 구성으로 나눌 수 있다.

① 일대일 회선 구성

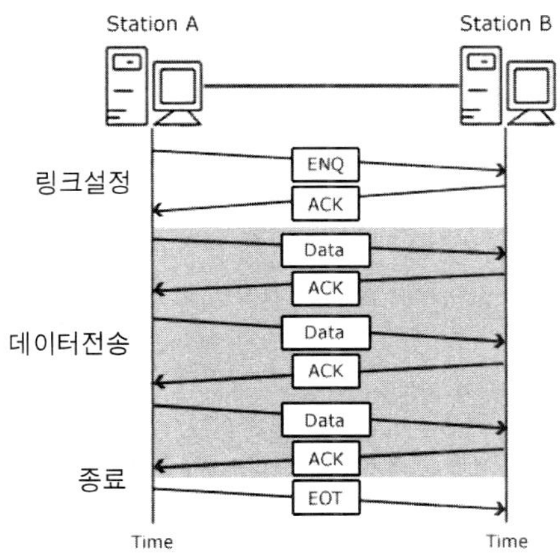

그림 12.46 일대다 회선구성에서 데이터 전송

일대일 회선 구성은 한 매체의 양 끝단에 하나씩 노드가 연결되어 있는 형태로 일대일의 연결 형태를 나타낸다. 각 노드들은 상대방과의 연결 하나만 가지고 있기 때문에 데이터 전송을 원하는 노드는 먼저 상대방 노드가 데이터를 받을 준비가 되어 있는지를 물어보는 프레임 (ENQ)을 보내고 수신자는 이에 대해 받을 준비가 되어 있음을 알리는 ACK 응답을 한다. 송신자가 ACK 패킷을 수신하게 되면, 송신자는 데이터 패킷을 전송하게 되고 수신자는 데이터를 재대로 받으면 ACK 패킷으로 응답한다. 송신자는 데이터 패킷 전송이 끝나면 EOT (End Of Transmission) 패킷을 전송한다.

② 일대다 회선 구성

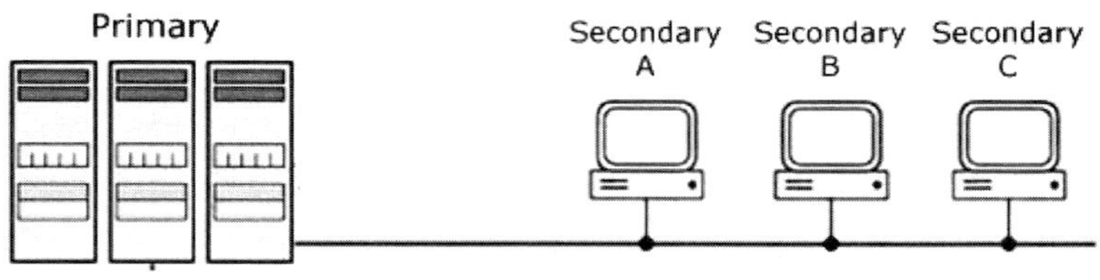

그림 12.47 일대다 회선구성

일대다 회선 구성은 위의 그림과 같이 하나의 매체에 하나의 Primary 노드와 여러 개의 Secondary 노드가 연결되어 있는 형태로 다수의 노드들이 하나의 매체에 연결되어 있기 때문에 각 노드들을 식별하기 위한 주소 (Addressing)가 필요하다. 일대다 회선 구성의 경우, 프레임 전송은 전송 방향에 따라 Secondary 노드에서 Primary 노드로 전송을 하기 위한 폴링 (polling) 과 Primary 노드에서 Secondary 노드로 전송하기 위한 선택 (Selecting)의 경우로 나눠진다.

선택(Selecting)

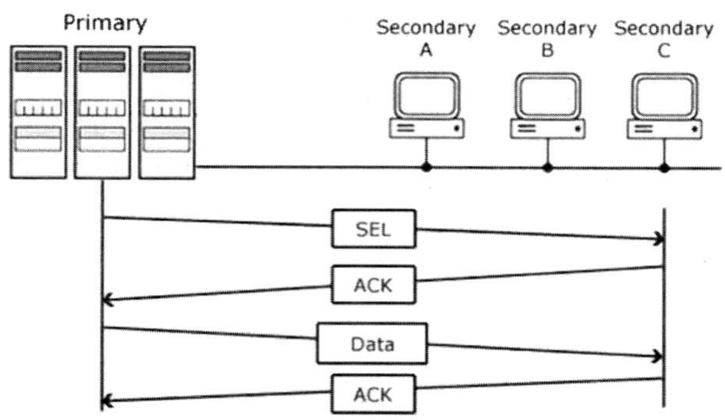

그림 12.48 선택을 통한 전송

선택 (Selecting) 방식은 Primary 쪽에서 Secondary 노드들 중 한 곳으로 데이터 전송할 때 쓰인다. 위의 그림에서와 같이 Primary 노드가 Secondary 노드에게 데이터 전송이 필요하면, 데이터를 수신할 노드에게 SEL 프레임을 전송하며, 해당 Secondary

노드가 데이터를 받을 준비가 되어 있으면 수신 가능 응답 ACK 패킷을 Primary 노드에게 보내게 되고, Primary 노드는 해당 Secondary 노드에게 이 후 데이터 패킷을 전송하고 Secondary 노드는 응답으로 ACK 패킷을 전송하게 된다. 일대다 방식에서는 하나의 매체에 여러 노드들이 공유하고 있기 때문에 전송되어지는 메시지는 모든 노드들에게 도착하게 된다. 이 때문에 해당 노드들은 Addressing을 하여 각각의 고유한 주소를 가지며, Selecting 방식에서도 SEL 프레임 안에 전송 대상 노드의 주소를 삽입하여 전송하게 된다.

폴링(Polling)

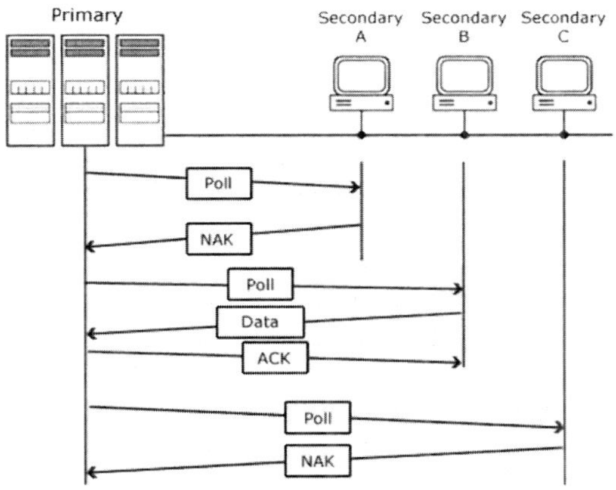

그림 12.49 폴링을 통한 전송

폴링 (Polling) 방식은 Secondary 노드들이 Primary 노드에게 데이터를 전송할 경우에 사용되는 방식이다. 위의 그림과 같이 Primary 노드는 각각의 Secondary 노드들에게 번갈아 가면서 Poll 프레임을 전송하게 되는데 이 때 Primary에게 보낼 데이터가 없으면 NAK 패킷으로 응답하고, Primary에게 보낼 데이터가 있으면 Data 프레임을 전송하고 Primary 노드는 데이터를 받으면 ACK 패킷을 보내게 된다.

(2) **흐름 제어**(Flow Control)

① Stop-and-Wait 흐름제어

흐름제어란 송신자와 수신자 사이의 데이터 전송이 어느 한 쪽에 부하가 가지 않고 올바른 전송이 될 수 있게, 데이터 전송 속도를 제어하는 것이다. 흐름 제어의 방식은 크게 Stop and Wait와 Sliding Window의 두 가지 방식으로 구분할 수 있다. Stop and Wait 방식은 아래 그림과 같이 프레임의 전송을 하나의 데이터 프레임 송신과 그 프레임에 대한 ACK 프레임의 수신을 하나의 단위로 생각하여 하나의 데이터 프레임을 송신한 후, 그에 따른 ACK 프레임을 수신할 때 까지 멈춰서 대기 하는 방식이다. 송신자는 데이터 프레임을 전송하고 수신자는 데이터 프레임을 성공적으로 받으면 ACK 패킷으로 응답한다. 이 방법은 송신된 데이터 프레임에 대한 ACK 프레임 수신까지 기다리는 형태로 매우 단순한 알고리즘을 가지지만 송신자가 데이터 프레임을 전송하고 계속해서 데이터를 전송할 수 있어도 전송하지 않고 수신자로부터 ACK 패킷을 기다리게 되므로 네트워크 대역폭을 낭비하는 문제가 있다.

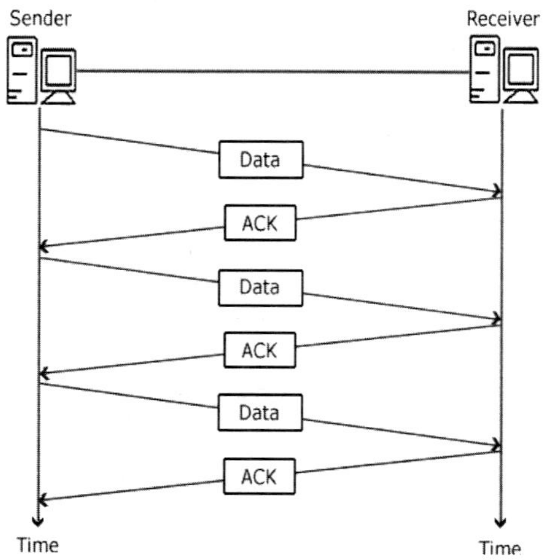

그림 12.50 Stop-and-Wait 흐름제어 예

② Sliding Window 흐름제어

Sliding Window 방식은 위의 Stop and Wait 방식이 하나의 프레임에 대한 각각의 ACK 를 대기하는 방식이 전송 효율이 좋지 않기 때문에 그에 따른 보완으로 생긴 방식이다. Sliding Window 방식은 송신자가 수신자로부터 ACK 패킷을 기다리지 않고 데이터 패킷을 연속해서 전송할 수 있도록 하여 네트워크 전송효율을 향상시킨 프로토콜이다. 송수신 양 쪽의 노드는 현재 상태에서 송수신할 수 있는 데이터 패킷을 나타내는 위도우 (Window) 를 가지고 있는데, 이 Window는 ACK 프레임을 전달하지 않은 상태에서 송수신을 할 수 있는 최대 프레임 수를 나타낸다.

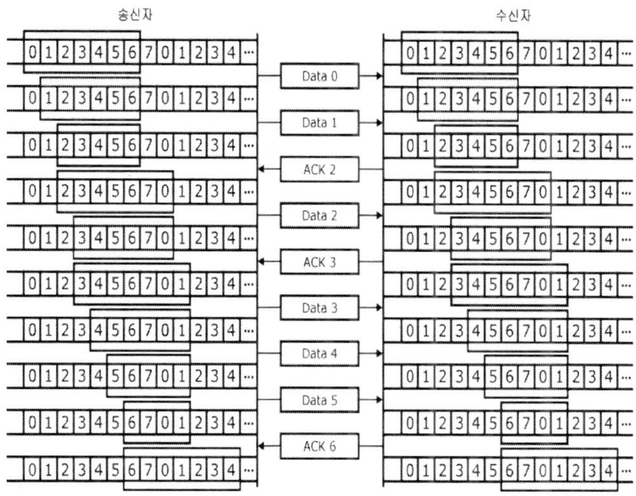

그림 12.51 Sliding Window 흐름제어 예

위 그림은 각각의 송수신자가 크기가 7인 Window를 가지고 있는 예를 나타내고 있다. 이는 송신자의 경우, 수신자의 ACK가 도착하지 않더라도, 최대 7개의 프레임을 보낼 수 있음을 의미한다. 송신자는 윈도우내에 있는 데이터 프레임을 순서대로 전송하게 되며 데이터 프레임 전송을 계속하는 도중 수신자로부터 ACK 패킷이 도착하면 윈도우가 오른쪽으로 이동하게 된다. 위 그림에서 송신자는 데이터 프레임 0과 1을 보낸 후에 수신자로부터 ACK 2 프레임을 받으면 데이터 프레임 0과 1이 성공적으로 전송되었음을 알고 윈도우를 데이터 프레임 2부터 다음 데이터 프레임 0까지 오른쪽으로 이동하게 된다. 이와 같은 과정을 통해 송신자는 수신자로부터 ACK 프레임을 받지 않고 데이터 프레임을 최대 7개까지 연속하여 전송할 수 있게 된다.

(3) 에러 제어

에러 제어 기능은 송수신자의 데이터 전송도중 전송 프레임이 오류가 났을 경우 어떻게 그것을 확인하고 제어하는 지 보여준다. 흐름 제어의 한 부분으로 각각 Stop and Wait ARQ와 Sliding Window ARQ가 있는 데, ARQ란 Automatic Repeat Request 의 약자로 이는 프레임이 오류가 나서 제대로 된 프레임을 전송 받지 못하였을 경우, NAK 프레임 전송을 통해 자동으로 재전송을 요청한다는 의미이다. Sliding Window ARQ는 방식에 따라 Go-back-n 방식과 Selective-reject 방식으로 나눌 수 있다.

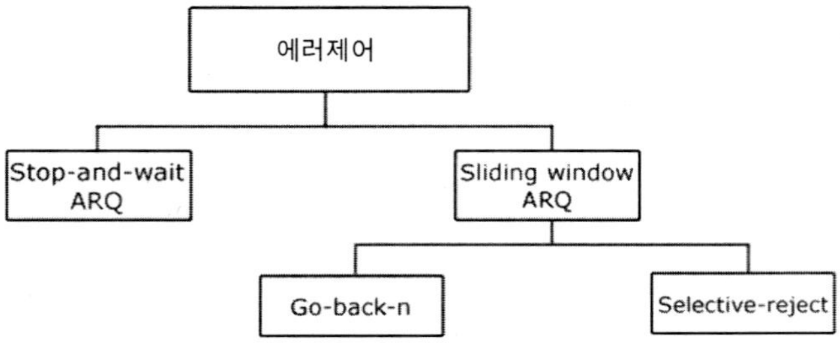

그림 12.52 에러 제어 기법 분류

① Stop and Wait ARQ

Stop and Wait ARQ는 앞서 설명한 Stop and Wait 흐름제어와 같이 송신자는 한번에 하나의 프레임만을 전송한다. 데이터 프레임의 송신자는 데이터 프레임을 전송하고 나서 수신자로부터 응답을 기다리고 있고, 수신자는 데이터 프레임을 성공적으로 받으면 ACK 프레임으로 응답하고 데이터 프레임이 에러가 발생하였으면 NACK 프레임으로 응답한다. 에러는 여러 가지 형태가 발생할 수 있으며 다음 그림은 이에 대한 예를 나타낸다. [그림 12.53]-(a)는 송신자가 보내는 데이터 프레임이 수신자에게 전송이 되었지만 에러가 발생하였을 경우를 나타내며, 이 경우 수신자는 수신한 데이터 프레임에 대한 에러 검출을 통해 에러가 있음을 알게 되면 송신자에게 NAK 프레임을 보내게 되고 송신자는 바로 이전에 전송한 데이터 프레임을 다시 전송하게 된다. [그림 12.53]-(b)는 송신자가 보내는 데이터 프레임이 분실이 되었을 경우를 나타내며, 이 경우 송신자는 수신자로부터 아무런 응답을 받지 못하게 되고 이러한 분실을 탐지하기 위해 송신자는 패킷 타이머를 사용하여 데이터 프레임을 전송하고 나면 패킷 타이머를 설정하고 이 시간동안 수신자로부터 응답을 기다린다. 이 패킷 타이머가 0이 될 때까지 수신자로부터 아무런 응답을 받지 못하게 되면 송신자는 프레임이 분실되었음을 알고 전송한 프레임을 다시 전송하게 되고, 수신자는 이에 대한 ACK 응답 프레임을 보내게 된다. [그림 12.53]-(c)는 송신자가 보내는 데이터 프레임을 수신자가 재대로 수신하고 이에 대한 응답으로 ACK 응답 프레임을 보냈지만 이 ACK 프레임이 분실이 되었을 경우를 나타내며, 이 경우 송신자는 수신자로부터 아무런 응답을 받지 못하게 되고 설정한 패킷 타이머가 0이 되어 이전에 전송한 프레임을 다시 전송하게 된다. 그러나 이 경우에는 수신자는 이전에 받은 데이터 프레임을 다시 받게 되므로 이를 버리게 되고, 수신자는 ACK 프레임을 다시 전송하게 된다. (수신자가 이전에 받은 데이터 프레임을 받게 됨을 알기 위해 프레임 번호가 필요함)

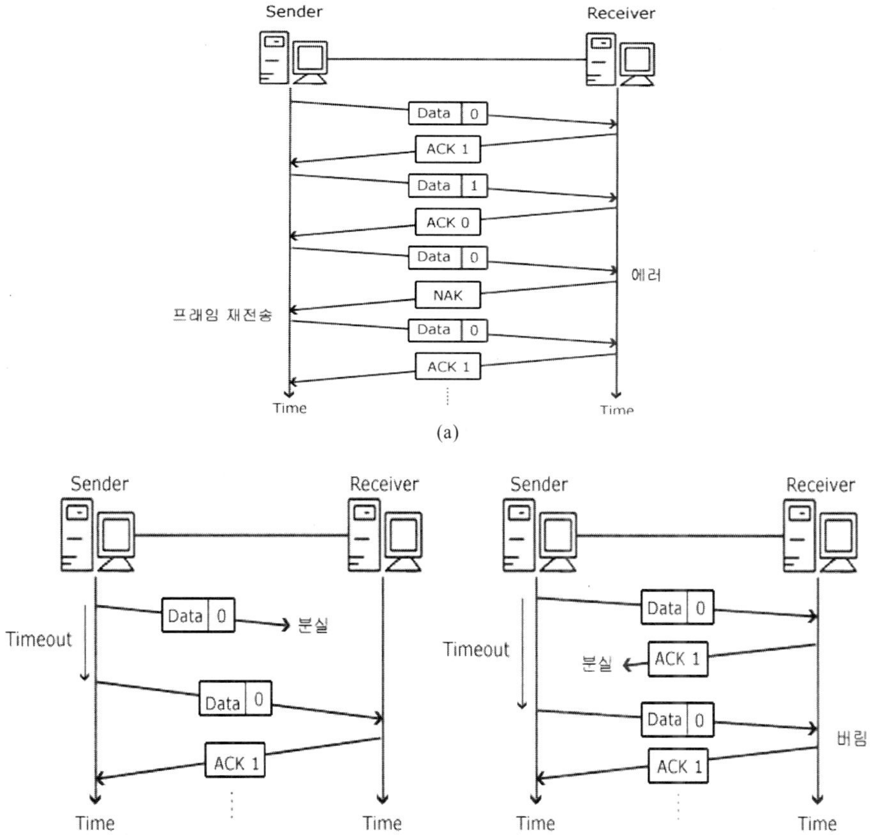

(b) (c)

그림 12.53 Stop-and-Wait ARQ를 통한 전송 예

② 슬라이딩 윈도우 (Sliding Window) ARQ

Stop and Wait ARQ 프로토콜은 한번에 하나의 프레임만 전송하기 때문에 네트워크 전송대역폭을 다 사용하지 못하는 단점이 있다. 이러한 단점을 보완하기 위하여 슬라이딩 윈도우 (Sliding Window) ARQ 방식은 경우 송신자가 수신자로부터 ACK 패킷을 받지 않고도 다수의 프레임을 전송하기 때문에 Stop and Wait 의 방식과는 다른 오류 제어 방식을 사용한다. 그리고 다수의 프레임 전송이라는 특징이 있기 때문에 ACK 프레임이 수신자가 성공적으로 수신하여 전송완료가 되기 전까지는 모든 전송 프레임을 복사하여 유지시키고 있다. Stop and Wait ARQ 프로토콜은 Go-back-n ARQ와 Selective-reject ARQ의 두 가지 방식으로 나눌 수 있는데, Go-back-n 방식의 경우 수신자는 송신자로부터 프레임을 순서대로만 수신하여 전송된 여러 프레임중 중간 프레임이 오류가 났다면, 오류가 발생한 해당 프레임부터 다시 전부

재전송 하는 방식이고, Selective-reject 방식은 수신자는 송신자로부터 윈도우내에 있는 프레임을 순서에 맞지 않더라도 수신하게 되어 전송 프레임에 오류가 발생할 경우 오류가 난 해당 중간 프레임만 다시 전송하는 방식이다.

먼저 Go-back-n ARQ 방식을 살펴보자. Go-back-n 방식은 수신자는 송신자로부터 프레임을 순서대로만 수신하므로 어느 프레임이 오류가 발생하면 그 이후 프레임들이 오류없이 수신되더라도 다 버리게 된다. 따라서 송신자는 전송 중인 어느 한 프레임이 분실되거나 오류가 발생했을 경우, 그 한 프레임부터 그 이후의 모든 프레임을 다시 재전송하는 방식이다.

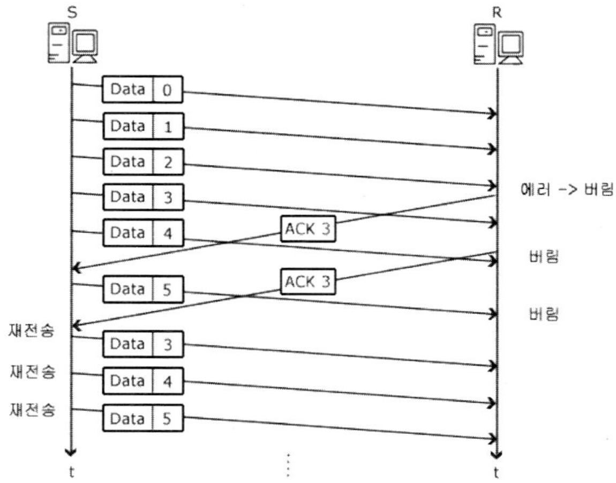

그림 12.54 Go-back-N ARQ를 통한 전송 : 데이터 프레임에 오류 발생하는 경우

예를 들어 위의 [그림 12.54]는 송신자는 데이터 프레임을 0번에서부터 차례로 전송하고, 수신자는 데이터 프레임을 2번까지 수신하고 ACK 3 패킷을 전송한다. 여기서 ACK 3 패킷은 데이터 프레임을 2번까지 모두 순서대로 성공적으로 수신하였고 다음에 데이터 프레임 3번을 받을 차례임을 의미한다. 이후 송신자는 데이터 프레임을 3번에서부터 차례로 5번까지 전송하였고, 수신자가 데이터 프레임을 3번을 수신하고 에러검사를 하니 오류가 발견되어 NAK 3 패킷을 전송하고 이후 수신된 데이터 프레임 4번과 5번은 오류가 없어도 프레임들을 버리게 된다. 송신자는 데이터 프레임을 5번에서부터 난 후 수신자로부터 NAK 3을 받으면 데이터 프레임 3번에 오류가 발생했음을 알고 송신자는 데이터 프레임 3번부터 그 이후 전송한 프레임들을 순서대로 다시 전송하게 된다.

다음 [그림 12.55]는 송신자는 데이터 프레임을 0번에서부터 4번까지 차례로 전송하였는데, 데이터 프레임 2번이 분실되었을 경우를 나타낸다. 이 경우에도 수신자는 데이터 프레임을 1번을 수신한 이후 3번 프레임을 수신하게 되므로 데이터 프레임 2번이 분실되었음을 알고 이후 도착하는 3번과 4번 프레임은 버리게 되고 데이터 프레임 2번이 분실되었음을 알리기 위해 송신자에게 NAK 2 패킷을 전송하게 된다. 앞의 예와 마찬가지로 송신자는 수신자로부터 NAK 2 패킷을 받게 되면 데이터 프레임 2번부터 순서대로 다시 전송하게 된다.

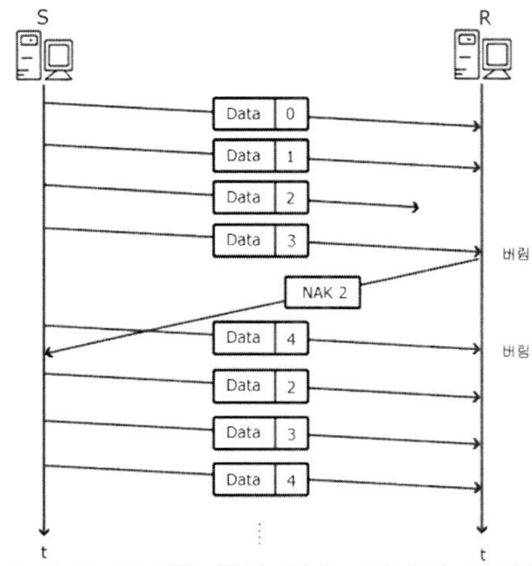

그림 12.55 Go-back-N ARQ를 통한 전송: 데이터 프레임이 분실되는 경우

다음 [그림 12.56]은 수신자가 데이터 프레임들을 성공적으로 수신하고 ACK 패킷을 보냈는데 이 ACK 패킷이 분실되었을 경우를 나타낸다. 수신자가 보낸 ACK 패킷이 분실되면 송신자는 자신이 보낸 패킷들이 성공적으로 수신되었는지를 알 수가 없다. 따라서 송신자는 데이터 프레임을 보내고 해당 데이터 프레임들에 대한 ACK 응답을 일정한 시간 (timeout) 내에 기다리게 되고 이 시간내에 ACK를 받지 못하면 해당 데이터 프레임이 분실되었다고 생각한다. 다음 [그림 12.56]에서 송신자는 데이터 프레임을 0번에서부터 2번까지 차례로 전송하고 수신자는 모두 성공적으로 받고 이에 대한 응답으로 ACK 3을 전송하였는데 이 ACK 3 패킷이 분실된 경우이다. 이 경우 송신자는 데이터 프레임 0번을 전송하고 이에 대한 타이머(timeout)을 설정하여 ACK 응답을 기다리고 이 시간내에 ACK 응답을 받지 못하게 되므로 데이터 프레임을 0번부터 다시 전송하게 된다.

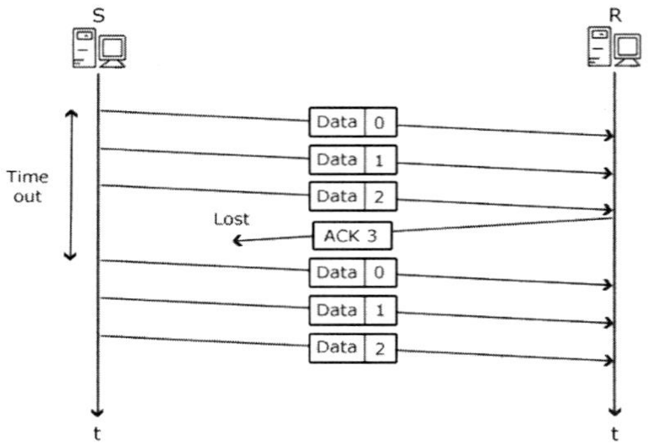

그림 12.56 Go-back-n ARQ를 통한 전송
: ACK프레임이 분실되는 경우

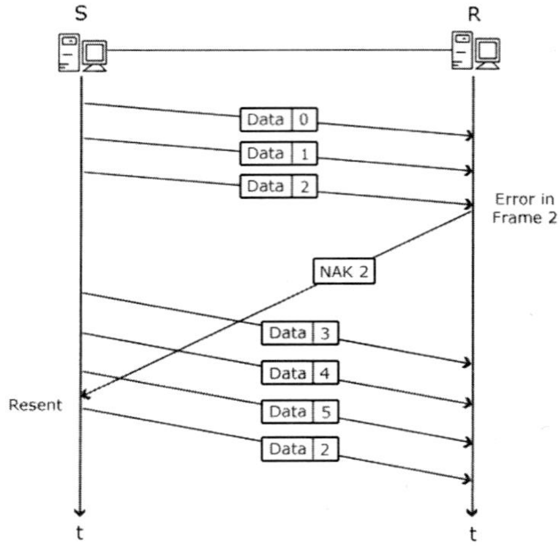

그림 12.57 Selective-reject ARQ를 통한 전송

Go-back-n ARQ 프로토콜은 중간 데이터 프레임에 오류가 발생할 경우 그 이후 프레임들이 오류없이 도착하더라도 버리게 되어 불필요한 재전송 횟수가 많아지는 문제가 있다. 이러한 단점을 줄이기 위해 Selective-reject ARQ 프로토콜은 수신자가 오류없이 도착하는 데이터 프레임들은 순서가 다르더라도 수신하고 재전송은 오류가 발생한 프레임만 재전송하도록 하는 방법이다. 다음 [그림 12.57]은 Selective-reject ARQ 프로토콜을 통한 데이터 프레임 전송의 예를 나타낸다. 이 예에서 송신자는 데이터 프레임을 0번에서부터 5번까지 차례로 전송하였는데, 수신자가 데이터 프레임 2번을 제외하고 다른 모든 프레임을 성공적으로 수신하게 되어 수신자는 데이터 프레임 2번에 대한 오류를 NAK 2 패킷 전송을 통해 알리게 된다. 송신자는 수신자로부터 NAK 2 패킷을 받으면 해당 데이터 프레임 2번만 재전송하게 된다. 이 경우 데이터 프레임 2번 이후 전송된 프레임들에 대한 재전송은 하지 않아도 되므로 불필요한 재전송을 줄일 수 있지만 수신자는 데이터 프레임을 순서에 맞지 않게 받을 수 있는 기능이 필요하고 송신자 역시 NAK 2 패킷을 받으면 해당 데이터 프레임 2번을 재전송하고 다음에는 이전에 전송한 마지막 데이터 프레임의 다음 프레임을 재전송 (예의 경우 데이터 프레임 6)해야 하므로 데이터 프레임 전송순서가 순서에 맞지 않게 전송할 수 있는 기능이 필요하게 되어 링크계층의 프레임 송수신 및 프레임 저장 하드웨어가 복잡해지는 단점이 있다.

(4) **오류 검출** (Error Detection)

앞에서는 프레임 전송에 있어서 어떤 방식으로 전송되며 오류가 있을 경우 어떤 방식으로 처리하는 가에 대해 알아보았다. 이번 장은 실제 0과 1로 이루어진 디지털 전송에서 프레임의 오류를 어떻게 알아내는 가에 대해 설명한다. 네트워크에서 데이터 전송시 여러 가지 원인에 의해 오류가 발생할 수 있다. 프레임 오류는 단순히 하나의 비트가 오류가 발생하는 단일 비트 오류와 일정 비트 블록에서 오류가 발생하는 버스트 (burst) 오류가 있다. 네트워크에서 프레임 전송중 발생하는 많은 오류는 신호를 전송하는 도중에 외부로부터 강한 전자기적인 영향을 받으면 발생하는데, 예를 들면 10 Mbps의 이더넷 속도로 전송하는 네트워크에서 1/1000 초 동안 전자기적인 간섭이 발생하면 대략 10 kbit 에 영향을 주게 되어 해당 범위에 속하는 비트들에 버스트 오류가 발생할 수 있다. 다음 [그림 12.58]는 버스트 오류의 예를 나타내는데, 에러가 발생한 가장 처음 비트에서 마지막 비트까지의 거리를 버스트 에러의 길이라고 한다.

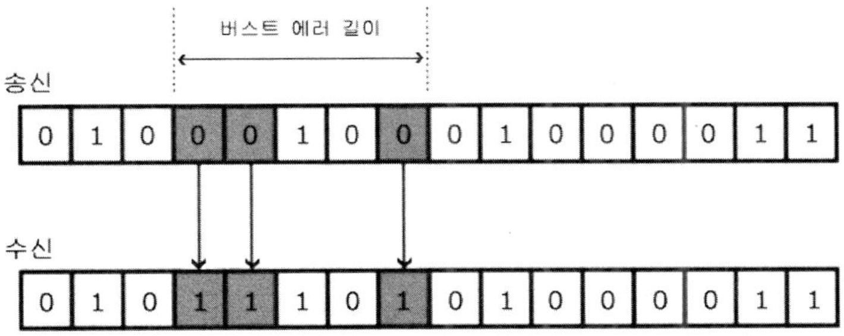

그림 12.58 버스트 에러

현재 대부분의 네트워크 프로토콜들은 오류가 발생하면 해당 데이터 프레임을 버리고 송신자로 하여금 다시 전송하도록 하는 방법을 많이 사용하고 있다. 따라서 프레임에 오류가 발생했는지 검출하는 오류 발견 알고리즘은 매우 중요하다고 할 수 있다. 오류 검출을 위해서 데이터링크 계층 프로토콜에서는 송신자는 데이터 프레임에 오류 검출을 위한 비트들 (오류 검출 코드)를 추가하여 전송을 하고, 수신자는 수신한 데이터 프레임과 오류 검출 코드를 이용하여 오류를 검출하고 오류가 발생하면 해당 프레임을 버리고 오류가 없으면 해당 프레임을 받아들인다. 다음 [그림 12.59]는 일반적인 오류 검출 방법을 나타낸다.

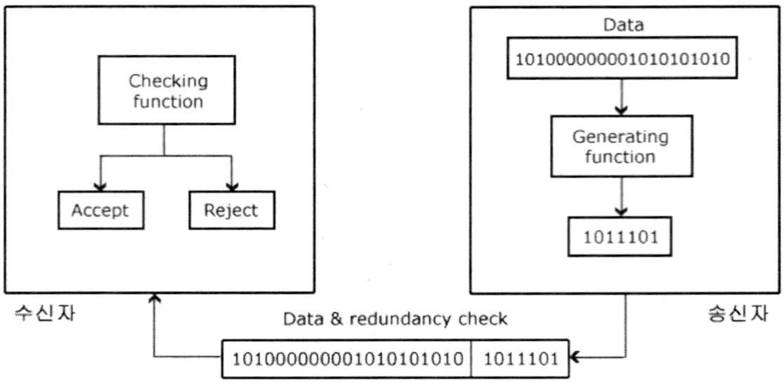

그림 12.59 일반적인 오류 검출 방법

많이 사용하고 있는 오류 검출 방법들은 다음 [그림 12.60]과 같이 VRC (Vertical Redundancy Check), LRC (Longitudinal Redundancy Check), CRC (Cyclic Redundancy Check), 체크섬 (Checksum) 코드 방법들이 있다.

그림 12.60 오류 검출 알고리즘 종류

VRC (Vertical Redundancy Check) 코드는 다음 [그림 12.61]과 같이 데이터 프레임을 일정한 크기의 데이터 유닛으로 나누고 각 데이터 유닛마다 1비트씩의 패리티 비트 (parity bit)를 추가하는 방법이다. 패리티 비트는 홀수 패리티 (odd parity) 또는 짝수 패리티 (even parity)에 따라 값이 달라지는데, 홀수 패리티일 경우에는 데이터 비트들과 패리티 비트를 포함하여 값이 1인 비트의 수가 홀수가 되도록 패리티 비트 값을 설정하며, 짝수 패리티일 경우에는 데이터 비트들과 패리티 비트를 포함하여 값이 1인 비트의 수가 짝수가 되도록 패리티 비트값을 설정하게 된다. 수신자는 패리티 비트를 포함하고 있는 데이터 프레임을 받으면, 각 데이터 유닛의 패리티 비트값을 검사하여 약속된 패리티 값이 맞는지를 확인하여 오류발생 여부를 판단한다. VRC 코드를 이용한 오류 검출 방법은 1 비트 (홀수 개의 비트)에서 에러가 발생하면 에러를 검출할 수 있지만 2비트 (짝수개의 비트)에서 에러가 발생하면 에러를 검출할 수 없는 문제가 있어, 에러 검출능력이 약한 알고리즘이다.

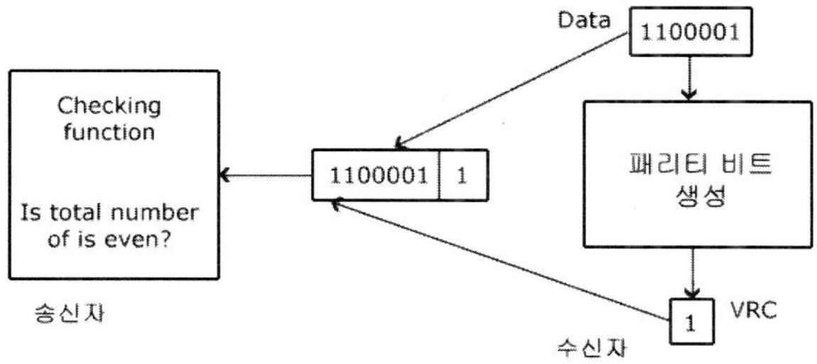

그림 12.61 VRC 코드 오류 검출 알고리즘

LRC (Longitudinal Redundancy Check) 코드를 이용한 에러 검출 방식은 아래 [그림 12.62]와 같이 원본 데이터을 일정한 크기의 블록으로 나뉘어서 한 열로 맞춰 세운 뒤, 같은 위치의 비트들에 대해 패리티 비트를 추가하는 방법이다. VRC 코드와 마찬가지로 패리티 비트값은 홀수 패리티 (odd parity) 또는 짝수 패리티 (even parity)에 따라 값이 달라진다. 이 LRC 코드의 경우 VRC 방법에 비해 버스트 에러에 대해서도 에러를 검출할 수 있는 장점이 있다.

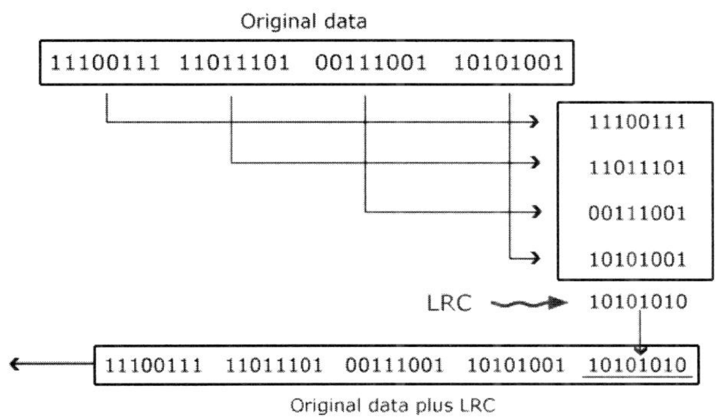

그림 12.62 LRC 코드 오류 검출 알고리즘

다음은 현재 가장 많이 쓰이고 있는 CRC 검사에 대해서 알아보자. Cyclic Redundancy Check 의 약자인 CRC 코드를 이용한 에러 검출 방법은 아래 [그림 12.63]과 같이 데이터를 전송하기 전에 주어진 데이터의 값에 따라 CRC 값을 계산하여 데이터에 붙여 전송하고, 전송이 끝난 후 받은 데이터의 값으로 다시 CRC 값을 계산하게 된다. n-비트 CRC 코드를 사용할 경우 송신자는 k-비트의 데이터 비트에 n-비트의 CRC 코드 값을 생성하여 보내고, 수신자는 수신한 (k+n) 비트를 이용하여 에러를 검출한다. CRC 코드 값은 송신자와 수신자 사이에 사전에 약속된 (n+1) 비트의 나눔수

(divisor)에 의해 생성되는데, k-비트의 데이터 비트에 n-비트의 CRC 코드값 부분을 모두 0으로 해서 생성된 (k+n) 비트를 나눔수 (divisor)로 나누어 나머지 값이 CRC 코드값이 된다. 따라서 송신자는 k-비트의 데이터 비트에 나눗셈에 의해 생성된 n-비트의 CRC 코드값을 추가한 (k+n) 비트를 전송하고, 수신자는 이를 받으면 수신한 (k+n) 비트를 약속된 나눔수로 나누워서 나머지가 0이 되면 에러가 없음을 나타낸다.

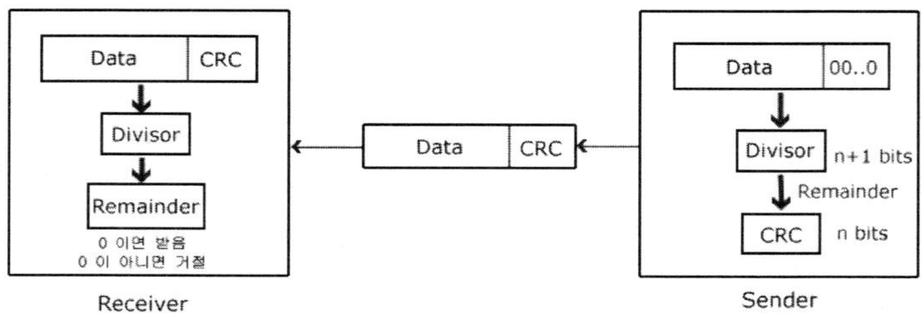

그림 12.63 CRC 코드 오류 검출 알고리즘

4. LAN (Local Area Network) 전송 기술

모든 네트워크 구성의 기본이 되는 LAN은 1 Km 내외의 제한된 영역을 가지는 근거리 지역 통신을 지칭한다. 대부분의 LAN의 실질적 기능과 정의는 IEEE 802 표준과 ANSI 표준으로 정해져 있으며, 기본적인 통신은 데이터를 매체에 직접 전달하고 매체를 통해서 각 노드들에게 공유되는 방식을 정의해 놓았다. 기본적인 기능은 [그림 12.64]과 같이 OSI 네트워크 모델의 2계층이 Data Link 계층에서 정의되어 있는데, 이 Data Link 계층은 LLC (Logical Link Control) 부계층과 MAC (Media Access Control) 부계층으로 기능적으로 나뉘어 정의되어 있다.

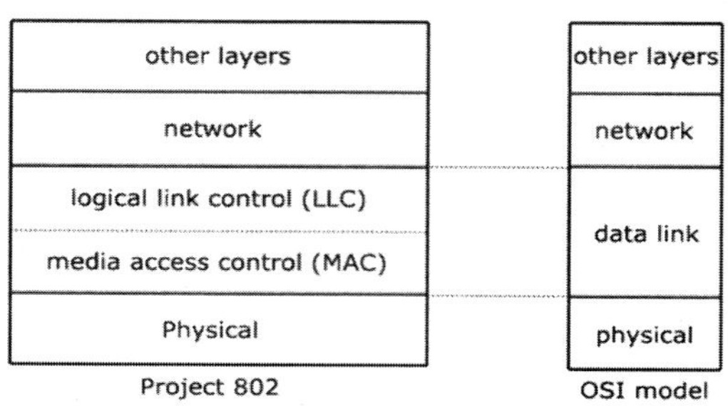

그림 12.64 LAN 프로토콜 계층

IEEE 802 프로젝트 (LAN) 에 정의되어 있는 각각의 LLC와 MAC의 기능을 살펴보면 다음과 같다. LLC 계층은 IEEE 802.2로 기술되어 있으며 일반적인 모든 LAN 프로토콜의 기능을 정의 하며 논리적 주소 설정 및 물리적 매체 상에서 흐름제어와 에러제어 등의 트래픽 관리에 필요한 기능들이 정의 되어있다. LLC 계층의 기능을 자세히 살펴보면 하드웨어 등 물리 계층과 상위 IP 계층 사이의 통신을 제어하며, IPv4 와 같은 IP 프로토콜 데이터를 인식하여, 패킷 전송을 도와주는 콘트롤 정보를 추가한다. 이에 Data Link 계층은 LLC를 통과하여 상위 계층과 통신한다. MAC 계층은 데이터 링크 계층의 LLC와 같은 부계층으로 LLC 계층의 아래에 존재하며, LAN 프로토콜의 구체적인 기능을 정의하고 있으며 LLC가 논리적인 연결을 제어 한다고 하면, MAC의 경우 실제 공유되어있는 물리적인 Media와의 연결에 관여 하고 있다. 이에 따라 각 컴퓨터는 실제 통신을 위한 자신만의 고유한 MAC 주소를 가지고 있다. IEEE 802 프로젝트 그룹에는 현재 많이 사용되고 있는 대부분의 LAN 기술들이 표준화 되어 있고 대표적인 MAC 프로토콜들은 이더넷에서 사용하고 있는 CSMA/CD (IEEE 802.3), 산업용 네트워크에서 사용되고 있는 토큰링 (Token ring: IEEE 802.5)와 토큰버스 (Token bus: IEEE 802.4) 네트워크 기술 및 최근 많이 사용되고 있는 무선랜(WiFi: IEEE 802.11)과 같은 무선통신 기술들이 있다.

1) 이더넷(Ethernet)

MAC 계층에 사용되는 프로토콜 중 하나인 Ethernet은 IEEE 802.3 에 정의되어 있으며 현재 사무실 환경의 데이터 네트워크에서 가장 광범위하게 사용되고 있다. 이더넷 연결 내부에서는 Manchester encoding 한 디지털 신호로 데이터를 주고 받으며, 속도와 케이블의 종류에 따라 10Base5, 10Base2, 10BaseT, 100BaseT 등의 매체들이 사용되고 있다. 10Base5 은 사용되는 네트워크 매체를 나타내며 Base는 Baseband 신호로 전송하는 매체를 뜻하며, 10은 Mbps 단위의 전송속도를 나타내며, 뒤의 5는 100m 단위의 노드 사이의 최대 연결거리를 나타낸다. 100BaseT에서 숫자가 아닌 T는 Twisted Pair cable을 사용하는 매체를 뜻한다. 대부분의 이더넷 매체는 디지털 신호로 전송하는 Baseband 매체를 사용하고 있으며, 이더넷에서 전송하는 신호 규격은 디지털의 경우 맨체스터 인코딩 (Manchester encoding)을 사용 하고 아날로그의 경우 PSK 인코딩을 사용하며, 전송 속도는 10, 100 Mbps 또는 1Gbps를 지원한다.

이더넷에서 프레임 전송을 위해 매체접근제어 (MAC: Medium Access Control) 프로토콜은 CSMA/CD (Carrier Sensing Multiple Access with Collision Detection)을 사용하고 있다. CSMA/CD 프로토콜은 분산형 매체접근제어 프로토콜로 각 노드는 프레임 전송을 하고자 할 경우 먼저 버스 (매체)가 사용중인지 검사하고 다른 노드가 사용하고 있지 않을 경우에 전송하는 CSMA 기반 프로토콜을 사용하고 있다. CSMA/CD 프로토콜을 통한 프레임 전송은 [그림 12.65]에 나타낸 것처럼 다음과 같은 순서로 프레임을 전송한다.

예를 들어 하나의 버스에 A, B, C, D, E의 다섯 개의 노드가 접속해 있다고 가정해본다. A가 전달할 메시지가 있을 경우, 일단 A는 현재 버스에 데이터가 흐르고 있는지 상태를 읽어 들인다. 이때 버스에 다른 메시지가 있을 경우 A는 임의의 시간을 기다린 후 다시 상태를 읽어 들인다. 버스에 아무런 데이터가 없을 경우, A는 자신의 메시지를 보내게 된다. 실제적으로는 충돌을 최대한 피하는 방식이지만, 그림 b와 같이 A와 E가 동시에 비슷한 시간에 버스 상태를 읽어 아무도 메시지도 없다고 판단하여 동시에 버스로 메시지를 보내는 경우가 생길 수 있다. 이 경우 버스에 흐르는 메시지는 중간에 충돌을 발생하여 버스의 데이터는 섞이게 된다. 이때 A와 E는 자신에게 되돌아오는 신호를 통해 네트워크상에서 충돌이 발생한 것을 알게 되면 즉시 전송을 중단하고, A와 E 모두 임의의 시간을 기다린 후 다시 전송에 실패한 프레임을 전송을 시도하게 된다. 이러한 네트워크 상에서의 충돌은 전송하고 하는 노드들이 많을수록 많이 발생하게 되는데, 충돌이 많이 발생하게 되면 재전송을 위해 대기하는 시간을 크게하여 충돌을 줄여주고, 프레임 전송에 성공하게 되면 다시 재전송을 위해 대기하는 시간을 작게 조절하는 binary exponential backoff 알고리즘을 사용하고 있다.

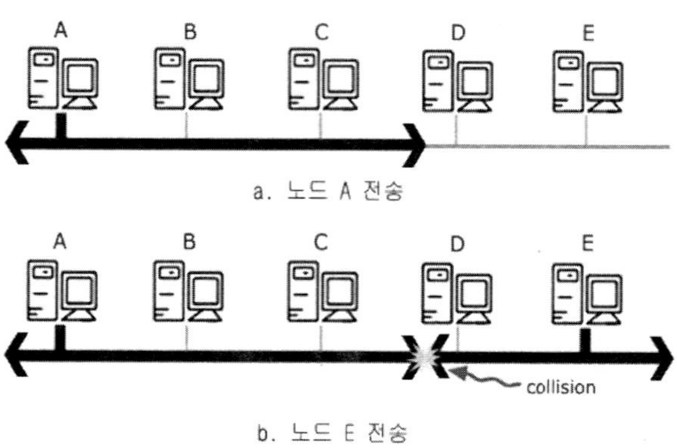

그림 12.65 CSMA/CD 프로토콜을 통한 프레임 전송

이더넷 프레임 포맷은 [그림 12.66]과 같으며 각 필드들의 기능은 다음과 같다.

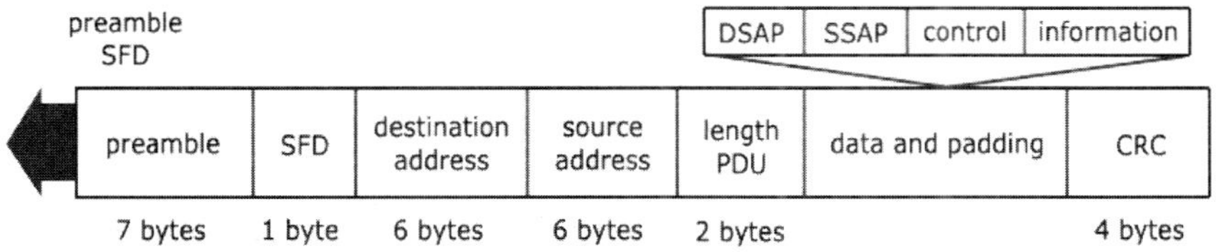

그림 12.66 이더넷 프레임 포맷

- 프리엠블: 버스를 안정상태로 만들고 버스에 연결되어 있는 하드웨어들의 동기를 맞추기 위해 10101010을 7번 반복하여 구성된다.
- SFD (Start Frame Delimiter) : 정상적인 프레임의 내용이 시작됨을 나타내기 위해 사용되며, DA는 수신자의 MAC주소, SA는 송신자의 MAC 주소로 구성된다.
- 목적지 주소 : 데이터를 수신하는 수신 노드를 나타내며 이더넷에서는 노드를 식별하기 위해 48비트 길이의 MAC 주소를 사용하고 있다.
- 송신자 주소 : 데이터를 송신하는 송신 노드를 나타내며 송신자 노드의 48비트 길이의 MAC 주소를 나타낸다.
- Length/Type : 해당 프레임의 데이터 길이 혹은 프레임의 타입을 나타낸다.
- Data : 전송되는 데이터
- padding : 전송되는 데이터가 46 바이트가 되지 않을 경우 그것을 채우기 위해 의미없는 값들로 채워진다. 이더넷에서 전송되는 데이터는 최소 46 바이트 이상이 되도록 하고 있다.
- CRC 필드: 프레임의 오류 검출을 위한 필드로 32비트 CRC방식으로 계산하여 구성된다.

이더넷에서 사용하고 있는 매체 종류는 굵은 케이블, 얇은 케이블, 그리고 전화선 (twisted pair cable) 등이 사용되고 있으며, 굵은 케이블은 공장 등과 같이 환경이 열악한 곳에서 외부 전자기적인 영향을 차단하기 위해 많이 사용되고 있고, 얇은 케이블은 외부 전자기적인 영향이 크디 않은 사무실과 같은 환경에서 많이 사용되고 있다. 또한 전화선을 이용한 이더넷은 최근 허브를 이용하여 비교적 짧은 거리에 위치한 노드들은 손쉽게 연결하기 위해 많이 사용되고 있다. [그림 12.67]과 같이 10Base5 매체는 굵은 케이블을 이용한 이더넷을 나타내며, 10Base2 매체는 얇은 케이블을 이용한 이더넷을 나타낸다. 10Base5 매체를 이용한 이더넷은 하나의 케이블 (이더넥넷 세그먼트)은 최대 500m 까지 연결이 가능하고, 이러한 이더넷 세그먼트를 최대 5개까지 리피터를 통해 연결이 가능하므로 하나의 이더넷을 통해 연결할 수 있는 최대 거리는 2.5km가 된다. 10Base2 (얇은 케이블) 매체는 비용이 싸며, 케이블 굵기가 가늘어 설치하기 쉬운 장점을 가지고 있어 사무실 환경에서 많이 사용되며, 한 세그먼트당 최대 185m의 범위를 지닌다. 10Base-T (Twisted-pair Ethernet)은 우리가 일반적인 가정이나 소규모 사무실에서 많이 사용하는 전화선을 이용한 이더넷 형태이다. 케이블은 UTP (Unshielded Twisted Pair) 또는 STP (Shielded Twisted Pair) 케이블을 사용하며 허브를 이용한 Star 형태의 네트워크 형상을 지닌다. 케이블은 최대 100m의 범위를 지니며, Dummy 허브나 Switching 허브를 통해 각각의 노드들이 연결이 되며, 설치하기 쉬워 현재 가장 많이 사용되고 있는 형태이다 ([그림 12.68])

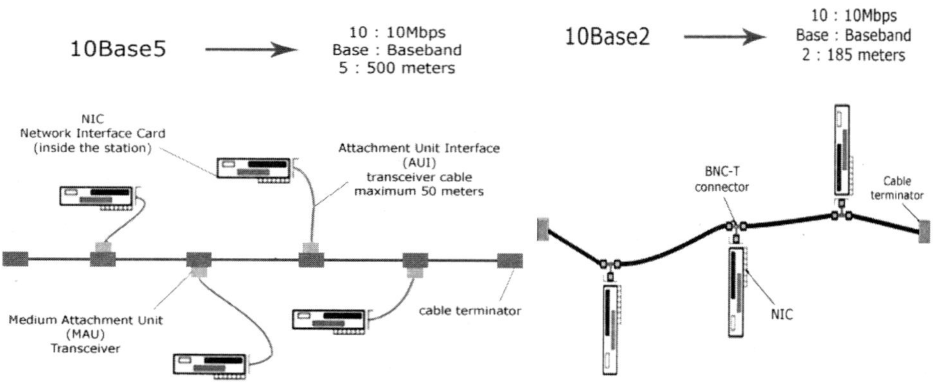

그림 12.67 이더넷 매체

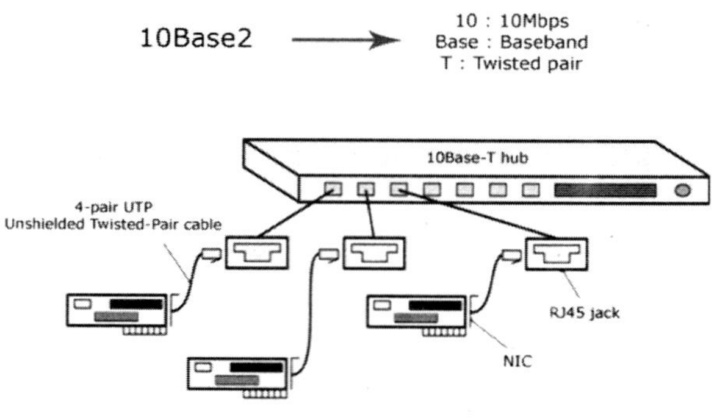

그림 12.68 전화선을 이용한 이더넷

스위칭 허브를 이용한 이더넷은 네트워크 위상은 더미 허브를 이용한 이더넷과 같은 위산을 가지지만 허브가 하는 역할이 달라 스위칭 허브를 이용한 이더넷을 스위칭이더넷이라 부른다. 더미 허브의 경우에는 어느 입력 포트로부터 들어오는 신호를 다른 모든 출력 포트에 복사하여 내보내는 기능을 수행한다. 따라서 더미 허브를 이용하여 구성된 이더넷에서 동시에 2개 이상의 노드가 프레임을 전송하면 각 노드에서 충돌이 발생하여 모든 전송이 실패하게 된다. 이와는 달리, 스위칭 허브의 경우에는 프레임 헤더와 프레임 헤더에 있는 목적지 주소를 인식하여 해당 프레임을 목적지 포트로만 내보내게 된다. 이렇게 함으로써 스위칭 허브로 구성된 스위칭이더넷에서는 각 노드가 보내는 프레임의 목적지 주소가 다르면 동시에 전송이 가능하게 되어 전체 네트워크의 전송 용량이 증가하게 된다. 아래 [그림 12.69]에서 노드 A가 E로 전송하는 프레임과 노드 B가 D로 전송하는 프레임은 목적지가 다르므로 동시에 전송이 가능하게 된다. 이러한 스위칭 동작이 가능하기 위해서는 스위치가 특정 목적지 주소에 해당하는 노드가 어느 포트에 연결되어 있는지를 알아야 한다. 이를 위해 스위치는 학습 기능을 통해서 각 목적지 주소에 해당하는 노드가 어느 포트에 연결되어 있는지를 습득하게 되고 이를 스위치 테이블에 저장하여 유지한다.

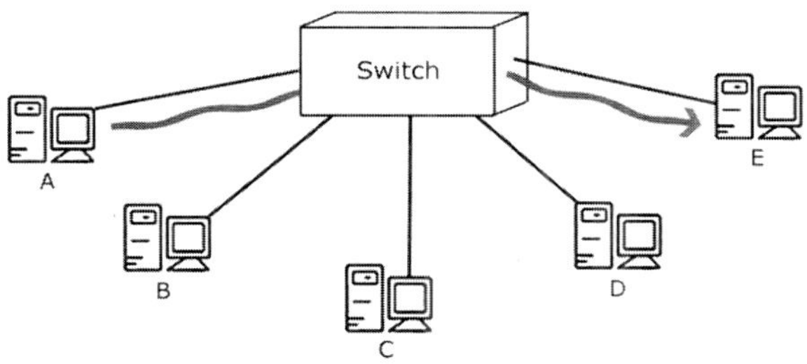

그림 12.69 스위칭 이더넷 전송 동작

고속 (fast) 이더넷은 기존의 10Mbps 속도의 이더넷 보다 물리적인 최대 전송 속도를 향상시켜 100 Mbps 의 전송속도를 지원하는 이더넷이다. 10Mbps 속도의 이더넷의 경우에는 576비트인 최소 크기의 이더넷 프레임 전송이 끝나기 전에 충돌을 감지할 수 있도록 하기 위해 이더넷 최대 길이가 2.5km까지 가능하다. 그러나 이 최대 길이는 이더넷의 물리적인 전송 속도가 100Mbps로 증가하게 되면 프레임을 전송하는 시간이 10배 감소하기 때문에 이더넷 최대 길이가 1/10로 줄어야 한다. 따라서 100Mbps 의 전송속도를 갖는 고속 이더넷이 지원하는 최대 길이는 250m 이다. 기가빗 이더넷의 경우에는 고속 (fast) 이더넷 보다 물리적인 최대 전송 속도가 10배 증가한 이더넷으로 일반적으로 고속 이더넷의 백본 네트워크로 사용된다. 기가빗 이더넷에서 사용되는 전송 매체는 아래 [표 12.4]와 같은 매체들이 사용되고 있다.

표 12.3 기가빗 이더넷 전송 매체

Feature	1000Base-SX	1000Base-LX	1000Base-CX	1000Base-T
Medium	Optical fiber	Optical fiber	STP	UTP
Signal	Short-wave laser	Long-wave laser	Electrical	Electrical
Max distance	550m	550m (multimode) 5000m (single mode)	25m	25m

2) 토큰 링 (Token Ring)

토큰 링 네트워크는 노드들이 일대일로 연결되어 전체 네트워크가 링을 이루는 형태를 가지며, IEEE 802.5에서 정의한 MAC 프로토콜을 사용한다. 토큰 링 네트워크에서 사용하는 IEEE 802.5 MAC 프로토콜에서는 토큰 (Token)을 사용하여 네트워크 버스의 접근을 제어한다. 토큰 링 네트워크이 초기화 되면 토큰이라는 제어 프레임이 생성되어 네트워크 상에서 전송이 되고 각 노드가 프레임을 전송하기 위해서는 다음과 같은 절차를 통해 전송한다.

① 토큰 프레임을 기다린다

② 토큰 프레임을 받으면 자신이 전송할 프레임이 없으면 토큰을 바로 다음 노드로 넘겨주고, 자신이 전송할 프레임이 있으면 토큰을 확보하고, 자신의 데이터 프레임을 전송한다.

③ 각 네트워크 노드들은 이웃 노드로부터 데이터 프레임을 받으면 목적지 주소를 확인하고, 목적지 노드가 자기 자신이 아니면 해당 프레임을 바로 다음 노드로 전송하고, 목적지 노드가 자기 자신이면 해당 프레임을 복사해 가고 프레임에 성공적으로 받았음을 표시한 뒤 해당 프레임을 다음 노드에 전송한다.

④ 송신자는 데이터 프레임을 전송한 뒤, 다시 돌아오는 프레임을 받아 프레임이 성공적으로 전송이 완료되었음을 확인하고, 토큰 프레임을 다음 노드에게 전송한다.

다음 [그림 12.70]은 노드 A가 노드 D로 프레임을 전송하는 예를 나타낸다. 토큰 링 네트워크에서는 각 노드가 토큰을 받았을 때 데이터를 전송할 수 있는 최대시간이 제한되고 이러한 토큰을 이용하여 네트워크 접근을 제어하게 되면 어느 한 노드가 전송할 데이터가 발생하였을 때 이 데이터를 목적지 노드에 전송할 수 있는 최대 전송지연시간이 예측 가능하므로 실시간 통신을 요하는 산업용 네트워크에서 많이 사용하고 있다.

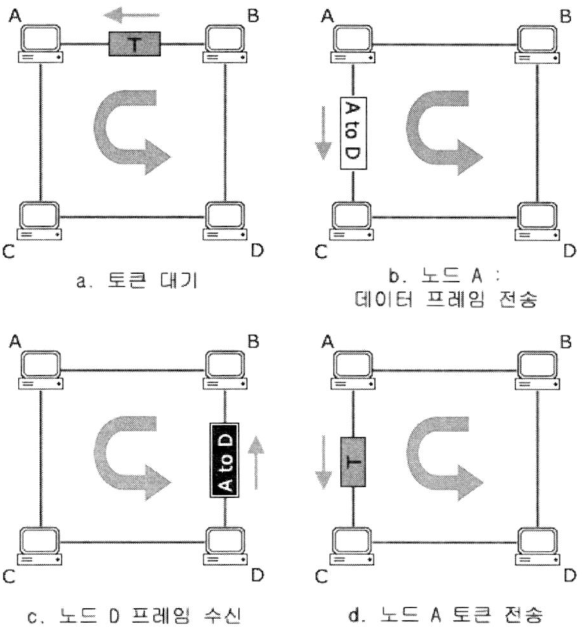

그림 12.70 토큰 링 네트워크에서의 프레임 전송

토큰링에서는 Differential Manchester 인코딩 방식을 사용하고, 전송 속도는 4, 16 M bps를 가지며, 전송하는 프레임 포맷은 다음 [그림 12.71]과 같다.

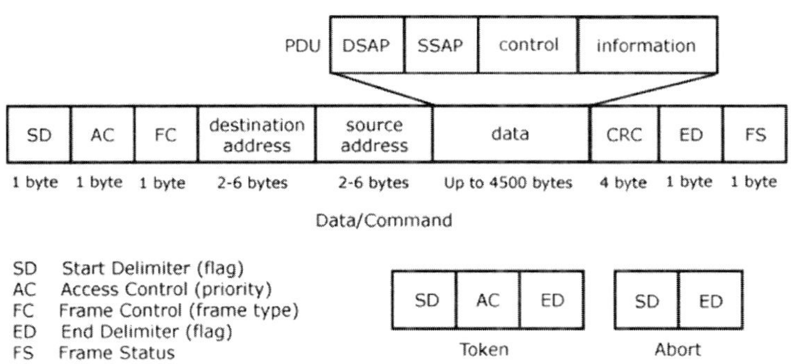

그림 12.71 토큰 링 네트워크 프레임 포맷

- SD(Start Delimiter), ED(End Delimiter) 필드 : 송신지의 알림과 동기화를 위해 사용되는 필드이다. JK 위반 (violation) 인코딩을 통해 데이터 투명성을 제공하는데 데이터 투명성이란 코드체계와 관계없이 어떠한 비트의 스트림도 전송할 수 있다는 것을 의미한다.
- AC (Access Control) 필드 : 프레임의 전송 우선순위를 나타내는 3비트 길이의 priority field 와 토큰 프레임을 나타내는 토큰 비트, 재순환되는 데이터 프레임을 발견하는 데 쓰이는 모니터 비트, 그리고 다음 생성되는 토큰을 예약하기 위한 3비트 길이의 예약 필드로 이뤄져 있다.

토큰 제어 프레임은 SD, AC, ED의 3바이트로 구성되는 프레임이며 AC 필드의 토큰 비트가 1 값을 갖는 프레임이다.

IEEE 802.4에 정의되어 있는 토큰 버스 네트워크는 토큰 링 네트워크와 이더넷 네트워크의 방식을 혼합한 방식으로 네트워크 위상은 이더넷과 같지만 네트워크의 접근 제어는 토큰방식을 사용하는 방식이다. 네트워크가 초기화되면 버스상에서 노드들은 토큰을 전송하며 토큰을 받는 노드들의 순서가 정해져 있어 논리적으로는 토큰 링 네트워크와 동일한 기능을 수행한다. 이 방식은 공장자동화나 공정제어 네트워크에서 많이 사용하고 있다.

3) FDDI (Fiber Distributed Data Interface)

FDDI 네트워크는 일반적으로 LAN들을 묶어 하나의 네트워크로 연결하기 위한 백본 네트워크로 많이 사용하며, 전송속도는 100Mbps의 높은 전송속도를 제공한다. FDDI 네트워크에서 네트워크에 대한 접근제어는 토큰 링 네트워크와 같이 토큰 제어 프레임을 통한 방법을 사용하며 토큰 링 네트워크와는 달리 조기토큰반환 (Early token release) 방법을 사용한다. 데이터 전송을 원하는 노드는 다음과 같은 조기토큰반환 방법에 의해 프레임 전송을 수행한다.

① 먼저 각 노드는 토큰 프레임을 기다린다

② 토큰 프레임을 받으면 자신이 전송할 프레임이 없으면 토큰을 바로 다음 노드로 넘겨주고, 자신이 전송할 프레임이 있으면 자신의 데이터 프레임을 전송한 뒤 이어서 토큰 프레임을 전송한다. (조기토큰반환)

③ 각 네트워크 노드들은 이웃 노드로부터 데이터 프레임을 받으면 목적지 주소

를 확인하고, 목적지 노드가 자기 자신이 아니면 해당 프레임을 바로 다음 노드로 전송하고, 목적지 노드가 자기 자신이면 해당 프레임을 복사해 가고 프레임에 성공적으로 받았음을 표시한 뒤 해당 프레임을 다음 노드에 전송한다.

④ 송신자는 데이터 프레임을 전송한 뒤, 다시 돌아오는 프레임을 받아 프레임이 성공적으로 전송이 완료되었음을 확인한다.

FDDI 네트워크에서 전송하는 프레임은 다음과 같은 두 종류의 프레임으로 나누어진다.

- 비동기적 프레임 : 비동기적으로 발생하는 프레임을 나타내며, 전송요구가 발생시, 토큰 프레임을 받으면 전송을 허용하는 한도내에서 전송이 된다.
- 동기적 프레임 : 일정한 시간간격으로 주기적으로 발생하는 프레임을 나타내며, 네트워크 초기화시에 정해진 양만큼 전송을 보장하도록 한다. 따라서 각 노드는 토큰을 받으면 미리 정해진 용량만큼의 동기적 프레임을 항상 전송할 수 있게 된다.

FDDI 네트워크에서 동기적 프레임에 대한 전송을 보장하기 위하여 다음과 같은 레지스터들이 사용된다.

- TTRT (Target Token Roattion Timer) 레지스터 : 한 노드에 도착하는 연속된 두 개의 토큰들의 수신시간들 사이의 평균 간격을 나타내며, 각 노드들이 일정한 시간간격으로 송신하고자 하는 동기적 프레임의 양들을 고려하여 다음과 같은 시간으로 네트워크 초기화 시에 정해진다. TTRT 시간을 크게 할수록 토큰을 받았을 때 비동기적 프레임을 전송할 수 있는 양은 많아지게 된다.

$$TTRT \geq \sum SA_i + FMax + TimeTk + DMax$$

  · SAi : 노드 i에서 일정한 시간 간격으로 전송하고자 하는 동기적 프레임의 양
  · FMax : 하나의 비동기적 프레임을 전송하는데 걸리는 최대 시간
  · TimeTk : 토큰 프레임을 전송하는데 걸리는 최대 시간
  · DMax : 한 비트가 FDDI 네트워크의 링을 따라 한바퀴 도는데 걸리는 시간
- TRT (Token Roattion Timer) 레지스터 : 한 노드에 이전 토큰을 다음 노드에게 건

내준 뒤 다음 토큰을 받았을 때 까지 걸린 시간을 나타내며, 평균적으로는 TTRT 시간을 갖도록 되어 있다.

- THT (Token Holding Timer) 레지스터 : 한 노드에 토큰을 받은 뒤 지난 시간을 나타내며, 동기적 프레임을 전송하고 난 후에 THT가 0보다 크면 이 시간만큼 비동기적 프레임을 전송할 수 있다.

위와 같은 레지스터를 이용하여 FDDI 네트워크에서 한 노드가 토큰 프레임을 받으면, 데이터 프레임을 전송하는 절차는 다음과 같다.

① THT <- TTRT - TRT

② TRT <- 0

③ 네트워크 초기화시에 자신에게 할당된 양만큼 동기적 프레임을 전송한다.

④ 동기적 프레임을 전송한 뒤, THT > 0 이면 THT 양만큼 비동기적 프레임을 전송한다.

⑤ 토큰 프레임을 전송한다.

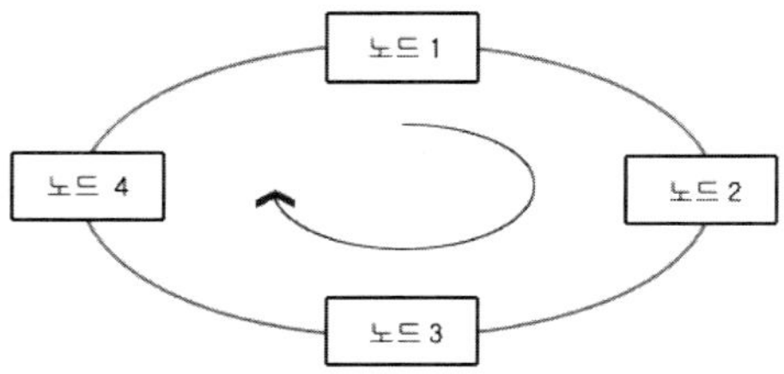

그림 12.72 FDDI 네트워크 예

이와 같은 절차를 통해 프레임을 전송하면 각 노드는 토큰 프레임을 받으면 항시 자신에게 미리 할당된 양만큼 동기적 프레임을 전송하게 되고 여유가 있을 경우 (THT > 0 경우) 해당 시간만큼 비동기적 프레임을 전송하게 된다. 다음은 [그림 12.72]와 같이 4개의 노드로 구성된 FDDI 네트워크에서 아래와 같은 가정하에서 각 노드가 프레임을 전송하는 예를 나타낸다. [그림 12.73]에서 한 라운드는 각 노드가 토큰을 한번씩 받는 시간들을 나타내며 네트워크 초기화 (라운드 0)후 4 라운드 동안에서 각 노드가 전송하는 절차를 나타낸다.

- TTRT 시간 : 30
- 한 노드가 토큰 프레임을 다음노드에게 전송하는데 걸리는 시간 : 1
- 각 노드가 전송하고자 하는 동기적 프레임양 : 2
- 각 노드는 전송하고자 하는 비동기적 프레임은 무한정 있다.

Round	Station 1	Station 2	Station 3	Station 4
0	Arriving time: 0 TRT = 0	Arriving time: 1 TRT = 0	Arriving time: 2 TRT = 0	Arriving time: 3 TRT = 0
1	Arriving time: 4 TRT : 4 THT = 30-4= 26 TRT = 0 Sync data: 2 THT: 24 Async data: 24	Arriving time: 31 TRT : 30 THT = 30-30= 0 TRT = 0 Sync data: 2 THT: -2 Async data: 0	Arriving time: 34 TRT : 34 THT =30-32= -2 TRT = 0 Sync data: 2 THT: -4 Async data: 0	Arriving time: 37 TRT : 34 THT =30-34= -4 TRT = 0 Sync data: 2 THT: -6 Async data: 0
2	Arriving time: 40 TRT : 36 THT =30-36= -6 TRT = 0 Sync data: 2 THT: -8 Async data: 0	Arriving time: 43 TRT : 12 THT = 30-12=18 TRT = 0 Sync data: 2 THT: 16 Async data: 16	Arriving time: 62 TRT : 28 THT =30-28= 2 TRT = 0 Sync data: 2 THT: 0 Async data: 0	Arriving time: 65 TRT : 28 THT =30-28= 2 TRT = 0 Sync data: 2 THT: 0 Async data: 0
3	Arriving time: 68 TRT : 28 THT = 30-28= 2 TRT = 0 Sync data: 2 THT: 0 Async data: 0	Arriving time: 71 TRT : 28 THT = 30-28= 2 TRT = 0 Sync data: 2 THT: 0 Async data: 0	Arriving time: 74 TRT : 12 THT = 30-12=18 TRT = 0 Sync data: 2 THT: 16 Async data: 16	Arriving time: 93 TRT : 28 THT = 30-28= 2 TRT = 0 Sync data: 2 THT: 0 Async data: 0
4	Arriving time: 96 TRT : 28 THT = 30-28= 2 TRT = 0 Sync data: 2 THT: 0 Async data: 0	Arriving time: 99 TRT : 28 THT = 30-28= 2 TRT = 0 Sync data: 2 THT: 0 Async data: 0	Arriving time:102 TRT : 28 THT = 30-28= 2 TRT = 0 Sync data: 2 THT: 0 Async data: 0	Arriving time:105 TRT : 12 THT =30-12=18 TRT = 0 Sync data: 2 THT: 16 Async data: 16

그림 12.73 FDDI 네트워크에서 프레임 전송 예

FDDI 네트워크에서는 고장발생시 이를 자동으로 복구하기 위하여 Primary 링과 Secondary 링의 두 개의 링으로 구성되어 있으며, 네트워크가 정상적일 경우 Primary 링을 통해서만 전송이 이루어진다. 만약 네트워크상의 하나의 노드 또는 링크가 고장날 경우 이웃 노드들은 고장을 검출하게 되고 이를 검출한 노드는 자신의 Primary 링과 Secondary 링 사이의 인터페이스를 연결함으로써 Primary 링과 Secondary 링을 포함하여 링을 다시 구성하도록 함으로써 네트워크 전체가 다운되는 것을 방지하게 된다. 이후 고장난 노드 또는 링크가 복구되었을 경우 다시 Primary 링을 통해 전송을 하게 된다. 이러한 FDDI 네트워크의 특성을 자동복구(Self-healing) 기능이라고 한다. 다음 [그림 12.74]는 FDDI 네트워크에서 하나의 링크가 고장났을 경우 자동복구하는 예를 나타낸다.

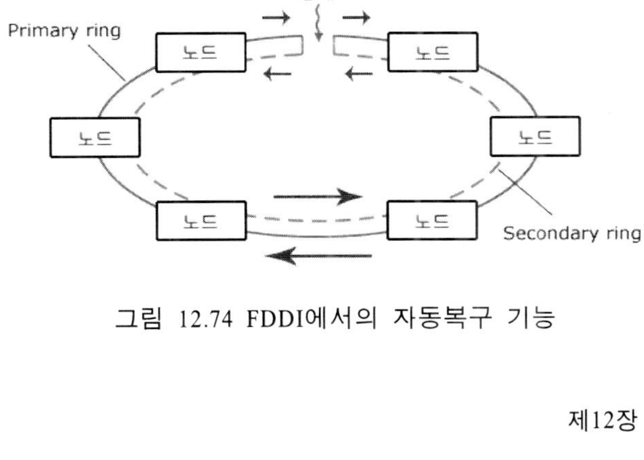

그림 12.74 FDDI에서의 자동복구 기능

제13장
차량 내부 네트워크
(In-Vehicle Network)

차량 내부 네트워크는 공유되는 하나의 직렬 데이터 버스를 통해 차량 내 여러 곳에 분산되어 있는 모듈들 간에 데이터를 전달하는 방식이다. 이는 직렬 데이터 버스를 공유하지 않을 경우 각각의 모듈 간의 통신은 모든 모듈 간에 1:1로 각각 회선을 요구할 수 밖에 없기에 부피가 크며, 비용이 많이 들 수밖에 없다. 특히 오늘날의 차량에는 점점 많은 기술들을 요구하며, 그에 따른 많은 모듈들이 추가됨에 따라 이와 같은 차량 내 네트워크를 사용할 수밖에 없다. 차량 내부 네트워크 기술은 데이터의 속성과 전송속도에 따라 몇 가지로 나뉘어 지는데, 이 장에서는 크게 CAN과 LIN 그리고 FlexRay 라는 네트워크에 대해 살펴보기로 한다.

1. 차량용 내장형 시스템 (Vehicular Embedded Systems)

20세기에 들어 핸리 포드가 발명한 자동차는 사람들에게 더욱 안전하고 편리하면서도 빠르게 이동하고자 하는 꿈을 실현한 이후로 오늘날까지 기차와 자동차의 기술은 매우 빠른 속도로 발전하고 있다. 이러한 자동차 발전은 최근 들어 전기자동차, 그린자동차, 스마트 자동차 등으로 미래의 자동차는 안전하고 편리하면서도 빠른 속도로 이동하면서 환경 친화적인 지능형 자동차로 발전해 나아가고 있다. 이와 같은 차세대 자동차 기술 발달은 자동차와 IT기술 및 통신기술의 융합으로 더욱 가속화 되고 있다. 최근 기술개발이 많이 이루어지고 있는 텔레매틱스(Telematics)는 "Telecommunication"과 "Informatics"의 합성어로 차량과 무선통신망이 접속되어 운전자에게 교통정보안내, 긴급구조, 인터넷 서비스를 제공하여 편리함과 안전성을 증대시키는 서비스이다. 텔레매틱스는 차량과 IT 통신기술이 융합된 대표적인 기술로서 새로운 부가가치를 얻을 수 있을 뿐만 아니라 잠재 시장이 매우 큰 기술로 주목을 받고 있다. 또한 전 세계적으로 차량과 IT 기술이 융합되는 차량 통신 네트워크 기술과 차량 통신 기술을 활용한 텔레매틱스, ITS, 차량 안전 서비스 등의 서비스들이 많은 연구개발이 이루어지고 있다.

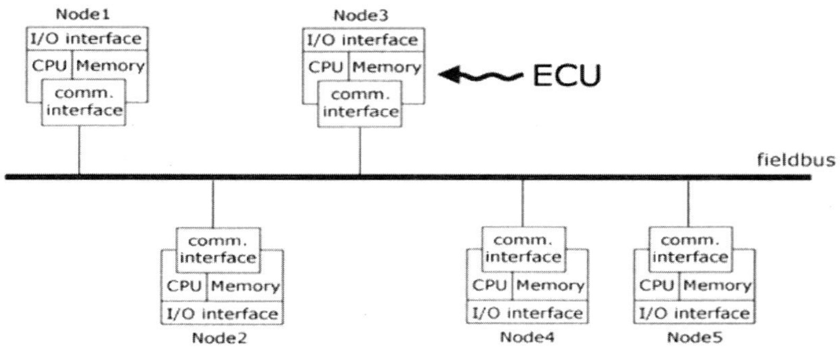

그림 13.1 차량내 내장형시스템 구조

이러한 추세에 따라 차량내에서 IT기술이 점점 더 많이 도입되고 있는데, 차량내 전기전자 장치를 구성하는 차량내 내장형시스템은 ECUs (Electronic Control Units), 센서, 액츄에이터 (Actuators) 등 차량에 탑재되는 센서 및 장비들과 이들끼리 통신하게 하는 차량 네트워크로 이뤄져 있다. 센서들은 차량내의 상태를 모니터링하기 위해 사용되는 온도, 압력, 공기 센서 등으로 차량의 특정 상태 값을 읽어 들이는 역할을 수행한다. ECU란 엔진, 자동 변속기, ABS (Automatic Brake System) 등의 상태를 컴퓨터로 제어하는 전자제어 장치로, 자동차가 발전하면서 좀 더 편의와 안정성을 요구함에 따라 점점 더 광범위 하에 차량에 쓰이고 있다. 액츄에이터는 ECU로부터 제어 명령어를 받아 제어 동작을 수행하기 위한 실제 장치를 구동시키는 기능을 수행한다. 이러한 센서, 액츄에에터, 그리고 ECU 들은 통신네트워크에 의해 연결되어 이들 사이에 신호를 주고받으며 전체적인 제어 기능을 수행한다. 대부분 이러한 제어시스템은 발생한 사건에 대해 실시간적인 처리를 요구하며 이를 위해 통신네트워크 역시 실시간성을 지원하는 기능이 필수적이다.

1) 차량 내부 장비 기능적 분류

이러한 차량내 내장형시스템의 비중은 점점 더 많아지고 있는데, 예를 들어, 폭스바겐사의 Phaeton 같은 차량에서는 총 11,000개 이상의 전기전자 부품과 61개의 ECU기 사용되고 있고, 이 중 31개의 ECU는 외부로부터 모니터링 및 고장진단 기능을 가진 직렬 통신을 하고 있으며, Infotainment 자료를 교환하기 위해서는 높은 대역폭을 가진 Optical Bus가 사용되고 있으며, 차량내 실시간 통신을 위해 35개의 ECU들이 3개의 CAN 버스로 연결되어 있다. 자동차내의 장치들을 기능별로 구분하여 보면, 크게 Powertrain, 섀시(Chassis), 차체 (Body), 텔레매틱스(Telematics), Passive safety의 5개의 영역으로 나눠볼 수 있다.

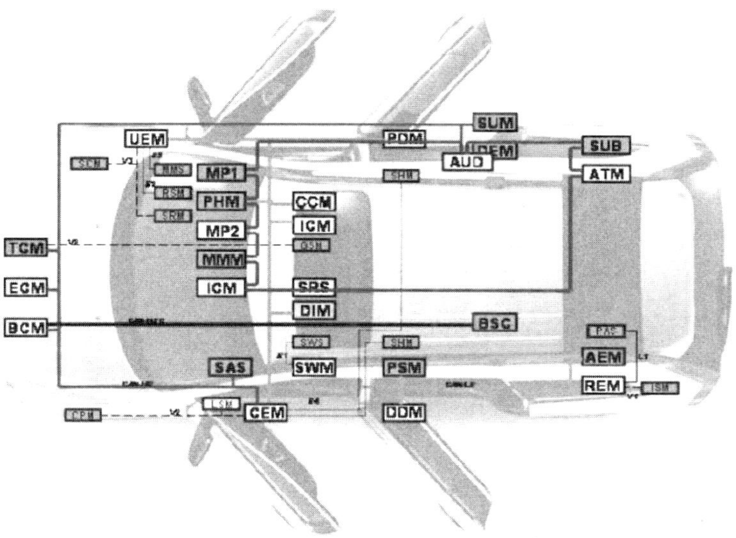

그림 13.2 차량내 장치별로 사용되는 통신 네트워크 예

첫째, Powertrain 부분은 자동차의 기본기능인 동력 생성 및 전달에 관련된 부분으로, 엔진을 통해 동력을 생산하고 이것을 기어 박스를 통해 운전 축 및 바퀴에 동력을 전달하는 역할을 한다. 이는 매우 복잡한 제어 메커니즘이 필요하며, 엄격한 시간 요구사항이 요구된다. 정확하고 정교하기 때문에 통신 프로토콜 역시 그것

을 보장해주는 CAN 프로토콜이 일반적으로 사용된다.

둘째, 새시(Chassis) 부분은 Active safety 즉 능동적 안전장치와 동적 드라이빙 기술 등에 기능하는 부분이다. 능동적 안전장치는 사고 발생 전에 작동하여 사고 자체를 방지하는 장치로 사고 발생 뒤에 작동하여 탑승자의 안전을 꾀하는 에어백 등의 반대 개념으로 생각하면 된다. 능동적 안전장치의 예를 들면 ABS (Anti-Braking System), ESP (Electronic Stability Control), ACC (Adaptive Cruise Control) 등이 있으며, 이는 탑승자의 안전과 직결되는 부분이기에 일반적으로 통신을 보장할 수 있는 CAN 프로토콜이 사용된다.

셋째, 차체 (Body) 부분은 차량 탑승자의 편의를 제공하는 에어컨, 대쉬보드, 와이퍼, 라이트 등을 말하고, 이는 앞의 동력 전달부분이나 새시 부분과는 다르게 속도가 중요치 않은 액츄에이터나 스마트 센서와 같은 간단한 기능을 요하는 부분이다. 일반적으로 저비용 저속도의 LIN 프로토콜이 사용된다.

넷째, 텔레매틱스(Telematics) 부분은 멀티미디어, Infotainment, 무선서비스 등을 지원하기 위한 부분이며, 이 부분은 탑승자의 안전과는 큰 관계가 없지만 편의 제공을 위해 멀티미디어 통신 등 많은 대역폭이 필요한 부분이다. 이 부분은 일반적으로 대용량 전송능력을 가진 MOST 프로토콜을 사용한다.

2) 차량 내부 네트워크 종류

표 13.1 속도와 기능에 따른 차량 내 네트워크의 분류

분 류	속 도	내 용
Class A	~ 20 kbps	안전성이나 실시간이 그다지 필요하지 않는 탑승자의 편의 장치, 즉 차의 Body 부분에 사용하는 네트워크 이며, 일반적으로 LIN 프로토콜로 분류 한다.
Class B	10 ~ 125 kbps	어느정도의 실시간이 지원되어야 하는 계기판의 차량 정보들과 전조등이나 후방 감지기 등에 사용되는 네트워크이며, 일반적으로 Low Speed CAN 으로 분류한다.
Class C	125 ~ 1000 kbps	엔진의 동력 전달과 안전에 관련된 ECU들을 제어하기 위해 사용되는 프로토콜이며 안전성과 엄격한 실시간이 보장되는 네트워크로 High Speen CAN으로 분류한다.
Class D	1000 ~ kbps	탑승자의 편의를 위해 무선 인터넷 서비스를 지원하는 많은 대역폭을 가지는 네트워크로 일반적으로 MOST 프로토콜로 분류한다

차량에서 사용되고 있는 통신기술은 크게 차량내부의 센서, 액츄에이터, 그리고 ECU들 사이에 신호를 교환하기 위한 차량 내부 네트워크 기술과 차량을 중심으로 차량과 외부 장치 (다른 차량 또는 도로변의 통신기지국 등)와 통신을 위한 네트워크

기술로 나누어진다. 본 절에서는 차량 내부 네트워크 기술에 대해 기술한다. 차량 내부 네트워크로 다양한 네트워크 들이 사용되고 있는데, 이들 네트워크들은 전송 속도 및 실시간성 증을 기준으로 다음과 같이 4가지의 클래스로 나누어진다.

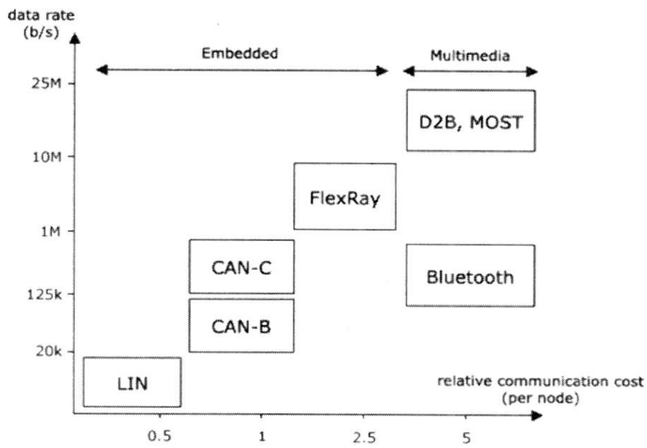

그림 13.3 차량통신 네트워크 종류

차량 내부 네트워크 기술들은 [그림 13.3]과 같이 가격 및 전송속도에 따라 여러 가지 기술 표준들이 존재하는데, 차량 내 간단한 개폐장치용 신호등에는 20Kbps 급의 LIN(Local interconnect network) 방식, 편의 장치이지만 안전과도 관계있는 후방 감지 센서나 전면 계기판의 통신은 125 Kbps 급의 Low Speed CAN(Low Speed Controller area network, CAN-B) 방식, 엔진 동력 전달이나 브레이크 동력 전달 등 탑승자의 안전과 정확한 데이터 전달을 요구하는 것은 1 Mbps 급의 High Speed CAN (CAN-C) 방식, 최근 표준화 작업 및 개발이 이루어 지고 있는 10 Mbps 급의 FlexRay 방식, 그리고 멀티미디어 정보통신용 네트워크의 D2B, MOST 방식이 대표적으로 쓰이고 있다.

[그림 13.1]에서와 같이 일반적인 산업용 제어시스템에서 많이 사용되고 있는 네트워크 기반 내장형 시스템은 센서, 액츄에이터, ECU들이 필드버스라고 하는 하나의 공유버스를 통해 메시지들을 교환하며 제어 응용를 수행한다. 이러한 전체적인 제어 응용을 위해 각각의 장치들은 독자적인 태스크들을 수행하며 이러한 태스크들 사이에 메시지들을 교환하며 제오동작을 수행하는데, 대부분의 산업용 제어시스템의 제어 응용은 실시간 처리를 요구하며 이를 위해 수행하는 각 태스크들 및 태

스크들 사이에 메시지 교환이 실시간성을 만족하도록 스캐쥴링 되어야 하며, 이러한 실시간 스캐쥴링을 위해 필드버스는 필요한 기능을 제공해야 한다.

산업용 제어시스템에서 요구하는 실시간 통신을 위해 사용되고 있는 네트워크 기술들은 크게 Event-triggered 네트워크 기술과 Time-trigger 네트워크 기술로 나뉘어 진다. Event-triggered 네트워크 기술은 통신개시가 어떤 이벤트가 발생했을 경우 네트워크로 통신하게 되는 구조이다. 예를 들어 방의 온도를 제어하기 위하여 방의 온도가 2도 올라갈 때마다 통보하도록 이벤트를 등록하였다고 가정해 보자. 이럴 경우 온도 센서는 [그림 13.4]와 같이 현재 온도가 10도일 경우, 온도값을 계속적으로 모니터링하다가 현재 온도가 2도 상승하여 12도가 됐을 때 온도 센서는 이벤트가 발생하게 되고, 이러한 이벤트를 네트워크를 통해 목적지로 전달하는 것이다. 이러한 이벤트는 비동기적으로 발생하게 되고 대부분 발생한 이벤트는 실시간적인 처리를 위해 주어진 시간내에 목적지에 전송되어야 한다. 이러한 기능을 갖는 네트워크 기술의 예로 현재 자동차 내부 네트워크 기술로 가장 많이 사용되고 있는 CSMA/CR (Carrier Sensing Multiple Access / Collision Resolution)을 사용하는 CAN이 있다. Time-trigger 네트워크 기술은 통신개시가 미리 설정해 놓은 시간마다 통신을 하게 되는 네트워크 기술이다. 예를 들어 방의 온도를 제어하기 위하여 온도 센서에게 방의 온도를 매 10초마다 현재 온도값을 통보하도록 설정하였다고 가정해 보자. 이럴 경우 온도 센서는 [그림 13.4]와 같이 미리 정해진 10초 시간마다 현재 온도값을 읽어 목적지에 보내주게 되고, 제어기는 이를 기반으로 제어 로직을 수행하여 필요한 제어 동작을 수행하게 된다. 이러한 네트워크에서 통신이 발생하는 시간은 미리 정해져 있으며 (시간 동기적) 송신장치가 전송하는 메시지는 해당 시간에서의 장치의 상태값을 전송하게 된다. 이러한 기능을 갖는 네트워크 기술의 예로 TDMA (Time Division Multiple Access) 기술을 사용하는 TTP/C 네트워크가 있다.

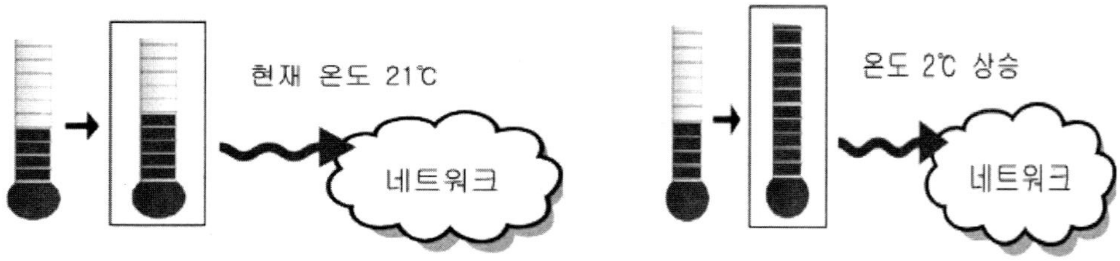

그림 13.4 실시간통신 네트워크 종류

2. CAN (Controller Area Network)

CAN은 자동차 분야에 적용하기 위해 고안된 직렬 버스 방식을 사용하는 통신기술로 현재는 자동차 분야 뿐 아니라 기차, 선박, 반도체 제조공정, 공장자동화 분야 등 산업 전분야에서 폭 넓게 적용되고 있는 네트워크 기술이다. CAN 프로토콜은 1980년대 후반 독일의 BOSCH사에서 차량 애플리케이션을 위해 제안되었고, 1993년 고속 제어 데이터 전송을 위해 ISO 11898 (고속 애플리케이션용)과 ISO 11519 (저속 애플리케이션용)의 CAN 규격이 제정되었다. CAN 은 초기에 자동차 산업 분야에 적용하기 위해 고안된 Serial network 방식으로 내장형 시스템 (마이크로 컨트롤러) 사이에서 네트워크를 형성하며, 외부의 요인(노이즈 등)에 강하여 높은 신뢰성을 가지고 있어, 현재는 자동차 뿐만 아니라 산업 자동화등 여러 산업 응용 분야에 쓰이고 있다. CAN 프로토콜은 In-vehicle-network의 엔진 룸의 통신 등 엄격한 실시간 통신을 지원하기위에 높은 무결성을 지닌 직렬 데이터 통신 버스를 가지며, 높은 성능과 신뢰성을 만족하도록 설계되었다.

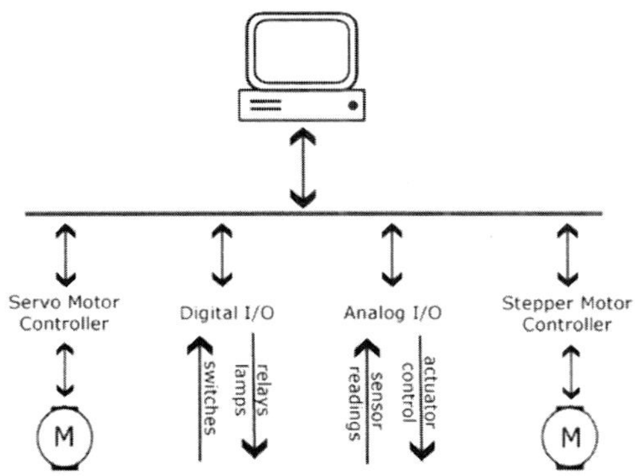

그림 13.5 CAN 네트워크를 통한 연결

CAN 네트워크는 2가닥의 꼬임쌍선 (Twisted Pair Wire)를 가지는 버스로 구성되며, CAN 프로토콜은 최대 1Mbps 의 전송 속도를 가지며, 산업용 제어 시스템의 특성상 작은 길이의 데이터를 주고 받는 것이 아니기 때문에 프레임의 최대 데이터 길이는 8bytes 의 비교적 짧은 메시지로 통신하게 된다. CAN 프로토콜은 차량내의 노이즈가 많이 발생하는 열악한 환경에서 실시간 전송 및 신뢰성 있는 메시지 전송이 가능하도록 강력한 에러 검출 및 에러 보정의 기능이 있다.

1) CAN 프로토콜 계층

1993년 ISO 11898에 제정된 CAN 프로토콜의 규격에서는 [그림 13.6]에서와 같이 다른 산업용 네트워크 프로토콜과 같이 기본적으로 물리 계층, 데이터 링크 계층 그리고 애플리케이션 계층의 기능이 정의되어 있고, 네트워크 계층에서 표현 계층까지는 명시적으로 정의하고 있지 않다.

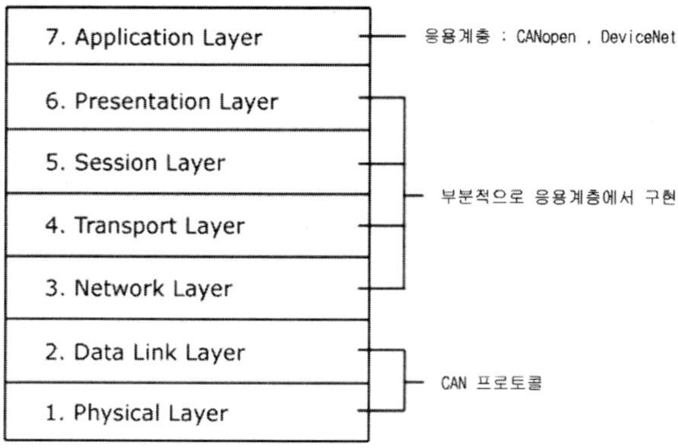

그림 13.6 CAN 프로토콜 계층 구조

CAN 프로토콜의 계층을 살펴보면, 위의 표와 같이 애플리케이션 계층은 응용계층으로 CAN프로토콜을 지원하는 애플리케이션이 있으며, 아래 3, 4, 5, 6의 계층은 필요할 경우 부분적으로 애플리케이션이 정의하여 활용되며, 하단의 실질적인 통신 부분인 데이터 링크 계층과 물리 계층을 CAN 프로토콜이 따로 정의하고 있다.

(1) CAN 프로토콜 주요 특징

CAN 프로토콜은 실시간 전송 및 신뢰성 있는 메시지 전송을 위한 기능을 가지고 있으며 주요 특징은 다음과 같다.

- CAN 프로토콜은 기본적으로 우선 순위 기반의 피파괴적인 경쟁기반 버스중재 매커니즘 (Non-destructive contention based bus arbitration)을 가지고 있다
- 메시지 필터링을 통해 멀티캐스트 메시지들을 전송하여, 에러 검출 및 보정을 할 수 있다. 에러 검출될 경우 해당 메시지를 자동으로 재전송하며, 잘못된 버스 노드들은 자동적으로 연결을 단절시켜 나머지 노드간의 통신을 유지하도록 한다.

- 노든 노드가 시간적으로 동기가 되어 CAN 프레임을 동일하게 인식하며 CAN 프레임 전송에 송신자 또는 수신자로서 참여하며 전송이 이루어진다.
- 자동차내의 열악한 환경에서 실시간 전송 및 신뢰성 있는 전송을 하기 위하여 CAN 전송도중 모든 노드가 동기화 되어 프레임을 수신하고 전송되는 CAN 프레임의 에러 검출에 참여하며 에러를 검출한 노드는 즉시 에러 프레임을 보내어 현재의 전송을 중지하도록 한다.
- 프레임 송신 노드는 에러 발생으로 프레임 전송이 중지되면 바로 재전송 하도록 하여 에러 복구가 즉시 이루어지도록 한다.
- CAN 네트워크 상의 어느 노드가 하드웨어 또는 소프트웨어 상의 문제로 인해 에러를 반복하여 발생 시킬 경우 해당 노드의 CAN 네트워크 인터페이스는 자동으로 자신을 CAN 네트워크에서 분리시켜 다른 노드에 미치는 영향을 최소화한다.

CAN 네트워크에서 데이터 프레임에 전송되는 최대 데이터 크기는 8 byte 이며, CAN 버스의 최대 길이는 다음 [표 13.2]와 같이 최대 전송 속도에 따라 달라진다. CAN 네트워크는 CAN 프레임 헤더에 메시지의 종류를 식별하는 ID를 갖는데, CAN 프로토콜 종류 (Standard CAN 또는 Extended CAN) 에 따라 11비트 또는 29 비트의 길이를 갖는다.

표 13.2 CAN 버스 최대 길이

속도	거리
125 Kbps	500m
250 Kbps	200m
500 Kbps	100m
1 Mbps	40m

2) CAN 물리 계층

1CAN 버스에서 신호 전송은 NRZ (Non-Return to Zero) 인코딩 방식을 사용하며 CAN 버스에서 전송되는 신호는 다음 [그림 13.7]과 같이 Dominant 신호, Recessive 신호 두 종류가 있다. 여기에서 Dominant 신호는 비트 0을 나타내고 Recessive 신호는 비트 1을 나타낸다.

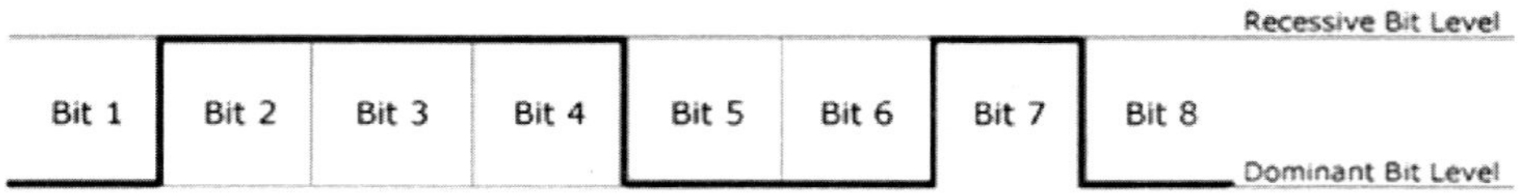

그림 13.7 CAN 버스 로직

CAN 버스에 2개 이상의 노드가 동시에 신호를 전송할 경우 CAN 버스는 전송되는 신호를 다음과 같은 병합로직 (Arbitration logic)에 따라 신호병합을 수행하는 기능을 수행하며 이를 이용하여 CAN 버스상에서 우성순위 기반의 전송을 가능하게 한다.

- 모든 노드가 Recessive 신호를 전송할 경우 : CAN 버스의 상태는 Recessive 신호 상태가 된다.
- 모든 노드가 Dominant 신호를 전송할 경우 : CAN 버스의 상태는 Dominant 신호 상태가 된다.
- CAN 버스상에 Dominant 신호와 Recessive 신호가 동시에 전송될 경우 : CAN 버스의 상태는 Dominant 신호 상태가 된다.

위와 같이 CAN 버스는 여러 신호가 동시에 전송될 경우 전송되는 모든 신호의 비트단위 AND 기능을 수행하며, 다음 [그림 13.8]은 3개의 노드 A, B C가 동시에 전송을 할 경우 CAN 버스에서 병합되는 예를 나타낸다.

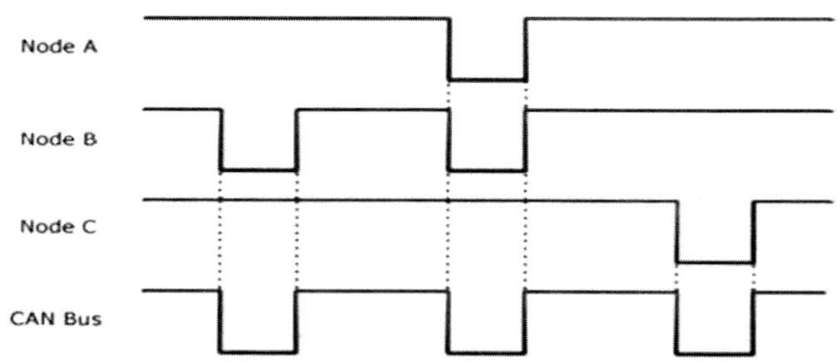

그림 13.8 CAN 버스에서 신호 병합 로직

CAN 네트워크에서는 모든 노드가 시간적으로 동기화 되어 전송을 하고 여러 노드가 동시에 전송을 할 경우 위에서 설명한 것처럼 CAN 버스상에서 비트단위 AND 기능을 수행함으로써 버스상에서의 충돌을 해결하고 에러를 검출할 수 있도록 하고 있다. 이와 같은 동작을 위해서는 CAN 네트워크상의 모든 노드를 시간적으로 동기화 되도록 해야 하는데 각각의 노드가 독자적인 클럭을 가지고 있는 네트워크에서 시간적으로 동기를 맞추도록하는 것은 어려운 문제이다. 따라서 CAN 네트워크에서는 노드들 사이의 시간적 동기화를 위해 다음과 같은 동기화 알고리즘을 수행하고 있다.

- 하드 동기화 (Hard synchronization) : CAN 버스가 프레임을 전송하고 있지 않은 상태에서는 Recessive 신호 상태를 갖고 있으며, CAN 프레임 전송은 Dominant 신호를 갖는 SOF (Start of Frame) 비트로 시작하여, 모든 수신노드는 SOF 비트를 검출하면 자신의 클럭을 송신자의 클럭에 동기화를 시킨다.

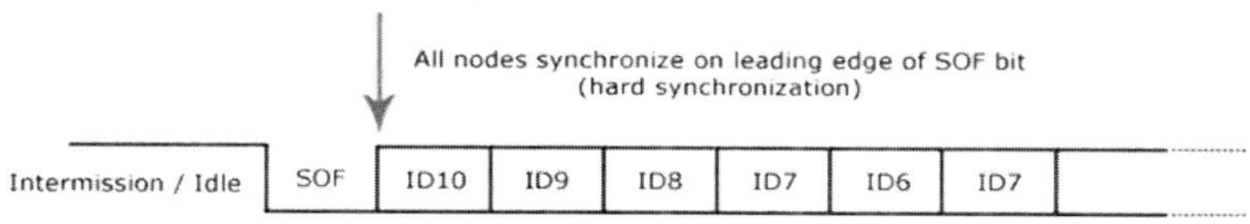

그림 13.9 하드 동기화

- 재동기화 (Re-synchronization) : 하드 동기화에 의해 프레임 전송 시작 지점에 동기화 수행이후에 프레임 전송도중에 동기화 지점을 검출하게 되면 (버스상에서 신호 레벨의 변화를 검출하게 되면) 자신의 클럭을 송신자의 클럭에 동기화를 시킨다.

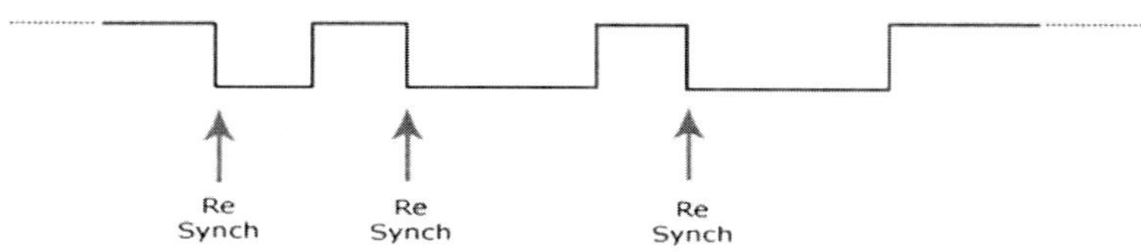

그림 13.10 재동기화

CAN 프레임 전송도중 재동기화를 위해서는 한 비트의 시작지점을 검출해야 하는데 프렝미에서 전송되는 신호가 계속 같은 신호레벨이 반복될 경우 이러한 재동기화를 위한 지점을 검출할 수가 없게 된다. 따라서 CAN 프로토콜에서는 일정 개수 이상의 신호가 번복되지 않도록 하기 위해 비트추가 (Bit stuffing) 방법을 사용하고 있다. 비트추가 방법이란 아래 그림과 같이 5비트 동안 같은 신호레벨이 반복될 경우, 반대 신호레벨을 1 비트 추가하여 송신하고, 수신 측은 이를 고려하여 원래대로 다시 복원 한다.

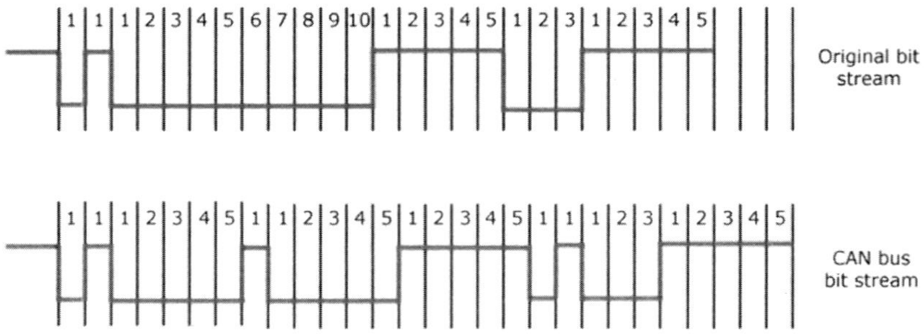

그림 13.11 CAN 비트추가 (Bit stuffing)

3) CAN 프레임 구조

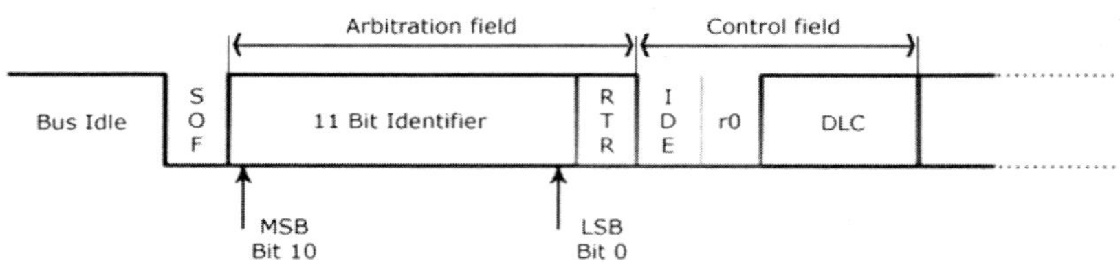

(a) CAN 2.0A 프레임 구조

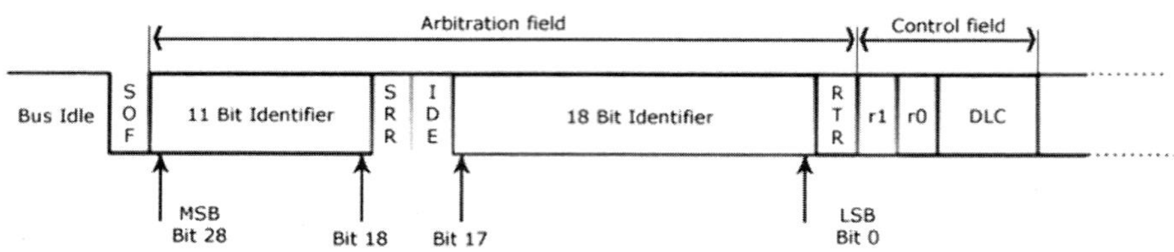

(b) CAN 2.0B 프레임 구조

그림 13.12 CAN 프레임 구조

CAN 프로토콜 규격은 CAN 2.0A (Standard CAN)와 CAN 2.0B (Extended CAN) 두가지 종류가 있으며 각각의 프레임의 구조는 다음과 같다. 그림에서와 같이 두 규격의 차이는 메시지 ID 필드에서만 다르고 (메시지 ID 필드의 길이가 CAN 2.0A의 경우에는 11비트이고 CAN 2.0B의 경우에는 29비트 임) 다른 부분들은 모두 동일하며 프레임이 전송되는 MAC 프로토콜도 모두 동일하다. [그림 13.12]에서 나타내듯이 CAN 프레임은 Dominant 신호를 갖는 1비트 길이의 SOF 비트로 시작하고 이어서 메시지 ID가 전송이 되며 이 메시지 ID필드 전송도중 CAN버스상에서 병합로직이 수행되어 가장 우선순위가 높은 메시지 ID를 갖는 프레임만 전송을 계속 유지하게 된다.

- SOF (Start Of Frame) : 프레임의 시작을 표시하며 1비트 길이의 dominant 신호로 전송된다.
- 메시지 ID : CAN 네트워크에서는 다른 일반적인 네트워크들과는 달리 노드들에 대한 주소를 사용하지 않고 전송되는 메시지를 구분하는 메시지 ID를 사용한다. 따라서 메시지 ID 필드는 전송되는 메시지를 구분하며 여러 노드가 동시에 CAN 프레임 전송을 시작할 경우 이 메시지 ID 전송도중 CAN 버스상에서 병합이 이루어지고 경쟁에서 진 노드는 즉시 전송을 중단하도록 함으로써 우선순위 기반의 전송이 이루어지도록 하고 있다. 메시지 ID 기반의 경쟁을 통한 충돌해결 방법은 뒤에서 설명한다. 이 메시지 ID 필드는 CAN 2.0A의 표준 프레임은 11 비트 길이를 갖고, CAN 2.0B의 확장프레임의 경우에는 29 비트 길이로 구성되어 있으며, 이 메시지 ID로 메시지 우선 순위 및 메시지 수신 여부를 결정 한다.
- RTR (Remote Transmission Request) : 데이터 프레임과 리모트 프레임을 구분하기 위한 비트이며, 데이터 프레임일 경우 0 (dominant) 상태이고, 리모트 프레임일 경우 1 (recessive) 값을 갖는다. CAN 버스에서 병합에 의한 경쟁구간은 메시지 ID와 RTR 비트까지 이며, 따라서 같은 메시지 ID를 갖는 데이터 프레임과 리모트 프레임이 동시에 전송될 경우 데이터 프레임이 경쟁에서 이기게 된다.
- SRR (Substitute Remote Request) : recessive 값을 가지며 CAN 2.0B 프레임에서만 사용된다.
- IDE (Identifier Extension) : CAN 2.0A 프레임에서는 dominant 값을 갖고, CAN 2.0B 프레임에서는 recessive 값을 가지며 두 종류의 프레임 규격을 구분하기 위하여 사용된다.
- r0, r1 : 예약 비트
- DLC(Data Length Code) : 프레임의 데이터 필드에 들어있는 데이터 바이스 수

를 나타낸다. CAN 프로토콜에서 하나의 프레임에 전송되는 데이터의 최대 길이는 8바이트이다.

다음 [그림 13.13]은 CAN 버스에서 여러 노드가 동시에 프레임 전송을 개시할 경우 병합구간 (메시지 ID + RTR 비트)에서 경쟁을 통한 충돌해결 알고리즘을 나타낸다. 프레임을 전송하고자 하는 노드는 버스가 사용중이 아니면 (버스 상태가 recessive 상태) SOF 비트를 전송하고 이어서 메시지 ID 필드를 전송함으로써 프레임 전송을 개시한다. CAn 네트어크상의 모든 노드들은 비트단위로 동기화 되어 전송 및 수신에 참여하며, 각 송신자 노드들은 프레임을 한 비트씩 전송하고 이어서 바로 CAN 버스상태를 체크하게 된다. 만약 CAN 버스의 상태가 자신이 보낸 비트와 동일하면 다음 비트를 계속해서 전송하게 된다. 만약 CAN 버스의 상태가 자신이 보낸 비트와 다를 경우, 만약 해당 노드가 recessive 비트를 전송하였는데 CAN 버스의 상태가 dominant 비트이면 그 노드는 자신이 경쟁에서 졌음을 알고 바로 수신 모드로 전환하여 다음 비트부터 전송을 중단하게 되고, 만약 해당 노드가 dominant 비트를 전송하였는데 CAN 버스의 상태가 recessive 비트이면 에러가 발생하였음을 감지하고 비로 에러 프레임을 전송하여 이를 다른 노드들에게 알리게 된다.

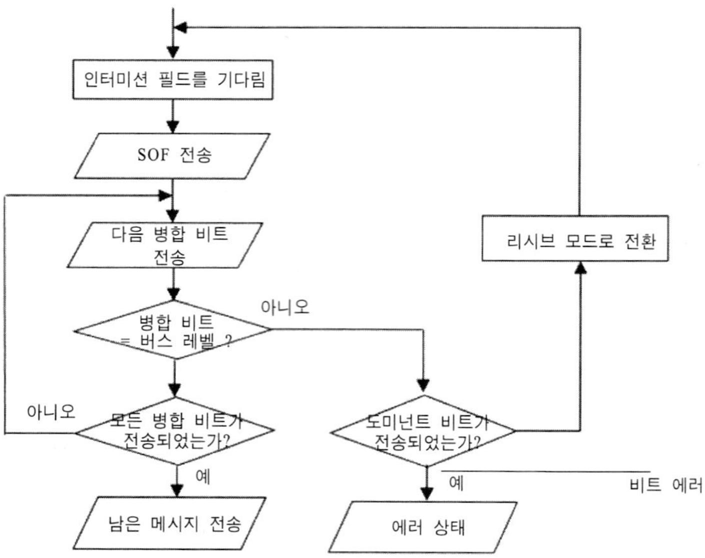

그림 13.13 CAN에서 메시지ID기반 충돌 해결 알고리즘

[그림 13.14]의 예는 3개의 노드 A, B, C가 동시에 전송을 하는 경우에 경쟁을 통해 충돌을 해결하는 예를 나타내며, 메시지 ID의 처음 5개의 비트들은 모두 동일하여 3 노드가 모두 전송을 계속하게 되며, 6번째 비트 (비트 5)에서 노드 B는 자신이 Recessive 비트를 전송한 뒤 CAN 버스의 상태가 Dominant 비트임을 감지하여 다음 비트부터는 전송을 중지하게 된다. 이후 전송을 계속한 노드 A와 B는 8번째 비트 (비트 3)에서 노드 C가 경쟁에서 승리하게 되고 노드 A는 비트 2부터 전송을 중지하고 노드 C는 계속해서 프레임의 나머지 부분들을 전송하게 된다.

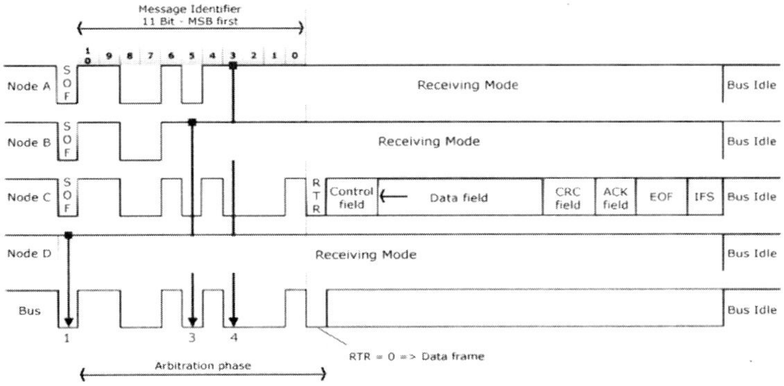

그림 13.14 CAN에서 메시지 ID 기반 충돌 해결 방법.

4) CAN 프레임 종류

CAN 통신 프레임은 다음과 같은 4 종류의 프레임으로 나눠진다.

- 데이터 프레임은 하나의 노드에서 다른 노드들로의 데이터를 전송하기 위한 프레임이다. 다음 [그림 13.15]는 데이터 프레임의 구조를 나타내며 각 필드들의 기능은 다음과 같다.

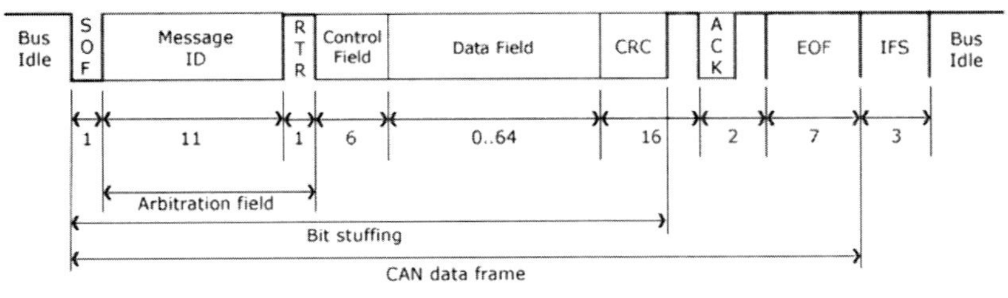

그림 13.15 CAN 데이터 프레임

- SOF (Start Of Frame) : 프레임의 시작을 표시하며 1비트 길이 dominant 비트로 구성된다.
- 메시지 ID : 데이터 필드에 전송되는 데이터의 종류를 나타내며 CAN 2.0A의 경우에는 11비트, CAN 2.0B의 경우에는 29비트의 길이를 갖는다. 리모트 프레임일 경우에는 원격지 노드로부터 받고자 하는 데이터의 종류를 나타낸다. 앞에서 기술한 것처럼 CAn 네트워크는 이 메시지 ID 필드구간에서 경쟁을 통해 충돌을 해결하며, 우선순위는 값이 작은 메시지 ID가 큰 값의 ID보다 우선순위가 높다.
- RTR 비트 : 데이터 프레임과 리모트 프레임을 구분하는데 사용되며 데이터 프레임의 경우에는 dominant 값을 리모트 프레임의 경우에는 recessive 값을 갖는다. 따라서 같은 메시지 ID를 갖는 데이터 프레임과 리모트 프레임이 동시에 전송을 개시할 경우 데이터 프레임이 우선순위가 높다.
- Cntl 필드 : 데이터 필드에 전송되는 데이터의 바이트 단위의 길이를 나타낸다. CAN에서 하나의 프레임내에서 전송되는 최대 데이터 길이는 8바이트 이다.
- Data 필드 : 전송되는 데이터값을 갖는다.
- CRC 필드 : CAN 프레임에 대한 에러 검출을 위한 CRC(Cyclic Redundancy Code) 값을 갖는다. CRC 필드가 계산되는 범위는 SOF 비트에서 DATA 필드까지에 대해 에러검출을 위한 CRC 값을 계산하며, CRC 필드 뒤에는 CRC 필드와 다음의 ACK 필드를 구분하기 위한 한 비트의 receissive 값을 갖는 CRC delimiter가 있다.
- ACK 필드 : 송신자가 전송하는 프레임에 대해 수신자들이 프레임 수신상태를 알리는 필드로, 송신자는 ACK 필드를 recessive 상태로 전송하고, 각 수신노드는 프레임을 수신한 뒤 CRC 값을 계산하고 수신된 프레임에 에러가 없으면 ACK 필드에 dominant 값을 전송한다. 따라서 송신자는 ACK 필드를 recessive 상태로 전송한 뒤 ACK 필드를 검사하게 되는데, ACK 필드가 dominant 값이면 수신하는 노드가 프레임을 재대로 수신하였음을 나타내고, 만약 ACK 필드가 recessive 값으로 남아있으면 해당 프레임을 정상적으로 수신한 노드가 아무도 없음을 나타내므로 전송이 실패했음을 알게 된다. ACK 필드 다음에는 ACK 필드와 다음의 EOF 필드를 구분하기 위한 한 비트의 recessive 값을 갖는 ACK delimiter가 온다.
- EOF (End of Frame) 필드 : 프레임의 마지막을 나타내는 필드로 recessive 값을 갖는 7비트로 구성된다.

- IFS (Inter Frame Space) 필드 : 연속된 두개의 프레임 사이에 떨어져야 하는 최소길이로 CAN 네트워크에서는 receissive 값을 갖는 3비트로 구성된다.

위 프레임 구조에서 버스상에서의 비트 병합에 의한 경쟁구간은 메시지 ID 필드와 RTR 비트 구간에서 이루어지며, 비트 동기화를 위해 비트추가 (Bit stuffing)가 이루어지는 구간은 SOF 비트에서 CRC 비트까지 구간이다.

- 리모트 프레임은 다른 노드들에게 데이터를 요구하는 데 사용되는 프레임이다. 프레임의 형식은 데이터 프레임과 같지만 데이터 프레임의 RTR 비트가 1로 설정되어 있으며 (데이터프레임은 RTR 비트가 항상 0이다.) 데이터 영역이 없는 프레임이다. 리모트 프레임을 수신할 경우 해당 ID의 장치는 데이터 프레임으로 응답하게 된다.
- 에러 프레임은 다음 [그림 13.16]과 같이 dominant 값을 갖는 6비트의 에러 플래그와 recessive 상태의 8비트 크기의 에러 delimiter로 이뤄져 있다. 현재의 송신 프레임은 에러가 있으므로 다시 전송하라는 의미로 비트 stuffing 규칙을 일부러 손상 시켜서 송신하게 된다. 따라서 현재 전송 중인 장치는 현재 프레임의 실패를 인식하고 즉시 중지하여 다음의 재전송 기회를 기다리게 된다.

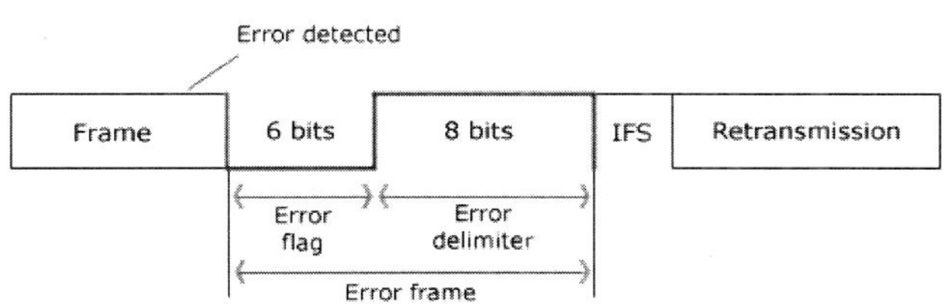

그림 13.16 CAN 에러 프레임

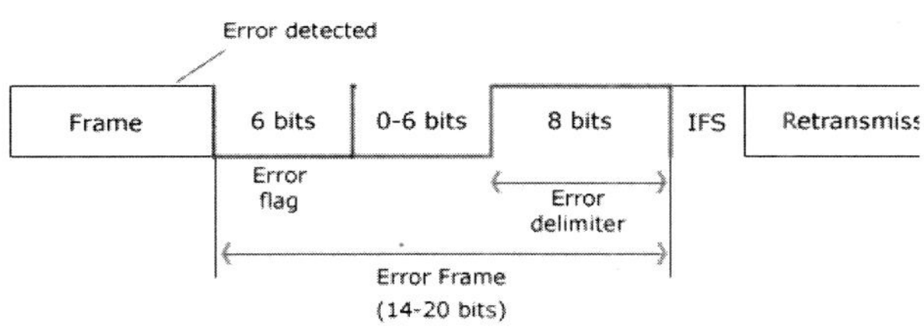

그림 13.17 CAN버스상에서 에러 프레임 중첩

CAN 네트워크에서는 에러를 발견한 노드는 즉시 에러 프레임을 보내어 이를 다른 노드들에게 알리고 에러 프레임은 각 노드가 에러를 발견한 시간에 따라 충첩이 되게 된다. 에러 프레임이 중첩되게 되면 CAN 버스상에서 에러 프레임은 다음 [그림 13.17]에서와 같이 에러 플래그는 dominant 값을 갖는 6-12 길이를 갖게 되어 전체 에러 프레임의 길이는 14-20 비트 길이를 갖게 된다.

- 오버로드 프레임은 노드가 아직 이전 메시지의 처리를 끝내지 못한 경우, 다음 메시지를 지연시키기 위해서 사용된다. 오버로드 프레임은 다음 [그림 13.18]와 같이 dominant 값을 갖는 6비트의 오버로드 플래그와 recessive 상태의 8비트 크기의 오버로드 delimiter로 이뤄져 있다. 오버로드 프레임은 에러 프레임과 마찬가지로 중첩이 발생할 수 있고, 오버로드 프레임이 중첩되게 되면 CAN 버스상에서 오버로드 플래그는 dominant 값을 갖는 6-12 길이를 갖게 되어 전체 오버로드 프레임의 길이는 14-20 비트 길이를 갖게 된다.

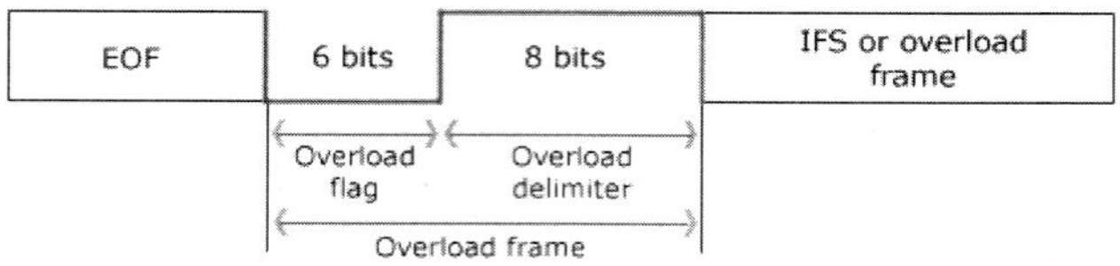

그림 13.18 CAN 오버로드 프레임

5) CAN 프로토콜의 메시지 전달 방식

CAN 네트워크에서 프레임 전송은 생산자-소비자 모델에 기반한 메시지 전송을 수행한다. 생산자-소비자 모델은 메시지를 생산한 노드가 해당 메시지를 버스를 통해 브로드캐스팅을 통해서 전송을 하면 네트워크상의 모든 노드가 받게 되고 각 노드들은 메시지 ID를 보고 해당 메시지가 필요하면 이를 가져가게 되고 필요 없으면 버리게 되어 메시지 전송이 이루어지게 된다. 이를 위해 CAN 버스상의 모든 노드들은 각각 어떤 메시지들을 받아들일 것인지를 지정하는 필터들을 가지고 있어 이를 통해 수신할 메시지들을 정하게 된다.

[그림 13.19]은 CAN 네트워크 상에서 생산자-소비자 모델에 기반한 프레임 전송 예를 나타낸다. 데이터 프레임은 RTR 비트가 dominant 값을 갖게 되고 예에서 노드 A가 데이터 프레임을 전송하면 노드 B, C, D는 필터를 통해 B와 D는 해당 메시지를 받아들이고 노드 C는 메시지를 버리게 된다.

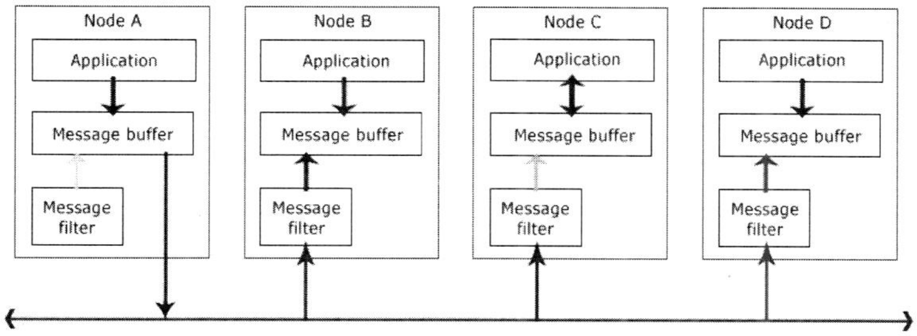

그림 13.19 CAN 데이터 프레임 전송

CAN 네트워크에서 리모트 프레임을 통한 데이터 전송은 [그림 13.20]과 같이 수행된다. 예에서 노드 A가 특정 메시지 ID에 해당하는 데이터를 받기를 원하면 노드 A는 해당 메시지 ID를 가진 리모트 프레임을 전송하게 되고, 이 리모트 메시지를 모든 노드 B, C, D가 받게 되면 해당 메시지 ID에 대한 데이터를 생성하는 노드 D는 이 리모트 메시지를 받아들이고 나머지 노드들은 버리게 된다. ([그림 13.20]-(a)) 리모트 프레임은 RTR 비트값이 recessive 값을 갖는다. 이 리모트 메시지를 받은 노드 D는 바로 이어서 해당 메시지 ID에 대한 데이터 값을 가진 데이터 프레임을 전송하게 된다. ([그림 13.20]-(b)) [그림 13.20]에서 전송되는 리모트 프레임과 데이터 프레임의 메시지 ID는 같은 값을 가지고 있다.

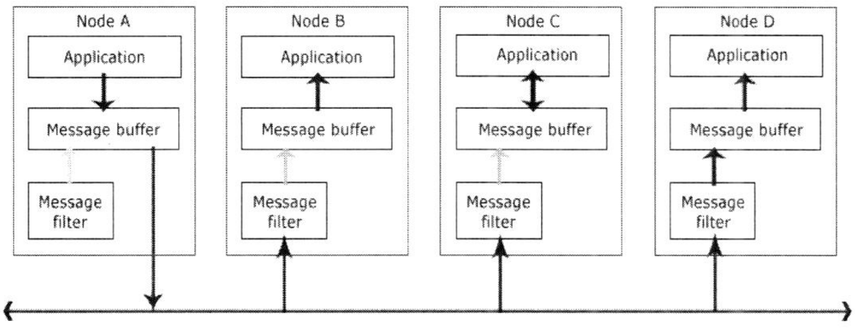

(a) CAN 리모트 프레임 전송

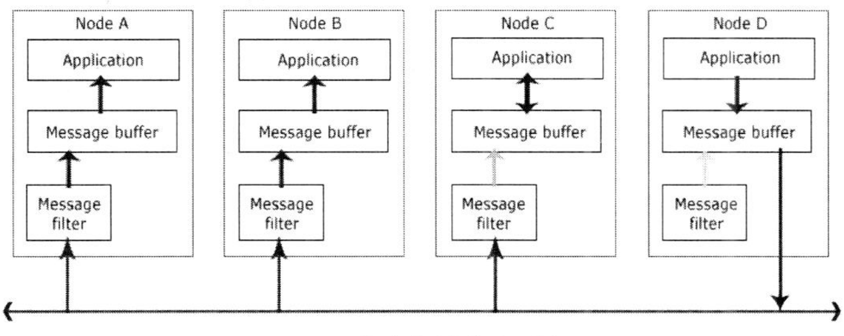

(b) CAN 데이터 프레임 전송

그림 13.20 CAN 리모트 프레임을 통한 데이터 프레임 전송

3. LIN (Local Interconnect Network)

CAN은 중요한 부분의 안전성과 무결성을 보장하지만, 파워윈도우나 좌석 조절같은 높은 성능이 필요하지 않는 기능을 CAN으로 구현하기에는 지나치게 높은 비용이 필요하다. 그래서 개발된 LIN 은 CAN을 토대로 개발된 프로토콜로서 차량에서의 분산된 전자 기기를 위해 저비용 저속도의 직렬 통신 네트워크이다. ISO 9141를 기초로 저비용의 single-wire를 사용하여 차량 배선의 문제를 개선 하였지만, single wire의 특성상 외부 노이즈에 대한 간섭이 심하여 최대 20 kbps의 속도와 무결성과 안정성이 필요한 부분에는 사용할 수 없기에 네트워크상에 간단하면서 속도가 중요치 않은 엑츄에이터나 센서 같은 간단의 기능의 ECU를 컨트롤 하는데 사용된다. CAN을 토대로 만들어 졌으나, 목적이 다르기 때문에 CAN과의 차이점이 몇가지 있는데, 가장 큰 차이점은 네트워크 통신이 기본적으로 서로 경쟁하는 방식의 CAN과는 달리 마스터 - 슬레이브 방식을 사용하고 있으며, 마스터 노드에서 모든 네트워크 관리를 처리하며, 이벤트 트리거 방식의 비동기적인 직렬통신을 사용한다.

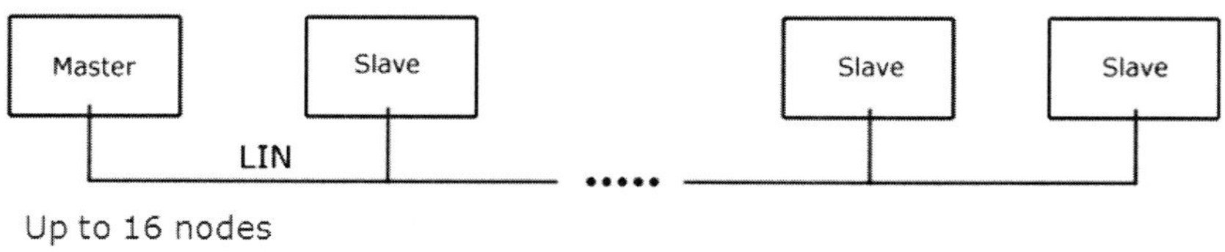

그림 13.21 LIN 네트워크

하나의 LIN 네트워크는 하나의 마스터 노드와 최대 15개의 슬레이브 노드로 구성되어 있으며, 버스에 대한 접근 제어는 마스터 노드가 수행하며 슬레이브 노드들은 마스터 노드로부터 폴링을 받았을 경우 다음과 같은 절차를 통해 데이터 프레임을 전송할 수 있다.

① 마스터 노드는 사전 스케쥴링을 통한 LIN 버스상에서 각 메시지들에 대한 전송을 위한 시간 테이블을 유지하고 있다.

② 마스터 노드는 시간 테이블을 통해 어떤 메시지의 전송이 필요하면 해당 메시지 ID를 갖는 데이터 프레임을 요청하는 헤더 프레임을 버스에 브로드캐스팅을 통해 전송한다.

③ 마스터 노드로부터 전송된 요청 프레임을 받으면 각각의 슬레이브 노드들은

해당 프레임의 헤더를 검사하고, 요청된 데이터를 가진 슬레이브 노드는 해당 데이터 프레임을 전송한다.

1) LIN 프레임 구조

LIN 프로토콜의 프레임 포맷은 크게 메시지 헤더 부분과 메시지 응답부분으로 나눌 수 있다. 헤더부분은 프레임의 시작을 파악하는 브레이크와 클럭 동기화를 위해 슬레이브 노드에서 사용되는 Sync 필드, 그리고 식별 ID로 이뤄져 있고 응답 부분은 데이터 가 들어가는 데이터 페이로드 부분과 체크섬으로 이뤄져 있다.

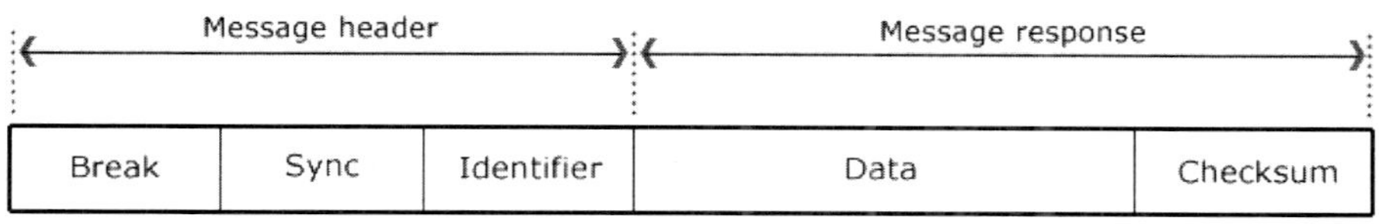

그림 13.22 LIN 프레임 구조

LIN 프로토콜 포맷은 모든 필드가 바이트 단위로 정의되는데 이중 ID필드는 아래 [그림 13.23]과 같이 메시지 종류를 나타내는 4비트의 메시지 ID, 메시지 길이를 나타내는 2비트의 길이 필드, 그리고 2비트의 패리티 필드로 구성되어 있다. 하나의 LIN 프레임에 전송되는 최대 데이터 길이는 8바이트이다. 데이터 페이로드 부분은 크게 1,2,4,8 바이트를 사용할 수 있는데 이는 헤더의 ID 필드의 하위 4,5비트에 따라 나눌 수 있다.

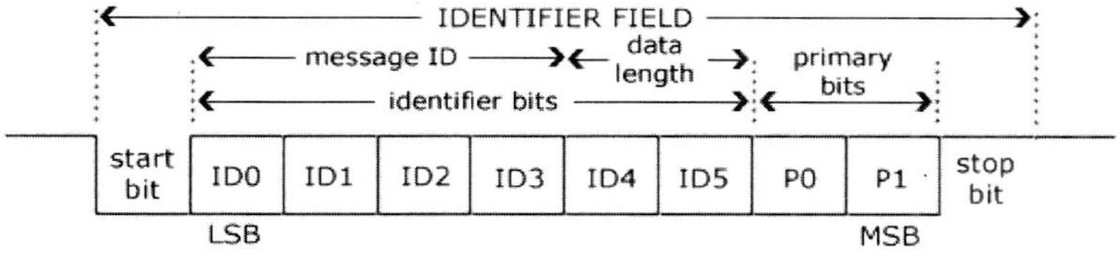

ID4	ID5	data length
0	0	1 bytes
0	1	2 bytes
1	0	4 bytes
1	1	8 bytes

그림 13.23 LIN 프레임: ID 필드

4. FlexRay 네트워크

오늘날 차량에서의 무수히 많은 제어 장치들, 특히 실시간 통신기능이 요구되는 센서들과 액츄에이터들 간의 데이터 교환은 CAN(Controller Area Network) 네트워크를 통해 이루어지고 있다. 많은 자동차내의 서로 다른 으용들 사이의 요건사항들을 만족시키기 위해 CAN 네트워크에서의 데이터 교환은 서로 다른 전송속도 (500 kB/s 또는 125 kB/s)를 가진 독립적인 CAN 네트워크 형태로 파워트레인 영역, 섀시 영역, 그리고 편리한 전자장치들(차체)과 관련된 다양한 영역의 애플리케이션들에서 사용이 되고 있다. 대부분의 자동차 메이커들은 차량의 문(door) 영역과 같이 실시간성을 요구하지 않는 간단한 센서들과 액츄에이터들 사이의 연결의 경우 CAN 네트워크 보다 낮은 전송속도를 가진 저렴한 LIN(Local Interconnect Network) 네트워크들을 사용하고 있다. CAN 네트워크는 메시지들 사이의 우선순위에 기반한 버스 충돌 해결을 통한 뛰어난 실시간 통신 능력과 뛰어난 에러 검출 및 보정 능력을 가지고 있어 현재 실시간 통신 기능을 요구하는 대부분의 영역에서 사요이 되고 있지만, 이베트 트리거형 네트워크로 많은 실시간 응용에서 요구하는 시간 트리거형 네트워킹 기능이 부족하고 최대 전송속도가 1Mbps를 가지고 있고 향후 더욱 전자화 되는 미래 자동차의 코어 네트워크로 사용되기에 부족하다. 미래의 차량에서 소개될 X-by-wire 시스템들은, 이제 제어 유닛들간에 교환되는 더욱 늘어나는 데이터 양으로 인하여, 또한 타임 유닛당 전송될 데이터 양으로써, 특히 메시지 전송의 시간 결정성(time determination)과 오류 허용한계(error tolerance) 측면에서 더욱 향상된 기능을 요구하고 있다. 이러한 미래 자동차내에서의 통신 요구사항들을 해결하기 위하여 FlexRay 네트워크는 BMW에 의해 개발된 Byteflight 통신 시스템과 TTP를 기초로 하여 프로토타입 애플리케이션의 개발에 관한 다임러크라이슬러(Daimler-Chrysler)의 경험을 토대로 개발되었다. Byteflight는 특히 수동적 안전 시스템(에어백)에서의 사용을 위해 BMW 에 의해 개발된 프로토콜로, 능동적 안전 시스템의 필수 요건들 또한 충족시키기 위하여 FlexRay 컨소시엄에 의해 시간 결정성(time determination)과 오류 허용한계(error tolerance)와 관련하여 더욱 기능이 보완되었다. FlexRay 네트워크 기술은 미래의 X-by-wire 응용들을 위해 개발된 이후 BMW 5와 7 시리즈에 적용이 되어 사용이 되었으며, 2004년 6월 첫 공식 프로토콜 버전이 발표되었다. 현재 200년도에 설립된 FlexRay 컨소시엄(www.flexray.com) 에는 Bosch, Motorola 와 Philips 같은 반도체 회사들과 자동차 제조업체들, BMW, Daimler-Chrysler,

General Motors 와 Ford 사가 핵심 멤버들로 구성되어 있고, 우리나라의 현대기아자동차는 premium-associate 멤버로 활동을 하고 있다.

FlexRay 네트워크의 기본적인 특징들은 다음과 같다.

- FlexRay 네트워크는 이벤트 트리거형 프로토콜과 시간 트리거형 프로토콜을 장점들을 결합한 프로토콜을 사용하고, 네트워크의 최대 전송속도가 10Mbps의 높은 속도를 제공한다.
- FlexRay 네트워크는 TDMA(Time Division Multiple Access) 프로토콜을 사용하고 있고, 전체 네트워크 대역은 시간에 따라 일정 크기의 시간슬롯 (time-slot)들로 나누어져 있으며 시간 슬롯들은 정의된 간격으로 반복된다. 각 시간슬롯들은 구성 요소들 또는 메시지들이 그들이 독점적인 액세스를 갖는 고정된 시간 슬롯들과 여러 노드들이 경쟁을 통해 할당이 되는 경쟁 시간슬롯으로 나누어져 있다. 메시지에 대해 고정된 시간슬롯을 할당하기 때문에 메시지가 버스 상에 있는 시간은 정확히 예측될 수 있으며 따라서 버스 액세스는 deterministic 하게 된다.
- FlexRay는 TDMA(Time Division Multiple Access) 프로토콜의 단점인 대역폭 낭비를 줄이기 위해 전체 TDMA 사이클을 정적인 부분와 동적인 부분으로 하고 있다. 정적인 부분에 해당하는 고정된 시간슬롯들은 노드들의 요구에 의해 미리 스캐쥴링을 통해 시간슬롯을 할당을 하게 되고, 동적인 부분인 경쟁 시간 슬롯들은 미리 할당하지 않고 노드들이 필요할 때 경쟁을 통해 할당을 하게 되는 구간이다. 이렇게 함으로써 TDMA 프로토콜에서 고정정인 할당을 통해 발생하는 대역폭 낭비를 최소화 할 수 있다.
- FlexRay 네트워크는 다음 그림과 같이 버스, 스타, 또는 이를 결합한 하이브리드 구조를 가질 수 있으며, 각 노드들이 두 개의 채널에 연결된 듀얼 채널 구조를 통해 대역폭을 향상시키고 또는 하나의 채널이 고장이 발생하였을 경우 다른 채널을 통해 네트워크 기능을 지속할 수 있는 기능을 가지고 있다.

FlexRay 네트워크를 구성하는 하드웨어는 [그림 13.25]와 같이 호스트 프로세서, FlexRay 컨트롤러와 버스 보호자(guardian)로 구성됩니다. 호스트 프로세서는 응용 로직들을 수행하고 이에 필요한 데이터를 처리하는 기능을 수행하고, FlexRay 컨트롤러는 네트워크상에서 응용들 사이에 메시지 교환을 위한 통신기능을 수행한다. 버스 보호자는 버스 액세스 및 버스를 통해 전송되는 프레임들을 감시하고 노드가 고장이 발생할 경우 노드를 버스에서 분리시키는 기능을 수행함으로써 문제가 발생한 노드로부터 전체 네트워크를 보호하는 기능을 수행한다. 호스트 프로세서는 버스 보호자에게 해당 노드가 어떤 시간 슬롯에 할당이 되었는지 알려주고, 버스 보호자는 FlexRay 컨트롤러가 할당된 시간 슬롯들에서 버스에 액세스를 하도록 하는 기능을 수행한다.

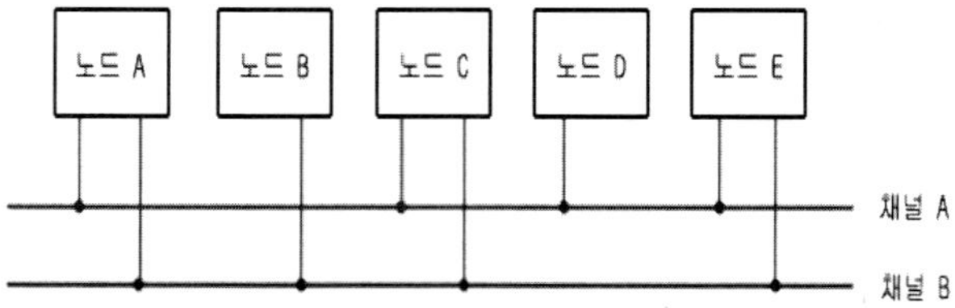

(a) FlexRay 네트워크: 듀얼 버스 구조

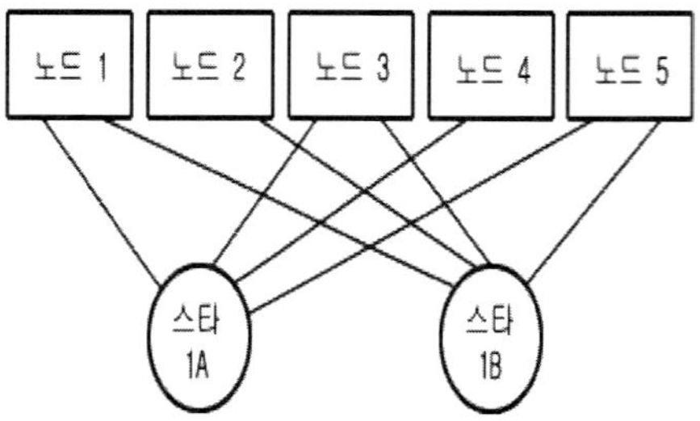

(b) FlexRay 네트워크: 듀얼 스타 구조

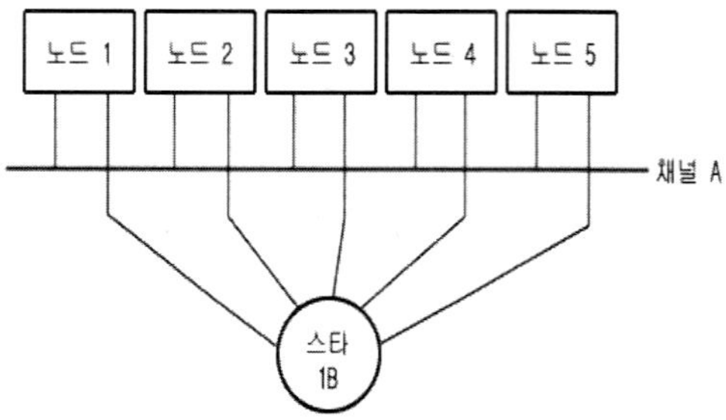

(c) FlexRay 네트워크: 듀얼 하이브리드 구조

그림 13.24 FlexRay 네트워크 구조

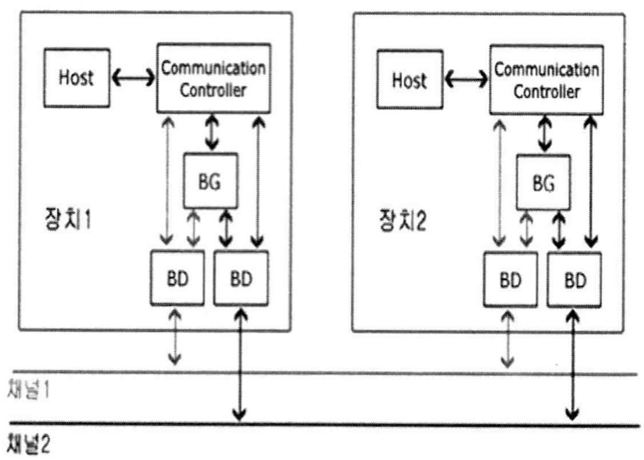

그림 13.25 FlexRay 네트워크 하드웨어 구조

FlexRay 프로토콜 메시지 포맷은 다음 [그림 13.26]과 같이 전체 메시지는 프로토콜 헤더, 페이로드, 그리고 트레일러로 구성된다. 프로토콜 헤더 필드는 프레임 종류를 나타내는 5비트 길이의 프레임 타입비트와 11비트의 프레임 ID, 7비트의 페이로드 길이 필드, 11비트의 헤더에 대한 CRC 값을 갖는 필드, 그리고 5비트의 주기카운트로 구성되어 있다. 프레임 ID 필드는 프레임이 전송되어야 하는 슬롯을 나타내며 이벤트 트리거 프레임에 우선순위를 부여하는데 사용되며, 페이로드 길이 필드는 프레임에 전송되는 데이터의 길이를 나타내며 하나의 프레임에 전송되는 최대 프레임 길이는 254바이트 이다. 헤더 CRC 필드는 전송도중 발생하는 헤더 부분에 대한 에러를 검출하기 위한 CRC 코드값을 가지며 주기카운터는 현재의 통신주기를 나타내는 카운터 값이 포함되며, 초기에 0 값을 가지며 매 시간 슬롯마다 1씩 증가하게 된다. 트레일러에는 [그림 13.26]-(b)와 같이 전체 프레임에 대한 에러 검출을 위한 3바이트 길이의 CTC 값을 갖는 필드가 포함된다.

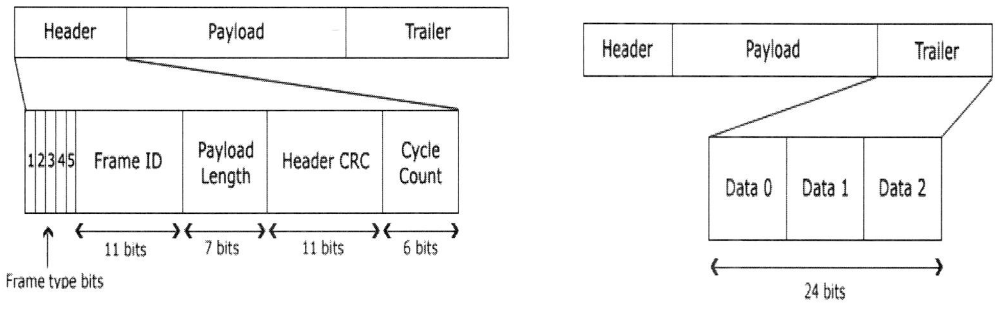

(a) FlexRay 프로토콜 메시지 포맷　　　　(b) FlexRay 메시지 프레일러 포멧

그림 13.26 FlexRay 프로토콜 메시지 포맷

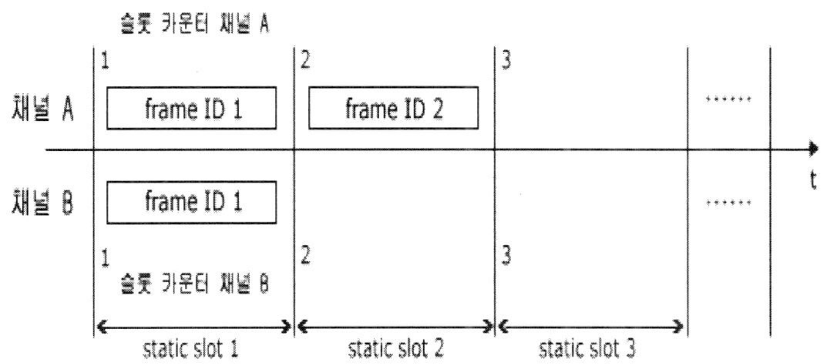

그림 13.27 FlexRay 네트워크의 고정윈도우에서 프레임 전송

FlexRay 네트워크는 TDMA 기반의 프로토콜을 사용하며 하나의 통신 사이클은 [그림 13.27]와 같이 정적으로 할당하는 슬롯을 포함하는 고정 윈도우와 동적으로 할당되는 슬롯들을 포함하는 동적 윈도우로 구성된다. 고정윈도우의 시간슬롯들은 노드들의 요구에 의해 사전에 스캐쥴링에 의해 고정적으로 할당되는 시간 슬롯으로 모든 슬롯들의 크기는 같으며, 각 고정슬롯 시간에는 해당 슬롯 카운터와 같은 프레임 ID를 가진 프레임만 전송이 된다. 각 고정슬롯 시간은 매 통신 사이클 마다 똑같은 형태로 반복이 된다. 다음 [그림 13.27]은 두개의 채널을 가진 FlexRay 네트워크에서 고정윈도우에서 전송되는 시간슬롯을 나타낸다.

FlexRay 네트워크의 동적 윈도우는 비동기적으로 발생하는 이벤트 트리거 형태의 메시지들을 전송하기 위한 슬롯들의 집합으로 동적 윈도우내의 시간슬롯들은 고정적으로 할당하지 않고 경쟁에 의해 할당이 이루어진다. 동적 윈도우는 작은 크기의 미니 슬롯으로 나누어 지며 각 미니슬롯은 간은 번호의 ID를 가진 프레임을 전송할 수 있다. 모든 노드는 슬롯 카운터가 동기 되어 동작하며 슬롯 카운터값은 초기에 0으로 초기화 되어 이후 매 미니 슬롯마다 1씩 증가하며, 해당 미니 슬롯에서는 슬롯 카운터와 같은 번호를 가진 프레임이 전송이 된다. 다음 [그림 13.28]은 두개의 채널을 가진 FlexRay 네트워크에서 동적 윈도우의 미니슬롯 구조와 각 미니슬롯에서 전송되는 프레임들을 나타낸다.

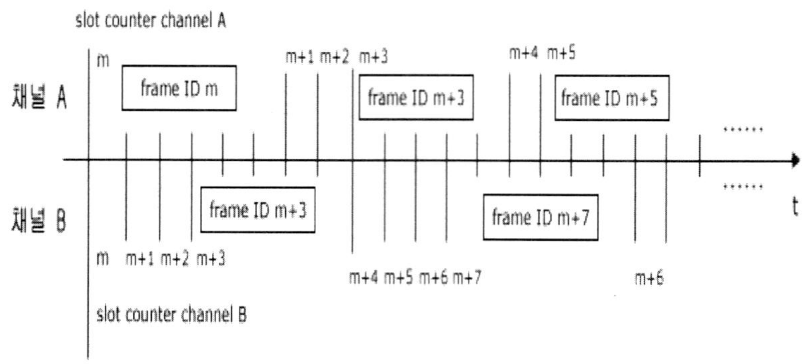

그림 13.28 FlexRay 네트워크의 동적 윈도우에서 프레임 전송

제 14 장

차량간 네트워크(Vehicular Network)기술

사람들은 지구상에 존재했던 원시시대부터 더 빨리 더 안전하게 이동하기를 꿈꾸었다는 사실을 역사를 통해 알 수가 있다. 기원전 만년전에 원시인들은 농경이나 짐을 나르기 위하여 야생말을 길들여 사용했으며, 13세기 몽고인들은 말이 신속하게 달리거나 원하는 방향으로 회전하는 훈련을 시켜서 기마부대를 만들어 세계를 정복하였다. 18세기에 발명된 증기 기관차는 더 많은 사람과 물자를 빠르게 수송할 수 있었으며, 20세기에 들어 헨리 포드가 발명한 자동차는 사람들에게 더욱 안전하고 편리하면서도 빠르게 이동하고자 하는 꿈을 실현시켜 주었다. 오늘날 기차와 자동차의 기술은 매우 빠른 속도로 발전하고 있다. 분명한 것은 과거 역사가 그러했듯이 미래의 자동차는 안전하고 편리하면서도 빠른 속도로 이동하면서 환경 친화적인 지능형 자동차로 발전해 나갈 것이라고 확신할 수 있다.

20세기에는 자동차의 발전과 함께 이동통신 기술도 획기적으로 발전하였다. 언제 어디서나 원하는 사람과 원하는 정보를 교환하고 싶은 욕구는 차량을 통해 이동중에서도 음성통화를 제공하는 1970년대 1세대 이동통신 기술인 아날로그 셀룰러 기술을 출현시켰으며, 보다 좋은 음질과 많은 가입자 용량을 제공하는 1980년대 2세대 이동통신 기술인 디지털 셀룰러 기술, 그리고 이동중에 동영상 등과 같은 멀티미디어 서비스를 제공하는 1990년대 3세대 이동통신 기술인 IMT-2000 기술, 그리고 앞으로 출현하게 될 수백 Mbps의 높은 전송속도를 제공하는 4세대 이동통신기술로 빠르게 발전해 나가고 있다. 텔레매틱스(Telematics)는 "Telecommunication"과 "Informatics"의 합성어로 차량과 무선 이동통신망이 접속되어 운전자에게 교통정보안내, 긴급구조, 인터넷 서비스를 제공하여 편리함과 안전성을 증대시키는 서비스이다. 텔레매틱스는 차량과 IT 통신기술이 융합된 대표적인 기술로서 새로운 부가가치를 얻을 수 있을 뿐만 아니라 잠재 시장이 매우 큰 기술로 주목을 받고 있다. 또한 전 세계적으로 차량과 IT 기술이 융합되는 차량 통신 네트워크 기술과 차량 통신 기술(Vehicular Communication)을 활용한 텔레매틱스, ITS, 차량 안전 서비스 등을 활발하게 연구하고 있는 실정이다.

1. 차량통신 네트워크 구조

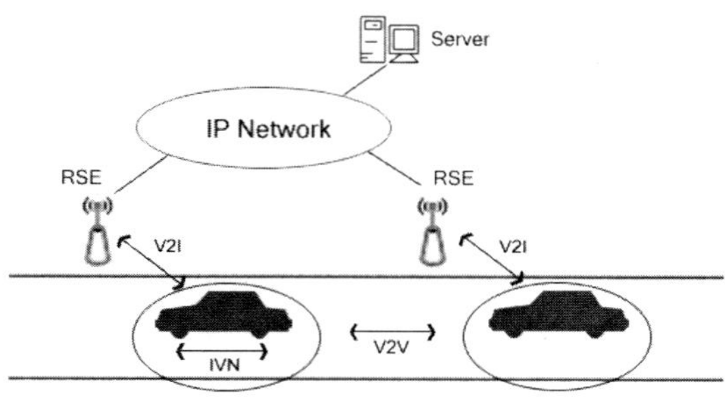

그림 14.1 차량통신 네트워크 개념

차량 통신 네트워크는 [그림 14.1]과 같이 차량을 중심으로 차량 내부망과 외부망으로 구분할 수 있는데, 차량 내부망은 일반적으로 IVN(In-Vehicle Network)라고 부르며, 차량 외부망은 차량간 통신망(Vehivle-to-Vehicle communication network)과 차량과 인프라 통신망(Vehivle-to-Infrastructure communication network)으로 분류된다. IVN은 차량의 엔진이나 섀시, 그리고 브레이크 부분 등 안전에 관련되고 실시간 메시지 전송이 필요한 장비들을 연결하고 제어하는데 많이 사용되고 있는 CAN (Controller Area Network), 차량의 윈도우, 라이트, 대시보드 등과 같이 실시간 전송을 요하지 않고 사용자 편의를 제공하는 장치들을 연결하는데 많이 사용되고 있는 LIN (Local Interconnect Network), 차량의 오디오, 앰프, CDP 등 멀티미디어 기기 접속을 위한 MOST (Media Oriented Systems Transport), 그리고 CAN 보다 많은 대역폭을 제공하고 실시간 메시지 전송 기능을 가지고 있어 차세대 차량내의 X-by-Wire 응용에서 많이 사용되리라고 예상되는 FlexRay 등이 있다.

V2V는 차량간 통신을 기반으로 통신망을 구성하고 정보를 전달하는 인프라 도움없이 구성될 수 있는 차량통신망을 형성하고, V2I는 차량과 유무선 통신 인프라망이 접속되어 단말과 서버간에 통신을 지원할 수 있는 통신망을 제공한다. V2V는 차량간 통신을 기반으로 차량 추돌경고 서비스와 그룹통신을 제공하며, V2I는 차량에 IP 기반의 교통정보 및 안전 지원, 다운로드 서비스를 제공할 수가 있다.

1) 차량통신 기술 연구개발 동향

차량 통신은 운전자 및 동승자, 더 나아가 보행자에게 안전 서비스 및 다양한 멀티미디어 서비스를 제공하기 위한 총체적인 교통 시스템인 ITS(Intelligent Transportation System)를 주도할 핵심 기술로 여겨지고 있으며, 국가적인 프로젝트로 여러 나라에서 이를 위한 표준화 작업을 진행해 왔다. 미국은 DOT(Department of Transportation) 주관으로 추진하는 VII (Vehicle Infrastructure Integration) 프로젝트와 자동차 회사를 중심으로 추진하는 VSCC (Vehicle Safety Communication Consortium) 프로젝트를 추진하고 있다. VII 프로젝트는 교통정보와 차량 안전 서비스를 제공하기 위한 국가 차원의 통신 인프라 구조를 연구하고 있으며, BMW, DCX, Ford, Honda, Nissan 등의 자동차 업체와 Telcordia 등의 통신업체가 참여하고 있다. 5.9GHz 대역의 WAVE기술을 사용하여, 차량 공공서비스와 일반 서비스를 제공하며, DIC(DSRC Industry Consortium)를 중심으로 기술 개발과 검증을 추진하고 있다. VSCC 프로젝트에서는 차량간 통신을 이용한 차량 안전 서비스 기술을 개발을 목표로 하고, 차량 충돌 감소 및 기능 향상을 위한 통신 요구 사항을 규정하고 있으며, WAVE의 성능을 평가하여, 통신 프로토콜 표준화에 활용하는 것이다.

WAVE(wireless access in vehicular environments)는 IEEE에서 IEEE 802.11p와 IEEE 1609를 함께 지칭하여 텔레매틱스 무선 인프라의 표준 규격으로 추진하고 있는 기술이며 유럽도 기본적으로 이것과 유사한 규격으로 진행될 것으로 예상되어 WAVE가 세계 표준 규격으로 확립될 가능성이 높아지고 있다. IEEE 802.11p는 WAVE 시스템의 물리층과 MAC 층을 정의하고 있으며. 상위 계층에 해당하는 IEEE 1609는 MAC 층의 일부와 네트워크층 이상을 정의한다. 그러나 이러한 임의의 경쟁 기반의 프로토콜은 네트워크의 밀집도가 낮을 때는 네트워크를 정상적으로 운용할 수 있으나, 밀집도가 높을 때는 전송 충돌이 빈번하여, 네트워크의 성능이 저하되는 현상이 발생할 수 있다는 단점이 있다.

유럽에서는 대표적으로 C2C-CC(Car-to-Car Communication Consortium)를 들 수 있는데, 이 프로젝트는 유럽에서 추진했던 CarTalk2000 프로젝트에 참여한 대부분의 자동차 업체가 중심이 되어 추진하고 있는 C2C 통신 기술 개발 컨소시엄이다. C2C-CC에서는 미국의 차량 통신 관련 표준인 IEEE 802.11p의 적용에 큰 관심을 두고 도로 교통의 안전과 효율의 증대를 목표로 기술 개발을 추진하고 있으며 CALM, WAVE와도 협력 관계를 유지하고 있다.

국내의 경우 정보통신부가 2004년부터 IT-839 전략의 일환으로 텔레매틱스 서비스를 수행하였고, 그와 관련된 개발 기술의 표준화 및 국제 표준화 추진을 목표로 지속적인 연구를 추진하여 왔다. 표준화 활동을 중심으로 서비스가 개발되고 있기 때문에 텔레매틱스와 기술적 연관성이 높은 ITS, GIS(Geographic Information System), LBS(Location Based Service)분야와 유기적인 연계하에 활용성 높은 표준을 개발하고 있다. ETRI를 중심으로 하여 2007년도부터 VMC 기술이라는 통신기술을 개발하였는데, VMC 기술은 WAVE 규격을 채용하여 차량간 통신과 차량과 인프라 통신을 지원하는 핵심기술 확보를 목표로 하고 있다. 주로 핵심기술은 고속이동환경에서의 OFDM 모뎀 기술과 적은 지연시간과 많은 사용자 환경을 지원하는 CSMA/TDMA Hybrid MAC 기술, 차량간 멀티홉을 지원하는 멀티홉 라우팅 기술, 차량 단말 플랫폼 기술, 차량 안전 서비스와 컨버전스 서비스 기술을 포함하고 있다. 다음 [그림 14.2]는 VMC 기술의 시스템 구조를 보여 준다.

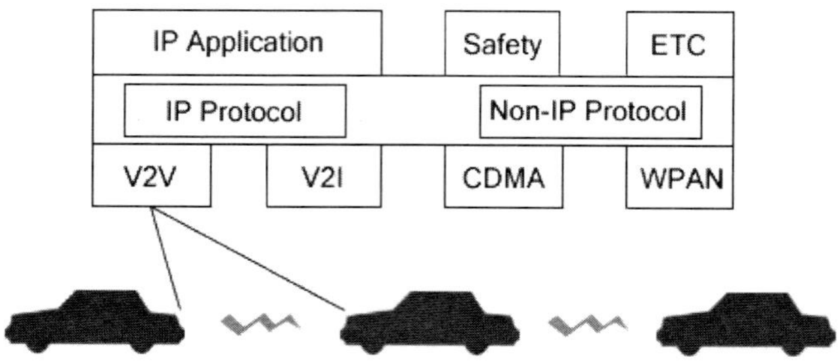

그림 14.2 VMC 시스템 구조

2) 차량통신 구성요소

차량 통신 네트워크의 구성 요소는 크게 OBU(On Board Unit)와 RSU(Road-Side Unit)가 있다. 여기서 설명하는 RSU(Roadside Unit)는 도로 주변에 고정되어 설치된 기지국으로 차량이나 주위 기지국에 주변의 교통 정보를 전달하는 역할을 수행하며, 외부 망과의 접속 기능이 제공된다. OBU(On Board Unit)는 차량 내에 장착된 외부와의 무선 통신을 위한 장치로, 내부 네트워크에 연결되어 있어 차량내 정보를 외부로 전송할 수 있고, 다른 차량이나 기지국으로부터 정보를 수신 받아 운전자에게 안전 및 비안전 서비스를 제공할 수도 있다. 다음 [그림 14.3]은 OBU와 RSU와의 관계를 보여준다.

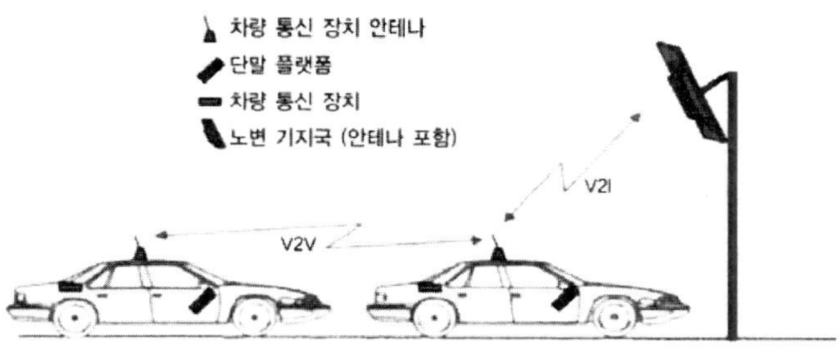

그림 14.3 차량통신을 위한 구성요소

차량과 RSU를 이용하여 다양한 통신 형태를 구성 할 수 있으며 유럽 표준인 CALM(Communications Access for Land Mobile)에서는 이와 관련하여 [그림 14.4]와 같이 6개의 통신 시나리오를 정의하고 있다. (a)는 차량과 노변의 기지국과의 통신을 나타내는 V2I 통신을 나타내고, (b)는 차량과 차량 사이의 통신을 나타내는 V2V 통신을, 그리고 (c)는 노변의 기지국들 사이의 통신을 나타내는 I2I 통신을 나타낸다. (a), (b), (c) 각각의 통신은 송수신자 사이의 일대일 또는 브로드캐스트 방식의 1홉 통신을 나타낸다. 반면 그림 (d), (e), (f)는 (a), (b), (c)의 V2I, V2V, I2I 형태의 1홉 통신을 멀티 홉으로 확장된 시나리오이다. 이 경우에는 송신자와 수신자가 멀리 떨어져 있어서 직접 통신을 하지 못하고 중간 노드 (다른 차량 또는 노변의 기지국)를 통해 멀티 홉으로 통신을 수행한다.

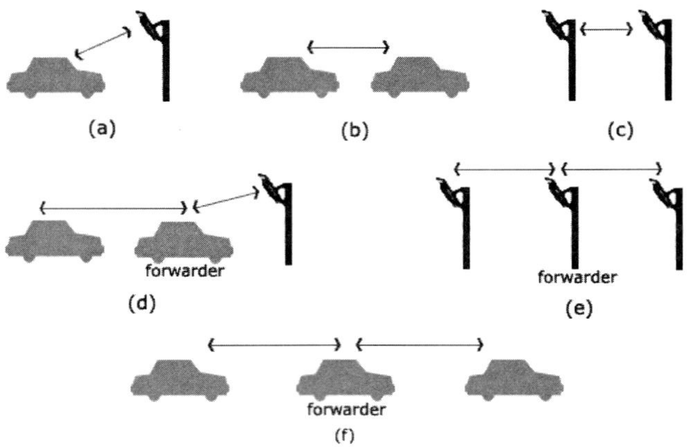

그림 14.4 차량통신 시나리오

2. 차량통신 서비스

차량 통신은 제공하는 서비스에 따라 안전에 관련된 서비스(safety use cases)와 그렇지 않은 비안전 서비스(non-safety use cases)로 나눌 수 있는데, 안전 관련 서비스는 사용자의 안전에 관련된 서비스들로 이에 관련된 메시지들은 실시간으로 전송이 요구되는 서비스들이고, 비안전 서비스들은 사용자의 안전에는 크게 관련이 없고 사용자의 편의나 교통의 흐름을 원활히 하기 위해 필요한 서비스들이다.

1) 안전관련 서비스

안전에 관련된 서비스는 현재 차량통신 기술을 이용한 서비스들 중에서 가장 많이 요구되리라고 예상하는 서비스들로 대표적인 것들에는 다음과 같은 것들이 있다.

(1) **차량간 전방향 추돌 경고** (Cooperative forward collision warning)

차량간 전방향 추돌 경고 서비스는 도로상에서 같은 방향으로 주행하고 있는 차량들 사이에 필요한 서비스로 [그림 14.5]와 같이 전방에서 주행하고 있는 차량이 갑자기 응급한 상황이 발생하는 경우 이러한 상황을 뒤에서 따르는 차량들에게 알려주어 자동으로 속도를 줄이게 함으로써 추돌을 방지하기 위한 서비스이다. 현재 도로상에서 발생하고 있는 많은 차량 사고들 중에서 이와 같은 동일한 방향으로 주행하고 있는 차량들 사이에 후면 추돌 사고가 많은 비중을 차지하고 있어 이와 같은 서비스는 차량통신 기술이 보편화되면 가장 많이 요구되는 응용서비스이다.

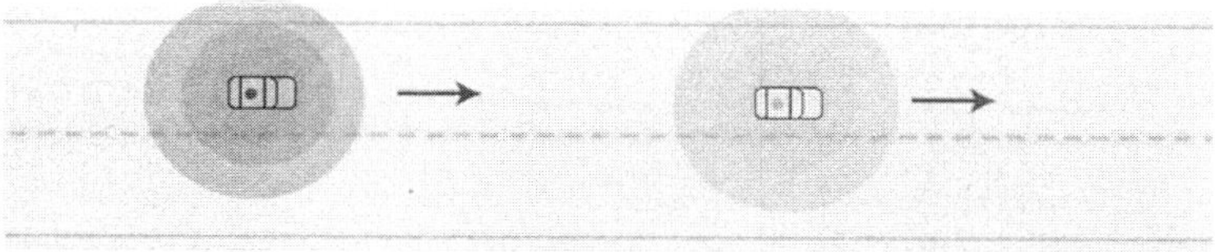

그림 14.5 차량간 전방향 추돌경고 응용

(2) **차량간 위험지역 경고** (Hazardous location V2V Notification)

차량간 위험지역 경고 서비스는 차량간 전방향 추돌 경고 서비스와 유사한 서비스로 [그림 14.6]과 같이 전방에서 주행하고 있는 차량이 앞의 도로상의 미끄럽거나 움푹 패인 곳과 같은 위험 지역을 만나게 되면 이를 뒤에서 따르는 차량들에게 전달하여 미리 속도를 줄여서 주행하도록 함으로써 사고를 방지할 수 있도록 하는 서비스이다.

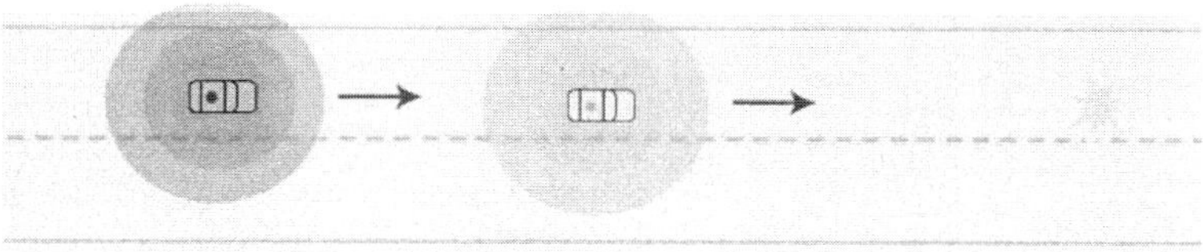

그림 14.6 차량간 위험지역 경고 응용

(3) **전방추돌 감지 및 제어** (pre-crash sensing/warning)

전방추돌 감지 및 제어 서비스는 동일한 방향으로 주행하고 있는 차량들 사이에 충돌이 예상될 경우, 충돌 위치 정보나 차량의 크기와 같은 보다 상세한 정보를 교환함으로써 에어백의 사용, 안전 벨트의 조절, 범퍼의 크기 확장 등과 같은 액츄에이터들의 조절함으로써 사고로 인한 피해를 최소화하도록 하는 서비스이다.

이와 같은 안전관련 서비스들 중에서 차량간 전방향 추돌 경고 서비스나 차량간 위험지역 경고 서비스와 같은 안전에 관련된 서비스들은 이벤트를 감지한 차량으로부터 뒤따르는 모든 차량에게 동시에 이벤트를 전달하는 브로드캐스트 통신으로 모든 차량에게 전달된다. 브로드캐스트 통신은 네트워크에 많은 트래픽을 발생시키고 이로 인해 메시지들의 전송지연 및 신뢰성 있는 메시지 전송을 어렵게 한다. 따라서 이러한 응용을 위해서 차량통신 네트워크에서는 브로드캐스트 통신을 실시간으로 또한 신뢰성 있게 전달하는 기능이 필요하다. 그러나 기존의 네트워크 기술들은 이와는 달리 대부분 일대일 통신을 기본적으로 사용하고 있고 브로드캐스트 통신은 제한적으로 사용되고 있어 브로드캐스트 통신을 효율적으로 하는 기술에 대한 많은 연구가 이루어지고 있다. 반면에 전방추돌 감지 및 제어 서비스의 경우에는 전방의 차량과 바로 뒤를 따르고 있는 후방의 차량 사이에 일대일 메시지 교환을 주어진 시간내에 신뢰성 있게 수행하는 것이 필요하다.

2) 비안전 관련 서비스

비안전 관련 서비스들은 사용자의 안전에는 크게 관련은 없지만 사용자의 편의나 교통의 원활함을 위해 많이 요구되는 서비스들로 차량이 지능화됨에 따라 더욱 많은 종류의 서비스들이 예상되며 대표적인 것들에는 다음과 같은 것들이 있다.

(1) **차량 주행 안내 서비스** (Enhanced Route Guidance and Navigation)

차량 주행 안내 서비스는 도로변에 무선통신 기능을 가진 기지국 (RSU)을 설치하고 이 기지국을 통해 주행하는 차량에게 필요한 정보를 제공하여 안전하고 원활한 주행을 하도록 하는 서비스들이다. 예를 들어 [그림 14.7]은 굴곡이 심한 도로변에 차량통신을 위한 기지국을 설치하고 이 기지국은 주변 도로의 굴곡에 대한 정보를 자신의 통신 반경내를 지나는 차량에게 제공하고, 이 정보를 받은 차량들은 커브를 원활히 지나갈 수 있는 정도의 속도로 주행함으로써 사고를 방지하도록 하는 서비스를 나타낸다.

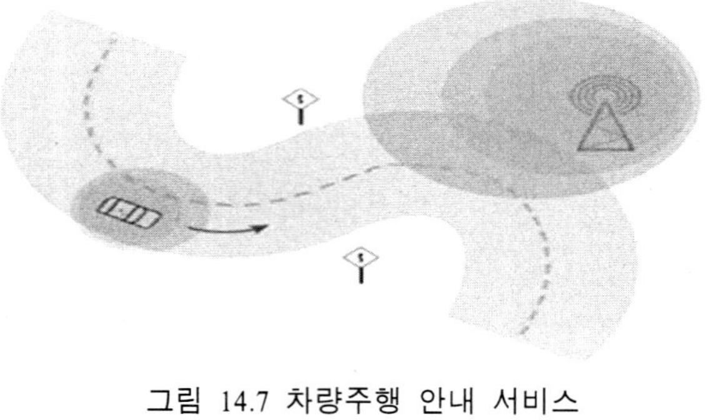

그림 14.7 차량주행 안내 서비스

이와 같은 차량 주행 안내 서비스를 위해서 RSU는 현재 위치에서 관련된 정보 (위치정보, 도로의 굴곡에 관련된 정보 등)을 주변을 지나는 차량에게 단방향으로 브로드캐스트 형태로 제공하게 된다. 따라서 네트워크에서는 고정된 RSU로부터 이동하는 OBU들로 전달되어지는 단방향 브로드캐스트 통신이 효율적으로 제공되어야 한다.

(2) **지능형 교통신호 제어** (Intelligent light control)

지능형 교통신호 제어 서비스는 교통이 혼잡한 도시의 교차로에서 지능적인 교통신호를 통해 교통 흐름을 원활히 하는 서비스이다. 이를 위해 교통신호 제어기에 차량통신 기능을 갖도록 추가하고, 이 교통신호 제어기는 교차로를 향해 오는 차량에게 교통신호 제어기의 위치 정보, 다음에 주어지는 녹색신호의 타이밍, 교차로에 대기중인 차량의 수, 제한 속도 등의 정보를 제공하고, 이를 제공받은 차량들은 자신과 교통신호 제어기 사이의 거리와 녹색신호의 타이밍 정보를 이용하여 교차로를 기다리지 않고 통과할 수 있는 최적의 속도를 계산하여 차량의 주행 속도를 적절히 제어함으로써 교차로에서의 교통 흐름을 원활히 할 수 있다. [그림 14.8]은 이러한 지능형 교통신호 제어 서비스의 예를 나타낸다.

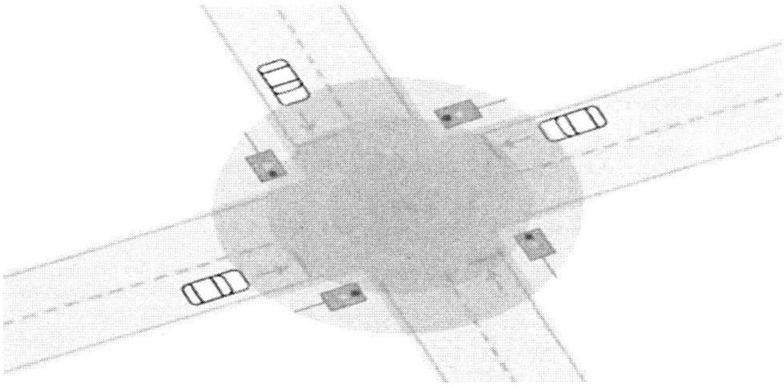

그림 14.8 지능형 교통제어 서비스

이와 같은 지능형 교통신호 제어 서비스를 위해서 교통신호 제어기에 설치된 RSU는 지능적인 교통신호 제어를 위해 필요한 정보 (자신의 위치, 다음 녹색신호에 대한 타이밍, 교차로에 정체중인 교통량 등)를 교차로에 진입하는 차량들에게 단방향 브로드캐스트 형태로 제공하게 된다. 따라서 이 서비스도 고정된 RSU로부터 진입하는 OBU들로 메시지를 전달하는 단방향 브로드캐스트 통신이 효율적으로 제공되어야 한다.

(3) **교통흐름 합병을 위한 차량간 통신** (V2V Merging Assistance)

교통흐름 합병을 위한 차량간 통신 서비스는 도로가 합병되는 구간에서, 두 도로상의 교통 흐름이 안전하고 원활하게 합병되도록 지원하는 서비스로 이를 위해서 합류되는 시점에 만나게 되는 차량들 사이에 필요한 정보를 교환하는 서비스이다. [그림 14.9]는 이러한 교통흐름 합병 서비스의 예를 나타내는데, 합류되는 두 교통흐름에서 만나게 되는 V1과 V2의 두 차량 사이에 (차량의 ID, 차량의 위치, 차량의 속도) 등의 정보를 교환하여 원활히 합병될 수 있도록 차량의 주행속도를 조절하도록 하는 서비스이다. 이를 위해서 V1과 V2의 두 차량 사이에 중간에 다른 차량들을 통한 일대일 멀티홉 통신 기능이 필요하다.

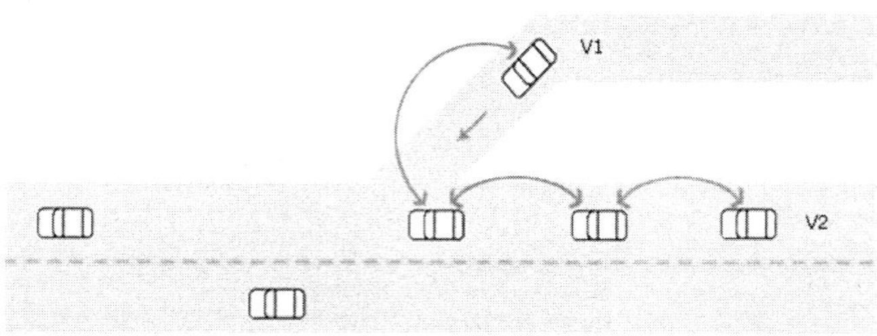

그림 14.9 교통흐름 합병을 위한 차량간 통신

이와 같은 응용을 위해서 합병되는 지점에서 만나게 될 두 차량 사이에 원활한 합병을 위해 필요한 정보를 멀티홉을 이용한 일대일 통신 기능이 필요하다. 홉은 통신 거리를 나타내는 단위로, 한 홉은 어떤 한 차량에서 인접한 다른 한 차량으로의 통신 여정을 의미한다. 멀티 홉 통신은 직접적으로 목적하는 차량에 정보가 전송되어 지는 방식이 아닌 인접한 다른 차량을 따라 가며 목적하는 차량에 정보가 전송되어지는 방식이다.

(4) **기타 서비스**

앞에서 기술한 응용 서비스들 외에도 운전자 및 동승자들의 편의를 위해 필요한 서비스들은 다음과 같은 것들이 있다.

- 주행중 인터넷 사용 (Internet Access in vehicle) : 차량에서 인터넷에 접속할 수 있도록 해주는 서비스로, 이를 위해서는 차량이 인터넷에 접속하는 기능을 제공하는 기지국이 필요하게 된다. 차량 주행중 인터넷 접속은 차량과 RSU 사이에

정보 이동 경로가 생성 되고, RSU가 게이트웨이로 동작하게 되어 서비스를 이용하게 되며 RSU 장치는 차량의 이동으로 인해 인터넷 서비스가 단절되지 않도록 하는 네트워크 이동성 기능을 제공해야 한다.

- 주행중 주변정보 제공 (Point of interest notification) : 도로변에 설치한 RSU로 하여금 해당 위치의 주변에 대한 정보 (관광 정보, 숙박, 식당 정보 등)를 유지하게 하고 이를 주행하는 차량들에게 제공하는 서비스이다. RSU는 이러한 정보를 주변을 통과하는 차량들에게 단방향 브로드캐스트를 통해 제공하게 된다.
- 원격 차량 고장진단 (remote diagnostics) : 차량의 OBU 장비가 인터넷에 접속이 되고 또한 차량 내부 네트워크에 연결이 되면 차량의 상태를 인터넷을 통해 모니터링하는 것이 가능하다. 이를 이용하여 차량이 주행중에 문제가 발생하면 이를 차량 서비스 센터에 알리고, 차량 서비스 센터의 전문가는 인터넷을 통해 차량의 상태를 체크함으로써 원격지에서 모니터링 및 고장진단을 할 수 있게 된다.

3. 차량통신 기술적 요구사항

차량 통신은 자동차와 운전자, 그리고 외부 환경(기지국과 같은)과의 정보 교환을 통해서 사람의 안전과 생명을 보호 하는데 중요한 역할을 감당하게 될 것이다. 또한 RSU를 통한 외부 망으로의 접속과 네비게이션, 원격 진단과 같은 서비스들은 사용자에게 보다 나은 편리함과 윤택함을 더해 줄 수 있을 것이다. 하지만, 이러한 서비스들을 위해 이용되는 정보는 다음과 같은 기술적 요구 사항들을 가져야만 한다.

1) 보안 요구사항

차량 통신은 강력한 보안과 프라이버시 보호 기술이 결합되지 않으면 상대적으로 간단한 공격만으로도 전체 시스템이 무력화되고 치명적인 인명 피해로도 연결될 수 있다. 특히 무선통신을 이용하는 차량 네트워크는 악의적인 공격자에 의해 네트워크가 쉽게 오염되기 쉬운 특징을 가지고 있다. 예를 들어, 공격자가 실제 상황과 무관하게 주변 차량에게 인증되지 않은 교통사고나 긴급 경고를 보낸다고 가정해보자. 급감속을 하는 차량들에 의해 교통사고가 발생하거나 교통 체증이 유발

될 수 있다. 공격자는 침해된 노드를 이용해 통신 중인 메시지를 위변조하고, 거짓 정보로 오염시키고, 거짓 메지지를 삽입하고, 수신된 메시지를 공격 목적으로 재전송하고, 다른 차량의 통신 장애를 초래할 목적으로 재밍 신호를 발생시키고, 다수의 수신기를 배치하여 차량을 위치를 추적하거나 정보를 수집할 수 있다. 또한 다수의 차량들이 협업하여 정상적인 차량을 교란하여 교통사고나 교통체증 등을 유발시킬 수도 있다. 다수의 공격 노드들은 서로 다른 위치에 있는 네트워크에 존재할 수도 있다. 공격자들은 독립적으로 또는 공격을 극대화하기 위해 정보 교환을 통해 협업적인 공격을 수행할 수 있다. 시간이 지날수록 공격자들의 수나 위치가 변할 수 있으며 이로 인해 영향을 받는 차량들이 증가할 수 있다. 차량통신 네트워크는 차량 내부망과 외부망으로 구분할 수 있다. 차량 외부망의 통신은 차량과 차량(V2V)사이의 통신과 차량과 인프라(V2I) 사이의 통신으로 분류된다. 차량 통신의 보안 취약성과 고려 사항 등은 다음과 같은 것들이 있다.

- 서비스 거부 공격 : 일정 네트워크 영역 내에서 다른 차량의 통신에 장애를 초래하는 신호를 발생시키는 공격으로 정상적인 안전에 관련된 메시지나 일반 응용 메시지들의 전송을 방해하는 행위
- 위조 (Forgery) : 거짓 정보를 발생하는 공격 차량에 의해 일정 네트워크 영역 내의 다른 차량들을 거짓 정보로 오염시키는 행위
- 메시지 변조 (In-transit Traffic Tampering) : 주행중에 메시지 또는 정보의 전달 과정에서 메시지 변조, 삭제등을 통한 정보의 위변조 공격
- 위장 (Impersonation) : 차량의 상태 정보를 변경하여 다른 차량으로 하여금 오인하도록 하는 공격
- 프라이버시 침해 (Privacy Violation) : 시간, 위치, 차량 ID, 이동 정보 등의 차량과 관련된 개인 프라이버시 정보에 대한 침해
- 차량정보 조작 (On-board Tampering) : 차량 내부의 정보(속도, 위치, 차량 전장 부분의 상태, 각종 센싱 정보 등)에 대한 위변조 공격

이러한 지능형 차량은 고속(시속 120km이상) 이동 환경에 의한 제약사항을 고려하여야 한다. 다음은 차량 통신 및 서비스에서 주로 차량 외부망의 통신에서 필요한 요구 사항 내용들이다.

- 메시지 인증 및 무결성 : 메시지 수신자가 메시지 송신자를 식별할 수 있어야

하고 메시지가 변경되지 않았음을 보장해야 한다. 메시지 인증 및 무결성 검사를 위해 메시지에 대한 전자서명 기법을 많이 사용한다.

- 메시지 부인방지 : 메시지 송신자가 메시지를 보낸 다음 이를 부인하는 것을 방지할 수 있어야 한다. 메시지 부인방지를 위해서는 공개키로 암호화하는 방법을 사용하며, 전송하는 메시지에 송신자가 자신의 개인키로 암호화하는 방법을 많이 사용한다.
- 접근 제어 : 노드들의 역할에 따른 접근 제어와 시스템에서 허용할 수 있는 범위를 제한할 수 있어야 한다.
- 권한 관리 : 접근제어의 일부로서 네트워크내의 각 노드들에게 협약에 따른 권한을 부여할 수 있어야 한다.
- 메시지 기밀성 : 메시지를 오직 인가된 엔티티에게만 공개하는 것이며 전송되는 메시지의 내용을 완벽하게 보호하여 알아보지 못하게 해야 한다. 메시지 기밀성을 위해서는 원래의 메시지를 암호화하여 전송하는 방법을 사용한다.
- 추적성 : 시스템 엔티티들의 보안 관련 이벤트가 관리자에 의해 추적될 수 있어야 한다. 사고 발생후 개인간에 보안 문제에 있어 이해관계가 상충될 경우 문제발생 원인 및 잘못의 원인을 알 수 있어야 한다.
- 프라이버시 보호 : 차량통신 사용자들의 민감한 개인 정보 즉, 차량의 시간, 위치, 차량 ID, 이동 정보 등의 차량과 관련된 프라이버시 정보를 안전하게 보호할 수 있어야 한다.
- 가용성 : 정당한 권한을 가진 사용자가 접근할 경우에 적절한 시간내에 서비스 할 수 있어야 함을 의미하며, 이를 위해서 프로토콜과 서비스가 장애 상태나 침해당하더라도 가용될 수 있는 회복력을 가져야 한다. 자원 고갈 공격에 대한 회복력과 장애를 제거한 후에 정상적인 오퍼레이션을 재기하는 즉, 자체 회복력을 갖는 프로토콜이 적용되어야 한다.

2) 통신 주파수 대역

차량 통신은 사용자의 안전에 관련된 메시지가 신뢰성 있게 실시간으로 제공되어야 하는 특성을 지니고 있다. 따라서 이를 위한 통신 주파수 대역은 신뢰성 있는 사업자들에 의해 관리되는 라이센스 밴드가 사용되어져야 한다. 이를 위해 5GHz 대의 라이센스 밴드를 이용한 무선 랜 기술이 사용되어 지고 있다. 또한 요구되어지는 QoS를 보장하고 통신의 견고함을 위해 다음과 같은 사항들이 만족되어야 한다. 현재 WAVE, C2CC 등과 같은 국제 표준화 단체들은 다음 [그림 14.10]과 같이 5.850 ~ 5.925 Ghz의 75MHz 대역폭을 사용하고 전체 대역폭을 10MHz 단위로 나누어 채널을 구성하는 방법을 사용하고 있다.

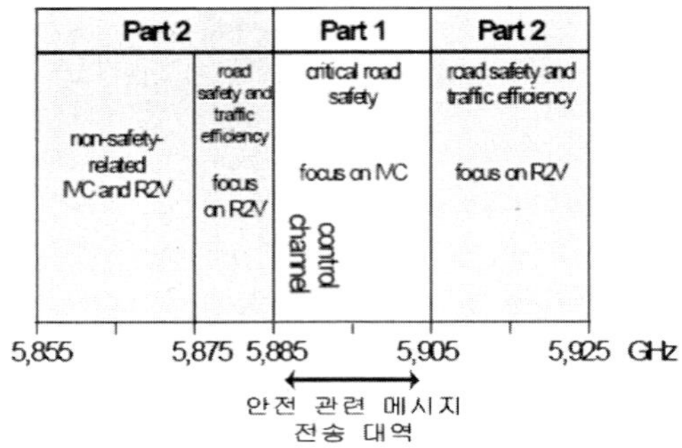

그림 14.10 차량통신을 위한 주파수 대역

4. 차량통신시스템 구조

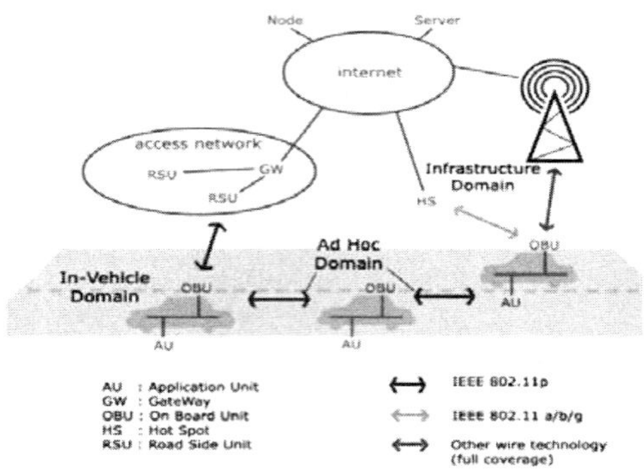

그림 14.11 차량통신 시스템 구조

차량 통신의 전체 시스템은 다음 [그림 14.11]과 같이 차량내부통신 도메인, 애드혹 네트워크 도메인, 인프라스트럭쳐 도메인 등의 3 가지 도메인으로 구성되어 있다.

• 차량 내부통신 도메인 (In Vehicle Domain)

차량 내부통신 도메인은 OBU (On-Board Unit)와 AU (Application Unit)로 이루어진

차량 내부의 통신 및 응용서비스를 위한 시스템들을 뜻한다. OBU는 차량에 설치된 외부와의 네트워크를 통신 장치이고 AU는 OBU의 통신 정보를 사용하는 어플리케이션의 모음이다.

• 애드혹 도메인 (Ad-hoc Domain)

애드혹 도메인은 차량들 사이에 구성되는 무선통신 네트워크를 의미하며 VANET (Vehicular Ad-hoc Network)이라고 해서, OBU와 RSU들로 구성되어지는 네트워크로, 애드혹이라는 단어의 의미처럼 OBU들은 분산된 방법으로 노드들 사이에 채널을 형성해 통신이 가능하도록 구성할 수 있다. RSU는 이렇게 구성된 VANET과 인프라를 서로 연결해주는 게이트웨이 역할을 수행하게 된다.

• 인프라스트럭쳐 도메인 (Infrastructure Domain)

차량에 서비스를 제공하는 외부 영역으로, 인터넷과 같이 현재 이미 설치되어 사용되고 있는 서비스들로 차량간 통신 응용을 위해 암호화와 같은 기능을 제공한다. 차량간 통신에서의 보안 서비스를 위해 암호화 및 전자서명 등의 기능이 필요한데 이를 위해서는 인증서 기반의 암호화 기법이 사용된다. 인증서 발부 및 검증을 위해 인증기관이 요구되고 또한 보안 서비스 도중 문제가 발생할 경우 이에 대한 해결을 위한 중개자 (arbiter) 등의 기능이 요구된다. 이러한 기능은 기존의 인터넷상에서 이미 사용하고 있는 요소들로 차량통신을 위해 이러한 인터넷의 기능들이 사용될 수 있다.

차량 내부의 정보(In vehicle domain)는 OBU를 통해 다른 차량 및 RSU로 보내어질 수 있고, 또 반대로 외부에서 보내온 정보를 활용하여 AU가 작동하게 된다. OBU 간 통신을 위해 애드혹 방식의 VANET이 형성 되고(Ad-hoc Domain), 이 때 RSU는 외부 인프라와 VANET을 연결 시켜주는 게이트웨이로써 동작한다. 운전자는 RSU를 통해 인터넷과 같은 외부 망에 접속하여 필요한 서비스를 받을 수도 있으며 (Infrastructure Domain), 차량간 또는 차량과 RSU 사이의 통신을 위해 IEEE 802.11p 표준이 사용되어 진다.

1) WAVE (Wireless Access in Vehicular Environment)

WAVE는 차량에 이음매 없는 (seamless) 서비스를 제공하기 위한 무선 통신 시스템을 목표로 북미에서 진행중인 표준방식이며 차량간 통신 및 차량과 기지국간 통신을 포함하고 있다. WAVE는 기존의 무선랜 표준인 802.11에서 차량 통신 환경을 고려한 MAC/PHY 표준인 802.11p와 상위 프로토콜 계층 표준인 IEEE 1609를 포함한다. WAVE 모델과 OSI 참조 모델과의 관계는 다음 [그림 14.12]와 같다.

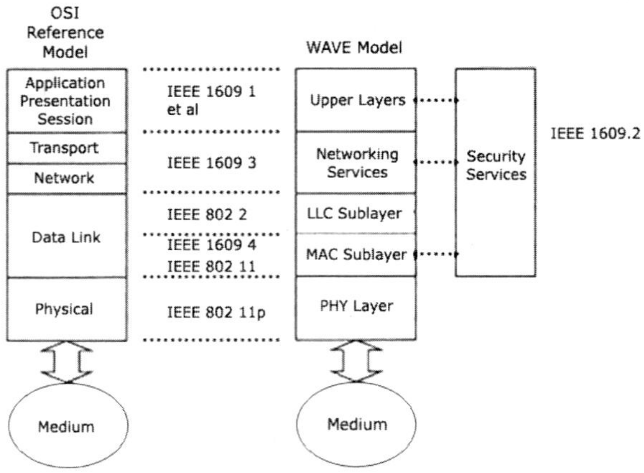

그림 14.12 WAVE 시스템 구조

WAVE 시스템의 물리 계층은 무선랜의 OFDM PHY를 변형한 IEEE 802.11p를 이용하고 MAC 계층은 무선랜의 CSMA/CA를 자동차의 고속 이동성을 고려하여 수정한 IEEE 802.11p, 그리고 다중채널을 사용할 수 있는 기능을 추가한 IEEE 1609.4를 따른다. IEEE 802.11p는 IEEE 802.11에서 차량통신을 위해 추가 또는 변경되어야 하는 부분을 기술하고 IEEE 1609.4에서는 복수개의 채널을 사용하기 위한 복수 채널 동작에 대해 기술한다. IEEE 1609.2는 security 서비스 관련 표준을 정의하고 IEEE 1609.3은 네트워킹 관련 WSMP(WAVE Short Message Protocol)을 정의하고 있다. IEEE 1609.1은 상위 계층인 어플리케이션을 정의하고 있다. IEEE 802.11p는 차량에서의 무선 전송 기술로, OFDM(Orthogonal Frequency Division Multiplexing)을 사용한다. 차량의 고속 이동성을 고려하여 최대 1Km 전송 거리와 최대 200Km/h 의 차량 이동 속도를 지원하도록 설계되었다. 유니캐스트로 동작할 경우, 데이터 프레임의 신뢰적인 전송을 위해 ACK 기법을 기본적으로 사용하며, 802.11의 RTS/CTS 기법을 통해 무선 통신에서 발생할 수 있는 Hidden Terminal Problem을 효과적으로 해결하고 있다. 수신 실패로 인한 데이터 손실을 복구하기 위해 데이터 프레임이 성공적으로 수신될 때까지 여러번 재전송하는 MAC 레벨의 복구 기법도 제공하고 있다. 802.11p 주파수 대역은 5.850 ~ 5.925 Ghz의 75MHz 대역폭을 사용하고 전체 대역폭을 10MHz 단위로 나누어 채널을 구성한다. 전체 채널은 CCH (Control CHannel)라는 하나의 제어 채널과 SCH (Service CHannel)라는 4개의 서비스 채널, 그리고 공공의 안전 어플리케이션을 위한 2개의 reserved channel로 이루어져 있다. 대역별 채널 분포는 아래와 같다.

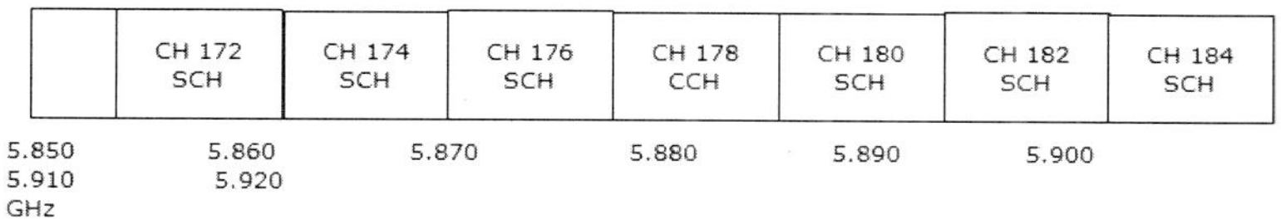

그림 14.13 WAVE 채널 구조

5. 무선통신 프로토콜

WAVE MAC 프로토콜은 IEEE 802.11를 기반으로 복수 채널 동작을 지원하는 IEEE 1609.4를 포함하고 있다. 본 절에서는 무선통신 기술들에 대해 기술한다.

1) 알로하 (Aloha) 프로토콜

가장 단순한 무선통신 프로토콜로 알로하 프로토콜이 있다. 알로하 프로토콜은 어느 노드가 송신할 프레임이 발생하면 즉시 그 프레임을 바로 전송한다. 만약 전송도중 다른 노드의 전송과 겹치게 되면 모든 전송은 실패하게 되고 전송에 실패하면 랜덤하게 주어진 시간 간격 후 다시 재전송하는 메커니즘을 사용한다. [그림 14.14]는 알로하 프로토콜을 통해 전송하는 예를 나타내며, 길이가 1인 프레임을 노드 i가 t0 시간에 전송할 경우 [t0-1, t0+1] 시간에 다른 전송이 없을 경우에만 전송에 성공하게 되어 전체 네트워크의 수율 (throughput)이 20% 이하로 낮은 성능을 보여준다.

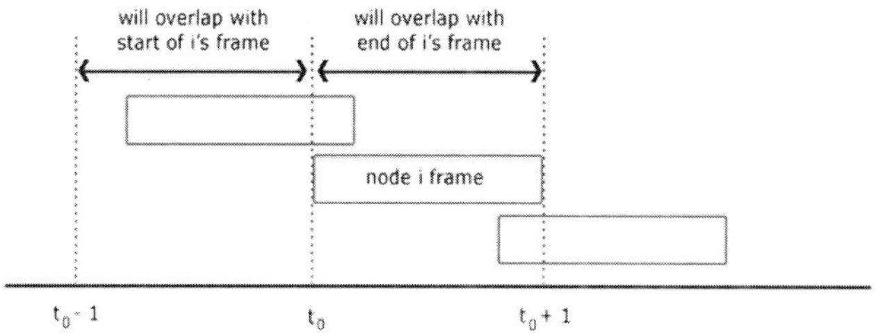

그림 14.14 알로하 프로토콜을 통한 전송

알로하 프로토콜의 성능을 개선하기 위하여 제안된 프로토콜로 slotted 알로하 프로토콜이 있다. slotted 알로하 프로토콜은 기본적인 동작은 알로하 프로토콜과 동일하지만 전체 전송 시간을 일정한 크기의 시간슬롯들로 나누고 각 노드는 프레임 전송을 시간슬롯 시작점에서만 전송을 개시한다. 이렇게 전송하면 각 노드들의 전송은 충돌이 발생할 경우 전체가 겹치거나 또는 충돌이 발생하지 않거나 하게 되어 하나의 프레임을 전송할 경우 이와 충돌이 발생할 확률을 줄일 수 있게 된다. [그림 14.15]은 slotted 알로하 프로토콜을 통해 전송하는 예를 나타낸다. slotted 알로하 프로토콜 네트워크 수율은 알로하 프로토콜에 비해 2배 정도 증가한 38% 정도의 성능을 보여준다.

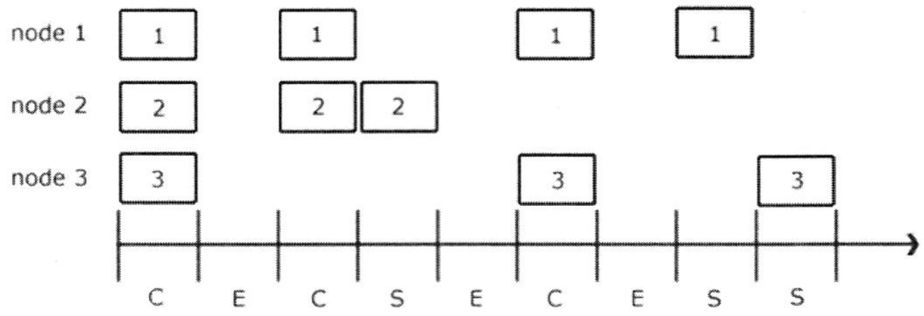

그림 14.15 Slotted 알로하 프로토콜을 통한 전송

2) CSMA (Carrier Sensing Multiple Access) 기반 프로토콜

알로하 프로토콜과 slotted 알로하 프로토콜에서는 각 노드가 보낼 데이터가 있을 경우 현재 채널의 상태 (사용중인지 아닌지의 상태)를 검사하지 않고 데이터를 바로 보내기 때문에 프레임 충돌로 인해 네트워크 성능이 떨어지게 된다. 이러한 프레임 충돌을 줄이기 위해 CSMA 프로토콜들은 데이터 전송 전에 현재 채널의 상태가 사용중인지 아닌지를 검사하고 채널이 사용중이 아닐 경우에만 전송을 하는 방법을 사용한다. 이를 위해서는 현재 채널의 상태를 검사하기 위한 방법이 필요한데 현재 사용되는 방법은 수신기에 들어오는 에너지양을 검사하여 수신 에너지의 세기가 일정 크기보다 작으면 채널상태를 idle 하다고 간주하고 수신 에너지의 세기가 이 크기보다 크면 채널상태를 busy 하다고 간주하는 방법을 사용하고 있다. 일반적으로 송신자가 신호를 전송하게 되면 이 신호는 공기중을 통해 전파되면서 신호의 세기가 줄어들게 된다. 신호의 세기가 줄어드는 정도는 주변환경에 따라 다르지만 일반적으로 거리의 제곱에 비례하여 줄어들게 된다. 각 노드들은 채널상태를 판단

하기 위한 수신신호의 세기의 기준 값(CS threshold)을 가지고 있다. 송신자가 전송하는 신호의 세기는 거리에 따라 줄어들게 되고 각 노드는 자신의 CS threshold 값과 수신신호의 세기 값과 상대적인 크기에 따라 채널의 상태를 판단하게 된다. 예를 들어 다음 [그림 14.16]의 예에서 노드 A가 데이터를 B에게 전송하게 되면 노드 C는 수신신호의 세기가 자신의 CS threshold 값보다 크므로 채널이 사용중이라고 판단하고, 노드 D는 수신신호의 세기가 자신의 CS threshold 값보다 작으므로 채널이 idle 하다고 판단한다.

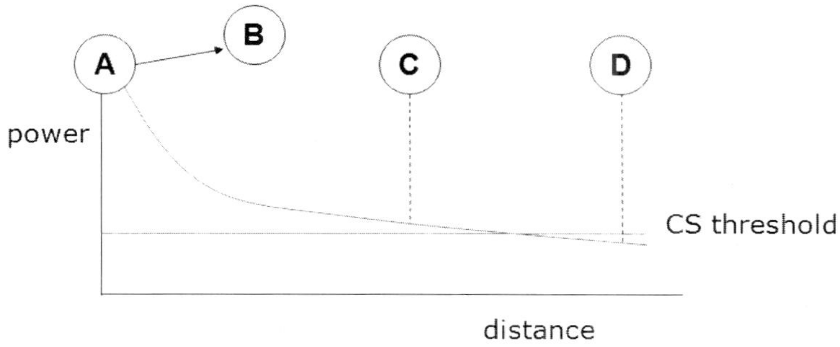

그림 14.16 Carrier Sensing 기반 채널상태 판단

이러한 CSMA 기반 프로토콜은 알로하 프로토콜에 비해 네트워크 성능이 뛰어나서 현재 무선랜, 이더넷 등과 같은 많은 네트워크에서 사용되고 있다. 그러나 CSMA 기반 프로토콜도 거의 동시에 두 개의 노드가 전송을 개시할 경우 충돌이 발생하며 이를 해결하기 위해 각 네트워크들은 다른 방법을 통해 해결하고 있다. 예를 들어 이더넷의 경우 프레임 전송후 충돌발생 여부를 검사하고 만약 충돌이 발생하면 현재의 전송을 중지하고, 전송에 실패한 프레임을 임의의 시간만큼 기다린 후 재전송하는 방법을 사용하고 있다. 그러나 무선랜에서는 충돌발생 검출 방법을 사용하기가 어렵고 또한 다음 [그림 14.17]과 같은 은닉노드 (hidden node) 문제로 인해 충돌발생을 탐지하기가 어려운 문제가 있다. 은닉노드란 [그림 14.17]과 같은 네트워크에서 노드 A가 노드 B로 프레임을 전송하고 있을 경우, 노드 A가 전송하는 신호는 세기가 줄어들어 노드 C에는 CS threshold 값보다 작으면 C는 채널상태가 idle 이라고 판단하게 된다. 그러나 만약 노드 C가 다른 노드 (예를 들면 노드 D)에게 프레임 전송을 개시하게 되면 노드 C의 신호가 노드 B에게도 전파되어 노드 A가 노드 B로 전송하는 신호에 영향을 미치게 되어 2개의 전송이 모두 실패하게 된다. 이와 같은 경

우 노드 A와 노드 C는 서로 은닉노드라고 한다. 이러한 은닉노드들은 서로 동시에 전송하면 충돌이 발생하는데 이들은 각각 상대방이 전송하는 신호를 들을 수 없는 문제가 있다. 이러한 은닉노드 문제를 해결하기 위해서 무선랜에서는 CSMA/CA (Carrier Sensing Multiple Access with Collision Avoidance)라는 방법을 사용하고 있다.

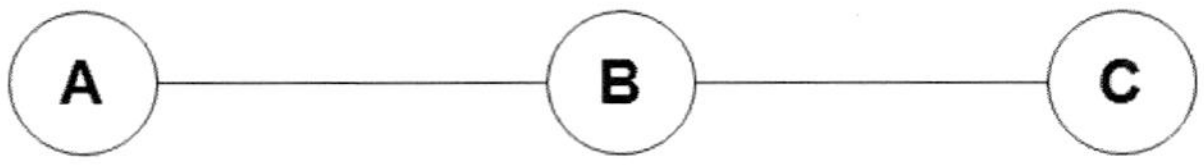

그림 14.17 은닉노드 문제

3) 무선랜 (Wireless LAN)

본 절에서는 현재 가장 많이 사용되고 있는 무선랜 (Wireless LAN) 네트워크 구조 및 무선랜에서 사용하는 MAC 프로토콜에 대해 기술한다.

(1) 무선랜 네트워크 구조

무선랜 (IEEE 802.11) 네트워크는 기본적으로 하나의 무선 기지국 AP (Acess Point)와 AP와 통신을 하는 무선 단말기들로 구성된 BSS(Basic Service Set)를 기반으로 통신을 하게 된다. 단말이 통신을 하기 위해서는 존재하고 있는 BSS에 Join, Authentication 및 association 절차를 거쳐야 BSS 내의 다른 단말과 통신을 할 수 있게 된다. BSS는 네트워크를 구성하는 논리적인 구성요소가 된다. 하나 이상의 BSS를 DS(distribution System)를 사용하여 논리적으로 연결함으로써 ESS(Extended Service Set)를 구성할 수 있다. 다음 그림은 BSS의 개념도를 나타낸다.

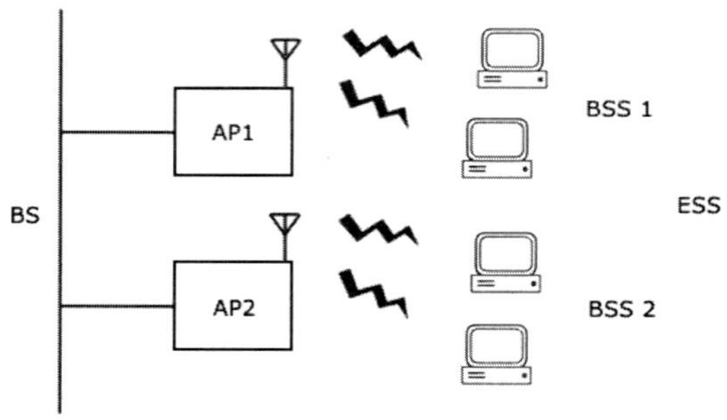

그림 14.18 무선랜 BSS 2구성

(2) **무선랜** MAC **프로토콜**: CSMA/CA

네트워크 링크에는 점대점 링크와 브로드캐스트 링크라는 두 가지 종류의 링크가 있다. 먼저 점대점 링크는 링크의 한 쪽 끝에 한 송신자와 링크의 다른 쪽 끝에 한 수신자가 있다. 대다수의 링크 계층 프로토콜들은 점대점 링크용으로 설계되었다. 두 번째 종류의 링크인 브로드캐스트 링크에는 동일한 하나의 공유된 브로드캐스트 채널에 다수의 송신 노드 및 수신 노드들이 연결된다. 여기서 브로드캐스트라는 용어는 임의의 한 노드가 프레임을 전송하면, 채널이 그 프레임을 방송(broadcast)해서 다른 모든 노드들이 그 프레임의 복사본을 수신하므로 사용된 것이다. 이더넷과 무선 랜은 브로드캐스트 링크 기술의 대표 예이다. 이러한 공유되는 브로드캐스트 채널에서 두 개 이상의 노드가 동시에 프레임을 전송하게 되면 프레임간 충돌이 발생하게 되고, 이 프레임 정보는 해석할 수 없을 정도로 엉망이 된다. 따라서 충돌에 관련된 모든 프레임은 손실되며 브로드캐스트 채널은 충돌 기간만큼 낭비된다. 그러므로 이러한 문제를 해결 하기 위해 채널에 접속하려는 노드들을 어떤 식으로든 조정하여 제대로 동작할 수 있도록 다중 액세스 프로토콜을 사용하게 되었다. CSMA/CA 프로토콜은 은닉노드 문제를 해결하기 위한 방법으로 RTS (Request To Send)와 CTS (Clear To Send)라고 하는 제어 프레임을 사용한다.

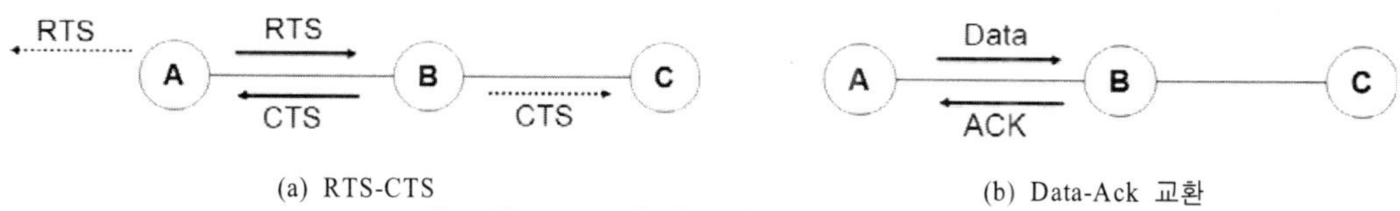

교환그림 14.19 무선랜에서의 프레임 전송

CSMA/CA 프로토콜에서 송신 노드는 전송하기 전에 먼저 채널을 검사한 뒤 채널이 idle 하면 RTS 패킷을 노드 B로 전송한다. RTS를 성공적으로 받으면 노드 B는 패킷을 받을 수 있다는 의미로 CTS를 노드 A로 전송하고, 노드 A는 노드 B로부터 CTS 패킷을 받으면 이어서 DATA 패킷을 전송하고 노드 B는 응답으로 ACK 패킷을 전송한다. RTS-CTS 교환과정에서 노드 A의 주변 노드들은 노드 A가 전송한 RTS 패킷을 듣게 되고, 노드 B의 주변 노드들은 노드 B가 전송한 CTS 패킷을 듣게 되므로 이를 들은 노드들은 노드 A와 노드 B가 이후 DATA 패킷과 ACK 패킷을 교환하는 동안에 프레임 전송을 하지 않도록 함으로써 프레임 사이의 충돌을 막을 수 있다.

CSMA/CA를 사용하는 IEEE 802.11은 흔히 무선 랜 또는WiFi (Wireless Fidelity)라고 부

르는 좁은 지역을 위한 컴퓨터 무선 네트워크에 사용되는 기술로, IEEE의 LAN/MAN 표준 위원회(IEEE 802)의 11번째 워킹 그룹에서 개발된 표준 기술을 의미한다. IEEE 802.11은 현재 주로 쓰이는 유선 LAN 형태인 이더넷의 단점을 보완하기 위해 고안된 기술로, 이더넷 네트워크의 말단에 위치해 필요 없는 배선 작업과 유지관리 비용을 최소화하기 위해 널리 쓰이고 있다. IEEE 802.11 네트워크는 MAC 제어 방식에 따라 DCF(Distributed Coordination Function)와 PCF(Point Coordination Function)가 사용되고 있는데, DCF에서는 CSMA/CA 프로토콜을 사용하고, PCF에서는 AP에 의한 polling 기반 방식을 사용하고 있다. DCF에서는 데이터 전송을 각 단말이 분산된 형태(ad hoc)로 제어하는 방식으로 충돌이 발생할 수 있기 때문에 주로 비 실시간 데이터 전송에 적합하며 polling 기반의 PCF는 AP에 의한 중앙집중화된 방식으로 충돌이 발생하지 않기 때문에 실시간 트래픽을 위한 지연 보장이 가능한 경우 유용하다.

CSMA/CA 프로토콜은 RTS 패킷과 CTS 패킷을 이용하여 충돌을 회피하는 방법을 사용하고 있는데 RTS 패킷을 엿들은 송신자의 주변노드들과 CTS 패킷을 엿들은 수신자의 주변노드들이 DATA 패킷과 ACK 패킷을 전송하는 동안 채널을 접근하지 않도록 하기 위해 무선랜에서는 RTS 패킷과 CTS 패킷에 ACK 패킷 전송이 완료될때까지 전송하는 양을 포함하여 주변노드들이 ACK 패킷 전송이 끝나는 시간을 알 수 있도록 하고 있다. 송신자와 수신자의 주변노드들이 이 시간정보를 알게 되면 이 시간동안은 채널을 접근하지 않음으로써 충돌을 막게 된다. 예를 들어 [그림 14.20]-(a)에서 노드 C가 노드 D로 데이터를 전송하고자 할 경우 노드 C는 채널상태를 체크하고 채널이 idle 하면 노드 D에게 RTS 패킷을 전송한다. RTS 패킷에는 ACK 패킷을 수신할 때까지 걸리는 시간값이 들어 있고, 이 패킷을 수신한 노드 C의 주변노드들 (예를 들어 노드 B)은 이 값을 자신의 NAV (Network Allocation Vector) 레지스터에 설정하고, NAV 레지스터가 0보다 큰 시간동안은 네트워크에 접근을 하지 않는다. 노드 D가 노드 C로부터 RTS 패킷을 정상적으로 수신하면 노드 D는 노드 C에게 CTS 패킷을 전송한다. CTS 패킷에는 역시 ACK 패킷을 수신할 때까지 걸리는 시간값이 들어 있고, 이 패킷을 수신한 노드 D의 주변노드들 (예를 들어 노드 E)은 이 값을 자신의 NAV (Network Allocation Vector) 레지스터에 설정하고, NAV 레지스터가 0보다 큰 시간동안은 네트워크에 접근을 하지 않는다. 이와 같이 송신자와 수신자의 주변 노드들이 RTS 패킷과 CTS 패킷을 엿들어 NAV 벡터를 설정하고 이 레지스터 값이 0이 될 때까지는 물리적인 채널 센싱을 하지 않고 채널이 사용중임을 아는 방법을 가상 캐리어 센싱 (virtual carrier sensing) 한다고 한다. 이와 같은 가상 캐리어 센싱을 이용함으로써 노드 C와 노드 D의 주변노드들은 이후 노드 C와 노드 D가 DATA 패킷과 ACK 패킷을 교환하는 동안에 채널을 접근하지 않는다 ([그림 14.20]-(c)).

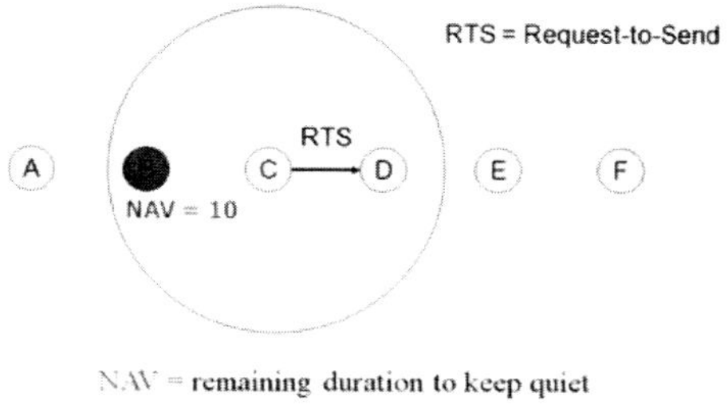

(a) RTS 패킷 전송

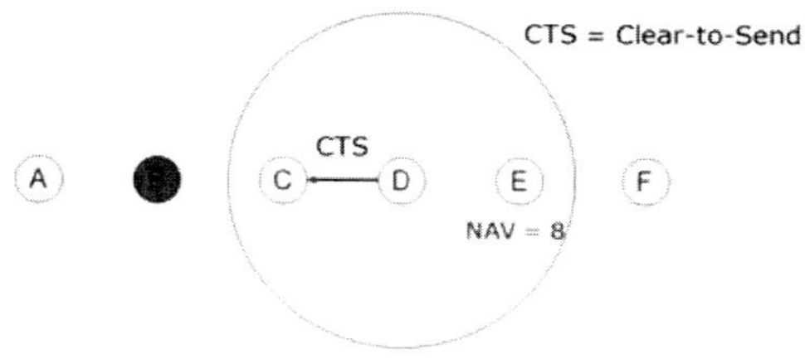

(b) CTS 패킷 전송

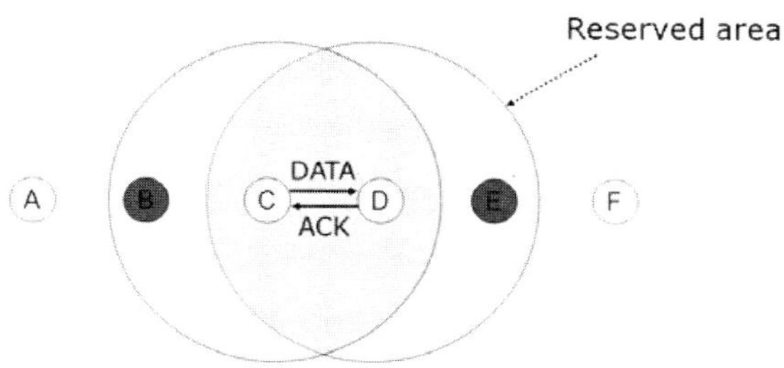

(c) DATA-ACK 패킷 교환

그림 14.20 RTS-CTS-DATA-ACK 트랜잭션

CSMA/CA 프로토콜에서는 송신자가 데이터를 전송하고자 할 때 채널을 체크하여 채널이 busy 상태이면 충돌을 줄이기 위해 임의의 시간만큼 기다린 후에 다시 전송을 시도한다. 이 때 임의의 시간은 일정한 크기의 윈도우 시간 [0, CW] 내에서의 임의의 시간을 선택하게 되는데 이를 경쟁 윈도우 (contention window)라고 한다. 경쟁 윈도우의 크기는 네트워크 성능에 많은 영향을 미치게 되는데, CW 값을 크게 선택하게 되면, 데이터 충돌 확률은 줄어들게 되지만 각 노드들이 전송하지 않고 기다리는 시간이 많아져 채널 낭비가 커질 가능성이 있다. 반면에 작은 CW 값을 선택하는 것은 서로 다른 노드들이 동일한 대기시간 값을 선택할 가능성을 증가시키기 때문에, 충돌이 더 빈번히 발생할 수 있으므로, 충돌로 인한 네트워크 대역폭 낭비가 증가하게 된다. 따라서 네트워크나 트래픽의 특성에 따라 적절한 CW 값이 선택되어져야 한다. 무선랜에서는 CW의 초기값 (CWmin)은 31로 되어 있고, 충돌이 한번 더 발생할 때마다 경쟁 윈도우 크기를 2배씩 증가하고 프레임 전송이 성공적

으로 이루어지면 CW 값을 초기값으로 설정하는 방법을 사용하고 있다. 최대 경쟁 윈도우 크기 (CWmax)는 1023으로 설정되어 있다. 이렇게 경쟁 윈도우 크기를 조절하는 알고리즘을 Binary exponential Backoff 알고리즘이라고 한다. 이와 같은 방법을 통해 6개의 노드로 구성된 하나의 무선랜에서 프레임을 전송하는 예를 [그림 14.21]에 나타내었다. 이 예에서 모든 노드들은 전송거리 반경내에 위치하고 있고, 초기에 노드 6이 노드 5에게 프레임을 전송하고 있고, 이 전송도중 RTS-CTS 패킷들을 엿들은 다른 노드들은 가상 캐리어 센싱을 통해 ACK 패킷의 전송종료 시간을 알게 되고 이 시간까지는 채널을 접근하지 않는다. 노드 1에서 4까지의 노드들은 NAV 벡터값이 0이되면 다시 채널을 센싱하고 채널이 idle 하므로 프레임 전송을 시도한다.

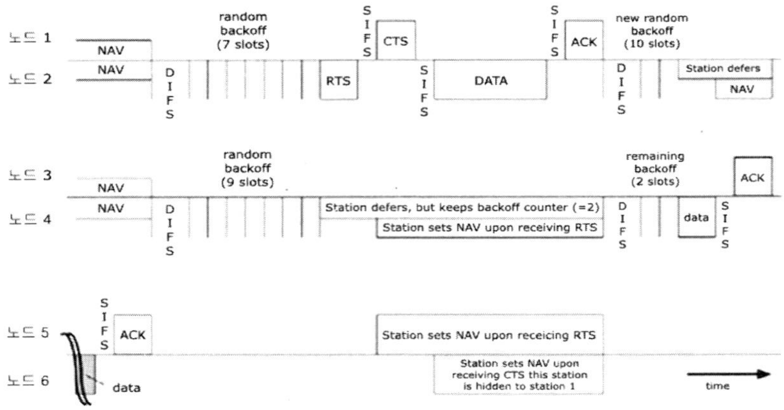

그림 14.21 무선랜에서 프레임 전송

무선랜에서는 노드가 프레임을 전송하기 위해서는 먼저 일정한 크기의 IFS (Inter Frame Space) 만큼 기다려야 하고 DCF 모드의 프레임을 보내려고 할 때에는 DIFS (DCF IFS)만큼을 기다려야 한다. 따라서 전송할 프레임이 있는 노드 2와 노드 4는 DIFS 동안 기다리고, 또한 자신이 선택한 경쟁윈도우 시간값 (Backoff counter)이 0이 되기를 기다린다. 위 예에서는 노드 2와 노드 4가 선택한 경쟁윈도우 시간값은 각각 7과 9 이기 때문에 자신이 선택한 시간동안 기다리게 된다. 7 이라는 시간 후에 노드 2의 경쟁윈도우 시간값이 0이 되기 때문에 노드 2는 프레임을 전송하기 위해 RTS 패킷을 수신자 노드 1에게 보내어 RTS-CTS-DATA-ACK 트랜잭션을 개시하게 된다. 반면 7 이라는 시간 후에 노드 2가 보내는 RTS 패킷을 노드 4가 엿듣게 되면 노드4는 다른 노드가 전송을 개시했음을 알고 경쟁윈도우 시간값은 현재의 값 (이 경우 2)이 그대로 유지되게 된다. 경쟁윈도우 시간값은 채널이 idle 할 경우에만 시간이 지남에 따라 감소하게 된다. 노드4는 노드 2가 보내는 RTS 패킷을 수신하고 노드 2가 노드 1에게 전송하는 프레임 트랜젝션의 종료되는 시간을 알고 이 시간을 자신의 NAV 벡터에 설정하고 NAV 벡터가 0보다 큰 동안에는 네트워크 접근을 하지 않는다.

6. 차량용 무선통신 시스템

1)차량용 무선통신 MAC 프로토콜

차량이 고속으로 이동하면서 통신을 하는 경우 밀리초 단위의 매우 짧은 통신 시간이 요구될 수 있다. 이러한 경우 BSS내에서 통신을 하게 되며 위에서 언급한 절차에 따른 지연이 발생하게 되며 통신이 불가능한 상황이 발생하게 된다. 따라서 WAVE에서는 BSS 외부에서의 통신이라는 개념을 정의하고 단말이 BSS 외부 통신이 가능하도록 설정이 되면 인증이나 접속의 절차 없이 바로 직접 통신이 가능하도록 WAVE 모드를 정의하고 있다.

WAVE 시스템은 복수개의 채널에서 다양한 응용을 지원하여야 한다. 하나의 트랜시버(transceiver)를 가진 단말은 복수개의 채널을 동시에 액세스 할 수 없으므로 제어 채널과 복수 개의 서비스 채널을 사용하기 위해서는 채널 코디네이션 기능이 필요하게 된다. 서비스 채널로 통신을 하기 위해서는 채널 코디네이션 관리가 필요하다. 다음 [그림 14.22]는 채널 코디네이션 기능을 갖는 WAVE MAC의 참조 모델을 나타낸다. 두 개의 IEEE 802.11p MAC Entity가 있으며 하나는 제어 채널을 위한 것이고 다른 하나는 서비스 채널을 위한 것이다. LLC로부터 프레임이 전달되면 해당 프레임이 제어 채널로 전달되어야 하는지 서비스 채널로 전달되어야 하는 지를 결정한다(채널 라우팅). 프레임은 버퍼에 표시된 것처럼 access category에 따라 우선순위가 나눠진다. 우선 순위가 다른 데이터 프레임에 서로 다른 경쟁과 전송 파라미터를 제공한다.

다중 채널들 사이의 채널 코디네이션은 제어 채널(CCH) 모니터링과 서비스 채널(SCH)에서 데이터 교환을 동시에 하지 못하는 단말간의 데이터 교환을 위해서 필요하다. 모든 WAVE 장치들은 CCH 구간 동안에는 제어 채널을 모니터링 하여야 한다. CCH interval 동안 높은 우선순위를 갖는 WSMP 메시지가 전송되어야 한다. SCH interval 동안 제어 채널에 있는 장치들은 낮은 우선순위 프레임을 전송할 수 있다. 이렇게 제어 채널과 서비스 채널을 번갈아 가면서 프레임을 전송하게 되므로 채널 변경시 프레임이 제대로 송수신 되지 않는 경우에 대비해 CCH interval과 SCH interval 사이에 guard interval을 두게 된다.

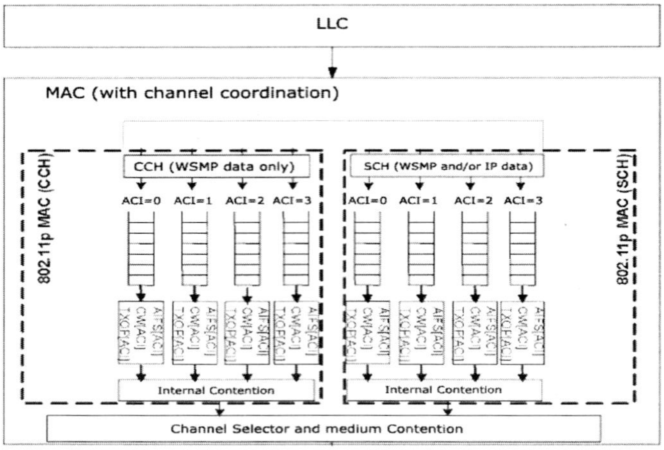

그림 14.22 WAVE 다중채널 동작

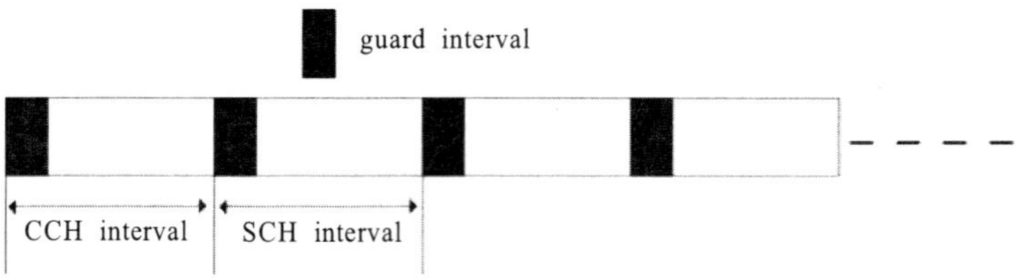

그림 14.23 채널 코디네이션

WAVE MAC 에서는 QoS를 지원하기 위해 EDCA(Enhanced Distributed Channel Access) 방식을 사용한다. 상위에서 전달된 메시지는 4개의 AC(Access Category)로 분류된다. AC_BK가 제일 낮은 우선순위를 가지며 AC_VO가 가장 높은 우선 순위를 갖는다. AC에 따라 다른 CWmin, CWmax 및 AIFS 값을 갖는다. 따라서 각 우선순위 버퍼에 있는 프레임들이 전송을 위해 내부적으로 경쟁을 하게 되며 우선순위가 높은 프레임이 내부 경쟁에서 이기게 된다. 경쟁에서 이긴 프레임은 채널 획득을 위해 다른 단말의 프레임과 경쟁하게 된다. 다음 표는 각 AC별 EDCA 파라메터 기본값을 정리한 것이다.

표 14.2 AC별 EDCA 변수

AC	CWmin	CWmax	AIFSN
AC_BK	aCWmin	aCWmax	9
AC_BE	(aCWmin+1)/2-1	aCWmin	6
AC_VI	(aCWmin+1)/4-1	(aCWmin+1)/2-1	3
AC_VO	(aCWmin+1)/2-1	(aCWmin+1)/2-1	0

2) 차량용 무선통신 시스템 고려사항

차량 무선통신 프로토콜 스택 중 네트워크 계층과 트랜스포트 계층은 근거리 무선 기술 기반으로 OBU와 OBU간, RSU와 OBU간 개별적인 데이터 전송을 제공한다. 안전 관련 어플리케이션에서는 일반적으로 지리적인 영역에 차량을 표시하고, 목표 영역으로 데이터를 플러딩 시키는 브로드캐스트 통신 기반으로 동작한다. 안전에 관련된 어플리케이션이므로 엄격한 신뢰성과 최소 허용 지연 시간이 보장 되어야만 한다. 일반 응용 어플리케이션에서는 유니캐스트 방식의 통신을 사용하며, 안전에 관련된 어플리케이션에 비해 낮은 신뢰성과 지연시간을 요구한다. 차량 통신 네트워크는 일반적인 애드혹 네트워크와 유사하나 노드의 이동속도가 빠르고 사용되는 응용이 사람의 안전에 관련된 응용이 많아서 다른 네트워크들과는 조금 다른 다음과 같은 요구사항 및 특징들을 갖는다.

- 차량 통신의 경우, 각 차량들은 독립된 하나의 노드들이기 때문에 중앙 집중형의 제어 방식을 사용할 수 없다. 그러므로 네트워크 구성과 노드간 상호 협력 부분에서 완전한 분산 알고리즘과 프로토콜을 필요로 한다는 것을 고려해야 한다.
- 차량에 의해 발생한 데이터 트래픽이 허용 가능한 무선 대역폭을 초과할 수 있다. 이를 위해 적절한 방식의 혼잡 제어가 필요하다.
- 고속의 이동환경 : 차량이 고속으로 이동하면서 통신이 이루어지므로 물리계층에서 multi-path나 Doppler shift에 대한 고려가 필요하다.
- 전파 범위 : 차량 통신을 이용한 서비스, 특히 안전 서비스를 위해서 기존의 무선랜에 비해 통달거리가 길어야 한다. 예를 들어 안전 메시지의 전달은 최대 1Km를 요구하는 경우도 있다.
- 지연시간 (Latency) : 안전 메시지 같은 경우 매우 짧은 시간 내에 전달되어야 운전자와 승객의 안전을 보장할 수 있다. 일례로 VSC 프로젝트에서 정의한 대

다수의 안전 어플리케이션의 경우 100ms 이내의 짧은 latency를 요구한다. 여기서 latency는 메시지가 생성되어 수신 측에 수신될 때까지의 시간을 의미한다.

- 네트워크 토폴로지 : 개별 차량 또는 기지국의 통신 장치의 입장에서 보면 주위의 차량들이 빠른 속도로 자신의 통신 범위에 들어 왔다 빠져나가는 상황이 빈번히 발생하게 된다. 이는 네트워크 토폴로지의 잦은 변화를 의미하며 이에 대응할 수 있도록 기존의 MANET에서 사용되던 라우팅 프로토콜 대신 새로운 라우팅 프로토콜이 필요하게 되는 것을 의미한다.
- 전력 관리: MANET에서는 통신 장치의 전력 소모를 줄이는 것이 큰 이슈이지만 차량 통신에서는 차량내에 발전기가 있어 전력 소모는 큰 이슈가 되지 않는다.
- 네트워크 확장성 (Scalability) : 차량 통신 네트워크의 밀도는 차량의 수에 의존적이며 매우 가변적이다. 즉 차량의 수가 많은 도심 지역의 경우 매우 밀집된 네트워크가 되는 반면 차량의 수가 많지 않은 교외 지역의 경우 산재된 네트워크가 구성된다. 따라서 차량 통신 네트워크는 이렇게 가변적인 네트워크 밀도에 적절히 대응 하는 기능이 요구된다.

7. 애드혹 라우팅 프로토콜

A VANET (Vehocular Ad-hoc Network)은 무선랜과 같은 CSMA/CA 기반의 MAC 프로토콜을 사용하고 네트워크 위상은 일반적인 애드혹 네트워크와 유사하다. 따라서 많은 VANET 라우팅 프로토콜들이 기존의 애드혹 네트워크에서의 라우팅 프로토콜에 기반을 두고 있다. 본 절에서는 기존의 애드혹 네트워크에서 많이 사용되는 라우팅 프로토콜에 대해 기술한다. 일반적인 라우팅 프로토콜은 크게 Proactive 라우팅 프로토콜과 Reactive 라우팅 프로토콜로 나누어진다. Proactive 라우팅 프로토콜은 라우터들이 사전에 라우팅 정보들을 교환하고 이를 기반으로 라우팅을 위한 정보들을 테이블에 유지하며, 전송해야할 패킷이 도착하면 패킷 헤더에 있는 목적지 주소와 라우팅 테이블 정보를 기반으로 경로를 찾는 방법을 사용한다. 이에 반해 Reactive 라우팅 프로토콜은 라우터들이 사전에 라우팅 정보들을 수집하지 않고 전송해야할 패킷이 도착하면 그 때 경로를 탐색하게 되고 찾아진 경로를 통해 데이터 패킷을 전송하는 방법을 사용한다. 기존의 인터넷에서는 Proactive 라우팅 프로토콜을 사용하고 있는데 노드들의 이동성이 많은 애드혹 네트워크의 경우에는

경로정보를 유지하기 위한 프로토콜 오버헤드가 크고 노드가 이동할 경우 기존에 유지하고 있는 라우팅 테이블 정보가 잘못된 정보를 갖게 되어 Proactive 라우팅 프로토콜을 사용하지 않고 전송해야할 패킷이 도착하면 그 때 경로를 탐색하여 데이터 패킷을 전송하는 Reactive 라우팅 프로토콜을 많이 사용하고 있다.

1) 플러딩 (Flooding)

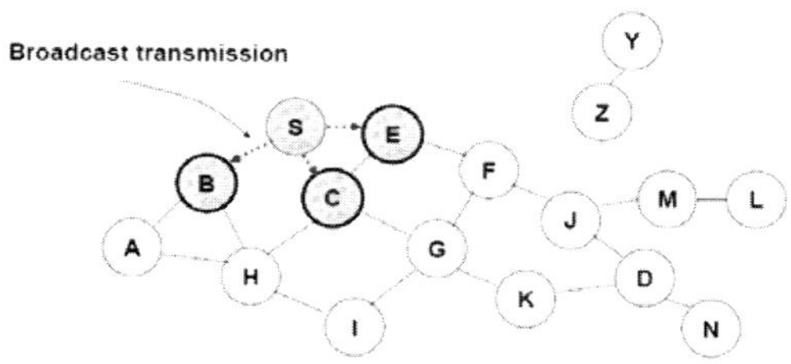

(a) 송신자 데이터 패킷 브로드캐스팅

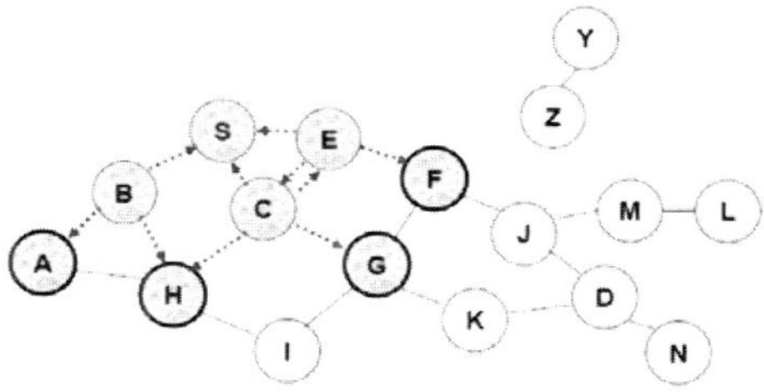

(b) 중간노드들의 데이터 패킷 브로드캐스팅

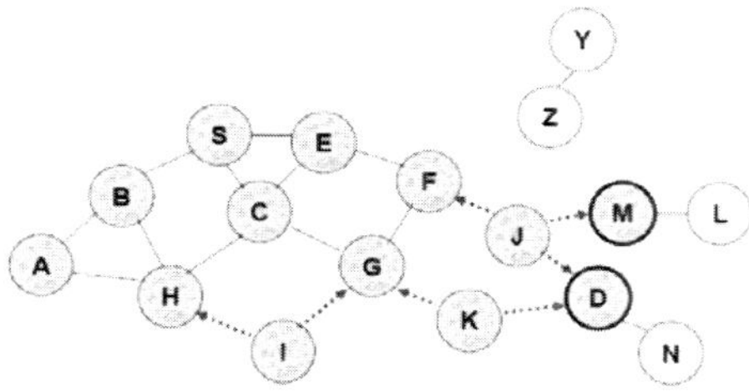

(c) 목적지 노드의 데이터 패킷 수신

그림 14.24 플러딩을 통한 패킷 전송

플러딩은 송신자가 메시지를 전체 네트워크 모든 노드에 전송을 하고 이 메시지를 받은 노드들은 필요하면 복사해 가고 그렇지 않으면 버리는 방법을 통해 메시지를 전달한다. 예를 들어 [그림 14.24]과 같은 네트워크에서 송신자 S가 목적지 노드 D로 데이터 패킷을 전송하고자 하면 송신자는 해당 데이터 패킷을 브로드캐스팅을 하게 되고 ([그림 14.24]-(a)), 노드 S로부터 데이터 패킷을 받은 노드 B, C, E는 자신이 목적지 노드가 아니면 다시 그, 패킷을 브로드캐스팅을 통해 전송한다 ([그림 14.24]-(b)). 이러한 과정을 통해 데이터 패킷이 플러딩되게 되면 송신자와 목적지 노드가 연결되어 있으면 결국에는 목적지 노드도 받게 되고 복적지 노드는 해당 패킷을 더 이상 브로드캐스팅하지 않는다. 플러딩 프로토콜에서 인접한 두 노드가 하나의 데이터 패킷을 계속해서 주고 받는 핑퐁 (ping-pong) 현상을 막기 위해 각 노드들은 한번 수신한 데이터 패킷을 패킷버퍼에 저장해 놓고 이후 똑같은 패킷을 다시 받으면 버리는 방법을 사용하고 있다. 이러한 플러딩을 통한 패킷 전송은 간단하고 송신자와 목적지 노드가 연결되어 있으면 높은 확률로 전송을 할 수 있는 장점이 있지만 하나의 데이터 패킷을 전송하기 위해 너무 많은 데이터 패킷 복사본이 전체 네트워크에 브로드캐스팅하게 되는 문제가 있다. 이러한 문제를 브로드캐스팅 폭풍 (broadcast storm) 문제라고 한다. 따라서 플러딩을 통한 전송은 일반 데이터 패킷 보다는 패킷 길이가 작은 제어 패킷을 전송할 때와 같은 경우에 많이 사용하고, 또한 플러딩으로 발생하는 브로드캐스팅 폭풍 문제를 최소화하기 위해 전체 네트워크가 아닌 제한된 영역에만 플러딩을 하는 Restricted 플러딩 방법을 많이 사용하고 있다.

2) DSR (Dynamic Source Routing) 프로토콜

DSR 프로토콜은 송신자 노드가 목적지 노드로 데이터 패킷을 전송하고자 하면 먼저 경로를 찾기 위해 제어 패킷 RREQ (Route REQuest)을 플러딩을 통해 전송한다. 송신자는 플러딩시 RREQ 패킷에 자신의 ID를 포함하여 브로드캐스팅을 하게 되고, 이 RREQ 패킷은 앞에 설명한 플러딩 프로토콜에서와 같이 브로드캐스팅을 통해 전체 네트워크에 플러딩되고, 각각의 중간 노드들은 RREQ 패킷을 받으면 RREQ 패킷에 자신의 ID를 추가하여 다시 브로드캐스팅하게 된다. 어런 과정을 통해 RREQ 패킷이 플러딩되면 목적지 노드는 여러 경로를 통해 RREQ 패킷들을 받게 되고, 각각의 RREQ 패킷에는 해당 RREQ 패킷이 거쳐온 경로정보가 들어 있게 된다. 목적지 노드는 수신한 RREQ 패킷들 중에서 하나를 선택하고 이에 대한 응답 패킷 RREP (Route REPly)을 보내게 된다. RREP 패킷은 선택된 RREQ 패킷의 경로정보가 포함되어 전송되고, RREQ 패킷에 들어있는 경로의 역 경로를 통해 전송이 된다. 송신자가 이 RREP 패킷을 받으면 이 패킷에 들어 있는 경로를 통해 데이터 패킷들을 전송하며, 각각의 데이터 패킷에는 해당 패킷이 전송되는 경로정보를 포함하여 전송된다. 다음 [그림 14.25]은 송신자 S가 DSR 프로토콜을 통해 목적지 노드 D로 데이터 패킷을 전송하는 과정을 나타낸다. 먼저 송신자 S는 목적지 D로의 경로를 찾기 위해 RREQ[S] 패킷을 브로드캐스팅하게 되고 ([그림 14.25]-(a)), 이 RREQ[S] 패킷을 받은 노드 B, C, E는 자신의 ID를 추가하여 다시 브로드캐스팅하게 된다 ([그림 14.25]-(b)). 이렇게 RREQ 패킷이 플러딩되게 되면 목적지 노드에 여러개의 RREQ 패킷들이 도착할 수 있고 ([그림 14.25]-(c)), 목적지 노드 D는 수신한 RREQ 패킷중에서 하나를 선택하여 이에 대한 응답으로 RREP[S,E,F,J,D] 패킷을 보내게 된다 ([그림 14.25]-(d)). 여기서 [S,E,F,J,D]는 선택된 RREQ 패킷이 전송된 경로를 나타낸다. 이 RREP[S,E,F,J,D] 패킷은 [S,E,F,J,D] 경로의 역 경로를 통해 전송되고, 송신자가 이 RREP 패킷을 받으면 RREP 패킷에 들어있는 경로정보를 이용하여 데이터 패킷을 전송하게 된다 ([그림 14.25]-(e)).

DSR 프로토콜은 데이터 전송이 필요할 경우에 RREQ 패킷과 RREP 패킷의 교환을 통해 목적지까지의 경로를 구한 다음 데이터 패킷을 전송함으로써 라우터들의 경로정보 유지에 대한 부담을 줄이도록 하고 있다. 그러나 경로설정 후 데이터 패킷에 경로정보를 포함하여 전송함으로써 데이터 패킷의 오버헤드가 크다.

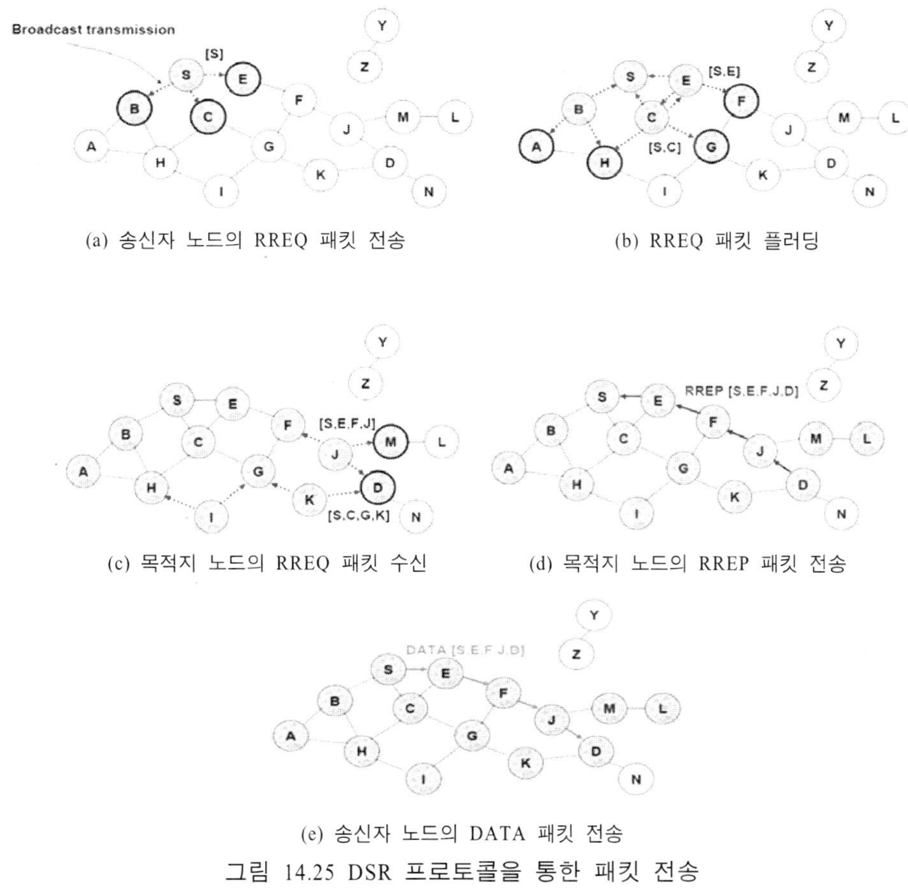

(a) 송신자 노드의 RREQ 패킷 전송

(b) RREQ 패킷 플러딩

(c) 목적지 노드의 RREQ 패킷 수신

(d) 목적지 노드의 RREP 패킷 전송

(e) 송신자 노드의 DATA 패킷 전송

그림 14.25 DSR 프로토콜을 통한 패킷 전송

3) AODV (Ad-hoc On-demand Distance Vector) 라우팅 프로토콜

AODV 프로토콜은 DSR 프로토콜의 장점을 이용하고 경로정보를 데이터 패킷에 포함하여 전송하는 DSR 프로토콜의 오버헤드를 줄이기 위해 개발된 프로토콜이다. AODV 프로토콜은 DSR 프로토콜과 마찬가지로 데이터 패킷을 전송하기 전에 먼저 RREQ 패킷과 RREP 패킷의 교환을 통해 목적지까지의 경로를 구한 다음 이 경로를 통해 데이터 패킷을 전송한다. 그러나 데이터 패킷에 경로정보를 포함하여 전송하는 DSR 프로토콜과는 달리 AODV 프로토콜은 데이터 패킷을 전송하기 위한 경로정보를 경로에 위치하는 노드들에 유지하도록 함으로써 데이터 패킷의 오버헤드를 줄이도록 하고 있다. 먼저 데이터 전송이 필요한 송신자 노드는 RREQ 패킷을 브로드캐스팅하여 목적지 노드까지의 경로를 구하고자 한다 ([그림 14.26]-(a)). 송신자 노드가 전송한 RREQ 패킷을 받은 노드 중간 노드들은 자신이 RREQ 패킷을 받은 노드로의 경로 (역경로)를 유지하고 다시 이 RREQ 패킷을 브로드캐스팅을 통해 전송한다 ([그림 14.26]-(b)). 이와 같은 과정을 통해 RREQ 패킷이 플러딩을 통해 전송이 되면 목적지 노드는 여러 개의 RREQ 패킷을 받게 되고 목적지 노드 D는 이 중에서 하나를 선택하여 이에 대한 응답으로 RREP 패킷을 전송하게 된다 ([그림 14.26]-(c)). 목적지 노드가 전송한 RREP 패킷은 선택된 RREQ 패킷이 전송되는 과정에서 설정된 역경로를 통해 송신자 노드에게 전달이 되고, RREP 패킷을 송신자 노드에게 전달하는 중간 노드들은 RREP 전송시에 이 후 데이터 패킷을 전송하기 위한 순방향 경로를 설정하게 된다. 송신자 노드가 이 RREP 패킷을 받으면 설정된 순방향 경로를 통해 데이터 패킷들을 전송하게 된다 ([그림 14.26]-(d)).

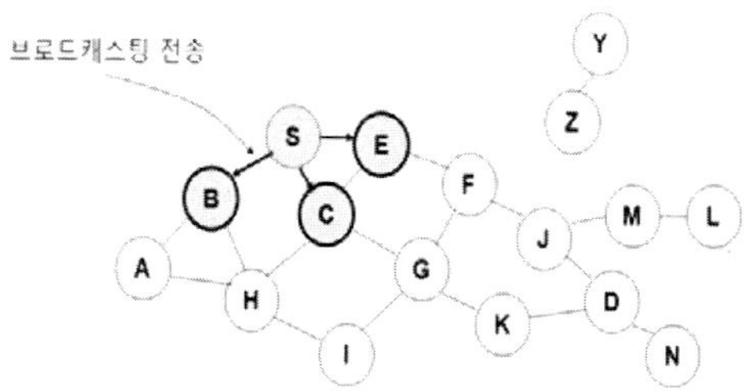

(a) 송신자 노드의 RREQ 패킷 전송

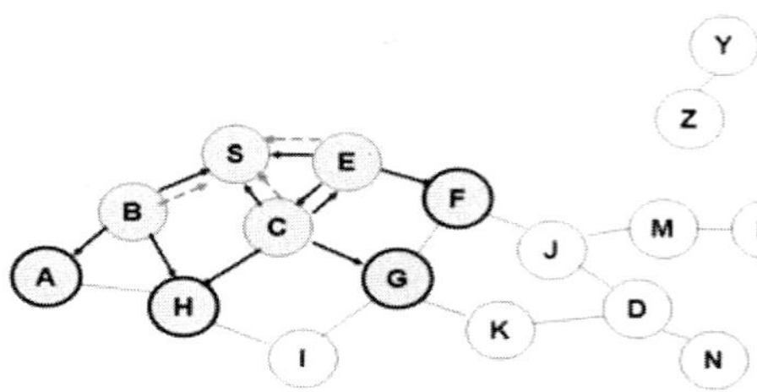

(b) RREQ 패킷 플러딩

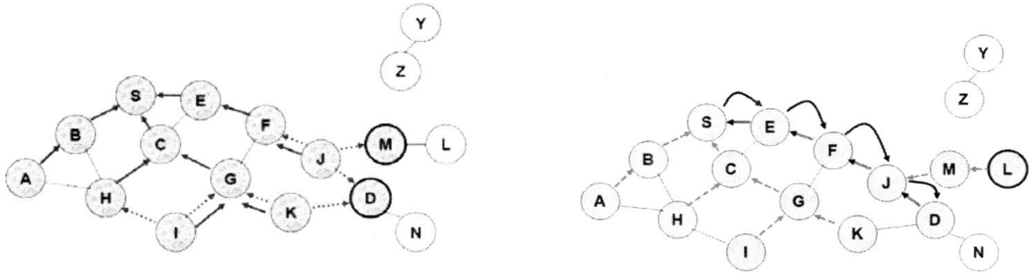

(c) 목적지 노드의 RREQ 패킷 수신 (d) RREP 패킷 및 DATA 패킷 전송

그림 14.26 AODV 프로토콜을 통한 패킷전송

3) 위치기반 라우팅 (Position-based routing) 프로토콜

차량 통신에서는 위치 정보 기반의 전송 기법들을 많이 사용한다. 위치 정보 기반 프로토콜에서는 각 노드는 GPS (Global Positioning System)과 같은 장비를 통해 자신의 위치 정보를 알고 있고 자신과 목적지 노드의 위치 정보에 기반하여 경로를 설정하는 방법을 사용한다. 본 절에서는 이러한 종류의 프로토콜중에서 LAR (Location Aided Routing) 프로토콜과 DREAM (Distance Routing Effect Algorithm fo Mobility) 프로토콜에 대해 기술한다.

(1) LAR (Location Aided Routing) 프로토콜

LAR 프로토콜은 각 노드들이 자신의 위치를 알 수 있는 GPS와 같은 위치추적장치를 가지고 있고, 목적지 노드의 위치를 유추하여 목적지 노드가 있는 범위에만 RREQ 패킷을 플러딩하여 플러딩으로 인한 오버헤드를 줄이는 방법을 사용하고 있다. 목적지 노드의 위치는 자신이 파악한 가장 최근의 해당 노드의 위치와 노드의 움직이는 속도를 기반으로 목적지 노드가 위치하는 범위를 구한다. 예를 들어 [그림 14.27]에서 송신자 노드 S가 목적지 노드로 경로를 설정하기 위하여 먼저 목적지 노드의 위치를 가장 최근의 위치정보 X와 목적지 노드의 이동속도 r을 기반으로 목적지 노드의 예상위치 (Expected zone)를 구하고, 송신자는 경로설정을 위한 RREQ 패킷을 예상위치를 포함한 플러딩 범위 (Request zone)를 정하여 플러딩을 한다. 중간노드들은 송신자 노드의 RREQ 패킷을 받으면 자신이 RREQ 패킷에 포함되어 있는 플러딩 범위에 속하면 해당 패킷을 받아 다시 플러딩을 하고, 자신이 플러딩 범위에 속하지 않으면 RREQ 패킷을 버리게 된다. 이렇게 플러딩을 하게 되면 RREQ 패킷은 송신자 노드가 설정한 영역내에서만 플러딩이 되고 이 영역내에 있는 목적지 노드가 받으면 RREP 패킷으로 응답패킷을 보내어 경로설정을 하게 된다.

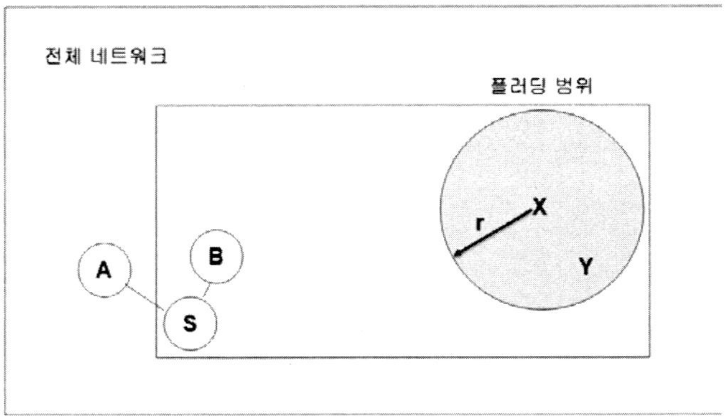

그림 14.27 LAR 프로토콜 동작

LAR 프로토콜은 프로토콜의 오버헤드를 줄이기 위해 여러 가지 변형된 프로토콜들이 제안되었다. 이중 하나는 RREQ 패킷을 전송할 때 송신자 노드가 설정한 플러딩 영역을 고정적으로 하지 않고 중간노드들이 적응적으로 변경함으로써 플러딩되는 영역을 더욱 줄이게 하는 방법을 사용하고 있다. 예를 들어 [그림 14.28]에서 송신자 노드의 RREQ 브로드캐스팅 패킷을 받으면 RREQ에 포함된 송신자 노드가 설정한 플러딩 영역에 들어 있는 노드 B는 RREQ 패킷의 플러딩 영역을 자신의 위치와 목적지 노드의 예상영역을 포함하는 영역으로 재설정하고 이를 다시 브로드캐스팅하게 된다. 이렇게 중간노드들이 적응적으로 플러딩 영역을 줄여감으로써 RREQ 패킷이 플러딩 되는 영역을 줄일 수 있다.

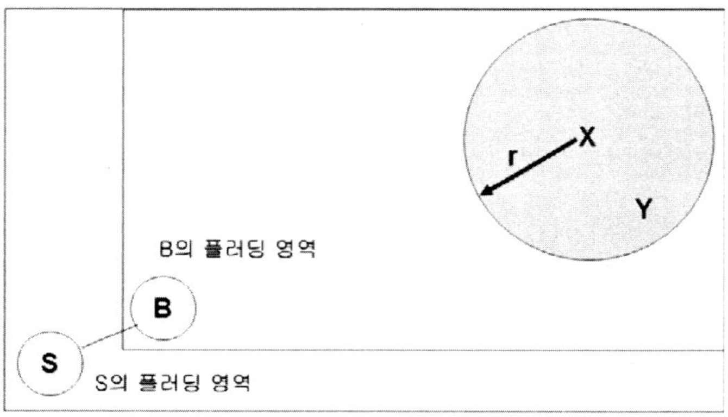

그림 14.28 적응적 플러딩 영역을 사용한 LAR 프로토콜 동작

(2) DREAM (Distance Routing Effect Algorithm fo Mobility) **프로토콜**

DREAM 프로토콜은 LAR 프로토콜과 같이 각 노드들이 자신의 위치를 알 수 있는 GPS와 같은 위치추적장치를 가지고 있고, 목적지 노드의 위치를 가장 최근의 위치정보와 그 노드의 이동속도를 이용하여 유추하고 이를 기반으로 패킷이 플러딩 되는 영역을 줄이는 방법을 사용하고 있다. 그러나 DREAM 프로토콜은 LAR 프로토콜과는 달리 목적지 노드까지의 경로를 찾기 위해 RREQ 패킷을 플러딩하지 않고 데이터 패킷을 직접 플러딩하는 방법을 사용하고 있다. 또한 DREAM 프로토콜은 데이터 패킷의 플러딩 영역을 줄이기 위해 자신의 위치와 목적지 노드의 예상위치 영역을 포함하는 원뿔 영역을 플러딩 영역으로 사용하고 있고 각 중간노드들이 적응적으로 플러딩 영역을 재설정하는 방법을 사용하고 있다. [그림 14.29]은 DREAM 프로토콜의 동작을 나타낸다.

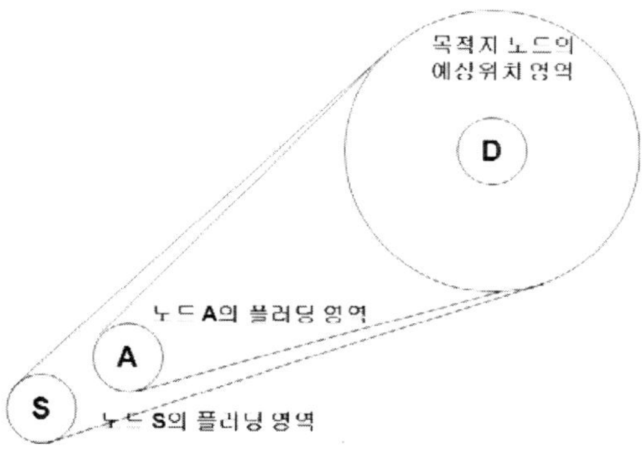

그림 14.29 DREAM 프로토콜 동작

8. VANET (Vehicle Ad-hoc Network) 라우팅 프로토콜

차량통신시스템에서는 앞에서 설명한 것과 같이 위치정보에 기반한 프로토콜들을 많이 사용하고 있고 또한 많은 차량통신 응용들에서는 브로드캐스트에 기반한 통신기능을 많이 필요로 하고 있다. 이러한 특징으로 인해 VANET (Vehicular Ad-hoc NETwork) 라우팅 프로토콜들은 노드의 주소가 위치정보에 기반한 주소지정방식을 사용하고 이를 라우팅에서 이용하는 프로토콜이 많이 사용된다. 따라서 차량통신시스템에서는 다음과 같은 위치에 기반한 라우팅 기술들이 많이 사용된다.

1) 위치 기반 유니캐스트 (Geographical Unicast: Geocast)

Geocast을 이용한 전송방식은 위치정보에 기반한 일대일 통신 방법으로 하나의 송신자와 수신자 사이에 일대일 통신으로 송신자는 목적지의 위치정보에 기반하여 패킷을 전송하고 해당 패킷은 다음 [그림 14.30]과 같이 송신자와 수신자의 위치정보에 기반하여 중간노드들에 의해 포워딩되게 된다.

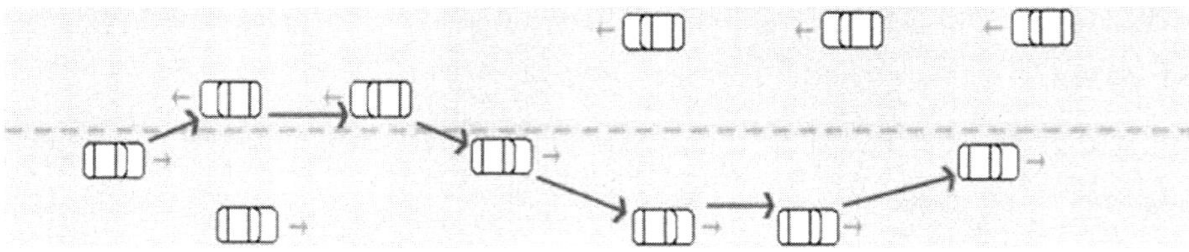

그림 14.30 위치 기반 유니캐스트

2) 네트워크 위상 기반 브로드캐스트 (Topologically-scoped Broadcast)

네트워크 위상에 기반한 브로드캐스트는 송신자 노드에서 일정한 홉카운트 떨어져 있는 모드 노드에게 패킷을 전송하는 방법으로, 네트워크 위상정보에 기반한 제한된 플러딩의 한 방법이다. 송신자는 전송시에 패킷내에 그 패킷이 브로드캐스팅될 홉카운트를 설정하여 보내게 되고 중간노드들은 송신자 노드가 브로드캐스팅한 패킷을 받으면 먼저 홉카운트를 1씩 감소시키고 만약 홉카운트 값이 0보다 크면 패킷을 받아들이고 또한 그 패킷을 다시 플러딩하게 된다. 반면 홉카운트 값이 0이 되면 그 노드는 패킷을 버리게 된다. [그림 14.31]는 송신자 노드가 홉카운트를 3으로 설정한 경우에 패킷이 플러딩되는 예를 나타낸다.

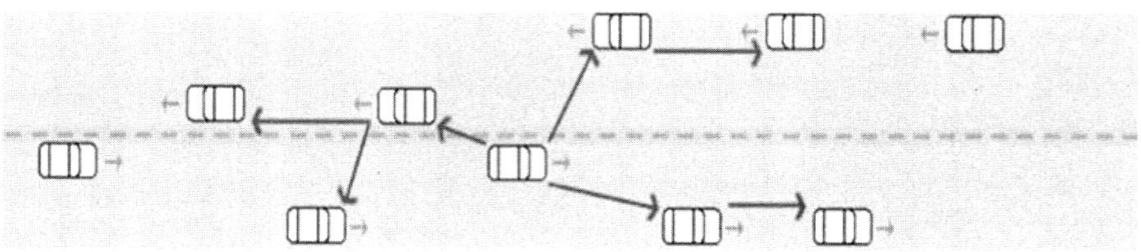

그림 14.31 네트워크 위상 기반 브로드캐스트

3) 위치 기반 브로드캐스트 (Geographicaly-scoped Broadcast)

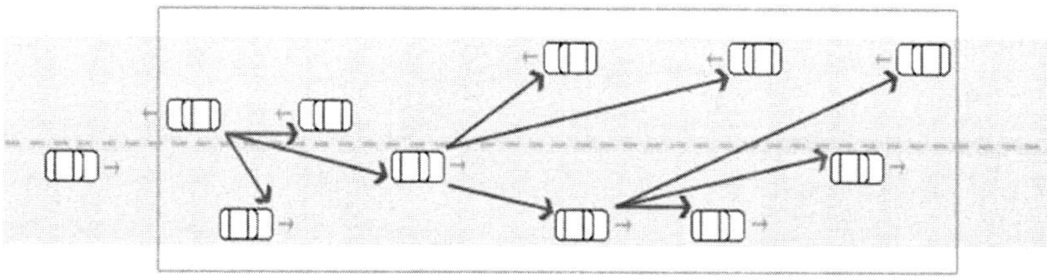

그림 14.32 위치 기반 브로드캐스트

위치에 기반한 브로드캐스트는 송신자 노드의 현재 위치에서 일정한 거리에 떨어져 있는 모드 노드에게 패킷을 전송하는 방법으로, 위치정보에 기반한 제한된 플러딩의 한 방법이다. 송신자 노드는 전송시에 패킷내에 그 패킷이 플러딩될 영역을 설정하여 보내게 되고 중간노드들은 송신자 노드가 브로드캐스팅한 패킷을 받으면 패킷에 설정된 플러딩 영역과 자신의 위치정보에 기반하여 자신이 해당 영역에 속하면 패킷을 받아들이고 또한 그 패킷을 다시 플러딩하게 된다. 반면 자신이 해당 영역에 속하지 않으면 그 노드는 패킷을 버리게 된다. [그림 14.32]는 송신자가 자신의 위치에서 전방향으로 일정한 거리내에 있는 보드로 패킷을 전송하기 위한 위치에 기반한 브로드캐스트의 예를 나타낸다.

3) 위치 기반 애니캐스트 (Geographicaly-scoped Anycast)

애니캐스팅 (Anycasting)은 송신자 노드가 여러개의 수신자 그룹에 속한 노드들중에서 임의의 하나에게 패킷을 전송하기 위한 통신기술로, 위치에 기반한 애니캐스트는 송신자 노드가 위치정보에 기반하여 정의된 수신자 그룹에 속한 임의의 하나의 노드에게 패킷을 전송하기 위한 방법이다. 송신자 노드는 패킷이 전송되어야 할 목표영역을 설정하여 브로드캐스트를 통해 패킷을 전송하면 중간노드들은 자신이 패킷을 받은 노드보다 목표영역에 가까우면 그 패킷을 다시 브로드캐스트를 통해 전송하고 그렇지 않으면 패킷을 버리게 된다. 이렇게 전송된 패킷이 목표영역에 속한 하나의 노드에 도달하게 되면 패킷의 브로드캐스팅은 종료되게 된다. 이러한 위치에 기반한 애니캐스트는 위치에 기반한 브로드캐스트에 이용할 수 있는데 [그림 14.33]는 위치에 기반한 애니캐스트를 통해 송신자가 정의한 영역에 브로드캐스팅을 하는 예를 나타낸다. 송신자 노드가 전송한 패킷은 송신자가 정의한 영역에 도달할 때까지 위치에 기반한 애니캐스트를 통해 전송이 되고 목표영역의 하나의 노드가 받게 되면 그 노드는 해당 목표영역에 플러딩을 통해 전송을 하게 된다.

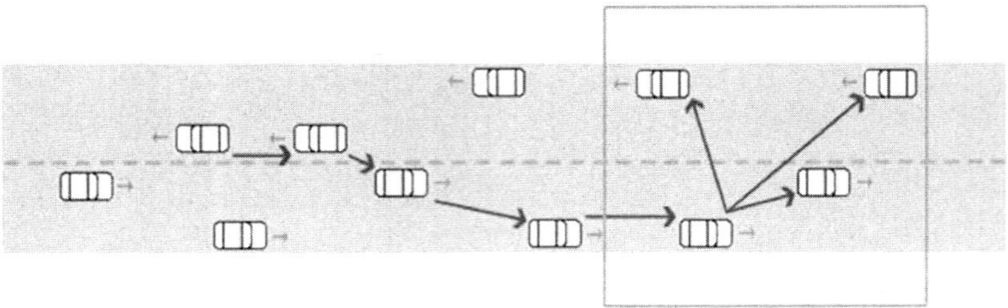

그림 14.33 위치 기반 애니캐스트를 이용한 브로드캐스트

찾아보기